非交换剩余格上的
滤子和态理论及其应用

左卫兵　著

科学出版社

北　京

内 容 简 介

本书系统介绍非交换剩余格上的滤子和态的相关理论及其应用. 全书共 7 章, 具体内容包括基础知识、BL-代数上的滤子理论、剩余格上的滤子理论、非交换剩余格上的滤子理论、EQ-代数上的滤子理论、非交换剩余格上的态理论及非交换剩余格上的广义态理论.

本书可作为非经典数理逻辑、逻辑代数等基础数学、应用数学和人工智能专业的研究生教材, 也可供数学与计算机等相关专业的高年级本科生、教师与科研人员阅读参考.

图书在版编目(CIP)数据

非交换剩余格上的滤子和态理论及其应用/左卫兵著. —北京: 科学出版社, 2022.8

ISBN 978-7-03-063501-3

Ⅰ.①非… Ⅱ.①左… Ⅲ.①滤子–研究 Ⅳ.①O144

中国版本图书馆 CIP 数据核字(2022) 第 147874 号

责任编辑: 杨　昕　宋　丽 / 责任校对: 王万红
责任印制: 吕春珉 / 封面设计: 东方人华平面设计部

科学出版社 出版
北京东黄城根北街 16 号
邮政编码: 100717
http://www.sciencep.com

北京九州迅驰传媒文化有限公司 印刷
科学出版社发行　各地新华书店经销

*

2022 年 8 月第 一 版　开本: B5 (720×1000)
2022 年 8 月第一次印刷　印张: 20
字数: 403 000
定价: 192.00 元
(如有印装质量问题, 我社负责调换〈九州迅驰〉)
销售部电话 010–62136230　编辑部电话 010–62135397–2032

前　　言

　　数理逻辑是一门推理艺术, 它提供了从已知前提推出所需结论的途径和方法, 是人脑思维方式的形式化模拟. 随着有限值逻辑、模糊逻辑和格值逻辑等众多非经典逻辑的提出和研究, 由此产生的逻辑代数已经成为不确定性理论与方法的主要理论基础之一, 在人工智能等多个研究领域得到广泛的应用, 涌现了一批重要的理论和应用研究成果. 在这些国内外研究工作的基础上, 作者进行了一些新的探索, 主要涉及非交换剩余格上的滤子和态的相关问题. 本书正是近年来相关研究成果的总结, 同时介绍了国内外众多学者的最新研究成果.

　　逻辑代数内容广泛且深刻, 本书仅选取非交换剩余格为基本研究对象, 还包括了其子类如 BL-代数、伪 BL-代数、剩余格及更广泛的 EQ-代数, 针对其上的滤子和态的相关理论进行阐述. 与数理逻辑的演绎系统相对应, 滤子可以看成是逻辑代数上的推理模型; 与经典概率论相对应, 态可以看成是逻辑代数上的概率模型. 针对以上内容, 全书共分为 7 章, 主要内容如下:

　　(1) 基础知识, 包括从经典二值逻辑到多值逻辑系统的基础知识, 偏序集与格的概念和性质, 三角模与剩余格、伪三角模与非交换剩余格的定义和性质等. 本书所说的剩余格是指最狭义的剩余格, 即有界整的交换剩余格, 非交换剩余格是指有界整的非交换剩余格.

　　(2) BL-代数上的滤子理论, 包括 BL-代数上的滤子及其特征、滤子的子类 (如布尔滤子、蕴涵滤子等)、BL-代数上的 n 重滤子及其子类、BL-代数上的模糊滤子及其子类、BL-代数上的广义模糊滤子等. 由于 MV-代数等是 BL-代数的子类, 因此相关结论可以直接移植到 MV-代数等子类上.

　　(3) 剩余格上的滤子理论, 包括剩余格上的滤子及其子类 (如布尔滤子、蕴涵滤子、奇异滤子等) 的基本性质、剩余格上的 n 重滤子的性质、剩余格上滤子理论的统一化、剩余格上模糊滤子的性质、剩余格上模糊滤子的推广、剩余格上直觉模糊滤子的性质等. 相关结果可以直接表述到 MTL-代数等剩余格子类上.

　　(4) 非交换剩余格上的滤子理论. 非交换剩余格上的两个蕴涵算子为滤子理论的发展提供了广阔的空间, 包括非交换剩余格上的滤子及其基本性质, 非交换剩余格上的 n 重滤子及其子类, 非交换剩余格上的 $\mathcal{I}$-滤子, 非交换剩余格上的左、右滤子, 非交换剩余格上的模糊滤子, 以及非交换剩余格上的广义模糊滤子等.

　　(5) EQ-代数上的滤子理论. 作为剩余格的一种推广形式, EQ-代数近年来被广泛研究, 主要涉及 EQ-代数及其子类的性质, EQ-代数上的滤子、预滤子, EQ-代数上的模糊滤子等.

(6) 非交换剩余格上的态理论, 包括伪 BL-代数上的态、σ 完备 BL-代数上的态、非交换剩余格上的态、非交换剩余格上的态算子, 即内态.

(7) 非交换剩余格上的广义态理论, 包括非交换剩余格上的广义态, 如广义 Bosbach 态、广义态-态射、广义 Riečan 态等, 非交换剩余格上的混合广义态. 进一步, 提出了各种各样的广义态和混合广义态, 结合 L-滤子理论研究了各类广义态的性质和关系等.

作者在从事该领域研究工作期间得到了多位专家和同行的帮助, 在此向陕西师范大学的赵彬教授、吴洪博教授、周红军教授, 西北大学的辛小龙教授, 江南大学的刘练珍教授, 武汉大学的胡宝清教授, 西南交通大学的徐杨教授、秦克云教授, 湖南大学的李庆国教授, 山东大学的刘华文教授, 华东师范大学的陈仪香教授, 江西师范大学的覃峰教授, 陕西科技大学的张小红教授, 浙江理工大学的裴道武教授, 湖北民族大学的詹建明教授, 西安石油大学的折延宏教授, 临沂大学的马振明教授, 陕西师范大学的贺鹏飞博士, 以及西安石油大学的王军涛博士等表示衷心的感谢; 同时感谢华北水利水电大学数学与统计学院各位同仁的支持和帮助. 特别感谢我的家人多年来对我的科研工作所做的默默奉献, 正是有了他们多方面的支持, 才使得我能全身心地投入科研工作.

逻辑代数的滤子、态理论及其应用是一个涉及范围广、日新月异的活跃研究领域, 本书仅从作者的兴趣出发论述了非交换剩余格上的相关内容. 因作者水平和能力的限制, 本书难免不够完整和全面, 甚至存在疏漏和不妥之处, 敬请广大读者批评指正!

左卫兵

目　　录

第 1 章 基 础 知 识

为了使读者顺畅地阅读本书, 这里简要介绍一些必要的预备知识, 包括多值逻辑系统简介、偏序集与格、三角模与剩余格、伪三角模与非交换剩余格等. 如果读者已经熟悉这些知识中的某些部分, 在阅读时可以跳过相应内容. 本章主要内容选自文献 [1]~[22].

1.1 多值逻辑系统简介

1.1.1 经典命题逻辑系统

经典逻辑又称二值逻辑, 或 Boole 逻辑. 具有确定真值的陈述句称为命题 (或公式). 经典逻辑的命题演算系统以命题为基本研究对象. 通常用 1 表示真, 用 0 表示假. $\{0,1\}$ 称为二值逻辑的真值域.

简单的命题称为原子命题, 通常用小写英文字母 p, q, r 等表示. 由原子命题通过命题联结词构成的命题称为复合命题. 常用的命题联结词有否定联结词 ¬、合取联结词 ∧、析取联结词 ∨、蕴涵联结词 → 等. 表 1.1.1 为命题联结词真值表.

表 1.1.1　命题联结词真值表

p	q	$\neg p$	$p \wedge q$	$p \vee q$	$p \to q$
1	1	0	1	1	1
1	0		0	1	0
0	1	1	0	1	1
0	0		0	0	1

下面给出经典逻辑中命题的严格定义.

定义 1.1.1　设 $S = \{p_1, p_2, \cdots\}$ 是原子命题的集. 按照以下 3 条规则生成所有的合式公式, 简称公式.

(1) 原子命题是公式;

(2) 如果 φ 和 ψ 是公式, 则 $\neg\varphi, \varphi \wedge \psi, \varphi \vee \psi, \varphi \to \psi$ 都是公式;

(3) 有限次使用规则 (2) 生成的符号串是公式.

全体公式组成的集合记为 $F(S)$.

经典命题逻辑系统包括语构和语义两部分, 首先说明语构理论, 即经典命题运算形式系统.

定义 1.1.2 命题演算系统 $\mathcal{L}$ 包含以下两个部分:

(1) 公理 (φ, ψ, χ 是任意公式).

(L1) $\varphi \to (\psi \to \varphi)$;

(L2) $(\varphi \to (\psi \to \chi)) \to ((\varphi \to \psi) \to (\varphi \to \chi))$;

(L3) $(\neg\psi \to \neg\varphi) \to (\varphi \to \psi)$.

(2) 推理规则.

[分离 (modus ponens, MP) 规则] 由 φ 和 $\varphi \to \psi$ 可推出 ψ.

这里的 MP 规则通常也称为假言推理规则.

定义 1.1.3 设 $\varphi \in F(S)$, $\Gamma \subset F(S)$.

(1) 称 φ 是系统 $\mathcal{L}$ 的定理, 或系统 $\mathcal{L}$ 可证 φ, 记作 $\vdash \varphi$, 如果存在公式序列 $\varphi_1, \varphi_2, \cdots, \varphi_n$, 使得 $\varphi = \varphi_n$, 且对于任意 $i = 1, 2, \cdots, n$, φ_i 是公理或者 φ_i 由位于它之前的两项 $\varphi_j, \varphi_k (j, k < i)$ 通过 MP 规则推得. 公式序列 $\varphi_1, \varphi_2, \cdots, \varphi_n$ 称为 φ 的证明, n 称为该证明的长度.

(2) 称 φ 是 Γ 的推论, 记作 $\Gamma \vdash \varphi$, 如果存在公式序列 $\varphi_1, \varphi_2, \cdots, \varphi_n$, 使得 $\varphi = \varphi_n$, 且对于任意 $i = 1, 2, \cdots, n$, φ_i 是公理或者 $\varphi_i \in \Gamma$ 或者 φ_i 由位于它之前的两项 $\varphi_j, \varphi_k (j, k < i)$ 通过 MP 规则推得. 公式序列 $\varphi_1, \varphi_2, \cdots, \varphi_n$ 称为从 Γ 到 φ 的推演, n 称为该推演的长度.

基于定义 1.1.2 中的公理 (L2) 运用关于推理长度的归纳法可以证明系统 $\mathcal{L}$ 有如下演绎定理: 设 $\Gamma \subset F(S)$, $\varphi, \psi \in F(S)$, 则

$$\Gamma \cup \{\varphi\} \vdash \psi \text{ 当且仅当 } \Gamma \vdash \varphi \to \psi.$$

由演绎定理易证假言推理规则成立, 即

$$\{\varphi \to \psi, \psi \to \chi\} \vdash \varphi \to \chi.$$

定义 1.1.4 设 $\varphi, \psi \in F(S)$, 若 $\vdash \varphi \to \psi$ 且 $\vdash \psi \to \varphi$, 则称 φ 与 ψ 可证等价, 记作 $\varphi \sim \psi$.

下面简要介绍经典命题逻辑的语义理论.

系统 $\mathcal{L}$ 的赋值域为 $W = \{0, 1\}$, 其中的非运算 $\neg$ 和蕴涵运算 $\to$ 定义为: $\neg 0 = 1$, $\neg 1 = 0$, $x \to y = 0$ 当且仅当 $x = 1$ 且 $y = 0$, $x, y \in W$.

定义 1.1.5 映射 $\upsilon : F(S) \to W$ 称为公式集 $F(S)$ 的赋值, 如果对于任意 $\varphi, \psi \in F(S)$, 有

(1) $\upsilon(\neg\varphi) = 1 - \upsilon(\varphi)$;

(2) $\upsilon(\varphi \to \psi) = \upsilon(\varphi) \to \upsilon(\psi)$,

公式集 $F(S)$ 的全体赋值的集合记作 Ω.

可见赋值 υ 是 $(\neg, \to)$ 型同态.

定义 1.1.6 设 $\varphi \in F(S)$.

(1) 如果对于任意 $\upsilon \in \Omega$, 总有 $\upsilon(\varphi) = 1$, 则称 φ 为重言式, 记作 $\models \varphi$;

(2) 如果对于任意 $\upsilon \in \Omega$, 总有 $\upsilon(\varphi) = 0$, 则称 φ 为矛盾式;

(3) 如果存在 $\upsilon \in \Omega$, 使得 $\upsilon(\varphi) = 1$, 则称 φ 为可满足式.

以下定理反映了系统 $\mathcal{L}$ 语构与语义的和谐性.

定理 1.1.1(完备性定理) 系统 $\mathcal{L}$ 是完备的, 即对于任意的 $\varphi \in F(S)$, 有

$$\vdash \varphi \text{ 当且仅当 } \models \varphi.$$

1.1.2 多值命题逻辑系统

多值命题逻辑系统是经典二值命题逻辑系统的自然推广, 其最大的不同是赋值域由二值集合推广到 n 值集合或 $[0,1]$. 以下简单介绍两种常见的多值命题逻辑系统.

我们分别用 $Ł_n$ 和 $Ł$ 表示赋值域为 $W = W_n = \left\{ 0, \dfrac{1}{n-1}, \cdots, \dfrac{n-2}{n-2}, 1 \right\}$ 和 $W = W_\infty = [0,1]$ 的卢卡西维茨 (Łukasiewicz) 命题逻辑系统. 在 $Ł_n$ 和 $Ł$ 中由初始联结词 $\neg$ 和 $\rightarrow$ 可引入如下新的联结词:

$$\varphi \vee \psi = (\varphi \rightarrow \psi) \rightarrow \psi,$$
$$\varphi \wedge \psi = \neg(\neg\varphi \vee \neg\psi),$$
$$\varphi \oplus \psi = \neg\varphi \rightarrow \psi,$$
$$\varphi \& \psi = \neg(\varphi \rightarrow \neg\psi),$$
$$\varphi \equiv \psi = (\varphi \rightarrow \psi) \& (\psi \rightarrow \varphi).$$

$Ł$ 有如下 4 条公理:

(Ł1) $\varphi \rightarrow (\psi \rightarrow \varphi)$;

(Ł2) $(\varphi \rightarrow \psi) \rightarrow ((\psi \rightarrow \chi) \rightarrow (\varphi \rightarrow \chi))$;

(Ł3) $((\varphi \rightarrow \psi) \rightarrow \psi) \rightarrow ((\psi \rightarrow \varphi) \rightarrow \varphi)$;

(Ł4) $(\neg\varphi \rightarrow \neg\psi) \rightarrow (\psi \rightarrow \varphi)$.

$Ł_n$ 中的公理集是在 (Ł1)~(Ł4) 的基础上再添加如下两条:

(Ł5) $(n-1)\varphi \equiv n\varphi$;

(Ł6) $(k\varphi^{k-1})^n \equiv n\varphi^k$;

这里 $k = 2, 3, \cdots, n-2$ 且 k 不能整除 $n-1$.

$Ł_n$ 和 $Ł$ 中的推理规则均为 MP 规则.

在系统 $Ł_n$ 和 $Ł$ 中, 定理、Γ 推论、可证等价等定义均与二值命题逻辑系统相同. 同时可以看到, $Ł_2$ 其实就是经典二值逻辑系统 L. 但是在经典命题逻辑系统中成立的演绎定理在系统 $Ł_n$ 和 $Ł$ 并不成立, 这不得不说是 $Ł$ 的一种遗憾.

以下简要说明系统 $Ł_n$ 和 $Ł$ 的语义.

在 W_n 和 W_∞ 中, 运算 $\neg$ 和 $\rightarrow$ 分别定义为

$$x \rightarrow y = (1 - x + y) \wedge 1,$$

$$\neg x = 1 - x, \ x, y \in W.$$

进一步, 其他联结词相对应的运算如下:

$$x \vee y = (x \rightarrow y) \rightarrow y = \max\{x, y\},$$

$$x \wedge y = \neg(\neg x \vee \neg y) = \min\{x, y\},$$

$$x \oplus y = \neg x \rightarrow y = (x + y) \wedge 1,$$

$$x \otimes y = \neg(x \rightarrow \neg y) = (x + y - 1) \vee 0.$$

则 $(W, \wedge, \vee, \otimes, \rightarrow, 0, 1)$ 构成 MV-代数. 称 $([0,1], \wedge, \vee, \otimes, \rightarrow, 0, 1)$ 为标准 MV-代数. 在 $Ł_n$ 和 $Ł$ 中, 还可以像二值逻辑系统 L 中那样定义 $F(S)$ 的赋值, 以及重言式和逻辑等价等概念. 当然, 这两个命题逻辑系统也是完备的.

由前面剩余格的知识, 多值 Łukasiewicz 命题逻辑系统中的二元运算 $\otimes$ 是连续的三角模, $\rightarrow$ 是与 $\otimes$ 相伴随的蕴涵算子.

我们用 $\mathcal{L}_n^*$ 和 $\mathcal{L}^*$ 表示 R_0 型 n 值命题逻辑系统和模糊值命题逻辑系统.

系统 $\mathcal{L}^*$ 有以下 10 条公理:

(L*1) $\varphi \rightarrow (\psi \rightarrow \varphi)$;

(L*2) $(\neg\varphi \rightarrow \neg\psi) \rightarrow (\psi \rightarrow \varphi)$;

(L*3) $(\varphi \rightarrow (\psi \rightarrow \chi)) \rightarrow (\psi \rightarrow (\varphi \rightarrow \chi))$;

(L*4) $(\psi \rightarrow \chi) \rightarrow ((\varphi \rightarrow \psi) \rightarrow (\varphi \rightarrow \chi))$;

(L*5) $\varphi \rightarrow \neg\neg\varphi$;

(L*6) $\varphi \rightarrow \varphi \vee \psi$;

(L*7) $\varphi \vee \psi \rightarrow \psi \vee \varphi$;

(L*8) $(\varphi \rightarrow \chi) \wedge (\psi \rightarrow \chi) \rightarrow (\varphi \vee \psi \rightarrow \chi)$;

(L*9) $(\varphi \wedge \psi \rightarrow \chi) \rightarrow (\varphi \rightarrow \chi) \vee (\psi \rightarrow \chi)$;

(L*10) $(\varphi \rightarrow \psi) \vee ((\varphi \rightarrow \psi) \rightarrow (\neg\varphi \vee \psi))$.

n 值命题逻辑系统 $\mathcal{L}_n^*$ 是由 $\mathcal{L}^*$ 添加公理扩张得到的. 当 $n = 2m + 1$ 时, 添加 (L*11); 当 $n = 2m$ 时, 添加 (L*11) 和 (L*12), 其中

(L*11) $\bigwedge_{i<m} ((\varphi_i \rightarrow \varphi_{i+1}) \rightarrow \varphi_{i+1}) \rightarrow \bigvee_{i<m+1} \varphi_i$;

(L*12) $\neg(\neg\varphi^2)^2 \equiv (\neg(\neg\varphi)^2)^2$.

$\mathcal{L}_n^*$ 和 $\mathcal{L}^*$ 中的基本逻辑概念等与前面的各系统相同. 不难验证, $\mathcal{L}_3^*$ 与 $Ł_3$ 是等价的, $\mathcal{L}_2^*$ 与 $Ł_2$ 即 $\mathcal{L}$ 是等价的, 但当 $n > 3$ 时, $\mathcal{L}_n^*$ 不同于 $Ł_n$.

系统 $\mathcal{L}_n^*$ 和 $\mathcal{L}^*$ 有如下形式的广义演绎定理: $\Gamma \subset F(S)$, $\varphi, \psi \in F(S)$,

$$\Gamma \cup \{\varphi\} \vdash \psi \text{ 当且仅当 } \Gamma \vdash \varphi^2 \to \psi.$$

与系统 $\mathcal{L}^*$ 相对应的三角模及其伴随的蕴涵算子如下:

$$x \otimes_0 y = \begin{cases} x \wedge y & x + y > 1 \\ 0, & x + y \leqslant 1 \end{cases}, \quad x, y \in [0, 1],$$

$$x \to_0 y = \begin{cases} 1, & x \leqslant y \\ (1-x) \vee y, & x > y \end{cases}, \quad x, y \in [0, 1].$$

分别称为 R_0 三角模 (或幂零极小三角模) 和 R_0 蕴涵算子. 在 $[0, 1]$ 中定义 $\neg x = x \to 0 = 1 - x$, $x \vee y = \max\{x, y\}$, $x \wedge y = \min\{x, y\}$ 等. 称 $([0,1], \neg, \vee, \to, 0, 1)$ 为标准 R_0-代数.

系统 $\mathcal{L}_n^*$ 和 $\mathcal{L}^*$ 都是标准完备的.

基本逻辑 (basic logic) 是由捷克科学院院士哈耶克 (Hàjek) 提出的形式逻辑, 其公理系统如下:

(B1) $(\varphi \to \phi) \to ((\phi \to \chi) \to (\varphi \to \chi))$;

(B2) $\varphi \& \phi \to \varphi$;

(B3) $\varphi \& \psi \to \psi \& \varphi$;

(B4) $\varphi \& (\varphi \to \psi) \to (\psi \& (\psi \to \varphi))$;

(B5) $(\varphi \to (\psi \to \chi)) \to ((\varphi \& \psi) \to \chi)$;

(B6) $((\varphi \& \psi) \to \chi) \to (\varphi \to (\psi \to \chi))$;

(B7) $((\varphi \to \psi) \to \chi) \to (((\psi \to \varphi) \to \chi) \to \chi)$;

(B8) $\bar{0} \to \varphi$.

推理规则是 MP 规则.

哥德尔 (Gödel) 模糊命题逻辑的公理模式包括 (B1)$\sim$(B8), 再加上一条 (B9).

(B9) $\varphi \to \varphi \& \varphi$.

戈根 (Goguen) 模糊命题逻辑系统也称为乘积系统, 记为 Π, 其公理模式包括 (B1)$\sim$(B8), 再加上以下两条:

(Π1) $\neg \neg \chi \to ((\varphi \& \chi \to \psi \& \chi) \to (\varphi \to \psi))$;

(Π2) $\varphi \wedge \neg \varphi \to \bar{0}$.

以上两个模糊命题逻辑也只适用于 MP 规则.

1.2 偏序集与格

1.2.1 偏序集

非空集合 E 上的二元关系 R 是笛卡儿积 $E \times E = \{(x,y)|x,y \in E\}$ 的一个子集, 当 $(x,y) \in E$ 时, 称 x,y 具有 R 关系, 写成 xRy. 一般地, 集合 E 上的二元关系满足一些特殊性质, 如等价关系具有如下性质:

(1) 自反性: 对 $\forall x \in E, (x,x) \in R$;

(2) 对称性: 对 $\forall x,y \in E$, 若 $(x,y) \in R$, 则 $(y,x) \in R$;

(3) 传递性: 对 $\forall x,y,z \in E$, 若 $(x,y) \in R, (y,z) \in R$, 则 $(x,z) \in R$.

对于 E 上的等价关系 R, 可定义商集 $E/R = \{[x]|x \in E\}$, 其中 $[x] = \{y|(x,y) \in R\}$ 表示元素 x 的等价类.

代数结构、拓扑结构和序结构是数学的三大母结构, 这些母结构的相互融合已经形成了数学中的许多分支学科. 序结构在当代逻辑研究中也是相当重要的工具之一. 本节所说的序集 (ordered set) 是偏序集和预序集的统称, 其准确的含义可见如下定义.

定义 1.2.1 设 E 是非空集, $\leqslant$ 是 E 上的二元关系. 如果 $\leqslant$ 满足如下条件, 则称 $\leqslant$ 是 E 上的偏序, 二元组 $(E, \leqslant)$ 称为偏序集:

(1) 自反性: 对 $\forall x \in E, x \leqslant x$.

(2) 反对称性: 对 $\forall x,y \in E$, 若 $x \leqslant y, y \leqslant x$, 则 $x = y$.

(3) 传递性: 对 $\forall x,y,z \in E$, 若 $x \leqslant y, y \leqslant z$, 则 $x \leqslant z$.

进一步, 如果 $\leqslant$ 还满足以下条件 (4), 则称 $\leqslant$ 为 E 上的线性序, 称 E 为链, 或者线性序集、全序集.

(4) 可比性: 对 $\forall x \in E$, 必有 $x \leqslant y$ 或 $y \leqslant x$.

如果 $\leqslant$ 作为 E 上的二元关系仅满足自反性和传递性, 则称 $\leqslant$ 是 E 上的预序, 二元组 $(E, \leqslant)$ 称为预序集.

我们用 $x < y$ 表示 $x \leqslant y$ 但 $x \neq y$. 若对 E 中的元 x,y, 当 $z \in E$, 使得 $x \leqslant z < y$ 时, 必有 $x = z$, 等价地说, 若对已知的 x,y, E 中不存在 z, 使得 $x < z < y$ 成立, 则称 y 是 x 的覆盖, 或 y 覆盖 x.

定义 1.2.2 设 $(E, \leqslant)$ 是偏序集, $T \subset E$. 如果存在 $u \in E$, 使得 $t \leqslant u(\forall t \in T)$, 则称 u 为 T 的一个上界. 如果 T 的一个上界 u 具有性质: 对于 T 的任一上界 u', 都有 $u \leqslant u'$, 则称 u 为 T 的一个最小上界 (或上确界). 如果存在 $l \in E$, 使得 $l \leqslant t(\forall t \in T)$, 则称 l 为 T 的一个下界. 如果 T 的一个下界 l 具有性质: 对于 T 的任一下界 l', 都有 $l' \leqslant l$, 则称 l 为 T 的一个最大下界 (或下确界). E 的上界和下界 (如果存在, 显然唯一) 分别称为幺元和零元, 记为 1 和 0.

定义 1.2.3 设 P 与 Q 是偏序集, $\varphi: P \to Q$ 是映射.

(1) 若对 $\forall x, y \in P, x \leqslant y$ 时, 总有 $\varphi(x) \leqslant \varphi(y)$ 成立, 则称映射 φ 是保序的或单调的, 有时也称之为序同态;

(2) 若对 $\forall x, y \in P, x \leqslant y$ 在 P 中成立当且仅当 $\varphi(x) \leqslant \varphi(y)$ 在 Q 中成立, 则称映射 φ 是序嵌入;

(3) 若 φ 是满的序嵌入, 则称 φ 是序同构.

1.2.2 格、Boole 代数

定义 1.2.4 设 $(L, \leqslant)$ 是偏序集, 如果 L 中的任意两个元素都有最小上界和最大下界, 则称 $(L, \leqslant)$ 为一个格. 只含有有限个元素的格称为有限格, 否则称为无限格. 如果 L 中的任意子集都有最小上界和最大下界, 则称其为完全格.

在格中取两个元素的最小上界和最大下界实际上都是二元运算. 对于 $(L, \leqslant)$ 的两个元素 a, b, 这两个运算分别记为 $a \vee b, a \wedge b$. 通常称 $\vee$ 为并运算, 称 $\wedge$ 为交运算.

命题 1.2.1 设 $(L, \leqslant)$ 是格, $a, b, c \in L$, 则有

(L1) (幂等律) $a \vee a = a, a \wedge a = a$;

(L2) (交换律) $a \vee b = b \vee a, a \wedge b = b \wedge a$;

(L3) (结合律) $(a \vee b) \vee c = a \vee (b \vee c), (a \wedge b) \wedge c = a \wedge (b \wedge c)$;

(L4) (吸收律) $a \vee (a \wedge b) = a, a \wedge (a \vee b) = a$.

命题 1.2.2 设 L 是满足两个二元运算 $\vee$ 和 $\wedge$ 的集合, $\vee$ 和 $\wedge$ 满足上面命题中的 (L1) $\sim$ (L4). 对于 $a, b \in L$, 定义 $a \leqslant b$ 为 $a \vee b = b$, 则 $(L, \leqslant)$ 构成一个格.

定义 1.2.5 设 L 和 K 是格, $f: L \to K$ 是映射. 若对 $\forall x, y \in L$, 有 $f(a \vee b) = f(a) \vee f(b)$ 且 $f(a \wedge b) = f(a) \wedge f(b)$ 成立, 则称 f 是格同态. 一一对应的格同态称为格同构.

命题 1.2.3 设 L 和 K 是格, $f: L \to K$ 是映射, 则

(1) 下列结论等价:

(i) f 是保序的;

(ii) $\forall a, b \in L, f(a \vee b) \geqslant f(a) \vee f(b)$;

(iii) $\forall a, b \in L, f(a \wedge b) \leqslant f(a) \wedge f(b)$.

(2) f 是格同构当且仅当 f 是序同构.

定义 1.2.6 设 L 是格. 若对 $\forall a, b, c \in L$, 下列分配律之一成立:

(1) $a \wedge (b \vee c) = (a \wedge b) \vee (u \wedge c)$;

(2) $a \vee (b \wedge c) = (a \vee b) \wedge (a \vee c)$,

则称 L 是分配格.

定义 1.2.7 设 $(L, \leqslant)$ 是有 $0, 1$ 的格, $a \in L$. 如果存在 $b \in L$, 满足 $a \wedge b = 0$ 且 $a \vee b = 1$, 则称 b 是 a 的一个补元. 所有元素都有补元的格称为有补格.

命题 1.2.4 具有 0, 1 的分配格中任一元素的补元如果存在, 则必唯一.

元素 a 的唯一补元记为 $\bar{a}$.

命题 1.2.5[德摩根 (De Morgan) 律] 设 $(L, \leqslant)$ 是具有 0, 1 的分配格, 如果 $a, b \in L$ 都有补元, 则有

$$\overline{a \wedge b} = \bar{a} \vee (\bar{b}), \quad \overline{a \vee b} = \bar{a} \wedge \bar{b}.$$

定义 1.2.8 有补分配格称为 Boole 代数. 详言之, 设 B 是集合, 至少含有两个元素 (记为 0 和 1). 在 B 上, 两个二元运算 $\vee$、$\wedge$ 和一个一元运算 ‾ 满足以下性质:

对 $\forall a, b, c \in B$, 有

(B1) (幂等律) $a \vee a = a, a \wedge a = a$;

(B2) (交换律) $a \vee b = b \vee a, a \wedge b = b \wedge a$;

(B3) (结合律) $(a \vee b) \vee c = a \vee (b \vee c), (a \wedge b) \wedge c = a \wedge (b \wedge c)$;

(B4) (吸收律) $a \vee (a \wedge b) = a, a \wedge (a \vee b) = a$;

(B5) (分配律) $a \wedge (b \vee c) = (a \wedge b) \vee (a \wedge c), a \vee (b \wedge c) = (a \vee b) \wedge (a \vee c)$;

(B6) $0 \vee a = a, 1 \wedge a = a$;

(B7) $a \vee \bar{a} = 0, a \vee \bar{a} = 1$,

则 $(B, \vee, \wedge, ‾)$ 称为一个 Boole 代数.

Boole 代数是数理逻辑与计算机领域十分重要的一种格, 以下例子给出两个重要的 Boole 代数.

例 1.2.1 (1) 设 A 是非空集合, 则 A 的幂集 $P(A)$ 关于集合包含关系 $\subset$ 构成 Boole 代数, 其中的补运算就是集合的补运算;

(2) 对于经典逻辑的公式集 $F(S)$, 可证等价关系 $\sim$ 是 $F(S)$ 上的同余关系, $F(S)$ 关于这个同余关系构成的商代数 $F(S)/\sim$ 构成 Boole 代数 (具体细节见 1.3 节).

命题 1.2.6 任何一个 Boole 代数都同构于一个幂集代数的子代数.

1.2.3 理想与滤子

定义 1.2.9 设 $(L, \leqslant)$ 是偏序集, $D \subset L$. 如果 D 具有以下性质:

$$对 \forall x \in D, y \in L, y \leqslant x \Rightarrow y \in D,$$

则称 D 为 L 的下集. 空集也为下集. 称 $x \downarrow = \{y \in L | y \leqslant x\}$ 为主下集.

对偶地, 定义上集为满足以下条件的子集:

$$对 \forall x \in D, y \in L, y \geqslant x \Rightarrow y \in D,$$

称 $x \uparrow = \{y \in L | y \geqslant x\}$ 为主上集.

定义 1.2.10 如果格 L 的子格 I 同时又是下集, 则称 I 为格 L 的理想. 对偶地, 如果子格 F 同时又为上集, 则称 F 为格 L 的滤子.

格 L 的不等于 L 的理想 (滤子) 称为真理想 (真滤子).

命题 1.2.7 设 L 是格, I 是 L 的非空子集, 则以下条件等价:

(1) I 是 L 的理想;

(2) I 是下集且对并运算封闭;

(3) 对 $\forall x, y \in L, x \vee y \in I \Leftrightarrow (x, y \in I)$.

对偶地, 设 F 是 L 的非空子集, 则以下条件等价:

(1′) F 是 L 的滤子;

(2′) F 是上集且对交运算封闭;

(3′) 对 $\forall x, y \in L, x \wedge y \in F \Leftrightarrow (x, y \in F)$.

定义 1.2.11 设 L 为格, I 是 L 的真理想. 如果以下条件成立:

$$\text{对} \ \forall x, y \in L, x \wedge y \in I \Rightarrow x \in I \ \text{或} \ y \in I,$$

则称 I 是素理想. 对偶地, L 的真滤子 F 称为素滤子, 如果以下条件成立:

$$\text{对} \ \forall x, y \in L, x \vee y \in I \Rightarrow x \in I \ \text{或} \ y \in I.$$

容易验证, I 是 L 的素理想当且仅当 L/I 是素滤子.

设 I 是格 L 的真理想, 如果真包含 I 的理想只有 L, 则称 I 是极大理想. 对偶地, 可定义极大滤子的概念.

命题 1.2.8 设 L 是有最大元 1 的分配格, 则 L 中的极大理想均为素理想. 在有最小元 0 的分配格中, 极大滤子均为素滤子.

命题 1.2.9 设 L 是分配格, J 是 L 的理想, G 是 L 的滤子, 且 $J \cap G = \varnothing$, 则存在 L 的素理想 I 和素滤子 $F \subset L/I$, 使得 $J \subset I$ 且 $G \subset F$.

定义 1.2.12 设 B 是 Boole 代数, I 是 B 的真理想, 则下列条件等价:

(1) I 是极大理想;

(2) I 是素理想;

(3) 对任意的元素 $a \in B, a \in I$ 和补元 $\bar{a} \in I$ 有且仅有之一成立.

对偶地, F 是 B 的真滤子, 则下列条件等价:

(1′) F 是极大滤子;

(2′) F 是素滤子;

(3′) 对任意的元素 $a \in B, a \in F$ 和补元 $\bar{a} \in F$ 有且仅有之一成立.

1.3 三角模与剩余格

三角模和三角余模与蕴涵联结词直接相关, 由三角模诱导的模糊蕴涵算子已经被广泛应用于模糊逻辑与模糊推理的研究中.

1.3.1　三角模

定义 1.3.1　设 T 是单位区间 $[0,1]$ 上的二元函数, 如果满足以下条件:

(T1) (交换律) $T(x,y) = T(y,x)$;

(T2) (结合律) $T(x,T(y,z)) = T(T(x,y),z)$;

(T3) (单调性) 当 $y \leqslant z$ 时, 有 $T(x,y) \leqslant T(x,z)$;

(T4) (单位元 1) $T(x,1) = x$,

则称 T 为三角模 (或 t 模).

从代数学的观点, 单位区间上的三角模构成一个可换的独异点.

定义 1.3.2　三角模 $\otimes$ 是满足如下条件的二元运算:

(T1) (交换律) $a \otimes b = b \otimes a$;

(T2) (结合律) $a \otimes (b \otimes c) = (a \otimes b) \otimes c$;

(T3) (单调性) 当 $b \leqslant c$ 时, 有 $a \otimes b \leqslant a \otimes c$;

(T4) (单位元 1) $a \otimes 1 = a$.

注　对自然数 n, 记 $a^2 = a \otimes a, a^n = a \otimes a^{n-1}$.

定义 1.3.3　三角余模 (或 t 余模) S 是单位区间 $[0,1]$ 上的二元函数, 满足 (T1)、(T2)、(T3) 及 (S4)[(单位元 0) $S(x,0) = x$].

命题 1.3.1　对于三角余模 S, 当且仅当存在三角模 T, 使得对 $\forall x,y \in [0,1]$, 以下两个等价的等式中的一个成立:

(1) $S(x,y) = 1 - T((1-x),(1-y))$;

(2) $T(x,y) = 1 - S((1-x),(1-y))$.

定义 1.3.4　(1) 一个非增函数 $N:[0,1] \to [0,1]$ 称为是否定的, 如果满足 $N(0) = 1$ 且 $N(1) = 0$;

(2) 设 N,T,S 分别是否定算子、三角模与三角余模. 称 T 与 S 关于否定算子 N 是对偶的, 如果对于 $\forall x,y \in [0,1]$, 有 $S(x,y) = N(T(N(x),N(y)))$.

定义 1.3.5　称三角模 T 是左连续 (右连续) 的, 如果对每一个 $y \in [0,1]$ 和所有非减的 (非增的) 序列 $(x_n)_{n \in \mathbf{N}}$, 有

$$T(\lim_{n \to \infty} x_n, y) = \lim_{n \to \infty} T(x_n, y).$$

定义 1.3.6　设 T 是三角模.

(1) 称 T 是严格单调的, 如果当 $x > 0, y < z$ 时有 $T(x,y) < T(x,z)$;

(2) 称 T 满足消去律, 如果 $T(x,y) = T(x,z)$ 蕴涵 $x = 0$ 或 $y = z$;

(3) 称 T 满足条件消去律, 如果 $T(x,y) = T(x,z) > 0$ 蕴涵 $y = z$;

(4) 称 T 是阿基米德的, 如果对 $\forall x,y \in [0,1]$, 存在自然数 n, 使得 $x^n < y$;

(5) 称 T 具有极限性质, 如果对 $\forall x \in [0,1], \lim_{n \to \infty} x^n = 0$;

(6) 称 T 是严格的, 如果它是连续且严格单调的;

(7) 称 T 是幂零的, 如果它是连续的且 $\forall x \in [0,1]$ 是 T 的幂零元, 即存在自然数 n, 使得 $x^n = 0$.

定义 1.3.7 设 T 是三角模, S 是三角余模. 称 T 对 S 是分配的, 如果

$$T(x, S(y,z)) = S(T(x,y), T(x,z)), \forall x, y, z \in [0,1].$$

称 S 对 T 是分配的, 如果

$$S(x, T(y,z)) = T(S(x,y), S(x,z)), \forall x, y, z \in [0,1].$$

如果 T 对 S 是分配的且 S 对 T 也是分配的, 则称 (T, S) 为分配对.

例 1.3.1 设 $a, b \in [0,1]$.

(1) Zadeh 算子. 取小算子与取大算子:

$$T_1(a,b) = \min\{a, b\},$$
$$S_1(a,b) = \max\{a, b\}.$$

(2) 代数算子. 代数积与代数和:

$$T_2(a,b) = ab,$$
$$S_2(a,b) = a + b - ab.$$

(3) 有界算子. 有界积与有界和:

$$T_3(a,b) = \max\{0, a + b - 1\},$$
$$S_3(a,b) = \min\{1, a + b\}.$$

(4) 极端算子. 极端积与极端和:

$$T_4(a,b) = \begin{cases} \min\{a,b\}, & \max\{a,b\} = 1 \\ 0, & \max\{a,b\} \neq 1 \end{cases},$$

$$S_4(a,b) = \begin{cases} \max\{a,b\}, & \min\{a,b\} = 0 \\ 1, & \min\{a,b\} \neq 0 \end{cases}.$$

(5) 幂零极小算子. 幂零极小三角模与幂零极小三角余模:

$$T_0(a,b) = \begin{cases} \min\{a,b\}, & a + b > \dfrac{1}{2} \\ 0, & a + b \leqslant \dfrac{1}{2} \end{cases},$$

$$S_0(a,b) = \begin{cases} \max\{a,b\}, & a+b < \dfrac{3}{2} \\ 1, & a+b \geqslant \dfrac{3}{2} \end{cases}.$$

定义 1.3.8 设 N, T, S 分别是否定算子、三角模和三角余模.

(1) 按照以下方式定义的算子称为由 S 和 N 诱导的或非型蕴涵, 也称为 S 蕴涵:

$$R_{S,N}(a,b) = S(N(a), b).$$

(2) 按照以下方式定义的算子称为由 T 诱导的剩余型蕴涵, 也称为 R 蕴涵:

$$R_T(a,b) = \sup\{c \in [0,1] | T(a,c) \leqslant b\}.$$

(3) 按照以下方式定义的算子称为由 T 和 N 诱导的与非型蕴涵, 也称为 QL 蕴涵:

$$R_{T,N}(a,b) = N(T(a, N(T(a,b)))).$$

(4) 按照 $R_T = T$ 定义的算子称为与型蕴涵.

例 1.3.2 模糊逻辑理论中 4 个重要的模糊蕴涵是由连续三角模或左连续三角模诱导的剩余蕴涵.

(1) Łukasiewicz 蕴涵 R_L 是由有界积三角模 T_3 诱导的;

(2) Gödel 蕴涵 R_G 是由取小三角模 T_1 诱导的;

(3) Goguen 蕴涵 R_{G_0} 是由代数积三角模 T_2 诱导的;

(4) 修正的克莱因 (Kleene) 蕴涵 R_0 是由幂零极小三角模 T_0 诱导的.

1.3.2 剩余格

在模糊逻辑中, 不同的系统涉及不同的蕴涵算子, 而常见的模糊逻辑系统会选用与三角模相伴随的蕴涵算子, 即剩余蕴涵. 本小节从代数的角度重新描述剩余蕴涵, 并给出三角模与剩余蕴涵更一般的代数抽象——剩余格.

定义 1.3.9 设 $\otimes$ 是 $[0,1]$ 上的三角模, $\rightarrow$ 是 $[0,1]$ 上的二元运算, 如果

$$x \otimes y \leqslant z \text{ 当且仅当 } x \leqslant y \rightarrow z, \forall x, y, z \in [0,1],$$

则称 $\rightarrow$ 是与 $\otimes$ 相伴随的蕴涵算子, 同时称 $(\otimes, \rightarrow)$ 为伴随对.

命题 1.3.2 设 $\otimes$ 是 $[0,1]$ 上的左连续三角模, 若在 $[0,1]$ 上定义二元运算 $\rightarrow$ 如下: $x \rightarrow y = \sup\{a \in [0,1] | a \otimes x \leqslant y\}, \forall x, y \in [0,1]$, 则

(1) $\rightarrow$ 是与 $\otimes$ 相伴随的蕴涵算子;

(2) $y \rightarrow z = 1$ 当且仅当 $y \leqslant z$;

(3) $x \leqslant y \rightarrow z$ 当且仅当 $y \leqslant x \rightarrow z$;

(4) $x \rightarrow (y \rightarrow z) = y \rightarrow (x \rightarrow z)$;

(5) $1 \rightarrow z = z$;

(6) $y \rightarrow \bigwedge\limits_{i \in I} z_i = \bigwedge\limits_{i \in I} (y \rightarrow z_i), \left(\bigvee\limits_{i \in I} z_i \right) \rightarrow y = \bigwedge\limits_{i \in I} (z_i \rightarrow y)$;

(7) $y \rightarrow z$ 关于 z 单调递增, 关于 y 单调递减.

定义 1.3.10 设 $\rightarrow$ 是 $[0,1]$ 上的二元运算, 如果 $\rightarrow$ 满足命题 1.3.2 中的 (2)~(7), 则称 $\rightarrow$ 为 $[0,1]$ 上的正则蕴涵算子.

命题 1.3.3 设 $\rightarrow$ 是 $[0,1]$ 上的正则蕴涵算子, 若在 $[0,1]$ 上定义二元运算 $\otimes$ 如下: $x \otimes y = \inf\{a \in [0,1] | x \leqslant y \rightarrow a\}, \forall x, y \in [0,1]$, 则

(1) $x \otimes y \leqslant z$ 当且仅当 $x \leqslant y \rightarrow z$;

(2) $\otimes$ 是 $[0,1]$ 上的三角模;

(3) $\otimes$ 是左连续的.

定义 1.3.11 设 P 是偏序集, P 上的二元运算 $\otimes$ 与 $\rightarrow$ 称为互为伴随, 若以下条件成立:

(1) $\otimes : P \times P \rightarrow P$ 是单调递增的;

(2) $\rightarrow : P \times P \rightarrow P$ 关于第一个变量是不增的, 关于第二个变量是不减的;

(3) $a \otimes b \leqslant c$ 当且仅当 $a \leqslant b \rightarrow c, a, b, c \in P$,

这时, 称 $(\otimes, \rightarrow)$ 为 P 上的伴随对.

剩余格是由美国学者沃德 (Ward) 和狄尔沃斯 (Dilworth) 于 1939 年为研究交换环的全体理想的格结构时首次引入的, 它是子结构命题逻辑的语义代数. 目前, 关于剩余格的名称不太统一, 本书指最狭义的剩余格, 即有界的整的交换剩余格, 定义如下.

定义 1.3.12 如果以下条件成立:

(1) $(M, \wedge, \vee, 0, 1)$ 为有界格;

(2) $(M, \otimes, 1)$ 是可交换的独异点;

(3) 对 $\forall x, y, z \in M, x \otimes y \leqslant z$ 当且仅当 $x \leqslant y \rightarrow z$,

则称 $(2, 2, 2, 2, 0, 0)$ 型代数 $M = (M, \wedge, \vee, \otimes, \rightarrow, 0, 1)$ 为剩余格.

例 1.3.3 (1) 设 $M = (M, \wedge, \vee, ', 0, 1)$ 是 Boole 代数, 规定

$$\otimes = \wedge, x \rightarrow y = x' \vee y, x, y \in M,$$

则 $(M, \wedge, \vee, ', 0, 1)$ 构成剩余格.

(2) 设 $(M, \leqslant, 0, 1)$ 是完备格, 且满足第一无限分配律:

$$x \wedge \left(\bigvee\limits_{i \in I} y_i \right) = \bigvee\limits_{i \in I} (x \wedge y_i), x, y_i \in M.$$

在 M 中定义 $\otimes = \wedge, \to$ 为 $x \to y = \vee\{z \in M | x \wedge z \leqslant y\}$, 则 $(M, \wedge, \vee, \otimes, \to, 0, 1)$ 构成剩余格, 称为完备 Heyting 代数.

(3) 设 $M = \{0, a, b, c, 1\}$, 其中 $0 < a, b < c < 1, a$ 与 b 不可比较, 在 M 中定义 $\otimes = \wedge, \to$ 由下表给出:

$\to$	0	a	b	c	1
0	1	1	1	1	1
a	b	1	b	1	1
b	0	a	1	1	1
c	0	a	b	1	1
1	0	a	b	c	1

则 $(M, \wedge, \vee, \otimes, \to, 0, 1)$ 构成剩余格.

设 M 为剩余格, 定义非运算 (或否定运算)$\neg : M \to M$ 为 $\neg x = x \to 0, x \in M$. 下面给出剩余格的一些基本性质.

命题 1.3.4 设 $x, y, z, x_i, y_i \in M, i \in I$, 则

(1) $0 \to x = x \to 1 = x \to x = 1$;

(2) $1 \to x = x, x \otimes 0 = 0$;

(3) $x \leqslant y$ 当且仅当 $x \to y = 1$;

(4) 若 $x \leqslant y$, 则 $x \otimes z \leqslant y \otimes z$;

(5) 若 $x \leqslant y$, 则 $y \to z \leqslant x \to z, z \to x \leqslant z \to y$;

(6) $x \otimes y \leqslant x \wedge y \leqslant (x \to y) \wedge (y \to x)$;

(7) $x \otimes (x \to y) \leqslant x \wedge y, y \leqslant x \to (x \otimes y)$;

(8) $y \leqslant x \to y$;

(9) $x \to (y \to z) = (x \otimes y) \to z = y \to (x \to z)$;

(10) $x \leqslant y \to z$ 当且仅当 $y \leqslant x \to z$;

(11) $x \vee y \leqslant (x \to y) \to y$;

(12) $x \to y = ((x \to y) \to y) \to y$;

(13) $x \to y \leqslant (y \to z) \to (x \to z), x \to y \leqslant (z \to x) \to (z \to y)$;

(14) $x \to y \leqslant x \wedge z \to y \wedge z, x \to y \leqslant x \vee z \to y \vee z$;

(15) $x \to y \leqslant (x \otimes z) \to (y \otimes z)$;

(16) $x \otimes \left(\bigvee_{i \in I} y_i \right) = \bigvee_{i \in I} (x \otimes y_i)$;

(17) $\bigvee_{i \in I} x_i \to y = \bigwedge_{i \in I} (x_i \to y), x \to \bigwedge_{i \in I} y_i = \bigwedge_{i \in I} (x \to y_i)$;

(18) $\bigwedge_{i \in I} x_i \to y \geqslant \bigvee_{i \in I} (x_i \to y), x \to \bigvee_{i \in I} y_i \geqslant \bigvee_{i \in I} (x \to y_i)$;

(19) $\neg 0 = 1, \neg 1 = 0$;

(20) $x \leqslant \neg\neg x, \neg x = \neg\neg\neg x$;

(21) $x \otimes \neg x = 0$;

(22) $x \leqslant \neg x \to y, \neg x \leqslant x \to y$;

(23) $x \to y \leqslant \neg y \to \neg x \leqslant \neg\neg x \to \neg\neg y$;

(24) $\neg(x \otimes y) = x \to \neg y = y \to \neg x$;

(25) $x \to \neg y = \neg\neg x \to \neg y$;

(26) $\neg x \to \neg y = \neg\neg y \to \neg\neg x = y \to \neg\neg x$;

(27) $\neg\neg(x \to \neg y) = x \to \neg y, \neg\neg(x \to y) \leqslant \neg\neg x \to \neg\neg y$;

(28) $\neg(x \otimes y) = \neg(\neg\neg x \otimes y) = \neg(\neg\neg x \otimes \neg\neg y)$;

(29) $x \leqslant \neg y$ 当且仅当 $x \otimes y = 0$ 当且仅当 $\neg\neg x \otimes y = 0$;

(30) $\neg(x \vee y) = \neg x \wedge \neg y, \neg(x \wedge y) \geqslant \neg x \vee \neg y, \neg\neg(x \vee y) = \neg\neg(\neg\neg x \vee \neg\neg y)$.

以下进一步讨论剩余格的性质. 在剩余格 M 中规定:

$$d(x,y) = x \leftrightarrow y = (x \to y) \wedge (y \to x), x, y \in M.$$

命题 1.3.5 在剩余格 M 中以下性质成立:

(1) $d(x,y) = x \vee y \to x \wedge y$;

(2) $d(x,y) = d(y,x)$;

(3) $d(1,x) = x$;

(4) $d(x,y) = 1$ 当且仅当 $x = y$;

(5) $d(x,y) \otimes d(y,z) \leqslant d(x,z)$;

(6) $d(x_1,y_1) \wedge d(x_2,y_2) \leqslant d(x_1 \wedge x_2, y_1 \wedge y_2)$;

(7) $d(x_1,y_1) \wedge d(x_2,y_2) \leqslant d(x_1 \vee x_2, y_1 \vee y_2)$;

(8) $d(x_1,y_1) \otimes d(x_2,y_2) \leqslant d(x_1 \circ x_2, y_1 \circ y_2)$, 其中 $\circ \in \{\wedge, \vee, \otimes, \to, \leftrightarrow\}$.

在 M 中定义:

$$x \oplus y = \neg(\neg x \otimes \neg y), x, y \in M,$$

并记

$$x \perp y \text{ 当且仅当 } x \leqslant y, x, y \in M.$$

命题 1.3.6 在 M 中以下性质成立:

(1) $\oplus$ 是交换的、结合的;

(2) $x, y \leqslant x \oplus y$;

(3) $x \oplus 0 = \neg\neg x, x \oplus 1 = 1$;

(4) $x \oplus y = \neg\neg(x \oplus y) = \neg\neg x \oplus \neg\neg y = \neg x \to \neg\neg y$;

(5) $x \perp y$ 当且仅当 $x \otimes y = 0$ 当且仅当 $\neg\neg x \otimes \neg\neg y = 0$ 当且仅当 $\neg\neg x \leqslant \neg y$.

命题 1.3.7 在剩余格 M 中以下各条等价:

(1) 预线性: $(x \to y) \vee (y \to x) = 1, x, y \in M$;

(2) $x \to (y \vee z) = (x \to y) \vee (x \to z)$;

(3) $x \wedge y \to z = (x \to z) \vee (y \to z)$;

(4) $x \to z \leqslant (x \to y) \vee (y \to z)$;

(5) $(x \to y) \to z \leqslant ((y \to x) \to z) \to z$.

定义 1.3.13 称满足预线性的剩余格为 MTL-代数.

MTL-代数是 MTL-命题逻辑的语义代数, 是对左连续三角模的公理化.

命题 1.3.8 设 M 是 MTL-代数, 则对 $\forall x, y, z \in M$, 有

(1) M 是分配格;

(2) $x \otimes (y \wedge z) = (x \otimes y) \wedge (x \otimes z)$;

(3) $x^2 \wedge y^2 \leqslant x \otimes y \leqslant x^2 \vee y^2$;

(4) $(x \vee y)^2 = x^2 \vee y^2$;

(5) 若 $x \vee y = 1$, 则 $x^n \vee y^n = 1, n \in \mathbf{N}$;

(6) $(x \to y)^n \vee (y \to x)^n = 1, n \in \mathbf{N}$;

(7) $\neg(x \wedge y) = \neg x \vee \neg y = \neg(\neg\neg x \wedge y)$;

(8) $x \vee y = ((x \to y) \to y) \wedge ((y \to x) \to x)$.

定义 1.3.14 若对 $\forall x, y \in M$ 且 $x \leqslant y$, 存在 $z \in M$, 使得 $x = y \otimes z$, 则称 M 为可分剩余格可分的 MTL-代数称为 BL-代数.

BL-代数是 BL-逻辑的语义代数, 是对 $[0, 1]$ 上所有连续三角模的公理化.

命题 1.3.9 设 M 是剩余格, 则以下条件等价:

(1) M 是可分的.

(2) $x \wedge y = x \otimes (x \to y)$.

(3) $x \to (y \wedge z) = (x \to y) \otimes (x \wedge y \to z)$.

若 M 是 MTL-代数, 则上述 (1)~(3) 与 (4) 等价:

(4) $x \otimes (x \to y) = y \otimes (y \to x)$.

命题 1.3.10 设 M 是可分剩余格, 则

(1) 若 $x^2 = x$, 则对 $\forall y \in M$, 有 $x \wedge y = x \otimes y$;

(2) $x \otimes (y \wedge z) = (x \otimes y) \wedge (x \otimes z)$;

(3) $x \otimes y \leqslant x^2 \vee y^2$;

(4) $x \wedge (y \vee z) = (x \wedge y) \vee (x \wedge z)$, 从而 M 是分配格.

命题 1.3.11 设 M 是 BL-代数, 则

(1) $\neg(\neg\neg x \to x) = 0$;

(2) $(\neg\neg \to x) \vee \neg\neg x = 1$;

(3) 若 $\neg\neg x \leqslant \neg\neg x \to x$, 则 $\neg\neg x = x$;

(4) $\neg\neg(x \to y) = x \to \neg\neg y$;

(5) $\neg\neg(x \otimes y) = \neg\neg x \otimes \neg\neg y$;

(6) $\neg\neg(x \wedge y) = \neg\neg x \wedge \neg\neg y$;

(7) $\neg\neg(x \vee y) = \neg\neg x \vee \neg\neg y$;

(8) 若 $\neg y \leqslant x$, 则 $x \to \neg\neg(x \otimes y) = \neg\neg y$.

定义 1.3.15　若非运算 $\neg$ 是对合运算, 即 $\neg\neg x = x, x \in M$, 则称 M 是对合剩余格.

下面介绍 MV-代数. MV-代数是常 (Chang) 于 1958 年为证明 Lukasiewicz 命题逻辑的代数完备性而提出的.

定义 1.3.16　MV-代数是满足如下条件的 $(2, 1, 0)$ 型代数 $(M, \oplus, \neg, 0)$:

(1) $(M, \oplus, 0)$ 是以 0 为单位元的交换独异点;

(2) $x \oplus \neg 0 = \neg 0$;

(3) $\neg\neg x = x$;

(4) $\neg(\neg x \oplus y) \oplus y = \neg(\neg y \oplus x) \oplus x$.

MV-代数又称为格蕴涵代数或瓦斯伯格 (Wajsberg) 代数.

命题 1.3.12　剩余格 M 是 MV-代数当且仅当在 M 中下面的等式成立:

$$(x \to y) \to y = (y \to x) \to x.$$

命题 1.3.13　在剩余格 M 中以下 3 条等价:

(1) M 是 MV-代数;

(2) M 是可分的对合剩余格;

(3) M 是对合 BL-代数.

定义 1.3.17　(1) 幂等剩余格称为海廷 (Heyting) 代数. Heyting 代数是可分剩余格.

(2) 满足预线性的 Heyting 代数称为 Gödel 代数. Gödel 代数是 BL-代数.

(3) 满足如下条件的 MTL-代数称为 NM-代数 (或 R_0 代数):

(i) $((x \otimes y) \to 0) \vee ((x \wedge y) \to (x \otimes y)) = 1$;

(ii) $(x \to 0) \to 0 = x$.

1.4　伪三角模与非交换剩余格

1.4.1　伪三角模

定义 1.4.1　二元函数 $T : [0,1] \times [0,1] \to [0,1]$ 称为伪三角模 (或伪 t-模), 如果满足:

(1) T 是结合的, 即对 $\forall x, y, z \in [0,1], T(x, T(y, z)) = T(T(x, y), z)$;

(2) T 关于两个变量均是不减的;

(3) 1 是单位元, 即对 $\forall x \in [0,1], T(x,1) = T(1,x) = x$.

易见, 伪三角模是三角模当且仅当它是可换的. 对于给定的伪三角模, 可以定义其"剩余".

定义 1.4.2 设 T 是伪三角模, $[0,1]$ 上的二元函数 φ_1 称为是与 T 相伴随的关于第一个变量的剩余 (简称 1 剩余), 如果以下条件成立:

(P11) $y \leqslant z$ 蕴涵 $\varphi_1(x,y) \leqslant \varphi_1(x,z)$;

(P12) $T(\varphi_1(x,y),x) \leqslant y$;

(P13) $y \leqslant \varphi_1(x,T(y,x))$.

类似地, $[0,1]$ 上的二元函数 φ_2 称为是与 T 相伴随的关于第二个变量的剩余 (简称 2 剩余), 如果以下条件成立:

(P21) $y \leqslant z$ 蕴涵 $\varphi_2(x,y) \leqslant \varphi_2(x,z)$;

(P22) $T(x,\varphi_2(x,y)) \leqslant y$;

(P23) $y \leqslant \varphi_2(x,T(x,y))$.

关于 1 剩余、2 剩余有下面的等价定义.

命题 1.4.1 以下条件是等价的:

(1) φ_1 是 T 的 1 剩余;

(2) $\varphi_1(x,y) = \sup\{z | T(z,x) \leqslant y\}$;

(3) $T(z,x) \leqslant y$ 当且仅当 $z \leqslant \varphi_1(x,y)$.

以下条件是等价的:

(1) φ_2 是 T 的 2 剩余;

(2) $\varphi_2(x,y) = \sup\{z | T(x,z) \leqslant y\}$;

(3) $T(x,z) \leqslant y$ 当且仅当 $z \leqslant \varphi_2(x,y)$.

按照代数学的记号, 通常将伪三角模、1 剩余和 2 剩余表示为 $\otimes, \to$ 和 $\rightsquigarrow$. 读者可以将上述定义用代数学语言重新描述.

1.4.2 非交换剩余格

与 (可交换) 剩余格一样, 非交换剩余格的定义及名称也不统一, 本书依然描述最狭义的非交换剩余格, 即有界且整的格序剩余独异点.

定义 1.4.3 $(2,2,2,2,2,0,0)$ 型代数 $(L,\wedge,\vee,\otimes,\to,\rightsquigarrow,0,1)$ 称为非交换剩余格, 如果以下条件成立:

(1) $(L,\wedge,\vee,0,1)$ 是有界格;

(2) $(L,\otimes,1)$ 是独异点;

(3) $\forall x,y,z \in L, x \otimes y \leqslant z$ 当且仅当 $x \leqslant y \to z$ 当且仅当 $y \leqslant x \rightsquigarrow z$.

例 1.4.1 (1) 设 T 是关于第一、第二变量均左连续的伪三角模, φ_1 和 φ_2 分别是与 T 相伴随的 1 剩余和 2 剩余, 则代数结构 $([0,1], \wedge, \vee, T, \varphi_1, \varphi_2, 0, 1)$ 构成非交换剩余格 (当 T 不可交换时).

(2) 设 $L = \{0, a, b, c, 1\}$, 其中 $0 < a < b, c < 1$, 但 b 与 c 不可比较. 定义运算 $\otimes, \rightarrow$ 和 $\rightsquigarrow$ 如下:

$\otimes$	0	a	b	c	1
0	0	0	0	0	0
a	0	0	0	a	a
b	0	a	b	a	b
c	0	0	0	c	c
1	0	a	b	c	1

$\rightarrow$	0	a	b	c	1
0	1	1	1	1	1
a	c	1	1	1	1
b	c	c	1	c	1
c	0	b	b	1	1
1	0	a	b	c	1

$\rightsquigarrow$	0	a	b	c	1
0	1	1	1	1	1
a	b	1	1	1	1
b	0	c	1	c	1
c	b	b	b	1	1
1	0	a	b	c	1

则 $(L, \wedge, \vee, \otimes, \rightarrow, \rightsquigarrow, 0, 1)$ 是非交换剩余格.

记 $x^- = x \rightarrow 0$, $x^\sim = x \rightsquigarrow 0$, 分别表示 1 否定和 2 否定.

命题 1.4.2 设 $(L, \wedge, \vee, \otimes, \rightarrow, \rightsquigarrow, 0, 1)$ 是非交换剩余格, 则

(1) $x \leqslant y$ 当且仅当 $x \rightarrow y = 1$ 当且仅当 $x \rightsquigarrow y = 1$;

(2) 如果 $x \leqslant y$, 则 $z \rightarrow x \leqslant z \rightarrow y$, $y \rightarrow z \leqslant x \rightarrow z$;

(3) 如果 $x \leqslant y$, 则 $z \rightsquigarrow x \leqslant z \rightsquigarrow y$, $y \rightsquigarrow z \leqslant x \rightsquigarrow z$;

(4) $x \vee y \leqslant (x \rightarrow y) \rightsquigarrow y$, $x \vee y \leqslant (x \rightsquigarrow y) \rightarrow y$;

(5) $((x \rightarrow y) \rightsquigarrow y) \rightarrow y = x \rightarrow y$, $((x \rightsquigarrow y) \rightarrow y) \rightsquigarrow y = x \rightsquigarrow y$;

(6) $x \leqslant y \rightarrow x$, $x \leqslant y \rightsquigarrow x$;

(7) $x \rightsquigarrow (y \rightarrow z) = y \rightarrow (x \rightsquigarrow z)$;

(8) $(x \vee y) \rightarrow z = (x \rightarrow z) \wedge (y \rightarrow z)$, $(x \vee y) \rightsquigarrow z = (x \rightsquigarrow z) \wedge (y \rightsquigarrow z)$;

(9) $z \rightarrow (x \wedge y) = (z \rightarrow x) \wedge (z \rightarrow y)$, $z \rightsquigarrow (x \wedge y) = (z \rightsquigarrow x) \wedge (z \rightsquigarrow y)$;

(10) $(y \rightarrow x) \otimes y \leqslant x \wedge y$, $y \otimes (y \rightsquigarrow x) \leqslant x \wedge y$;

(11) $x \rightarrow (y \rightarrow z) = (x \otimes y) \rightarrow z$, $x \rightsquigarrow (y \rightsquigarrow z) = (y \otimes x) \rightsquigarrow z$;

(12) $x \leqslant x^{-\sim}$, $x \leqslant x^{\sim-}$;

(13) $x^{-\sim-} = x^-$, $x^{\sim-\sim} = x^\sim$;

(14) $x \rightarrow y \leqslant y^- \rightsquigarrow x^-$, $x \rightsquigarrow y \leqslant y^\sim \rightarrow x^\sim$;

(15) $x \rightarrow y^\sim = y \rightsquigarrow x^-$, $x \rightsquigarrow y^- = y \rightarrow x^\sim$;

(16) $x \rightarrow y^{-\sim} = y^- \rightsquigarrow x^- = x^{-\sim} \rightarrow y^{-\sim}$,
$x \rightsquigarrow y^{\sim-} = y^\sim \rightarrow x^\sim = x^{\sim-} \rightsquigarrow y^{\sim-}$;

(17) $x \rightarrow y^\sim = y^{\sim-} \rightsquigarrow x^- = x^{-\sim} \rightarrow y^\sim$,
$x \rightsquigarrow y^- = y^{-\sim} \rightarrow x = x^{\sim-} \rightsquigarrow y^-$;

(18) $(x \rightarrow y^{\sim-})^{\sim-} = x \rightarrow y^{\sim-}$, $(x \rightsquigarrow y^{-\sim})^{-\sim} = x \rightsquigarrow y^{-\sim}$;

(19) $x \leqslant x^{\sim} \to y$, $x \leqslant x^{-} \rightsquigarrow y$;

(20) $x \to y \leqslant (z \to x) \to (z \to y)$, $x \rightsquigarrow y \leqslant (z \rightsquigarrow x) \rightsquigarrow (z \rightsquigarrow y)$;

(21) $x \to y \leqslant (y \to z) \rightsquigarrow (x \to z)$, $x \rightsquigarrow y \leqslant (y \rightsquigarrow z) \to (x \rightsquigarrow z)$;

(22) $x \to y \leqslant (x \otimes z) \to (y \otimes z)$, $x \rightsquigarrow y \leqslant (z \otimes x) \rightsquigarrow (z \otimes y)$;

(23) $(x \rightsquigarrow y) \otimes (y \rightsquigarrow z) \leqslant x \rightsquigarrow z$, $(y \to z) \otimes (x \to y) \leqslant x \to z$;

(24) $(x \to y) \vee (x \to z) \leqslant x \to (y \vee z)$, $(x \rightsquigarrow y) \vee (x \rightsquigarrow z) \leqslant x \rightsquigarrow (y \vee z)$;

(25) $(y \to x) \vee (z \to x) \leqslant (y \wedge z) \to x$, $(y \rightsquigarrow x) \vee (z \rightsquigarrow x) \leqslant (y \wedge z) \rightsquigarrow x$.

定义 1.4.4 设 L 是非交换剩余格, 则 (对 $\forall x, y \in L$)

(1) L 称为 Rℓ-独异点, 如果 L 满足可除性, 即 $(x \to y) \otimes x = x \wedge y = y \otimes (y \rightsquigarrow x)$;

(2) L 称为伪 MTL-代数, 如果 L 满足预线性, 即 $(x \to y) \vee (y \to x) = 1 = (x \rightsquigarrow y) \vee (y \rightsquigarrow x)$;

(3) L 称为伪 BL-代数, 如果 L 满足可除性和预线性;

(4) L 称为伪 MV-代数, 如果 L 满足可除性、预线性和伪双否定, 即 $x^{-\sim} = x = x^{\sim-}$;

(5) L 称为好的, 如果有 $x^{-\sim} = x^{\sim-}$.

命题 1.4.3 设 L 是非交换剩余格, 则 L 称为伪 MV-代数当且仅当以下条件成立:

(1) $(y \to x) \rightsquigarrow x = x \vee y = (y \rightsquigarrow x) \to x, \forall x, y \in L$;

(2) $(y \to x) \rightsquigarrow x = (x \rightsquigarrow y) \to y, \forall x, y \in L$.

本章介绍了部分与后面章节有联系的命题逻辑系统及其代数语义, 关于其他命题逻辑系统及其代数语义在此不再赘述.

第 2 章　BL-代数上的滤子理论

在现代模糊逻辑的理论研究中, 逐渐形成了形式化的趋势, 其中具有代表性的研究成果有 3 项: 一是基于幂零极小三角模的形式逻辑理论, 这个理论的创始人是王国俊教授; 二是基本逻辑的形式理论 [23-24], 而基本逻辑是所有基于连续三角模的模糊逻辑的共同形式化, 这个理论的代表人物是捷克科学院院士哈耶克 (Hájek) 教授; 三是基于三角模的逻辑 (monoidal t-norm based logic) 的形式化理论, 这个逻辑是所有基于左连续三角模的模糊逻辑的共同形式化, 这个理论的代表人物是西班牙的埃斯特瓦 (Esteva) 和戈多 (Godo) 两位教授.

本章以基本逻辑的代数系统——BL-代数为研究对象, 给出其上的各类滤子的概念、性质及相关关系.

2.1　BL-代数上的滤子及其特征

2.1.1　BL-代数的基本性质

定义 2.1.1[25]　交换剩余格 $(L, \wedge, \vee, \otimes, \rightarrow, 0, 1)$ 是 BL-代数当且仅当对所有的 $x, y \in L$, 以下两个等式成立:

(1) $x \wedge y = x \otimes (x \rightarrow y)$;

(2) $(x \rightarrow y) \vee (y \rightarrow x) = 1$.

注　(1) 上述条件 (2) 称为预线性公理或预线性 (pre linearity).

(2) [0,1] 关于自然序及运算 min、max、任意确定的连续三角模 $\otimes$ 及其相伴剩余蕴涵 $\rightarrow$ 构成一个 BL-代数 $([0,1], \min, \max, \otimes, \rightarrow, 0, 1)$.

(3) BL-代数是特殊的交换剩余格, 所以交换剩余格的性质在 BL-代数中均成立. 同时, BL-代数有一些特殊的性质, 如命题 2.1.1 中的 (5).

命题 2.1.1　在每个 BL-代数中, 对每个 x, y, z, 都有

(1) $x \otimes (x \rightarrow y) \leqslant y$, 且 $x \leqslant y \rightarrow (x \otimes y)$;

(2) 如果 $x \leqslant y$, 则 $x \otimes z \leqslant y \otimes z$, $z \rightarrow x \leqslant z \rightarrow y$, $y \rightarrow z \leqslant x \rightarrow z$;

(3) $x \leqslant y$ 当且仅当 $x \rightarrow y = 1$;

(4) $(x \vee y) \otimes z = (x \otimes z) \vee (y \otimes z)$;

(5) $x \vee y = ((x \rightarrow y) \rightarrow y) \wedge ((y \rightarrow x) \rightarrow x)$.

证明　结论 (1)~(4) 的证明与剩余格一致.

(5) 一方面, 有

$$
\begin{aligned}
& [((x \to y) \to y) \wedge ((y \to x) \to x)] \\
={} & [((x \to y) \to y) \wedge ((y \to x) \to x)] \otimes [(x \to y) \vee (y \to x)] \\
={} & ([((x \to y) \to y) \wedge ((y \to x) \to x)] \otimes (x \to y)) \vee ([((x \to y) \to y) \\
& \wedge ((y \to x) \to x)] \otimes (y \to x)) \\
\leqslant{} & [((x \to y) \to y) \otimes (x \to y)] \vee [((y \to x) \to x) \otimes (y \to x)] \\
\leqslant{} & y \vee x = x \vee y.
\end{aligned}
$$

另一方面, 有

$$
\begin{aligned}
& (x \to y) \otimes (x \vee y) \\
={} & [x \otimes (x \to y)] \vee [y \otimes (x \to y)] \\
\leqslant{} & y \vee y = y.
\end{aligned}
$$

因而 $x \vee y \leqslant (x \to y) \to y$. 类似地, 有 $x \vee y \leqslant (y \to x) \to x$. 因此有

$$
x \vee y \leqslant ((x \to y) \to y) \wedge ((y \to x) \to x).
$$

定义 2.1.2 对于 BL-代数中的元素 x, 称使得 $x^m = x \otimes \cdots \otimes x = 0$ 的最小自然数 m 为 x 的阶, 记作 $\mathrm{ord}(x)$. 若这样的自然数不存在, 则记 $\mathrm{ord}(x) = \infty$.

定义 2.1.3 一个剩余格 $(L, \wedge, \vee, \otimes, \to, 0, 1)$ 称为是线性序的 (linearly ordered), 如果它的格序是线性的, 即对 $\forall x, y \in L$, $x \wedge y = x$ 或 $x \wedge y = y$ (这等价于 $x \vee y = y$ 或 $x \vee y = x$).

注意到, 线性序剩余格的类不能构成代数簇, 因为这个代数类关于直积不封闭.

命题 2.1.2 线性剩余格是 BL-代数当且仅当等式 $x \wedge y = x \otimes (x \to y)$ 成立.

注 条件 $x \wedge y = x \otimes (x \to y)$ 表明, 线性序 BL-代数是可除的, 即对 $\forall x, y \in L$, 若 $x > y$, 则存在 $z \in L$, 使得 $y = x \otimes z$.

定义 2.1.4 设 $(L, \wedge, \vee, \otimes, \to, 0, 1)$ 是一个 BL-代数, 一个 BL 逻辑中命题变元的 L-赋值 (L-evaluation) 是一个作用于每个命题变元 p 的映射 υ, $\upsilon(p) \in L$.

如果对任意的 L-赋值 υ, 有 $\upsilon(A) = 1$, 则称一个 BL 逻辑中的公式 A 是一个 L-重言式.

定理 2.1.1(BL 逻辑的可靠性) BL 逻辑是可靠的, 即若公式 A 在 BL 逻辑中可证, 则 A 在每个 BL-代数中是 L-重言式.

2.1.2 滤子的基本概念

下面介绍 BL-代数上的滤子及其子类, 主要参考文献 [26]~[29].

定义 2.1.5 [23] 设 $(L, \wedge, \vee, \otimes, \rightarrow, 0, 1)$ 是 BL-代数, 非空集合 $F \subset L$, 对 $\forall x, y \in L$, 有

(1) 如果 $x, y \in F$, 则 $x \otimes y \in F$;

(2) 如果 $x \in F$ 且 $x \leqslant y$, 则 $y \in F$,

称 F 为 L 的滤子.

定义 2.1.6 [26] 设 $(L, \wedge, \vee, \otimes, \rightarrow, 0, 1)$ 是 BL-代数. 非空集合 $D \subset L$, 对 $\forall x, y \in L$, 有

(1) $1 \in D$;

(2) 如果 $x \in D$ 且 $x \rightarrow y \in D$, 则 $y \in D$,

称 D 是 L 的演绎系统.

定理 2.1.2 [26] 设 L 是 BL-代数, 非空集合 $F \subset L$, 则 F 是演绎系统当且仅当 F 是滤子.

定义 2.1.7 [27] 设 L 是 BL-代数, F 是 L 的滤子. 若 $F \neq L$, 则称滤子 F 是真滤子. 若当 $x \vee y \in F$ 时, 有 $x \in F$ 或 $y \in F$, 则称滤子 F 是素滤子. 若 F 不能真包含于其他真滤子, 则称滤子 F 为极大滤子.

命题 2.1.3 (1) 任一真滤子包含于某极大滤子中;

(2) 极大滤子是素滤子.

定义 2.1.8 设 $A \subset F$, 包含 A 的所有滤子的集合交称为由 A 生成的滤子, 记为 $\langle A \rangle$. 把 $\langle \{x\} \rangle$ 简记为 $\langle x \rangle$.

命题 2.1.4 设 $A \subset L$, 则

(1) $\langle \varnothing \rangle = \{1\}$;

(2) $\langle A \rangle = \{y \in L \mid$ 存在 $n \in \mathbf{N}$ 和 $x_1, \cdots, x_n \in A$, 使得 $x_1 \otimes \cdots \otimes x_n \leqslant y\}$.

命题 2.1.5 设 $A \subset L$, F 是 L 中的滤子, $x, y \in L$, 则

(1) $\langle F \rangle = F = \bigcup\limits_{x \in F} \langle x \rangle$;

(2) $\langle F \cup \{x\} \rangle = \{y \in L \mid$ 存在 $n \in \mathbf{N}$ 及 $z \in F$, 使得 $x^n \otimes z \leqslant y\}$;

(3) $\langle x \rangle = \{y \in L \mid$ 存在 $n \in \mathbf{N}$, 使得 $x^n \leqslant y\}$;

(4) $\langle x \rangle$ 是真滤子当且仅当 $\mathrm{ord}(x) = \infty$;

(5) $\langle x \wedge y \rangle = \langle x \otimes y \rangle = \langle x \rangle \cap \langle y \rangle$.

定义 2.1.9 称 BL-代数 L 是局部有限的, 若 $\forall x \in L, x \neq 1$, 则 $\mathrm{ord}(x) < \infty$. 易见, L 是局部有限的当且仅当 L 只有一个真滤子 $\{1\}$.

定理 2.1.3 设 L 是 BL-代数, 且 F 是 L 的滤子, 在 L 中定义如下二元关系:

$$x \sim_F y \text{ 当且仅当 } x \rightarrow y \in F \text{ 且 } y \rightarrow x \in F,$$

则

(1) $\sim_F$ 是 L 上的同余关系, 从而商代数 $(L/F, \wedge, \vee, \otimes, \to, [0]_F, [1]_F)$ 是 BL-代数, 其中 $L/F = L/\sim_F := \{[x]_F | x \in L\}$, 这里 $[x]_F = \{y \in L | x \sim_F y\}$, $[x]_F \diamond [y]_F = [x \diamond y]_F, \diamond \in \{\wedge, \vee, \otimes, \to\}$;

(2) F 是极大滤子当且仅当 L/F 是局部有限 BL-代数;

(3) L/F 是线性序的, 当且仅当 F 是一个素滤子.

定理 2.1.4　设 L 是 BL-代数, 则

(1) 对 $\forall x \in L, x \neq 1$, 存在 L 的素滤子 P, 使得 $x \notin P$;

(2) 设 F 是 L 的滤子, F 是 L 的极大滤子当且仅当对 $\forall x \in L - F$, 存在 $n \in \mathbf{N}$, 使得 $\neg(x^n) \in F$.

定理 2.1.5　每个 BL-代数可表示为若干个线性序 BL-代数的直积的子代数.

定理 2.1.6(BL 逻辑的准完备性)　BL 逻辑是完备的, 即对每个公式 A 都有以下等价条件:

(1) A 在系统 BL 中可证;

(2) 对每个线性序 BL-代数 L, A 是 L-重言式;

(3) 对每个 BL-代数 L, A 是 L-重言式.

关于 BL 逻辑的完备性的进一步结果请参见相关文献.

下面描述几种具体的滤子, 并给出其特征刻画.

2.1.3　布尔滤子

定义 2.1.10 [26]　设 L 是 BL-代数, F 是 L 的滤子. 若对 $\forall x \in L$, 都有 $x \vee \neg x \in F$, 则称 F 是布尔滤子 (Boolean filter).

显然, 若 $F \subset G$ 是两个滤子, F 是布尔滤子, 则 G 也是布尔滤子.

定义 2.1.11 [26]　设 L 是 BL-代数, F 是 L 的滤子. 对 $\forall x, y, z \in L$, 如果 $x \to (\neg z \to y) \in F, y \to z \in F$, 有 $x \to z \in F$, 则称 F 是正蕴涵滤子 (positive implicative filter).

特别地, 令 $y = 0$, 有 $0 \to z = 1 \in F$, 所以对 $\forall z \in L$, 有 $x \to \neg\neg z \in F$ 蕴涵 $x \to z \in F$. 即如果 F 是正蕴涵滤子, $x \to \neg\neg z \in F$, 则 $x \to z \in F$.

定理 2.1.7　对任意 BL-代数, 下列条件等价:

(1) F 是正蕴涵滤子;

(2) F 是布尔滤子;

(3) L/F 是布尔代数.

证明　(1)$\Rightarrow$(2) 假设 F 是正蕴涵滤子. 对 $\forall x \in L$, 有 $(\neg x \to x) \to [\neg x \to (\neg x \to x) \otimes \neg x] = [(\neg x \to x) \otimes \neg x] \to [(\neg x \to x) \otimes \neg x] = 1 \in F$, $[(\neg x \to x) \otimes \neg x] \to x = 1 \in F$, 因此 $(\neg x \to x) \to x \in F$. 特别地, $(\neg\neg x \to \neg x) \to \neg x \in F$.

可知 $\neg\neg x \otimes [(\neg\neg x \to \neg x) \to \neg x] \otimes (\neg\neg x \to \neg x) \leqslant \neg\neg x \otimes \neg x = 0$, 因此 $(\neg\neg x \to \neg x) \to \neg x \leqslant \neg[\neg\neg x \otimes (\neg\neg x \to \neg x)] = \neg(\neg\neg x \wedge \neg x) = \neg\neg(\neg x \vee x)$ 蕴

涵 $[(\neg\neg x \rightarrow \neg x) \rightarrow \neg x] \rightarrow \neg\neg(\neg x \vee x) \in F$. 由定义得 $[(\neg\neg x \rightarrow \neg x) \rightarrow \neg x] \rightarrow (\neg x \vee x) \in F$, 从而 $\neg x \vee x \in F$, 即 F 是布尔滤子.

(2)⇒(1) 假设 F 是布尔滤子. 如果 $x \rightarrow (\neg z \rightarrow y) \in F$, $y \rightarrow z \in F$, 则 $\neg z \otimes x \rightarrow y \in F$, 且 $(\neg z \otimes x \rightarrow y) \otimes (y \rightarrow z) \leqslant \neg z \otimes x \rightarrow z = \neg z \rightarrow (x \rightarrow z) \in F$.

由 $z \rightarrow (x \rightarrow z) = 1 \in F$, 得 $[\neg z \rightarrow (x \rightarrow z)] \wedge [z \rightarrow (x \rightarrow z)] = (\neg z \vee z) \rightarrow (x \rightarrow z) \in F$, 因此 $x \rightarrow z \in F$. 即 F 是正蕴涵滤子, 则 (1) 与 (2) 是等价的.

最后, 因为 L/F 是 BL-代数, 其是具有最小元 $0/F$ 和最大元 $1/F$ 的分配格. 如果 $1/F = [x/F] \vee \neg[x/F] = [x \vee \neg x]/F$, 则 $0/F = [x/F] \wedge \neg[x/F]$. 这表明 (2) 与 (3) 是等价的.

定理 2.1.8 对任意 BL-代数, 下列条件等价:

(1) F 是极大布尔滤子;

(2) F 是素布尔滤子;

(3) F 是真滤子且对任意 $x \in L$, 有 $x \in F$ 或 $\neg x \in F$.

证明 由极大滤子是素滤子, 知 (1) 蕴涵 (2).

如果 (2) 成立, 则对 $\forall x \in L$, 有 $x \vee \neg x \in F$. 又因 F 是素滤子, 则 $x \in F$ 或 $\neg x \in F$. 因此 (3) 成立.

如果 (3) 成立, 则对 $\forall x \in L$, 有 $x, \neg x \leqslant x \vee \neg x \in F$, 从而 F 是布尔滤子, F 也是极大滤子. 事实上, 如果存在 $x \in L$ 但 $x \notin F$, 则由 $\neg x \in F$ 知存在正整数 n, 使得 $\neg(x^n) \in F$ 成立, 这里的 $n = 1$.

定义 2.1.12 设 F 是 BL-代数 L 的真滤子, 定义

$$F^- = \{x \in L| \ 存在 \ y \in F \ 使得 \ x \leqslant \neg y\}.$$

由此可知 $\{0, 1\} \subset F \cup F^-$, $F \cap F^- = \varnothing$.

命题 2.1.6 对 BL-代数 L 的任意真滤子 F, $F \cup F^-$ 是 L 的子 BL-代数.

显然, F 是 BL-代数 $F \cup F^-$ 的极大滤子. 又对 $\forall x \in F \cup F^-$, 有 $x \vee \neg x \in F$, 因此 F 是 $F \cup F^-$ 的布尔滤子.

定义 2.1.13[26] 称 BL-代数 L 是二部的 (bipartite), 若存在 L 的极大滤子 M, 使得

$$L = M \cup M^-.$$

定理 2.1.9 BL-代数 L 有真布尔滤子当且仅当 L 是二部的.

证明 如果存在极大滤子 M, 使得 $L = M \cup M^-$, 显然 M 是真滤子, 而且对 $\forall x \in L$, 如果 $x \notin M$, 则 $x \in M^-$, 从而 $\neg x \in M$, 则 $x, \neg x \leqslant x \vee \neg x \in M$, 表明 M 是布尔滤子.

反之, 假设 L 有真布尔滤子 F, 则 F 可生成极大滤子 M, 显然 M 也是布尔滤子. 由定理 2.1.8(3), 如果 $x \notin M$, 则 $\neg x \in M$, 且 $x \leqslant \neg\neg x$, 故有 $x \in M^-$. 因此 $L = M \cup M^-$.

在 BL-代数 L 中引入如下记号:

$$B(L) = \cap\{F | F \text{ 是 } L \text{ 的布尔滤子}\},$$

显然, $B(L)$ 是非空的且是最小的布尔滤子.

命题 2.1.7 对任何 BL-代数 L, $B(L) = \langle \sup L \rangle$, 这里 $\sup L = \{x \vee \neg x | x \in L\}$.

证明 我们知道 $\langle \sup L \rangle$ 是由 $\sup L$ 生成的滤子, 由 $\sup L$ 的定义知, $\langle \sup L \rangle$ 是布尔滤子, 故有 $B(L) \subset \langle \sup L \rangle$.

另一方面, 有 $\langle \sup L \rangle = \{y \in L | \text{ 存在 } z_1, \cdots, z_n \in \sup L, \text{ 使得 } z_1 \otimes \cdots \otimes z_n \leqslant y\}$, 如果 $y \in \langle \sup L \rangle$, 则存在 $x_1, \cdots, x_n \in L$, 使得 $(x_1 \vee \neg x_1) \otimes \cdots \otimes (x_n \vee \neg x_n) \leqslant y$. 因为 $B(L)$ 是布尔滤子, 所以 $(x_1 \vee \neg x_1) \otimes \cdots \otimes (x_n \vee \neg x_n) \in B(L)$, 因此 $y \in B(L)$, 从而 $\langle \sup L \rangle \subset B(L)$.

定义 2.1.14[26] 称 BL-代数 L 是强二部的 (strongly bipartite), 如果对 L 的任意极大滤子 M, 有 $L = M \cup M^-$.

定义 2.1.15 在 BL-代数 L 中, 令

$$\mathrm{Max}(L) = \{F | F \text{ 是 } L \text{ 的极大滤子}\}.$$

(1) 称 $\mathrm{Rad}(L) = \cap\{F | F \in \mathrm{Max}(L)\}$ 为 L 的根.

(2) 称 L 是半单 BL-代数, 若 $\mathrm{Rad}(L) = \{1\}$.

定理 2.1.10 对任何 BL-代数 L, 下列条件等价:

(1) L 是强二部的;

(2) L 的任意极大滤子是布尔滤子;

(3) $B(L) \subset \mathrm{Rad}(L)$.

证明 假设 (1) 成立且 M 是极大滤子. 令 $x \in L$, 如果 $x \notin M$, 则 $x \in M^-$, 从而 $\neg x \in M$. 又 $x, \neg x \leqslant x \vee \neg x$, 可知 $x \vee \neg x \in M$. 所以 M 是布尔滤子, 即 (2) 成立. 反之, 假设对任意极大滤子 M 是布尔滤子, 则 $\forall x \in L$, 有 $x \vee \neg x \in M$. 又 M 是素滤子, 假设 $x \notin M$, 则 $\neg x \in M$. 由 $x \leqslant \neg\neg x$ 和 M^- 的定义, 知 $x \in M^-$. 因此 $x \in M^-$. 所以 $L = M \cup M^-$, 即 (1) 与 (2) 等价.

假设 (2) 成立, 设 $x \in \langle \sup L \rangle = B(L)$, 则存在 $z_1, \cdots, z_n \in L$, 使得 $(z_1 \vee \neg z_1) \otimes \cdots (z_n \vee \neg z_n) \leqslant x$, 由任何极大滤子 M 是布尔滤子的假设, 知 $z_i \vee \neg z_i \in M$, $i = 1, 2, \cdots, n$, 因此 $(z_1 \vee \neg z_1) \otimes \cdots \otimes (z_n \vee \neg z_n) \in M$, 则对任意极大滤子 M 有

$x \in M$, 从而 $x \in \mathrm{Rad}(L)$, 即 $B(L) \subset \mathrm{Rad}(L)$, 从而 (3) 成立. 反之, 对任意极大滤子 M, 若 $B(L) \subset \mathrm{Rad}(L) \subset M$, 则 M 是布尔滤子. 所以 (2) 与 (3) 是等价的.

在 BL-代数中引入以下记号:

$$D(L) = \{x \in L | \mathrm{ord}(x) = \infty\},$$
$$D(L)^* = \{x \in L | \mathrm{ord}(x) < \infty\}.$$

定义 2.1.16 称 BL-代数 L 是局部的, 若其有唯一的极大滤子.

定理 2.1.11 对任何 BL-代数 L, 下列条件等价:

(1) $D(L)$ 是滤子;

(2) $\langle D(L) \rangle$ 是真滤子;

(3) L 是局部的;

(4) $D(L)$ 是 L 中唯一的极大滤子;

(5) 如果对 $\forall n \in \mathbf{N}$, 有 $x^n, y^n \neq 0$, 则对 $\forall n \in \mathbf{N}$, 有 $x^n \otimes y^n \neq 0$. 等价地, 对 $\forall x, y \in L$, 若 $x \otimes y \in D(L)^*$, 则 $x \in D(L)^*$ 或 $y \in D(L)^*$.

证明 (1)⇔(2). 易见 $\langle D(L) \rangle = D(L)$, 因为 $0 \notin D(L)$, 得 $\langle D(L) \rangle$ 是真滤子. 反之, 如果 $x, x \to y \in D(L) \subset \langle D(L) \rangle$, 则对 $\forall n \in \mathbf{N}$, 有 $x^n, (x \to y)^n \neq 0$, 因此 $0 \neq x^n \otimes (x \to y)^n = [x \otimes (x \to y)]^n \leqslant y^n$, 因此 $y \in D(L)$. 所以 (1) 与 (2) 等价.

(1)⇔(5). 因为 $1^n = 1$, $(x \otimes y)^n = x^n \otimes y^n \leqslant x^n, y^n$, 易知 (1) 与 (5) 等价.

(1)⇒(4). 假设 E 是滤子, 满足 $x \in L$, $x \in E$ 且 $x \notin D(L)$, 则存在 $n \in \mathbf{N}$, 有 $0 = x^n$, 因此 E 不是真滤子. 所以 $D(L)$ 包含 L 的所有真滤子, 即 (4) 成立.

(4)⇒(3). 易证.

(3)⇒(1). 假设 (3) 成立并设 M_0 是 L 的唯一极大滤子. $\forall x \in D(L)$, 生成真滤子 $D_x = \{x^n | n \geqslant 0\}$, 该滤子进一步生成一极大滤子 M_x, 则 $M_x = M_0$, 从而对 $\forall x \in D(L)$, 有 $x \in M_0$, 所以 $D(L) \subset M_0$. 又因为 M_0 是真滤子, 则 $M_0 \subset D(L)$. 所以 $M_0 = D(L)$, 即得 (4) 和 (1) 成立.

2.1.4 蕴涵滤子

定义 2.1.17[28] 设 L 是 BL-代数, $\varnothing \neq F \subset L$, 如果

(1) $1 \in F$;

(2) 对 $\forall x, y, z \in L$, 若 $x \to (y \to z) \in F$, $x \to y \in F$, 则 $x \to z \in F$, 则称 F 为 L 的蕴涵滤子 (implicative filter).

定理 2.1.12 L 的蕴涵滤子是滤子, 反之不真.

证明 设 $x, x \to y \in F$. 对 $\forall z \in A$, $1 \to z = z$, 有 $1 \to (x \to y) \in F$ 和 $1 \to x \in F$. 由定义得 $y = 1 \to y \in F$ 和 $1 \in F$, 因此 F 是滤子.

例 2.1.1 设 $B = \{0, a, b, 1\}$. 定义运算 $\otimes$ 和 $\to$ 如下:

$\otimes$	0	a	b	1
0	0	0	0	0
a	0	0	a	a
b	0	a	b	b
1	0	a	b	1

$\to$	0	a	b	1
0	1	1	1	1
a	a	1	1	1
b	0	a	1	1
1	0	a	b	1

则 $(B, \vee, \wedge, \otimes, \to, 0, 1)$ 是 BL-代数, $F = \{b, 1\}$ 是滤子, 但其不是蕴涵滤子, 因为 $a \to (a \to 0) \in F$, $a \to a \in F$, 但 $a \to 0 \notin F$.

注 例 2.1.1 中的 $(B, \vee, \wedge, \otimes, \to, 0, 1)$ 既不是 Gödel 代数也不是 MV-代数.

定理 2.1.13 [28] 设 F 是 L 的滤子, 则 F 是蕴涵滤子当且仅当对 $\forall a \in L$, $A_a = \{x \in L | a \to x \in F\}$ 是滤子.

证明 设 F 是蕴涵滤子, $a \in L$. 因为 $a \to 1 = 1 \in F$, 所以 $1 \in A_a$. 如果 $x, x \to y \in A_a$, 则 $a \to x \in F$, $a \to (x \to y) \in F$. 由于 F 是蕴涵滤子, 则 $a \to y \in F$, 因此 $y \in A_a$, 所以 A_a 是滤子.

反之, 对 $\forall a \in L$, A_a 是滤子. 设 $x \to (y \to z) \in F$, $x \to y \in F$, 则 $y \to z \in A_x$, $y \in A_x$. 因为 A_x 是滤子, 故有 $z \in A_x$, 从而 $x \to z \in F$. 因此 F 是蕴涵滤子.

定理 2.1.14 设 F 是 BL-代数 L 的非空子集, 则下列条件等价:

(1) F 是蕴涵滤子;

(2) F 是滤子, 且对 $\forall x, y \in L$, 若 $y \to (y \to x) \in F$, 则 $y \to x \in F$;

(3) F 是滤子, 且对 $\forall x, y, z \in L$, 若 $z \to (y \to x) \in F$, 则 $(z \to y) \to (z \to x) \in F$;

(4) 对 $\forall x, y, z \in L$, 若 $1 \in F$, $z \to (y \to (y \to x)) \in F$ 和 $z \in F$, 则 $y \to x \in F$.

证明 (1)$\Rightarrow$(2). 设 F 是蕴涵滤子, 则 F 是滤子. 如果 $y \to (y \to x) \in F$, 由 $y \to y = 1 \in F$, 可知 $y \to x \in F$.

(2)$\Rightarrow$(3). 设 $z \to (y \to x) \in F$, 由 BL-代数的性质, 有 $z \to (z \to ((z \to y) \to x)) = z \to ((z \to y) \to (z \to x)) \geqslant z \to (y \to x)$. 因为 F 是滤子, 得 $z \to (z \to ((z \to y) \to x)) \in F$. 由假设得 $z \to ((z \to y) \to x) \in F$, 从而 $(z \to y) \to (z \to x) \in F$.

(3)$\Rightarrow$(4). 由 F 是滤子知 $1 \in F$. 一方面, 设 $z, z \to (y \to (y \to x)) \in F$, 则 $y \to (y \to x) \in F$. 另一方面, $y \to x = 1 \to (y \to x) = (y \to y) \to (y \to x)$, 由 (3) 成立, 得 $(y \to y) \to (y \to x) = y \to x \in F$.

(4)⇒(1). 易知 F 是滤子. 设 $z \to (y \to x) \in F$, $z \to y \in F$. 由 BL-代数的性质, 有 $z \to (y \to x) = y \to (z \to x) \leqslant (z \to y) \to (z \to (z \to x))$. 由 F 是滤子, 得 $(z \to y) \to (z \to (z \to x)) \in F$, 结合 $z \to y \in F$ 和假设 (4), 得 $z \to x \in F$.

定理 2.1.15 [28] 设 F 是 BL-代数 L 的滤子, 则下列条件等价:

(1) F 是蕴涵滤子;

(2) 对任意 $x \in L$, 有 $x \to x^2 \in F$.

证明 设 F 是蕴涵滤子. 因为 $x \to (x \to x^2) = x^2 \to x^2 = 1 \in F$, $x \to x = 1 \in F$, 由定义得 $x \to x^2 \in F$.

反之, 设 $x \to x^2 \in F$, 又 $x \to (y \to z) \in F$, $x \to y \in F$, 因为 $(x \to (y \to z)) \otimes (x \to y) \otimes x \otimes x \leqslant (y \to z) \otimes y \leqslant z$, 故有 $(x \to (y \to z)) \otimes (x \to y) \leqslant x^2 \to z$, 因此 $x^2 \to z \in F$. 由假设 $x \to x^2 \in F$, 得 $x \to z \in F$. 这意味着 F 是蕴涵滤子.

定理 2.1.16 假设 F 和 G 是 L 的滤子, $F \subset G$. 如果 F 是蕴涵滤子, 则 G 也是蕴涵滤子.

证明 设 $u = z \to (y \to x) \in G$, 则有 $z \to (y \to (u \to x)) = z \to (u \to (y \to x)) = u \to (z \to (y \to x)) = 1$, 因此 $z \to (y \to (u \to x)) \in F$. 由定理 2.1.14(3) 知, $(z \to y) \to (z \to (u \to x)) \in F \subset G$, 又 $(z \to y) \to (z \to (u \to x)) = (z \to y) \to (u \to (z \to x)) = u \to ((z \to y) \to (z \to x))$, 所以 $u \to ((z \to y) \to (z \to x)) \in G$. 因为 $u \in G$ 和 G 是滤子, 则 $(z \to y) \to (z \to x) \in G$, 由定理 2.1.14 知 G 是蕴涵滤子.

定理 2.1.17 对任意 BL-代数 L, 下列条件等价:

(1) L 是 Gödel 代数;

(2) L 的滤子均是蕴涵滤子;

(3) $\{1\}$ 是 L 的蕴涵滤子.

证明 (1)⇒(2). 设 L 是 Gödel 代数, F 是 L 的滤子. 由 Gödel 代数的性质, 有 $y \to (y \to x) = y^2 \to x = y \to x$, 从而若 $y \to (y \to x) \in F$, 则 $y \to x \in F$. 由定理 2.1.14(2), 得 F 是蕴涵滤子.

(2)⇒(3). 易证.

(3)⇒(1). 任给 $x \in L$, 因为 $x \to (x \to x^2) = 1$, $x \to x = 1$, 由 $\{1\}$ 是蕴涵滤子, 得 $x \to x^2 = 1$, 所以 $x \leqslant x^2$, 即 $x = x^2$, 所以 L 是 Gödel 代数.

定理 2.1.18 设 F 是 L 的滤子, 则 F 是蕴涵滤子当且仅当 L/F 是 Gödel 代数.

证明 由定理 2.1.17, 只需证明 F 是 L 蕴涵滤子当且仅当滤子 $\{[1]\}$ 是 L/F 的蕴涵滤子. 设 F 是 L 的蕴涵滤子, $x, y \in L$ 满足 $[y] \to ([y] \to [x]) = [1]$, 则 $y \to (y \to x) \in F$. 由定理 2.1.14, 得 $y \to x \in F$, 因此 $[y] \to [x] = [y \to x] = [1]$, 从而 $\{[1]\}$ 是蕴涵滤子.

反之, 假设 L/F 的每个滤子均是蕴涵滤子, $x, y \in L$ 满足 $y \to (y \to x) \in F$, 则有 $[y] \to ([y] \to [x]) = [y \to (y \to x)] = [1]$. 因为 $\{[1]\}$ 是蕴涵滤子, 由定理 2.1.14, 得 $[y \to x] = [y] \to [x] = [1]$, 即 $y \to x \in F$. 因此 F 是蕴涵滤子.

2.1.5 正蕴涵滤子

定义 2.1.18[28] 设 L 是 BL-代数, $\varnothing \neq F \subset L$, 如果

(1) $1 \in F$;

(2) 对任意 $x, y, z \in L$, 如果 $x \to ((y \to z) \to y) \in F$, $x \in F$, 则 $y \in F$, 则称 F 为 L 的正蕴涵滤子.

命题 2.1.8 BL-代数 L 的正蕴涵滤子是滤子.

证明 设 $x, x \to y \in F$, 则 $x \to ((y \to 1) \to y) = x \to (1 \to y) = x \to y$ 蕴涵 $x \to ((y \to 1) \to y) \in F$. 因为 F 是正蕴涵滤子且 $x \in F$, 故有 $y \in F$.

定理 2.1.19 正蕴涵滤子是蕴涵滤子, 反之不成立.

证明 设 $x \to (y \to z) \in F$, $x \to y \in F$. 由 BL-代数性质, 有 $(x \to y) \to (x \to (x \to z)) \geqslant y \to (x \to z) = x \to (y \to z)$, 因此 $(x \to y) \to (x \to (x \to z)) \in F$. 因为 F 是滤子, 由 $x \to y \in F$, 得 $x \to (x \to z) \in F$. 又由 $((x \to z) \to z) \to (x \to z) \geqslant x \to (x \to z)$, 得 $((x \to z) \to z) \to (x \to z) \in F$, 有 $1 \to (((x \to z) \to z) \to (x \to z)) = (x \to z) \to (x \to z)$. 由 F 是正蕴涵滤子且 $1 \in F$, 得 $x \to z \in F$, 即 F 是蕴涵滤子.

逆命题考虑如下例子.

例 2.1.2 定义 $x \otimes y = \min\{x, y\}$, $x \to y = \begin{cases} 1, & x \leqslant y \\ y, & x > y \end{cases}$, 则 $L = ([0, 1], \wedge, \vee, \otimes, \to, 0, 1)$ 是 BL-代数. $F = \left[\dfrac{1}{2}, 1\right]$ 是蕴涵滤子, 但不是正蕴涵滤子, 因为 $\dfrac{2}{3} \to \left(\left(\dfrac{1}{3} \to \dfrac{1}{4}\right) \to \dfrac{1}{3}\right) = 1 \in F$, $\dfrac{2}{3} \in F$, 而 $\dfrac{1}{3} \notin F$.

定理 2.1.20 设 F 是 L 的滤子, 则 F 是正蕴涵滤子当且仅当对 $\forall x, y \in L$, 有 $(x \to y) \to x \in F$ 蕴涵 $x \in F$.

证明 设 F 是正蕴涵滤子, $(x \to y) \to x \in F$. 因为 $1 \to ((x \to y) \to x) = (x \to y) \to x$, 所以 $1 \to ((x \to y) \to x) \in F$. 由 $1 \in F$, 得 $x \in F$.

反之, 设 $x \in F$, $x \to ((y \to z) \to y) \in F$. 因为 F 是滤子, 所以 $(y \to z) \to y \in F$, 由假设得 $y \in F$.

定理 2.1.21 设 F 是 L 的滤子, 则 F 是正蕴涵滤子当且仅当对 $\forall x, y \in L$, 有 $(x \to y) \to y \in F$ 蕴涵 $(y \to x) \to x \in F$.

证明 设 F 是正蕴涵滤子且 $(x \to y) \to y \in F$, 由 $x \leqslant (y \to x) \to x$ 和 BL-代数的性质, 得 $((y \to x) \to x) \to y \leqslant x \to y$. 现在考虑

$$(x \to y) \to y \leqslant (y \to x) \to ((x \to y) \to x)$$
$$= (x \to y) \to ((y \to x) \to x)$$
$$\leqslant (((y \to x) \to x) \to y) \to ((y \to x) \to x),$$

因此, $(((y \to x) \to x) \to y) \to ((y \to x) \to x) \in F$, 有 $1 \to ((((y \to x) \to x) \to y) \to ((y \to x) \to x)) = (((y \to x) \to x) \to y) \to ((y \to x) \to x)$, 则 $1 \to ((((y \to x) \to x) \to y) \to ((y \to x) \to x)) \in F$, 因为 F 是正蕴涵滤子, 所以 $1 \in F$ 蕴涵 $(y \to x) \to x \in F$.

反之, 设 $z \to ((x \to y) \to x) \in F$, $z \in F$, 只需证明 $x \in F$ 即可. 由 F 是滤子, 得 $(x \to y) \to x \in F$. 又 $(x \to y) \to x \leqslant (x \to y) \to ((x \to y) \to y)$, 因此 $(x \to y) \to ((x \to y) \to y) \in F$. 由 F 是蕴涵滤子, 知 $(x \to y) \to y \in F$. 由假设得 $(y \to x) \to x \in F$. 由 $y \leqslant x \to y$, 利用保序性得 $(x \to y) \to x \leqslant y \to x$, 又 $y \to x \leqslant z \to (y \to x)$, 故有 $(x \to y) \to x \leqslant y \to x \leqslant z \to (y \to x)$. 从而 $z \to (y \to x) \in F$. 因为 $z \in F$ 和 F 是滤子, 故 $y \to x \in F$. 结合本证明中已有的结论, 得 $x \in F$.

定理 2.1.22 设 F 是滤子. F 是正蕴涵滤子当且仅当对任意 $x \in L$, 有

$$(\neg x \to x) \to x \in F.$$

证明 设 F 是正蕴涵滤子. 令 $\alpha = (\neg x \to x) \to x$, 则有

$$(\alpha \to 0) \to \alpha = (((\neg x \to x) \to x) \to 0) \to ((\neg x \to x) \to x)$$
$$= (\neg x \to x) \to ((((\neg x \to x) \to x) \to 0) \to x)$$
$$\geqslant (((\neg x \to x) \to x) \to 0) \to \neg x$$
$$= (((\neg x \to x) \to x) \to 0) \to (x \to 0)$$
$$\geqslant x \to ((\neg x \to x) \to x) = 1 \in F.$$

可得 $\alpha = (\neg x \to x) \to x \in F$.

反之, 假设 $(x \to y) \to x \in F$. 只需证明 $x \in F$ 即可. 因为 $0 \leqslant y$, 故有 $x \to 0 \leqslant x \to y$, 因此 $(x \to y) \to x \leqslant (x \to 0) \to x = \neg x \to x$, 这意味着 $\neg x \to x \in F$. 由条件 $(\neg x \to x) \to x \in F$ 可知 $x \in F$, 所以 F 是正蕴涵滤子.

定理 2.1.23 如果 F 是正蕴涵滤子, G 是滤子, 且 $F \subset G$, 则 G 也是正蕴涵滤子.

证明　由定理 2.1.19, 知 F 是蕴涵滤子. 由定理 2.1.15, 知 G 是蕴涵滤子. 假设 $(y \to x) \to x \in G$, 只需证 $(x \to y) \to y \in G$. 记 $u = (y \to x) \to x$, 因为 $u \to ((y \to x) \to x) = 1 \in F$, F 是蕴涵滤子, 由定理 2.1.14, 得 $(u \to (y \to x)) \to (u \to x) = (y \to (u \to x)) \to (u \to x)$, 因此 $(y \to (u \to x)) \to (u \to x) \in F$. 由定理 2.1.20, 得 $((u \to x) \to y) \to y \in F$, 因此 $((u \to x) \to y) \to y \in G$. 考虑

$$(y \to x) \to x \leqslant (((y \to x) \to x) \to x) \to x$$
$$= (u \to x) \to x$$
$$\leqslant (x \to y) \to ((u \to x) \to y)$$
$$\leqslant ((u \to x) \to y) \to ((x \to y) \to y).$$

由定理 2.1.12, 得 G 是滤子, $((u \to x) \to y) \to ((x \to y) \to y) \in G$. 利用 $((u \to x) \to y) \to y \in G$, 有 $(x \to y) \to y \in G$.

定理 2.1.24　在 BL-代数 L 上, 下列条件等价:

(1) $\{1\}$ 是正蕴涵滤子;

(2) L 的每个滤子是正蕴涵滤子;

(3) $A(a) = \{x \in L | a \leqslant x\}$ 是正蕴涵滤子;

(4) 对任意 $x, y \in L$, 有 $(x \to y) \to x = x$.

证明　由读者自己完成.

定理 2.1.25[28]　设 F 是 BL-代数 L 的滤子, 则下列条件等价:

(1) F 是极大的正蕴涵滤子;

(2) F 是极大的蕴涵滤子;

(3) 对任意 $x, y \in L$, 如果 $x, y \notin F$, 则 $x \to y \in F$ 且 $y \to x \in F$.

证明　证明过程详见文献 [28].

定理 2.1.26　设 F 是 L 的极大 (正) 蕴涵滤子, 则 F 是布尔滤子.

证明　设 $x \notin F$. 因为 $0 \notin F$, 由定理 2.1.25, 有 $\neg x \in F$. 所以, 对任意 $x \in L$, 有 $x \in F$ 或 $\neg x \in F$, 即 F 是布尔滤子.

定理 2.1.27　设 F 是 L 的滤子, 则 F 是正蕴涵滤子当且仅当商代数 L/F 的任意滤子是正蕴涵滤子.

证明　设 F 是正蕴涵滤子, $x, y \in L$, 使得 $([x] \to [y]) \to [x] = 1$, 则 $(x \to y) \to x \in F$, 由定理 2.1.20, 得 $x \in F$, 因此 $[x] = [1]$, 由此得 $\{[1]\}$ 是正蕴涵滤子, 由定理 2.1.24, 知 L/F 的每个滤子是正蕴涵滤子.

反之, 设 $(x \to y) \to x \in F$, 则 $([x] \to [y]) \to [x] = [(x \to y) \to x] = [1]$. 因为 $\{[1]\}$ 是正蕴涵滤子, 由定理 2.1.24, 知 $[x] = [1]$, 即 $x \in F$. 因此 F 是正蕴涵滤子.

推论 2.1.1　设 F 是 L 的极大 (正) 蕴涵滤子, 则 L/F 是布尔代数.

定理 2.1.28 设 F 是 BL-代数 L 的滤子, 则 F 是正蕴涵滤子当且仅当它是布尔滤子.

证明 设 F 是正蕴涵滤子, 则 F 是蕴涵滤子, 因此有 $x \to x^2 \in F$. 因为

$$(x \to \neg x) \to \neg x = (x \to (x \to 0)) \to (x \to 0)$$
$$= (x^2 \to 0) \to (x \to 0)$$
$$\geqslant x \to x^2 \in F,$$

所以 $(x \to \neg x) \to \neg x \in F$. 这蕴涵 $(\neg x \to x) \to x \in F$, 因此 $x \vee \neg x = ((x \to \neg x) \to \neg x) \wedge ((\neg x \to x) \to x) \in F$, 所以 F 是布尔滤子.

反之, 设 F 是布尔滤子, 即 $x \vee \neg x = ((x \to \neg x) \to \neg x) \wedge ((\neg x \to x) \to x) \in F$. 特别地, 这蕴涵着 $(\neg x \to x) \to x \in F$, 因此 F 是正蕴涵滤子.

定理 2.1.29 设 F 是滤子, 则下列条件等价:

(1) F 是布尔滤子;

(2) F 是正蕴涵滤子;

(3) L/F 是布尔代数;

(4) F 是蕴涵演绎系统.

推论 2.1.2 设 F 是 BL-代数 L 的滤子, F 是极大 (正) 蕴涵滤子当且仅当 $L/F \cong \{0,1\}$, 即 L/F 与单布尔代数 $\{0,1\}$ 同态.

2.1.6 奇异滤子

定义 2.1.19[29] 设 F 是 L 的非空子集, 如果

(1) $1 \in F$;

(2) 对任意 $x, y, z \in L$, 如果 $z \to (y \to x) \in F$, $z \in F$, 则 $((x \to y) \to y) \to x \in F$,

则称 F 是奇异滤子 (fantastic filter).

定理 2.1.30[29] BL-代数的奇异滤子是滤子, 但反之不成立.

定理 2.1.31[29] 设 F 是 L 的滤子, 则 F 是奇异滤子当且仅当对任意 $x, y \in F$, 如果 $y \to x \in F$, 则 $((x \to y) \to y) \to x \in F$.

证明 设 F 是奇异滤子, 且 $y \to x \in F$, 则 $1 \to (y \to x) = y \to x \in F$, 故 $1 \in F$ 蕴涵 $((x \to y) \to y) \to x \in F$.

反之, 设 F 是滤子, 且 $z \to (y \to x) \in F$, $z \in F$, 则 $y \to x \in F$. 由假设条件, 得 $((x \to y) \to y) \to x \in F$, 所以 F 是奇异滤子.

定理 2.1.32 设 F 是奇异滤子, G 是滤子, 如果 $F \subset G$, 则 G 是奇异滤子.

证明 设 $x, y \in L$, $y \to x \in G$, 需要证明 $((x \to y) \to y) \to x \in G$.

考虑 $y \to ((y \to x) \to x) = (y \to x) \to (y \to x) = 1 \in F$, 有 $(y \to x) \to (((((y \to x) \to x) \to y) \to y) \to x) = ((((y \to x) \to x) \to y) \to y) \to ((y \to x) \to x)$, 则 $((((y \to x) \to x) \to y) \to y) \to ((y \to x) \to x) \in F \subset G$, 因此 $(((((y \to x) \to x) \to y) \to y) \to x) \in G$. 注意到

$$(((((y \to x) \to x) \to y) \to y) \to x) \to (((x \to y) \to y) \to x)$$
$$\geqslant ((x \to y) \to y) \to (((((y \to x) \to x) \to y) \to y))$$
$$\geqslant (((y \to x) \to x) \to y) \to (x \to y)$$
$$\geqslant x \to ((y \to x) \to x)$$
$$= (y \to x) \to (x \to x)$$
$$= (y \to x) \to 1$$
$$= 1.$$

一方面, 因为 G 是滤子, $1 \in G$, 故有 $(((((y \to x) \to x) \to y) \to y) \to x) \to (((x \to y) \to y) \to x) \in G$. 另一方面, 由 $(((((y \to x) \to x) \to y) \to y) \to x) \in G$, 得 $((x \to y) \to y) \to x \in G$, 即 G 是奇异滤子.

定理 2.1.33[29] BL-代数的正蕴涵滤子是奇异滤子.

证明 设 $x, y \in L$, $y \to x \in F$, 只需证明 $((x \to y) \to y) \to x \in F$.

因为 $x \otimes ((x \to y) \to y) \leqslant x$, 所以有 $x \leqslant ((x \to y) \to y) \to x$. 进一步, 有 $(((x \to y) \to y) \to x) \to y \leqslant x \to y$, 且 $((((x \to y) \to y) \to x) \to y) \to (((x \to y) \to y) \to x) \geqslant (x \to y) \to (((x \to y) \to y) \to x) \geqslant ((x \to y) \to y) \to ((x \to y) \to x) \geqslant y \to x$.

由假设 $y \to x \in F$, 得 $((((x \to y) \to y) \to x) \to y) \to (((x \to y) \to y) \to x) \in F$. 又由 F 是正蕴涵滤子, 得 $((x \to y) \to y) \to x \in F$, 即 F 是奇异滤子.

下面的例子表明, 上述定理的逆命题是不成立的.

例 2.1.3 设 $L = \{0, a, b, 1\}$, 定义运算 $\otimes$ 和 $\to$ 如下:

$\otimes$	0	a	b	1
0	0	0	0	0
a	0	0	0	a
b	0	0	a	b
1	0	a	b	1

$\to$	0	a	b	1
0	1	1	1	1
a	b	1	1	1
b	a	b	1	1
1	0	a	b	1

则 $(L, \wedge, \vee, \otimes, \to, 0, 1)$ 是 BL-代数 (也是 MV-代数), 显然 $F = \{1\}$ 是奇异滤子, 却不是正蕴涵滤子, 因为 $(b \to 0) \to b = a \to b = 1 \in F$, 但 $b \notin F$.

定理 2.1.34　设 F 是 BL-代数 L 的滤子, 则 F 是布尔滤子当且仅当它是蕴涵滤子和奇异滤子.

证明　设 F 是 BL-代数 L 的滤子, 则 F 是布尔滤子当且仅当 L/F 是布尔代数当且仅当 L/F 是 BL-代数, 且对任意 $\alpha \in L/F$, 有 $\neg\neg\alpha = \alpha$, $\alpha^2 = \alpha$ 当且仅当 F 是蕴涵滤子和奇异滤子.

引理 2.1.1　在 BL-代数 L 上, 下列条件等价:

(1) 对任意 $x, y \in L$, 有 $((x \to y) \to y) \to x = y \to x$;

(2) 对任意 $x, y \in L$, 有 $(x \to y) \to y = (y \to x) \to x$;

(3) 如果 $x \to z \leqslant y \to z$, $z \leqslant x$, 则 $y \leqslant x$;

(4) L 是 MV-代数.

定理 2.1.35　设 L 是 BL-代数, 则下列条件等价:

(1) $\{1\}$ 是奇异滤子;

(2) L 的滤子是奇异滤子;

(3) 任给 $x, y \in L$, 有 $((x \to y) \to y) \to x = y \to x$.

证明　(1)⇔(2) 和 (3)⇒(1) 是显然的. 下面证明 (1)⇒(3).

设 $\{1\}$ 是奇异滤子且 $a = (y \to x) \to x$, 则 $y \to a = y \to ((y \to x) \to x) = (y \to x) \to (y \to x) = 1 \in \{1\}$, 因此 $((a \to y) \to y) \to a = 1$, 即 $(a \to y) \to y \leqslant a$. 因为 $x \leqslant a$, 所以有 $a \to y \leqslant x \to y$, 由此得 $(x \to y) \to y \leqslant (a \to y) \to y$. 由 $1 = ((a \to y) \to y) \to a \leqslant ((x \to y) \to y) \to a$, 得 $((x \to y) \to y) \to ((y \to x) \to x) = ((x \to y) \to y) \to a = 1$, 即 $(x \to y) \to y \leqslant (y \to x) \to x$. 同理, 得 $(y \to x) \to x \leqslant (x \to y) \to y$. 所以, $(x \to y) \to y = (y \to x) \to x$. 由上述引理, 得 $((x \to y) \to y) \to x = y \to x$.

定理 2.1.36　设 F 是 L 的滤子. F 是奇异滤子当且仅当商代数 L/F 的任意滤子是奇异滤子.

证明　证明过程同定理 2.1.25, 由读者自己完成.

2.2　BL-代数上的 n 重滤子

文献 [30] 在基本逻辑公理 (B1)~(B8) 的基础上, 通过添加公理, 给出了 "n 重蕴涵基本逻辑", 并描述了其代数语义——n 重蕴涵 BL-代数及其完备性; 进一步在 BL-代数上提出了 n 重蕴涵滤子, 引发了相关 n 重滤子的研究, 丰富了滤子理论. 本节简要介绍几类 n 重滤子及其性质和关系, 主要参考文献 [31]~[34].

2.2.1　n 重蕴涵滤子

定义 2.2.1　设 $(L, \wedge, \vee, \otimes, \to, 0, 1)$ 是 BL-代数, 如果任给 $x \in L$, 有 $x^{n+1} = x^n$, 这里 $x^{n+1} = x \otimes x^n$, $x^1 = x$, 则称 L 为 n 重蕴涵 BL-代数.

由 Gödel 代数与 BL-代数的定义, 可知 1 重蕴涵 BL-代数即 Gödel 代数.

定义 2.2.2[31] 设 F 是 BL-代数 L 的非空子集, 如果

(1) $1 \in F$;

(2) 任给 $x, y, z \in L$, 有 $x^n \to (y \to z) \in F$, $x^n \to y \in F$ 蕴涵 $x^n \to z \in F$,
则称 F 为 L 的 n 重蕴涵滤子.

定理 2.2.1 BL-代数的任何 n 重蕴涵滤子是滤子.

例 2.2.1 设 $L = \{0, a, b, 1\}$, 定义运算 $\otimes$ 和 $\to$ 如下:

$\otimes$	0	a	b	1		$\to$	0	a	b	1
0	0	0	0	0		0	1	1	1	1
a	0	0	a	a	,	a	a	1	1	1	,
b	0	a	b	b		b	0	a	1	1
1	0	a	b	1		1	0	a	b	1

则 $(L, \wedge, \vee, \otimes, \to, 0, 1)$ 是 BL-代数, 易见 $F = \{b, 1\}$ 是滤子, 但不是 1 重蕴涵滤子, 因为 $a \to (a \to 0) \in F$, $a \to a \in F$, 但 $a \to 0 \notin F$.

定理 2.2.2 任给 $a \in L$, $A(a) = \{x \in L | a \leqslant x\}$ 是滤子当且仅当任给 $x, y \in L$, $a \leqslant x$, $a \leqslant x \to y$ 蕴涵 $a \leqslant y$.

定理 2.2.3 设 $a \in L$. 如果 $A(a)$ 是 n 重蕴涵滤子, 则任给 $x, y \in L$, 有 $a^{n+1} \to (x \to y) = 1$, $a^{n+1} \to x = 1$ 蕴涵 $a^{n+1} \to y = 1$.

证明 设 $A(a)$ 是 n 重蕴涵滤子, $a^{n+1} \to (x \to y) = 1$, $a^{n+1} \to x = 1$. 因为 $a \to (a^n \to (x \to y)) = a^{n+1} \to (x \to y) = 1$, 所以 $a^n \to (x \to y) \in A(a)$. 同理, 得 $a^n \to x \in A(a)$. 由 $A(a)$ 是 n 重蕴涵滤子, 得 $a^n \to y \in A(a)$, 即 $a \leqslant a^n \to y$. 因此 $a^{n+1} \to y = 1$.

定理 2.2.4 设 F 是 L 的滤子, 任给 $x, y, z \in L$, 则下列条件等价:

(1) F 是 n 重蕴涵滤子;

(2) $x^n \to x^{2n} \in F$;

(3) $x^{n+1} \to y \in F$ 蕴涵 $x^n \to y \in F$;

(4) $x^n \to (y \to z) \in F$ 蕴涵 $(x^n \to y) \to (x^n \to z) \in F$.

定理 2.2.5 设 F 是 L 的滤子, 如果 F 是 n 重蕴涵滤子, 则 F 是 $(n+1)$ 重蕴涵滤子.

证明 设 $x, y \in L$, 有 $x^{n+2} \to y \in F$. 因为 $x^{n+1} \to (x \to y) = x^{n+2} \to y$, 由 F 是 n 重蕴涵滤子结合定理 2.2.4(3), 得 $x^n \to (x \to y) \in F$, 因此 $x^{n+1} \to y \in F$. 再由定理 2.2.4(3), 得 F 是 $(n+1)$ 重蕴涵滤子.

下面的例子表明定理 2.2.5 的逆命题不成立.

例 2.2.2 设 $L = \{0, a, b, 1\}$. 定义运算 $\otimes$ 和 $\to$ 如下:

$\otimes$	0	a	b	1
0	0	0	0	0
a	0	0	0	a
b	0	0	a	b
1	0	a	b	1

$\to$	0	a	b	1
0	1	1	1	1
a	b	1	1	1
b	a	b	1	1
1	0	a	b	1

则 $(L, \wedge, \vee, \otimes, \to, 0, 1)$ 是 BL-代数. 容易验证 $\{1\}$ 是 3 重蕴涵滤子, 但不是 2 重蕴涵滤子, 因为 $b^3 \to 0 = 1 \in \{1\}$, $b^2 \to 0 = b \neq 1$.

推论 2.2.1 在 n 重蕴涵 BL-代数上, 滤子和 n 重蕴涵滤子是等价的.

定理 2.2.6 L 是 n 重蕴涵 BL-代数当且仅当 $\{1\}$ 是 L 的 n 重蕴涵滤子.

证明 设 L 是 n 重蕴涵 BL-代数, 则任给 $x \in L$, 有 $x^{n+1} = x^n$, 从而 $x^{n+2} = x^{n+1} \otimes x = x^n \otimes x = x^{n+1} = x^n$. 同理, 可得 $x^{2n} = x^n$, 即 $x^n \to x^{2n} = 1 \in \{1\}$. 因此 $\{1\}$ 是 n 重蕴涵滤子.

反之, 设 $\{1\}$ 是 n 重蕴涵滤子, 因为 $x^n \to (x^n \to x^{n+1}) = x^{2n} \to x^{n+1} = 1 \in \{1\}$, $x^n \to x^n = 1 \in \{1\}$, 所以 $x^n \to x^{n+1} \in \{1\}$, 即 $x^n \to x^{n+1}$. 所以 L 是 n 重蕴涵 BL-代数.

定理 2.2.7 设 F 和 G 是滤子, $F \subset G$. 若 F 是 n 重蕴涵滤子, 则 G 也是 n 重蕴涵滤子.

证明 设 F 是 n 重蕴涵滤子, 则任给 $x \in L$, 有 $x^n \to x^{2n} \in F$, 因此 $x^n \to x^{2n} \in G$, 所以 G 也是 n 重蕴涵滤子.

定理 2.2.8 设 L 是 BL-代数, 则下列条件等价:

(1) L 是 n 重蕴涵 BL-代数;

(2) L 的任何滤子均是 n 重蕴涵滤子;

(3) $\{1\}$ 是 n 重蕴涵滤子;

(4) 任给 $x \in L$, $x^n = x^{2n}$.

定理 2.2.9 设 F 是 L 的滤子, 则 F 是 n 重蕴涵滤子当且仅当 L/F 是 n 重蕴涵 BL-代数.

推论 2.2.2 设 F 是 L 的滤子, 则 F 是 1 重蕴涵滤子当且仅当 L/F 是 Gödel 代数.

2.2.2 n 重正蕴涵滤子

定义 2.2.3 设 L 是 BL-代数, 若任给 $x \in L$, 有 $(x^n \to 0) \to x = x$, 则称 L 为 n 重正蕴涵 BL-代数.

由布尔代数的定义, 可知 1 重正蕴涵 BL-代数即布尔代数.

定理 2.2.10　n 重正蕴涵 BL-代数是 $n+1$ 重正蕴涵 BL-代数.

例 2.2.3　在例 2.2.2 里, 可以验证 L 是 3 重正蕴涵 BL-代数, 但 $(b^2 \to 0) \to b \neq b$, 故 L 不是 2 重正蕴涵 BL-代数.

定义 2.2.4[31]　设 F 是 L 的非空子集. 如果以下条件成立:

(1) $1 \in F$;

(2) 任给 $x, y, z \in L$, 若 $x \to ((y^n \to z) \to y) \in F$, $x \in F$, 则 $y \in F$,

则称 F 为 n 重正蕴涵滤子.

定理 2.2.11　n 重正蕴涵滤子是滤子.

定理 2.2.12　设 F 是 L 的滤子, 则下列条件等价:

(1) F 是 n 重正蕴涵滤子;

(2) 任给 $x \in L$, $(x^n \to 0) \to x \in F$ 蕴涵 $x \in F$;

(3) 任给 $x, y \in L$, $(x^n \to y) \to x \in F$ 蕴涵 $x \in F$.

定理 2.2.13　设 F 是 L 的滤子. 如果 F 是 n 重正蕴涵滤子, 则 F 是 $(n+1)$ 重正蕴涵滤子.

定理 2.2.14　n 重正蕴涵滤子是 n 重蕴涵滤子.

证明　设 F 是 n 重正蕴涵滤子. 由定理 2.2.11 知, F 是滤子.

设 $x, y \in L$, 有 $x^{n+1} \to y \in F$. 因为

$$
(x^{n+1} \to y) \to (x^n \to y)
$$
$$
= (x^{n+1} \to y)^{n-1} \otimes (x^{n+1} \to y) \to (x^n \to y)
$$
$$
= (x^{n+1} \to y)^{n-1} \to (x^{n-1} \to ((x \to (x^n \to y)) \to (x \to y)))
$$
$$
\geqslant (x^{n+1} \to y)^{n-1} \to (x^{n-1} \to (x^n \to y) \to y)
$$
$$
= (x^n \to y) \to ((x^{n+1} \to y)^{n-1} \to (x^{n-1} \to y)).
$$

又可以证明, $(x^n \to y)^2 \to ((x^{n+1} \to y)^{n-2} \to (x^{n-2} \to y)) \leqslant (x^n \to y) \to ((x^{n+1} \to y)^{n-1} \to (x^{n-1} \to y))$. 所以 $(x^{n+1} \to y)^n \to (x^n \to y) \geqslant (x^n \to y)^2 \to ((x^{n+1} \to y)^{n-2} \to (x^{n-2} \to y))$.

重复上面的过程 n 次, 有 $(x^{n+1} \to y)^n \to (x^n \to y) \geqslant (x^n \to y^n)^n \to ((x^{n+1} \to y)^0 \to (x^0 \to y)) = (x^n \to y)^n \to y$. 因此 $((x^n \to y)^n \to y) \to ((x^{n+1} \to y)^n \to (x^n \to y)) = 1$, 从而 $(x^{n+1} \to y)^n \to (((x^n \to y)^n \to y) \to (x^n \to y)) = 1$. 因为 F 是滤子, 由 $x^{n+1} \to y \in F$, 有 $(x^{n+1} \to y)^n \in F$, 所以 $(x^{n+1} \to y)^n \to y \to (x^n \to y) \in F$. 由 F 是 n 重正蕴涵滤子, 得 $x^n \to y \in F$. 因此, 由定理 2.2.4 得 F 是 n 重蕴涵滤子.

下面的例子表明, 定理 2.2.14 的逆命题不成立.

例 2.2.4 设 $L = \{0, a, b, c, 1\}$, 定义运算 $\otimes$ 和 $\rightarrow$ 如下:

$\otimes$	0	c	a	b	1
0	0	0	0	0	0
c	0	c	c	c	c
a	0	c	a	c	a
b	0	c	c	b	b
1	0	c	a	b	1

$\rightarrow$	0	c	a	b	1
0	1	1	1	1	1
c	0	1	1	1	1
a	0	b	1	b	1
b	0	a	a	1	1
1	0	c	a	b	1

则 $(L, \wedge, \vee, \otimes, \rightarrow, 0, 1)$ 是 BL-代数. 容易验证 $F = \{b, 1\}$ 是 2 重蕴涵滤子, 但不是 2 重正蕴涵滤子, 因为 $(a^2 \rightarrow 0) \rightarrow a = 1 \in F$ 但 $a \notin F$.

推论 2.2.3 在 n 重正蕴涵 BL-代数上, n 重正蕴涵滤子和正蕴涵滤子是一致的.

定理 2.2.15 设 L 是 BL-代数, 则下列条件等价:

(1) L 是 n 重正蕴涵 BL-代数;

(2) L 的每个滤子都是 n 重正蕴涵滤子;

(3) $\{1\}$ 是 n 重正蕴涵滤子.

定理 2.2.16 设 F 是 L 的滤子, 则 L/F 是 n 重正蕴涵 BL-代数当且仅当 F 是 n 重正蕴涵滤子.

推论 2.2.4 设 F 是 L 的滤子, 则 L/F 是布尔代数当且仅当 F 是 1 重正蕴涵滤子.

定理 2.2.17[32] 设 F, G 是 L 的滤子, $F \subset G$, 如果 F 是 n 重正蕴涵滤子, 则 G 也是 n 重正蕴涵滤子.

2.2.3 n 重奇异滤子

定义 2.2.5[33] 设 L 是 BL-代数, 若 $\forall x, y \in L$, 有 $((x^n \rightarrow y) \rightarrow y) \rightarrow x = y \rightarrow x$, 则称 L 为 n 重奇异 BL-代数.

例 2.2.5 设 $L = \{0, a, b, 1\}$, 定义运算 $\otimes$ 和 $\rightarrow$ 如下:

$\otimes$	0	a	b	1
0	0	0	0	0
a	0	0	0	a
b	0	0	a	b
1	0	a	b	1

$\rightarrow$	0	a	b	1
0	1	1	1	1
a	b	1	1	1
b	a	b	1	1
1	0	a	b	1

容易验证 L 是 m 重奇异 BL-代数 $(m \geqslant 2)$.

定理 2.2.18[33] n 重奇异 BL-代数是 $n+1$ 重奇异 BL-代数.

例 2.2.6 设 $L = \{0, a, b, c, 1\}$, 定义运算 $\otimes$ 和 $\rightarrow$ 如下:

$\otimes$	0	a	b	c	1
0	0	0	0	0	0
a	0	0	0	0	a
b	0	0	a	a	b
c	0	0	a	a	c
1	0	a	b	c	1

$\rightarrow$	0	a	b	c	1
0	1	1	1	1	1
a	c	1	1	1	1
b	a	c	1	1	1
c	a	c	c	1	1
1	0	a	b	c	1

容易验证 $(L, \wedge, \vee, \otimes, \rightarrow, 0, 1)$ 是 2 重奇异 BL-代数. 由 $((b \rightarrow 0) \rightarrow 0) \rightarrow b \neq 0 \rightarrow b$, 知 L 不是 1 重奇异 BL-代数.

定理 2.2.19 设 L 是 BL-代数, 则下列条件等价:

(1) L 是 n 重奇异 BL-代数;

(2) $(x^n \rightarrow y) \rightarrow y \leqslant (y \rightarrow x) \rightarrow x$;

(3) $x^n \rightarrow z \leqslant y \rightarrow z, z \leqslant x$ 蕴涵 $y \leqslant x$;

(4) $x^n \rightarrow z \leqslant y \rightarrow z, z \leqslant x$ 蕴涵 $y \leqslant x$;

(5) $y \leqslant x$ 蕴涵 $(x^n \rightarrow y) \rightarrow y \leqslant x$.

证明 证明过程参见文献 [33].

定义 2.2.6 设 F 是 L 的非空子集, 如果下列条件成立:

(1) $1 \in F$;

(2) 任给 $x, y, z \in L$, 有 $z \rightarrow (y \rightarrow x) \in F, z \in F$ 蕴涵 $((x^n \rightarrow y) \rightarrow y) \rightarrow x \in F$,

则称 F 为 n 重奇异滤子.

定义 2.2.7[33] 设 F 是 L 的非空子集, 如果下列条件成立:

(1) $1 \in F$;

(2) 任给 $x, y, z \in L$, 有 $z \rightarrow ((y^n \rightarrow x) \rightarrow x) \in F, z \in F$ 蕴涵 $(x \rightarrow y) \rightarrow y \in F$,

则称 F 为弱 n 重奇异滤子.

例 2.2.7 设 $L = \{0, a, b, 1\}$, 定义运算 $\otimes$ 和 $\rightarrow$ 如下:

$\otimes$	0	a	b	1
0	0	0	0	0
a	0	0	a	a
b	0	a	b	b
1	0	a	b	1

$\rightarrow$	0	a	b	1
0	1	1	1	1
a	a	1	1	1
b	0	a	1	1
1	0	a	b	1

则 L 是 BL-代数. 容易验证 $F = \{b, 1\}$ 是 2 重奇异滤子.

定理 2.2.20 n 重奇异滤子是滤子.

例 2.2.8 在例 2.2.7 中, $\{1\}$ 是滤子, 但不是 2 重奇异滤子. 因为 $1 \in \{1\}$, $1 \to (a \to b) \in \{1\}$, 但 $((b^2 \to a) \to a) \to b = b \notin \{1\}$.

定理 2.2.21 设 F 是 L 的滤子, 则

(1) F 是 n 重奇异滤子当且仅当任给 $x,y \in L$, $y \to x \in F$ 蕴涵 $((x^n \to y) \to y) \to x \in F$;

(2) F 是弱 n 重奇异滤子当且仅当任给 $x,y \in L$, $(y^n \to x) \to x \in F$ 蕴涵 $((x \to y) \to y) \to x \in F$.

证明 设 F 是 n 重奇异滤子, $x,y \in L$, 有 $y \to x \in F$, 则 $1 \to (y \to x) = y \to x \in F$, $1 \in F$. 由定义 2.2.6, 得 $((x^n \to y) \to y) \to x \in F$.

反之, 设 F 是滤子, 且任给 $x,y \in L$, $y \to x \in F$ 蕴涵 $((x^n \to y) \to y) \to x \in F$. 如果 $z \to (y \to x) \in F$, $z \in F$, 由滤子的定义 $y \to x \in F$, 得 $((x^n \to y) \to y) \to x \in F$. 因此, F 是 n 重奇异滤子.

同理, 可以证明 (2).

定理 2.2.22 设 F, G 是 L 的滤子, $F \subset G$, 如果 F 是 n 重奇异滤子, 则 G 也是 n 重奇异滤子.

推论 2.2.5 BL-代数的任何滤子均是 n 重奇异滤子当且仅当 $\{1\}$ 是 n 重奇异滤子.

定理 2.2.23 n 重奇异滤子是 $(n+1)$ 重奇异滤子.

下例表明, 定理 2.2.23 的逆命题不成立.

例 2.2.9 在例 2.2.6 中, 容易验证 $F = \{1\}$ 是 2 重奇异滤子, 但不是 1 重奇异滤子. 因为 $0 \to b = 1 \in F$, 但 $((b \to 0) \to 0) \to b = c \notin F$.

定理 2.2.24 F 是 L 的 n 重奇异滤子当且仅当商代数 L/F 的每个滤子均是 n 重奇异滤子.

定理 2.2.25 L 是 n 重奇异 BL-代数当且仅当 $\{1\}$ 是 n 重奇异滤子.

定理 2.2.26 n 重奇异滤子是弱 n 重奇异滤子.

定理 2.2.27 设 F 是 L 的滤子, F 是 n 重正蕴涵滤子当且仅当 F 是 n 重蕴涵滤子和 n 重奇异滤子.

证明 设 F 是 n 重蕴涵滤子和 n 重奇异滤子, 且 $(x^n \to 0) \to x \in F$. 因为 $x^n \to x^{2n} \leqslant (x^{2n} \to 0) \to (x^n \to 0)$, 由定理 2.2.4, 得 $(x^{2n} \to 0) \to (x^n \to 0) \in F$. 再由定理 2.2.21(1), 得 $((x^n \to (x^n \to 0)) \to (x^n \to 0)) \to x = ((x^{2n} \to 0) \to (x^n \to 0)) \to x \in F$. 由滤子的定义, 得 $x \in F$. 所以 F 是 n 重正蕴涵滤子.

反之, 考虑 $x, y \in L$, $y \to x \in F$, 令 $k = ((x^n \to y) \to y) \to x$, 则

$$(k^n \to y) \to k = (k^n \to y) \to (((x^n \to y) \to y) \to x)$$

$$= ((x^n \to y) \to y) \to ((k^n \to y) \to x)$$

$$\geqslant ((x^n \to y) \to y) \to ((x^n \to y) \to x)$$

$$\geqslant y \to x \in F.$$

因此 $(k^n \to y) \to k \in F$, 由定理 2.2.12, 知 $k = ((x^n \to y) \to y) \to x \in F$, 即 F 是 n 重奇异滤子.

例 2.2.10 在例 2.2.6 中, $\{1\}$ 是 2 重奇异滤子, 但不是 2 重正蕴涵滤子. 因为 $(c^2 \to 0) \to c = 1, c \neq 1$.

在例 2.2.7 中, $F = \{a, b\}$ 是 1 重奇异滤子, 但不是 1 重蕴涵滤子. 因为 $a \to (a \to 0) \in F, a \to a \in F$, 但 $a \to 0 \notin F$.

例 2.2.11 设 $L = \{0, a, b, c, 1\}$, 定义运算 $\otimes$ 和 $\to$ 如下:

$\otimes$	0	a	b	c	1		$\to$	0	a	b	c	1
0	0	0	0	0	0		0	1	1	1	1	1
c	0	c	c	c	c		c	0	1	1	1	1
a	0	c	a	c	a		a	0	b	1	b	1
b	0	c	c	b	b		b	0	a	a	1	1
1	0	a	b	c	1		1	0	a	b	c	1

则 $(L, \wedge, \vee, \otimes, \to, 0, 1)$ 是 BL-代数. 容易验证 $F = \{b, 1\}$ 是 2 重蕴涵滤子, 但不是 2 重奇异滤子. 因为 $0 \to c \in F$, 但 $((c^2 \to 0) \to 0) \to c = c \notin F$.

2.2.4 n 重布尔滤子

定义 2.2.8 设 L 是 BL-代数, 如果任给 $x \in L$, 存在 $m \geqslant 1$, 使得 $x \vee \neg x^m = 1$, 则称 L 是超阿基米德 (hyper-Archimedean) 的.

定义 2.2.9[34] 设 F 是 L 的滤子, 如果任给 $x \in L$, 有 $x \vee \neg x^n \in F$, 则称 F 为 n 重布尔滤子.

定理 2.2.28[34] n 重布尔滤子是极大滤子.

推论 2.2.6 如果 F 是 n 重布尔滤子, 则 L/F 是局部有限 MV-代数.

推论 2.2.7 如果 $F = \{1\}$ 是 L 的 n 重布尔滤子, 则 L 是超阿基米德 MV-代数.

推论 2.2.8 n 重正蕴涵滤子是极大滤子.

定理 2.2.29 n 重布尔滤子是 n 重正蕴涵滤子.

证明 设 F 是 n 重布尔滤子, 则任给 $x \in L$, 有 $x \vee \neg x^n \in F$. 因为 $x \vee \neg x^n = [(x \to \neg x^n) \to \neg x^n] \wedge [(\neg x^n \to x) \to x] \leqslant (\neg x^n \to x) \to x$, 所以 $(\neg x^n \to x) \to x \in F$. 因此, 如果 $\neg x^n \to x \in F$, 则 $x \in F$, 所以 F 是正蕴涵滤子.

推论 2.2.9 n 重正蕴涵 BL-代数是超阿基米德 MV-代数.

定义 2.2.10 设 F 是 L 的滤子, 如果任给 $x, y, z \in L$, $z \to ((y^n \to x) \to x) \in F$, $z \in F$ 蕴涵 $(x \to y) \to y \in F$, 则称 F 是 n 重正规滤子.

定理 2.2.30 设 F 是 L 的滤子, F 是 n 重正规滤子当且仅当任给 $x, y \in L$, $(y^n \to x) \to x \in F$ 蕴涵 $(x \to y) \to y \in F$.

定理 2.2.31 n 重正蕴涵滤子是 n 重正规滤子.

证明 设 F 是 n 重正蕴涵滤子, $(x^n \to y) \to y \in F$, 需要证明 $(y \to x) \to x \in F$. 由 $y \leqslant (y \to x) \to x$, 得 $(x^n \to y) \to y \leqslant (x^n \to y) \to [(y \to x) \to x]$. 又由 $x \leqslant (y \to x) \to x$, 得 $x^n \leqslant [(y \to x) \to x]^n$, 因此 $(x^n \to y) \to [(y \to x) \to x] \leqslant [((y \to x) \to x)^n \to y] \to [(y \to x) \to x]$, 从而 $[((y \to x) \to x)^n \to y] \to [(y \to x) \to x] \in F$. 由定理 2.2.12, 得 $(y \to x) \to x \in F$, 所以 F 是 n 重正规滤子.

定理 2.2.32 n 重正蕴涵滤子是 n 重布尔滤子.

证明 设 F 是 n 重正蕴涵滤子, 则 F 是 n 重蕴涵滤子和 n 重正规滤子. 一方面, $x \in L$, 由 $x^n \leqslant \neg\neg x^n = \neg x^n \to 0$, 有 $x^n \to (\neg x^n \to 0) = 1 \in F$, 因此 $(x^n \to \neg x^n) \to (x^n \to 0) \in F$, 即 $(x^n \to \neg x^n) \to \neg x^n \in F$. 再利用 F 是 n 重正规滤子, 得 $(\neg x^n \to x) \to x \in F$. 另一方面, $x^n \leqslant x$, 因此 $(x^n \to \neg x^n) \to \neg x^n \leqslant (x \to \neg x^n) \to \neg x^n$, 所以 $(x \to \neg x^n) \to \neg x^n \in F$. 从而 $x \vee \neg x^n = [(x \to \neg x^n) \to \neg x^n] \wedge [(\neg x^n \to x) \to x] \in F$, 即 F 是 n 重布尔滤子.

定理 2.2.33 在 BL-代数上, n 重正蕴涵滤子和 n 重布尔滤子是等价的.

推论 2.2.10 在 BL-代数上, n 重布尔滤子等价于 n 重蕴涵滤子和 n 重奇异滤子.

2.3 BL-代数上的模糊滤子

自扎德 (Zadeh) 提出模糊集后, 模糊集的思想就被应用到诸多领域. 作为模糊理想 [35-36] 的对偶概念——模糊滤子的提出不仅是模糊集思想的又一应用, 更为滤子的研究提供了一个新的方向, 极大地丰富了滤子理论. 我国学者刘练珍和李开泰首次在 BL-代数上引入模糊滤子的概念, 并研究了相关性质. 本节对相关理论做简要介绍, 主要参考文献 [37]、[38].

2.3.1 模糊滤子的基本概念

定义 2.3.1 BL-代数 L 上的模糊子集 f 定义为映射 $f: L \to [0, 1]$.

设 f 是 L 上的模糊子集, $t \in [0, 1]$, 称集合 $f_t = \{x \in L | f(x) \geqslant t\}$ 为 f 的水平集. 并定义模糊子集 f 和 g 的序关系如下: $f \leqslant g$ 当且仅当 $f(x) \leqslant g(x)(\forall x \in L)$.

交运算和并运算定义如下: 对 $\forall x \in L$, $(f \vee g)(x) = f(x) \vee g(x)$, $(f \wedge g)(x) = f(x) \wedge g(x)$.

定义 2.3.2[37] 设 f 是 L 的模糊子集, 任给 $t \in [0,1]$, f_t 要么为空集要么是 L 的滤子, 则称 f 为 L 的模糊滤子. L 的所有模糊滤子的集合记为 $\mathrm{FF}(L)$.

例 2.3.1 设 $L = \{0, a, b, 1\}$, 其中 $0 < a < b < 1$. 定义 $x \wedge y = \min\{x, y\}$, $x \vee y = \max\{x, y\}$, 并定义运算 $\otimes$ 和 $\rightarrow$ 如下:

$\otimes$	0	a	b	1
0	0	0	0	0
a	0	0	a	a
b	0	a	b	b
1	0	a	b	1

$\rightarrow$	0	a	b	1
0	1	1	1	1
a	a	1	1	1
b	0	a	1	1
1	0	a	b	1

则 $(L, \wedge, \vee, \otimes, \rightarrow, 0, 1)$ 是 BL-代数. 定义模糊子集 f 为 $f(1) = t_1$, $f(b) = t_2$, $f(0) = f(a) = t_3$ $(0 \leqslant t_3 \leqslant t_2 \leqslant t_1 \leqslant 1)$. 容易验证, 对所有 $t \in [0,1]$, 有

$$
f_t = \begin{cases}
\varnothing, & t > t_1 \\
\{1\}, & t_2 < t \leqslant t_1 \\
\{1, b\}, & t_3 < t \leqslant t_2 \\
L, & t \leqslant t_3
\end{cases}.
$$

显然, $\{1\}$, $\{1, b\}$ 和 L 是滤子. 因此 f 是 L 的模糊滤子.

设 L 是 BL-代数, 则 F 是 L 的滤子当且仅当 F 的特征函数 χ_F 是 L 的模糊滤子.

定理 2.3.1[37] 设 f 是 L 的模糊子集, f 是模糊滤子当且仅当下列条件成立:

(1) 对任意 $x \in L$, 有 $f(1) \geqslant f(x)$;

(2) 任给 $x, y \in L$, 有 $f(y) \geqslant f(x) \wedge f(x \rightarrow y)$.

证明 设 f 是模糊滤子, $x \in L$, 令 $t_0 = f(x)$, 则 $x \in f_{t_0}$, 且 f_{t_0} 是滤子. 因此 $1 \in f_{t_0}$, 即 $f(1) \geqslant t_0 = f(x)$. 设 $x, y \in L$, 且 $t_1 = f(x) \wedge f(x \rightarrow y)$, 则 $x, x \rightarrow y \in f_{t_1}$, 且 f_{t_1} 是滤子, 从而 $y \in f_{t_1}$, 即 $f(y) \geqslant t_1 = f(x) \wedge f(x \rightarrow y)$.

反之, 设 f 满足条件 (1)、(2), 且对任给 $t \in [0,1]$, $f_t \neq \varnothing$, 则存在 $x_0 \in f_t$, 使得 $f(x_0) \geqslant t$. 由 (1) 得 $f(1) \geqslant f(x_0)$, $1 \in f_t$. 如果 $x, x \rightarrow y \in f_t$, 则 $f(x) \geqslant t$, $f(x \rightarrow y) \geqslant t$, 从而利用条件 (2) 得 $f(y) \geqslant t$, 即 $y \in f_t$. 可知 f_t 是滤子, 所以 f 是模糊滤子.

定理 2.3.2[37] 设 f 是 L 的模糊子集, f 是模糊滤子当且仅当任给 $x, y, z \in L$, 如果 $x \rightarrow (y \rightarrow z) = 1$, 则 $f(z) \geqslant f(x) \wedge f(y)$.

证明 设 f 是模糊滤子, 则 $f(z) \geqslant f(y) \wedge f(y \to z)$, $f(y \to z) \geqslant f(x \to (y \to z)) \wedge f(x)$. 如果 $x \to (y \to z) = 1$, 则 $f(y \to z) \geqslant f(1) \wedge f(x) = f(x)$. 因此 $f(z) \geqslant f(y) \wedge f(y \to z) \geqslant f(y) \wedge f(x)$.

反之, 因为任给 $x \in L$, 有 $x \to (x \to 1) = 1$, 则 $f(1) \geqslant f(x) \wedge f(x) = f(x)$. 又由 $(x \to y) \to (x \to y) = 1$, 得 $f(y) \geqslant f(x) \wedge f(x \to y)$. 由定理 2.3.1, 得 f 是模糊滤子.

推论 2.3.1 设 f 是 L 的模糊子集, f 是模糊滤子当且仅当任给 $x, y, z \in L$, 如果 $x \otimes y \leqslant z$, 则 $f(z) \geqslant f(x) \wedge f(y)$.

定理 2.3.3[37] 设 f 是 L 的模糊子集, 则 f 是模糊滤子当且仅当

(1) f 是保序的, 即如果 $x \leqslant y$, 则 $f(x) \leqslant f(y)$.

(2) $f(x \otimes y) \geqslant f(x) \wedge f(y)$.

证明 设 f 是 L 的模糊滤子, 若 $x \leqslant y$, 则 $x \otimes x \leqslant x \leqslant y$. 由推论 2.3.1, 得 $f(y) \geqslant f(x) \wedge f(x) = f(x)$. 因为 $x \otimes y \leqslant x \otimes y$, 由推论 2.3.1, 得 $f(x \otimes y) \geqslant f(x) \wedge f(y)$.

反之, 设 f 是模糊子集且满足条件 (1) 和 (2), 任给 $x, y, z \in L$, 如果 $x \otimes y \leqslant z$, 则 $f(z) \geqslant f(x) \wedge f(y)$. 由推论 2.3.1, 知 f 是模糊滤子.

推论 2.3.2 设 f 是 L 的模糊滤子, $\forall x, y, z \in L$, 则

(1) 若 $f(x \to y) = 1$, 则 $f(x) \leqslant f(y)$;

(2) $f(x \otimes y) = f(x) \wedge f(y)$;

(3) $f(x \wedge y) = f(x) \wedge f(y)$;

(4) $f(x^n) = f(x)$;

(5) $f(0) = f(x) \wedge f(\neg x)$;

(6) $f(x \to z) \geqslant f(x \to y) \wedge f(y \to z)$.

引理 2.3.1 设 f 和 g 是模糊滤子, 则 $f \wedge g$ 是模糊滤子.

证明 设 $x \to (y \to z) = 1$ 对 $\forall x, y, z \in L$ 成立. 因为 f 和 g 是模糊滤子, 则 $f(z) \geqslant f(x) \wedge f(y)$ 且 $g(z) \geqslant g(x) \wedge g(y)$, 从而 $(f \wedge g)(z) = f(z) \wedge g(z) \geqslant f(x) \wedge f(y) \wedge g(x) \wedge g(y) = (f(x) \wedge g(x)) \wedge (f(y) \wedge g(y)) = (f \wedge g)(x) \wedge (f \wedge g)(y)$. 由定理 2.3.2, 得 $f \wedge g$ 是模糊滤子.

推论 2.3.3 设 $f_i (i \in I)$ 是模糊滤子, 则 $\bigwedge\limits_{i \in I} f_i$ 是模糊滤子.

定义 2.3.3[37] 设 f 是 L 的模糊子集, 如果 $f \leqslant g$, g 是模糊滤子, 且对任意模糊滤子 h, $f \leqslant h$ 蕴涵 $g \leqslant h$, 则称 g 为由 f 生成的模糊滤子, 记作 $g = \langle f \rangle$.

定理 2.3.4 设 f 是模糊子集, 则

$$\langle f \rangle(x) = \vee \{ f(a_1) \wedge f(a_2) \wedge \cdots \wedge f(a_n) | x \geqslant a_1 \otimes \cdots \otimes a_n, a_1, \cdots, a_n \in L \}.$$

证明 令 $g(x) = \vee\{f(a_1) \wedge f(a_2) \wedge \cdots \wedge f(a_n) | x \geqslant a_1 \otimes \cdots \otimes a_n, a_1, \cdots, a_n \in L\}$.

首先证明 g 是模糊滤子. 显然, 对 $\forall x \in L$, 有 $g(1) = f(1) \geqslant g(x)$. 设 $x, y \in L$, 如果存在 $s_1, \cdots, s_n, t_1, \cdots, t_m \in L$, 使得 $x \geqslant s_1 \otimes \cdots \otimes s_n$, $x \to y \geqslant t_1 \otimes \cdots \otimes t_m (n, m \in \mathbf{N})$, 则 $y \geqslant x \otimes (x \to y) \geqslant s_1 \otimes \cdots \otimes s_n \otimes t_1 \otimes \cdots \otimes t_m$, 因此 $g(y) \geqslant f(s_1) \wedge \cdots \wedge f(s_n) \wedge f(t_1) \wedge \cdots \wedge f(t_m)$. 又由 $g(x) \wedge g(x \to y) = \vee\{f(a_1) \wedge \cdots \wedge f(a_n) | x \geqslant a_1 \otimes \cdots \otimes a_n, a_1, \cdots, a_n \in L\} \vee \{f(b_1) \wedge \cdots \wedge f(b_m) | x \to y \geqslant b_1 \otimes \cdots \otimes b_m, b_1, \cdots, b_m \in L\} = \vee\{f(a_1) \wedge \cdots \wedge f(a_n) \wedge f(b_1) \wedge \cdots \wedge f(b_m) | x \geqslant a_1 \otimes \cdots \otimes a_n, x \to y \geqslant b_1 \otimes \cdots \otimes b_m, a_1, \cdots, a_n, b_1, \cdots, b_m \in L\}$, 得 $g(x) \wedge g(x \to y) \leqslant g(y)$. 由定理 2.3.1, 得 g 是模糊滤子. 又因为 $x \geqslant x \otimes x$, 所以 $g(x) \geqslant f(x) \wedge f(x) = f(x)$.

然后, 设 h 是模糊滤子且 $f \leqslant h$, 则对 $\forall x \in L$, $g(x) = \vee\{f(a_1) \wedge \cdots \wedge f(a_n) | x \geqslant a_1 \otimes \cdots \otimes a_n, a_1, \cdots, a_n \in L\} \leqslant \vee\{h(a_1) \wedge \cdots \wedge h(a_n) | x \geqslant a_1 \otimes \cdots \otimes a_n, a_1, \cdots, a_n \in L\} \geqslant \vee\{h(x)\} = h(x)$, 从而 g 是 f 生成的模糊滤子.

例 2.3.2 设 L 是例 2.3.1 中的 BL-代数, 定义模糊子集 f 为 $f(1) = 0.8$, $f(a) = f(b) = 0.5, f(0) = 0$. 容易检验由 f 生成的模糊滤子 $\langle f \rangle$ 为 $\langle f \rangle(0) = \langle f \rangle(a) = \langle f \rangle(b) = 0.5, \langle f \rangle(1) = 0.8$.

定理 2.3.5 设 L 是 BL-代数, 则 $(\mathrm{FF}(L), \leqslant, \wedge, \vee, 0, 1)$ 是完备的布劳威尔 (Brouwer) 格, 这里对 $\forall f, g \in \mathrm{FF}(L), f \vee g = \langle f \cup g \rangle, 0(x) = 0, 1(x) = 1$.

2.3.2 模糊素滤子

定义 2.3.4 [37] 设 f 是 L 的非常数的模糊滤子, 如果任给 $t \in [0, 1], f_t = \varnothing$ 或 f_t 是真滤子时为素滤子, 则称 f 是模糊素滤子.

例 2.3.1 中定义的 f 是 BL-代数 L 的模糊素滤子.

定理 2.3.6 [37] 设 f 是 L 的非常数的模糊滤子, f 是模糊素滤子当且仅当任给 $x, y \in L$, 有 $f(x \vee y) \leqslant f(x) \vee f(y)$.

证明 设 f 是 L 的模糊素滤子, $x, y \in L$. 令 $t = f(x \vee y)$, 则 $x \vee y \in f_t$. 由定义 2.3.2, 知 f_t 是 L 的滤子. 如果 $f_t = L$, 则 $x, y \in f_t$. 这意味着 $f(x) \geqslant t = f(x \vee y)$, 知 $f(y) \geqslant t = f(x \vee y)$. 因此 $f(x) \vee f(y) \geqslant f(x \vee y)$. 如果 $f_t \neq L$, 由定义 2.3.4, 知 f_t 是 L 的素滤子. 因此 $x \vee y \in f_t$ 蕴涵 $x \in f_t$ 或 $y \in f_t$, 即 $f(x) \geqslant t = f(x \vee y)$ 或 $f(y) \geqslant t = f(x \vee y)$, 故 $f(x) \vee f(y) \geqslant f(x \vee y)$. 由此得 $f(x \vee y) \leqslant f(x) \vee f(y)$.

反之, 设 f 是 L 的非常数的模糊滤子且满足 $f(x \vee y) \leqslant f(x) \vee f(y)$, 任给 $t \in [0, 1]$, 如果 $f_t \neq \varnothing$, 则 f_t 是滤子. 如果 $f_t \neq L$ 且 $x \vee y \in f_t$, 则 $f(x \vee y) \geqslant t$. 因为 $f(x \vee y) \leqslant f(x) \vee f(y)$, 所以 $f(x) \vee f(y) \geqslant t$, 则 $f(x) \geqslant t$ 或 $f(y) \geqslant t$, 于是 $x \in f_t$ 或 $y \in f_t$, 所以 f_t 是素滤子. 由定义 2.3.4, 知 f 是模糊素滤子.

推论 2.3.4 设 f 是 L 的非常数的模糊滤子，f 是模糊素滤子当且仅当对 $\forall x, y \in L$ 有 $f(x \vee y) = f(x) \vee f(y)$.

定理 2.3.7 设 f 是 L 的非常数的模糊滤子，f 是模糊素滤子当且仅当 $f_{f(1)}$ 是素滤子.

证明 显然，$f_{f(1)} = \{x \in L | f(x) = f(1)\}$. 因为 f 是非常数的模糊滤子，则 $f(0) < f(1)$，即 $0 \notin f_{f(1)}$. 由定义 2.3.4，知 $f_{f(1)}$ 是素滤子，反之，设 $f_{f(1)}$ 是素滤子，则任给 $x, y \in L$，有 $x \to y \in f_{f(1)}$ 或 $y \to x \in f_{f(1)}$. 这意味着 $(x \vee y) \to y = x \to y \in f_{f(1)}$ 或 $(x \vee y) \to x = y \to x \in f_{f(1)}$，于是 $f((x \vee y) \to y) = f(1)$ 或 $f((x \vee y) \to x) = f(1)$. 由定理 2.3.1，得 $f(y) \geqslant f((x \vee y) \to y) \wedge f(x \vee y) = f(x \vee y)$ 或 $f(x) \geqslant f((x \vee y) \to x) \wedge f(x \vee y) = f(x \vee y)$. 因此 $f(x) \vee f(y) \geqslant f(x \vee y)$. 由定理 2.3.6，得 f 是模糊素滤子.

推论 2.3.5 设 L 是 BL-代数，F 是 L 的素滤子当且仅当 χ_F 是模糊素滤子.

定理 2.3.8 设 f 是 L 的非常数的模糊滤子，f 是模糊素滤子当且仅当对 $\forall x, y \in L$，有 $f(x \to y) = f(1)$ 或 $f(y \to x) = f(1)$.

证明 由定理 2.3.7 知，f 是模糊素滤子当且仅当 $f_{f(1)}$ 是素滤子当且仅当 $x \to y \in f_{f(1)}$ 或 $y \to x \in f_{f(1)}$ 当且仅当 $f(x \to y) = f(1)$ 或 $f(y \to x) = f(1)$.

定理 2.3.9 设 f 是 L 的模糊素滤子，g 是 L 的非常数的模糊滤子，如果 $f \leqslant g$，$f(1) = g(1)$，则 g 也是模糊素滤子.

证明 因为 f 是模糊素滤子，则 $f(x \to y) = f(1)$ 或 $f(y \to x) = f(1)$. 如果 $f(x \to y) = f(1)$，由 $f \leqslant g$ 和 $f(1) = g(1)$，得 $g(x \to y) = g(1)$. 类似地，如果 $f(y \to x) = f(1)$，则 $g(y \to x) = g(1)$. 由定理 2.3.8，得 g 是模糊素滤子.

推论 2.3.6 设 f 是 L 的模糊素滤子，$\alpha \in [0, f(1))$，则 $f \vee \alpha$ 也是模糊素滤子，这里 $(f \vee \alpha)(x) = f(x) \vee \alpha$.

证明 首先，证明 $f \vee \alpha$ 是模糊滤子. 任给 $x, y, z \in L$，如果 $x \otimes y \leqslant z$，则 $f(z) \geqslant f(x) \wedge f(y)$. 因此 $(f \vee \alpha)(z) \geqslant (f(x) \wedge f(y)) \vee \alpha = (f(x) \vee \alpha) \wedge (f(y) \vee \alpha) = (f \vee \alpha)(x) \wedge (f \vee \alpha)(y)$. 由推论 2.3.1，得 $f \vee \alpha$ 是模糊滤子.

其次，因为 f 是模糊素滤子且 $\alpha < f(1)$，则 $(f \vee \alpha)(1) = f(1) \vee \alpha = f(1) \neq (f \vee \alpha)(0)$. 这表明 $f \vee \alpha$ 是非常数的模糊滤子.

最后，因为 $(f \vee \alpha)(1) = f(1)$，$f \leqslant f \vee \alpha$，由定理 2.3.9，得 $f \vee \alpha$ 是模糊素滤子.

定理 2.3.10 设 f 是非常数的模糊滤子，$f(1) \neq 1$，则存在模糊素滤子 g，有 $f \leqslant g$.

证明 因为 f 是非常数的模糊滤子，所以 $f_{f(1)}$ 是 L 的真滤子，从而存在一个素滤子 F，使得 $f_{f(1)} \subset F$（见文献 [4] 的定理 2）. 由推论 2.3.5，知 χ_F 是模糊素滤子. 令 $g = \chi_F \vee \alpha$, 这里 $\alpha = \bigvee\limits_{x \in L-F} f(x)$, 则 $\alpha \leqslant f(1) = 1$. 由推论 2.3.6, 得 g 是模糊素滤子且 $f \leqslant g$.

定理 2.3.11 设 f 是 L 的模糊滤子, g 是模糊子集且满足 $g(x \vee y) = g(x) \wedge g(y)$, $\alpha \in [0, f(1))$, 使得 $f \wedge g \leqslant \alpha$, 则存在一个模糊素滤子 h, 使得 $f \leqslant h$ 且 $g \wedge h \leqslant \alpha$.

证明 令 $S = \{x \in L | g(x) \not\leqslant \alpha\}$, $F = \{x \in L | f(x) \not\leqslant \alpha\}$. 如果 $a, b \in S$, 则 $g(a) \not\leqslant \alpha$, $g(b) \not\leqslant \alpha$, 从而 $g(a \vee b) \not\leqslant \alpha$, 因此 $a \vee b \in S$. 这表明 S 是 L 的 $\vee$-闭子集. 又 $\alpha \in [0, f(1))$ 蕴涵 $1 \in F$. 如果 $x, x \to y \in F$, 则 $f(x) \not\leqslant \alpha$, $f(x \to y) \not\leqslant \alpha$, 从而 $f(x) \wedge f(x \to y) \not\leqslant \alpha$, 因为 f 是模糊滤子, 所以 $f(y) \geqslant f(x) \wedge f(x \to y)$, 因此 $f(y) \not\leqslant \alpha$. 于是 $y \in F$, 所以 F 是滤子.

显然, $S \cap F = \varnothing$. 因为 BL-代数一定是伪 BL-代数, 存在一个素滤子 P, 使得 $F \subset P$ 且 $S \cap P = \varnothing$. 令 $h = \chi_P \vee \alpha$, 由推论 2.3.5 和推论 2.3.6, 知 h 是模糊素滤子. 一方面, 如果 $x \in P$, 则 $h(x) = 1 \geqslant f(x)$. 如果 $x \notin P$, 则 $x \notin F$, 因此 $f(x) \leqslant \alpha = h(x)$, 所以 $f \leqslant g$. 另一方面, 如果 $x \in S$, 则 $x \notin P$, 于是 $h(x) = \alpha$, 因此 $(g \wedge h)(x) = g(x) \wedge h(x) \leqslant \alpha$. 如果 $x \notin S$, 则 $g(x) \leqslant \alpha$, 因此 $(g \wedge h)(x) = g(x) \wedge h(x) \leqslant g(x) \leqslant \alpha$, 所以 $g \wedge h \leqslant \alpha$.

定理 2.3.12 设 f 是非常数的模糊滤子, 如果对任意模糊滤子 g 和 h 满足 $g \wedge h \leqslant f$ 蕴涵 $g \leqslant f$ 或 $h \leqslant f$, 则 f 是模糊素滤子.

证明 设 H, G 是 L 的两个滤子, $H \cap G \subset f_{f(1)}$. 倘若 $H \not\subseteq f_{f(1)}$, $G \not\subseteq f_{f(1)}$, 则存在 $x_0, y_0 \in L$, 使得 $x_0 \in H$, $x_0 \notin f_{f(1)}$, $y_0 \in G$, $y_0 \notin f_{f(1)}$. 因此 $f(x_0) < f(1)$, $f(y_0) < f(1)$. 定义模糊子集 g, h 如下:

$$g(x) = \begin{cases} f(1), & x \in G \\ 0, & x \notin G \end{cases}, \quad h(x) = \begin{cases} f(1), & x \in H \\ 0, & x \notin H \end{cases}.$$

显然, g, h 是模糊滤子且 $g \wedge h \leqslant f$. 因为 $h(x_0) = f(1) > f(x_0)$, $g(y_0) = f(1) > f(y_0)$, 因此 $h \not\leqslant f$, $g \not\leqslant f$. 导致矛盾. 这表明 $H \subset f_{f(1)}$ 或 $G \subset f_{f(1)}$, 由文献 [37] 中的定理 2.5 知 $f_{f(1)}$ 是素滤子, 所以 f 是模糊素滤子.

下面的例子表明定理 2.3.12 的逆命题是不成立的.

例 2.3.3 令 L 和 f 如例 2.3.1 中定义, 由 $f_{f(1)} = \{1\}$, $\{1\}$ 是素滤子, 可知 f 是模糊素滤子. 定义对 $\forall x \in L$, $g(x) = t_2$, $h(1) = h(b) = t_1$, $h(a) = h(0) = t_3$, 则 $g \wedge h \leqslant f$, 但是 $g \not\leqslant f$, $h \not\leqslant f$.

定义 2.3.5[37] 设 f 是 L 的模糊滤子, $x \in L$, 定义模糊子集 $f^x : L \to [0, 1]$ 为 $f^x(y) = f(y \to x) \wedge f(x \to y)$, 则称 f^x 为模糊滤子 f 的一个陪集.

例 2.3.4 令 L 和 f 如例 2.3.1 中定义. 容易验证: $f^0(0) = t_1, f^0(a) = f^0(b) = f^0(1) = t_3;$ $f^a(a) = t_1, f^a(0) = f^a(b) = f^a(1) = t_3;$ $f^b(b) = t_1, f^b(0) = f^b(a) = t_3, f^b(1) = t_2;$ $f^1(1) = t_1, f^1(0) = f^1(a) = t_3, f^1(b) = t_2.$

引理 2.3.2 设 f 是模糊滤子, 则 $f^x = f^y$ 当且仅当 $f(x \to y) = f(y \to x) = f(1)$.

证明 如果 $f^x = f^y$, 则 $f^x(x) = f^y(x)$, 即 $f(x \to x) = f(1) = f(x \to y) \wedge f(y \to x)$. 由定理 2.3.1, 得 $f(x \to y) = f(y \to x) = f(1)$. 反之, 设 $f(x \to y) = f(y \to x) = f(1)$, 则由推论 2.3.2, 知 $f(z \to x) \geqslant f(z \to y) \wedge f(y \to x) = f(z \to y)$, $f(z \to y) \geqslant f(z \to x) \wedge f(x \to y) = f(z \to x)$. 这表明 $f(z \to x) = f(z \to y)$. 同理, 可得 $f(x \to z) = f(y \to z)$, 所以 $f^x = f^y$.

推论 2.3.7 设 f 是模糊滤子, 则 $f^x = f^y$ 当且仅当 $x \sim_{f_{f(1)}} y$, 这里 $x \sim_{f_{f(1)}} y$ 表示 $x \to y \in f_{f(1)}$ 且 $y \to x \in f_{f(1)}$.

引理 2.3.3 如果 f 是模糊滤子, 则任给 $z \in [y]_{f_{f(1)}}$, 有 $f^x(z) = f(y \to x) \wedge f(x \to y)$. 特别地, 任给 $z \in f_{f(1)}$, 有 $f^x(x) = f(x)$, 其中 $[y]_{f_{f(1)}} = \{z \in L | z \sim_{f_{f(1)}} y\}$.

证明 设 $z \in [y]_{f_{f(1)}}$, 则 $z \to y \in f_{f(1)}$, $y \to z \in f_{f(1)}$, 因此 $f(z \to y) = f(y \to z) = f(1)$. 因为 $f((z \to x) \to (y \to x)) = f(y \to ((z \to x) \to x)) \geqslant f(y \to z) = f(1)$, 所以 $f((z \to x) \to (y \to x)) = f(1)$. 同理, 可得 $f((y \to x) \to (z \to x)) = f(1)$. 由推论 2.3.2, 得 $f(z \to x) = f(y \to x)$. 类似地, 有 $f(x \to z) = f(x \to y)$. 因此 $f^x(z) = f(y \to x) \wedge f(x \to y)$. 因为 $[1]_{f_{f(1)}} = f_{f(1)}$, 故对任给 $z \in f_{f(1)}$, 有 $f^x(z) = f(1 \to x) \wedge f(x \to 1) = f(x)$.

引理 2.3.4 设 f 是模糊滤子, $x, y, s, t \in L$. 如果 $f^x = f^s$, $f^y = f^t$, 则 $f^{x \vee y} = f^{s \vee t}$, $f^{x \wedge y} = f^{s \wedge t}$, $f^{x \otimes y} = f^{s \otimes t}$, $f^{x \to y} = f^{s \to t}$.

证明 设 f 是模糊滤子, $x, y, s, t \in L$. 如果 $f^x = f^s$, $f^y = f^t$, 由推论 2.3.7, 得 $x \sim_{f_{f(1)}} s$, $y \sim_{f_{f(1)}} t$. 因为 $\sim_{f_{f(1)}}$ 是同余关系, 所以 $x \vee y \sim_{f_{f(1)}} s \vee t$, 因此 $f^{x \vee y} = f^{s \vee t}$. 其他情形类似可证.

设 f 是 L 的模糊滤子, 用 L/f 表示 f 的所有陪集的集合, 即 $L/f = \{f^x | x \in L\}$. 任给 $f^x, f^y \in L/f$, 定义 $f^x \vee f^y = f^{x \vee y}$, $f^x \wedge f^y = f^{x \wedge y}$, $f^x \otimes f^y = f^{x \otimes y}$, $f^x \to f^y = f^{x \to y}$.

引理 2.3.5 设 f 是 L 的模糊滤子, 则 $L/f = (L/f, \wedge, \vee, \otimes, \to, f^0, f^1)$ 是 BL-代数.

证明 证明过程详见文献 [37].

定理 2.3.13[37] 设 f 是 L 模糊滤子. 定义映射 $\mu : L \to L/f$, $\mu(x) = f^x$, 则

(1) μ 是满射同态;

(2) $\text{Ker}(\mu) = f_{f(1)}$;

(3) L/f 是到 BL-代数 $L/f_{f(1)}$ 的同态;

(4) f 是模糊素滤子当且仅当 L/f 是线性序 BL-代数.

定理 2.3.14 *如果 L 是线性序 BL-代数, 则存在一个模糊素滤子 f, 使得 $L \cong L/f$.*

推论 2.3.8 设 L 是 BL-代数, 则 L 是线性序 BL-代数 L/f_i 的次直积, 这里 $f_i (i \in \Gamma)$ 是 L 模糊素滤子.

上述三个命题的证明过程详见文献 [37].

2.3.3 模糊布尔滤子

定义 2.3.6[38] 设 f 是 L 的模糊滤子. 任给 $x \in L$, 若 $f(x \vee \neg x) = f(1)$, 则称 f 为模糊布尔滤子.

设 f 是模糊滤子. 由文献 [38] 中的引理 2.11 和 $x \vee y = ((x \to y) \to y) \wedge ((y \to x) \to x)$, 可得 f 是模糊布尔滤子当且仅当 $f((x \to \neg x) \to \neg x) = f((\neg x \to x) \to x) = f(1)$.

下面的例子表明模糊布尔滤子是存在的.

例 2.3.5 设 $L = \{0, a, b, 1\}$ 是格, 其中 $0 < a < b < 1$. 定义运算 $\otimes$ 和 $\to$ 如下:

$\otimes$	0	a	b	1		$\to$	0	a	b	1
0	0	0	0	0		0	1	1	1	1
a	0	a	a	a	,	a	0	1	1	1	,
b	0	a	a	b		b	0	b	1	1
1	0	a	b	1		1	0	a	b	1

则 $(L, \wedge, \vee, \otimes, \to, 0, 1)$ 是 BL-代数. 定义模糊子集 f 如下: $f(1) = f(a) = f(b) = t_2$, $f(0) = t_1 (0 \leqslant t_1 < t_2 \leqslant 1)$. 容易验证 f 是模糊布尔滤子.

定理 2.3.15[38] 设 f 是 L 的模糊滤子, f 是模糊布尔滤子当且仅当任给 $t \in [0,1]$, f_t 要么是空集要么是 L 的布尔滤子.

证明 设 f 是模糊布尔滤子, 任给 $t \in [0,1]$, $f_t \neq \varnothing$, 则 f_t 是滤子. 因此 $1 \in f_t$, 即 $f(1) \geqslant t$. 由定义 2.3.6, 知 $f(x \vee \neg x) = f(1) \geqslant t$, 即 $x \vee \neg x \in f_t$. 从而 f_t 是布尔滤子.

反之, 设 f 是模糊滤子且任给 $t \in [0,1]$, f_t 要么是空集要么布尔滤子. 因为 $1 \in f_{f(1)}$, 这意味着 $f_{f(1)}$ 是布尔滤子. 因此 $x \vee \neg x \in f_{f(1)}$, 即 $f(x \vee \neg x) = f(1)$. 所以 f 是模糊布尔滤子.

推论 2.3.9 设 f 是 L 的模糊滤子, f 是模糊布尔滤子当且仅当 $f_{f(1)}$ 是布尔滤子.

推论 2.3.10 设 F 是 L 的非空子集. F 是布尔滤子当且仅当 χ_F 是模糊布尔滤子.

定理 2.3.16 设 f, g 是 L 的两个模糊滤子, 满足 $f \leqslant g$, $f(1) = g(1)$. 如果 f 是模糊布尔滤子, 则 g 也是.

证明 设 g 是模糊滤子. 如果 f 是模糊布尔滤子, 则 $f(x \vee \neg x) = f(1)$. 由 $f \leqslant g$ 和 $f(1) = g(1)$, 得 $g(x \vee \neg x) \geqslant g(1)$. 结合模糊滤子的定义, 有 $g(x \vee \neg x) = g(1)$, 所以 g 是模糊布尔滤子.

定义 2.3.7 设 f 是 L 的模糊滤子. 任给 $x, y, z \in L$, 如果 $f(x \to z) \geqslant f(x \to (\neg z \to y)) \wedge f(y \to z)$, 则称 f 为模糊正蕴涵滤子.

注 模糊正蕴涵滤子最早由文献 [38] 提出, 其采用的名字是模糊蕴涵滤子 (fuzzy implicative filter), 为与前文及其他文献名称对应一致, 本节采用定义 2.3.7 中的名称.

定理 2.3.17 设 f 是 L 的模糊滤子, 则下列条件等价:

(1) f 是模糊正蕴涵滤子;

(2) 任给 $x, z \in L$, 有 $f(x \to z) \geqslant f(x \to (\neg z \to z))$;

(3) 任给 $x, z \in L$, 有 $f(x \to z) = f(x \to (\neg z \to z))$;

(4) 任给 $x, y, z \in L$, 有 $f(x \to z) \geqslant f(y \to (x \to (\neg z \to z))) \wedge f(y)$.

证明 (1)$\Rightarrow$(2). 设 f 是模糊正蕴涵滤子, 则由定义 2.3.7, 得 $f(x \to z) \geqslant f(x \to (\neg z \to z)) \wedge f(z \to z)$, 即 $f(x \to z) \geqslant f(x \to (\neg z \to z)) \wedge f(1)$. 从而 $f(x \to z) \geqslant f(x \to (\neg z \to z))$. 因此 (2) 成立.

(2)$\Rightarrow$(3). 因为 $x \to z \leqslant \neg z \to (x \to z) = x \to (\neg z \to z)$, 所以 $f(x \to z) \leqslant f(x \to (\neg z \to z))$. 结合 (2), 得 $f(x \to z) = f(x \to (\neg z \to z))$.

(3)$\Rightarrow$(4). 因为 f 是模糊滤子, 显然有 $f(x \to (\neg z \to z)) \leqslant f(y \to (x \to (\neg z \to z))) \wedge f(y)$, 再由 (3), 得 $f(x \to z) \geqslant f(y \to (x \to (\neg z \to z))) \wedge f(y)$.

(4)$\Rightarrow$(1). 设 f 是模糊滤子且满足 (4), 则 $f(x \otimes \neg z \to y) \wedge f(y \to z) \leqslant f(x \otimes \neg z \to z)$, 即 $f(x \to (\neg z \to y)) \wedge f(y \to z) \leqslant f(x \to (\neg z \to z))$. 又由于 $f(x \to z) \geqslant f(1 \to (x \to (\neg z \to z))) \wedge f(1)$, 即 $f(x \to z) \geqslant f(x \to (\neg z \to z))$, 因此 $f(x \to z) \geqslant f(x \to (\neg z \to y)) \wedge f(y \to z)$. 所以 f 是模糊正蕴涵滤子.

定理 2.3.18 设 f 是 L 的模糊滤子, 则 f 是模糊正蕴涵滤子当且仅当任给 $t \in [0, 1]$, f_t 要么是空集要么是正蕴涵滤子.

推论 2.3.11 设 F 是 L 的非空子集, 则 F 是正蕴涵滤子当且仅当 χ_F 是模糊正蕴涵滤子.

下面的定理建立了模糊布尔滤子与模糊正蕴涵滤子的关系.

定理 2.3.19 设 f 是 L 的模糊滤子, 则 f 是模糊布尔滤子当且仅当 f 是模糊正蕴涵滤子.

证明　设 f 是模糊布尔滤子, 则 $f(x \to z) \geqslant f((z \vee \neg z) \to (x \to z)) \wedge f(z \vee \neg z) = f((z \vee \neg z) \to (x \to z)) \wedge f(1)$, 从而 $f(x \to z) \geqslant f((z \vee \neg z) \to (x \to z))$. 因为 $(z \vee \neg z) \to (x \to z) = (z \to (x \to z)) \wedge (\neg z \to (x \to z)) = \neg z \to (x \to z) = x \to (\neg z \to z)$, 所以 $f(x \to z) \geqslant f(x \to (\neg z \to z))$. 由定理 2.3.17, 得 f 是模糊正蕴涵滤子.

反之, 设 f 是模糊正蕴涵滤子. 由定理 2.3.17, 有 $f((\neg x \to x) \to x) = f((\neg x \to x) \to (\neg x \to x)) = f(1)$, $f((x \to \neg x) \to \neg x) = f((x \to \neg x) \to (\neg \neg x \to \neg x)) = f((x \to \neg x) \to (x \to \neg x)) = f(1)$, 所以 $f(x \vee \neg x) = f((x \to \neg x) \to \neg x) \wedge f((\neg x \to x) \to x) = f(1)$. 这意味着 f 是模糊布尔滤子.

定理 2.3.20　设 f 是 L 的模糊滤子, 则下列条件等价:

(1) f 是模糊布尔滤子;

(2) 任给 $x \in L$, 有 $f(x) = f(\neg x \to x)$;

(3) 任给 $x, y \in L$, 有 $f((x \to y) \to x) \leqslant f(x)$;

(4) 任给 $x, y \in L$, 有 $f((x \to y) \to x) = f(x)$;

(5) 任给 $x, y, z \in L$, 有 $f(x) \geqslant f(z \to ((x \to y) \to x)) \wedge f(z)$.

证明　利用定理 2.3.17 和定理 2.3.19 容易证明, 请读者自己完成.

2.3.4　模糊同余

下面给出 BL-代数上的模糊同余、模糊同余类和模糊商代数等概念.

定义 2.3.8[38]　设 L 是 BL-代数. 任给 $x, y, z \in L$, 如果模糊关系 $\theta : L \times L \to [0, 1]$ 满足下列条件:

(1) $\theta(1, 1) = \theta(x, x)$;

(2) $\theta(x, y) = \theta(y, x)$;

(3) $\theta(x, z) \geqslant \theta(x, y) \wedge \theta(y, z)$;

(4) $\theta(x \otimes z, y \otimes z) \geqslant \theta(x, y)$;

(5) $\theta(x \to z, y \to z) \wedge \theta(z \to x, z \to y) \geqslant \theta(x, y)$,

则称 θ 为 L 上的模糊同余.

定义 2.3.9[38]　设 θ 是 L 上的模糊同余, $x \in L$. 定义 L 上的模糊子集 θ^x 如下:

$$\theta^x(y) = \theta(x, y), \forall y \in L.$$

则称 θ^x 为 L 上模糊同余 θ 诱导的 x 的模糊同余类, 称 $L/\theta = \{\theta^x | x \in L\}$ 为 θ 诱导的模糊商集.

引理 2.3.6　设 θ 是 L 上的模糊同余, 则

(1) 任给 $x, y \in L$, 有 $\theta(1, 1) \geqslant \theta(x, y)$;

(2) θ^1 是模糊滤子.

引理 2.3.7 设 f 是 L 的模糊滤子, 则 $\theta_f(x,y) = f(x \to y) \wedge f(y \to x)$ 是 L 上的模糊同余.

由定义 2.3.8、引理 2.3.6 和引理 2.3.7, 容易验证对 L 上的任意模糊滤子 f 和模糊同余 θ, 有 $f = (\theta_f)^1$ 和 $\theta = \theta_{\theta^1}$ 成立. 可见, 模糊滤子和模糊同余之间存在一一对应关系.

设 f 是 L 的模糊滤子, $x \in L$, 用 f^x 表示 L 上 θ_f 所诱导的 x 的模糊同余类, 同样, 用 L/f 表示 θ_f 所诱导的模糊商集.

引理 2.3.8 设 f 是 L 的模糊滤子, 则 $f^x = f^y$ 当且仅当 $f(x \to y) = f(y \to x) = f(1), \forall x, y \in L$.

证明 设 f 是 L 的模糊滤子, 则 $f^u(v) = \theta_f^u(v) = \theta_f(u,v) = f(u \to v) \wedge f(v \to u)$. 如果 $f^x = f^y$, 则 $f^x(x) = f^y(x)$, 从而 $f(x \to x) = f(1) = f(x \to y) \wedge f(y \to x)$. 因此 $f(x \to y) = f(y \to x) = f(1)$.

反之, 设 $f(x \to y) = f(y \to x) = f(1)$. 因为 $f(x \to z) \geqslant f(x \to y) \wedge f(y \to z), f(y \to z) \geqslant f(y \to x) \wedge f(x \to z)$, 由假设, 得 $f(x \to z) \geqslant f(y \to z), f(y \to z) \geqslant f(x \to z)$, 从而 $f(x \to z) = f(y \to z)$. 同理, 可得 $f(z \to x) = f(z \to y)$. 这意味着 $f^x(z) = f(x \to z) \wedge f(z \to x) = f(y \to z) \wedge f(z \to y) = f^y(z)$. 因此 $f^x = f^y$.

推论 2.3.12 设 f 是模糊滤子, 则 $f^x = f^y$ 当且仅当 $x \sim_{f_{f(1)}} y$, 这里 $x \sim_{f_{f(1)}} y$ 当且仅当 $x \to y \in f_{f(1)}$ 且 $y \to x \in f_{f(1)}$.

定理 2.3.21 设 f 是 L 的模糊滤子. 对 $\forall f^x, f^y \in L/f$, 定义

$$f^x \vee f^y = f^{x \vee y}, f^x \wedge f^y = f^{x \wedge y}, f^x \otimes f^y = f^{x \otimes y}, f^x \to f^y = f^{x \to y},$$

则 $L/f = (L/f, \wedge, \vee, \otimes, \to, f^0, f^1)$ 是 BL-代数.

定理 2.3.22 设 f 是 L 的模糊滤子. 定义映射 $\mu : L \to L/f$ 为 $\mu(x) = f^x$, 则

(1) μ 是满同态;

(2) $\mathrm{Ker}(\mu) = f_{f(1)}$;

(3) L/f 同构于 BL-代数 $L/f_{f(1)}$.

证明 (1) 容易验证.

(2) $x \in \mathrm{Ker}(\mu)$ 当且仅当 $\mu(x) = f^1$ 当且仅当 $f^x = f^1$ 当且仅当 $x \sim_{f_{f(1)}} 1$ 当且仅当 $x \in f_{f(1)}$. 因此 $\mathrm{Ker}(\mu) = f_{f(1)}$.

(3) 由 (1) 和 (2) 显然成立.

定理 2.3.23 设 f 是 L 的模糊滤子, 则下列条件等价:

(1) f 是模糊布尔滤子;

(2) $L/f_{f(1)}$ 是布尔代数;

(3) L/f 是布尔代数.

证明 (2)⇔(3). 由定理 2.3.22 知成立.

(1)⇒(3). 设 f 是模糊布尔滤子, 则 $f(x \vee \neg x) = f(1)$, 由引理 2.3.8, 知 $f^{x \vee \neg x} = f^1$, 即 $f^x \vee f^{\neg x} = f^1$. 这表示 L/f 是布尔代数.

(3)⇒(1). 设 L/f 是布尔代数, 则 $f^x \vee f^{\neg x} = f^1$, 即 $f^{x \vee \neg x} = f^1$. 利用引理 2.3.8, 得 $f(x \vee \neg x) = f(1)$, 从而 f 是模糊布尔滤子.

推论 2.3.13 设 F 是 L 的滤子, 则下列条件等价:

(1) F 是布尔滤子;

(2) F 是正蕴涵滤子;

(3) L/F 是布尔代数;

(4) 对 $\forall x, y \in L$, $x \rightarrow (\neg y \rightarrow y) \in F$ 蕴涵 $x \rightarrow y \in F$;

(5) 对 $\forall x, y, z \in L$, $z \rightarrow (x \rightarrow (\neg y \rightarrow y)) \in F$ 和 $z \in F$ 蕴涵 $x \rightarrow y \in F$;

(6) 对 $\forall x \in L$, $\neg x \rightarrow x \in F$ 蕴涵 $x \in F$;

(7) 对 $\forall x, y \in L$, $(x \rightarrow y) \rightarrow x \in F$ 蕴涵 $x \in F$;

(8) 对 $\forall x, y, z \in L$, $z \rightarrow ((x \rightarrow y) \rightarrow x) \in F$ 和 $z \in F$ 蕴涵 $x \in F$.

2.3.5 模糊蕴涵滤子

定义 2.3.10[38] 设 f 是模糊子集. 如果

(1) $f(1) \geqslant f(x), \forall x \in L$;

(2) $f(x \rightarrow z) \geqslant f(x \rightarrow (y \rightarrow z)) \wedge f(x \rightarrow y), \forall x, y, z \in L$,

则称 f 为模糊蕴涵滤子.

例 2.3.6 设 $L = \{0, a, b, 1\}$, 其中 $0 < a < b < 1$. 定义运算 $\otimes$ 和 $\rightarrow$ 如下:

$\otimes$	0	a	b	1
0	0	0	0	0
a	0	a	a	a
b	0	a	b	b
1	0	a	b	1

$\rightarrow$	0	a	b	1
0	1	1	1	1
a	0	1	1	1
b	0	a	1	1
1	0	a	b	1

则 $(L, \wedge, \vee, \otimes, \rightarrow, 0, 1)$ 是 BL-代数 [38]. 定义模糊子集 f 为 $f(1) = t_2$, $f(b) = f(a) = f(0) = t_1 (0 \leqslant t_1 < t_2 \leqslant 1)$. 容易验证 f 是模糊蕴涵滤子.

定理 2.3.24[38] 模糊蕴涵滤子是模糊滤子.

定理 2.3.25[38] 设 f 是 L 的模糊滤子. 任给 $x, y, z \in L$, 则下列条件等价:

(1) f 是模糊蕴涵滤子;

(2) $f(x \rightarrow y) \geqslant f(x \rightarrow (x \rightarrow y))$;

(3) $f(x \rightarrow y) = f(x \rightarrow (x \rightarrow y))$;

(4) $f(x \to (y \to z)) \leqslant f((x \to y) \to (x \to z))$;

(5) $f(x \to (y \to z)) = f((x \to y) \to (x \to z))$;

(6) $f((x \otimes y) \to z) = f((x \wedge y) \to z)$.

证明 (1)⇒(2)⇒(3)⇒(1). 容易验证.

(1)⇒(4). 设 f 是模糊蕴涵滤子, 则 $f(x \to ((x \to y) \to z)) \geqslant f(x \to ((y \to z) \to ((x \to y) \to z))) \wedge f(x \to (y \to z))$. 因为 $f(x \to ((x \to y) \to z)) = f((x \to y) \to (x \to z))$, $f(x \to ((y \to z) \to ((x \to y) \to z))) = f((y \to z) \to ((x \to y) \to (x \to z))) = f(1)$, 所以 $f(x \to (y \to z)) \leqslant f((x \to y) \to (x \to z))$.

(4)⇒(5). 显然成立.

(5)⇒(6). 因为 $(x \otimes y) \to z = x \to (y \to z)$, $(x \wedge y) \to z = (x \otimes (x \to y)) \to z = (x \to y) \to (x \to z)$, 由 (5) 得 $f((x \otimes y) \to z) = f((x \wedge y) \to z)$.

(6)⇒(1). 设 f 是模糊滤子, 则 $f(x \to (x \to z)) \geqslant f(x \to (y \to z)) \wedge f(x \to y)$. 因为 $f(x \to (x \to z)) = f((x \otimes x) \to z)$, 由 (6) 得 $f(x \to (x \to z)) = f((x \wedge x) \to z) = f(x \to z)$. 因此 $f(x \to z) \geqslant f(x \to (y \to z)) \wedge f(x \to y)$, 所以 f 是模糊蕴涵滤子.

定理 2.3.26 设 f 是模糊子集, f 是模糊蕴涵滤子当且仅当任给 $t \in [0,1]$, f_t 要么是空集要么是蕴涵滤子.

证明 设 f 是模糊蕴涵滤子, 任给 $t \in [0,1]$, $f_t \neq \varnothing$. 设 $x_0 \in f_t$, 即 $f(x_0) \geqslant t$. 又 $f(1) \geqslant f(x_0) \geqslant t$, 即 $1 \in f_t$. 再设 $x \to (y \to z) \in f_t$, $x \to y \in f_t$, 则 $f(x \to (y \to z)) \geqslant t$, $f(x \to y) \geqslant t$, 从而 $f(x \to z) \geqslant t$, 即 $x \to z \in f_t$, 所以 f_t 是蕴涵滤子.

反之, 设任给 $t \in [0,1]$, f_t 要么是空集要么是蕴涵滤子. 因为任给 $x \in L$, 有 $x \in f_{f(x)}$, 所以 $f_{f(x)}$ 是蕴涵滤子. 因此 $1 \in f_{f(x)}$, 即 $f(1) \geqslant f(x)$. 再令 $t = f(x \to (y \to z)) \wedge f(x \to y)$, 则 $x \to (y \to z) \in f_t$, $x \to y \in f_t$. 由 f_t 是蕴涵滤子, 得 $x \to z \in f_t$, 即 $f(x \to z) \geqslant t = f(x \to (y \to z)) \wedge f(x \to y)$, 所以 f 是模糊蕴涵滤子.

推论 2.3.14 设 F 是 L 的非空子集, F 是蕴涵滤子当且仅当 χ_F 是模糊蕴涵滤子.

推论 2.3.15 设 F 是 L 的滤子, 则下列条件等价:

(1) F 是蕴涵滤子;

(2) 对 $\forall x, y \in L$, $x \to (x \to y) \in F$ 蕴涵 $x \to y \in F$;

(3) 对 $\forall x, y \in L$, $x \to (y \to z) \in F$ 蕴涵 $(x \to y) \to (x \to z) \in F$;

(4) 对 $\forall x, y \in L$, $x \otimes y \to z \in F$ 蕴涵 $x \wedge y \to z \in F$.

定理 2.3.27 设 f, g 是两个模糊滤子, 满足 $f \leqslant g, f(1) = g(1)$. 如果 f 是模糊蕴涵滤子, 则 g 也是模糊蕴涵滤子.

定理 2.3.28 模糊布尔滤子是模糊蕴涵滤子, 反之不成立.

证明 设 f 是模糊布尔滤子, 则 $f(x \to z) \geqslant f((x \vee \neg x) \to (x \to z)) \wedge f(x \vee \neg x) = f((x \vee \neg x) \to (x \to z)) \wedge f(1) = f((x \vee \neg x) \to (x \to z))$. 因为 $(x \vee \neg x) \to (x \to z) = (x \to (x \to z)) \wedge (\neg x \to (x \to z)) = x \to (x \to z)$, 所以 $f((x \vee \neg x) \to (x \to z)) = f(x \to (x \to z))$. 所以, $f(x \to z) \geqslant f(x \to (x \to z))$. 由定理 2.3.25, 知 f 是模糊蕴涵滤子.

在例 2.3.6 中, f 是模糊蕴涵滤子. 因为 $f(a \vee \neg a) = f(a) = t_1 \neq t_2 = f(1)$, 所以 f 不是模糊布尔滤子.

推论 2.3.16 每个布尔滤子都是蕴涵滤子.

为描述下面的问题, 定义 $x + y = \neg x \to y$, 记 $1x = x$, $nx = x + (n-1)x$, $\forall n \geqslant 2$.

定理 2.3.29 设 f 是 L 的模糊滤子, f 是模糊布尔滤子当且仅当对 $\forall x \in L$, 有 $f(nx) = f(x)$, $n \geqslant 1$.

证明 结合定理 2.3.20 容易证明, 请读者自己完成.

定理 2.3.30 设 f 是模糊蕴涵滤子, 则 f 是模糊布尔滤子当且仅当 $f((x \to y) \to y) = f((y \to x) \to x)$, $\forall x, y \in L$.

证明 设 f 是模糊布尔滤子. 由 $x \leqslant (y \to x) \to x$, 得 $\neg((y \to x) \to x) \leqslant \neg x \leqslant x \to y$, $(x \to y) \to y \leqslant \neg((y \to x) \to x) \to y \leqslant \neg((y \to x) \to x) \to ((y \to x) \to x)$, 从而 $f(\neg((y \to x) \to x) \to ((y \to x) \to x)) \geqslant f((x \to y) \to y)$. 因为 f 是模糊布尔滤子, 所以 $f((y \to x) \to x) \geqslant f((x \to y) \to y)$. 同理, 可得 $f((x \to y) \to y) \geqslant f((y \to x) \to x)$, 所以 $f((x \to y) \to y) = f((y \to x) \to x)$.

反之, 由条件得 $f((x \to \neg x) \to \neg x) = f((\neg x \to x) \to x)$, 从而 $f(x \vee \neg x) = f((x \to \neg x) \to \neg x)$. 又因为 f 是模糊蕴涵滤子, 由定理 2.3.25, 得 $f((x \to \neg x) \to \neg x) = f((x \to \neg x) \to (x \to 0)) = f(x \to (\neg x \to 0)) = f(x \to \neg \neg x) = f(1)$, 因此 $f(x \vee \neg x) = f(1)$, 所以 f 是模糊布尔滤子.

定理 2.3.31 设 f 是模糊蕴涵滤子, 则 f 是模糊布尔滤子当且仅当 $f(\neg \neg x) = f(x)$, $\forall x \in L$.

证明 必要性是显然的. 下面证明充分性. 因为 f 是模糊蕴涵滤子, 由定理 2.3.25, 有 $f(\neg x \to x) \leqslant f(\neg x \to \neg \neg x) = f(\neg x \to (\neg x \to 0)) = f(\neg x \to 0) = f(\neg \neg x)$. 又因为 $f(\neg \neg x) = f(x)$, 所以 $f(\neg x \to x) \leqslant f(\neg \neg x) = f(x)$. 由定理 2.3.20, 得 f 是模糊布尔滤子.

定义 2.3.11 设 f 是 L 的模糊子集, 若任给 $x, y, z \in L$, 有 $f(((x \to y) \to y) \to x) \geqslant f(z) \wedge f(z \to (y \to x))$, 则称 f 是 L 的模糊奇异滤子.

定理 2.3.32 设 f 是 L 的模糊子集, 则 f 是 L 的模糊奇异滤子当且仅当任给 $t \in [0, 1]$, f_t 要么是空集要么是奇异滤子.

2.4 BL-代数上的广义模糊滤子

作为 BL-代数上模糊滤子的推广, 文献 [39]、[40] 借鉴 $(\in, \in \vee q)$-模糊子群 [41-43] 的思想, 提出了 BL-代数上 $(\in, \in \vee q)$-模糊滤子的概念, 并给出了 $(\in, \in \vee q)$-模糊布尔滤子、$(\in, \in \vee q)$-模糊蕴涵滤子等具体的广义模糊滤子. 文献 [40]、[44] 进一步提出了 $(\in, \in \vee \bar{q})$-模糊滤子等. 本节简要介绍上述知识, 主要参考文献 [39]、[40]、[44].

2.4.1 $(\in, \in \vee q)$-模糊滤子

定义 2.4.1 [41]   设 L 是 BL-代数, $x \in L$, L 上的模糊子集 f 如果具有如下形式:

$$f(y) = \begin{cases} t(\neq 0), & \text{若 } y = x \\ 0, & \text{若 } y \neq x \end{cases},$$

则称 f 是具有支撑 x 和值 t 的模糊点, 记作 $U(x; t)$.

如果 $f(x) \geqslant t$, 则称模糊点 $U(x; t)$ 属于模糊子集 f, 记作 $U(x; t) \in f$. 如果 $f(x) + t > 1$, 则称模糊点 $U(x; t)$ 拟一致于模糊子集 f, 记作 $U(x; t)qf$. 如果 $U(x; t) \in f$ 或 $U(x; t)qf$, 则记作 $U(x; t) \in \vee qf$. 如果 $U(x; t) \in f$ 且 $U(x; t)qf$, 则记作 $U(x; t) \in \wedge qf$. 符号 $\overline{\in \vee q}$ 表示 $\in \vee q$ 不成立.

定义 2.4.2 [39-40]   设 f 是 L 的模糊子集, 任给 $t, r \in (0, 1], x, y \in L$, 如果

(1) $U(x; t) \in f$, $U(y; r) \in f$ 蕴涵 $U(x \otimes y; \min\{t, r\}) \in \vee qf$;

(2) 若 $x \leqslant y$, 则 $U(x; r) \in f$ 蕴涵 $U(y; r) \in \vee qf$,

则称 f 为 L 的 $(\in, \in \vee q)$-模糊滤子.

例 2.4.1   设 $L = \{0, a, b, 1\}$, 其中 $0 < a < b < 1$. 定义运算 $\otimes$ 和 $\rightarrow$ 如下:

$\otimes$	0	a	b	1
0	0	0	0	0
a	0	0	a	a
b	0	a	b	b
1	0	a	b	1

$\rightarrow$	0	a	b	1
0	1	1	1	1
a	a	1	1	1
b	0	a	1	1
1	0	a	b	1

则 $(L, \wedge, \vee, \otimes, \rightarrow, 0, 1)$ 是 BL 代数. 令 $f(1) = t_1$, $f(b) = t_2$, $f(0) = f(a) = t_3$, 这里 $0 \leqslant t_3 < t_2 < t_1 \leqslant 1$. 容易验证 f 是 $(\in, \in \vee q)$-模糊滤子.

定理 2.4.1   定义 2.4.2 中的条件 (1) 和 (2) 分别等价于下面的 (1) 和 (2):

(1) 任给 $x, y \in L$, 有 $f(x \otimes y) \geqslant \min\{f(x), f(y), 0.5\}$;

(2) 任给 $x, y \in L$, $x \leqslant y$ 蕴涵 $f(y) \geqslant \min\{f(x), 0.5\}$.

注　由定理 2.4.1 结合定理 2.3.3 可知, BL-代数的模糊滤子是 $(\in, \in \vee q)$-模糊滤子; 若 f 是 L 的 $(\in, \in \vee q)$-模糊滤子且 $f(1) < 0.5$, 则 f 是 L 的模糊滤子.

定理 2.4.2[39-40]　模糊子集 f 是 L 的 $(\in, \in \vee q)$-模糊滤子当且仅当

(1) 任给 $x \in L$, 有 $f(1) \geqslant \min\{f(x), 0.5\}$;

(2) 任给 $x, y \in L$, 有 $f(y) \geqslant \min\{f(x), f(x \to y), 0.5\}$.

定理 2.4.3　设 f 是 L 的模糊子集, 则 f 是 $(\in, \in \vee q)$-模糊滤子当且仅当任给 $0 < t \leqslant 0.5$, 非空集合 f_t 是 L 的滤子.

定义 2.4.3[39-40]　设 f 是 L 的模糊子集. 任给 $t, r \in (0, 1], x, y \in L$, 如果

(1) $U(x \otimes y; \min\{t, r\}) \bar{\in} f$ 蕴涵 $U(x; t) \bar{\in} \vee \bar{q} f$ 或 $U(y; r) \bar{\in} \vee \bar{q} f$;

(2) 若 $x \leqslant y$, 则 $U(y; r) \bar{\in} f$ 蕴涵 $U(x; r) \bar{\in} \vee \bar{q} f$,

则称 f 是 L 的 $(\bar{\in}, \bar{\in} \vee \bar{q})$-模糊滤子.

例 2.4.2　在例 2.4.1 中, 定义模糊子集 f 为 $f(0) = 0.2, f(a) = 0.5, f(b) = f(1) = 0.6$. 容易验证 f 是 $(\bar{\in}, \bar{\in} \vee \bar{q})$-模糊滤子, 但不是模糊滤子, 也不是 $(\in, \in \vee q)$-模糊滤子.

定理 2.4.4[39-40]　模糊子集 f 是 L 的 $(\bar{\in}, \bar{\in} \vee \bar{q})$-模糊滤子当且仅当任给 $x, y \in L$, 有

(1) $\max\{f(x \otimes y), 0.5\} \geqslant \min\{f(x), f(y)\}$;

(2) 若 $x \leqslant y$, 则 $\max\{f(y), 0.5\} \geqslant f(x)$.

定理 2.4.5[39-40]　设 f 是 L 的模糊子集, 则 f 是 $(\bar{\in}, \bar{\in} \vee \bar{q})$-模糊滤子当且仅当任给 $0.5 < t \leqslant 1$, 非空集合 f_t 是 L 的滤子.

注　设 f 是 L 的模糊子集, 且 $J = \{t | t \in (0, 1], f_t$ 是非空集合或是 L 的滤子$\}$.

(1) 若 $J = (0, 1]$, 则 f 是 L 的模糊滤子;

(2) 若 $J = (0, 0.5]$, 则 f 是 L 的 $(\in, \in \vee q)$-模糊滤子;

(3) 若 $J = (0.5, 1]$, 则 f 是 L 的 $(\bar{\in}, \bar{\in} \vee \bar{q})$-模糊滤子.

将上面的概念推广, 给出具有阈值的模糊滤子的定义.

定义 2.4.4[39-40]　设 f 是 L 的模糊子集, $\alpha, \beta \in [0, 1]$ 且 $\alpha < \beta$. 如果任给 $x, y \in L$, 有

(1) $\max\{f(x \otimes y), \alpha\} \geqslant \min\{f(x), f(y), \beta\}$;

(2) 若 $x \leqslant y$, 则 $\max\{f(y), \alpha\} \geqslant \min\{f(x), \beta\}$,

则称 f 为 L 的具有阈值 $(\alpha, \beta]$ 的模糊滤子.

定理 2.4.6　设 f 是 L 的模糊子集, 则 f 是具有阈值 $(\alpha, \beta]$ 的模糊滤子当且仅当任给 $\alpha < t \leqslant \beta$, 非空集合 f_t 是 L 的滤子.

注　由定义 2.4.4, 有如下结论: 若 f 是具有阈值 $(\alpha, \beta]$ 的模糊滤子, 则

(1) 当 $\alpha = 0, \beta = 1$ 时, f 是普通模糊滤子;

(2) 当 $\alpha = 0, \beta = 0.5$ 时, f 是 $(\in, \in \vee q)$-模糊滤子;

(3) 当 $\alpha = 0.5, \beta = 1$ 时, f 是 $(\bar{\in}, \bar{\in} \vee \bar{q})$-模糊滤子.

例 2.4.3 在例 2.4.1 中, 定义模糊子集 f 为 $f(0) = 0.2, f(a) = 0.4, f(b) = 0.8, f(1) = 0.6$, 则

$$f_t = \begin{cases} \{0, a, b, 1\}, & 0 < t \leqslant 0.2 \\ \{a, b, 1\}, & 0.2 < t \leqslant 0.4 \\ \{b, 1\}, & 0.4 < t \leqslant 0.6 \\ \{b\}, & 0.6 < t \leqslant 0.8 \\ \varnothing, & 0.8 < t \leqslant 1 \end{cases}.$$

因此, f 是 L 的具有阈值 $(0.4, 0.6]$ 的模糊滤子, 但 f 既不是普通模糊滤子, 也不是 $(\in, \in \vee q)$-模糊滤子和 $(\bar{\in}, \bar{\in} \vee \bar{q})$-模糊滤子.

2.4.2 $(\in, \in \vee q)$-模糊布尔滤子

定义 2.4.5[39,40] 设 f 是 L 的 $(\in, \in \vee q)$-模糊滤子, 若 $\forall x \in L$, 有 $f(x \vee \neg x) \geqslant \min\{f(1), 0.5\}$, 则称 f 是 L 的 $(\in, \in \vee q)$-模糊布尔滤子.

例 2.4.4 设 $L = \{0, a, b, 1\}$, 其中 $0 < a < b < 1$. 定义运算 $\otimes$ 和 $\rightarrow$ 如下:

$\otimes$	0	a	b	1
0	0	0	0	0
a	0	a	a	a
b	0	a	a	b
1	0	a	b	1

$\rightarrow$	0	a	b	1
0	1	1	1	1
a	0	1	1	1
b	0	b	1	1
1	0	a	b	1

则 $(L, \wedge, \vee, \otimes, \rightarrow, 0, 1)$ 是 BL-代数. 定义 L 的模糊子集 f 为 $f(0) = 0.3, f(a) = f(b) = f(1) = 0.8$. 容易验证 f 是 $(\in, \in \vee q)$-模糊布尔滤子.

定理 2.4.7 设 f 是 L 的模糊子集, 则 f 是 $(\in, \in \vee q)$-模糊布尔滤子当且仅当任给 $0 < t \leqslant 0.5$, 非空集合 f_t 是 L 的布尔滤子.

定义 2.4.6[39-40] 设 f 是 L 的 $(\bar{\in}, \bar{\in} \vee \bar{q})$-模糊滤子, 若 $\forall x \in L$, 有 $f(x \vee \neg x) \geqslant \max\{f(1), 0.5\}$, 则称 f 为 L 的 $(\bar{\in}, \bar{\in} \vee \bar{q})$-模糊布尔滤子.

定理 2.4.8 设 f 是 L 的模糊子集, 则 f 为 L 的 $(\bar{\in}, \bar{\in} \vee \bar{q})$-模糊布尔滤子当且仅当任给 $0.5 < t \leqslant 1$, 非空集合 f_t 是 L 的布尔滤子.

定义 2.4.7[39-40] 设 f 是 L 的 $(\in, \in \vee q)$-模糊滤子, 若 $\forall x, y, z \in L$, 有 $f(x \rightarrow z) \geqslant \min\{f(x \rightarrow (\neg z \rightarrow y)), f(y \rightarrow z), 0.5\}$, 则称 f 是 L 的 $(\in, \in \vee q)$-模糊正蕴涵滤子.

注 (1) BL-代数的任何模糊正蕴涵滤子是 $(\in, \in \vee q)$-模糊正蕴涵滤子, 其逆命题不成立;

(2) 若 f 是 L 的 $(\in, \in \vee q)$-模糊正蕴涵滤子且 $f(1) < 0.5$, 则 f 是模糊正蕴涵滤子.

定理 2.4.9 设 f 是 L 的模糊子集. 则 f 是 $(\in, \in \vee q)$-模糊正蕴涵滤子当且仅当任给 $0 < t \leqslant 0.5$, 非空集合 f_t 是正蕴涵滤子.

定义 2.4.8 [39-40] 设 f 是 L 的 $(\bar{\in}, \bar{\in} \vee \bar{q})$-模糊滤子, 若 $\forall x, y, z \in L$, 有 $\max\{f(x \rightarrow z), 0.5\} \geqslant \min\{f(x \rightarrow (\neg z \rightarrow y)), f(y \rightarrow z)\}$, 则称 f 是 L 的 $(\bar{\in}, \bar{\in} \vee \bar{q})$-模糊正蕴涵滤子.

定理 2.4.10 设 f 是 L 的模糊子集, 则 f 是 $(\bar{\in}, \bar{\in} \vee \bar{q})$-模糊正蕴涵滤子当且仅当任给 $0.5 < t \leqslant 1$, 非空集合 f_t 是正蕴涵滤子.

定义 2.4.9 [39-40] 设 $\alpha, \beta \in [0, 1]$ 且 $\alpha < \beta$, f 是 L 的具有阈值 $(\alpha, \beta]$ 的模糊滤子, 若任给 $x, y, z \in L$, 有 $\max\{f(x \rightarrow z), \alpha\} \geqslant \min\{f(x \rightarrow (\neg z \rightarrow y)), f(y \rightarrow z), \beta\}$, 则称 f 是 L 的具有阈值 $(\alpha, \beta]$ 的模糊正蕴涵滤子.

注 由定义 2.4.9, 有如下结论: 若 f 是 L 的具有阈值 $(\alpha, \beta]$ 的模糊正蕴涵滤子, 则

(1) 当 $\alpha = 0, \beta = 1$ 时, f 是模糊正蕴涵滤子;

(2) 当 $\alpha = 0, \beta = 0.5$ 时, f 是 $(\in, \in \vee q)$-模糊正蕴涵滤子;

(3) 当 $\alpha = 0.5, \beta = 1$ 时, f 是 $(\bar{\in}, \bar{\in} \vee \bar{q})$-模糊正蕴涵滤子.

定理 2.4.11 设 f 是 L 的模糊子集, 则 f 是具有阈值 $(\alpha, \beta]$ 的模糊正蕴涵滤子当且仅当任给 $\alpha < t \leqslant \beta$, 非空集合 f_t 是 L 的正蕴涵滤子.

定理 2.4.12 设 f 是 L 的 $(\in, \in \vee q)$-模糊滤子, 则下列条件等价:

(1) f 是 L 的 $(\in, \in \vee q)$-模糊正蕴涵滤子;

(2) 对 $\forall x, z \in L, f(x \rightarrow z) \geqslant \min\{f(x \rightarrow (\neg z \rightarrow z)), 0.5\}$;

(3) 对 $\forall x, y, z \in L, f(x \rightarrow z) \geqslant \min\{f(y \rightarrow (x \rightarrow (\neg z \rightarrow z))), 0.5\}$.

定理 2.4.13 [39-40] 设 f 是 L 的 $(\in, \in \vee q)$-模糊滤子, 则下列条件等价:

(1) f 是 L 的 $(\in, \in \vee q)$-模糊正蕴涵滤子;

(2) 对 $\forall x \in L, f(x) \geqslant \min\{f(\neg x \rightarrow x), 0.5\}$;

(3) 对 $\forall x, y \in L, f(x) \geqslant \min\{f((x \rightarrow y) \rightarrow x), 0.5\}$;

(4) 对 $\forall x, y, z \in L, f(x) \geqslant \min\{f(z \rightarrow ((x \rightarrow y) \rightarrow x)), f(z), 0.5\}$.

定理 2.4.14 L 的模糊子集是 $(\in, \in \vee q)$-模糊布尔滤子当且仅当它是 $(\in, \in \vee q)$-模糊正蕴涵滤子.

定理 2.4.15 L 的模糊子集是 $(\bar{\in}, \bar{\in} \vee \bar{q})$-模糊布尔滤子当且仅当它是 $(\bar{\in}, \bar{\in} \vee \bar{q})$-模糊正蕴涵滤子.

2.4.3 $(\in, \in \vee q)$-模糊蕴涵滤子

定义 2.4.10 [39-40] 设 f 是 L 的 $(\in, \in \vee q)$-模糊滤子, 若任给 $x, y, z \in L$, 有 $f(x \rightarrow z) \geqslant \min\{f(x \rightarrow (y \rightarrow z)), f(x \rightarrow y), 0.5\}$, 则称 f 是 L 的 $(\in, \in \vee q)$-模糊

蕴涵滤子.

例 2.4.5 设 $L = \{0, a, b, 1\}$, 其中 $0 < a < b < 1$. 定义运算 $\otimes$ 和 $\rightarrow$ 如下:

$\otimes$	0	a	b	1		$\rightarrow$	0	a	b	1
0	0	0	0	0		0	1	1	1	1
a	0	a	a	a	,	a	0	1	1	1	,
b	0	a	b	b		b	0	a	1	1
1	0	a	b	1		1	0	a	b	1

则 $(L, \wedge, \vee, \otimes, \rightarrow, 0, 1)$ 是 BL-代数. 定义模糊子集 f 为 $f(0) = f(a) = f(b) = 0.4$, $f(1) = 0.8$. 容易验证 f 是 L 的 $(\in, \in \vee q)$-模糊蕴涵滤子.

注 (1) BL-代数的任何模糊蕴涵滤子均是 $(\in, \in \vee q)$-模糊蕴涵滤子, 其逆命题不成立;

(2) 若 f 是 L 的 $(\in, \in \vee q)$-模糊蕴涵滤子且 $f(1) < 0.5$, 则 f 是模糊蕴涵滤子.

定理 2.4.16 设 f 是 L 的模糊子集, 则 f 是 $(\in, \in \vee q)$-模糊蕴涵滤子当且仅当任给 $0 < t \leqslant 0.5$, 非空集合 f_t 是蕴涵滤子.

定义 2.4.11[39-40] 设 f 是 L 的 $(\bar{\in}, \bar{\in} \vee \bar{q})$-模糊滤子, 若 $\forall x, y, z \in L$, 有 $\max\{f(x \rightarrow z), 0.5\} \geqslant \min\{f(x \rightarrow (y \rightarrow z)), f(x \rightarrow y)\}$, 则称 f 是 L 的 $(\bar{\in}, \bar{\in} \vee \bar{q})$-模糊蕴涵滤子.

定理 2.4.17 设 f 是 L 的模糊子集, 则 f 是 $(\bar{\in}, \bar{\in} \vee \bar{q})$-模糊蕴涵滤子当且仅当任给 $0.5 < t \leqslant 1$, 非空集合 f_t 是蕴涵滤子.

定义 2.4.12[40,44] 设 $\alpha, \beta \in [0, 1]$ 且 $\alpha < \beta$, f 是 L 的具有阈值 $(\alpha, \beta]$ 的模糊滤子, 若 $\forall x, y, z \in L$, 有 $\max\{f(x \rightarrow z), \alpha\} \geqslant \min\{f(x \rightarrow (y \rightarrow z)), f(x \rightarrow y), \beta\}$, 则称 f 是 L 的具有阈值 $(\alpha, \beta]$ 的模糊蕴涵滤子.

注 由定义 2.4.12, 有如下结论: 若 f 是 L 的具有阈值 $(\alpha, \beta]$ 的模糊蕴涵滤子, 则

(1) 当 $\alpha = 0, \beta = 1$ 时, f 是模糊蕴涵滤子;

(2) 当 $\alpha = 0, \beta = 0.5$ 时, f 是 $(\in, \in \vee q)$-模糊蕴涵滤子;

(3) 当 $\alpha = 0.5, \beta = 1$ 时, f 是 $(\bar{\in}, \bar{\in} \vee \bar{q})$-模糊蕴涵滤子.

定理 2.4.18 设 f 是 L 的模糊子集, 则 f 是具有阈值 $(\alpha, \beta]$ 的模糊蕴涵滤子当且仅当任给 $\alpha < l \leqslant \beta$, 非空集合 f_t 是 L 的蕴涵滤子.

定理 2.4.19 设 f 是 L 的 $(\in, \in \vee q)$-模糊滤子, 则下列条件等价:

(1) f 是 L 的 $(\in, \in \vee q)$-模糊蕴涵滤子;

(2) 对 $\forall x, y \in L$, $f(x \rightarrow y) \geqslant \min\{f(x \rightarrow (x \rightarrow y)), 0.5\}$;

(3) 对 $\forall x, y, z \in L$, $f((x \rightarrow y) \rightarrow (x \rightarrow z)) \geqslant \min\{f(x \rightarrow (y \rightarrow z)), 0.5\}$;

(4) 对 $\forall x, y, z \in L$, $f((x \wedge y) \to z) \geqslant \min\{f((x \otimes y) \to z), 0.5\}$.

定理 2.4.20 BL-代数的 $(\in, \in \vee q)$-模糊正蕴涵滤子是 $(\in, \in \vee q)$-模糊蕴涵滤子.

2.4.4 $(\in, \in \vee q)$-模糊奇异滤子

定义 2.4.13 [39-40] 设 f 是 L 的 $(\in, \in \vee q)$-模糊滤子, 若 $\forall x, y, z \in L$, 有 $f(((x \to y) \to y) \to x) \geqslant \min\{f(z \to (y \to x)), f(z), 0.5\}$, 则称 f 是 L 的 $(\in, \in \vee q)$-模糊奇异滤子.

例 2.4.6 设 $L = \{0, a, b, 1\}$, 其中 $0 < a < b < 1$. 定义运算 $\otimes$ 和 $\to$ 如下:

$\otimes$	0	a	b	1
0	0	0	0	0
a	0	0	0	a
b	0	0	a	b
1	0	a	b	1

$\to$	0	a	b	1
0	1	1	1	1
a	b	1	1	1
b	a	b	1	1
1	0	a	b	1

则 $(L, \wedge, \vee, \otimes, \to, 0, 1)$ 是 BL-代数. 定义 L 的模糊子集 f 为 $f(0) = f(a) = f(b) = 0.4$, $f(1) = 0.8$. 容易验证 f 是 L 的 $(\in, \in \vee q)$-模糊奇异滤子.

注 (1) BL-代数的任何模糊奇异滤子均是 $(\in, \in \vee q)$-模糊奇异滤子, 其逆命题不成立;

(2) 若 f 是 L 的 $(\in, \in \vee q)$-模糊奇异滤子且 $f(1) < 0.5$, 则 f 是模糊奇异滤子.

定理 2.4.21 设 f 是 L 的模糊子集, 则 f 是 $(\in, \in \vee q)$-模糊奇异滤子当且仅当任给 $0 < t \leqslant 0.5$, 非空集合 f_t 是奇异滤子.

定义 2.4.14 [40,44] 设 f 是 L 的 $(\bar{\in}, \bar{\in} \vee \bar{q})$-模糊滤子, 若 $\forall x, y, z \in L$, 有

$$\max\{f(((x \to y) \to y) \to x), 0.5\} \geqslant \min\{f(z \to (y \to x)), f(z)\},$$

则称 f 是 L 的 $(\bar{\in}, \bar{\in} \vee \bar{q})$-模糊奇异滤子.

定理 2.4.22 设 f 是 L 的模糊子集, f 是 $(\bar{\in}, \bar{\in} \vee \bar{q})$-模糊奇异滤子当且仅当任给 $0.5 < t \leqslant 1$, 非空集合 f_t 是奇异滤子.

定义 2.4.15 [40,44] 设 $\alpha, \beta \in [0, 1]$ 且 $\alpha < \beta$, f 是 L 的具有阈值 $(\alpha, \beta]$ 的模糊滤子, 若任给 $x, y, z \in L$, 有

$$\max\{f(((x \to y) \to y) \to x), \alpha\} \geqslant \min\{f(z \to (y \to x)), f(z), \beta\},$$

则称 f 是 L 的具有阈值 $(\alpha, \beta]$ 的模糊奇异滤子.

注 由定义 2.4.12, 有如下结论: 若 f 是 L 的具有阈值 $(\alpha, \beta]$ 的模糊奇异滤子, 则

(1) 当 $\alpha = 0, \beta = 1$ 时, f 是模糊奇异滤子;

(2) 当 $\alpha = 0, \beta = 0.5$ 时, f 是 $(\in, \in \vee q)$-模糊奇异滤子;

(3) 当 $\alpha = 0.5, \beta = 1$ 时, f 是 $(\bar{\in}, \bar{\in} \vee \bar{q})$-模糊奇异滤子.

定理 2.4.23 设 f 是 L 的模糊子集, 则 f 是具有阈值 $(\alpha, \beta]$ 的模糊奇异滤子当且仅当任给 $\alpha < t \leqslant \beta$, 非空集合 f_t 是 L 的奇异滤子.

定理 2.4.24 设 f 是 L 的 $(\in, \in \vee q)$-模糊滤子, 则 f 是 $(\in, \in \vee q)$-模糊奇异滤子当且仅当 $\forall x, y \in L, f(((x \rightarrow y) \rightarrow y) \rightarrow x) \geqslant \min\{f(y \rightarrow x), 0.5\}$.

定理 2.4.25 设 f 是 L 的模糊子集, 则 f 是 $(\in, \in \vee q)$-模糊布尔 (正蕴涵) 滤子当且仅当它既是 $(\in, \in \vee q)$-模糊蕴涵滤子又是 $(\in, \in \vee q)$-模糊奇异滤子.

定理 2.4.26 设 f 是 L 的模糊子集, 则 f 是 $(\bar{\in}, \bar{\in} \vee \bar{q})$-模糊布尔 (正蕴涵) 滤子当且仅当它既是 $(\bar{\in}, \bar{\in} \vee \bar{q})$-模糊蕴涵滤子又是 $(\bar{\in}, \bar{\in} \vee \bar{q})$-模糊奇异滤子.

有关 BL-代数上广义模糊滤子的进一步研究, 请参考文献 [45]~[48].

第 3 章　剩余格上的滤子理论

剩余格是由美国学者 Ward 和 Dilworth 于 1939 年在研究交换环的全体理想的格结构时首次引入的, 它是子结构命题逻辑的语义代数. 目前, 关于剩余格的名称不太统一, 本章指最狭义的剩余格, 即有界整的交换剩余格. 本章主要介绍剩余格上的滤子、n 重滤子、滤子的统一化、模糊滤子、模糊滤子的推广及直觉模糊滤子等的概念、性质和相互关系.

3.1　剩余格上的滤子

本节介绍剩余格上滤子的概念, 以及一些具体的滤子类型, 如素滤子、布尔滤子、蕴涵滤子、奇异滤子、对合滤子、固执滤子、MTL-滤子、强滤子、结合滤子、EIMTL-滤子、BL-滤子等. 主要参考文献 [49]~[61].

3.1.1　滤子的定义

定义 3.1.1[22]　设 L 是剩余格, $F \subset L$, 如果

(1) $1 \in F$;

(2) 任给 $x, y \in L$, 若 $x \in F$, $x \leqslant y$, 则 $y \in F$;

(3) 任给 $x, y \in L$, 若 $x, y \in F$, 则 $x \otimes y \in F$,

则称 F 为 L 的滤子.

定理 3.1.1[49]　设 L 是剩余格, $F \subset L$, 则 F 是滤子当且仅当 $1 \in F$, 且满足下列条件之一:

(1) 任给 $x, y \in L$, 若 $x, x \to y \in F$, 则 $y \in F$;

(2) 任给 $x, y, z \in L$, 若 $x \to y \in F$, $y \to z \in F$, 则 $x \to z \in F$;

(3) 任给 $x, y, z \in L$, 若 $x \to y \in F$, $x \otimes z \in F$, 则 $y \otimes z \in F$;

(4) 任给 $x, y, z \in L$, 若 $x, y \in F$, $x \leqslant y \to z$, 则 $z \in F$;

(5) 任给 $x, y, z \in L$, $m, n \in \mathbf{N}$, 若 $x^m \to (y \to z) \in F$, $x^n \to y \in F$, 则 $x^{m+n} \to z \in F$.

定理 3.1.2　(1) 滤子对 L 中的交运算封闭, 则该滤子是格滤子;

(2) 一族滤子的集合交还是滤子;

(3) 设 F 是滤子, 则 $x, y \in F$ 当且仅当 $x \otimes y \in F$ 当且仅当 $x \wedge y \in F$;

(4) 设 F 是滤子, 则 $x \otimes (x \to y) \in F$ 当且仅当 $x \wedge y \in F$ 当且仅当 $y \otimes (y \to x) \in F$.

定义 3.1.2 设 F 是 L 的滤子, 若 $F \neq L$, 则称 F 是真滤子. 若当 $x \vee y \in F$ 时, $x \in F$ 或 $y \in F$, 则称 F 是素滤子. 若 F 不能真包含于其他真滤子, 则称 F 是极大滤子.

定义 3.1.3[49] 设 $A \subset L$, 则包含 A 的所有滤子的集合交称为由 A 生成的滤子, 记作 $\langle A \rangle$. 把 $\langle \{x\} \rangle$ 简记为 $\langle x \rangle$.

定理 3.1.3[49] 设 $A \subset L$, 则

$$\langle A \rangle = \{y \in L | \ \text{存在} \ n \in \mathbf{N} \ \text{和} \ x_1, \cdots, x_n \in A, \ \text{使得} \ x_1 \otimes \cdots \otimes x_n \leqslant y\}.$$

定理 3.1.4 设 $F \subset L$, F 是 L 中的滤子, $x, y \in L$, 则

(1) $\langle F \rangle = F = \bigcup\limits_{x \in F} \langle x \rangle$;

(2) $\langle F \cup \{x\} \rangle = \{y \in L | \ \text{存在} \ n \in \mathbf{N} \ \text{及} \ z \in F, \ \text{使得} \ x^n \otimes z \leqslant y\}$;

(3) $\langle x \rangle = \{y \in L | \ \text{存在} \ n \in \mathbf{N}, \ \text{使得} \ y \geqslant x^n\}$;

(4) $\langle x \rangle$ 是真滤子当且仅当 $\mathrm{ord}(x) = \infty$;

(5) $\langle x \wedge y \rangle = \langle x \otimes y \rangle = \langle x \rangle \cap \langle y \rangle$.

定理 3.1.5 (1) 任一真滤子包含于某极大滤子中.

(2) 极大滤子是素滤子.

定义 3.1.4 若对任意 $x \in L$, $x \neq 1$, 有 $\mathrm{ord}(x) < \infty$, 则称剩余格 L 是局部有限的 (也称 L 是单剩余格).

易见, L 是局部有限的当且仅当 L 只有一个真滤子 $\{1\}$.

定理 3.1.6 设 F 是 L 中的真滤子, 在 L 中定义二元关系如下:

$$x \sim_F y \text{当且仅当} (x \to y) \wedge (y \to x) \in F,$$

则

(1) $\sim_F$ 是 L 上的同余关系, 从而商代数 $(L/F, \wedge, \vee, \otimes, \to, [0], [1])$ 是剩余格, 其中 $L/F = L/ \sim_F$, $[x] \circ [y] = [x \circ y]$, $\circ \in \{\wedge, \vee, \otimes, \to\}$;

(2) F 是极大滤子当且仅当 L/F 是局部有限剩余格.

定理 3.1.7 设 L 是剩余格, 则

(1) 对任意 $x \in L$, $x \neq 1$, 存在 L 中的素滤子 P, 使得 $x \notin P$;

(2) 设 F 是 L 中的滤子, 则 F 是 L 中的极大滤子当且仅当对 $\forall x \in L - F$, 存在 $n \in \mathbf{N}$, 使得 $\neg x^n \in F$.

定义 3.1.5 在剩余格 L 中, 令

$$\max\{L\} = \{F | F \text{是} L \text{中的极大滤子}\}.$$

(1) 称 $\mathrm{Rad}(L) = \cap \max(L) = \cap \{F | F \in \max(L)\}$ 为 L 的根;

(2) 称 L 是半单剩余格, 若 $\mathrm{Rad}(L) = \{1\}$;

(3) 称剩余格 L 是局部的, 若 $|\max(L)| = 1$.

在剩余格 L 中引入以下记号:

$$D(L) = \{x \in L | \mathrm{ord}(x) = \infty\},$$
$$D(L)^* = \{x \in L | \mathrm{ord}(x) < \infty\}.$$

定理 3.1.8 在剩余格中以下条件等价:

(1) L 是局部的;

(2) 对任一 $x \in L$, $\mathrm{ord}(x) < \infty$ 或 $\mathrm{ord}(\neg x) < \infty$;

(3) $D(L)$ 是 L 中的真滤子;

(4) $D(L)$ 是 L 中唯一的极大滤子;

(5) $D(L) = \mathrm{Rad}(L)$.

定义 3.1.6 称剩余格是完全的, 若对 $\forall x \in L$, $\mathrm{ord}(x) < \infty$ 当且仅当 $\mathrm{ord}(\neg x) = \infty$.

由定理 3.1.8 知, 完全剩余格是局部的.

定理 3.1.9 设 L 是局部剩余格, 则 L 是完全剩余格当且仅当 $L = \mathrm{Rad}(L) \cup \neg\mathrm{Rad}(L)$, 其中 $\neg\mathrm{Rad}(L) = \{\neg x | x \in \mathrm{Rad}(L)\}$.

定义 3.1.7 设 F 是 L 的滤子, 任给 $x, y \in L$, 如果 $x \to y \in F$ 或 $y \to x \in F$, 则称 F 为第二类素滤子 (prime filter of second kind).

定理 3.1.10 在剩余格上, 第二类素滤子是素滤子, 反之不成立.

定理 3.1.11 设 L 是剩余格, 则 L 是 MTL-代数当且仅当素滤子与第二类素滤子一致.

3.1.2 布尔滤子

定义 3.1.8[26,50] 设 L 是剩余格, F 是 L 的滤子, 若对 $\forall x \in L$, 有 $x \vee \neg x \in F$, 则称 F 是布尔滤子 (简记为 B-滤子).

定义 3.1.9 设 F 是 L 的非空子集, 若

(1) $1 \in F$;

(2) 任给 $x, y, z \in L$, $z \in F$, $z \to ((x \to y) \to x) \in F$ 蕴涵 $x \to z \in F$, 则称 F 是正蕴涵滤子.

定理 3.1.12 设 F 是 L 的非空子集, 则 F 是正蕴涵滤子当且仅当它是布尔滤子.

定理 3.1.13[56] 设 F 是 L 的滤子, $\forall x, y, z \in L$, 下列条件等价:

(1) F 是布尔滤子;

(2) $(x \to y) \to x \in F$ 蕴涵 $x \in F$;

(3) $(\neg x \to x) \to x \in F$;

(4) $x \to (\neg z \to y) \in F$, $y \to z \in F$ 蕴涵 $x \to z \in F$;

(5) 商代数 L/F 是布尔代数.

定理 3.1.14 设 F 是 L 的滤子, $\forall x, y, z \in L$, 下列条件等价:

(1) F 是布尔滤子;

(2) $x \vee (x \to y) \in F$;

(3) $[(x \to y) \to x] \to x \in F$;

(4) $\{[(x \vee y) \to z] \to y\} \to (x \vee y) \in F$;

(5) $[\neg(x \vee y) \to y] \to (x \vee y) \in F$.

定理 3.1.15 设 F, G 是 L 的滤子, $F \subset G$, 若 F 是布尔滤子, 则 G 也是布尔滤子.

定理 3.1.16[56] 设 L 是剩余格, 则下列条件等价:

(1) L 是布尔代数;

(2) L 的任何滤子均是布尔滤子;

(3) $\{1\}$ 是布尔滤子;

(4) $\forall x, y \in L$, $(x \to y) \to x = x$.

3.1.3 蕴涵滤子

定义 3.1.10[50] 设 F 是 L 的非空子集, 若

(1) $1 \in F$;

(2) $\forall x, y, z \in L$, $z \to (x \to y) \in F$, $z \to x \in F$ 蕴涵 $z \to y \in F$, 则称 F 为蕴涵滤子.

定义 3.1.11[60] 设 F 是 L 的滤子, 若任给 $x, y \in L$, $x^2 \to y \in F$ 蕴涵 $x \to y \in F$, 则称 F 为 G-滤子.

定理 3.1.17 设 F 是 L 的非空子集, 则 F 是蕴涵滤子当且仅当它是 G-滤子.

定理 3.1.18[55-56] 设 F 是 L 的滤子, 任给 $x, y, z \in L$, 下列条件等价:

(1) F 是蕴涵滤子;

(2) $z \to (y \to x) \in F$ 蕴涵 $(z \to y) \to (z \to x) \in F$;

(3) $z, z \to (y \to (y \to x)) \in F$ 蕴涵 $y \to x \in F$;

(4) $x \to x^2 \in F$;

(5) $(x \wedge (x \to y)) \to y \in F$;

(6) $(x \to y) \to (x \otimes y) \in F$;

(7) L/F 是 Heyting 代数;

(8) L/F 是希尔伯特 (Hilbert) 代数;

(9) L/F 是塔斯基 (Tarski) 代数.

定理 3.1.19 设 F 是 L 的滤子, $\forall x, y \in L$, 下列条件等价:

(1) F 是蕴涵滤子;

(2) $[x \wedge (x \to y)] \to (x \otimes y) \in F$;

(3) $[x \otimes (x \to y)] \to (x \otimes y) \in F$;

(4) $[x \wedge (x \to y)] \to [x \otimes (x \to y)] \in F$;

(5) $[x \wedge (x \to y)] \to (x \wedge y) \in F$;

(6) $[x \wedge (x \to y)] \to [y \wedge (y \to x)] \in F$.

定理 3.1.20 设 F, G 是 L 的滤子, $F \subset G$, 若 F 是蕴涵滤子, 则 G 也是蕴涵滤子.

定理 3.1.21 设 L 是剩余格, 则下列条件等价:

(1) L 是 Heyting 代数;

(2) L 的任何滤子均是蕴涵滤子;

(3) $\{1\}$ 是 L 的蕴涵滤子.

3.1.4 奇异滤子

定义 3.1.12[51] 设 F 是 L 的非空子集, 若

(1) $1 \in F$;

(2) $\forall x, y, z \in L, z, z \to (y \to x) \in F$ 蕴涵 $((x \to y) \to y) \to x \in F$,

则称 F 为奇异滤子.

定义 3.1.13 设 F 是 L 的滤子, 若任给 $x, y \in L, y \to x \in F$ 蕴涵 $((x \to y) \to y) \to x \in F$, 则称 F 为 MV-滤子.

定理 3.1.22 设 F 是 L 的非空子集, 则 F 是奇异滤子当且仅当它是 MV-滤子.

定理 3.1.23[55] 设 F 是 L 的滤子, $\forall x, y \in L$, 下列条件等价:

(1) F 是奇异滤子;

(2) $((x \to y) \to y) \to ((y \to x) \to x) \in F$;

(3) $((x \to y) \to y) \to (x \vee y) \in F$;

(4) $(y \to x) \to (((x \to y) \to y) \to x) \in F$;

(5) L/F 是 MV-代数.

定理 3.1.24 设 F, G 是 L 的滤子, $F \subset G$, 若 F 是奇异滤子, 则 G 也是奇异滤子.

定理 3.1.25 设 L 是剩余格, 则下列条件等价:

(1) L 是 MV-代数;

(2) L 的任何滤子均是奇异滤子;

(3) $\{1\}$ 是 L 的奇异滤子.

定理 3.1.26 设 F 是剩余格 L 的滤子, 则 F 是布尔滤子当且仅当它既是蕴涵滤子又是奇异滤子.

3.1.5 对合滤子

定义 3.1.14[56] 设 F 是 L 的滤子, 若 $\forall x \in L$, $\neg\neg x \to x \in F$, 则称 F 为对合滤子 (involution filter, 或 regular filter, R-filter).

定理 3.1.27[56] 设 F 是 L 的滤子, $\forall x, y \in L$, 则下列条件等价:

(1) F 是对合滤子;

(2) $\neg x \to \neg y \in F$ 蕴涵 $y \to x \in F$;

(3) $\neg x \to y \in F$ 蕴涵 $\neg y \to x \in F$;

(4) $(\neg y \to \neg x) \to (x \to y) \in F$;

(5) L/F 是对合剩余格.

定理 3.1.28[56] 设 F 是 L 的非空子集, 则 F 是对合滤子当且仅当 $1 \in F$, 且满足下列条件之一:

(1) $\forall x, y, z \in L$, $z, z \to (\neg x \to \neg y) \in F$ 蕴涵 $y \to x \in F$;

(2) $\forall x, y, z \in L$, $z, z \to (\neg x \to y) \in F$ 蕴涵 $\neg y \to x \in F$.

定理 3.1.29 设 F, G 是 L 的滤子, $F \subset G$, 若 F 是对合滤子, 则 G 也是对合滤子.

定理 3.1.30 设 L 是剩余格, 则下列条件等价:

(1) L 是对合剩余格;

(2) L 的任何滤子均是对合滤子;

(3) $\{1\}$ 是 L 的对合滤子.

定理 3.1.31 在剩余格上, 奇异滤子是对合滤子, 反之不成立.

定理 3.1.32 设 F 是剩余格 L 的滤子, 则 F 是布尔滤子当且仅当它既是蕴涵滤子又是对合滤子.

3.1.6 MTL-滤子

定义 3.1.15 设 F 是 L 的滤子, 若 $\forall x, y \in L$, $(x \to y) \vee (y \to x) \in F$, 则称 F 为 MTL-滤子, 也称为第三类素滤子 (prime filter of third kind).

定理 3.1.33[60] 设 F 是 L 的滤子, $\forall x, y, z \in L$, 则下列条件等价:

(1) F 是 MTL-滤子;

(2) $x \to (y \vee z) \in F$ 蕴涵 $(x \to y) \vee (x \to z) \in F$;

(3) $(x \to (y \vee z)) \to ((x \to y) \vee (x \to z)) \in F$;

(4) $(y \wedge z) \to x \in F$ 蕴涵 $(y \to x) \vee (z \to x) \in F$;

(5) $((y \wedge z) \to x) \to ((y \to x) \vee (z \to x)) \in F$;

(6) $x \to z \in F$ 蕴涵 $(x \to y) \vee (y \to z) \in F$;

(7) $(x \to z) \to ((x \to y) \vee (y \to z)) \in F$;

(8) $(x \to y) \to z \in F$ 蕴涵 $((y \to x) \to z) \to z \in F$;

(9) $((x \to y) \to z) \to (((y \to x) \to z) \to z) \in F$;

(10) L/F 是 MTL-代数.

定理 3.1.34 设 F, G 是 L 的滤子, $F \subset G$, 若 F 是 MTL-滤子, 则 G 也是 MTL-滤子.

定理 3.1.35 设 L 是剩余格, 则下列条件等价:

(1) L 是 MTL-代数;

(2) L 的任何滤子均是 MTL-滤子;

(3) $\{1\}$ 是 L 的 MTL-滤子.

定理 3.1.36 在剩余格上, 奇异滤子是 MTL-滤子, 反之不成立.

3.1.7 可除滤子

定义 3.1.16 设 F 是 L 的滤子, $\forall x, y \in L$, 若 $(x \wedge y) \to (x \otimes (x \to y)) \in F$, 则称 F 是可除滤子 (divisible filter).

定理 3.1.37[60] 设 F 是 L 的滤子, $\forall x, y, z \in L$, 则下列条件等价:

(1) F 是可除滤子;

(2) $z \to (x \wedge y) \in F$ 蕴涵 $z \to (x \otimes (x \to y)) \in F$;

(3) $(x \to y) \to (x \to z) \in F$ 蕴涵 $(x \wedge y) \to z \in F$;

(4) $(y \otimes (y \to x)) \to (x \otimes (x \to y)) \in F$;

(5) $(x \to (y \wedge z)) \to ((x \to y) \otimes ((x \wedge y) \to z)) \in F$;

(6) L/F 是可除剩余格.

定理 3.1.38 设 L 是剩余格, 则下列条件等价:

(1) L 是可除剩余格;

(2) L 的任何滤子均是可除滤子;

(3) $\{1\}$ 是 L 的可除滤子.

定理 3.1.39 在剩余格上, 蕴涵滤子是可除滤子, 反之不成立.

例 3.1.1 设 $L = \{0, a, b, 1\}$, 其中 $0 < a < b < 1$. 定义运算 $\otimes$ 和 $\to$ 如下:

$\otimes$	0	a	b	1
0	0	0	0	0
a	0	0	a	a
b	0	a	b	b
1	0	a	b	1

$\to$	0	a	b	1
0	1	1	1	1
a	a	1	1	1
b	0	a	1	1
1	0	a	b	1

则 $(L, \wedge, \vee, \otimes, \to, 0, 1)$ 是剩余格. 容易验证 $F = \{1\}$ 是可除滤子, 但不是蕴涵滤子, 因为 $a \to (a \otimes a) = a \notin F$.

定理 3.1.40 设 F 是 L 的滤子, 则 F 是奇异滤子当且仅当它既是对合滤子又是可除滤子.

3.1.8 固执滤子

定义 3.1.17[52] 设 F 是 L 的真滤子 (即 $0 \notin F$), 若 $x, y \notin F$ 蕴涵 $x \to y \in F$ 和 $y \to x \in F$, 则称 F 为固执滤子 (obstinate filter).

定理 3.1.41 设 F 是 L 的真滤子, F 是固执滤子当且仅当 $\forall x \in L$, 若 $x \notin F$, 则存在 $n \geqslant 1$, 使得 $(\neg x)^n \in F$.

例 3.1.2 设 $L = \{0, a, b, c, d, 1\}$, 其中 $0 < a, b < c < d < 1$, a, b 不可比较. 定义运算 $\otimes$ 和 $\to$ 如下:

$\otimes$	0	a	b	c	d	1
0	0	0	0	0	0	0
a	0	a	0	a	a	a
b	0	0	b	b	b	b
c	0	a	b	c	c	c
d	0	a	b	c	c	d
1	0	a	b	c	d	1

$\to$	0	a	b	c	d	1
0	1	1	1	1	1	1
a	b	1	b	1	1	1
b	a	a	1	1	1	1
c	0	a	b	1	1	1
d	0	a	b	d	1	1
1	0	a	b	c	d	1

则 $(L, \wedge, \vee, \otimes, \to, 0, 1)$ 是剩余格, 容易验证 $F = \{b, c, d, 1\}$ 是滤子, 且是固执滤子.

定理 3.1.42 设 F 是 L 的固执滤子, 则 F 是极大滤子, 反之不成立.

定理 3.1.43 设 F 是 L 的真滤子, 则 F 是固执滤子当且仅当 $\forall x \in L$, $x \in F$ 或 $\neg x \in F$.

定理 3.1.44 设 F 是 L 的滤子, 则下列条件等价:

(1) F 是极大的布尔滤子;

(2) F 是素的布尔滤子;

(3) F 是固执滤子.

定理 3.1.45 设 F 是 L 的滤子, 则下列条件等价:

(1) F 是极大的蕴涵滤子;

(2) F 是极大的正蕴涵滤子;

(3) F 是固执滤子.

定理 3.1.46 如果 F 是固执滤子, 则 F 是奇异滤子, 反之不成立.

3.1.9 IMTL-滤子

定义 3.1.18[61] 设 F 是 L 的滤子, $\forall x, y \in L$, 若 $((x \to y) \vee (y \to x)) \otimes (\neg\neg x \to x) \in F$, 则称 F 为 IMTL-滤子.

定理 3.1.47　设 F 是 L 的滤子, 则 F 是 IMTL-滤子当且仅当 $\forall x, y \in L$, 有 $(x \to y) \vee (y \to x) \in F$ 且 $\neg\neg x \to x \in F$.

定理 3.1.48　设 F, G 是 L 的滤子, $F \subset G$, 若 F 是 IMTL-滤子, 则 G 也是 IMTL-滤子.

例 3.1.3　设 $L = \{0, a, b, c, d, 1\}$, 其中 $0 < d < c < a, b < 1$, a, b 不可比较. 定义运算 $\otimes$ 和 $\to$ 如下:

$\otimes$	0	a	b	c	d	1
0	0	0	0	0	0	0
a	0	a	c	c	d	a
b	0	c	b	c	d	b
c	0	c	c	c	d	c
d	0	d	d	d	0	d
1	0	a	b	c	d	1

$\to$	0	a	b	c	d	1
0	1	1	1	1	1	1
a	0	1	b	b	d	1
b	0	a	1	a	d	1
c	0	1	1	1	d	1
d	d	1	1	1	1	1
1	0	a	b	c	d	1

则 $(L, \wedge, \vee, \otimes, \to, 0, 1)$ 是剩余格, 容易验证 $F = \{1, a, b, c\}$ 是 IMTL-滤子.

定理 3.1.49　设 F 是 L 的滤子, 则 F 是 IMTL-滤子当且仅当 L/F 是 IMTL-代数.

定理 3.1.50　设 L 是剩余格, 则下列条件等价:

(1) L 是 IMTL-代数;

(2) L 的任何滤子均是 IMTL-滤子;

(3) $\{1\}$ 是 IMTL-滤子.

定义 3.1.19[61]　设 F 是 L 的 IMTL-滤子, $\forall x, y \in L$, 若 $(x \to y) \vee ((x \to y) \to (\neg x \vee y)) \in F$, 称 F 为 NM-滤子.

例 3.1.4　在例 3.1.3 中, $\{1, a, b, c\}$ 是 NM-滤子, 但 $\{1\}$ 是滤子不是 NM-滤子.

定理 3.1.51　设 F, G 是 L 的滤子, $F \subset G$, 若 F 是 NM-滤子, 则 G 也是 NM-滤子.

定理 3.1.52　设 F 是 L 的滤子, 则 F 是 NM-滤子当且仅当 L/F 是 NM-代数.

定理 3.1.53　设 L 是剩余格, 则下列条件等价:

(1) L 是 NM-代数;

(2) L 的任何滤子均是 NM-滤子;

(3) $\{1\}$ 是 NM-滤子.

3.1.10 强滤子

定义 3.1.20[53] 设 F 是 L 的滤子, $\forall x \in L$, 若 $\neg\neg(\neg\neg x \to x) \in F$, 则称 F 为强滤子 (strong filter).

定理 3.1.54 设 F 是 L 的滤子, $\forall x, y \in L$, 则下列条件等价:

(1) F 是强滤子;

(2) $(y \to \neg\neg x) \to \neg\neg(y \to x) \in F$;

(3) $(x \to y) \to \neg\neg(\neg\neg x \to y) \in F$;

(4) $(\neg x \to y) \to \neg\neg(\neg y \to x) \in F$;

(5) L/F 是格列文科 (Glivenko) 代数.

定理 3.1.55 在剩余格上, 可除滤子是强滤子, 反之不成立.

定义 3.1.21[60] 对 $\forall x \in L$, 若 $\neg(x^2) = \neg x$, 则称剩余格 L 为半 G-代数 (semi-G-algebra).

定理 3.1.56 设 L 是剩余格, 则 L 是半 G-代数当且仅当 $x \wedge \neg x = 0, \forall x \in L$.

定义 3.1.22 设 F 是 L 的滤子, $\forall x \in L$, 若 $\neg(x \wedge \neg x) \in F$, 则称 F 是半 G-滤子 (semi-G-filter).

定理 3.1.57 设 F 是 L 的滤子, 则下列条件等价:

(1) F 是半 G-滤子;

(2) $\forall x \in L$, $x \to \neg x \in F$ 蕴涵 $\neg x \in F$;

(3) L/F 是半 G-代数.

定理 3.1.58 在剩余格上, 蕴涵滤子是半 G-滤子, 反之不成立.

定义 3.1.23[54] 设 F 是 L 的滤子, $\forall x, y, z \in L$, 若 $\neg\neg x \to (y \to z) \in F$, $\neg\neg x \to y \in F$ 蕴涵 $\neg\neg x \to z \in F$, 则称 F 为简滤子 (easy filter).

例 3.1.5 设 $L = \{0, a, b, c, 1\}$, 其中 $0 < a, b < c < 1$, a, b 不可比较. 定义运算 $\otimes$ 和 $\to$ 如下:

$\otimes$	0	a	b	c	1
0	0	0	0	0	0
a	0	a	0	a	a
b	0	0	b	b	b
c	0	a	b	c	c
1	0	a	b	c	1

$\to$	0	a	b	c	1
0	1	1	1	1	1
a	b	1	b	1	1
b	a	a	1	1	1
c	0	a	b	1	1
1	0	a	b	c	1

则 $(L, \wedge, \vee, \otimes, \to, 0, 1)$ 是剩余格. 容易验证 $F = \{a, c, 1\}$ 是简滤子.

定理 3.1.59 设 F 是 L 的滤子, 任给 $x, y, z \in L$, 则下列条件等价:

(1) F 是简滤子;

(2) $\neg\neg x \to (y \to z) \in F$ 蕴涵 $(\neg\neg x \to y) \to (\neg\neg x \to z) \in F$;

(3) $\neg\neg x \to (\neg\neg x \to y) \in F$ 蕴涵 $\neg\neg x \to y \in F$;

(4) $\neg\neg x \to (\neg\neg x)^2 \in F$.

定理 3.1.60 设 F, G 是 L 的滤子, $F \subset G$, 若 F 是简滤子, 则 G 也是简滤子.

定理 3.1.61 设 L 是剩余格, 则下列条件等价:

(1) $\{1\}$ 是简滤子;

(2) L 的所有滤子均是简滤子;

(3) $\forall x \in L, (\neg\neg x)^2 = \neg\neg x$.

推论 3.1.1 (1) 设 F 是剩余格 L 的简滤子, 则 L/F 是半 Gödel 代数;

(2) 设 L 是 BL-代数, 则 F 是简滤子当且仅当 L/F 是半 Gödel 代数.

定理 3.1.62 在剩余格上, 蕴涵滤子是简滤子, 反之不成立.

3.1.11 EIMTL-滤子

定义 3.1.24[58] 设 F 是 L 的非空子集, 若

(1) $1 \in F$;

(2) $x, \neg\neg(x \to y) \in F$ 蕴涵 $y \in F$, $\forall x, y \in L$,

则称 F 为 EIMTL-滤子.

定理 3.1.63[58] 设 F 是 L 的滤子, 则 F 是 EIMTL-滤子当且仅当任给 $x \in L$, $\neg\neg x \in F$ 蕴涵 $x \in F$.

定理 3.1.64 设 L 是 Glivenko 剩余格, F 是滤子, 则 F 是 EIMTL-滤子当且仅当 $\forall x \in L, \neg\neg x \to x \in F$.

定理 3.1.65 设 F, G 是 Glivenko 剩余格上的滤子, $F \subset G$, 若 F 是 EIMTL-滤子, 则 G 也是 EIMTL-滤子.

定理 3.1.66 在剩余格上, 极大滤子是 EIMTL-滤子.

推论 3.1.2 (1) 设 F 是剩余格 L 的滤子, 则 $\mathrm{Rad}(F)$ 是 EIMTL-滤子;

(2) 设 L 是剩余格, 则 $\mathrm{Rad}(L)$ 是 EIMTL-滤子;

(3) 每个剩余格有真 EIMTL-滤子.

3.1.12 结合滤子

定义 3.1.25[58] 设 F 是 L 的非空子集, $\forall 0 \neq x, y, z \in L$, 若

(1) $1 \in F$;

(2) $x \to (y \to z) \in F$, $x \to y \in F$ 蕴涵 $z \in F$,

则称 F 为结合滤子 (associative filter).

定理 3.1.67 设 F 是 L 的滤子, $\forall 0 \neq x, y, z \in L$, 则下列条件等价:

(1) F 是结合滤子;

(2) $x \to (y \to z) \in F$ 蕴涵 $(x \to y) \to z \in F$;

(3) $x \to (x \to y) \in F$ 蕴涵 $y \in F$;

(4) $z, z \to (x \to (x \to y)) \in F$ 蕴涵 $y \in F$.

定理 3.1.68 设 L 是剩余格, 则 L 有真结合滤子当且仅当任给 $0 \neq x \in L$, $\neg x = 0$.

定义 3.1.26 设 L 是剩余格, $\forall x \in L$, 若 $(\neg\neg x)^2 = \neg\neg x$, 则称 L 为 **-G-代数.

显然, Gödel 代数是 **-G-代数, 反之不真.

定义 3.1.27 设 F 是 L 的滤子, $\forall x \in L$, 若 $\neg\neg x \to (\neg\neg x)^2 \in F$, 则称 F 为 **-G-滤子.

定理 3.1.69 设 F 是 L 的滤子, $\forall x, y, z \in L$, 则下列条件等价:

(1) F 是 **-G-滤子;

(2) $\neg\neg x \to (y \to z) \in F$ 蕴涵 $(\neg\neg x \to y) \to (\neg\neg x \to z) \in F$;

(3) $\neg\neg x \to (\neg\neg x \to y) \in F$ 蕴涵 $\neg\neg x \to y \in F$;

(4) L/F 是 **-G-代数.

定义 3.1.28 设 F 是 L 的滤子, 若 L/F 是 BL-代数, 称 F 为 BL-滤子.

定理 3.1.70 设 F 是 L 的滤子, 任给 $x, y, z \in L$, 则下列条件等价:

(1) F 是 BL-滤子;

(2) $(x \to y) \to (x \to z) \in F$ 蕴涵 $(x \to z) \vee (y \to z) \in F$;

(3) $((x \to y) \to (x \to z)) \to ((x \to z) \vee (y \to z)) \in F$;

(4) F 既是 MTL-滤子又是可除滤子.

3.2 剩余格上的 n 重滤子

作为对上节剩余格上滤子理论的推广, 本节介绍剩余格上的 n 重代数和 n 重滤子理论. 内容主要参考文献 [62]~[67].

3.2.1 n 重蕴涵滤子

定义 3.2.1[62] 设 L 是剩余格, 任给 $x \in L$, 若 $x^{n+1} = x^n$, 则称 L 为 n 重蕴涵剩余格.

注 定义 3.2.1 中的 n 是一个固定的自然数, 下同.

定义 3.2.2[62] 设 F 是剩余格 L 的非空子集, 如果

(1) $1 \in F$;

(2) 任给 $x, y, z \in L$, $x^n \to (y \to z) \in F$, $x^n \to y \in F$ 蕴涵 $x^n \to z \in F$, 则称 F 为 n 重蕴涵滤子.

注 1 重蕴涵滤子即是蕴涵滤子.

例 3.2.1 设 $L = \{0, a, b, c, 1\}$，其中 $0 < c < a, b < 1$，a, b 不可比较. 定义运算 $\otimes$ 和 $\to$ 如下：

$\otimes$	0	c	a	b	1
0	0	0	0	0	0
c	0	c	c	c	c
a	0	c	a	c	a
b	0	c	c	b	b
1	0	c	a	b	1

$\to$	0	c	a	b	1
0	1	1	1	1	1
c	0	1	1	1	1
a	0	b	1	b	1
b	0	a	a	1	1
1	0	c	a	b	1

则 $(L, \wedge, \vee, \otimes, \to)$ 是非 BL-代数的剩余格，容易验证 $F_1 = \{1, a\}$，$F_2 = \{1, b\}$，$F_3 = \{1, a, b, c\}$ 是 n 重蕴涵滤子 $(n \geqslant 1)$.

定理 3.2.1 剩余格上的 n 重蕴涵滤子是滤子.

定理 3.2.2 设 $a \in L$，F 是 L 的滤子，则 $L_a = \{b \in L | a^n \to b \in F\}$ 是滤子当且仅当 F 是 n 重蕴涵滤子.

证明 设 F 是 L 的 n 重蕴涵滤子. 因为 $a^n \to 1 \in F$，所以 $1 \in L_a$. 设 $x, y \in L$，有 $x, x \to y \in L_a$，则 $a^n \to x \in F$，$a^n \to (x \to y) \in F$. 由 F 是 n 重蕴涵滤子，得 $a^n \to y \in F$，从而 $y \in L_a$. 因此 L_a 是 L 的滤子.

反之，设 $\forall a \in L$，有 L_a 是滤子，并设 $x^n \to (y \to z) \in F$，$x^n \to y \in F$，有 $y, y \to z \in L_x$. 由 L_x 是滤子，得 $z \in L_x$，因此 $x^n \to z \in F$，即 F 是 n 重蕴涵滤子.

定理 3.2.3 设 F 是 L 的滤子，则 F 是 n 重蕴涵滤子当且仅当 $\forall x \in L$，$x^n \to x^{2n} \in F$.

证明 设 $x \in L$，有 $x^n \to (x^n \to x^{2n}) = x^{2n} \to x^{2n} = 1 \in F$，$x^n \to x^n = 1 \in F$. 由 F 是 n 重蕴涵滤子，得 $x^n \to x^{2n} \in F$.

反之，$\forall x, y, z \in L$，设 $x^n \to (y \to z) \in F$，$x^n \to y \in F$. 因为 $x^n \otimes (x^n \to (y \to z)) \leqslant y \to z$，$x^n \otimes (x^n \to y) \leqslant y$，所以 $(x^n \otimes (x^n \to (y \to z))) \otimes (x^n \otimes (x^n \to y)) \leqslant y \otimes (y \to z) \leqslant z$，从而 $((x^n \to (y \to z)) \otimes (x^n \to y)) \otimes x^{2n} \leqslant z$，所以 $(x^n \to (y \to z)) \otimes (x^n \to y) \leqslant x^{2n} \to z$. 由前面的假设及 F 是滤子，得 $x^{2n} \to z \in F$. 又由 $x^n \to x^{2n} \leqslant (x^{2n} \to z) \to (x^n \to z)$ 及 $x^n \to x^{2n} \in F$，得 $x^n \to z \in F$，则 F 是 n 重蕴涵滤子.

定理 3.2.4 设 F 是 L 的滤子，则下列条件等价：

(1) F 是 n 重蕴涵滤子；

(2) $\forall x, y \in L$，$x^{n+1} \to y \in F$ 蕴涵 $x^n \to y \in F$；

(3) $\forall x \in L$，$x^n \to x^{n+1} \in F$.

证明 (1)⇒(2). 因为 $x^{n+1} \to y = x^n \to (x \to y) \in F$, $x^n \to x = 1 \in F$, 由 F 是 n 重蕴涵滤子, 得 $x^n \to y \in F$.

(2)⇒(3). 令 $y = x^{n+1}$, 则 $x^{n+1} \to x^{n+1} = 1 \in F$, 从而得 $x^n \to x^{n+1} \in F$.

(3)⇒(1). 由不等式 $x^n \to x^{n+1} \leqslant (x^n \otimes x) \to (x^{n+1} \otimes x) = x^{n+1} \to x^{n+2}$, 得 $x^{n+1} \to x^{n+2} \in F$. 重复利用上述过程, 则有 $(x^n \to x^{n+1}) \otimes (x^{n+1} \to x^{n+2}) \otimes \cdots \otimes (x^{2n-1} \to x^{2n}) \leqslant x^n \to x^{2n}$, 所以 $x^n \to x^{2n} \in F$. 由定理 3.2.3, 得 F 是 n 重蕴涵滤子.

定理 3.2.5 设 F 是 L 的滤子, 则下列条件等价:

(1) F 是 n 重蕴涵滤子;

(2) $\forall x, y, z \in L$, 如果 $x^n \to (y \to z) \in F$, 则 $(x^n \to y) \to (x^n \to z) \in F$.

定理 3.2.6 设 F 是 L 的滤子, 则下列条件等价:

(1) F 是 n 重蕴涵滤子;

(2) $\forall x, y \in L$, $(x^n \otimes (x^n \to y)) \to (x^n \otimes y) \in F$;

(3) $\forall x, y \in L$, $(x^n \otimes (x^{2n} \to y)) \to (x^{2n} \wedge y) \in F$.

定理 3.2.7 设 F 是 L 的滤子, 若 F 是 n 重蕴涵滤子, 则 F 是 $(n+1)$ 重蕴涵滤子.

例 3.2.2 设 $L = \{0, a, b, 1\}$, 其中 $0 < a < b < 1$. 定义运算 $\otimes$ 和 $\to$ 如下:

$\otimes$	0	a	b	1
0	0	0	0	0
a	0	0	0	a
b	0	0	a	b
1	0	a	b	1

$\to$	0	a	b	1
0	1	1	1	1
a	b	1	1	1
b	a	b	1	1
1	0	a	b	1

则 $(L, \wedge, \vee, \otimes, \to)$ 是剩余格. 容易验证 $\{1\}$ 是 2 重蕴涵滤子, 但不是 1 重蕴涵滤子. 因为 $b^2 \to a = 1 \in \{1\}$, 但 $b^1 \to a = b \notin \{1\}$.

定理 3.2.8 设 F、G 是 L 的滤子, $F \subset G$, 若 F 是 n 重蕴涵滤子, 则 G 也是 n 重蕴涵滤子.

定理 3.2.9 设 F 是 L 的滤子, 则下列条件等价:

(1) L 是 n 重蕴涵剩余格;

(2) L 的每个滤子均是 n 重蕴涵滤子;

(3) $\{1\}$ 是 L 的 n 重蕴涵滤子;

(4) $\forall x \in L$, $x^n = x^{2n}$.

定理 3.2.10 设 F 是 L 的滤子, 则 F 是 n 重蕴涵滤子当且仅当 L/F 是 n 重蕴涵剩余格.

3.2.2　n 重正蕴涵滤子

定义 3.2.3[62]　设 F 是 L 的非空子集, 如果

(1) $1 \in F$;

(2) $\forall x, y, z \in L$, 若 $x \to ((y^n \to z) \to y) \in F$, $x \in F$, 则 $y \in F$,

则称 F 为 n 重正蕴涵滤子.

定理 3.2.11　剩余格上的 n 重正蕴涵滤子是滤子.

定理 3.2.12　设 F 是 L 的滤子, 则下列条件等价:

(1) F 是 n 重正蕴涵滤子;

(2) $\forall x, y \in L$, $(x^n \to y) \to x \in F$ 蕴涵 $x \in F$;

(3) $\forall x \in L$, $\neg x^n \to x \in F$ 蕴涵 $x \in F$.

证明　仅证 (3)⇒(1). 设 $x \to ((y^n \to z) \to y) \in F$, $x \in F$, 由 F 是滤子, 得 $(y^n \to z) \to y \in F$. 又由 $(y^n \to z) \to y \leqslant (y^n \to 0) \to y$, 知 $(y^n \to 0) \to y \in F$. 由 (3) 的条件, 得 $y \in F$, 则 F 是 n 重正蕴涵滤子.

推论 3.2.1　设 F 是 L 的真滤子, 则 F 是 n 重正蕴涵滤子当且仅当 $\forall x \in L$, $x \vee \neg x^n \in F$.

证明　设 $\forall x \in L$, $\neg x^n \to x \in F$ 且 $x \vee \neg x^n \in F$. 由定理 3.2.12 知, 需要证明 $x \in F$. 由 $x \vee \neg x^n \leqslant (\neg x^n \to x) \to x$, 得 $(\neg x^n \to x) \to x \in F$, 所以 $x \in F$.

反之, 设 F 是 n 重正蕴涵滤子, 设 $x \in L$, 令 $t = x \vee \neg x^n$, 需要证明 $t \in F$. 由 $x \leqslant t$, 得 $x^n \leqslant t^n$, 从而 $\neg t^n \leqslant \neg x^n \leqslant \neg x^n \vee x = t$. 因此 $\neg t^n \leqslant t$ 或等价地 $\neg t^n \to t = 1$, 故 $\neg t^n \to t \in F$. 由定理 3.2.12, 知 $t \in F$.

定义 3.2.4[62]　设 F 是 L 的滤子, $\forall x \in L$, 若 $x \vee \neg x^n \in F$, 则称 F 为 n 重布尔滤子.

定理 3.2.13　在剩余格上, n 重正蕴涵滤子与 n 重布尔滤子是一致的.

定理 3.2.14　设 F 是 L 的滤子, 则下列条件等价:

(1) F 是 n 重布尔滤子;

(2) $\forall x \in L$, $(\neg x^n \to x) \to x \in F$;

(3) $\forall x, y \in L$, $(\neg x^n \to y) \to ((y \to x) \to x) \in F$;

(4) $\forall x, y \in L$, $(\neg(x \vee y)^n \to y) \to (x \vee y) \in F$.

定理 3.2.15　剩余格上 n 重布尔滤子是 $(n+1)$ 重布尔滤子.

定理 3.2.16　设 $n \geqslant 1$, F 和 G 是 L 的滤子, 且 $F \subset G$. 若 F 是 n 重布尔滤子, 则 G 也是 n 重布尔滤子.

定理 3.2.17　剩余格上 n 重布尔滤子是 n 重蕴涵滤子, 反之不成立.

定义 3.2.5　设 L 是剩余格, 若 $\forall x \in L$, 有 $\neg x^n \to x = x$, 则称 L 为 n 重正蕴涵剩余格 (或 n 重布尔代数).

定理 3.2.18 设 L 是剩余格, 则下列条件等价:

(1) L 是 n 重正蕴涵剩余格;

(2) L 的每个滤子均是 n 重正蕴涵滤子;

(3) $\{1\}$ 是 n 重正蕴涵滤子.

推论 3.2.2 n 重正蕴涵剩余格是 n 重蕴涵剩余格.

推论 3.2.3 剩余格 L 是 n 重正蕴涵剩余格当且仅当 $\forall x \in L, \neg x^n \vee x = 1$.

定理 3.2.19 设 F 是 L 的滤子, 则 F 是 n 重正蕴涵滤子当且仅当 L/F 是 n 重正蕴涵剩余格.

3.2.3 n 重奇异滤子

定义 3.2.6[62] 设 F 是剩余格 L 的滤子, 任给 $x, y, z \in L$, 若由 $z \to ((y^n \to x) \to x) \in F, z \in F$, 有 $(x \to y) \to y \in F$, 则称 F 是 n 重正规滤子.

例 3.2.3 设 $L = \{0, a, b, c, d, 1\}$, 其中 $0 < a, b < c < d < 1$, a, b 不可比较. 定义运算 $\otimes$ 和 $\to$ 如下:

$\otimes$	0	a	b	c	d	1
0	0	0	0	0	0	0
a	0	0	0	0	a	a
b	0	0	0	0	b	b
c	0	0	0	0	c	c
d	0	a	b	c	d	d
1	0	a	b	c	d	1

$\to$	0	a	b	c	d	1
0	1	1	1	1	1	1
a	c	1	c	1	1	1
b	c	c	1	1	1	1
c	c	c	c	1	1	1
d	0	a	b	c	1	1
1	0	a	b	c	d	1

则 $(L, \wedge, \vee, \otimes, \to, 0, 1)$ 是剩余格, 但不是 BL-代数. 容易验证 $F = \{1, a, b, c\}$ 是 n 重正规滤子 $(n \geqslant 1)$.

定理 3.2.20 设 F 是 L 的滤子, 则下列条件等价:

(1) F 是 n 重正规滤子;

(2) 任给 $x, y \in L$, $(y^n \to x) \to x \in F$ 蕴涵 $(x \to y) \to y \in F$.

定理 3.2.21 剩余格上 n 重正蕴涵滤子是 n 重正规滤子.

证明 设 F 是 n 重正蕴涵滤子, $(x^n \to y) \to y \in F$. 由 $y \leqslant (y \to x) \to x$, 得 $(x^n \to y) \to y \leqslant (x^n \to y) \to ((y \to x) \to x)$, 从而 $(x^n \to y) \to ((y \to x) \to x) \in F$. 又由 $x \leqslant (y \to x) \to x$, 得 $x^n \leqslant ((y \to x) \to x)^n$, 因此 $(x^n \to y) \to ((y \to x) \to x) \leqslant (((y \to x) \to x)^n \to y) \to ((y \to x) \to x)$. 因为 $(x^n \to y) \to ((y \to x) \to x) \in F$, 所以 $(((y \to x) \to x)^n \to y) \to ((y \to x) \to x) \in F$. 由假设得 $(y \to x) \to x \in F$, 即 F 是 n 重正规滤子.

定义 3.2.7[62] 设 F 是剩余格 L 的非空子集, 如果

(1) $1 \in F$;

(2) $\forall x, y \in L, y \to x \in F$ 蕴涵 $((x^n \to y) \to y) \to x \in F$,

则称 F 为 n 重奇异滤子 (或 n 重 MV-滤子).

定理 3.2.22 设 F 是 L 的滤子, 则下列条件等价:

(1) F 是 n 重奇异滤子;

(2) $\forall x, y, z \in L, z, z \to (y \to x) \in F$ 蕴涵 $((x^n \to y) \to y) \to x \in F$;

(3) $\forall x, y \in L, (y \to x) \to (((x^n \to y) \to y) \to x) \in F$;

(4) $\forall x, y \in L, ((x^n \to y) \to y) \to (x \vee y) \in F$.

定理 3.2.23 设 $n \geqslant 1$, F 和 G 是 L 的滤子, 且 $F \subset G$, 若 F 是 n 重奇异滤子, 则 G 也是 n 重奇异滤子.

定理 3.2.24 剩余格上 n 重奇异滤子是 n 重正规滤子.

定理 3.2.25 设 $n \geqslant 1$, F 是 L 的滤子, 则 F 是 n 重正蕴涵滤子当且仅当 F 是 n 重蕴涵滤子和 n 重奇异滤子.

证明 仅证必要性. 设 $x, y \in L$, 有 $(x^n \to y) \to x \in F$. 假设 F 是 n 重蕴涵滤子和 n 重奇异滤子, 则 $((x^n \to (x^n \to y)) \to (x^n \to y)) \to x \in F$. 又因为 $x^n \to x^{2n} \leqslant (x^{2n} \to y) \to (x^n \to y)$, 故 $x^n \to x^{2n} \leqslant (x^n \to (x^n \to y)) \to (x^n \to y)$, 因此 $(x^n \to x^{2n}) \to x \geqslant ((x^n \to (x^n \to y)) \to (x^n \to y)) \to x$. 因为 F 是滤子, 利用 $((x^n \to (x^n \to y)) \to (x^n \to y)) \to x \in F$, 得 $(x^n \to x^{2n}) \to x \in F$. 因为 F 是 n 重蕴涵滤子, 即 $x^n \to x^{2n} \in F$, 所以 $x \in F$. 由定理 3.2.12, 知 F 是 n 重正蕴涵滤子.

定义 3.2.8 设 L 是剩余格, 任给 $x, y \in L$, 若 $y \to x = ((x^n \to y) \to y) \to x$, 则称 L 为 n 重奇异剩余格.

定理 3.2.26 L 是 n 重奇异剩余格当且仅当 $\forall x, y \in L, (x^n \to y) \to y \leqslant (y \to x) \to x$.

定理 3.2.27 设 F 是 L 的滤子, 则下列条件等价:

(1) L 是 n 重奇异剩余格;

(2) L 的每个滤子均是 n 重奇异滤子;

(3) $\{1\}$ 是 L 的 n 重奇异滤子.

推论 3.2.4 设 $n \geqslant 1$, L 是 n 重正蕴涵剩余格当且仅当 L 是 n 重奇异剩余格和 n 重蕴涵剩余格.

3.2.4 n 重 MTL-滤子

定义 3.2.9 [66] 设 F 是剩余格 L 的滤子, $\forall x, y \in L$, 若 $(x^n \to y) \vee (y \to x) \in F$, 则称 F 为 n 重 MTL-滤子.

定理 3.2.28 每个 MTL-滤子是 n 重 MTL-滤子, 反之不成立.

例 3.2.4 设 $L = \{0, a, b, c, 1\}$, 其中 $0 < a, b < c < 1$, a, b 不可比较. 定义运算 $\otimes$ 和 $\rightarrow$ 如下:

$\otimes$	0	a	b	c	1
0	0	0	0	0	0
a	0	0	0	0	a
b	0	0	0	0	b
c	0	0	0	0	c
1	0	a	b	c	1

$\rightarrow$	0	a	b	c	1
0	1	1	1	1	1
a	c	1	c	1	1
b	c	c	1	1	1
c	c	c	c	1	1
1	0	a	b	c	1

则 $(L, \vee, \wedge, \otimes, \rightarrow, 0, 1)$ 是剩余格, 容易验证 $F = \{1\}$ 是 2 重 MTL-滤子, 但不是 MTL-滤子.

定理 3.2.29 每个 n 重 MTL-滤子为 $n+1$ 重 MTL-滤子. 反之不成立.

定理 3.2.30 设 F 是 L 的滤子, 任给 $x, y, z \in L$, 则下列各条等价:

(1) F 是 n 重 MTL-滤子;

(2) $x \rightarrow (y^n \vee z) \in F$ 蕴涵 $(x \rightarrow y) \vee (x \rightarrow z) \in F$;

(3) $(x \rightarrow (y^n \vee z)) \rightarrow ((x \rightarrow y) \vee (x \rightarrow z)) \in F$;

(4) $(y \wedge z) \rightarrow x \in F$ 蕴涵 $(y^n \rightarrow x) \vee (z \rightarrow x) \in F$;

(5) $((y \rightarrow z) \rightarrow x) \rightarrow ((y^n \rightarrow x) \vee (z \rightarrow x)) \in F$;

(6) $x \rightarrow z^n \in F$ 蕴涵 $(x \rightarrow y) \vee (y \rightarrow z) \in F$;

(7) $(x \rightarrow z^n) \rightarrow ((x \rightarrow y) \vee (y \rightarrow z)) \in F$;

(8) $(x^n \rightarrow y) \rightarrow z \in F$ 蕴涵 $((y \rightarrow x) \rightarrow z) \rightarrow z \in F$;

(9) $((x^n \rightarrow y) \rightarrow z) \rightarrow (((y \rightarrow x) \rightarrow z) \rightarrow z) \in F$.

定理 3.2.31 n 重布尔滤子是 n 重 MTL-滤子. 反之不成立.

3.2.5 n 重固执滤子

定义 3.2.10 [62] 设 F 是 L 的真滤子, 任给 $x, y \in L$, 若 $x, y \notin F$, 有 $x^n \rightarrow y \in F$ 且 $y^n \rightarrow x \in F$, 则称 F 为 n 重固执滤子.

定理 3.2.32 设 $n \geqslant 1$, F 是 L 的滤子, 则下列条件等价:

(1) F 是 n 重固执滤子;

(2) $\forall x \in L$, 若 $x \notin F$, 则存在 $m \geqslant 1$, 使得 $(\neg x^n)^m \in F$.

证明 (1) $\rightarrow$ (2). 设 F 是 n 重固执滤子, $x \in L$ 且 $x \notin F$. 在定义 3.2.10 中令 $y = 0$, 得 $x^n \rightarrow 0 \in F$, 令 $m = 1$, 有 $(\neg x^n)^m \in F$.

(2) $\Rightarrow$ (1). 设 $x, y \notin F$, 由假设条件, 存在 $m, l \geqslant 1$, 使得 $(\neg x^n)^m, (\neg y^n)^l \in F$. 又 $(\neg x^n)^m \leqslant \neg x^n \leqslant x^n \rightarrow y$, $(\neg y^n)^l \leqslant \neg y^n \leqslant y^n \rightarrow x$, 由 F 是滤子, 得 $x^n \rightarrow y, y^n \rightarrow x \in F$.

定理 3.2.33 n 重固执滤子是 $(n+1)$ 重固执滤子, 反之不成立.

定理 3.2.34 设 F, G 是 L 的滤子, $F \subset G$, 若 F 是 n 重固执滤子, 则 G 也是 n 重固执滤子.

推论 3.2.5 $\{1\}$ 是 L 的 n 重固执滤子当且仅当 L 的所有滤子均是 n 重固执滤子.

定理 3.2.35 设 F 是 L 的滤子, $n \geqslant 1$, 则下列条件等价:

(1) F 是 n 重固执滤子;

(2) F 是极大的 n 重正蕴涵滤子;

(3) F 是极大的 n 重蕴涵滤子.

证明 (1)$\Rightarrow$(2). 一方面, 设 F 是 n 重固执滤子, 令 $x \notin F$, 由定理 3.2.32, 知存在 $m \geqslant 1$, 使得 $(\neg x^n)^m \in F$. 由 $(\neg x^n)^m \leqslant \neg x^n$, 得 $\neg x^n \in F$. 由定理 3.1.7, 知 F 是极大滤子.

另一方面, 假设存在 $x \in L$, 使得 $\neg x^n \rightarrow x \in F$ 且 $x \notin F$. 由 F 是 n 重固执滤子, 则存在 $m \geqslant 1$, 使得 $(\neg x^n)^m \in F$. 由 $(\neg x^n)^m \leqslant \neg x^n$, 得 $\neg x^n \in F$. 因为 F 是滤子, 由 $\neg x^n \rightarrow x \in F$, 得 $x \in F$, 导致矛盾. 因此, 任给 $x \in L$, $\neg x^n \rightarrow x \in F$ 蕴涵 $x \in F$, 即 F 是 n 重正蕴涵滤子.

(2)$\Rightarrow$(3). 易证.

(3)$\Rightarrow$(1). 设 F 是极大的 n 重蕴涵滤子, 令 $x, y \in L$ 且 $x, y \notin F$, 由定理 3.2.2, 知 $L_x = \{b \in L | x^n \rightarrow b \in F\}$ 和 $L_y = \{b \in L | y^n \rightarrow b \in F\}$ 都是 L 的滤子.

设 $z \in F$, 由 $z \leqslant x^n \rightarrow z$, 得 $x^n \rightarrow z \in F$, 因此 $z \in L_x$, 从而 $F \subset L_x$. 另外, 因为 $x^n \rightarrow x = 1 \in F$, 所以 $x \in L_x$. 由假设 $x \notin F$, 得 $F \subsetneqq L_x \subset L$. 由 F 是极大滤子, 得 $L_x = L$, 所以 $y \in L_x$, 即 $x^n \rightarrow y \in F$. 同理, 可得 $y^n \rightarrow x \in F$. 因此, F 是 n 重固执滤子.

定理 3.2.36 设 F 是 L 的滤子, $n \geqslant 1$, 则下列条件等价:

(1) F 是 n 重固执滤子;

(2) F 是极大的 n 重布尔滤子;

(3) F 是第二类素滤子和 n 重布尔滤子.

证明 (1)$\Rightarrow$(2). 设 F 是 n 重固执滤子, 由定理 3.2.35, 知 F 是极大滤子. 设 $x \in L$, 考虑 $x \in F$ 和 $x \notin F$ 以下两种情形.

情形 1: $x \in F$. 因为 $x \leqslant x \vee \neg x^n$, 所以 $x \vee \neg x^n \in F$.

情形 2: $x \notin F$. 因为 F 是 n 重固执滤子, 所以存在 $m \geqslant 1$, 使得 $(\neg x^n)^m \in F$. 因为 $(\neg x^n)^m \leqslant \neg x^n \leqslant x \vee \neg x^n$, 所以 $x \vee \neg x^n \in F$.

结合两种情形, 显然任给 $x \in L$, 有 $x \vee \neg x^n \in F$, 所以 F 是 n 重布尔滤子.

(2)$\Rightarrow$(3). 利用极大滤子是第二类素滤子, 显然成立.

$(3)\Rightarrow(1)$. 设 F 是第二类素滤子和 n 重布尔滤子, 设 $x\in L$ 但 $x\notin F$. 由 F 是 n 重布尔滤子, 得 $x\vee\neg x^n\in F$. 因为 F 是第二类素滤子, 由 $x\notin F$, 得 $(\neg x^n)^1\in F$. 由定理 3.2.32, 知 F 是 n 重固执滤子.

定理 3.2.37 n 重固执滤子是 n 重奇异滤子, 反之不成立.

推论 3.2.6 设 F 是 L 的滤子, $n\geqslant 1$, 则下列条件等价:

(1) F 是 n 重固执滤子;

(2) F 是第二类素滤子和 n 重正蕴涵滤子.

定理 3.2.38 设 $n\geqslant 1$, F 是 L 的滤子, 则 F 是 n 重固执滤子当且仅当 L/F 的每个滤子均是 n 重固执滤子.

定义 3.2.11 设 L 是剩余格, 若 $\forall x,y\in L$, 有 $x,y\neq 1$ 蕴涵 $x^n\rightarrow y=1$ 且 $y^n\rightarrow x=1$, 则称 L 是 n 重固执剩余格.

定理 3.2.39 设 $n\geqslant 1$, 则下列条件等价:

(1) L 是 n 重固执剩余格;

(2) $\{1\}$ 是 L 的 n 重固执滤子;

(3) L 的每个滤子均是 n 重固执滤子.

3.2.6 n 重对合滤子

定义 3.2.12[64] 设 F 是 L 的滤子, $n\geqslant 1$, 若 $\forall x,y\in L$, 有 $\neg(x\otimes y)\in F$ 蕴涵 $\neg x^n\in F$ 或 $\neg y^n\in F$, 则称 F 为 n 重整滤子 (integral filter).

例 3.2.5 设 $L=\{0,a,b,c,1\}$, 其中 $0<a<c<1, 0<b<c<1$, a,b 不可比较. 定义运算 $\otimes$ 和 $\rightarrow$ 如下:

$\otimes$	0	a	b	c	1
0	0	0	0	0	0
a	0	a	0	a	a
b	0	0	b	b	b
c	0	a	b	c	c
1	0	a	b	c	1

$\rightarrow$	0	a	b	c	1
0	1	1	1	1	1
a	b	1	b	1	1
b	a	a	1	1	1
c	0	a	b	1	1
1	0	a	b	c	1

则 $(L,\vee,\wedge,\otimes,\rightarrow,0,1)$ 是剩余格. 容易验证 $F=\{a,c,1\}$ 是 n 重整滤子 $(n\geqslant 2)$. 但滤子 $F_2=\{c,1\}$ 不是 n 重整滤子 $(n\geqslant 2)$, 因为 $\neg(a\otimes b)=1, \neg a^n=b, \neg b^n=a$.

定义 3.2.13 设 L 是剩余格, 若 $\forall x,y\in L$, 有 $x\otimes y=0$ 蕴涵 $x^n=0$ 或 $y^n=0$, 则称 L 为 n 重整剩余格.

定理 3.2.40 设 F 是 L 的滤子, 则下列条件等价:

(1) F 是 n 重整滤子;

(2) L/F 是 n 重整剩余格.

定理 3.2.41　设 F 是 L 的真滤子, 若 F 是 n 重固执滤子, 则 F 是 n 重整滤子.

证明　设 F 是真 n 重固执滤子, $x, y \in L$ 满足 $\neg(x \otimes y) \in F$. 由 F 是真滤子, 得 $x \otimes y \notin F$, 从而 $x \notin F$ 或 $y \notin F$. 又由 F 是 n 重固执滤子, 得 $\neg x^n \in F$ 或 $\neg y^n \in F$, 因此 F 是 n 重整滤子.

定义 3.2.14　设 F 是 L 的滤子, 若 $\forall x \in L$, 有 $\neg\neg x^n \to x \in F$ 蕴涵 $\neg(\neg x)^n \to x \in F$, 则称 F 满足 n 重双否定.

定理 3.2.42　设 F 是 L 的真滤子且满足 n 重双否定, 若 F 是 n 重整滤子, 则 F 是 n 重固执滤子.

定义 3.2.15　设 L 是剩余格, 若任给 $x \in L$, 有 $\neg\neg x^n \to x = 1$ 蕴涵 $\neg(\neg x)^n \to x = 1$, 则称 L 满足 n 重双否定.

推论 3.2.7　设 L 是满足 n 重双否定的剩余格, 若 L 是 n 重整和 n 重奇异的, 则 L 是 n 重固执的.

定义 3.2.16[64]　设 F 是 L 的滤子, 若任给 $x \in L$, 有 $\neg\neg x^n \to x \in F$, 则称 F 为 n 重对合滤子 (或 n 重 IRL-滤子).

定义 3.2.17　设 L 是剩余格, 若任给 $x \in L$, 有 $\neg\neg x^n \to x = 1$, 则称 L 为 n 重对合剩余格 (或 n 重 IRL).

注　容易验证以下结论, F 是 n 重对合滤子当且仅当 L/F 是 n 重对合剩余格.

定义 3.2.18　(1) 设 F 是 L 的滤子, 若任给 $x \in L$, 有 $\neg\neg x^n \in F$ 蕴涵 $x \in F$, 则称 F 为 n 重扩展对合滤子 (n-fold extended involutive filter, 或 n 重 EIRL-滤子).

(2) 设 L 是剩余格, 若任给 $x \in L$, 有 $\neg\neg x^n = 1$ 蕴涵 $x = 1$, 则称 L 为 n 重扩展对合剩余格 (或 n 重 EIRL).

显然, F 是 n 重扩展对合滤子当且仅当 L/F 是 n 重扩展对合剩余格.

考虑有关 F 的一些状态:

(S1) 对 $\forall x \in L$, $\neg(\neg x)^n \to \neg\neg x^n \in F$;

(S2) 对 $\forall x \in L$, $\neg(\neg x)^n \to x \in F$;

(S3) 对 $\forall x \in L$, $\neg\neg x^n \to x \in F$ (n 重对合滤子);

(S4) 对 $\forall x \in L$, $\neg\neg x^n \to x \in F$ 蕴涵 $\neg(\neg x)^n \to x \in F$. ($n$ 重双否定),

则 (S2)$\Rightarrow$(S3), (S1)$\Rightarrow$(S4), (S1) 和 (S3)$\Rightarrow$(S2), (S3) 和 (S4)$\Rightarrow$(S2).

定理 3.2.43　设 F 是 L 的滤子, 有

(1) 若 F 满足 n 重双否定, 则 F 是 n 重对合滤子当且仅当 F 满足 (S2);

(2) 若 F 是 n 重对合滤子, 则 F 满足 n 重双否定当且仅当 F 满足 (S2).

定理 3.2.44　设 F 是 L 的滤子, 则

(1) 若 F 是 n 重布尔滤子, 则 F 是 n 重蕴涵滤子和 n 重扩展对合滤子. 当 F 满足 n 重双否定时, 前述逆命题成立;

(2) 若 L 是 n 重布尔剩余格, 则 L 是 n 重蕴涵剩余格和 n 重扩展对合剩余格. 当 F 满足 n 重双否定时, 前述逆命题成立.

定理 3.2.45 设 F 是 L 的滤子, 且满足 n 重双否定 (或 (S1)), 则 F 是 n 重固执滤子当且仅当 F 是 n 重整滤子和 n 重对合滤子.

定理 3.2.46 设 F 是 L 的滤子, 满足 (S1), 则 F 是 n 重固执滤子当且仅当 F 是 n 重整滤子和 n 重扩展对合滤子.

3.3 剩余格上滤子理论的统一化

能否将各种特殊的滤子进行统一处理, 一直是众多学者思考的问题. 文献 [53]、[68]~[73] 提出的几种描述方式比较有代表性, 下面给出简略的介绍.

用 $F(L)$ 表示剩余格 L 上所有滤子 F 的集合. 显然, $(F(L), \subset)$ 是偏序集, 并有如下进一步结果.

定理 3.3.1 对 $\forall F, G \in F(L)$, 定义 $F \wedge G = F \cap G$, $F \vee G = \langle F \cup G \rangle$, $F \to G = \{x \in L | F \cap \langle x \rangle \subset G\}$, 则 $(F(L), \wedge, \vee, \to, \{1\}, L)$ 是完备的 Heyting 代数.

因此, $F \wedge \bigvee_k G_k = \bigvee_k (F \wedge G_k)$.

定理 3.3.2 (1) 任给 $F_1, F_2 \in F(L)$, $F_1 \vee F_2 = \{x \in L | \exists f_k \in F_k : f_1 \otimes f_2 \leqslant x\}$.

(2) $\langle x \rangle \vee \langle y \rangle = \langle x \otimes y \rangle = \langle x \wedge y \rangle$, $\langle x \rangle \wedge \langle y \rangle = \langle x \vee y \rangle$.

证明 仅证明 (2). 因为 $x \otimes y \leqslant x \wedge y \leqslant x, y$, 所以有 $x, y \in \langle x \wedge y \rangle \subset \langle x \otimes y \rangle$, 因此 $\langle x \rangle \vee \langle y \rangle \subset \langle x \wedge y \rangle \subset \langle x \otimes y \rangle$. 对任何包含 x, y 的滤子 F, 因为 $x \otimes y \in F$, 所以 $\langle x \otimes y \rangle \subset F$, 这意味着 $\langle x \otimes y \rangle$ 是包含 $\langle x \rangle$ 和 $\langle y \rangle$ 的最小滤子, 即 $\langle x \rangle \vee \langle y \rangle = \langle x \otimes y \rangle = \langle x \wedge y \rangle$.

3.3.1 *I*-滤子

下面介绍文献 [53] 中提出的 I-滤子的概念和性质.

定义 3.3.1[53] 设 F 是 L 的滤子, 任给 $x, y \in L$, 若存在项 $t(x, y)$, $t'(x, y)$, 使得 $t'(x, y) \leqslant t(x, y)$ 且 $t(x, y) \to t'(x, y) \in F$, 则称 F 为公式 $t(x, y) \to t'(x, y)$ 的 I-滤子, 简称 I-滤子.

例 3.3.1 给出一些特殊滤子作为 I-滤子的表现形式, 如表 3.1.1 所示.

定理 3.3.3 设 F 是 L 的滤子, 任给 $x, y, z \in L$, 则下列条件等价:

(1) F 是公式 $t(x, y) \to t'(x, y)$ 的 I-滤子;

(2) $(t'(x, y) \to z) \to (t(x, y) \to z) \in F$;

(3) $t'(x, y) \to z \in F$ 蕴涵 $t(x, y) \to z \in F$;

(4) $(z \to t(x, y) \to (z \to t'(x, y))) \in F$;

(5) $z \to t(x, y) \in F$ 蕴涵 $z \to t'(x, y) \in F$.

表 3.3.1　I-滤子的表现形式

滤子的类型	项 $t(x, y) \to t'(x, y)$
蕴涵滤子	$x \to x^2$
布尔滤子	$1 \to (x \vee \neg x)$ 或 $(\neg x \to x) \to x$
奇异滤子	$(y \to x) \to (((x \to y) \to y) \to x)$
对合滤子	$\neg \neg x \to x$
MTL-滤子	$1 \to ((x \to y) \vee (y \to x))$
可除滤子	$(x \wedge y) \to (x \otimes (x \to y))$

定理 3.3.4　设 F 是 L 的滤子, $t(x, y) = t_1(x, y) \to t_2(x, y)$, 则 F 是公式 $(t_1(x, y) \to t_2(x, y)) \to t'(x, y)$ 的 I-滤子当且仅当下列条件之一成立:

(1) $(t_1(x, y) \to z) \to ((z \to t_2(x, y)) \to t'(x, y)) \in F$;

(2) $t_1(x, y) \to z \in F$ 蕴涵 $(z \to t_2(x, y)) \to t'(x, y) \in F$.

推论 3.3.1　设 F 是 L 的滤子, 则下列条件等价:

(1) F 是公式 $t(x, y) \to t'(x, y)$ 的 I-滤子;

(2) $((t(x, y) \to t'(x, y)) \to z) \to z \in F$.

I-滤子也具有所谓的扩展性质, 即

定理 3.3.5　设 F 是 I-滤子, G 是滤子且 $F \subset G$, 则 G 也是 I-滤子.

推论 3.3.2　设 L 是剩余格, 则下列条件等价:

(1) $\{1\}$ 是 I-滤子;

(2) 每个滤子均是 I-滤子.

若剩余格 L 满足上面推论中的条件之一, 则称 L 为 I-代数.

定理 3.3.6　设 F 是 L 的滤子, 则 F 是 I-滤子当且仅当 L/F 是 I-代数.

3.3.2　t-滤子

下面介绍文献 [69] 中提出的 t-滤子的概念和性质, t-滤子可以看作 I-滤子的推广. 将有限序列 $x_1, x_2, \cdots$ 简记为 $\bar{x}$.

定义 3.3.2[69]　设 $t(\bar{x})$ 是剩余格上的项, F 是 L 的滤子. 任给 $\bar{x} \in L$, 若 $t(\bar{x}) \in F$, 则称 F 为 t-滤子.

例 3.3.2　给出一些特殊滤子作为 t-滤子的表现形式, 如表 3.3.2 所示.

设 t 是剩余格上一个固定的项, $\mathbb{B}$ 是剩余格的簇 (variety). 记 $\mathbb{B}$ 中满足 $t(\bar{x}) = 1$ 的子簇 (subvariety) 为 $\mathbb{B}[t]$.

定理 3.3.7(扩展性质)　设 F, G 是 L 的滤子, $F \subset G$. 若 F 是 t-滤子, 则 G 也是 t-滤子.

表 3.3.2 t-滤子的表现形式

滤子的类型	项 t
蕴涵滤子	$x \to x^2$
布尔滤子	$x \vee \neg x$
奇异滤子	$(y \to x) \to ((((x \to y) \to y) \to x)$
对合滤子	$\neg\neg x \to x$
MTL-滤子	$(x \to y) \vee (y \to x)$
可除滤子	$(x \wedge y) \to (x \otimes (x \to y))$

定理 3.3.8 任给 $\bar{x} \in L$, 若 $t_1(\bar{x}) \leqslant t_2(\bar{x})$, 则 $\{F \subset L | F 是 t_1\text{-滤子}\} \subset \{F \subset L | F 是 t_2\text{-滤子}\}$.

定理 3.3.9 设 $\mathbb{B}$ 是 L 上的簇且 $L \in \mathbb{B}$, 则下列条件是等价的:

(1) L 的每个滤子均是 t-滤子;

(2) $\{1\}$ 是 t-滤子;

(3) $L \in \mathbb{B}[t]$.

定理 3.3.10 设 $\mathbb{B}$ 是 L 上的簇, $L \in \mathbb{B}$, F 是 L 的滤子, 则 F 是 t-滤子当且仅当 $L/F \in \mathbb{B}[t]$, 即 L/F 是 $\mathbb{B}[t]$ 代数.

定理 3.3.11 设 F 是 L 的滤子, 则 F 是 I-滤子当且仅当 F 是 t-滤子, 其中项 t 至多包含两个不同的变量.

3.3.3 扩展滤子

定义 3.3.3[70-71] 设 F 是 L 的滤子, $B \subset L$, 则

$$E_F(B) = \{x \in L | x \vee b \in F, \forall b \in B\},$$

称 $E_F(B)$ 为依赖于 B 的 F 扩展滤子.

将 $E_F(\{x\})$ 简记为 $E_F(x)$.

引理 3.3.1 设 F 是 L 的滤子, $B \subset L$, 则

(1) $E_F(B)$ 是 L 的滤子;

(2) $F \subset E_F(B)$.

定理 3.3.12 设 F 是 L 的滤子, $B \subset L$, 则在 Heyting 代数 $F(L)$ 上有 $E_F(B) = [B) \to F$.

证明 设 $x \in E_F(B)$. 任给 $u \in [B) \cap [x)$, 则存在 $b_i \in B$ 和数 n, 使得 $b_1 \otimes \cdots \otimes b_k \leqslant u$ 和 $x^n \leqslant u$. 注意到 $(x^n \vee b_1) \otimes \cdots \otimes (x^n \vee b_k) \leqslant x^n \vee (b_1 \otimes \cdots \otimes b_k) \leqslant u \vee u = u$. 因为 $x \in E_F(B) \in F(L)$, 所以有 $x^n \in E_F(B)$, 因此 $x^n \vee b_i \in F(1 \leqslant i \leqslant k)$, 从而 $(x^n \vee b_1) \otimes \cdots \otimes (x^n \vee b_k) \leqslant x^n \vee (b_1 \otimes \cdots \otimes b_k) \in F$, 因此 $u \in F$, 即 $[B) \cap [x) \subset F$. 所以 $E_F(B) \subset [B) \to F = \{x \in L | [B) \cap [x) \subset F\}$.

反之, 设 $x \in [B) \to F$. 任给 $b \in B$, 因为 $[b) \subset [B)$, 所以有 $[b \vee x) = [b) \cap [x) \subset [B) \cap [x) \subset F$. 这意味着对任给 $b \in B$, 有 $x \vee b \in F$, 因此 $x \in E_F(B)$,

即 $[B] \to F \subset E_F(B)$. 所以在 Heyting 代数 $F(L)$ 上有 $E_F(B) = [B] \to F$.

推论 3.3.3 $E_{E_F(B)}(C) = E_{E_F(C)}(B) = E_F([B] \cap [C])$.

证明 由定理 3.3.12, 知 $E_{E_F(B)}(C) = [C] \to ([B] \to F) = [B] \to ([C] \to F) = ([B] \wedge [C]) \to F$. 得证.

推论 3.3.4 任给 $F_\lambda \in F(L)(\lambda \in \Lambda)$, $B \subset L$, 则 $\bigcap_\lambda E_{F_\lambda}(B) = E_{(\bigcap_\lambda F_\lambda)}(B)$. 因此, L 上所有滤子的类 $F(L)$ 与 L 上同余关系的类 $\mathrm{Con}(L)$ 是同构的.

定理 3.3.13 设 F 是 L 的滤子, 则

(1) F 是蕴涵滤子当且仅当任给 $x \in L$, $E_F(x \to x^2) = L$;

(2) F 是正蕴涵滤子当且仅当任给 $x \in L$, $E_F((\neg x \to x) \to x) = L$;

(3) F 是奇异滤子当且仅当任给 $x \in L$, $E_F(\neg\neg x \to x) = L$.

下面的定理揭示了 t-滤子和扩展滤子的内在联系.

定理 3.3.14[72] 设 F 是 L 的滤子, t 是 L 的任意项, 则 F 是 t-滤子当且仅当任给 $x \in L$, $E_F(t(x)) = L$.

证明 设 x 是 L 的任意元, F 是 t-滤子. 由 $t(x) \in F$, 对任意 $y \in L$, 有 $y \vee t(x) \in F$, 因此 $y \in E_F(t(x))$, 即 $E_F(t(x)) = L$.

反之, 若任给 $x \in L$, 有 $E_F(t(x)) = L$, 则 $0 \in E_F(t(x))$, 所以 $0 \vee t(x) = t(x) \in F, \forall x \in L$, 从而 F 是 t-滤子.

进一步, 有如下定理和推论:

定理 3.3.15 设 F 是 L 的滤子, $t(\bar{x})$ 是 L 的项, 则 F 是 t-滤子当且仅当 $E_F(t(\bar{x})) = L$.

证明 设 F 是 t-滤子, 则任给 $\bar{x} \in L$, 有 $t(\bar{x}) \in F$, 从而任给 $y \in L$, 有 $y \vee t(\bar{x}) \in F$, 因此 $y \in E_F(t(x))$, 即 $E_F(t(x)) = L$.

反之, 若任给 $\bar{x} \in L$, 有 $E_F(t(\bar{x})) = L$, 则 $t(\bar{x}) = t(\bar{x}) \vee t(\bar{x}) \in F$, 所以 F 是 t-滤子.

推论 3.3.5 设 F 是 L 的滤子, $t(\bar{x})$ 和 $s(\bar{x})$ 是 L 的项, $t(\bar{x}) \leqslant s(\bar{x})$, 则 F 是 I-滤子当且仅当 $E_F(s(\bar{x}) \to t(\bar{x})) = L$.

下面给出一个小结论.

定理 3.3.16 若 F 是素滤子, 则其扩展滤子 $E_F(B)$ 也是素滤子.

证明 设 $x \vee y \in E_F(B)$. 因为 $x \vee y \in [B] \to F$, 所以 $[B] \cap [x \vee y] = [B] \cap ([x] \cap [y]) = ([B] \cap [x]) \cap ([B] \cap [y]) \subset F$. 由假设条件可得 $[B] \cap [x] \subset F$ 或 $[B] \cap [y] \subset F$. (这里用到了如下结论: 对滤子 F, F 是素滤子当且仅当任给 $F_1, F_2 \in F(L)$, 有 $F_1 \cap F_2 = F$ 蕴涵 $F_1 = F$ 或 $F_2 = F$, 当且仅当任给 $F_1, F_2 \in F(L)$, 有 $F_1 \cap F_2 \subset F$ 蕴涵 $F_1 \subset F$ 或 $F_2 \subset F$.) 所以 $x \in [B] \to F$ 或 $y \in [B] \to F$, 即 $E_F(B) = [B] \to F$ 是素滤子.

3.3.4 商代数的归类

文献 [55] 给出了剩余格上滤子分类的一种新方法, 这种方法可以看作滤子统一化描述的一种方式.

考虑同类型 τ 的代数的类 K. 如果 Σ 是型 τ 的等式的集合, 用 $M(\Sigma)$ 表示满足 Σ 的代数 A 的类. 如果存在一个等式集合 Σ, 使得 $K = M(\Sigma)$, 则称型 τ 的代数的类 K 为等式类 (equational class). K 是簇 (variety) 等价于 K 是等式类. 下面给出剩余格类的一些常见的子类.

(1) $\mathbb{B} = $ 布尔代数类.

(2) $\mathbb{H} = $ Heyting 代数 (或 G-代数) 类.

(3) $\mathbb{MV} = $ MV-代数类.

(4) $\mathbb{MTL} = $ MTL-代数类.

(5) $\mathbb{IRL} = $ 对合剩余格类.

定义 3.3.4 设 $\mathfrak{B}$ 是剩余格类的子类, F 是 L 的滤子, 若 $L/F \in \mathfrak{B}$, 称 F 为 $\mathfrak{B}$-滤子 (或型 $\mathfrak{B}$-滤子).

定理 3.3.17 设 F 是 L 的滤子, 则

(1) F 是布尔滤子当且仅当 $L/F \in \mathbb{B}$.

(2) F 是蕴涵滤子当且仅当 $L/F \in \mathbb{H}$.

(3) F 是奇异滤子当且仅当 $L/F \in \mathbb{MV}$.

(4) F 是 MTL-滤子当且仅当 $L/F \in \mathbb{MTL}$.

(5) F 是对合滤子当且仅当 $L/F \in \mathbb{IRL}$.

读者可以将上述各种描述方式相结合得到进一步的结论.

3.4 剩余格上的模糊滤子

本节对剩余格上的模糊滤子进行简单介绍, 主要参考文献 [56]、[74]~[76].

3.4.1 模糊滤子的基本概念

定义 3.4.1[74] 设 L 是剩余格, f 是非空模糊子集, 若

(1) 任给 $x \in L$, $f(x) \leqslant f(1)$;

(2) 任给 $x, y \in L$, $x \leqslant y$ 蕴涵 $f(x) \leqslant f(y)$;

(3) 任给 $x, y \in L$, $f(x) \wedge f(y) \leqslant f(x \otimes y)$,

则称 f 为 L 的模糊滤子.

定理 3.4.1[74] 设 f 是 L 的模糊子集, 则 f 是模糊滤子当且仅当

(1) 任给 $x \in L$, $f(x) \leqslant f(1)$;

(2) 任给 $x, y \in L$, $f(x) \wedge f(x \to y) \leqslant f(y)$.

证明 由定义 3.4.1, 注意到 $f(x) \wedge f(x \to y) \leqslant f(x \otimes (x \to y)) \leqslant f(y)$, 必要性得证.

反之, 当 $x \leqslant y$ 时, 有 $x \to y = 1$, 因此 $f(x) \leqslant f(x) \wedge f(1) \leqslant f(x) \wedge f(x \to y) \leqslant f(y)$. 又 $f(x) \wedge f(y) \leqslant f(y \to (x \otimes y)) \wedge f(y) \leqslant f(x \otimes y)$, 充分性得证.

定理 3.4.2 [74] 设 f 是 L 的模糊子集, 则 f 是模糊滤子当且仅当任给 $t \in [0,1]$, 当 f_t (或 f_i) 是非空集时, f_t (或 f_i) 是滤子, 这里 $f_t = \{x | f(x) \geqslant t\}$, $f_i = \{x | f(x) > i\}$.

证明 设 f 是 L 的模糊滤子. 任给 $t \in [0,1]$, 若 $f_t \neq \varnothing$, 则 $1 \in f_t$, 对 $x, x \to y \in f_t$, 有 $f(x) \geqslant t$, $f(x \to y) \geqslant t$. 因此 $f(y) \geqslant f(x) \wedge f(x \to y) \geqslant t$, 即 $y \in f_t$. 所以 f_t 是 L 的滤子. 类似可得 f_i 也是滤子.

反之, 设任给 $t \in [0,1]$, 当 f_t, f_i 是非空集时, f_t, f_i 是滤子, 则 $1 \in f_t$, $x, x \to y \in f_t$ 蕴涵 $y \in f_t$. 这意味着 $f(1) \geqslant t$, 且 $f(x) \geqslant t$, $f(x \to y) \geqslant t$ 蕴涵 $f(y) \geqslant t$. 因此 (1) $f(x) = \bigvee\limits_{t \in [0,1]} (t \wedge f(x)) \leqslant \bigvee\limits_{t \in [0,1]} (f(1) \wedge f(x)) = f(1) \wedge f(x) \leqslant f(1)$. (2) 令 $t = f(x) \wedge f(x \to y)$, 则 $f(x) \geqslant t$, $f(x \to y) \geqslant t$. 因此 $f(y) \geqslant t = f(x) \wedge f(x \to y)$, 即 f 是模糊滤子.

定义 3.4.2 [74] 设 f 是 L 上的模糊子集, 则由 f 生成的模糊滤子定义为

$$\langle f \rangle = \bigcap_{\substack{g \in FF(L) \\ f \leqslant g}} g.$$

定理 3.4.3 设 f 是 L 上的模糊子集, 则任给 $x \in L$, 有

$$\langle f \rangle = \bigvee \left\{ \bigwedge_{k=1}^{n} f(a_k) | a_1, \cdots, a_n \in L, a_1 \otimes \cdots \otimes a_n \leqslant x \right\}.$$

证明同定理 2.3.4 的证明, 略.

例 3.4.1 设 $L = \{0, a, b, c, d, 1\}$, 其中 $0 < c, d < b < 1$, $0 < d < a, b < 1$, 没有列出序关系的均不可比较. 定义运算 $\otimes$ 和 $\to$ 如下:

$\otimes$	0	a	b	c	d	1		$\to$	0	a	b	c	d	1
0	0	0	0	0	0	0		0	1	1	1	1	1	1
a	0	a	d	0	d	a		a	a	1	b	c	b	1
b	0	d	c	c	0	b	,	b	d	a	1	b	a	1	,
c	0	0	c	c	0	c		c	a	a	1	1	a	1
d	0	d	0	0	0	d		d	b	1	1	b	1	1
1	0	a	b	c	d	1		1	0	a	b	c	d	1

则 $(L, \wedge, \vee, \otimes, \rightarrow, 0, 1)$ 是剩余格. 定义模糊子集

$$
f(x) = \begin{cases} 0.8, & x \in \{a, 1\} \\ 0.4, & x \in \{0, c, d, b\} \end{cases},
$$

容易验证 f 是模糊滤子. 另外定义模糊子集

$$
g(x) = \begin{cases} 0.9, & x = 1 \\ 0.7, & x \in \{b, c\} \\ 0.3, & x \in \{0, a, d\} \end{cases},
$$

则由 $g(x)$ 生成的模糊滤子为

$$
\langle g \rangle(x) = \begin{cases} 0.9, & x \in \{b, c, 1\} \\ 0.3, & x \in \{0, a, d\} \end{cases}.
$$

3.4.2 模糊同余

下面给出剩余格上的模糊同余关系的定义和性质.

定义 3.4.3[74]　设 L 是剩余格, L 上的模糊关系 R 称为模糊同余关系, 若 R 是模糊等价关系, 且任给 $x, y, z, u \in L$, 有 $R(x \triangle z, y \triangle u) \geqslant R(x, y) \wedge R(z, u)$, 这里 $\triangle \in \{\wedge, \vee, \otimes, \rightarrow\}$.

定理 3.4.4　设 f 是 L 上的模糊滤子, $f(1) = 1$. 定义模糊关系 R 为 $R(x, y) = f(x \leftrightarrow y) \triangleq f((x \rightarrow y) \wedge (y \rightarrow x))$, 则 R 是模糊同余关系.

证明　任给 $x, y, z, u \in L$, 容易验证: (1) $R(x, x) = f(1)$; (2) $R(x, y) = R(y, x)$.

(3) 因为 $(x \leftrightarrow y) \otimes (y \leftrightarrow z) \leqslant (x \leftrightarrow z)$, 所以

$$
\begin{aligned}
(R \circ R)(x, z) &= \bigvee_{y \in L} \{R(x, y) \wedge R(y, z)\} \\
&= \bigvee_{y \in L} \{f(x \leftrightarrow y) \wedge f(y \leftrightarrow z)\} \\
&\leqslant \bigvee_{y \in L} f((x \leftrightarrow y) \otimes (y \leftrightarrow z)) \\
&\leqslant f(x \leftrightarrow z) = R(x, z).
\end{aligned}
$$

(4) 令 $\triangle \in \{\wedge, \vee, \otimes, \rightarrow\}$, 由剩余格性质可得

$$
R(x \triangle z, y \triangle u) = f((x \triangle z) \leftrightarrow (y \triangle u))
$$

$$\geqslant f((x \leftrightarrow y) \otimes (z \leftrightarrow u))$$
$$\geqslant f(x \leftrightarrow y) \wedge f(z \leftrightarrow u)$$
$$= R(x, y) \wedge R(z, u).$$

所以 R 是模糊同余关系.

定理 3.4.5 设 R 是 L 上的模糊同余关系, 则 $R(x \leftrightarrow y, 1) = R(x, y), \forall x, y \in L$.

证明 一方面, $R(x \leftrightarrow y, 1) = R(x \leftrightarrow y, y \leftrightarrow y) \geqslant R(x, y) \wedge R(y, y) = R(x, y)$. 另一方面,

$$R(x \leftrightarrow y, 1) = R(x \leftrightarrow y, 1) \wedge R(x, x)$$
$$\leqslant R((x \leftrightarrow y) \otimes x, 1 \otimes x)$$
$$= R((x \leftrightarrow y) \otimes x, x) \wedge R(y, y)$$
$$\leqslant R(((x \leftrightarrow y) \otimes x) \vee y, x \vee y)$$
$$= R(y, x \vee y),$$

类似地, $R(x \leftrightarrow y, 1) \leqslant R(x, x \vee y)$. 因此, $R(x \leftrightarrow y, 1) \leqslant R(x, x \vee y) \wedge R(y, x \vee y) \leqslant R(x, y)$, 所以 $R(x \leftrightarrow y, 1) = R(x, y)$.

定理 3.4.6 设 R 是 L 上的模糊同余关系. 定义模糊子集 f 为 $f(x) = R(x, 1)$, 则对 $\forall x \in L, f$ 是模糊滤子.

证明 任给 $x, y \in L$, 有 $f(1) = R(1, 1) = 1 \geqslant R(x, 1) = f(x)$, $f(y) = R(y, 1) = R(y \vee ((x \to y) \otimes x), y \vee 1) \geqslant R(y, y) \wedge R((x \to y) \otimes x, 1) = R((x \to y) \otimes x, 1) \geqslant R(x \to y, 1) \wedge R(x, 1) = f(x) \wedge f(x \to y)$.

注 类似于定理 3.4.2, 可以推导出 R 是模糊同余关系当且仅当任给 $t \in [0, 1]$, 非空集 R_t 和 R_i 是同余关系. 另外, 可以看到模糊滤子与模糊同余关系是一一对应的.

3.4.3 模糊滤子的格

下面给出剩余格上模糊滤子的结构.

定义 3.4.4 设 $FF(L)$ 是剩余格 L 上全体模糊滤子的集合. 定义 $FF(L)$ 上的偏序关系 $\leqslant$: $f \leqslant g$ 当且仅当 $f \subset g$. 定义运算 $\wedge$ 和 $\vee$ 如下: $f \wedge g = f \cap g$, $f \vee g = \langle f \vee g \rangle, \forall f, g \in FF(L)$.

定理 3.4.7[74] $(FF(L), \varnothing; \leqslant, \wedge, \vee)$ 是有界分配格.

证明 容易验证: $\leqslant$ 是 $FF(L)$ 上的偏序, $f \wedge g$ 和 $f \vee g$ 分别是 f, g 的下确界和上确界, $\varnothing$ 和 L 是 $(FF(L), \leqslant)$ 的最小元和最大元. 只需要证明下列分配律:

$$f \wedge (g \vee h) = (f \wedge g) \vee (f \wedge h),$$

$$f \vee (g \wedge h) = (f \vee g) \wedge (f \vee h).$$

结合定理 3.4.3 可证, 具体过程由读者完成.

定义 3.4.5 设 $f, g \in \mathrm{FF}(L)$. 定义如下两个模糊子集: 对 $\forall x \in L$, 有

$$(f \otimes g)(x) = f(x) \wedge g(x),$$
$$(f \to g)(x) = \bigwedge_{z \in L} (f(z) \to_{G_0} G(z \vee x)).$$

这里 $\to_{G_0}$ 是 $[0,1]$ 上 Gödel 蕴涵运算, 即 $a \to_{G_0} b = \vee\{x | x \in [0,1], a \wedge x \leqslant b\}$.

注 显然, $g \leqslant f \to g$. 另外, $f \to g$ 通常不是模糊滤子.

定理 3.4.8 设 f, g 是 L 上的模糊滤子, 则 $f \otimes g$ 和 $f \to g$ 是模糊滤子.

证明 仅证明 $f \to g$ 是 L 的模糊滤子.

(1)
$$(f \to g)(1) = \bigwedge_{z \in L} (f(z) \to_{G_0} g(z \vee 1))$$
$$= \bigwedge_{z \in L} (f(z) \to_{G_0} g(1))$$
$$\geqslant \bigwedge_{z \in L} (f(z) \to_{G_0} g(z \vee x))$$
$$= (f \to g)(x).$$

(2) 设 $x \leqslant y$, 则
$$(f \to g)(y) = \bigwedge_{z \in L} (f(z) \to_{G_0} g(z \vee y))$$
$$\geqslant \bigwedge_{z \in L} (f(z) \to_{G_0} g(z \vee x))$$
$$= (f \to g)(x).$$

(3) $(f \to g)(x \otimes y) = \bigwedge_{z \in L} (f(z) \to_{G_0} g(z \vee (x \otimes y)))$
$$\geqslant \bigwedge_{z \in L} (f(z) \to_{G_0} g((z \vee x) \otimes (z \vee y)))$$
$$\geqslant \bigwedge_{z \in L} (f(z) \to_{G_0} g(z \vee x) \wedge g(z \vee y))$$
$$= \bigwedge_{z \in L} ((f(z) \to_{G_0} g(z \vee x)) \wedge (f(z) \to_{G_0} g(z \vee y)))$$

$$= \bigwedge_{z \in L} (f(z) \to_{G_0} g(z \vee x)) \bigwedge \bigwedge_{z \in L} (f(z) \to_{G_0} g(z \vee y))$$

$$= (f \to g)(x) \wedge (f \to g)(y).$$

定理 3.4.9 设 $f, g \in \mathrm{FF}(L)$, 则 $f \wedge g = f \wedge (f \to g)$.

定理 3.4.10[74] $(\mathrm{FF}(L), \wedge, \vee, \otimes, \to, \varnothing, L)$ 是剩余格.

证明 由定理 3.4.8, 只需要证明 $(\otimes, \to)$ 是 $\mathrm{FF}(L)$ 的伴随对. 显然, $\otimes$ 是单调递增的, $\to$ 关于第一变量是单调递减的、关于第二变量是单调递增的. 下面证明 $f \otimes g \leqslant h$ 当且仅当 $f \leqslant g \to h$.

设 $f \otimes g \leqslant h$, 对 $x \in L$, 有 $f(x) \otimes g(x) \leqslant h(x)$, 则

$$\begin{aligned}
(g \to h)(x) &= \bigwedge_{z \in L} (g(z) \to_{G_0} h(z \vee x)) \\
&\geqslant \bigwedge_{z \in L} (g(z \vee x) \to_{G_0} h(z \vee x)) \\
&\geqslant \bigwedge_{z \in L} (g(z \vee x) \to_{G_0} f(z \vee x) \otimes g(z \vee x)) \\
&\geqslant \bigwedge_{z \in L} f(z \vee x) \geqslant f(x).
\end{aligned}$$

所以 $f \leqslant g \to h$.

反之, 设 $f \leqslant g \to h$, 则

$$\begin{aligned}
(f \otimes g)(x) &= f(x) \wedge g(x) \\
&\leqslant (g \to h)(x) \wedge g(x) \\
&= g(x) \bigwedge \bigwedge_{z \in L} (g(z) \to_{G_0} h(z \vee x)) \\
&= \bigwedge_{z \in L} (g(x) \wedge (g(z) \to_{G_0} h(z \vee x))) \\
&\leqslant g(x) \wedge (g(x) \to_{G_0} h(x)) \\
&= g(x) \wedge h(x) \leqslant h(x).
\end{aligned}$$

所以 $f \otimes g \leqslant h$. 得证.

有关剩余格上模糊滤子和模糊同余关系的进一步描述及简化描述, 可参考文献 [59]. 下面给出模糊商代数的概念.

定理 3.4.11 设 L 是剩余格, f 是模糊滤子, $x, y \in L$. 对任意 $z \in L$, 定义

$$f^x : L \to [0, 1], f^x(z) = \min\{f(x \to z), f(z \to x)\},$$

则 $f^x = f^y$ 当且仅当 $f(x \to y) = f(y \to x) = f(1)$.

定理 3.4.12 设 L 是剩余格, f 是模糊滤子, $L/f \triangleq \{f^x | x \in L\}$ 是 f 的所有陪集的集合. 任给 $f^x, f^y \in L/f$, 定义

$$f^x \vee f^y = f^{x \vee y}, f^x \wedge f^y = f^{x \wedge y}, f^x \otimes f^y = f^{x \otimes y}, f^x \to f^y = f^{x \to y},$$

则 $(L/f, \vee, \wedge, \otimes, \to, f^0, f^1)$ 是剩余格, 即模糊商剩余格.

定理 3.4.13 设 f 是 L 的模糊滤子, 则剩余格 L/f 同构于 $L/f_{f(1)}$.

下面讨论一些具体的模糊滤子.

3.4.4 模糊布尔滤子

定义 3.4.6 [75] 设 f 是 L 的模糊滤子, 若任给 $x \in L$, 有 $f(x \vee \neg x) = f(1)$, 则称 f 为模糊布尔滤子.

定义 3.4.7 [75] 设 f 是 L 的模糊滤子, 若任给 $x, y, z \in L$, 有 $f(x \to z) \geqslant f(x \to (\neg z \to y)) \wedge f(y \to z)$, 则称 f 为模糊正蕴涵滤子.

定理 3.4.14 设 f 是 L 的模糊子集, 则 f 是模糊布尔滤子当且仅当 f 是模糊正蕴涵滤子.

定理 3.4.15 设 f 是 L 的模糊滤子, 则 f 是模糊布尔滤子当且仅当任给 $x, y, z \in L$, $f(x) \geqslant f(z \to ((x \to y) \to x)) \wedge f(z)$.

定理 3.4.16 设 f 是 L 的模糊滤子, 则对 $\forall x, y, z \in L$, 下列条件等价:

(1) f 是模糊布尔滤子;

(2) $f(x) = f(\neg x \vee x)$;

(3) $f((x \to y) \to x) \leqslant f(x)$;

(4) $f((x \to y) \to x) = f(x)$;

(5) $f(x) \geqslant f(z \to ((x \to y) \to x)) \wedge f(z)$;

(6) $f(x \to z) \geqslant f(x \to (\neg z \to z))$;

(7) $f(x \to z) = f(x \to (\neg z \to z))$;

(8) $f(x \to z) \geqslant f(y \to (x \to (\neg z \to z))) \wedge f(y)$.

定理 3.4.17 设 f 是 L 的模糊滤子, 则对 $\forall x, y, z \in L$, 下列条件等价:

(1) f 是模糊布尔滤子;

(2) $f(x \vee (x \to y)) = f(1)$;

(3) $f(((x \to y) \to x) \to x) = f(1)$;

(4) $f((\neg x \to x) \to x) = f(1)$;

(5) $f((((x \vee y) \to z) \to y) \to (x \vee y)) = f(1)$;

(6) $f((\neg(x \vee y) \to y) \to (x \vee y)) = f(1)$.

定理 3.4.18 设 f 是 L 的模糊滤子, 则下列条件等价:

(1) f 是模糊布尔滤子;

(2) $L/f_{f(1)}$ 是布尔代数;

(3) L/f 是布尔代数.

定理 3.4.19　设 L 是剩余格, 则下列条件等价:

(1) L 是布尔代数;

(2) L 的每个模糊滤子均是模糊布尔滤子;

(3) $\chi_{\{1\}}$ 是模糊布尔滤子.

3.4.5　模糊蕴涵滤子

定义 3.4.8[75]　设 f 是 L 的模糊滤子, 若对 $\forall x, y \in L$, 有 $f(x \to (x \to y)) \leqslant f(x \to y)$, 则称 f 为模糊蕴涵滤子.

定理 3.4.20　设 f 是 L 的模糊滤子, 则对 $\forall x, y, z \in L$, 下列条件等价:

(1) f 是 L 的模糊蕴涵滤子;

(2) $f(x \to (x \to y)) = f(x \to y)$;

(3) $f(x \to z) \geqslant f(x \to (y \to z)) \wedge f(x \to y)$;

(4) $f(x \to (y \to z)) \leqslant f((x \to y) \to (x \to z))$;

(5) $f(x \to (y \to z)) = f((x \to y) \to (x \to z))$;

(6) $f((x \otimes y) \to z) = f((x \wedge y) \to z)$.

定理 3.4.21　设 f 是 L 的模糊滤子, 则对 $\forall x, y, z \in L$, 下列条件等价:

(1) f 是 L 的模糊蕴涵滤子;

(2) $f((x \wedge (x \to y)) \to y) = f(1)$;

(3) $f((x \wedge y) \to (x \otimes y)) = f(1)$;

(4) $f((x \wedge (x \to y)) \to (x \otimes y)) = f(1)$;

(5) $f((x \otimes (x \to y)) \to (x \otimes y)) = f(1)$;

(6) $f((x \wedge (x \to y)) \to (x \wedge y)) = f(1)$;

(7) $f((x \wedge (x \to y)) \to (x \otimes (x \to y))) = f(1)$;

(8) $f((x \wedge (x \to y)) \to (y \wedge (y \to x))) = f(1)$.

定理 3.4.22　设 f 是 L 的模糊滤子, 则 f 是模糊蕴涵滤子当且仅当任给 $x \in L$, $f(x \to x^2) = f(1)$.

定义 3.4.9[75]　设 f 是 L 的模糊滤子, 若对 $\forall x, y \in L$, $f(((x \to y) \to y) \to x) \geqslant f(y \to x)$, 则称 f 为模糊奇异滤子.

定理 3.4.23　设 f 是 L 的模糊滤子, 则对 $\forall x, y, z \in L$, 下列条件等价:

(1) f 是模糊奇异滤子;

(2) $f(((x \to y) \to y) \to x) = f(y \to x)$;

(3) $f(((x \to y) \to y) \to x) \geqslant f(z \to (y \to x)) \wedge f(z)$;

(4) $f(((x \to y) \to y) \to ((y \to x) \to x)) = f(1)$.

定理 3.4.24 设 f 是 L 的模糊滤子, 则对 $\forall x, y \in L$, 下列条件等价:

(1) f 是模糊奇异滤子;

(2) $f(((x \to y) \to y) \to (x \vee y)) = f(1)$.

3.4.6 模糊对合滤子

定义 3.4.10[75] 设 f 是 L 的模糊滤子, 若对 $\forall x \in L$, $f(\neg\neg x \to x) = f(1)$, 则称 f 是模糊对合滤子.

推论 3.4.1 设 f, g 是 L 的模糊滤子, $f \leqslant g$, $f(1) = g(1)$, 若 f 是模糊对合滤子, 则 g 也是模糊对合滤子.

注 上面的推论称为 "扩展性质", 对模糊布尔滤子、模糊蕴涵滤子和模糊奇异滤子也有对应的扩展性质.

定理 3.4.25 设 f 是 L 的模糊滤子, 则对 $\forall x, y \in L$, 下列条件等价:

(1) f 是模糊对合滤子;

(2) $f(\neg x \to \neg y) \leqslant f(y \to x)$;

(3) $f(\neg x \to \neg y) = f(y \to x)$;

(4) $f(\neg x \to y) \leqslant f(\neg y \to x)$;

(5) $f(\neg x \to y) = f(\neg y \to x)$.

推论 3.4.2 设 f 是 L 的模糊对合滤子, 则对 $\forall x \in L$, $f(\neg\neg x) = f(x)$.

定理 3.4.26 模糊子集 f 是 L 的模糊对合滤子当且仅当

(1) 对 $\forall x \in L$, $f(x) \leqslant f(1)$;

(2) 对 $\forall x, y, z \in L$, $f(\neg y \to x) \geqslant f(z \to (\neg x \to y)) \wedge f(z)$.

定理 3.4.27 模糊子集 f 是 L 的模糊对合滤子当且仅当

(1) 对 $\forall x \in L$, $f(x) \leqslant f(1)$;

(2) 对 $\forall x, y, z \in L$, $f(y \to x) \geqslant f(z \to (\neg x \to \neg y)) \wedge f(z)$.

定理 3.4.28 设 f 是 L 的模糊滤子, 则对 $\forall x, y \in L$, 下列条件等价:

(1) f 是模糊对合滤子;

(2) $f((\neg y \to \neg x) \to (x \to y)) = f(1)$;

(3) $f((\neg y \to x) \to (\neg x \to y)) = f(1)$.

定理 3.4.29 模糊子集 f 是 L 的模糊对合滤子当且仅当对 $\forall t \in [0, 1]$, f_t 要么是空集要么是 L 的对合滤子.

定理 3.4.30 设 f 是 L 的模糊滤子, 则 f 是模糊对合滤子当且仅当 $f_{f(1)}$ 是对合滤子.

注 定理 3.4.30, 将模糊对合滤子-对合滤子替换成模糊布尔滤子-布尔滤子、模糊蕴涵滤子-蕴涵滤子和模糊奇异滤子-奇异滤子, 定理依然成立.

定理 3.4.31 设 f 是 L 的模糊滤子, 则模糊商集 L/f 是对合剩余格当且仅当 f 是模糊对合滤子.

推论 3.4.3 剩余格 L 是对合的当且仅当对 $\forall f \in \mathrm{FF}(L)$, 模糊商集 L/f 是对合的.

注 上述两个定理和推论对于模糊布尔滤子、模糊蕴涵滤子和模糊奇异滤子有类似的结论.

3.4.7 模糊 MTL-滤子

定义 3.4.11 设 f 是 L 的模糊滤子, 若对 $\forall x, y \in L$, $f((x \to y) \vee (y \to x)) = f(1)$, 则称 f 为模糊 MTL-滤子 (或模糊预线性滤子).

定理 3.4.32 设 f 是 L 的模糊滤子, 则对 $\forall x, y, z \in L$, 下列条件等价:

(1) f 是 L 的模糊 MTL-滤子;

(2) $f((x \to y) \vee (x \to z)) \geqslant f(x \to (y \vee z))$;

(3) $f((x \to (y \vee z)) \to ((x \to y) \vee (x \to z))) = f(1)$;

(4) $f((y \to x) \vee (z \to x)) \geqslant f((y \wedge z) \to x)$;

(5) $f(((y \wedge z) \to x) \to ((y \to x) \vee (z \to x))) = f(1)$;

(6) $f((x \to y) \vee (y \to z)) \geqslant f(x \to z)$;

(7) $f((x \to z) \to ((x \to y) \vee (y \to z))) = f(1)$;

(8) $f(((y \to x) \to z) \to z) \geqslant f((x \to y) \to z)$;

(9) $f(((x \to y) \to z) \to (((y \to x) \to z) \to z)) = f(1)$.

定理 3.4.33 设 L 的剩余格, 则下列条件等价:

(1) L 是 MTL-代数;

(2) L 的任一模糊滤子都是 L 的模糊 MTL-滤子;

(3) $\chi_{\{1\}}$ 是 L 的模糊 MTL-滤子.

定义 3.4.12 设 f 是 L 的模糊滤子, 若对 $\forall x, y \in L$, $f((x \wedge y) \to (x \otimes (x \to y))) = f(1)$, 则称 f 为模糊可除滤子.

定理 3.4.34 设 f 是 L 的模糊滤子, 则对 $\forall x, y \in L$, 下列条件等价:

(1) f 是 L 的模糊可除滤子;

(2) $f((x \to (y \wedge z)) \to ((x \to y) \otimes ((x \wedge y) \to z))) = f(1)$;

(3) $f((y \otimes (y \to x)) \to (x \otimes (x \to y))) = f(1)$.

定理 3.4.35 设 L 是剩余格, 则下列各条件等价:

(1) L 是可除剩余格;

(2) L 的任一模糊滤子都是 L 的模糊可除滤子;

(3) $\chi_{\{1\}}$ 是 L 的模糊可除滤子.

定义 3.4.13 [75] 设 f 是 L 的模糊滤子, 若对 $\forall x \in L$, $f(\neg\neg(\neg\neg x \to x)) = f(1)$, 则称 f 是模糊 Glivenko 滤子.

定理 3.4.36 设 f 是 L 的模糊滤子, 则对 $\forall x, y \in L$, 下列条件等价:

(1) f 是 L 的模糊 Glivenko 滤子;

(2) $f((y \rightarrow \neg\neg x) \rightarrow \neg\neg(y \rightarrow x)) = f(1)$;

(3) $f((x \rightarrow y) \rightarrow \neg\neg(\neg\neg x \rightarrow y)) = f(1)$;

(4) $f((\neg x \rightarrow y) \rightarrow \neg\neg(\neg y \rightarrow x)) = f(1)$.

定理 3.4.37 设 L 是剩余格, 则下列条件等价:

(1) L 是 Glivenko 代数;

(2) L 的任一模糊滤子都是 L 的模糊 Glivenko 滤子;

(3) $\chi_{\{1\}}$ 是 L 的模糊 Glivenko 滤子.

以上简略介绍了一些具体的模糊滤子, 除此之外还有很多命名的模糊滤子, 请参考文献 [76]. 下面给出上述具体模糊滤子间的关系.

定理 3.4.38 在剩余格 L 上, 模糊滤子 f 是模糊布尔滤子当且仅当 f 既是模糊蕴涵滤子又是模糊奇异滤子.

定理 3.4.39 在剩余格 L 上, 模糊滤子 f 是模糊布尔滤子当且仅当 f 既是模糊蕴涵滤子又是模糊对合滤子.

定理 3.4.40 设 L 是剩余格, 则

(1) L 的任一模糊奇异滤子都是模糊对合滤子, 反之不成立;

(2) L 的任一模糊蕴涵滤子都是模糊可除滤子, 反之不成立;

(3) L 的任一模糊可除滤子都是模糊 Glivenko 滤子, 反之不成立;

(4) L 的任一模糊奇异滤子都是模糊可除滤子, 反之不成立;

(5) L 的任一模糊奇异滤子都是模糊 MTL-滤子, 反之不成立.

定理 3.4.41 在剩余格 L 上, 模糊滤子 f 是模糊奇异滤子当且仅当 f 既是模糊对合滤子又是模糊可除滤子.

3.5 剩余格上模糊滤子的推广

本节介绍模糊 t-滤子、模糊扩展滤子及其相关性质, 主要参考文献 [77]~[79].

3.5.1 模糊 t-滤子

定义 3.5.1[77] 设 f 是剩余格 L 的模糊滤子, 若任给项 $\bar{x} \in L$, 有 $f(t(\bar{x})) = f(1)$, 则称 f 为模糊 t-滤子.

定理 3.5.1[77] 设 f 是 L 的模糊滤子, 则 f 是模糊 t-滤子当且仅当任给 $t \in [0,1]$, 水平截集 f_t 要么是空集要么是 L 的 t-滤子.

证明 设 f 是 L 的模糊 t-滤子, $t \in [0,1]$, 分以下两个情形考虑:

(1) 若对任意 $x \in L$, $f(x) < t$, 则 f_t 显然是空集;

(2) 若存在 $z \in L$, 有 $f(z) \geqslant t$, 即 $z \in f_t$, 则 f_t 是滤子. 因为 f 是模糊 t-滤子, 则任给 $\bar{x} \in L$, $f(t(\bar{x})) = f(1)$, 从而 $f(t(\bar{x})) = f(1) \geqslant f(z) \geqslant t$, 因此 $t(\bar{x}) \in f_t$. 所以 f_t 是 t-滤子.

反之, 选择 $f(1)$ 代替 t, 因为 $1 \in f_{f(1)}$, 所以 $f_{f(1)}$ 是非空集, 从而 $f_{f(1)}$ 是 t-滤子, 因此, 任给 $\bar{x} \in L$, 有 $t(\bar{x}) \in f_{f(1)}$, 因此 $f(t(\bar{x})) \geqslant f(1)$, 所以 $f(t(\bar{x})) = f(1)$.

推论 3.5.1 设 F 是 L 的滤子, 则 F 是 t-滤子当且仅当 χ_F 是模糊 t-滤子.

定理 3.5.2 设 F 是 L 的 t-滤子, 则存在一个模糊 t-滤子 f 和 $t \in (0,1)$, 使得 $f_t = F$.

定理 3.5.3(扩展性质) 设 f, g 是 L 的模糊滤子, $f \leqslant g$, $f(1) = 1$. 若 f 是模糊 t-滤子, 则 g 也是模糊 t-滤子.

定理 3.5.4 设 $\mathbb{B}$ 是剩余格的类, $B \in \mathbb{B}$, 则下列条件等价:

(1) B 的每个模糊滤子是模糊 t-滤子;

(2) $\chi_{\{1\}}$ 是模糊 t-滤子;

(3) 任给 $f \in \mathrm{FF}(L)$, $f_{f(1)}$ 是 t-滤子;

(4) $B \in \mathbb{B}[t]$.

定理 3.5.5 设 f 是 L 的模糊滤子, $x, y \in L$. 任给 $z \in L$, 定义

$$f^x : L \to [0,1], \quad f^x(z) = \min\{f(x \to z), f(z \to x)\},$$

则 $f^x = f^y$ 当且仅当 $f(x \to y) = f(y \to x) = f(1)$.

定理 3.5.6 设 f 是 L 的模糊滤子, $L/f := \{f^x | x \in L\}$. 任给 $f^x, f^y \in L/f$, 定义 $f^x \otimes f^y = f^{x \otimes y}$, $f^x \to f^y = f^{x \to y}$, $f^x \wedge f^y = f^{x \wedge y}$, $f^x \vee f^y = f^{x \vee y}$, 则 $l/f = (L/f, \otimes, \to, \wedge, \vee, f^0, f^1)$ 是剩余格, 称为模糊商剩余格.

定理 3.5.7(商代数特征) 设 $\mathbb{B}$ 是剩余格的类, $B \in \mathbb{B}$. 设 f 是 B 上的模糊滤子. 则模糊商 L/f 属于 $\mathbb{B}[t]$ 当且仅当 f 是 B 上的模糊 t-滤子.

证明 设 f 是 B 的模糊 t-滤子, 则对任意 $x, y, \cdots \in L$, 有 $f(t(x, y, \cdots)) = f(1)$. 联系 $t(x, y, \cdots) = 1 \to t(x, y, \cdots)$ 和 $t(x, y, \cdots) \to 1 = 1$, 有 $f(1 \to t(x, y, \cdots)) = f(t(x, y, \cdots)) = f(1) = f(t(x, y, \cdots) \to 1)$. 因此, $f^{t(x, y, \cdots)} = f^1$. 利用 L/f 的定义可得 $t(f^x, f^y, \cdots) = f^1$. 再任给 $f^x, f^y, \cdots \in L/f$, 利用 $t(f^x, f^y, \cdots) = f^1$, 因此 L/f 属于 $\mathbb{B}[t]$, 因为 f^1 是 $\mathbb{B}[t]$ 的最大元, 所以 $t = 1$.

反之, 设 $L/f \in \mathbb{B}[t]$, 则 $t = 1$, 从而任给 $f^x, f^y, \cdots \in L/f$, 有 $t(f^x, f^y, \cdots) = f^1$, 因此 $f^{t(x, y, \cdots)} = f^1$, 则有 $f(1 \to t(x, y, \cdots)) = f(1) = f(t(x, y, \cdots) \to 1)$, 所以 $f(t(x, y, \cdots)) = f(1)$, 即 f 是模糊 t-滤子.

3.5.2 模糊 t-滤子之间的关系

定理 3.5.8 [78] 设剩余格 L 上有模糊 t_1-滤子和模糊 t_2-滤子, $\mathbb{B}[t_1] \subset \mathbb{B}[t_2]$. 若 f 是模糊 t_1-滤子, 则 f 也是模糊 t_2-滤子.

定理 3.5.9 [78] 设剩余格 L 上有模糊 t_1-滤子和模糊 t_2-滤子, $\mathbb{B}[t_1] = \mathbb{B}[t_2]$. 则 f 是模糊 t_1-滤子当且仅当 f 是模糊 t_2-滤子.

推论 3.5.2 设 L 是剩余格, 若 f 是模糊蕴涵滤子, 则 f 是模糊 n-压缩滤子.

引理 3.5.1 设 t_1 和 t_2 是剩余格 L 的两个任意项, 则 $\mathbb{B}[t_1 \otimes t_2] = \mathbb{B}[t_1] \cap \mathbb{B}[t_2]$.

证明 $L \in \mathbb{B}[t_1 \otimes t_2] \Leftrightarrow L \in \mathbb{B}$ 且 $t_1 \otimes t_2 = 1 \Leftrightarrow L \in \mathbb{B}, t_1 = 1$ 且 $t_2 = 1 \Leftrightarrow L \in \mathbb{B}[t_1] \cap \mathbb{B}[t_2]$.

推论 3.5.3 f 是模糊布尔滤子当且仅当 f 既是模糊对合滤子又是模糊蕴涵滤子.

证明 f 是模糊布尔滤子 $\Leftrightarrow L/f \in \mathbb{B}[x \vee \neg x] \Leftrightarrow L/f \in \mathbb{B}[(\neg\neg x \to x) \otimes (x \to x^2)] \Leftrightarrow L/f \in \mathbb{B}[\neg\neg x \to x] \cap \mathbb{B}[x \to x^2] \Leftrightarrow L/f \in \mathbb{B}[\neg\neg x \to x]$ 且 $L/f \in \mathbb{B}[x \to x^2] \Leftrightarrow f$ 既是模糊对合滤子又是模糊蕴涵滤子.

推论 3.5.4 设 L 是剩余格, 则

(1) f 是模糊布尔滤子当且仅当 f 是模糊奇异滤子和模糊蕴涵滤子;

(2) f 是模糊奇异滤子当且仅当 f 是模糊对合滤子和模糊可除滤子;

(3) 每个模糊蕴涵滤子是模糊可除滤子;

(4) 若 f 是模糊 MTL-滤子, 则 f 是模糊奇异滤子当且仅当 f 是模糊对合滤子和模糊可除滤子;

(5) 若 f 是模糊布尔滤子, 则 f 是模糊 n-压缩滤子.

推论 3.5.5 设 L 是布尔代数, 则模糊 MTL-滤子、模糊奇异滤子、模糊可除滤子、模糊对合滤子、模糊 n-压缩滤子等与模糊布尔滤子是一致的.

推论 3.5.6 设 L 是 MV-代数, 则

(1) f 是模糊布尔滤子当且仅当 f 是模糊蕴涵滤子;

(2) 模糊 MTL-滤子、模糊奇异滤子、模糊可除滤子与模糊对合滤子是一致的.

推论 3.5.7 设 L 是 Gödel 代数. 则

(1) f 是模糊布尔滤子当且仅当 f 是模糊对合滤子当且仅当 f 是模糊奇异滤子;

(2) 模糊 MTL-滤子、模糊可除滤子、模糊 n-压缩滤子与模糊蕴涵滤子是一致的.

推论 3.5.8 设 L 是 BL-代数, 则

(1) f 是模糊布尔滤子当且仅当 f 是模糊蕴涵滤子和模糊对合滤子;

(2) f 是模糊布尔滤子当且仅当 f 是模糊蕴涵滤子和模糊奇异滤子;

(3) f 是模糊奇异滤子当且仅当 f 是模糊对合滤子;

(4) f 是模糊 MTL-滤子当且仅当 f 是模糊可除滤子.

推论 3.5.9 设 L 是 MTL-代数, 则

(1) f 是模糊布尔滤子当且仅当 f 是模糊蕴涵滤子和模糊对合滤子;

(2) f 是模糊布尔滤子当且仅当 f 是模糊蕴涵滤子和模糊奇异滤子;

(3) f 是模糊奇异滤子当且仅当 f 是模糊对合滤子和模糊可除滤子;

(4) 若 f 是模糊蕴涵滤子, 则 f 是模糊可除滤子.

推论 3.5.10　设 L 是 Heyting 代数, 则

(1) f 是模糊布尔滤子当且仅当 f 是模糊对合滤子当且仅当 f 是模糊奇异滤子;

(2) 模糊蕴涵滤子、模糊可除滤子与模糊 n-压缩滤子是一致的.

推论 3.5.11　设 L 是 R_0-代数, 则

(1) f 是模糊布尔滤子当且仅当 f 是模糊蕴涵滤子;

(2) 若 f 是模糊布尔滤子, 则 f 是模糊奇异滤子;

(3) f 是模糊奇异滤子当且仅当 f 是模糊可除滤子;

(4) f 是模糊 MTL-滤子当且仅当 f 是模糊对合滤子;

(5) 若 f 是模糊蕴涵滤子, 则 f 是模糊可除滤子.

推论 3.5.12　设 L 是对合剩余格, 则

(1) f 是模糊布尔滤子当且仅当 f 是模糊蕴涵滤子;

(2) f 是模糊奇异滤子当且仅当 f 是模糊可除滤子;

(3) 模糊布尔滤子是模糊奇异滤子;

(4) 模糊蕴涵滤子是模糊可除滤子.

推论 3.5.13　设 L 是 Rl-幺半群, 则

(1) f 是模糊布尔滤子当且仅当 f 是模糊蕴涵滤子和模糊奇异滤子;

(2) f 是模糊布尔滤子当且仅当 f 是模糊蕴涵滤子和模糊对合滤子;

(3) f 是模糊奇异滤子当且仅当 f 是模糊对合滤子;

(4) 模糊蕴涵滤子是模糊可除滤子.

3.5.3　模糊扩展滤子

模糊扩展滤子是另一种模糊滤子一般化的方法, 下面介绍相关概念和性质.

定义 3.5.2[79]　设 g 是 L 的模糊子集, f 是 L 的模糊滤子, 若 $g \subset f$, 且对任何模糊滤子 h, $g \subset h$ 蕴涵 $f \subset h$, 称 f 为由 g 生成的模糊滤子, 记作 $f = \langle g \rangle$.

定理 3.5.10　设 g 是 L 的模糊子集, 则任给 $x \in L$,

$$\langle g \rangle(x) = \bigvee_{a_1, \cdots, a_n \in L, a_1 \otimes \cdots \otimes a_n \leqslant x} \bigwedge_{i=1}^{n} g(a_i).$$

定义 3.5.3[79]　设 f 是 L 的模糊滤子, g 是 L 的模糊子集, 定义

$$E_f(g)(x) = \bigwedge_{b \in L} (g(b) \to f(x \vee b)), \forall x \in L,$$

称 $E_f(g)$ 为依赖于 g 的 f 模糊扩展滤子.

特别地, 有

$$(\forall x, y \in L) \quad E_f(\chi_y)(x) = \bigwedge_{b \in L} (\chi_y(b) \to f(x \vee b)) = f(x \vee y).$$

注 模糊扩展滤子还可以写成如下形式:

$$E_f(g)(x) = \bigwedge_{b \in L} (g(b) \to E_f(\chi_x)(b)), \forall x \in L.$$

定理 3.5.11 设 f 是 L 的模糊滤子, g 是 L 的模糊子集, 则
(1) $E_f(g) \in FF(L)$;
(2) $f \subset E_f(g)$.

证明 (1) 任给 $x, y \in L$, 设 $x \leqslant y$, 有

$$\begin{aligned}
E_f(g)(x) &= \bigwedge_{b \in L} (g(b) \to f(x \vee b)) \\
&\leqslant \bigwedge_{b \in L} (g(b) \to f(y \vee b)) \\
&= E_f(g)(y).
\end{aligned}$$

又由 f 是模糊滤子, 得

$$\begin{aligned}
E_f(g)(x) \wedge E_f(g)(y) &= \bigwedge_{b \in L} (g(b) \to f(x \vee b)) \wedge \bigwedge_{m \in L} (g(m) \to f(y \vee m)) \\
&\leqslant \bigwedge_{b \in L} ((g(b) \to f(x \vee b)) \wedge (g(b) \to f(y \vee b))) \\
&= \bigwedge_{b \in L} (g(b) \to (f(x \vee b) \wedge f(y \vee b))) \\
&\leqslant \bigwedge_{b \in L} (g(b) \to f((x \vee b) \otimes (y \vee b))) \\
&\leqslant \bigwedge_{b \in L} (g(b) \to f((x \otimes y) \vee b)) \\
&= E_f(g)(x \otimes y).
\end{aligned}$$

因此, $E_f(g) \in FF(L)$.

(2) 任给 $x \in L$, 因为 f 是模糊滤子, 则

$$E_f(g)(x) = \bigwedge_{b \in L} (g(b) \to f(x \vee b))$$

$$\geqslant \bigwedge_{b\in L} (g(b) \to f(x))$$

$$\geqslant \bigwedge_{b\in L} (1 \to f(x))$$

$$= f(x).$$

即 $f \subset E_f(g)$.

定理 3.5.12　设 f, f_1, f_2 是 L 的模糊滤子, g, g_1, g_2 是 L 的模糊子集, 则

(1) 若 $g_1 \subset g_2$, 则 $E_f(g_1) \subset E_f(g_2)$;

(2) 若 $f_1 \subset f_2$, 则 $E_{f_1}(g) \subset E_{f_2}(g)$;

(3) $g \subset E_f(E_f(g))$;

(4) $E_f(g) = E_f(\langle g \rangle)$;

(5) $E_{E_f(g_1)}(g_2) = E_{E_f(g_2)}(g_1)$;

(6) $E_f(g) = E_f(E_f(E_f(g)))$;

(7) $E_{E_f(g)}(g) = E_f(g)$;

(8) $\bigcap\limits_{i\in I} E_f(g_i) = E_f \left(\bigcup\limits_{i\in I} g_i \right)$.

证明　仅证 (5) 与 (7).

(5) 任给 $x \in L$, 有

$$E_{E_f(g_1)}(g_2)(x) = \bigwedge_{b\in L} (g_2(b) \to E_f(g_1)(x \vee b))$$

$$= \bigwedge_{b\in L} \left(g_2(b) \to \bigwedge_{c\in L} (g_1(c) \to f(x \vee b \vee c)) \right)$$

$$= \bigwedge_{b\in L}\bigwedge_{c\in L} (g_2(b) \to (g_1(c) \to f(x \vee b \vee c)))$$

$$= \bigwedge_{b\in L}\bigwedge_{c\in L} (g_1(c) \to (g_2(b) \to f(x \vee b \vee c)))$$

$$= \bigwedge_{c\in L} \left(g_1(c) \to \bigwedge_{b\in L} (g_2(b) \to f(x \vee b \vee c)) \right)$$

$$= \bigwedge_{c\in L} (g_1(c) \to E_f(g_2)(x \vee c))$$

$$= E_{E_f(g_2)}(g_1)(x).$$

所以 $E_{E_f(g_1)}(g_2) = E_{E_f(g_2)}(g_1)$.

(7) 由定理 3.5.11(2) 知, $E_f(g) \subset E_{E_f(g)}(g)$. 只需证明 $E_{E_f(g)}(g) \subset E_f(g)$. 任给 $x \in L$, 有

$$
\begin{aligned}
E_{E_f(g)}(g)(x) &= \bigwedge_{b \in L} (g(b) \to E_f(g)(x \vee b)) \\
&= \bigwedge_{b \in L} \left(g(b) \to \left(\bigwedge_{c \in L} g(c) \to f(x \vee b \vee c) \right) \right) \\
&\leqslant \bigwedge_{b \in L} (g(b) \to (g(b) \to f(x \vee b \vee b))) \\
&= \bigwedge_{b \in L} (g(b) \to (g(b) \to f(x \vee b))) \\
&= \bigwedge_{b \in L} ((g(b) \otimes g(b)) \to f(x \vee b)) \\
&= \bigwedge_{b \in L} (g(b) \to f(x \vee b)) \\
&= E_f(g).
\end{aligned}
$$

即 $E_{E_f(g)}(g) = E_f(g)$.

定理 3.5.13　设 f 是 L 的模糊滤子, 则 $f = \bigcap\limits_{g \in \mathcal{F}(L)} E_f(g)$, 其中 $\mathcal{F}(L)$ 表示 L 上的模糊子集的全体.

证明　一方面, 显然有 $f \subset \bigcap\limits_{g \in \mathcal{F}(L)} E_f(g)$. 另一方面, 任给 $x \in L$, 有

$$
\begin{aligned}
\left(\bigcap_{g \in \mathcal{F}(L)} E_f(g) \right) &= \bigwedge_{g \in \mathcal{F}(L)} E_f(g)(x) \\
&\leqslant E_f(\chi_x)(x) \\
&= f(x \vee x) = f(x).
\end{aligned}
$$

因此, $f = \bigcap\limits_{g \in \mathcal{F}(L)} E_f(g)$.

推论 3.5.14　设 F 是 L 的滤子, 则 $F = \bigcap\limits_{B \subset L} E_F(B)$.

3.5.4　模糊滤子的格

进一步, 可应用模糊扩展滤子研究模糊滤子格的结构.

定理 3.5.14 $(FF(L), \cap, \cup, \rightsquigarrow, 0, 1)$ 是完备 Heyting 代数. 任给 $\{f_i\}_{i \in I} \subset FF(L)$, $f, g \in FF(L)$, 定义 $\cap, \cup, \rightsquigarrow$ 如下:

$$\bigcap_{i \in I} f_i = \bigcap_{i \in I} f_i, \quad \bigcup_{i \in I} f_i = \langle \bigcup_{i \in I} f_i \rangle, \quad f \rightsquigarrow g = E_g(f).$$

证明 仅证明, 任给 $f, g, h \in FF(L)$, 有 $f \cap g \subset h \Leftrightarrow f \subset g \rightsquigarrow h$.

$(\Rightarrow)$ 任给 $x \in L$, 则

$$
\begin{aligned}
(g \rightsquigarrow h)(x) &= E_h(g)(x) \\
&= \bigwedge_{b \in L} (g(b) \to h(x \vee b)) \\
&\geqslant \bigwedge_{b \in L} (g(b) \to (f \cap g)(x \vee b)) \\
&= \bigwedge_{b \in L} (g(b) \to (f(x \vee b) \wedge g(x \vee b))) \\
&\geqslant \bigwedge_{b \in L} (g(x \vee b) \to (f(x \vee b) \wedge g(x \vee b))) \\
&\geqslant \bigwedge_{b \in L} f(x \vee b) \\
&\geqslant f(x).
\end{aligned}
$$

即 $f \subset g \rightsquigarrow h$.

$(\Leftarrow)$ 任给 $x \in L$, 则

$$
\begin{aligned}
(f \cap g)(x) &= f(x) \wedge g(x) \\
&\leqslant (g \rightsquigarrow h)(x) \wedge g(x) \\
&= E_h(g)(x) \wedge g(x) \\
&= \bigwedge_{b \in L} (g(b) \to h(x \vee b)) \wedge g(x) \\
&\leqslant (g(x) \to h(x \vee x)) \wedge g(x) \\
&= (g(x) \to h(x)) \wedge g(x) \\
&= (g(x) \to h(x)) \otimes g(x) \\
&\leqslant h(x).
\end{aligned}
$$

即 $f \cap g \subset h$.

定理 3.5.15 [79] 设 f 是 L 的模糊滤子, g 是 L 的模糊子集, 则 $E_f(g) = \langle g \rangle \rightsquigarrow f$.

下面的定理将模糊扩展滤子与模糊 t-滤子联系起来.

定理 3.5.16[79]　设 $\mathbb{B}$ 是剩余格的类, $B \in \mathbb{B}$. 设 f 是 B 的模糊滤子, 则模糊商 L/f 属于 $\mathbb{B}[t]$ 当且仅当任给 $\bar{x} \in L$, 有 $E_f(\chi_{t(\bar{x})}) = 1$.

3.6　剩余格上的直觉模糊滤子

本节将模糊滤子进一步推广到直觉模糊滤子, 主要参考文献 [80]∼[82].

3.6.1　直觉模糊滤子的基本概念

定义 3.6.1[83]　设 X 是非空集合, 若映射 $A = (\mu_A, \nu_A) : X \to [0,1] \times [0,1]$ 满足对 $\forall x \in X, 0 \leqslant \mu_A(x) + \nu_A(x) \leqslant 1$, 则称映射 $A = (\mu_A, \nu_A)$ 是 X 上的一个直觉模糊子集, 其中映射 $\mu_A : X \to [0,1]$ 和 $\nu_A : X \to [0,1]$ 分别称为隶属度和非隶属度. 特别地, 记 $0_\sim, 1_\sim$ 分别表示直觉模糊空集和直觉模糊全集, 即 $0_\sim(x) = (0,1)$, $1_\sim(x) = (1,0), \forall x \in X$.

定义 3.6.2　设 $A = (\mu_A, \nu_A)$, $B = (\mu_B, \nu_B)$ 是 X 上的直觉模糊子集, 定义

(1) $A \subset B$ 当且仅当 $\mu_A \leqslant \mu_B$ 且 $\nu_B \leqslant \nu_A$;

(2) $A = B$ 当且仅当 $A \subset B$ 且 $B \subset A$;

(3) $A \cap B = (\mu_A \wedge \mu_B, \nu_A \vee \nu_B)$;

(4) $A \cup B = (\mu_A \vee \mu_B, \nu_A \wedge \nu_B)$;

(5) $[]A = (\mu_A, 1 - \mu_A), ()A = (1 - \nu_A, \nu_A)$.

定义 3.6.3[80]　设 L 是剩余格, $A = (\mu_A, \nu_A)$ 是 L 上的直觉模糊子集. 若对 $\forall x, y \in L$, 有

(1) $\mu_A(x) \leqslant \mu_A(1), \nu_A(x) \geqslant \nu_A(1)$;

(2) $\mu_A(y) \geqslant \mu_A(x) \wedge \mu_A(x \to y)$;

(3) $\nu_A(y) \leqslant \nu(x) \vee \nu_A(x \to y)$,

则称 $A = (\mu_A, \nu_A)$ 是 L 上的直觉模糊滤子.

例 3.6.1　设 $L = \{0, a, b, 1\}$, 其中 $0 < a, b < 1$, a, b 不可比较. 定义运算 $\otimes$ 和 $\to$ 如下:

$\otimes$	0	a	b	1
0	0	0	0	0
a	0	a	0	a
b	0	0	b	b
1	0	a	b	1

$\to$	0	a	b	1
0	1	1	1	1
a	b	1	b	1
b	a	a	1	1
1	0	a	b	1

则 $(L, \vee, \wedge, \otimes, \to, 0, 1)$ 是剩余格. 定义 $A = (\mu_A, \nu_A)$ 为 $\mu_A(0) = \mu_A(a) = t_1$, $\mu_A(b) = t_2$, $\mu_A(1) = t_3$, $\nu_A(0) = \nu_A(b) = s_3$, $\nu_A(a) = s_2$, $\nu_A(1) = s_1$, 其中

$0 \leqslant t_1 \leqslant t_2 \leqslant t_3 \leqslant 1, 0 \leqslant s_1 \leqslant s_2 \leqslant s_3 \leqslant 1, s_3 + t_2, s_2 + t_1, s_1 + t_3 \leqslant 1$, 则 A 是直觉模糊滤子.

引理 3.6.1　设 $A = (\mu_A, \nu_A)$ 是 L 上的直觉模糊滤子, 若 $x \leqslant y$, 则 $\mu_A(x) \leqslant \mu_A(y)$, $\nu_A(x) \geqslant \nu_A(y)$.

定理 3.6.1[80]　设 $A = (\mu_A, \nu_A)$ 是 L 上的直觉模糊子集. 则 $A = (\mu_A, \nu_A)$ 是直觉模糊滤子当且仅当对 $\forall x, y \in L$, 有

(1) $x \leqslant y$ 蕴涵 $\mu_A(x) \leqslant \mu_A(y)$, $\nu_A(x) \geqslant \nu_A(y)$;

(2) $\mu_A(x \otimes y) \geqslant \mu_A(x) \wedge \mu_A(y)$;

(3) $\nu_A(x \otimes y) \leqslant \nu_A(x) \vee \nu_A(y)$.

证明　结合定义 3.6.3 和引理 3.6.1 容易证明, 请读者自己完成.

定义 3.6.4[80]　任给 $\alpha, \beta \in [0,1]$, μ 是非空集 X 上的模糊子集, 定义

$$U(\mu, \alpha) = \{x \in X | \mu(x) \geqslant \alpha\},$$
$$L(\mu, \beta) = \{x \in X | \mu(x) \leqslant \beta\},$$

分别称为 μ 的上 α-水平集和下 β-水平集.

定理 3.6.2　设 $A = (\mu_A, \nu_A)$ 是 L 上的直觉模糊子集, 则 $A = (\mu_A, \nu_A)$ 是直觉模糊滤子当且仅当对 $\forall \alpha, \beta \in [0,1]$, $U(\mu_A, \alpha)$ 和 $L(\nu_A, \beta)$ 或者是空集或者是 L 的滤子.

证明　设 $A = (\mu_A, \nu_A)$ 是 L 上的直觉模糊滤子, $\alpha, \beta \in [0,1]$. 若 $U(\mu_A, \alpha) \neq \varnothing$, 则存在 $x \in U(\mu_A, \alpha)$. 有 $\mu_A(1) \geqslant \mu_A(x) \geqslant \alpha$, 因此 $1 \in U(\mu_A, \alpha)$.

设 $x, x \to y \in U(\mu_A, \alpha)$, 则 $\mu_A(x), \mu_A(x \to y) \geqslant \alpha$. 从而 $\mu_A(y) \geqslant \mu_A(x) \wedge \mu_A(x \to y) \geqslant \alpha$. 因此 $y \in U(\mu_A, \alpha)$, 即 $U(\mu_A, \alpha)$ 是滤子. 类似可证, 若 $L(\nu_A, \beta) \neq \varnothing$, 则 $L(\nu_A, \beta)$ 是滤子.

反之, 设任给 $\alpha, \beta \in [0,1]$, $U(\mu_A, \alpha)$ 和 $L(\nu_A, \beta)$ 或者是空集或者是 L 的滤子. 设 $\mu_A(x) = s_1$, $\mu_A(x \to y) = t_1$. 令 $\alpha = s_1 \wedge t_1$, 则 $\mu_A(x), \mu_A(x \to y) \geqslant \alpha$. 因此 $x, x \to y \in U(\mu_A, \alpha)$. 由假设条件, 得 $y \in U(\mu_A, \alpha)$, 即 $\mu_A(y) \geqslant \alpha = s_1 \wedge t_1 = \mu_A(x) \wedge \mu_A(x \to y)$. 类似可证 $\nu_A(y) \leqslant \nu_A(x) \vee \nu_A(x \to y)$.

推论 3.6.1　设 F 是 L 上的非空子集, 则 F 是滤子当且仅当 (χ_F, χ_{F^C}) 是直觉模糊滤子.

定理 3.6.3　设 $A = (\mu_A, \nu_A)$ 是 L 上的直觉模糊子集, 则 $A = (\mu_A, \nu_A)$ 是直觉模糊滤子当且仅当模糊子集 μ_A 和 $\bar{\nu}_A$ 是模糊滤子, 这里 $\bar{\nu}_A = 1 - \nu_A$.

推论 3.6.2　设 $A = (\mu_A, \nu_A)$ 是 L 上的直觉模糊子集, 则 $A = (\mu_A, \nu_A)$ 是直觉模糊滤子当且仅当 $[]A = (\mu_A, \bar{\mu}_A)$ 和 $()A = (\bar{\nu}_A, \nu_A)$ 是直觉模糊滤子.

定义 3.6.5　设 $A = (\mu_A, \nu_A)$ 是 L 上的直觉模糊子集, $B = (\mu_B, \nu_B)$ 是 L 上的直觉模糊滤子, 若

(1) $A \subset B$;

(2) 对 L 的任意直觉模糊滤子 C, $A \subset C$ 蕴涵 $B \subset C$,

则称 B 是由 A 生成的直觉模糊滤子, 记作 $B = \langle A \rangle$.

定理 3.6.4 设 $A = (\mu_A, \nu_A)$ 是 L 上的直觉模糊子集, 则 $\langle A \rangle = (\mu_{\langle A \rangle}, \nu_{\langle A \rangle})$, 其中

$$\mu_{\langle A \rangle} = \vee\{\mu_A(a_1) \wedge \cdots \wedge \mu_A(a_n) | x \geqslant a_1 \otimes \cdots \otimes a_n\},$$
$$\nu_{\langle A \rangle} = \wedge\{\nu_A(a_1) \vee \cdots \vee \nu_A(a_n) | x \geqslant a_1 \otimes \cdots \otimes a_n\}.$$

证明 请参见文献 [80] 中的定理 3.4.

记 $\text{IFF}(L)$ 为剩余格 L 上的全体直觉模糊滤子之集.

推论 3.6.3 $(\text{IFF}(L), \cap, \vee, 0_\sim, 1_\sim)$ 是有界完备格.

设 $A = (\mu_A, \nu_A)$ 和 $B = (\mu_B, \nu_B)$ 是直觉模糊子集, 定义 $A \otimes B$ 为

$$(A \otimes B)(x) = \left(\bigvee_{z \geqslant x \otimes y} \mu_A(x) \wedge \mu_B(y), \bigwedge_{z \geqslant x \otimes y} \nu_A(x) \vee \nu_B(y) \right), \forall z \in L.$$

引理 3.6.2 设 $A = (\mu_A, \nu_A)$ 和 $B = (\mu_B, \nu_B)$ 是 L 上的直觉模糊子集, 则 $A \otimes B$ 是 L 上的直觉模糊子集.

定理 3.6.5 设 $A = (\mu_A, \nu_A)$ 和 $B = (\mu_B, \nu_B)$ 是 L 上的直觉模糊滤子, 则 $A \otimes B$ 是 L 上的直觉模糊滤子.

定理 3.6.6 设 $A = (\mu_A, \nu_A)$ 和 $B = (\mu_B, \nu_B)$ 是 L 上的直觉模糊滤子, 满足 $\mu_A(1) = \mu_B(1)$, $\nu_A(1) = \nu_B(1)$, 则 $A \otimes B$ 是 A 与 B 的最小上界.

引理 3.6.3 设 $C = (\mu_C, \nu_C)$ 是 L 上的直觉模糊滤子, $z \in L$, 则

(1) $\mu_C(z) = \bigvee\limits_{z \geqslant x \otimes y} \mu_C(x \otimes y)$, $\nu_C(z) = \bigwedge\limits_{z \geqslant x \otimes y} \nu_C(x \otimes y)$;

(2) $\mu_C(x \otimes y) = \mu_C(x) \wedge \mu_C(y)$, $\nu_C(x \otimes y) = \nu_C(x) \vee \nu_C(y)$.

令 $\text{IFFD}(L)$ 表示 L 上全体直觉模糊滤子的集合, 同时这些直觉模糊滤子具有相同的 1 的隶属度和非隶属度.

定理 3.6.7 $(\text{IFFD}(L), \cap, \otimes)$ 是分配格.

3.6.2 直觉模糊滤子的等价描述

下面给出直觉模糊滤子的另一种描述方式.

设 $A = (\mu_A, \nu_A)$ 是非空子集 X 上的直觉模糊子集, 对 $\forall \alpha, \beta \in [0, 1]$, $\alpha + \beta \leqslant 1$, 记 $A(\alpha, \beta) = \{x \in L | \mu_A(x) \geqslant \alpha, \nu_A(x) \leqslant \beta\}$.

注 设 $A = (\mu_A, \nu_A)$, $B = (\mu_B, \nu_B)$ 是非空子集 X 上的直觉模糊子集, 对 $\forall \alpha, \beta, \gamma, \delta \in [0, 1]$, $\alpha + \beta \leqslant 1$, $\gamma + \delta \leqslant 1$, 有

(1) 若 $\alpha \leqslant \gamma, \delta \leqslant \beta$, 则 $A(\gamma, \delta) \subset A(\alpha, \beta)$;

(2) 若 $A \subset B$, 则 $A(\alpha, \beta) \subset B(\alpha, \beta)$.

定义 3.6.6[82] 设 $A = (\mu_A, \nu_A)$ 是 L 上的直觉模糊子集, 对 $\forall \alpha, \beta \in [0, 1]$, $\alpha + \beta \leqslant 1$, 若 $A(\alpha, \beta)$ 要么是空集要么是滤子, 则称 $A = (\mu_A, \nu_A)$ 为直觉模糊滤子.

定理 3.6.8 定义 3.6.3 与定义 3.6.6 是等价的.

引理 3.6.4 设 $A = (\mu_A, \nu_A)$ 是 L 上的直觉模糊子集, 则 $A = (\mu_A, \nu_A)$ 是直觉模糊滤子当且仅当对 $\forall x, y, z \in L$, $x \to (y \to z) = 1$ 蕴涵 $\mu_A(z) \geqslant \mu_A(x) \wedge \mu_A(y), \nu_A(z) \leqslant \nu_A(x) \vee \nu_A(y)$.

证明 设 $A = (\mu_A, \nu_A)$ 是 L 上的直觉模糊滤子, 由定义 3.6.3, 知 $\mu_A(z) \geqslant \mu_A(y) \wedge \mu_A(y \to z), \nu_A(z) \leqslant \nu_A(y) \vee \nu_A(y \to z)$. 若 $x \to (y \to z) = 1$, 则有 $\mu_A(y \to z) \geqslant \mu_A(x) \wedge \mu_A(x \to (y \to z)) = \mu_A(x) \wedge \mu_A(1) = \mu_A(x), \nu_A(y \to z) \leqslant \nu_A(x) \vee \nu_A(x \to (y \to z)) = \nu_A(x) \vee \nu_A(1) = \nu_A(x)$. 因此, $\mu_A(z) \geqslant \mu_A(y) \wedge \mu_A(y \to z) \geqslant \mu_A(y) \wedge \mu_A(x), \nu_A(z) \leqslant \nu_A(y) \vee \nu_A(y \to z) \leqslant \nu_A(y) \vee \nu_A(x)$.

反之, 因为 $x \to (x \to 1) = 1$, 所以 $\mu_A(1) \geqslant \mu_A(x) \wedge \mu_A(x) = \mu_A(x)$, $\nu_A(1) \leqslant \nu_A(x) \vee \nu_A(x) = \nu_A(x)$. 又 $(x \to y) \to (x \to y) = 1$, 故有 $\mu_A(y) \geqslant \mu_A(x) \wedge \mu_A(x \to y), \nu_A(y) \leqslant \nu_A(x) \vee \nu_A(x \to y)$. 由定义 3.6.3, 知 A 是直觉模糊滤子.

定理 3.6.9[82] 设 $A = (\mu_A, \nu_A)$ 是 L 上的直觉模糊滤子, 则

(1) $\mu_A(x \to z) \geqslant \mu_A(x \to y) \wedge \mu_A(y \to z)$;

(2) $\nu_A(x \to z) \leqslant \nu_A(x \to y) \vee \nu_A(y \to z)$.

定义 3.6.7[82] 设 $A = (\mu_A, \nu_A)$ 是 L 的直觉模糊滤子, 对 $\forall \alpha, \beta \in [0, 1]$, $\alpha + \beta \leqslant 1$, 若 $A(\alpha, \beta)$ 要么是空集要么是 $\mathfrak{B}$-滤子, 则称 $A = (\mu_A, \nu_A)$ 为直觉模糊 $\mathfrak{B}$-滤子.

定理 3.6.10[82] 设 $A = (\mu_A, \nu_A)$ 是 L 上的直觉模糊滤子, 则 $A = (\mu_A, \nu_A)$ 为直觉模糊 $\mathfrak{B}$-滤子当且仅当 $A(\mu_A(1), \nu_A(1))$ 是 $\mathfrak{B}$-滤子.

推论 3.6.4 设 $A = (\mu_A, \nu_A)$ 是 L 上的直觉模糊滤子, 则 $A = (\mu_A, \nu_A)$ 是

(1) 直觉模糊布尔滤子当且仅当 $\mu_A(x \vee \neg x) \geqslant \mu_A(1), \nu_A(x \vee \neg x) \leqslant \nu_A(1)$;

(2) 直觉模糊蕴涵滤子当且仅当 $\mu_A(x \to x^2) \geqslant \mu_A(1), \nu_A(x \to x^2) \leqslant \nu_A(1)$;

(3) 直觉模糊奇异滤子当且仅当 $\mu_A(((x \to y) \to y) \to ((y \to x) \to x)) \geqslant \mu_A(1), \nu_A(((x \to y) \to y) \to ((y \to x) \to x)) \leqslant \nu_A(1)$;

(4) 直觉模糊对合滤子当且仅当 $\mu_A(\neg\neg x \to x) \geqslant \mu_A(1), \nu_A(\neg\neg x \to x) \leqslant \nu_A(1)$;

(5) 直觉模糊可除滤子当且仅当 $\mu_A((x \wedge y) \to (x \otimes (x \to y))) \geqslant \mu_A(1), \nu_A((x \wedge y) \to (x \otimes (x \to y))) \leqslant \nu_A(1)$;

(6) 直觉模糊 MTL-滤子当且仅当 $\mu_A((x \to y) \vee (y \to x)) \geqslant \mu_A(1), \nu_A((x \to y) \vee (y \to x)) \leqslant \nu_A(1)$;

(7) 直觉模糊素滤子当且仅当 $\mu_A(x \to y) \geqslant \mu_A(1), \nu_A(x \to y) \leqslant \nu_A(1)$ 或 $\mu_A(y \to x) \geqslant \mu_A(1), \nu_A(y \to x) \leqslant \nu_A(1)$;

(8) 直觉模糊固执滤子当且仅当 $\mu_A(x) \geqslant \mu_A(1), \nu_A(x) \leqslant \nu_A(1)$ 或 $\mu_A(\neg x) \geqslant \mu_A(1), \nu_A(\neg x) \leqslant \nu_A(1)$.

定理 3.6.11(扩展性质)　设 $A = (\mu_A, \nu_A)$ 和 $B = (\mu_B, \nu_B)$ 是 L 上的直觉模糊滤子, 且 $A \subset B$, $\mu_A(1) = \mu_B(1)$, $\nu_A(1) = \nu_B(1)$. 若 A 是直觉模糊 $\mathfrak{B}$-滤子, 则 B 也是直觉模糊 $\mathfrak{B}$-滤子.

定理 3.6.12　设 L 是剩余格, 则下列条件等价:

(1) L 上的每个直觉模糊滤子是直觉模糊 $\mathfrak{B}$-滤子;

(2) $(\chi_{\{1\}}, 1 - \chi_{\{1\}})$ 是直觉模糊 $\mathfrak{B}$-滤子;

(3) $L \in \mathfrak{B}$.

定理 3.6.13　设 $A = (\mu_A, \nu_A)$ 是 L 上的直觉模糊滤子, 对 $\forall x \in L$, 定义 $A^x : L \to [0,1] \times [0,1]$ 为

$$A^x(z) = (\mu_A(x \to z) \wedge \mu_A(z \to x), \nu_A(x \to z) \vee \nu_A(z \to x)), \forall z \in L,$$

则任给 $x, y \in L$, $A^x = A^y$ 当且仅当 $\mu_A(x \to y) \geqslant \mu_A(1), \mu_A(y \to x) \geqslant \mu_A(1)$ 且 $\nu_A(x \to y) \leqslant \nu_A(1), \nu_A(y \to x) \leqslant \nu_A(1)$.

推论 3.6.5　设 $A = (\mu_A, \nu_A)$ 是 L 上的直觉模糊滤子, 则对 $\forall x, y \in L$, $A^x = A^y$ 当且仅当 $x \to y, y \to x \in A(\mu_A(1), \nu_A(1))$ 当且仅当 $x \equiv_{A(\mu_A(1), \nu_A(1))} y$.

注　设 $A = (\mu_A, \nu_A)$ 是 L 的直觉模糊滤子, 称集合 $\{A^x | x \in L\}$ 为直觉模糊商, 记作 L/A. 运算定义为 $A^x \wedge A^y = A^{x \wedge y}, A^x \vee A^y = A^{x \vee y}, A^x \otimes A^y = A^{x \otimes y}, A^x \to A^y = A^{x \to y}$. 由上述推论 3.6.5, 可定义映射 $\varphi : L \to L/A$ 为 $\varphi(x) = A^x$, 则容易得到 $L/A(\mu_A(1), \nu_A(1))$ 与 L/A 之间的一个一一对应关系. 因为 $L/A(\mu_A(1), \nu_A(1))$ 是剩余格, 所以 L/A 也是剩余格.

定理 3.6.14(商特征)　L 上的直觉模糊滤子 $A = (\mu_A, \nu_A)$ 是直觉模糊 $\mathfrak{B}$-滤子当且仅当 $L/A \in \mathfrak{B}$.

注　若 $A = (\mu_A, \nu_A)$ 是 L 上的直觉模糊 $\mathfrak{B}_1$-滤子, $\mathfrak{B}_1 \subset \mathfrak{B}_2$, 则 $A = (\mu_A, \nu_A)$ 是直觉模糊 $\mathfrak{B}_2$-滤子.

定理 3.6.15　设 $\mathfrak{B}_1, \mathfrak{B}_2$ 是 L 的子类, 对任意直觉模糊滤子 A, 若 $L/A \in \mathfrak{B}_1$ 当且仅当 $L/A \in \mathfrak{B}_2$, 则 $\mathfrak{B}_1$ 等价于 $\mathfrak{B}_2$.

定理 3.6.16　若 $\mathfrak{B}_1$ 等价于 $\mathfrak{B}_2$, 则 A 是直觉模糊 $\mathfrak{B}_1$-滤子当且仅当 A 是直觉模糊 $\mathfrak{B}_2$-滤子.

由上述定理可以研究各个直觉模糊滤子之间的关系, 请读者自己完成.

定义 3.6.8 [82] 设 $f : L_1 \to L_2$ 是剩余格的同态, $A = (\mu_A, \nu_A)$ 和 $B = (\mu_B, \nu_B)$ 分别是 L_1 和 L_2 上的直觉模糊子集. 定义 $f(A)$ 为

$$f(\mu_A)(y) = \begin{cases} \bigvee_{x \in f^{-1}(y)} \mu_A(x), & f^{-1}(y) \neq \varnothing \\ 0, & f^{-1}(y) = \varnothing \end{cases},$$

$$f(\nu_A)(y) = \begin{cases} \bigwedge_{x \in f^{-1}(y)} \nu_A(x), & f^{-1}(y) \neq \varnothing \\ 1, & f^{-1}(y) = \varnothing \end{cases}.$$

定义 $f^{-1}(B)$ 为 $f^{-1}(\mu_B)(x) = \mu_B(f(x)), f^{-1}(\nu_B)(x) = \nu_B(f(x)), \forall x \in L_1$.

定理 3.6.17 设 $f : L_1 \to L_2$ 是剩余格上的同态, $B = (\mu_B, \nu_B)$ 是 L_2 的直觉模糊滤子, 则 $f^{-1}(B)$ 是 L_1 上的直觉模糊滤子, 且在 $\mathrm{Ker}(f)$ 上为常数, 这里 $\mathrm{Ker}(f) = \{x \in L_1 | f(x) = 1\}$.

定理 3.6.18 设 $f : L_1 \to L_2$ 是剩余格上的满射, $A = (\mu_A, \nu_A)$ 是 L_1 上的直觉模糊滤子, 则 $f(A)$ 是 L_2 上的直觉模糊滤子.

定理 3.6.19 设 L_1, L_2 是剩余格, $f : L_1 \to L_2$ 是满同态, 则存在 L_1 上所有直觉模糊滤子之集与 L_2 上所有直觉模糊滤子之集的一一对应关系.

3.6.3 (λ, μ) 直觉模糊滤子

下面将直觉模糊滤子进行适当推广, 给出 (λ, μ) 直觉模糊滤子的概念及性质.

定义 3.6.9 [81] 设 L 是剩余格, $A = (\mu_A, \nu_A)$ 是 L 上的直觉模糊子集, $\lambda, \mu \in [0, 1]$. 若对 $\forall x, y \in L$, 有

(1) 若 $x \leqslant y$, 则 $\mu_A(x) \leqslant \mu_A(y), \nu_A(x) \geqslant \nu_A(y)$;

(2) $\mu_A(x \otimes y) \vee \lambda \geqslant \mu_A(x) \wedge \mu_A(y) \wedge \mu$;

(3) $\nu_A(x \otimes y) \wedge \mu \leqslant \nu_A(x) \vee \nu_A(y) \vee \lambda$,

则称 $A = (\mu_A, \nu_A)$ 为 (λ, μ) 直觉模糊滤子.

注 当 $\lambda = 0, \mu = 1$ 时, 定义 3.6.9 中的 (λ, μ) 直觉模糊滤子即为直觉模糊滤子.

例 3.6.2 设 $\lambda, \mu \in [0, 1]$, 则 $1_\sim$ 是 (λ, μ) 直觉模糊滤子.

例 3.6.3 设 $L = \{0, a, 1\}$, 其中 $0 < a < 1$. 定义运算 $\otimes$ 与 $\to$ 如下:

$\otimes$	0	a	1
0	0	0	0
a	0	a	a
1	0	a	1

$\to$	0	a	1
0	1	1	1
a	0	1	1
1	0	a	1

则 $(L, \vee, \wedge, \otimes, \rightarrow, 0, 1)$ 是剩余格. 定义映射 μ_A, ν_A 如下: $\mu_A(0) = \dfrac{1}{5}$, $\mu_A(a) = \dfrac{1}{4}$, $\mu_A(1) = \dfrac{1}{3}$, $\nu_A(0) = \dfrac{4}{5}$, $\nu_A(a) = \dfrac{3}{4}$, $\nu_A(1) = \dfrac{2}{3}$, 则 $A = (\mu_A, \nu_A)$ 是直觉模糊滤子. 令 $\lambda = \dfrac{1}{8}$, $\mu = \dfrac{2}{3}$, 可以验证 $A = (\mu_A, \nu_A)$ 是 $\left(\dfrac{1}{8}, \dfrac{2}{3}\right)$ 直觉模糊滤子.

定理 3.6.20 设 $A = (\mu_A, \nu_A)$ 为 L 上的 (λ, μ) 直觉模糊滤子, 则对 $\forall x, y \in L$, 有

(1) $\mu_A(x) \leqslant \mu_A(1)$, $\nu_A(x) \geqslant \nu_A(1)$;

(2) $\mu_A(y) \vee \lambda \geqslant \mu_A(x) \wedge \mu_A(x \rightarrow y) \wedge \mu$;

(3) $\nu_A(y) \wedge \mu \leqslant \nu_A(x) \vee \nu_A(x \rightarrow y) \vee \lambda$.

证明 由定义 3.6.9 易证, 请读者自己完成.

定理 3.6.21[81] 设 $A = (\mu_A, \nu_A)$ 为 L 上的直觉模糊子集, $\lambda, \mu \in [0, 1]$ 且 $\lambda < \mu$. 若

(1) 对 $\forall x \in L$, $\mu_A(x) > \lambda$, $\nu_A(x) < \mu$;

(2) μ_A 保序, ν_A 保逆序,

则 $A = (\mu_A, \nu_A)$ 为 L 上的 (λ, μ) 直觉模糊滤子当且仅当对 $\forall \alpha, \beta \in [0, 1]$ 且 $\lambda < \alpha, \beta < \mu$, 有 $A(\alpha, \beta)$ 或者是空集或者是滤子.

证明 若 $A(\alpha, \beta) \neq \varnothing$, 下证 $A(\alpha, \beta)$ 是滤子.

设 $x \in A(\alpha, \beta)$ 且 $x \leqslant y$, 则 $\mu_A(x) \geqslant \alpha$, $\nu_A(x) \leqslant \beta$, 因为 μ_A 保序, ν_A 保逆序, 所以 $\mu_A(y) \geqslant \mu_A(x) \geqslant \alpha$, $\nu_A(y) \leqslant \nu_A(x) \leqslant \beta$, 所以 $y \in A(\alpha, \beta)$. 其次, 设 $x, y \in A(\alpha, \beta)$, 则 $\mu_A(x) \geqslant \alpha$, $\nu_A(x) \leqslant \beta$, $\mu_A(y) \geqslant \alpha$, $\nu_A(y) \leqslant \beta$, 从而 $\mu_A(x \otimes y) \vee \lambda \geqslant \mu_A(x) \wedge \mu_A(y) \wedge \mu \geqslant \alpha \wedge \mu = \alpha$. 由于 $\alpha > \lambda$, 故 $\mu_A(x \otimes y) \geqslant \alpha$. 类似可证 $\nu_A(x \otimes y) \leqslant \beta$, 则 $x \otimes y \in A(\alpha, \beta)$. 所以 $A(\alpha, \beta)$ 是滤子.

反之, 对 $\forall x, y \in L$, 令 $\alpha = \mu_A(x) \wedge \mu_A(y) \wedge \mu$, $\beta = \nu_A(x) \vee \nu_A(y) \vee \lambda$, 则 $\lambda < \alpha < \mu$, $\lambda < \beta < \mu$, $\mu_A(x) \geqslant \alpha$, $\nu_A(x) \leqslant \beta$, $\mu_A(y) \geqslant \alpha$, $\nu_A(y) \leqslant \beta$, 从而 $x, y \in A(\alpha, \beta)$, 由 $A(\alpha, \beta)$ 是滤子, 知 $x \otimes y \in A(\alpha, \beta)$, 即 $\mu_A(x \otimes y) \geqslant \alpha$, $\nu_A(x \otimes y) \leqslant \beta$, 故 $\mu_A(x \otimes y) \vee \lambda \geqslant \alpha \vee \lambda = \alpha = \mu_A(x) \wedge \mu_A(y) \wedge \mu$, $\nu_A(x \otimes y) \wedge \nu \leqslant \beta \wedge \mu = \beta = \nu_A(x) \vee \nu_A(y) \vee \lambda$. 又因为 μ_A 保序, ν_A 保逆序, 所以 $A = (\mu_A, \nu_A)$ 是 (λ, μ) 直觉模糊滤子.

定理 3.6.22 设 A 是 L 上的非空子集, 对 $\forall \alpha, \beta \in [0, 1]$ 且 $\alpha + \beta = 1$, $\beta < \alpha$, 定义映射 $(f, g): L \rightarrow [0, 1] \times [0, 1]$ 如下:

$$f(x) = \begin{cases} \alpha, & x \in A \\ \beta, & x \notin A \end{cases}, \quad g(x) = \begin{cases} \beta, & x \in A \\ \alpha, & x \notin A \end{cases},$$

则 A 是滤子当且仅当 (f, g) 是 L 上的 (β, α) 直觉模糊滤子.

定理 3.6.23 设 A 和 B 是 L 上的两个 (λ, μ) 直觉模糊滤子, 则 $A \cap B$ 是 L 的 (λ, μ) 直觉模糊滤子.

推论 3.6.6 设 $\{A_i\}_{i \in I}$ 是 L 上的一族 (λ, μ) 直觉模糊滤子, 则 $\bigcap\limits_{i \in I} A_i$ 是 (λ, μ) 直觉模糊滤子.

记 L 上的所有 (λ, μ) 直觉模糊滤子的全体为 $\mathrm{IFF}_{(\lambda, \mu)}(L)$.

推论 3.6.7 $(\mathrm{IFF}_{(\lambda, \mu)}(L), \cap, \vee)$ 是完备格.

定理 3.6.24 $A = (\mu_A, \nu_A)$ 和 $B = (\mu_B, \nu_B)$ 是 L 上的 (λ, μ) 直觉模糊滤子, 则 $A \otimes B$ 是 L 上的 (λ, μ) 直觉模糊滤子.

定理 3.6.25 设 $f: L_1 \to L_2$ 是剩余格同态, $B = (\mu_B, \nu_B)$ 是 L_2 上的 (λ, μ) 直觉模糊滤子, 则 $f^{-1}(B)$ 是 L_1 上的 (λ, μ) 直觉模糊滤子.

定理 3.6.26 设 $f: L_1 \to L_2$ 是剩余格满同态, $A = (\mu_A, \nu_A)$ 是 L_1 上的 (λ, μ) 直觉模糊滤子, 则 $f(A)$ 是 L_2 上的 (λ, μ) 直觉模糊滤子.

设 L_1, L_2 是完备剩余格, $f: L_1 \to L_2$ 是映射, 若 f 保任意并且对 $\forall x, y \in L$, $f(x \otimes y) = f(x) \otimes f(y)$, 则称 f 是完备剩余格同态.

定理 3.6.27 设 $f: L_1 \to L_2$ 是完备剩余格同态, g 是 f 的右伴随. 若 $A = (\mu_A, \nu_A)$ 是 L_1 上的 (λ, μ) 直觉模糊滤子, 令 $\mu_C = \mu_A \circ g$, $\nu_C = \nu_A \circ g$, 则 $C = (\mu_C, \nu_C)$ 是 L_2 上的 (λ, μ) 直觉模糊滤子.

定理 3.6.28 设 $f: L_1 \to L_2$ 是完备剩余格同态, g 是 f 的右伴随. 若 $A = (\mu_A, \nu_A)$ 是 L_1 上的 (λ, μ) 直觉模糊滤子, 令 $\mu_B(x) = \bigvee\limits_{f(t) \leqslant x} \mu_A(t)$, $\nu_B(x) = \bigwedge\limits_{f(t) \leqslant x} \nu_A(t)$, 则 $B = (\mu_B, \nu_B)$ 是 L_2 上的 (λ, μ) 直觉模糊滤子.

定理 3.6.24 ~ 定理 3.6.28 的证明请参见文献 [81].

第 4 章　非交换剩余格上的滤子理论

非交换剩余格是剩余格的推广形式, 非交换剩余格及其子类被大量研究[84-88]. 文献 [50] 首先在非交换剩余格上给出了滤子和正规滤子的概念, 并在正规滤子意义下定义了非交换剩余格的同余关系, 还提出了非交换剩余格上的布尔滤子、蕴涵滤子等概念, 研究了其相关性质和关系. 此后, 国内外众多学者在非交换剩余格上提出更加丰富的滤子定义, 目前相关研究依然方兴未艾.

4.1　非交换剩余格上的滤子

本节给出非交换剩余格上滤子的定义, 讨论如布尔滤子、正蕴涵滤子、蕴涵滤子、奇异滤子、对合滤子、固执滤子、弱蕴涵滤子等的性质及关系, 内容主要参考自文献 [50]、[89]~[92].

4.1.1　滤子的定义

定义 4.1.1　$(2,2,2,2,2,0,0)$ 型代数 $(L, \wedge, \vee, \otimes, \rightarrow, \rightsquigarrow, 0, 1)$ 称为非交换剩余格, 如果:

(1) $(L, \wedge, \vee, 0, 1)$ 是有界格;

(2) $(L, \otimes, 1)$ 是独异点;

(3) $\forall x, y, z \in L, x \otimes y \leqslant z$ 当且仅当 $x \leqslant y \rightarrow z$ 当且仅当 $y \leqslant x \rightsquigarrow z$.

定义 4.1.2[50]　设 L 是非交换剩余格, $\varnothing \neq F \subset L$, 若有

(1) 若 $x, y \in F$, 则 $x \otimes y \in F$;

(2) 若 $x \leqslant y, x \in F$, 则 $y \in F$,

则称 F 是 L 的滤子.

显然, $\{1\}$ 和 L 是非交换剩余格 L 的滤子.

定理 4.1.1[50]　设 F 是 L 的非空子集, 则 F 是 L 的滤子当且仅当

$$1 \in F, x, x \rightarrow y \in F \text{ 蕴涵 } y \in F,$$

或

$$1 \in F, x, x \rightsquigarrow y \in F \text{ 蕴涵 } y \in F.$$

定理 4.1.2[50]　设 F 是 L 的非空子集, 则 F 是滤子当且仅当对 $\forall x, y, z \in L$, 若 $x, y \in F, x \otimes y \leqslant z$, 则 $z \in F$.

例 4.1.1 设 $L = \{0, a, b, c, d, 1\}$, 其中 $0 < a, b < c < d < 1$, 但 a 与 b 不可比较. 定义运算 $\otimes$, $\rightarrow$ 和 $\rightsquigarrow$ 如下:

$\otimes$	0	a	b	c	d	1
0	0	0	0	0	0	0
a	0	0	0	0	a	a
b	0	0	0	0	b	b
c	0	0	0	0	c	c
d	0	0	0	0	d	d
1	0	a	b	c	d	1

$\rightarrow$	0	a	b	c	d	1
0	1	1	1	1	1	1
a	d	1	d	1	1	1
b	d	d	1	1	1	1
c	d	d	d	1	1	1
d	0	a	b	c	1	1
1	0	a	b	c	d	1

$\rightsquigarrow$	0	a	b	c	d	1
0	1	1	1	1	1	1
a	c	1	c	1	1	1
b	c	c	1	1	1	1
c	c	c	c	1	1	1
d	c	c	c	c	1	1
1	0	a	b	c	d	1

则 $(L, \wedge, \vee, \otimes, \rightarrow, \rightsquigarrow, 0, 1)$ 是非交换剩余格. 容易验证 $\{d, 1\}$ 是 L 的滤子.

定义 4.1.3[50] 设 F 是 L 的滤子, 若对 $\forall x, y \in L$, 有 $x \rightarrow y \in F$ 当且仅当 $x \rightsquigarrow y \in F$, 则称 F 是正规滤子.

设 F 是 L 的正规滤子, 定义 L 上的关系 $\equiv_F$ 如下:

$$x \equiv_F y \text{ 当且仅当 } x \rightarrow y \in F \text{ 且 } x \rightsquigarrow y \in F.$$

容易验证 $\equiv_F$ 是同余关系. 用 L/F 表示 $\equiv_F$ 同余类的集, 则 L/F 是非交换剩余格.

4.1.2 布尔滤子

定义 4.1.4[50] 设 F 是 L 的滤子, 若对 $\forall x \in L$, 有 $x \vee x^- \in F$ 且 $x \vee x^\sim \in F$, 则称 F 为布尔滤子.

显然, 若 F 和 G 是 L 的滤子, $F \subset G$, F 是布尔滤子, 则 G 也是布尔滤子.

有关非交换剩余格上布尔滤子的例子请参见文献 [50] 中的例 3.2.

定理 4.1.3[50] 设 F 是 L 的滤子, 则 F 是布尔滤子当且仅当

(1) $x^\sim \rightsquigarrow x \in F$ 蕴涵 $x \in F$, $\forall x \in L$;

(2) $x^- \rightarrow x \in F$ 蕴涵 $x \in F$, $\forall x \in L$.

证明 设 F 是布尔滤子, 任给 $x \in L$, 有 $x \vee x^\sim \in F$ 和 $x \vee x^- \in F$. 若 $x^\sim \rightsquigarrow x \in F$, 则 $(x \rightsquigarrow x) \wedge (x^\sim \rightsquigarrow x) = x^\sim \rightsquigarrow x \in F$. 因为 $(x \vee x^\sim) \rightsquigarrow x = (x \rightsquigarrow x) \wedge (x^\sim \rightsquigarrow x)$, 所以 $(x \vee x^\sim) \rightsquigarrow x \in F$. 由定理 4.1.1, 知 $x \in F$, 则 (1) 成立. 类似地, 可证 (2) 成立.

反之, 设 F 是滤子且满足 (1) 和 (2). 因为 $(x \vee x^\sim)^\sim \rightsquigarrow (x \vee x^\sim) = (x^\sim \wedge x^{\sim\sim}) \rightsquigarrow (x \vee x^\sim) = 1$, 所以 $(x \vee x^\sim)^\sim \rightsquigarrow (x \vee x^\sim) \in F$. 由 (1) 得 $x \vee x \sim \in F$. 同理, 可得 $x \vee x^- \in F$. 由定义 4.1.4, 知 F 是布尔滤子.

定理 4.1.4 设 F 是 L 的滤子, 则 F 是布尔滤子当且仅当

(1) $(x \rightsquigarrow y) \rightsquigarrow x \in F$ 蕴涵 $x \in L, \forall x, y \in L$;

(2) $(x \rightarrow y) \rightarrow x \in F$ 蕴涵 $x \in L, \forall x, y \in L$.

证明 设 F 是布尔滤子, 因为 $x^\sim \leqslant x \rightsquigarrow y$, 所以 $(x \rightsquigarrow y) \rightsquigarrow x \leqslant x^\sim \rightsquigarrow x$. 若 $(x \rightsquigarrow y) \rightsquigarrow x \in F$, 则 $x^\sim \rightsquigarrow x \in F$. 由定理 4.1.3, 知 $x \in F$. 这意味着 (1) 成立. 另一方面, 由 $x^- \leqslant x \rightarrow y$, 有 $(x \rightarrow y) \rightarrow x \leqslant x^- \rightarrow x$. 若 $(x \rightarrow y) \rightarrow x \in F$, 则 $x^- \rightarrow x \in F$, 由定理 4.1.3, 知 $x \in F$. 因此 (2) 成立.

反之, 设 F 是滤子且满足 (1) 和 (2). 令 $y = 0$, 得 $x^\sim \rightsquigarrow x \in F$ 蕴涵 $x \in F$, $x^- \rightarrow x \in F$ 蕴涵 $x \in F$. 由定理 4.1.3, 得 F 是布尔滤子.

同样地, 有下面类似的定理.

定理 4.1.5 设 F 是 L 的滤子, 则 F 是布尔滤子当且仅当

(1) $x^- \rightsquigarrow x \in F$ 蕴涵 $x \in F, \forall x \in L$;

(2) $x^\sim \rightarrow x \in F$ 蕴涵 $x \in F, \forall x \in L$.

证明 设 F 是布尔滤子; 任给 $x \in L$, 有 $x \vee x^\sim \in F$ 和 $x \vee x^- \in F$. 若 $x^- \rightsquigarrow x \in F$, 则 $(x \rightsquigarrow x) \wedge (x^- \rightsquigarrow x) = x^- \rightsquigarrow x \in F$. 因为 $(x \vee x^-) \rightsquigarrow x = (x \rightsquigarrow x) \wedge (x^- \rightsquigarrow x)$, 所以有 $(x \vee x^-) \rightsquigarrow x \in F$. 由定理 4.1.1, 知 $x \in F$, 则 (1) 成立. 同理, 可证 (2) 成立.

反之, 设 F 是滤子且满足 (1) 和 (2). 因为 $(x \vee x^-)^- \rightsquigarrow (x \vee x^-) = (x^- \wedge x^{--}) \rightsquigarrow (x \vee x^-) = 1$, 所以 $(x \vee x^-)^- \rightsquigarrow (x \vee x^-) \in F$. 由 (1) 得 $x \vee x^- \in F$. 同理, 可得 $x \vee x^\sim \in F$. 由定义 4.1.4, 知 F 是布尔滤子.

定理 4.1.6 设 F 是 L 的滤子, 则 F 是布尔滤子当且仅当

(1) $(x \rightarrow y) \rightsquigarrow x \in F$ 蕴涵 $x \in L, \forall x, y \in L$;

(2) $(x \rightsquigarrow y) \rightarrow x \in F$ 蕴涵 $x \in L, \forall x, y \in L$.

证明 设 F 是布尔滤子, 因为 $x^\sim \leqslant x \rightsquigarrow y$, 所以 $(x \rightsquigarrow y) \rightarrow x \leqslant x^\sim \rightarrow x$. 若 $(x \rightsquigarrow y) \rightarrow x \in F$, 则 $x^\sim \rightarrow x \in F$. 由定理 4.1.5, 知 $x \in F$. 这意味着 (2) 成立. 另一方面, 由 $x^- \leqslant x \rightarrow y$, 有 $(x \rightarrow y) \rightsquigarrow x \leqslant x^- \rightsquigarrow x$. 若 $(x \rightarrow y) \rightsquigarrow x \in F$, 则 $x^- \rightsquigarrow x \in F$, 由定理 4.1.5, 知 $x \in F$. 因此 (1) 成立.

反之, 设 F 是滤子且满足 (1) 和 (2). 令 $y = 0$, 得 $x^\sim \rightarrow x \in F$ 蕴涵 $x \in F$, $x^- \rightsquigarrow x \in F$ 蕴涵 $x \in F$. 由定理 4.1.5, 得 F 是布尔滤子.

进一步, 有如下结果.

定理 4.1.7 设 F 是 L 的滤子, 则下列条件等价:

(1) F 是布尔滤子;

(2) $((x \rightarrow y) \rightsquigarrow x) \rightarrow x \in F$, $((x \rightsquigarrow y) \rightarrow x) \rightsquigarrow x \in F, \forall x, y \in L$;

(3) $(x^- \rightsquigarrow x) \rightarrow x \in F$, $(x^\sim \rightarrow x) \rightsquigarrow x \in F, \forall x \in L$;

(4) $((x \rightsquigarrow y) \rightsquigarrow x) \rightarrow x \in F$, $((x \rightarrow y) \rightarrow x) \rightsquigarrow x \in F, \forall x, y \in L$;

(5) $(x^\sim \rightsquigarrow x) \rightarrow x \in F, (x^- \rightarrow x) \rightsquigarrow x \in F, \forall x \in L.$

证明　(1)$\Rightarrow$(2). 令 $\alpha = ((x \rightarrow y) \rightsquigarrow x) \rightarrow x.$ 由定理 4.1.6 知, 只需证明 $(\alpha \rightarrow y) \rightsquigarrow \alpha \in F.$

$$\begin{aligned}
(\alpha \rightarrow y) \rightsquigarrow \alpha &= (\alpha \rightarrow y) \rightsquigarrow (((x \rightarrow y) \rightsquigarrow x) \rightarrow x) \\
&= ((x \rightarrow y) \rightsquigarrow x) \rightarrow ((\alpha \rightarrow y) \rightsquigarrow x) \\
&\geqslant (\alpha \rightarrow y) \rightsquigarrow (x \rightarrow y) \\
&\geqslant x \rightarrow \alpha = 1 \in F.
\end{aligned}$$

(2)$\Rightarrow$(3). 令 $y = 0$ 即可.

(3)$\Rightarrow$(1).　首先, 注意到 $((x \vee x^-)^- \rightsquigarrow (x \vee x^-)) \rightarrow (x \vee x^-) \in F$, 因为 $(x \vee x^-)^- = x^- \wedge x^{--} \leqslant x^- \leqslant x \vee x^-$, 所以 $(x \vee x^-)^- \rightsquigarrow (x \vee x^-) = 1$, 因此 $x \vee x^- \in F$. 同理, 可得 $x \vee x^\sim \in F$. 故 F 是布尔滤子.

(1)$\Rightarrow$(5)$\Rightarrow$(4).　由命题 1.3.2(4), 注意到 $x \vee x^\sim \leqslant (x^\sim \rightsquigarrow x) \rightarrow x$, $x \vee x^- \leqslant (x^- \rightarrow x) \rightsquigarrow x$, 所以, 由 F 是布尔滤子, 得 $(x^\sim \rightsquigarrow x) \rightarrow x \in F, (x^- \rightarrow x) \rightsquigarrow x \in F$, 即 (5) 成立. 又 $x^\sim = x \rightsquigarrow 0 \leqslant x \rightsquigarrow y$, 则 $x^\sim \rightsquigarrow x \geqslant (x \rightsquigarrow y) \rightsquigarrow x$, 从而 $(x^\sim \rightsquigarrow x) \rightarrow x \leqslant ((x \rightsquigarrow y) \rightsquigarrow x) \rightarrow x$, 因此 $((x \rightsquigarrow y) \rightsquigarrow x) \rightarrow x \in F$. 同理, 可得 $((x \rightarrow y) \rightarrow x) \rightsquigarrow x \in F$. 所以 (4) 成立.

(4)$\Rightarrow$(5)$\Rightarrow$(1).　令 $y = 0$, 参照 (3)$\Rightarrow$(1) 即可.

4.1.3　正蕴涵滤子

定义 4.1.5[50]　设 F 是 L 的滤子, 若

(1) $(x \otimes z^\sim) \rightsquigarrow y \in F, y \rightsquigarrow z \in F$ 蕴涵 $x \rightsquigarrow z \in F, \forall x, y, z \in L$;

(2) $(z^- \otimes x) \rightarrow y \in F, y \rightarrow z \in F$ 蕴涵 $x \rightarrow z \in F, \forall x, y, z \in L$,

则称 F 为 L 的正蕴涵滤子.

定理 4.1.8　设 F 是 L 的滤子, 则 F 是正蕴涵滤子当且仅当

(1) $(x \otimes y^\sim) \rightsquigarrow y \in F$ 蕴涵 $x \rightsquigarrow y \in F, \forall x, y \in L$;

(2) $(y^- \otimes x) \rightarrow y \in F$ 蕴涵 $x \rightarrow y \in F, \forall x, y \in L$.

证明　设 F 是正蕴涵滤子, 任给 $x, y \in L$, 设 $(x \otimes y^\sim) \rightsquigarrow y \in F$, 由 $y \rightsquigarrow y = 1 \in F$, 得 $x \rightsquigarrow y \in F$. 即 (1) 成立. 类似可得 (2) 成立.

反之, 设 F 滤子满足条件 (1) 和 (2), 若 $(x \otimes z^\sim) \rightsquigarrow y \in F, y \rightsquigarrow z \in F$, 则 $((x \otimes z^\sim) \rightsquigarrow y) \otimes (y \rightsquigarrow z) \in F$. 因为 $((x \otimes z^\sim) \rightsquigarrow y) \otimes (y \rightsquigarrow z) \leqslant (x \otimes z^\sim) \rightsquigarrow z$, 所以 $(x \otimes z^\sim) \rightsquigarrow z \in F$, 由 (1) 得 $x \rightsquigarrow z \in F$, 即定义 4.1.5(1) 成立. 同理, 可得定义 4.1.5(2) 成立. 从而 F 是正蕴涵滤子.

推论 4.1.1　设 F 是 L 的滤子, 则 F 是正蕴涵滤子当且仅当

(1) $y^\sim \rightsquigarrow (x \rightsquigarrow y) \in F$ 蕴涵 $x \rightsquigarrow y \in F, \forall x, y \in L$;

(2) $y^- \to (x \to y) \in F$ 蕴涵 $x \to y \in F$, $\forall x, y \in L$.

定理 4.1.9 设 F 和 G 是 L 的滤子, $F \subset G$, 若 F 是正蕴涵滤子, 则 G 是正蕴涵滤子.

证明 利用定理 4.1.8 证明. 任给 $x, y \in L$, 若 $(x \otimes y^\sim) \rightsquigarrow y \in G$, 令 $u = (x \otimes y^\sim) \rightsquigarrow y$, 则 $u \in G$, $u \to ((x \otimes y^\sim) \rightsquigarrow y) = 1 \in F$, 从而 $(x \otimes y^\sim) \rightsquigarrow (u \to y) \in F$. 由 $y \leqslant u \to y$, 有 $(u \to y)^\sim \leqslant y^\sim$, $x \otimes (u \to y)^\sim \leqslant x \otimes y^\sim$, 所以 $(x \otimes y^\sim) \rightsquigarrow (u \to y) \leqslant (x \otimes (u \to y)^\sim) \rightsquigarrow (u \to y)$. 因此 $(x \otimes (u \to y)^\sim) \rightsquigarrow (u \to y) \in F$. 因为 F 是正蕴涵滤子, 由定理 4.1.8, 得 $x \rightsquigarrow (u \to y) \in F$, 即 $u \to (x \rightsquigarrow y) \in F$. 由 $F \subset G$, 得 $u \to (x \rightsquigarrow y) \in G$. 因为 G 是滤子, $u \in G$, 所以 $x \rightsquigarrow y \in G$. 这表明定理 4.1.8(1) 对 G 成立. 类似可得定理 4.1.8(2) 对 G 成立, 所以 G 是正蕴涵滤子.

定理 4.1.10 设 F 是 L 的滤子, 则下列条件是等价的:

(1) F 是布尔滤子;

(2) F 是正蕴涵滤子.

证明 设 F 是布尔滤子, 任给 $x, y \in L$, 设 $y^\sim \rightsquigarrow (x \rightsquigarrow y) \in F$. 由 $y \leqslant x \rightsquigarrow y$, 有 $(x \rightsquigarrow y)^\sim \leqslant y^\sim$, 从而 $y^\sim \rightsquigarrow (x \rightsquigarrow y) \leqslant (x \rightsquigarrow y)^\sim \rightsquigarrow (x \rightsquigarrow y)$. 因此 $(x \rightsquigarrow y)^\sim \rightsquigarrow (x \rightsquigarrow y) \in F$. 由定理 4.1.3, 得 $x \rightsquigarrow y \in F$. 因此推论 4.1.1(1) 成立. 同理, 可得推论 4.1.1(2) 成立, 所以 F 是正蕴涵滤子.

反之, 设 F 是正蕴涵滤子, 若 $x^\sim \rightsquigarrow x \in F$, 则 $(1 \otimes x^\sim) \rightsquigarrow x = x^\sim \rightsquigarrow x \in F$. 由定理 4.1.8, 得 $x \in F$. 若 $x^- \to x \in F$, 则 $(x^- \otimes 1) \to x = x^- \to x \in F$, 所以 $x \in F$. 由定理 4.1.3, 知 F 是布尔滤子.

文献 [89] 给出了非交换剩余格上正蕴涵滤子的另一个定义. 后面的定理表明, 其与定义 4.1.5 是等价的.

定义 4.1.6[89] 设 F 是 L 的非空子集, 若

(1) $1 \in F$;

(2) $x \to ((y \to z) \rightsquigarrow y) \in F$, $x \in F$ 蕴涵 $y \in F$, $\forall x, y, z \in L$;

(3) $x \rightsquigarrow ((y \rightsquigarrow z) \to y) \in F$, $x \in F$ 蕴涵 $y \in F$, $\forall x, y, z \in L$,
则称 F 为正蕴涵滤子.

定理 4.1.11 设 F 是 L 的滤子, 则 F 是布尔滤子当且仅当 F 是正蕴涵滤子 (定义 4.1.6).

证明 充分性. 设 $(x \to y) \rightsquigarrow x \in F$, 因为 $1 \to ((x \to y) \rightsquigarrow x) \in F$, $1 \in F$. 由定义 4.1.6, 得 $x \in F$. 同理可得, 若 $(x \rightsquigarrow y) \to x \in F$, 则 $x \in F$. 由定理 4.1.6, 知 F 是布尔滤子.

必要性. 利用定理 4.1.7(3), 设 $x \to ((y \to z) \rightsquigarrow y) \in F$, $x \in F$, 因为 F 是滤子, 所以 $(y \to z) \rightsquigarrow y \in F$. 又 $y \to 0 \leqslant y \to z$, $(y \to z) \rightsquigarrow y \leqslant (y \to 0) \rightsquigarrow y =$

$y^- \rightsquigarrow y$, 这意味着 $y^- \rightsquigarrow y \in F$. 由定理 4.1.7(3), 得 $y \in F$. 同理可得另一关系成立. 所以 F 是正蕴涵滤子 (定义 4.1.6).

上面的定理表明, 定义 4.1.5 与定义 4.1.6 等价.

定理 4.1.12 设 F 是 L 的 (正规) 滤子, 则下列条件等价:

(1) F 是布尔滤子;

(2) L/F 是布尔代数.

证明 请参见文献 [50] 的定理 3.12 证明或文献 [89] 的命题 6 证明. 另外, 定理表述中的 "正规" 可以去掉, 因为后面可以看到, 布尔滤子和正蕴涵滤子是正规滤子.

推论 4.1.2 设 L 是伪 BL-代数, F 是 L 的正规滤子, 则下列条件等价:

(1) F 是布尔滤子;

(2) F 是正蕴涵滤子;

(3) L/F 是布尔代数;

(4) $x \vee x^{\sim} \in F, \forall x \in L$;

(5) $x \vee x^- \in F, \forall x \in L$;

(6) $(x \otimes z^{\sim}) \rightsquigarrow y \in F, y \rightsquigarrow z \in F$ 蕴涵 $x \rightsquigarrow z \in F, \forall x, y, z \in L$;

(7) $(z^- \otimes x) \rightarrow y \in F, y \rightarrow z \in F$ 蕴涵 $x \rightarrow z \in F, \forall x, y, z \in L$;

(8) $x^{\sim} \rightsquigarrow x \in F$ 蕴涵 $x \in F, \forall x \in L$;

(9) $x^- \rightarrow x \in F$ 蕴涵 $x \in F, \forall x \in L$;

(10) $(x \rightsquigarrow y) \rightsquigarrow x \in F$ 蕴涵 $x \in F, \forall x, y \in L$;

(11) $(x \rightarrow y) \rightarrow x \in F$ 蕴涵 $x \in F, \forall x, y \in L$;

(12) $(y^{\sim} \rightsquigarrow (x \rightsquigarrow y)) \in F$ 蕴涵 $x \rightsquigarrow y \in F, \forall x, y \in L$;

(13) $(y^- \rightarrow (x \rightarrow y)) \in F$ 蕴涵 $x \rightarrow y \in F, \forall x, y \in L$.

注 上面的推论对于非交换剩余格不一定成立.

4.1.4 蕴涵滤子

定义 4.1.7[50] 设 F 是 L 的非空子集, 若

(1) $1 \in F$;

(2) $(x \otimes y) \rightsquigarrow z \in F, x \rightsquigarrow y \in F$ 蕴涵 $x \rightsquigarrow z \in F, \forall x, y, z \in L$;

(3) $(y \otimes x) \rightarrow z \in F, x \rightarrow y \in F$ 蕴涵 $x \rightarrow z \in F, \forall x, y, z \in L$,

则称 F 为蕴涵滤子.

定理 4.1.13 非交换剩余格上的蕴涵滤子是滤子.

定理 4.1.14 设 F 是 L 的滤子, 则 F 是蕴涵滤子当且仅当

(1) $(x \otimes x) \rightsquigarrow y \in F$ 蕴涵 $x \rightsquigarrow y \in F, \forall x, y \in L$;

(2) $(x \otimes x) \rightarrow y \in F$ 蕴涵 $x \rightarrow y \in F, \forall x, y \in L$.

证明 设 F 是蕴涵滤子. 任给 $x, y \in L$, 若 $(x \otimes x) \rightsquigarrow y \in F$, 由 $x \rightsquigarrow x = 1 \in F$, 得 $x \rightsquigarrow y \in F$. 同理, 可得 (2) 成立.

反之, 设 F 是滤子满足 (1) 和 (2), 任给 $x, y, z \in L$, 若 $(x \otimes y) \rightsquigarrow z \in F$, $x \rightsquigarrow y \in F$, 则 $(x \rightsquigarrow y) \otimes ((x \otimes y) \rightsquigarrow z) \in F$. 因为 $(x \rightsquigarrow y) \otimes ((x \otimes y) \rightsquigarrow z) = (x \rightsquigarrow y) \otimes (y \rightsquigarrow (x \rightsquigarrow z)) \leqslant x \rightsquigarrow (x \rightsquigarrow z) = (x \otimes x) \rightsquigarrow z$, 所以 $(x \otimes x) \rightsquigarrow z \in F$, 所以 $x \rightsquigarrow z \in F$, 定义 4.1.7(2) 成立. 同理, 可得定义 4.1.7(3) 成立. 又 $1 \in F$, 所以 F 是蕴涵滤子.

推论 4.1.3 设 F 是 L 的滤子, 则 F 是蕴涵滤子当且仅当

(1) $x \rightsquigarrow (x \rightsquigarrow y) \in F$ 蕴涵 $x \rightsquigarrow y \in F$, $\forall x, y \in L$;

(2) $x \rightarrow (x \rightarrow y) \in L$ 蕴涵 $x \rightarrow y \in F$, $\forall x, y \in L$.

推论 4.1.4 设 F 是 L 的滤子, 则 F 是蕴涵滤子当且仅当

(1) $x^2 \rightsquigarrow y \in F$ 蕴涵 $x \rightsquigarrow y \in F$, $\forall x, y \in L$;

(2) $x^2 \rightarrow y \in F$ 蕴涵 $x \rightarrow y \in F$, $\forall x, y \in L$.

定理 4.1.15 设 F 是 L 的滤子, 则 F 是蕴涵滤子当且仅当

(1) $x \rightsquigarrow x^2 \in F$, $\forall x \in L$;

(2) $x \rightarrow x^2 \in F$, $\forall x \in L$.

证明 设 F 是蕴涵滤子, 令 $y = x^2$, 由推论 4.1.4 知 $x^2 \rightsquigarrow y = x^2 \rightsquigarrow x^2 = 1 \in F$, 则 $x \rightsquigarrow x^2 \in F$. 同理, 可得 $x \rightarrow x^2 \in F$.

反之, 设 F 是滤子满足 (1) 和 (2), $x^2 \rightsquigarrow y \in F$, 则 $(x \rightsquigarrow x^2) \otimes (x^2 \rightsquigarrow y) \leqslant x \rightsquigarrow y \in F$, 即推论 4.1.4(1) 成立. 同理, 可得推论 4.1.4(2) 成立. 所以 F 是蕴涵滤子.

文献 [89] 给出了蕴涵滤子的另一个定义, 后面的定理表明其与定义 4.1.7 是等价的.

定义 4.1.8 设 F 是 L 的非空子集, 若

(1) $1 \in F$;

(2) $x \rightarrow (y \rightarrow z) \in F$, $x \rightsquigarrow y \in F$ 蕴涵 $x \rightarrow z \in F$, $\forall x, y, z \in L$;

(3) $x \rightsquigarrow (y \rightsquigarrow z) \in F$, $x \rightarrow y \in F$ 蕴涵 $x \rightsquigarrow z \in F$, $\forall x, y, z \in L$,

则称 F 是蕴涵滤子.

文献 [89] 通过引入下面两个引理, 证明定义 4.1.8 中定义的蕴涵滤子符合定理 4.1.15, 即定义 4.1.8 与定义 4.1.7 等价.

引理 4.1.1 设 F 是 L 的滤子, 若 F 满足条件: $x \rightarrow x^2 \in F$, $x \rightsquigarrow x^2 \in F$, $\forall x \in L$, 则有 $x \otimes y \rightarrow y \otimes x \in F$, $x \otimes y \rightsquigarrow y \otimes x \in F$, $\forall x, y \in L$.

引理 4.1.2 设 F 是 L 的滤子, 且满足引理 4.1.1(1), 则

(1) 若 $u \rightarrow v \in F$, 则 $x \otimes u \otimes y \rightarrow x \otimes v \otimes y \in F$, $\forall x, y \in L$;

(2) 若 $u \rightsquigarrow v \in F$, 则 $x \otimes u \otimes y \rightsquigarrow x \otimes v \otimes y \in F$, $\forall x, y \in L$.

定理 4.1.16 设 F 是 L 的滤子, 则下列条件等价:

(1) F 是蕴涵滤子 (定义 4.1.8);

(2) $x \to x^2 \in F$, $x \rightsquigarrow x^2 \in F$, $\forall x \in L$.

证明过程请参见文献 [89] 中定理 1 的证明.

定理 4.1.17 非交换剩余格上的蕴涵滤子是正规滤子.

证明 设 F 是蕴涵滤子, $x \to y \in F$, 因为 $x \otimes (x \to y) \rightsquigarrow (x \to y) \otimes x \in F$, $(x \to y) \otimes x \rightsquigarrow y = 1 \in F$, 所以 $x \otimes (x \to y) \rightsquigarrow y = (x \to y) \rightsquigarrow (x \rightsquigarrow y) \in F$. 由 $x \to y \in F$, 得 $x \rightsquigarrow y \in F$. 反之同理可得.

定理 4.1.18 设 F 是 L 的滤子, 则 F 是蕴涵滤子当且仅当 L/F 是 Heyting 代数.

定理 4.1.19 非交换剩余格上正蕴涵滤子 (即布尔滤子) 是蕴涵滤子, 因此正蕴涵滤子 (即布尔滤子) 是正规滤子.

证明 设 F 是正蕴涵滤子, 由定义 4.1.6 中的 (2), 令 $x = 1$, $y = x \to x^2$, $z = x^2$, 则

$$
1 \to (((x \to x^2) \to x^2) \rightsquigarrow (x \to x^2)) = ((x \to x^2) \to x^2) \rightsquigarrow (x \to x^2)
$$
$$
\geqslant x \to (x \to x^2)
$$
$$
= 1 \in F.
$$

由定义 4.1.6, 得 $x \to x^2 \in F$. 同理, 可得 $x \rightsquigarrow x^2 \in F$. 所以 F 是蕴涵滤子.

定理 4.1.20 设 F 和 G 是 L 的滤子, $F \subset G$, 若 F 是蕴涵滤子, 则 G 也是蕴涵滤子.

引理 4.1.3 设 F 是 L 的正规滤子, 则下列条件等价:

(1) $(x \otimes y) \rightsquigarrow z \in F$, $x \rightsquigarrow y \in F$ 蕴涵 $x \rightsquigarrow z \in F$, $\forall x, y, z \in L$;

(2) $(y \otimes x) \to z \in F$, $x \to y \in F$ 蕴涵 $x \to z \in F$, $\forall x, y, z \in L$.

定理 4.1.21 设 F 是 L 的正规滤子, F 是蕴涵滤子当且仅当任给 $a \in L$, $F_a = \{x \in L | a \rightsquigarrow x \in F\}$ 是由 a 和 F 生成的滤子.

证明 设 F 是蕴涵滤子, $a \in L$, 因为 $a \rightsquigarrow 1 \in F$, 所以 $1 \in F_a$, 从而 F_a 非空. 若 $x, x \rightsquigarrow y \in F_a$, 则 $a \rightsquigarrow x \in F$, $a \rightsquigarrow (x \rightsquigarrow y) \in F$, 因为 F 是正规滤子, 所以 $a \to x \in F$, $(x \otimes a) \rightsquigarrow y \in F$. 由 F 是蕴涵滤子, 得 $a \to y \in F$, 则 $a \rightsquigarrow y \in F$, 即 $y \in F_a$. 所以 F_a 是滤子.

由 $a \rightsquigarrow a = 1 \in F$, 知 $a \in F_a$. 任给 $x \in F$, 因为 $x \leqslant a \rightsquigarrow x$, 所以 $a \rightsquigarrow x \in F$, 因此 $x \in F_a$, 从而 $F \subset F_a$. 设 G 是滤子且 $F \cup \{a\} \subset G$, $x \in F_a$, 则 $a \rightsquigarrow x \in F$, 从而 $a \rightsquigarrow x \in G$. 结合 $a \in G$, 得 $x \in G$. 因此 $F_a \subset G$. 这表明 F_a 是由 F 和 a 生成的滤子.

反之, 任给 $a \in L$, 设 F_a 是由 F 和 a 生成的滤子. 若 $x \rightsquigarrow (x \rightsquigarrow y) \in F$, 则 $x \rightsquigarrow y \in F_x$. 因为 F_x 是由 F 和 x 生成的滤子, 所以 $x \in F_x$, 从而 $y \in F_x$, 即 $x \rightsquigarrow y \in F$. 由推论 4.1.3 和引理 4.1.3, 得 F 是蕴涵滤子.

定理 4.1.22 设 F 是 L 的正规滤子, 则 F 是布尔滤子当且仅当 F 是蕴涵滤子, 且

(1) $(x \rightsquigarrow y) \to y \in F$ 当且仅当 $(y \rightsquigarrow x) \to x \in F$;

(2) $(x \to y) \rightsquigarrow y \in F$ 当且仅当 $(y \to x) \rightsquigarrow x \in F$.

定理 4.1.23 设 F 是 L 的正规滤子, 则 F 是布尔滤子当且仅当 F 是蕴涵滤子且满足 $x^{-\sim} \in F$ 当且仅当 $x^{\sim-} \in F$ 当且仅当 $x \in F$.

4.1.5 奇异滤子

定义 4.1.9[90] 设 F 是 L 的非空子集, 若

(1) $1 \in F$;

(2) $z \rightsquigarrow (y \rightsquigarrow x) \in F$, $z \in F$ 蕴涵 $((x \rightsquigarrow y) \to y) \rightsquigarrow x \in F$, $\forall x, y, z \in L$;

(3) $z \to (y \to x) \in F$, $z \in F$ 蕴涵 $((x \to y) \rightsquigarrow y) \to x \in F$, $\forall x, y, z \in L$, 则称 F 为奇异滤子.

定理 4.1.24 非交换剩余格上的奇异滤子是滤子.

定理 4.1.25 设 F 是 L 的滤子, 则 F 是奇异滤子当且仅当

(1) $y \rightsquigarrow x \in F$ 蕴涵 $((x \rightsquigarrow y) \to y) \rightsquigarrow x \in F$, $\forall x, y \in L$;

(2) $y \to x \in F$ 蕴涵 $((x \to y) \rightsquigarrow y) \to x \in F$, $\forall x, y \in L$.

定理 4.1.26 设 F 是 L 的滤子, 则 F 是奇异滤子当且仅当

(1) $((x \rightsquigarrow y) \to y) \rightsquigarrow (x \vee y) \in F$, $\forall x, y \in L$;

(2) $((x \to y) \rightsquigarrow y) \to (x \vee y) \in F$, $\forall x, y \in L$.

证明 利用定理 4.1.25. 令 $x = x \vee y$, 即得.

反之, 设 $y \rightsquigarrow x \in F$, 由 $(x \vee y) \rightsquigarrow x = (x \rightsquigarrow x) \wedge (y \rightsquigarrow x) = y \rightsquigarrow x \in F$, $((x \rightsquigarrow y) \to y) \rightsquigarrow (x \vee y) \in F$, 得 $((x \vee y) \rightsquigarrow x) \otimes (((x \rightsquigarrow y) \to y) \rightsquigarrow (x \vee y)) \in F$. 另外, 有 $((x \vee y) \rightsquigarrow x) \otimes (((x \rightsquigarrow y) \to y) \rightsquigarrow (x \vee y)) \leqslant ((x \rightsquigarrow y) \to y) \rightsquigarrow x$, 从而 $((x \rightsquigarrow y) \to y) \rightsquigarrow x \in F$, 即定理 4.1.25(1) 成立. 同理, 可得定理 4.1.25(2) 成立, 所以 F 是奇异滤子.

定理 4.1.27 设 F 是 L 的滤子, 则 F 是奇异滤子当且仅当

(1) $((x \to y) \rightsquigarrow y) \to ((y \to x) \rightsquigarrow x) \in F$, $\forall x, y \in L$;

(2) $((x \rightsquigarrow y) \to y) \rightsquigarrow ((y \rightsquigarrow x) \to x) \in F$, $\forall x, y \in L$.

证明 由 $x \vee y \leqslant (y \to x) \rightsquigarrow x$, 得 $(x \vee y) \to ((y \to x) \rightsquigarrow x) = 1 \in F$. 利用 $((x \to y) \rightsquigarrow y) \to (x \vee y) \in F$, 可得 $((x \to y) \rightsquigarrow y) \to ((y \to x) \rightsquigarrow x) \in F$. 另一结果同理可得.

反之, 令 x 为 $x \vee y$, 有 $(((x \vee y) \to y) \rightsquigarrow y) \to ((y \to (x \vee y)) \rightsquigarrow (x \vee y)) \in F$. 由 $(x \vee y) \to y = x \to y, y \to (x \vee y) = 1$, 得 $((x \to y) \rightsquigarrow y) \to (x \vee y) \in F$. 另一结果同理可得, 所以 F 是奇异滤子.

定理 4.1.28 设 F 和 G 是 L 的滤子, $F \subset G$, 若 F 是奇异滤子, 则 G 也是奇异滤子.

证明过程参见文献 [92] 中的定理 5.10 的证明.

推论 4.1.5 非交换剩余格上的滤子均为奇异滤子当且仅当 $\{1\}$ 是奇异滤子.

推论 4.1.6 设 F 是 L 的正规滤子, 则 F 是奇异滤子当且仅当商代数 L/F 的每个滤子是奇异滤子.

推论 4.1.7 设 F 是 L 的正规滤子, 则 F 是奇异滤子当且仅当 L/F 是伪 MV-代数.

定理 4.1.29 设 F 是 L 的正规滤子, 则 F 是布尔滤子当且仅当 F 是奇异滤子和蕴涵滤子.

证明 设 F 是布尔滤子. 由定理 4.1.19, 知 F 是蕴涵滤子. 下面证明 F 是奇异滤子. 一方面, 任给 $x, y \in L$, 设 $y \rightsquigarrow x \in F$, 由 $x \leqslant ((x \rightsquigarrow y) \to y) \rightsquigarrow x$, 得 $(((x \rightsquigarrow y) \to y) \rightsquigarrow x) \rightsquigarrow y \leqslant x \rightsquigarrow y$. 另一方面,

$$((x \rightsquigarrow y) \to y) \rightsquigarrow ((x \rightsquigarrow y) \to x)$$
$$= (x \rightsquigarrow y) \to (((x \rightsquigarrow y) \to y) \rightsquigarrow x)$$
$$\leqslant ((((x \rightsquigarrow y) \to y) \rightsquigarrow x) \rightsquigarrow y) \to (((x \rightsquigarrow y) \to y) \rightsquigarrow x).$$

由 $y \rightsquigarrow x \in F, y \rightsquigarrow x \leqslant ((x \rightsquigarrow y) \to y) \rightsquigarrow ((x \rightsquigarrow y) \to x)$, 得 $((x \rightsquigarrow y) \to y) \rightsquigarrow ((x \rightsquigarrow y) \to x) \in F$, 因为 F 是正规滤子, 所以 $((x \rightsquigarrow y) \to y) \to ((x \rightsquigarrow y) \to x) \in F$, 从而 $((((x \rightsquigarrow y) \to y) \rightsquigarrow x) \rightsquigarrow y) \rightsquigarrow (((x \rightsquigarrow y) \to y) \rightsquigarrow x) \in F$. 由定理 4.1.6, 得 $((x \rightsquigarrow y) \to y) \rightsquigarrow x \in F$. 同理可得另一结果. 所以 F 是奇异滤子.

反之, 设 F 是正规滤子且是蕴涵滤子和奇异滤子. 一方面, 任给 $x \in L$, 若 $x^{\sim} \rightsquigarrow x \in F$, 则 $x^{\sim} \rightsquigarrow x^{\sim -} \in F$. 由 F 是正规滤子, 得 $x^{\sim} \to x^{\sim -} \in F$. 因为 F 是蕴涵滤子, 由推论 4.1.3, 得 $x^{\sim} \to 0 \in F$, 即 $(x \rightsquigarrow 0) \to 0 \in F$. 又因为 F 是奇异滤子, 由定理 4.1.27, 得 $(0 \rightsquigarrow x) \to x \in F$, 即 $x \in F$. 另一方面, 若 $x^- \to x \in F$, 则 $x^- \to x^{-\sim} \in F$, 因此 $x^- \rightsquigarrow x^{-\sim} \in F$, 从而 $x^- \rightsquigarrow 0 \in F$, 有 $(0 \to x) \rightsquigarrow x \in F$, 即 $x \in F$. 由定理 4.1.3, 知 F 是布尔滤子.

4.1.6 对合滤子

定义 4.1.10[90] 设 F 是 L 的滤子, 若

(1) $x^{\sim -} \rightsquigarrow x \in F, \forall x \in L$;

(2) $x^{-\sim} \to x \in F, \forall x \in L$,

则称 F 为对合滤子.

定理 4.1.30　设 F 是 L 的对合滤子, 则 $x \in F$ 当且仅当 $x^{\sim -} \in F$ 或 $x^{-\sim} \in F, \forall x \in L$.

定理 4.1.31[90]　设 F 是 L 的滤子, 则 F 是对合滤子当且仅当

(1) $x^{\sim} \to y^{\sim} \in F$ 蕴涵 $y \rightsquigarrow x \in F, \forall x, y \in L$;

(2) $x^{-} \rightsquigarrow y^{-} \in F$ 蕴涵 $y \to x \in F, \forall x, y \in L$.

证明　设 F 是对合滤子, $x^{\sim} \to y^{\sim} \in F$. 由 $y \leqslant y^{\sim -}$, 得 $x^{\sim} \to y^{\sim} \leqslant y^{\sim -} \rightsquigarrow x^{\sim -} \leqslant y \rightsquigarrow x^{\sim -}$, 从而 $x^{\sim -} \rightsquigarrow x \leqslant (y \rightsquigarrow x^{\sim -}) \rightsquigarrow (y \rightsquigarrow x) \leqslant (x^{\sim} \to y^{\sim}) \rightsquigarrow (y \rightsquigarrow x)$. 因为 $x^{\sim -} \rightsquigarrow x \in F$, 所以 $(x^{\sim} \to y^{\sim}) \rightsquigarrow (y \rightsquigarrow x) \in F$, 又由 $x^{\sim} \to y^{\sim} \in F$, 得 $y \rightsquigarrow x \in F$. 同理可证, 若 $x^{-} \rightsquigarrow y^{-} \in F$, 则 $y \to x \in F$.

反之, 由 $x^{\sim} \to x^{\sim - \sim} = x^{\sim} \to x^{\sim} = 1 \in F$, $x^{-} \to x^{-\sim -} = x^{-} \to x^{-} = 1 \in F$, 得 $x^{\sim -} \rightsquigarrow x \in F$, $x^{-\sim} \to x \in F$, 所以 F 是对合滤子.

定理 4.1.32　设 F 是 L 的滤子, 则 F 是对合滤子当且仅当

(1) $x^{\sim} \to y \in F$ 蕴涵 $y^{-} \rightsquigarrow x \in F, \forall x, y \in L$;

(2) $x^{-} \rightsquigarrow y \in F$ 蕴涵 $y^{\sim} \to x \in F, \forall x, y \in L$.

证明　设 F 是对合滤子, $x^{\sim} \to y \in F$. 由 $x^{\sim} \to y \leqslant y^{-} \rightsquigarrow x^{\sim -}$, 得 $x^{\sim -} \rightsquigarrow x \leqslant (y^{-} \rightsquigarrow x^{\sim -}) \rightsquigarrow (y^{-} \rightsquigarrow x) \leqslant (x^{\sim} \to y) \rightsquigarrow (y^{-} \rightsquigarrow x)$. 由 $x^{\sim -} \rightsquigarrow x \in F$, 得 $(x^{\sim} \to y) \rightsquigarrow (y^{-} \rightsquigarrow x) \in F$. 又由 $x^{\sim} \to y \in F$, 得 $y^{-} \rightsquigarrow x \in F$. 从而 (1) 成立. 同理, 可得 (2) 成立.

反之, 由 $x^{-} \rightsquigarrow x^{-} = 1 \in F$, $x^{\sim} \to x^{\sim} = 1 \in F$, 得 $x^{-\sim} \to x \in F$, $x^{\sim -} \rightsquigarrow x \in F$, 即 F 是对合滤子.

定理 4.1.33　设 F 是 L 的非空子集, 则 F 是对合滤子当且仅当

(1) $1 \in F$;

(2) $z \in F, z \to (x^{-} \rightsquigarrow y^{-}) \in F$ 蕴涵 $y \to x \in F, \forall x, y, z \in L$;

(3) $z \in F, z \rightsquigarrow (x^{\sim} \to y^{\sim}) \in F$ 蕴涵 $y \rightsquigarrow x \in F, \forall x, y, z \in L$.

定理 4.1.34　设 F 是 L 的非空子集, 则 F 是对合滤子当且仅当

(1) $1 \in F$;

(2) $z \in F, z \to (x^{-} \rightsquigarrow y) \in F$ 蕴涵 $y^{\sim} \to x \in F, \forall x, y, z \in L$;

(3) $z \in F, z \rightsquigarrow (x^{\sim} \to y) \in F$ 蕴涵 $y^{-} \rightsquigarrow x \in F, \forall x, y, z \in L$.

易证.

定理 4.1.35　设 F 和 G 是 L 的滤子, $F \subset G$, 若 F 是对合滤子, 则 G 也是对合滤子.

定义 4.1.11　设 L 是非交换剩余格, 若任给 $x \in L$, 有 $x^{\sim -} = x^{-\sim} = x$, 则称 L 为对合非交换剩余格.

定理 4.1.36　设 L 是非交换剩余格, 则下列条件等价:

(1) L 的滤子均是对合滤子;

(2) $\{1\}$ 是对合滤子;

(3) L 是对合非交换剩余格.

推论 4.1.8 设 F 是 L 的正规滤子, 则 F 是对合滤子当且仅当 L/F 是对合非交换剩余格.

定理 4.1.37 非交换剩余格上的奇异滤子是对合滤子.

定理 4.1.38 设 F 是 L 的正规滤子, 则 F 是布尔滤子当且仅当 F 是蕴涵滤子和对合滤子.

证明 必要性易证. 下面证明充分性.

若 $x^{\sim} \rightsquigarrow x \in F$, 则 $x^{\sim} \rightarrow x \in F$. 由 $x \leqslant x^{\sim -}$, 得 $x^{\sim} \rightarrow x^{\sim -} \in F$, 这意味着 $x^{\sim} \rightarrow (x^{\sim} \rightarrow 0) \in F$, 因此 $(x^{\sim} \otimes x^{\sim}) \rightarrow 0 \in F$. 由 F 是蕴涵滤子, 得 $x^{\sim} \rightarrow 0 \in F$, 即 $x^{\sim -} \in F$. 又由 F 是对合滤子, 得 $x \in F$. 同理, 若 $x^{-} \rightarrow x \in F$, 可证 $x \in F$. 所以 F 是布尔滤子.

4.1.7 固执滤子

定义 4.1.12[92] 设 F 是 L 的滤子, 若

(1) $x, y \notin F$ 蕴涵 $x \rightarrow y \in F$ 和 $y \rightarrow x \in F$, $\forall x, y \in L$;

(2) $x, y \notin F$ 蕴涵 $x \rightsquigarrow y \in F$ 和 $y \rightsquigarrow x \in F$, $\forall x, y \in L$,

则称 F 为固执滤子.

例 4.1.2 设 $L = \{0, a, b, c, 1\}$, 其中 $0 < a < b < c < 1$. 定义运算 $\otimes, \rightarrow, \rightsquigarrow$ 如下:

$\otimes$	0	a	b	c	1
0	0	0	0	0	0
a	0	a	a	a	a
b	0	a	a	a	b
c	0	a	b	c	c
1	0	a	b	c	1

$\rightarrow$		a	b	c	1
0		1	1	1	1
a		0	1	1	1
b		0	b	1	1
c		0	b	b	1
1		0	a	b	c	1

$\rightsquigarrow$	0	a	b	c	1
0	1	1	1	1	1
a	0	1	1	1	1
b	0	c	1	1	1
c	0	b	b	1	1
1	0	a	b	c	1

则 $(L, \wedge, \vee, \otimes, \rightarrow, \rightsquigarrow, 0, 1)$ 是非交换剩余格. 容易验证 $F = \{a, b, c, 1\}$ 是固执滤子. 但 $G = \{1\}$ 不是固执滤子, 因为 $a, b \notin G$, 有 $b \rightarrow a = b \notin G$.

定理 4.1.39[92] 设 F 是 L 的非平凡滤子, 则 F 是固执滤子当且仅当

(1) 对 $\forall x \in L$, $\exists n \in \mathbf{N}$, $x \notin F$ 蕴涵 $(x^{-})^n \in F$;

(2) 对 $\forall x \in L$, $\exists n \in \mathbf{N}$, $x \notin F$ 蕴涵 $(x^{\sim})^n \in F$.

证明 设 F 是固执滤子, $x \notin F$, 因为 $0 \notin F$, 所以 $x \rightarrow 0 \in F$, $0 \rightarrow x \in F$, 所以 $x^{-} \in F$. 同理, 可证 (2) 成立.

反之, 设 $x, y \notin F$, 由假设, $\exists n, m \in \mathbf{N}$, 使得 $(x^-)^n \in F$, $(y^-)^m \in F$. 注意到 $(x^-)^n \leqslant x^-$, $(y^-)^m \leqslant y^-$, 得 $x^-, y^- \in F$. 又由 $x^- \leqslant x \to y$, $y^- \leqslant y \to x$, 得 $x \to y, y \to x \in F$. 同理, 可得 $x \rightsquigarrow y \in F$, $y \rightsquigarrow x \in F$. 所以 F 是固执滤子.

推论 4.1.9　设 F 是 L 的非平凡滤子, 则 F 是固执滤子当且仅当

(1) $x \in F$ 或 $x^- \in F$, $\forall x \in L$;

(2) $x \in F$ 或 $x^\sim \in F$, $\forall x \in L$.

如果非交换剩余格上的一个真滤子不包含于任何其他真滤子, 则称其为极大滤子. 可以证明: 一个真正规滤子 F 是极大的充要条件是任给 $x \in L$, $x \notin F$ 当且仅当存在 $n \in \mathbf{N}$, $(x^n)^- \in F$. 由此可得下面的定理.

定理 4.1.40　设 F 是 L 的真正规滤子. 若 F 是固执滤子, 则 F 是极大滤子.

对于非交换剩余格上的真滤子 F, 若 $x \vee y \in F$ 蕴涵 $x \in F$ 或 $y \in F$, 则称 F 为素滤子. 我们知道极大滤子是素滤子, 所以有下面的推论.

推论 4.1.10　设 F 是 L 的真正规滤子. 若 F 是固执滤子, 则 F 是素滤子.

定理 4.1.41　设 F 是固执滤子, 则 F 是布尔滤子.

证明　设 F 不是布尔滤子, 由定理 4.1.6 知, 存在 $x, y \in L$, 使得 $(x \to y) \rightsquigarrow x \in F$ 或 $(x \rightsquigarrow y) \to x \in F$, 但 $x \notin F$. 不妨设 $(x \to y) \rightsquigarrow x \in F$ 但 $x \notin F$, 则有 $y \in F$ 或 $y \notin F$. 考虑以下情况:

(1) 设 $y \in F$, 有 $y \leqslant x \to y$, 则 $x \to y \in F$. 因为 $(x \to y) \rightsquigarrow x \in F$, 所以 $x \in F$, 导致矛盾.

(2) 设 $y \notin F$, 因为 F 是固执滤子, 所以 $x \to y \in F$, 得到 $x \in F$, 导致矛盾. 因此 F 是布尔滤子.

定理 4.1.42　设 F 是 L 的固执滤子, 则 F 是蕴涵滤子.

定理 4.1.43　设 F 是 L 的真正规滤子, 则下列条件等价:

(1) F 是固执滤子;

(2) F 是极大布尔滤子;

(3) F 是极大蕴涵滤子.

证明　(1)$\Rightarrow$(2)$\Rightarrow$(3). 易证.

(3)$\Rightarrow$(1). 设 $x, y \notin F$. 因为 F 是蕴涵滤子, 由定理 4.1.21, 知 $F_y = \{t \in L | y \rightsquigarrow t \in F\}$ 是滤子且 $F \subset F_y \subset L$. 又由假设 F 是极大滤子, 因为 $y \notin F$, 所以 $F_y = L$. 因此 $x \in F_y$, 从而 $y \rightsquigarrow x \in F$. 同理, 可得 $x \rightsquigarrow y \in F$. 由 F 是正规滤子, 得 $x \to y \in F$, $y \to x \in F$, 所以 F 是固执滤子.

类似于剩余格中的概念, 在非交换剩余格中定义 $x \in L$ 的阶, 即使得 $x^n = 0$ 的最小 $n \in \mathbf{N}$, 记作 $\operatorname{ord}(x)$. 若对 $\forall x \in L - \{1\}$, 有 $\operatorname{ord}(x) < \infty$, 则称非交换剩余格 L 是局部有限的. 可知真正规滤子 F 是极大滤子当且仅当 L/F 是局部有限的.

推论 4.1.11 设 F 是真正规滤子, 则 F 是固执滤子当且仅当 L/F 是局部有限布尔代数.

定理 4.1.44 设 F 和 G 是 L 的滤子, $F \subset G$, 若 F 是固执滤子, 则 G 也是固执滤子.

推论 4.1.12 $\{1\}$ 是 L 的固执滤子当且仅当 L 的任何滤子均是固执滤子.

定理 4.1.45 设 F 是正规滤子, 则 F 是固执滤子当且仅当 L/F 的任何滤子均是固执滤子.

定理 4.1.46 $\{1\}$ 是 L 的固执滤子当且仅当 L 是局部有限布尔代数.

证明 $F = \{1\}$ 是真正规滤子, 定义 $\pi : L \to L/F$ 为 $\pi(x) = [x], \forall x \in L$, 则 π 是同态. 由推论 4.1.11 可得结果.

4.1.8 弱蕴涵滤子

定义 4.1.13[92] 设 F 是 L 的非空子集. 若

(1) $1 \in F$;

(2) $z \to (((((x \to y) \rightsquigarrow y) \rightsquigarrow x) \to x) \in F, z \in F$ 蕴涵 $(x \to y) \rightsquigarrow y \in F$, $\forall x, y, z \in L$;

(3) $z \rightsquigarrow (((((x \rightsquigarrow y) \to y) \to x) \rightsquigarrow x) \in F, z \in F$ 蕴涵 $(x \rightsquigarrow y) \to y \in F$, $\forall x, y, z \in L$,

则称 F 为弱蕴涵滤子.

定理 4.1.47 设 F 是 L 的滤子, 则 F 是弱蕴涵滤子当且仅当

(1) $(((x \to y) \rightsquigarrow y) \rightsquigarrow x) \to x \in F$ 蕴涵 $(x \to y) \rightsquigarrow y \in F, \forall x, y \in L$;

(2) $(((x \rightsquigarrow y) \to y) \to x) \rightsquigarrow x \in F$ 蕴涵 $(x \rightsquigarrow y) \to y \in F, \forall x, y \in L$.

定理 4.1.48 设 F 是 L 的弱蕴涵滤子, 则 F 是滤子.

例 4.1.3 设 $L = \{0, a, b, c, d, 1\}$, 其中 $0 < a < b, c < d < 1, b, c$ 不可比较. 定义运算 $\otimes, \to, \rightsquigarrow$ 如下:

$\otimes$	0	a	b	c	d	1
0	0	0	0	0	0	0
a	0	0	a	0	a	a
b	0	0	b	0	b	b
c	0	a	a	c	c	c
d	0	a	b	c	d	d
1	0	a	b	c	d	1

$\to$	0	a	b	c	d	1
0	1	1	1	1	1	1
a	b	1	1	1	1	1
b	0	c	1	c	1	1
c	b	b	b	1	1	1
d	0	a	b	c	1	1
1	0	a	b	c	d	1

$\rightsquigarrow$	0	a	b	c	d	1
0	1	1	1	1	1	1
a	c	1	1	1	1	1
b	c	c	1	c	1	1
c	0	b	b	1	1	1
d	0	a	b	c	1	1
1	0	a	b	c	d	1

则 $(L, \wedge, \vee, \otimes, \to, \rightsquigarrow, 0, 1)$ 是非交换剩余格. 容易验证 $F = \{c, d, 1\}$ 是弱蕴涵滤子. 因为 $(((b \to d) \rightsquigarrow d) \rightsquigarrow d) \to b = 1 \in \{1\}, (b \to d) \rightsquigarrow d \notin \{1\}$, 所以 $\{1\}$ 不是弱蕴涵滤子.

定理 4.1.49 设 F 是 L 的滤子, 则 F 是弱蕴涵滤子当且仅当满足下面条件:

$$(x \to y) \rightsquigarrow y \in F \text{ 当且仅当 } (y \rightsquigarrow x) \to x \in F, \forall x, y \in L.$$

证明 设 F 是弱蕴涵滤子, $(x \to y) \rightsquigarrow y \in F$. 由 $x \leqslant (y \rightsquigarrow x) \to x$, 得 $((y \rightsquigarrow x) \to x) \to y \leqslant x \to y$, 从而 $(x \to y) \rightsquigarrow y \leqslant (((y \rightsquigarrow x) \to x) \to y) \rightsquigarrow y$, 因此 $(((y \rightsquigarrow x) \to x) \to y) \rightsquigarrow y \in F$, 所以 $(y \rightsquigarrow x) \to x \in F$. 同理, 可证若 $(y \rightsquigarrow x) \to x \in F$, 则 $(x \to y) \rightsquigarrow y \in F$.

反之, 设 F 满足条件, $(((x \to y) \rightsquigarrow y) \rightsquigarrow x) \to x \in F$. 由条件得, $(x \to ((x \to y) \rightsquigarrow y)) \rightsquigarrow ((x \to y) \rightsquigarrow y) \in F$, 从而

$$(x \to ((x \to y) \rightsquigarrow y)) \rightsquigarrow ((x \to y) \rightsquigarrow y)$$

$$= ((x \to y) \rightsquigarrow (x \to y)) \rightsquigarrow ((x \to y) \rightsquigarrow y)$$

$$= 1 \rightsquigarrow ((x \to y) \rightsquigarrow y)$$

$$= (x \to y) \rightsquigarrow y,$$

得 $(x \to y) \rightsquigarrow y \in F$, 因此定理 4.1.47(1) 成立. 同理, 可证定理 4.1.47(2) 成立, 所以 F 是弱蕴涵滤子.

定理 4.1.50 设 F 是 L 的布尔滤子, 则 F 是弱蕴涵滤子.

证明 设 F 是布尔滤子, $(x \to y) \rightsquigarrow y \in F$, 只需证明 $(y \to x) \rightsquigarrow x \in F$. 因为 $x \leqslant (y \to x) \rightsquigarrow x$, 所以 $((y \to x) \rightsquigarrow x)^- \leqslant x^- \leqslant x \to y$. 由 $(x \to y) \rightsquigarrow y \leqslant ((y \to x) \rightsquigarrow x)^- \rightsquigarrow y \leqslant ((y \to x) \rightsquigarrow x)^- \rightsquigarrow ((y \to x) \rightsquigarrow x)$, 得 $((y \to x) \rightsquigarrow x)^- \rightsquigarrow ((y \to x) \rightsquigarrow x) \in F$. 因为 F 是布尔滤子, 所以 $(y \to x) \rightsquigarrow x \in F$, 所以 F 是弱蕴涵滤子.

推论 4.1.13 设 F 是 L 的固执滤子, 则 F 是弱蕴涵滤子.

注 (1) 定理 4.1.50 的逆不成立. 考虑例 4.1.3 的弱蕴涵滤子 $F = \{c, d, 1\}$, 因为 $(a \to 0) \rightsquigarrow a = b \rightsquigarrow a = c \in F, a \notin F$, 所以 F 不是布尔滤子.

(2) 弱蕴涵滤子一般不是蕴涵滤子. 考虑例 4.1.3 的弱蕴涵滤子 $F = \{b, d, 1\}$, 因为 $a \rightsquigarrow a^2 = a \rightsquigarrow 0 = c \notin F$. 所以 F 不是蕴涵滤子.

(3) 蕴涵滤子一般不是弱蕴涵滤子. 考虑例 4.1.1 的 $F = \{d, 1\}$, 可知 F 是蕴涵滤子, 但 $(((0 \to a) \rightsquigarrow a) \rightsquigarrow 0) \to 0 = d \in F, (0 \to a) \rightsquigarrow a = a \notin F$, 因此 F 不是弱蕴涵滤子.

定理 4.1.51 设 F 是 L 的非空子集, 若 F 是蕴涵滤子和弱蕴涵滤子, 则 F 是布尔滤子.

证明　设 $(x \to y) \rightsquigarrow ((y \rightsquigarrow x) \to x) \in F$, 则有

$$((x \to y) \rightsquigarrow ((y \rightsquigarrow x) \to x)) \rightsquigarrow ((x \to y) \rightsquigarrow ((y \rightsquigarrow x) \to ((x \to y) \rightsquigarrow y)))$$

$$\geqslant ((y \rightsquigarrow x) \to x) \rightsquigarrow ((y \rightsquigarrow x) \to ((x \to y) \rightsquigarrow y))$$

$$\geqslant x \to ((x \to y) \rightsquigarrow y)$$

$$= (x \to y) \rightsquigarrow (x \to y) = 1.$$

因此 $(x \to y) \rightsquigarrow ((y \rightsquigarrow x) \to ((x \to y) \rightsquigarrow y)) \in F$. 令 $u = x \to y, v = (u \rightsquigarrow y) \rightsquigarrow x$, 则 $u \rightsquigarrow ((y \rightsquigarrow x) \to (u \to y)) \in F$, 从而

$$((y \rightsquigarrow x) \to (u \rightsquigarrow (u \rightsquigarrow y))) \rightsquigarrow (u \rightsquigarrow (u \rightsquigarrow (v \to y)))$$

$$= v \to (((y \rightsquigarrow x) \to (u \rightsquigarrow (u \rightsquigarrow y))) \rightsquigarrow (u \rightsquigarrow (u \rightsquigarrow y)))$$

$$\geqslant v \to (y \rightsquigarrow x)$$

$$= y \rightsquigarrow (v \to x)$$

$$= y \rightsquigarrow (((u \rightsquigarrow y) \rightsquigarrow x) \to x)$$

$$\geqslant y \rightsquigarrow (u \rightsquigarrow y) = 1.$$

所以 $u \rightsquigarrow (u \rightsquigarrow (v \to y)) \in F$. 因为 F 是蕴涵滤子, 所以 $u \rightsquigarrow (v \to y) \in F$. 因此 $v \to (u \rightsquigarrow y) \in F$. 又由

$$(v \to (u \rightsquigarrow y)) \rightsquigarrow (v \to (v \to x)) \geqslant (u \rightsquigarrow y) \to (v \to x)$$

$$= (u \rightsquigarrow y) \to (((u \rightsquigarrow y) \rightsquigarrow x) \to x)$$

$$\geqslant (u \rightsquigarrow y) \rightsquigarrow (u \rightsquigarrow y) = 1,$$

得 $v \to (v \to x) \in F$. 由 F 是蕴涵滤子, 得 $v \to x \in F$, 所以 $(((x \to y) \rightsquigarrow y) \rightsquigarrow x) \to x = ((u \rightsquigarrow y) \rightsquigarrow y) \to x = v \to x \in F$. 因为 F 是弱蕴涵滤子, 所以 $(x \to y) \rightsquigarrow y \in F$. 同理, 可证 $(x \rightsquigarrow y) \to ((y \to x) \rightsquigarrow x) \in F$ 蕴涵 $(x \rightsquigarrow y) \to y \in F$, 所以 F 是布尔滤子.

注　上面的证明中用到了如下定义 4.1.14、定理 4.1.52 和定理 4.1.53.

定义 4.1.14[91]　设 F 是 L 的非空子集, 若

(1) $1 \in F$;

(2) $((x \to y) \otimes z) \rightsquigarrow ((y \rightsquigarrow x) \to x) \in F$, $z \in F$ 蕴涵 $(x \to y) \rightsquigarrow y \in F$, $\forall x, y, z \in L$;

(3) $(z \otimes (x \rightsquigarrow y)) \to ((y \to x) \rightsquigarrow x) \in F$, $z \in F$ 蕴涵 $(x \rightsquigarrow y) \to y \in F$, $\forall x, y, z \in L$,

则称 F 为子正蕴涵滤子.

定理 4.1.52 设 F 是 L 的滤子, 则 F 是子正蕴涵滤子当且仅当

(1) $(x \to y) \rightsquigarrow ((y \rightsquigarrow x) \to x) \in F$ 蕴涵 $(x \to y) \rightsquigarrow y \in F$, $\forall x, y \in L$;

(2) $(x \rightsquigarrow y) \to ((y \to x) \rightsquigarrow x) \in F$ 蕴涵 $(x \rightsquigarrow y) \to y \in F$, $\forall x, y \in L$.

定理 4.1.53 非交换剩余格上子正蕴涵滤子与布尔滤子等价.

定理 4.1.54 设 F 是 L 的正规滤子, 则 F 是弱蕴涵滤子当且仅当 L/F 的任何滤子是弱蕴涵滤子.

4.2 非交换剩余格上的 n 重滤子

4.2.1 n 重滤子的基本概念

本节首先补充一些基本概念, 为使知识系统化, 部分内容与前面有重复. 本节主要参考文献 [93].

定义 4.2.1 设 F 是 L 的真滤子, 任给 $x, y \in L$, 有

(1) 若 $x \vee y \in F$ 蕴涵 $x \in F$ 或 $y \in F$, 称 F 为素滤子;

(2) 若 $(x \to y \in F$ 或 $y \to x \in F)$, $(x \rightsquigarrow y \in F$ 或 $y \rightsquigarrow x \in F)$, 则称 F 为第二类素滤子;

(3) 若 $(x \to y) \vee (y \to x) \in F$, $(x \rightsquigarrow y) \vee (y \rightsquigarrow x) \in F$, 则称 F 为第三类素滤子 (或 PMTL-滤子).

注 设 L 是非交换剩余格, 有

(1) 第二类素滤子是素滤子. 如果 L 是伪 MTL-代数, 则逆命题成立.

(2) 第二类素滤子是第三类素滤子. 如果滤子是素滤子, 则逆命题成立.

记 $F(L)$ 表示 L 的全体滤子的集合, $\mathrm{Spec}_1(L)$ 表示 L 的全体素滤子的集合, $\mathrm{Spec}_2(L)$ 表示 L 的全体第二类素滤子的集合, $\mathrm{Max}(L)$ 表示全体极大滤子的集合.

定理 4.2.1 (1) 下列条件等价:

(1-1) L 是非交换剩余格链;

(1-2) L 的任何真滤子均是第二类素滤子;

(1-3) $\{1\}$ 是第二类素滤子.

(2) 正规滤子 F 是第二类素滤子当且仅当 L/F 是链.

定义 4.2.2 设 S 是 L 的非空子集, 若 $1 \in S$, 任给 $x, y \in S$, $x \vee y \in S$, 则称子集 S 是 $\vee$-封闭的.

引理 4.2.1 设 F 是 L 的滤子, $\varnothing \neq S$ 是 $\vee$-封闭的, 且 $F \cap S = \varnothing$, 则存在 L 的素滤子 P 使得 $F \subset P$ 且 $P \cap S = \varnothing$.

推论 4.2.1 设 F 是 L 的滤子, $a \notin F$, 则

(1) 存在素滤子 P, 使得 $F \subset P$ 且 $a \notin P$, 所以任何真滤子可拓展成素滤子;

(2) 任给 $x \in L$ 且 $x \neq 1$, 存在素滤子使得 $x \notin P$;

(3) 若 F 是真滤子, 则 F 是包含它的所有素滤子的交, 特别地, $\{1\} = \cap\{P|P \in \mathrm{Spec}_1(L)\}$.

推论 4.2.2 任给 $P \in \mathrm{Spec}_1(L)$, 存在 $M \in \mathrm{Max}(L)$, 使得 $P \subset M$, 即任何素滤子都包含于一极大滤子.

设 $x \in L$, 若 $\mathrm{ord}(x) < \infty$, 则称 x 是幂零的. 记 $\mathrm{Nil}(L)$ 表示 L 的全体幂零元的集合, $D(L)$ 表示 L 的全体非幂零元的集合. 显然 $\mathrm{Nil}(L) \cap D(L) = \varnothing$, $\mathrm{Nil}(L) \cup D(L) = L$.

引理 4.2.2 设 $a, b \in L$, 则

(1) $\langle a \rangle$ 是真子集当且仅当 $a \in D(L)$;

(2) 若 $a \leqslant b$, $b \in \mathrm{Nil}(L)$, 则 $a \in \mathrm{Nil}(L)$;

(3) 若 $a \leqslant b$, $a \in D(L)$, 则 $b \in D(L)$;

(4) $a \in \mathrm{Nil}(L)$ 当且仅当对任何真滤子 F, $a \notin F$, 等价地, $a \in D(L)$ 当且仅当存在真滤子 F, $a \in F$.

定理 4.2.2 设 F 是 L 的真滤子, 则 F 是极大滤子当且仅当对 $\forall x \in L$, 若 $x \notin F$, 则存在 $y \in F$ 和 $m, n \in \mathbf{N}$, 使得 $(y \otimes x^n)^m = 0$.

定理 4.2.3 设 L 是非交换剩余格.

(1) 若 L 有唯一的极大滤子, 称 L 是局部的;

(2) 若 $D(L) = \{1\}$, 称 L 是局部有限的.

定理 4.2.4 设 F 是 L 的正规滤子. 则下列条件等价:

(1) $F \in \mathrm{Max}(L)$;

(2) 对 $\forall x \in L$, $x \notin F$ 当且仅当 $\exists m \in \mathbf{N}$, $(x^m)^- \in F$;

(3) 对 $\forall x \in L$, $x \notin F$ 当且仅当 $\exists m \in \mathbf{N}$, $(x^m)^\sim \in F$;

(4) L/F 是局部有限非交换剩余格.

定义 4.2.3 设 F 是 L 的真滤子, 则

(1) L 的所有包含 F 的极大滤子的交称为 F 的根, 记作 $\mathrm{Rad}(F)$;

(2) L 的所有极大滤子的交称为 L 的根, 记作 $\mathrm{Rad}(L)$.

注 设 F 是 L 的真滤子, 则

(1) $\mathrm{Rad}(F)$ 是真滤子, $F \subset \mathrm{Rad}(F) \subset D(L)$;

(2) $\mathrm{Rad}(L) = \mathrm{Rad}(\{1\})$.

定理 4.2.5 L 是非交换剩余格, 则下列条件等价:

(1) $D(L)$ 是 L 的滤子;

(2) L 是局部的;

(3) $D(L)$ 是 L 的唯一极大滤子;

(4) 任给 $a, b \in L$, $a \otimes b \in \mathrm{Nil}(L)$ 蕴涵 $a \in \mathrm{Nil}(L)$ 或 $b \in \mathrm{Nil}(L)$.

4.2.2 n 重整滤子

定义 4.2.4 设 F 是 L 的滤子, $n \in \mathbf{N}$,

(1) 若对 $\forall x, y \in L$, 有 $((x \otimes y)^n)^- \in F$ 蕴涵 $(x^n)^\sim \in F$ 或 $(y^n)^\sim \in F$, 且 $((x \otimes y)^n)^\sim \in F$ 蕴涵 $(x^n)^- \in F$ 或 $(y^n)^- \in F$, 则称 F 为 n 重整滤子. 特别地, 1 重整滤子是整滤子.

(2) 若对 $\forall x, y \in L$, 有 $(x \otimes y)^n = 0$ 蕴涵 $x^n = 0$ 或 $y^n = 0$, 则称 L 为 n 重整非交换剩余格. 特别地, 1 重整非交换剩余格是整非交换剩余格.

例 4.2.1 设 $L = \{0, a, b, c, d, 1\}$, 其中 $0 < a, b < c < d < 1$, a 与 b 是不可比较的. 定义运算 $\otimes$, $\to$ 和 $\rightsquigarrow$ 如下:

$\otimes$	0	a	b	c	d	1
0	0	0	0	0	0	0
a	0	0	0	0	a	a
b	0	0	0	0	b	b
c	0	0	0	0	c	c
d	0	0	0	0	d	d
1	0	a	b	c	d	1

$\to$	0	a	b	c	d	1
0	1	1	1	1	1	1
a	d	1	d	1	1	1
b	d	d	1	1	1	1
c	d	d	d	1	1	1
d	0	a	b	c	1	1
1	0	a	b	c	d	1

$\rightsquigarrow$	0	a	b	c	d	1
0	1	1	1	1	1	1
a	c	1	c	1	1	1
b	c	c	1	1	1	1
c	c	c	c	1	1	1
d	c	c	c	c	1	1
1	0	a	b	c	d	1

则 $(L, \wedge, \vee, \otimes, \to, \rightsquigarrow, 0, 1)$ 是非交换剩余格且不是伪 MTL-代数. 设 $n \geqslant 2$, 有

(1) L 是 n 重整非交换剩余格, 但不是 1 重整的, 因为 $a \otimes b = 0$, 但 $a \neq 0$, $b \neq 0$;

(2) 滤子 $F = \{1\}$ 是 n 重整滤子, 但不是 1 重整的, 因为 $(a \otimes b)^- \in F$, 但 $a^\sim = c \notin F$, $b^\sim = c \notin F$.

定理 4.2.6 设 F 是 L 的正规滤子, 则下列条件等价:

(1) F 是 n 重整滤子;

(2) L/F 是 n 重整非交换剩余格.

定理 4.2.7 设 $n \in \mathbf{N}$, F 是 n 重整滤子, 则 F 是 $n+1$ 重整滤子.

推论 4.2.3 设 F 是 L 的滤子, 则

(1) F 是整的当且仅当对 $\forall n \in \mathbf{N}$, F 是 n 重整的;

(2) L 是整的当且仅当对 $\forall n \in \mathbf{N}$, L 是 n 重整的.

定义 4.2.5 (1) 若对 $\forall n \in \mathbf{N}$, $x, y \in L$, 有 $(x \otimes y)^n = 0$ 蕴涵 $x^n \otimes y^n = 0$, 则称 L 是半整的非交换剩余格;

(2) 若对 $\forall n \in \mathbf{N}$, $x, y \in L$, 有 $((x \otimes y)^n)^- \in F$ 蕴涵 $(x^n \otimes y^n)^- \in F$, 且 $((x \otimes y)^n)^\sim \in F$ 蕴涵 $(x^n \otimes y^n)^\sim \in F$, 则称 L 为半整的滤子.

注 (1) 整的非交换剩余格是半整的, 反之不成立.

(2) 设 F 是 L 的正规滤子, 则 F 是半整的当且仅当 L/F 是半整的. 特别地, L 是半整的当且仅当 $\{1\}$ 是半整的.

推论 4.2.4　设 L 是半整的, 则下列条件等价:

(1) L 是局部的;

(2) $\forall x \in L, x \in \mathrm{Nil}(L)$ 或 $x^- \in \mathrm{Nil}(L)$;

(3) $\forall x \in L, x \in \mathrm{Nil}(L)$ 或 $x^\sim \in \mathrm{Nil}(L)$.

定义 4.2.6　设 F 是 L 的滤子, $n \in \mathbf{N}$.

(1) 若对 $\forall x, y \in L, x, y \notin F$ 蕴涵 $x^n \to y \in F$, $y^n \to x \in F$, $x^n \rightsquigarrow y \in F$ 和 $y^n \rightsquigarrow x \in F$, 则称 F 为 n 重固执滤子;

(2) 若对 $\forall x \neq 1$, 若 $x^n = 0$, 则称 L 为 n 重固执非交换剩余格.

引理 4.2.3　设 $n \in \mathbf{N}$, 滤子 F 是 n 重固执滤子的充要条件是对 $\forall x \in L$, $x \notin F$ 当且仅当 $(x^n)^- \in F$ 和 $(x^n)^\sim \in F$.

例 4.2.2　设 L 是例 4.2.1 定义的非交换剩余格, $n \geqslant 2$, 容易验证 $F = \{1, d\}$ 是 n 重固执滤子.

推论 4.2.5　(1) 任何 n 重固执滤子是极大的;

(2) 若 F 是正规滤子, L/F 是有限的, 则 F 是极大的当且仅当存在 $n \in \mathbf{N}$, F 是 n 重固执滤子.

注　(1) n 重固执滤子称为第二类布尔滤子;

(2) $\forall n \in \mathbf{N}, n$ 重固执滤子是 $n+1$ 重固执滤子.

定理 4.2.8　设 F 是 L 的真正规滤子, 则 F 是 n 重固执滤子当且仅当 L/F 是 n 重固执非交换剩余格. 特别地, L 是 n 重固执的当且仅当滤子 $\{1\}$ 是 n 重固执的.

定理 4.2.9　n 重固执滤子是 n 重整滤子.

证明　设 F 是 n 重固执滤子, $x, y \in L$, 则有 $((x \otimes y)^n)^- \in F$. 由 F 是真滤子, 得 $(x \otimes y)^n \notin F$, 从而 $x \otimes y \notin F$, 所以 $x \notin F$ 或 $y \notin F$. 由引理 4.2.3, 得 $(x^n)^\sim \in F$ 或 $(y^n)^\sim \in F$. 同理, $((x \otimes y)^n)^\sim \in F$ 蕴涵 $(x^n)^- \in F$ 或 $(y^n)^- \in F$, 因此 F 是 n 重整滤子.

4.2.3　n 重完全滤子

定义 4.2.7　设 F 是 L 的滤子, 若

(1) 对 $\forall x, y \in L, \exists m, n \in \mathbf{N}$, 使得 $((x \otimes y)^m)^- \in F$ 蕴涵 $(x^n)^\sim \in F$ 或 $(y^n)^\sim \in F$;

(2) 对 $\forall x, y \in L, \exists t, p \in \mathbf{N}$, 使得 $((x \otimes y)^t)^\sim \in F$ 蕴涵 $(x^p)^- \in F$ 或 $(y^p)^- \in F$,

则称 F 为准素滤子.

注　非交换剩余格上的 n 重整滤子是准素滤子.

引理 4.2.4 设 F 是 L 的准素正规滤子, 则对 $\forall a \in L, n \in \mathbf{N}$, 有

(1) 对 $\forall m \in \mathbf{N}, \exists t \in \mathbf{N}$, 使得 $(((a^n)^-)^m)^- \notin F$ 蕴涵 $((a^n)^t)^- \in F$;

(2) 对 $\forall m \in \mathbf{N}, \exists t \in \mathbf{N}$, 使得 $(((a^n)^\sim)^m)^\sim \notin F$ 蕴涵 $((a^n)^t)^\sim \in F$.

定理 4.2.10 设 F 是 L 的正规滤子, 则 F 是准素滤子当且仅当 L/F 是局部的. 特别地, $\{1\}$ 是准素滤子当且仅当 L 是局部的.

推论 4.2.6 设 F 是 L 的正规滤子, 若 F 是第二类素滤子, 则 F 也是准素滤子.

推论 4.2.7 n 重整非交换剩余格是局部的.

设 E 是 L 的非空子集, 定义

$$E_-^{n*} := \{a \in L | a^n \leqslant x^-, \exists x \in E\},$$

$$E_\sim^{n*} := \{a \in L | a^n \leqslant x^\sim, \exists x \in E\}.$$

注 设 F 是 L 的滤子, 则

(1) $F_-^{n*} = \{a \in L | a^n \otimes x = 0, \exists x \in F\} = \{a \in L | (a^n)^\sim \in F\}$;

(2) $F_\sim^{n*} = \{a \in L | x \otimes a^n = 0, \exists x \in F\} = \{a \in L | (a^n)^- \in F\}$.

推论 4.2.8 设 L 是局部的、半整的非交换剩余格, 则 $D(L)_-^{n*} \cup D(L)_\sim^{n*} \subset \mathrm{Nil}(L)$.

定义 4.2.8 设 L 是非交换剩余格, 若

(1) L 是局部的、好的非交换剩余格;

(2) 对 $\forall a \in L, a \in \mathrm{Nil}(L)$ 当且仅当 $(a^n)^\sim \in D(L)$ 且 $(a^n)^- \in D(L)$,

则称 L 为 n 重完全非交换剩余格. 特别地, 1 重完全非交换剩余格是完全非交换剩余格.

定义 4.2.9 设 F 是 L 的滤子, 若

(1) F 是准素滤子;

(2) 对 $\forall a \in L, [\exists m \in \mathbf{N}, (a^m)^- \in F$ 或 $(a^m)^\sim \in F]$ 当且仅当 $[\forall t \in \mathbf{N}, (((a^n)^\sim)^t)^- \notin F$ 且 $(((a^n)^-)^t)^\sim \notin F]$,

则称 F 为 n 重完全滤子. 特别地, 1 重完全滤子是完全滤子.

定理 4.2.11 设 L 是好的非交换剩余格, 则 L 是 n 重完全的当且仅当 $\{1\}$ 是 n 重完全滤子.

推论 4.2.9 设 F 是 L 的正规滤子, 则 F 是 n 重完全的当且仅当 L/F 是 n 重完全的非交换剩余格.

定理 4.2.12 设 L 是整的、好的非交换剩余格, 则下列条件等价:

(1) L 是 n 重完全的;

(2) $D(L)_\sim^{n*} = \mathrm{Nil}(L) = D(L)_-^{n*}$.

推论 4.2.10 设 L 是 n 重完全的、半整非交换剩余格, 则 $D(L)_{\sim}^{n*} \cup D(L) = L = D(L)_{-}^{n*} \cup D(L)$.

4.2.4 n 重二部滤子

定义 4.2.10 设 F 是 L 的滤子. 若对 $\forall x \in L$, 有 $x \vee (x^n)^{\sim} \in F$, $x \vee (x^n)^- \in F$, 则称 F 为 n 重布尔滤子. 特别地, 1 重布尔滤子是布尔滤子.

引理 4.2.5 对 $\forall n \in \mathbf{N}$, n 重布尔滤子是超阿基米德的.

定理 4.2.13 设 F 是 L 的滤子, 则对 $\forall n \in \mathbf{N}$, 下列条件等价:

(1) F 是 n 重布尔滤子;

(2) 对 $\forall x \in L$, $(x^n)^- \to x \in F$ 蕴涵 $x \in F$, $(x^n)^{\sim} \leadsto x \in F$ 蕴涵 $x \in F$;

(3) 对 $\forall x \in L$, $(x^n)^- \leadsto x \in F$ 蕴涵 $x \in F$, $(x^n)^{\sim} \to x \in F$ 蕴涵 $x \in F$;

(4) 对 $\forall x \in L$, $(x^n \to y) \to x \in F$ 蕴涵 $x \in F$, $(x^n \leadsto y) \leadsto x \in F$ 蕴涵 $x \in F$;

(5) 对 $\forall x \in L$, $(x^n \to y) \leadsto x \in F$ 蕴涵 $x \in F$, $(x^n \leadsto y) \to x \in F$ 蕴涵 $x \in F$.

定理 4.2.14 设 F 是 L 的真滤子, 则对 $\forall n \in \mathbf{N}$, 下列条件等价:

(1) F 是 n 重固执滤子;

(2) F 是极大的 n 重布尔滤子;

(3) F 是素的 n 重布尔滤子.

定义 4.2.11 设 L 是非交换剩余格, 若对 $\forall x \in L$, 有 $x \vee (x^n)^- = 1 = x \vee (x^n)^{\sim}$, 则称 L 为 n 重布尔代数 (或 n 重正蕴涵非交换剩余格).

注 (1) n 重布尔代数是 $n+1$ 重布尔代数;

(2) 设 F 是 L 的正规滤子, 则 F 是 n 重布尔滤子当且仅当 L/F 是 n 重布尔代数.

定理 4.2.15 设 L 是非交换剩余格, 则下列条件等价:

(1) L 是 n 重布尔代数;

(2) L 的每个滤子都是 n 重布尔滤子;

(3) $\{1\}$ 是 n 重布尔滤子.

注 记 $B_n(L) := \cap \{F | F$ 是 L 的 n 重布尔滤子$\}$, $\sup_n(L) := \{a \vee (a^n)^- | a \in L\} \cup \{a \vee (a^n)^{\sim} | a \in L\}$, 则 $B_n(L)$ 是 L 的最小的 n 重布尔滤子, 从而 $\langle \sup_n(L) \rangle = B_n(L)$.

定义 4.2.12 设 L 是非交换剩余格.

(1) 若存在 L 上的极大滤子 F, 使得 $F_{\sim}^{n*} \cup F = F_{-}^{n*} \cup F = L$, 则称 L 为 n 重二部的;

(2) 若对 L 上的任何极大滤子 F, 均有 $F_{\sim}^{n*} \cup F = F_{-}^{n*} \cup F = L$, 则称 L 为 n 重强二部的.

推论 4.2.11 n 重完全的半整非交换剩余格是 n 重 (强) 二部的.

引理 4.2.6 设 F 是 L 的极大滤子, 则下列条件等价:

(1) $F_{\sim}^{n*} \cup F = F_{-}^{n*} \cup F = L$;

(2) F 是 n 重布尔滤子.

定理 4.2.16 设 L 是非交换剩余格, 则 L 是 n 重二部的当且仅当 L 有 n 重布尔真滤子.

注 n 重布尔代数是 n 重二部的.

引理 4.2.7 设 L 是非交换剩余格, 则 $\{a \in L | a \geqslant (a^n)^- \text{ 或 } a \geqslant (a^n)^\sim\} \subset \sup_n(L) \subset \{a \in L | a \geqslant a^- \text{ 或 } a \geqslant a^\sim\}$.

定理 4.2.17 设 L 是非交换剩余格, 则下列条件等价:

(1) L 是 n 重强二部的;

(2) L 的任何极大滤子是 n 重布尔滤子;

(3) $B_n(L) \subset \mathrm{Rad}(L)$.

4.2.5 n 重蕴涵滤子

定义 4.2.13 设 F 是 L 的子集, 若

(1) $1 \in F$;

(2) 对 $\forall x, y, z \in L$, 若 $(x^n \otimes y) \rightsquigarrow z \in F$, $x^n \rightsquigarrow y \in F$, 则 $x^n \rightsquigarrow z \in F$;

(3) 对 $\forall x, y, z \in L$, 若 $(y \otimes x^n) \rightarrow z \in F$, $x^n \rightarrow y \in F$, 则 $x^n \rightarrow z \in F$,

则称 F 是 n 重蕴涵滤子.

定义 4.2.14 设 L 是非交换剩余格, 若对 $\forall x \in L$, $x^{n+1} = x$, 则称 L 为 n 重蕴涵非交换剩余格.

定理 4.2.18 设 F 是 L 的滤子, $n \in \mathbf{N}$, 则下列条件等价:

(1) F 是 n 重蕴涵滤子;

(2) 对 $\forall x, y \in L$, $x^{n+1} \rightarrow y \in F$ 蕴涵 $x^n \rightarrow y \in F$, $x^{n+1} \rightsquigarrow y \in F$ 蕴涵 $x^n \rightsquigarrow y \in F$;

(3) 对 $\forall x \in L$, $x^n \rightarrow x^{2n} \in F$, $x^n \rightsquigarrow x^{2n} \in F$.

注 n 重蕴涵滤子是 $n+1$ 重蕴涵滤子.

引理 4.2.8 设 F 是 L 的正规滤子, 则 F 是 n 重蕴涵滤子当且仅当对 $\forall a \in L$, $F_a = \{b \in L | a^n \rightsquigarrow b \in F\}$ 是 $F \cup \{a\}$ 生成的滤子.

定理 4.2.19 n 重布尔滤子是 n 重蕴涵滤子.

定理 4.2.20 设 F 是 L 的真正规滤子, $n \in \mathbf{N}$, 则下列条件等价:

(1) F 是 n 重固执滤子;

(2) F 是极大的 n 重蕴涵滤子.

定理 4.2.21 设 F 是 L 的正规滤子, $n \in \mathbf{N}$, 则下列条件等价:

(1) F 是 n 重蕴涵滤子;

(2) L/F 是 n 重蕴涵非交换剩余格.

定理 4.2.22 设 L 是非交换剩余格, 则下列条件等价:

(1) L 是 n 重蕴涵的;

(2) $\{1\}$ 是 L 的 n 重蕴涵滤子;

(3) L 的每个正规滤子是 n 重蕴涵滤子;

(4) 对 $\forall x \in L$, $x^n = x^{2n}$.

4.2.6 n 重奇异滤子

定义 4.2.15 (1) 设 F 是 L 的滤子, 若对 $\forall x \in L$, 有 $(x^n)^{-\sim} \in F$ 蕴涵 $x \in F$, $(x^n)^{\sim-} \in F$ 蕴涵 $x \in F$, 则称 F 为 n 重广义对合滤子 (n-fold extended involutive filter, 或 n-fold EIpRL filter);

(2) 若对 $\forall x \in L$, $(x^n)^{-\sim} = 1$ 蕴涵 $x = 1$, $(x^n)^{\sim-} = 1$ 蕴涵 $x = 1$, 则称 L 为 n 重广义对合非交换剩余格.

注 设 F 是 L 的正规滤子, 则 F 是 n 重广义对合滤子当且仅当 L/F 是 n 重广义对合非交换剩余格. 同样地, $\{1\}$ 是 n 重广义对合滤子当且仅当 L 是 n 重广义对合非交换剩余格.

定义 4.2.16 设 F 是 L 的滤子, $n \in \mathbf{N}$, 对 $\forall x, y, z \in L$, 若

(1) $(y^n \rightsquigarrow x) \to x \in F$ 蕴涵 $(x \rightsquigarrow y) \to y \in F$;

(2) $(y^n \to x) \rightsquigarrow x \in F$ 蕴涵 $(x \to y) \rightsquigarrow y \in F$,

则称 F 为 n 重正规滤子 (n-fold normal filter).

注 可以看到 n 重正规滤子是 n 重广义对合滤子. 但 n 重正规滤子不是正规滤子的推广, 即 1 重正规滤子不是正规滤子, 由定理 4.1.27 可知 1 重正规滤子是奇异滤子.

定义 4.2.17 设 L 是非交换剩余格, 若对 $\forall x, y \in L$, L 是好的且满足:

(1) $(x \otimes y)^{\sim-} = x^{\sim-} \otimes y^{\sim-}$;

(2) $(x \to y)^{\sim-} = x^{\sim-} \to y^{\sim-}$, $(x \rightsquigarrow y)^{\sim-} = x^{\sim-} \rightsquigarrow y^{\sim-}$;

(3) $((x \rightsquigarrow y) \to y)^{-\sim} = ((y \rightsquigarrow x) \to x)^{-\sim}$;

(4) $((x \to y) \rightsquigarrow y)^{-\sim} = ((y \to x) \rightsquigarrow x)^{-\sim}$,

则称 L 满足弱双否定.

注 若 L 满足弱双否定, 则 $(x^{-\sim})^n = (x^n)^{-\sim}$.

定理 4.2.23 设 L 是非交换剩余格且满足弱双否定, F 是 L 的滤子, 则下列条件等价:

(1) F 是 n 重正规滤子;

(2) F 是 n 重广义对合滤子;

(3) $D^n(\{1\}) \subset F$, 这里的 D^n 定义为 $D^n(X) := \{x \in L | (x^n)^{-\sim}, (x^n)^{\sim-} \in X\}$.

注 设 L 满足弱双否定, F 和 G 是 L 的滤子, $F \subset G$, 若 F 是 n 重正规滤子, 则 G 也是 n 重正规滤子.

定义 4.2.18 设 L 是非交换剩余格, 若对 $\forall x, y \in L$, 有

(1) $y^n \to x = x$ 蕴涵 $y = x \to y$,

(2) $y^n \rightsquigarrow x = x$ 蕴涵 $y = x \rightsquigarrow y$,

则称 L 是 n 重正规非交换剩余格.

注 n 重正规非交换剩余格是 n 重广义对合非交换剩余格. 同样地, 设 F 是 L 的正规滤子, 则 F 是 n 重正规滤子当且仅当 L/F 是 n 重正规非交换剩余格.

定义 4.2.19 设 F 是 L 的滤子, 若对 $\forall x \in L$, 有

(1) $(x^n)^{-\sim} \to x \in F$ 蕴涵 $((x^-)^n)^\sim \to x \in F$;

(2) $(x^n)^{\sim -} \rightsquigarrow x \in F$ 蕴涵 $((x^\sim)^n)^- \rightsquigarrow x \in F$,

则称 F 满足 n 重双否定. 特别地, 任何滤子均满足 1 重双否定.

定义 4.2.20 称非交换剩余格 L 满足 n 重双否定, 若 $\{1\}$ 满足 n 重双否定, 即对 $\forall x \in L$, 有

(1) $(x^n)^{-\sim} \to x = 1$ 蕴涵 $((x^-)^n)^\sim \to x = 1$;

(2) $(x^n)^{\sim -} \rightsquigarrow x = 1$ 蕴涵 $((x^\sim)^n)^- \rightsquigarrow x = 1$.

定义 4.2.21 设 F 是 L 的非空子集, $n \in \mathbf{N}$, 若

(1) $1 \in F$;

(2) $\forall x, y \in L$, $y \to x \in F$ 蕴涵 $((x^n \to y) \rightsquigarrow y) \to x \in F$;

(3) $\forall x, y \in L$, $y \rightsquigarrow x \in F$ 蕴涵 $((x^n \rightsquigarrow y) \to y) \rightsquigarrow x \in F$,

则称 F 为 n 重奇异滤子.

注 1 重奇异滤子是奇异滤子.

定理 4.2.24 设 F 是 L 的滤子, $n \in \mathbf{N}$, 则 F 是 n 重奇异滤子当且仅当对 $\forall x, y \in L$, $((x^n \to y) \rightsquigarrow y) \to (x \vee y) \in F$ 和 $((x^n \rightsquigarrow y) \to y) \rightsquigarrow (x \vee y) \in F$.

证明 设 F 是 n 重奇异滤子, $x, y \in L$. 由 $y \to (x \vee y) = 1 \in F$, 得 $(((x \vee y)^n \to y) \rightsquigarrow y) \to (x \vee y) \in F$. 因为 $x \leqslant x \vee y$, 所以 $((x^n \to y) \rightsquigarrow y) \to (x \vee y) \in F$. 同理, 可得 $((x^n \rightsquigarrow y) \to y) \rightsquigarrow (x \vee y) \in F$.

反之, 设 $x, y \in L$, 有 $y \to x \in F$, 从而 $(x \vee y) \to x = (x \to x) \wedge (y \to x) = y \to x \in F$, 所以 $((x^n \to y) \rightsquigarrow y) \to (x \vee y) \leqslant ((x \vee y) \to x) \rightsquigarrow (((x^n \to y) \rightsquigarrow y) \to x)$. 因为 $((x^n \to y) \rightsquigarrow y) \to (x \vee y) \in F$, 所以 $((x^n \to y) \rightsquigarrow y) \to x \in F$. 同理, 可由 $y \rightsquigarrow x \in F$, 得 $((x^n \rightsquigarrow y) \to y) \rightsquigarrow x \in F$. 所以 F 是 n 重奇异滤子.

定理 4.2.25 (1) 设 $n \in \mathbf{N}$, 任何 n 重奇异滤子是 n 重正规滤子;

(2) 设 $n \in \mathbf{N}$, 任何 n 重布尔滤子是 n 重奇异滤子;

(3) 设 F 和 G 是 L 的滤子, $F \subset G$, 若 F 是 n 重奇异滤子, 则 G 也是 n 重奇异滤子.

定理 4.2.26 设 F 是 L 的滤子, $n \in \mathbf{N}$, 则 F 是 n 重布尔滤子当且仅当 F 是 n 重奇异滤子和 n 重蕴涵滤子.

定义 4.2.22 设 L 是非交换剩余格, 若对 $\forall x, y \in L$, $y \to x = ((x^n \to y) \rightsquigarrow y) \to x$, $y \rightsquigarrow x = ((x^n \rightsquigarrow y) \to y) \rightsquigarrow x$, 则称 L 为 n 重奇异非交换剩余格.

定理 4.2.27 L 是 n 重奇异非交换剩余格当且仅当对 $\forall x, y \in L$, 有

(1) $(x^n \to y) \rightsquigarrow y \leqslant (y \to x) \rightsquigarrow x$;

(2) $(x^n \rightsquigarrow y) \to y \leqslant (y \rightsquigarrow x) \to x$.

推论 4.2.12 设 L 是非交换剩余格, 则下列条件等价:

(1) L 是 n 重奇异的;

(2) L 的每个滤子均是 n 重奇异滤子;

(3) $\{1\}$ 是 n 重奇异滤子.

推论 4.2.13 设 F 是 L 的正规滤子, 则下列条件等价:

(1) F 是 n 重奇异滤子;

(2) L/F 是 n 重奇异非交换剩余格.

注 1 重奇异非交换剩余格即是伪 MV-代数.

定义 4.2.23 设 F 是非交换剩余格 L 的滤子,

(1) 对 $\forall x \in L$, 若 $(x^n)^{-\sim} \to x \in F$, $(x^n)^{\sim-} \rightsquigarrow x \in F$, 则称 F 为 n 重对合滤子;

(2) 对 $\forall x \in L$, 若 $(x^n)^{-\sim} \to x = 1 = (x^n)^{\sim-} \rightsquigarrow x$, 则称 L 为 n 重对合非交换剩余格.

定理 4.2.28 (1) 设 F 是 L 的正规滤子, 则 F 是 n 重对合滤子当且仅当 L/F 是 n 重对合非交换剩余格;

(2) 设 F 和 G 是 L 的滤子, $F \subset G$, 若 F 是 n 重对合滤子, 则 G 也是 n 重对合滤子.

考虑以下命题:

(S1) 对 $\forall x \in L$, $((x^-)^n)^\sim \to (x^n)^{-\sim} \in F$, $((x^\sim)^n)^- \rightsquigarrow (x^n)^{\sim-} \in F$;

(S2) 对 $\forall x \in L$, $((x^-)^n)^\sim \to x \in F$, $((x^\sim)^n)^- \rightsquigarrow x \in F$;

(S3) 对 $\forall x \in L$, $(x^n)^{-\sim} \to x \in F$, $(x^n)^{\sim-} \rightsquigarrow x \in F$;

(S4) 对 $\forall x \in L$, $(x^n)^{-\sim} \to x \in F$ 蕴涵 $((x^-)^n)^\sim \to x \in F$, $(x^n)^{\sim-} \rightsquigarrow x \in F$ 蕴涵 $((x^\sim)^n)^- \rightsquigarrow x \in F$.

有如下结论: (S1)$\Rightarrow$(S4); (S1) 和 (S3)$\Rightarrow$(S2); (S3) 和 (S4)$\Rightarrow$(S2); (S2)$\Rightarrow$(S3).

定理 4.2.29 设 F 是 L 的滤子,

(1) 若 F 满足 n 重双否定, 则 F 是 n 重对合滤子当且仅当 F 满足 (S2);

(2) 若 F 是 n 重对合滤子, 则 F 满足 n 重双否定当且仅当 F 满足 (S2);

(3) 若 F 满足 (S1), 则 F 是 n 重固执滤子当且仅当 F 是 n 重整滤子和 n 重对合滤子.

定理 4.2.30 设 F 是 L 的滤子且满足 (S1), 则 F 是 n 重固执滤子当且仅当 F 是 n 重整滤子和 n 重广义对合滤子.

定理 4.2.31 设 F 是 L 的滤子, 考虑下列命题:

(1) F 是 n 重蕴涵滤子且满足 (S2).

(2) F 是 n 重布尔滤子.

(3) F 是 n 重蕴涵滤子和 n 重对合滤子.

(4) F 是 n 重蕴涵滤子和 n 重广义对合滤子.

则 (1)$\Rightarrow$(2)$\Rightarrow$(3)$\Rightarrow$(4).

(5) 若 F 满足 n 重双否定, 则 (1)$\Leftrightarrow$(3).

(6) 若 F 满足 (S1), 则 (2)$\Leftrightarrow$(4).

定理 4.2.32 设 F 是 L 的真滤子且满足 n 重双否定, 若 F 是 n 重整滤子和 n 重奇异滤子, 则 F 是 n 重固执滤子.

证明 设 $x, y \in L$, 则有 $x, y \notin F$. 因为 $((x^- \otimes x)^n)^- = 1 \in F$, 由 F 是 n 重整滤子, 得 $(x^n)^\sim \in F$ 或 $((x^-)^n)^\sim \in F$. 假设 $(x^n)^\sim \notin F$, 则 $((x^-)^n)^\sim \in F$. 因为 F 是 n 重奇异滤子, 所以 $((x^n \to 0) \rightsquigarrow 0) \to (x \vee 0) = (x^n)^{-\sim} \to x \in F$. 由 n 重双否定, 得 $((x^-)^n)^\sim \to x \in F$, 从而 $x \in F$. 导致矛盾. 因此 $(x^n)^\sim \in F$. 由 $(x^n)^\sim \leqslant x^n \rightsquigarrow y$, 得 $x^n \rightsquigarrow y \in F$. 同理, 可得 $y^n \rightsquigarrow x \in F$, $x^n \to y \in F$, $y^n \to x \in F$. 所以 F 是 n 重固执滤子.

4.2.7 n 重 PMTL 滤子

定义 4.2.24 设 F 是 L 的滤子, 若对 $\forall x, y \in L, n \in \mathbf{N}^+$, 有 $(x^n \to y) \vee (y \to x) \in F$, 且 $(x^n \rightsquigarrow y) \vee (y \rightsquigarrow x) \in F$, 则称 F 为 L 的 n 重 PMTL 滤子.

注 1 重 PMTL 滤子即是第三类素滤子 (PMTL 滤子).

定理 4.2.33 设 F 和 G 是 L 的滤子, $F \subset G$, 若 F 是 n 重 PMTL 滤子, 则 G 也是 n 重 PMTL 滤子.

定理 4.2.34 设 F 是 L 的滤子, 若对 $\forall x, y, z \in L$, 下列条件等价:

(1) F 是 n 重 PMTL 滤子;

(2) $x \to (y^n \vee z) \in F$ 蕴涵 $(x \to y) \vee (x \to z) \in F$, $x \rightsquigarrow (y^n \vee z) \in F$ 蕴涵 $(x \rightsquigarrow y) \vee (x \rightsquigarrow z) \in F$;

(3) $[x \to (y^n \vee z)] \to [(x \to y) \vee (x \to z)] \in F$, $[x \rightsquigarrow (y^n \vee z)] \rightsquigarrow [(x \rightsquigarrow y) \vee (x \rightsquigarrow z)] \in F$.

证明 (1)$\Rightarrow$(2) 设 F 是 n 重 PMTL 滤子, 且 $x \to (y^n \vee z) \in F$, $x \rightsquigarrow (y^n \vee z) \in F$, 则

$$[(y^n \to z) \vee (z \to y)] \otimes [x \to (y^n \vee z)]$$

$$= \{(y^n \to z) \otimes [x \to (y^n \vee z)]\} \vee \{(z \to y) \otimes [x \to (y^n \vee z)]\}$$

$$= \{[(y^n \vee z) \to z] \otimes [x \to (y^n \vee z)]\} \vee \{[(y \vee z) \to y] \otimes [x \to (y^n \vee z)]\}$$

$$\leqslant \{[(y^n \vee z) \to z] \otimes [x \to (y^n \vee z)]\} \vee \{[(y \vee z) \to y] \otimes [x \to (y \vee z)]\}$$

$$\leqslant (x \to z) \vee (x \to y).$$

$$[x \rightsquigarrow (y^n \vee z)] \otimes [(y^n \rightsquigarrow z) \vee (z \rightsquigarrow y)]$$

$$= \{[x \rightsquigarrow (y^n \vee z)] \otimes (y^n \rightsquigarrow z)\} \vee \{[x \rightsquigarrow (y^n \vee z)] \otimes (z \rightsquigarrow y)\}$$

$$= \{[x \rightsquigarrow (y^n \vee z)] \otimes [(y^n \vee z) \rightsquigarrow z]\} \vee \{[x \rightsquigarrow (y^n \vee z)] \otimes [(y \vee z) \rightsquigarrow y]\}$$

$$\leqslant \{[x \rightsquigarrow (y^n \vee z)] \otimes [(y^n \vee z) \rightsquigarrow z]\} \vee \{[x \rightsquigarrow (y \vee z)] \otimes [(y \vee z) \rightsquigarrow y]\}$$

$$\leqslant (x \rightsquigarrow z) \vee (x \rightsquigarrow y).$$

因此, $(x \to y) \vee (x \to z) \in F, (x \rightsquigarrow y) \vee (x \rightsquigarrow z) \in F$.

(2)$\Rightarrow$(3). 设 $u = x \to (y^n \vee z)$, 则有 $u \to u = (u \otimes x) \to (y^n \vee z) \in F$ 蕴涵 $[(u \otimes x) \to y] \vee [(u \otimes x) \to z] \in F$, 从而有 $[(u \otimes x) \to y] \vee [(u \otimes x) \to z] = [u \to (x \to y)] \vee [u \to (x \to z)] \leqslant u \to [(x \to y) \vee (x \to z)]$, 因此 $[x \to (y^n \vee z)] \to [(x \to y) \vee (x \to z)] \in F$.

同理, 设 $u = x \rightsquigarrow (y^n \vee z)$, 则有 $u \rightsquigarrow u = (x \otimes u) \rightsquigarrow (y^n \vee z) \in F$ 蕴涵 $[(x \otimes u) \rightsquigarrow y] \vee [(x \otimes u) \rightsquigarrow z] \in F$, 从而有 $[(x \otimes u) \rightsquigarrow y] \vee [(x \otimes u) \rightsquigarrow z] = [u \rightsquigarrow (x \rightsquigarrow y)] \vee [u \rightsquigarrow (x \rightsquigarrow z)] \leqslant u \rightsquigarrow [(x \rightsquigarrow y) \vee (x \rightsquigarrow z)]$, 因此 $[x \rightsquigarrow (y^n \vee z)] \rightsquigarrow [(x \rightsquigarrow y) \vee (x \rightsquigarrow z)] \in F$.

(3)$\Rightarrow$(1). 令 $x = y^n \vee z$, 则结论成立.

定理 4.2.35 设 F 是 L 的滤子, 则对 $\forall x, y, z \in L$, 下列条件等价:

(1) F 是 n 重 PMTL 滤子;

(2) $(y \wedge z) \to x \in F$ 蕴涵 $(y^n \to x) \vee (z \to x) \in F$, $(y \wedge z) \rightsquigarrow x \in F$ 蕴涵 $(y^n \rightsquigarrow x) \vee (z \rightsquigarrow x) \in F$;

(3) $[(y \wedge z) \to x] \rightsquigarrow [(y^n \to x) \vee (z \to x)] \in F, [(y \wedge z) \rightsquigarrow x] \to [(y^n \rightsquigarrow x) \vee (z \rightsquigarrow x)] \in F$.

证明 (1)$\Rightarrow$(2). 设 F 是 n 重 PMTL 滤子, 且 $(y \wedge z) \to x \in F, (y \wedge z) \rightsquigarrow x \in F$, 则

$$[(y \wedge z) \to x] \otimes [(y^n \to z) \vee (z \to y)]$$

$$= \{[(y \wedge z) \to x] \otimes (y^n \to z)\} \vee \{[(y \wedge z) \to x] \otimes (z \to y)\}$$

$$\leqslant \{[(y^n \wedge z) \to x] \otimes (y^n \to z)\} \vee \{[(y \wedge z) \to x] \otimes (z \to y)\}$$

$$= \{[(y^n \wedge z) \to x] \otimes [y^n \to (y^n \wedge z)]\} \vee \{[(y \wedge z) \to x] \otimes [z \to (y \wedge z)]\}$$

$$\leqslant (y^n \to x) \vee (z \to x),$$

因此, $(y^n \to x) \vee (z \to x) \in F$. 同理, 可得 $(y^n \rightsquigarrow x) \vee (z \rightsquigarrow x) \in F$.

(2)$\Rightarrow$(3). 设 $u = (y \wedge z) \to x$, 则有 $u \rightsquigarrow u = (y \wedge z) \to (u \rightsquigarrow x) \in F$ 蕴涵 $[y^n \to (u \rightsquigarrow x)] \vee [z \to (u \rightsquigarrow x)] \in F$, 从而有 $[y^n \to (u \rightsquigarrow x)] \vee [z \to (u \rightsquigarrow x)] = [u \rightsquigarrow (y^n \to x)] \vee [u \rightsquigarrow (z \to x)] \leqslant u \rightsquigarrow [(y^n \to x) \vee (z \to x)]$, 因此, $[(y \wedge z) \to x] \rightsquigarrow [(y^n \to x) \vee (z \to x)] \in F$. 同理, 可得 $[(y \wedge z) \rightsquigarrow x] \to [(y^n \rightsquigarrow x) \vee (z \rightsquigarrow x)] \in F$.

(3)$\Rightarrow$(1). 令 $x = y \wedge z$, 则结论成立.

定理 4.2.36 设 F 是 L 的滤子, 则对 $\forall x, y, z \in L$, 下列条件等价:

(1) F 是 n 重 PMTL 滤子;

(2) $x \to z^n \in F$ 蕴涵 $(x \to y) \vee (y \to z) \in F$, $x \rightsquigarrow z^n \in F$ 蕴涵 $(x \rightsquigarrow y) \vee (y \rightsquigarrow z) \in F$;

(3) $(x \to z^n) \to [(x \to y) \vee (y \to z)] \in F$, $(x \rightsquigarrow z^n) \rightsquigarrow [(x \rightsquigarrow y) \vee (y \rightsquigarrow z)] \in F$.

定理 4.2.37 设 F 是 L 的滤子, 则对 $\forall x, y, z \in L$, 下列条件等价:

(1) F 是 n 重 PMTL 滤子;

(2) $[(x^n \to y) \rightsquigarrow z] \to \{[(y \to x) \rightsquigarrow z] \to z\} \in F$, $[(x^n \rightsquigarrow y) \to z] \rightsquigarrow \{[(y \rightsquigarrow x) \to z] \rightsquigarrow z\} \in F$;

(3) $(x^n \to y) \rightsquigarrow z \in F$ 蕴涵 $[(y \to x) \rightsquigarrow z] \to z \in F$, $(x^n \rightsquigarrow y) \to z \in F$ 蕴涵 $[(y \rightsquigarrow x) \to z] \rightsquigarrow z \in F$.

定义 4.2.25 设 L 是非交换剩余格, 若对 $\forall x, y \in L$, 有 $(x^n \to y) \vee (y \to x) = (x^n \rightsquigarrow y) \vee (y \rightsquigarrow x) = 1$, 则称 L 为 n 重 PMTL 代数.

定理 4.2.38 设 F 是非交换剩余格 L 的滤子, 则下列条件等价:

(1) $\{1\}$ 是 n 重 PMTL 滤子;

(2) L 的每个滤子均是 n 重 PMTL 滤子;

(3) L 是 n 重 PMTL 代数.

定义 4.2.26 设 F 是非交换剩余格 L 的滤子. 对 $\forall x, y \in L$, 有

(1) 若 $x^n \to y \in F$ 或 $y \to x \in F$, 则称 F 为 L 的 n 重 $\to$ 素滤子;

(2) 若 $x^n \rightsquigarrow y \in F$ 或 $y \rightsquigarrow x \in F$, 则称 F 为 L 的 n 重 $\rightsquigarrow$ 素滤子;

(3) 若 F 既是 n 重 $\to$ 素滤子, 也是 n 重 $\rightsquigarrow$ 素滤子, 则 F 为 n 重素滤子.

定理 4.2.39 设 L 为非交换剩余格. 对 $\forall x, y \in L$, 有

(1) 若 $(x^n \to y) \vee (y \to x) = 1$, 则称 L 为 n 重 $\to$ MTL 代数;

(2) 若 $(x^n \rightsquigarrow y) \vee (y \rightsquigarrow x) = 1$, 则称 L 为 n 重 $\rightsquigarrow$MTL 代数;

(3) 若 L 既是 n 重 $\to$MTL 代数, 也是 n 重 $\rightsquigarrow$MTL 代数, 则 L 为 n 重 PMTL 代数.

下面分别用 $\mathcal{F}(L), \mathcal{PF}_\vee(L), \mathcal{NPF}_\rightarrow(L), \mathcal{NPF}_\rightsquigarrow(L), \mathcal{NPF}(L)$ 表示 L 的滤子、素滤子、n 重 $\rightarrow$ 素滤子、n 重 $\rightsquigarrow$ 素滤子和 n 重素滤子的类.

定理 4.2.40　设 L 为非交换剩余格, 有

(1) 若 L 为 n 重 $\rightarrow$MTL 代数, 则 $\mathrm{PF}_\vee(L) \subseteq \mathrm{NPF}_\rightarrow(L)$;

(2) 若 L 为 n 重 $\rightsquigarrow$MTL 代数, 则 $\mathrm{PF}_\vee(L) \subseteq \mathrm{NPF}_\rightsquigarrow(L)$;

(3) 若 L 为 n 重 PMTL 代数, 则 $\mathrm{PF}_\vee(L) \subseteq \mathrm{NPF}(L)$.

证明　(1) L 为 n 重 $\rightarrow$MTL 代数, 设 $F \in \mathrm{PF}_\vee(L), x, y \in L$. 由 $(x^n \rightarrow y) \vee (y \rightarrow x) = 1 \in F$, 得 $x^n \rightarrow y \in F$ 或 $y \rightarrow x \in F$, 故 $F \in \mathrm{PF}_\rightarrow(L)$, 从而 $\mathrm{PF}_\vee(L) \subseteq \mathrm{NPF}_\rightarrow(L)$.

(2) 证明过程与 (1) 类似.

(3) L 为 n 重 PMTL 代数, 则由 (1) 和 (2) 可得 $\mathrm{PF}_\vee(L) \subseteq \mathrm{NPF}_\rightarrow(L) \cap \mathrm{NPF}_\rightsquigarrow(L) = \mathrm{NPF}(L)$.

进一步, 有下面的定理.

定理 4.2.41　设 L 为非交换剩余格, 则

(1) L 为 n 重 $\rightarrow$MTL 代数当且仅当 $\mathrm{PF}_\vee(L) \subseteq \mathrm{NPF}_\rightarrow(L)$;

(2) L 为 n 重 $\rightsquigarrow$MTL 代数当且仅当 $\mathrm{PF}_\vee(L) \subseteq \mathrm{NPF}_\rightsquigarrow(L)$;

(3) L 为 n 重 PMTL 代数当且仅当 $\mathrm{PF}_\vee(L) \subseteq \mathrm{NPF}(L)$.

证明　定理 4.2.40 已证必要性. 下面证明充分性.

(1) 假设 $\mathrm{PF}_\vee(L) \subseteq \mathrm{NPF}_\rightarrow(L)$ 且 L 不是 n 重 $\rightarrow$ MTL 代数, 则存在 $a, b \in L$, 使得 $(a^n \rightarrow b) \vee (b \rightarrow a) \neq 1$. 令 $G_1 = \cap\{G \in \mathcal{F}(L) | G \neq \{1\}\}$. 首先, 设 $G_1 = \{1\}$, 则由文献 [27] 中的定理 5.5 可知, 存在一个并素滤子 P, 使得 $(a^n \rightarrow b) \vee (b \rightarrow a) \notin P$, 又因为 P 也是 n 重 $\rightarrow$ 素滤子, 所以 $(a^n \rightarrow b) \in P$ 或 $(b \rightarrow a) \in P$, 即 $(a^n \rightarrow b) \vee (b \rightarrow a) \in P$, 与上式矛盾, 故假设不成立. 其次, 设 $G_1 \neq \{1\}$, 则 $\{1\}$ 是并素滤子也是 n 重 $\rightarrow$ 素滤子, 则 $(a^n \rightarrow b) \in \{1\}$ 或 $(b \rightarrow a) \in \{1\}$, 即 $(a^n \rightarrow b) \vee (b \rightarrow a) = 1$. 与假设矛盾. 综上, L 是 n 重 $\rightarrow$MTL 代数.

(2) 类似于 (1).

(3) 因为 $\mathrm{PF}_\vee(L) \subseteq \mathrm{NPF}(L) = \mathrm{NPF}_\rightarrow(L) \cap \mathrm{NPF}_\rightsquigarrow(L)$, 由 (1) 和 (2) 易得 L 为 n 重 PMTL 代数.

4.3　非交换剩余格上的 $\mathcal{I}$-滤子

4.3.1　$\mathcal{I}$-滤子的定义及特征

定义 4.3.1　设 F 是 L 的滤子, 若对 $\forall x, y \in L$, 存在 L 的项 $t_1(x, y), t'_1(x, y), t_2(x, y)$ 和 $t'_2(x, y)$, 使得

$$\begin{cases} t_1'(x,y) \leqslant t_1(x,y) \text{ 且 } t_1(x,y) \to t_1'(x,y) \in F \\ t_2'(x,y) \leqslant t_2(x,y) \text{ 且 } t_2(x,y) \rightsquigarrow t_2'(x,y) \in F \end{cases},$$

则称 F 为公式 $t_1(x,y) \to t_1'(x,y)$ 和 $t_2(x,y) \rightsquigarrow t_2'(x,y)$ 的 $\mathcal{I}$-滤子, 简称为 $\mathcal{I}$-滤子.

$\mathcal{I}$-滤子是非交换剩余格上滤子的一般化, 很多前面提到的滤子都是 $\mathcal{I}$-滤子, 如蕴涵滤子、对合滤子、奇异滤子和布尔滤子等, 其公式 $t_1(x,y) \to t_1'(x,y)$ 和 $t_2(x,y) \to t_2'(x,y)$ 分别对应的是 $x \to x^2$ 和 $x \rightsquigarrow x^2$, $x^{\sim-} \rightsquigarrow x$ 和 $x^{-\sim} \to x$, $((x \to y) \rightsquigarrow y) \to (x \vee y)$ 和 $((x \rightsquigarrow y) \to y) \rightsquigarrow (x \vee y)$, $1 \to (x \vee x^\sim)$ 和 $1 \rightsquigarrow (x \vee x^-)$.

定理 4.3.1 设 F 是 L 的滤子, 则对 $\forall x,y,z \in L$, 下列条件等价:

(I1) F 是公式 $t_1(x,y) \to t_1'(x,y)$ 和 $t_2(x,y) \rightsquigarrow t_2'(x,y)$ 的 $\mathcal{I}$-滤子;

(I2) $(t_1'(x,y) \to z) \rightsquigarrow (t_1(x,y) \to z) \in F$, $(t_2'(x,y) \rightsquigarrow z) \to (t_2(x,y) \rightsquigarrow z) \in F$;

(I3) $t_1'(x,y) \to z \in F$ 蕴涵 $t_1(x,y) \to z \in F$, $t_2'(x,y) \rightsquigarrow z \in F$ 蕴涵 $t_2(x,y) \rightsquigarrow z \in F$;

(I4) $(z \to t_1(x,y)) \to (z \to t_1'(x,y)) \in F$, $(z \rightsquigarrow t_2(x,y)) \rightsquigarrow (z \rightsquigarrow t_2'(x,y)) \in F$;

(I5) $z \to t_1(x,y) \in F$ 蕴涵 $z \to t_1'(x,y) \in F$, $z \rightsquigarrow t_2(x,y) \in F$ 蕴涵 $z \rightsquigarrow t_2'(x,y) \in F$.

推论 4.3.1 设 F 是 L 的滤子, 则对 $\forall x,y,z \in L$, 下列条件等价:

(I1) F 是公式 $t_1(x,y) \to t_1'(x,y)$ 和 $t_2(x,y) \rightsquigarrow t_2'(x,y)$ 的 $\mathcal{I}$-滤子;

(I6) $[(t_1(x,y) \to t_1'(x,y)) \to z] \rightsquigarrow z \in F$, $[(t_2(x,y) \rightsquigarrow t_2'(x,y)) \rightsquigarrow z] \to z \in F$;

(I7) $[(t_1(x,y) \to t_1'(x,y)) \rightsquigarrow z] \to z \in F$, $[(t_2(x,y) \rightsquigarrow t_2'(x,y)) \to z] \rightsquigarrow z \in F$.

定理 4.3.2 设 F 是 L 的滤子, 则对 $\forall x,y,z \in L$, $t_1(x,y) = t_{11}(x,y) \to t_{12}(x,y)$, $t_2(x,y) = t_{21}(x,y) \rightsquigarrow t_{22}(x,y)$, 下列条件等价:

(I8) F 是公式 $(t_{11}(x,y) \to t_{12}(x,y)) \to t_1'(x,y)$ 和 $(t_{21}(x,y) \rightsquigarrow t_{22}(x,y)) \rightsquigarrow t_2'(x,y)$ 的 $\mathcal{I}$-滤子;

(I9) $(z \to t_{12}(x,y)) \to [(t_{11}(x,y) \to z) \to t_1'(x,y)] \in F$, $(z \rightsquigarrow t_{22}(x,y)) \rightsquigarrow [(t_{21}(x,y) \rightsquigarrow z) \rightsquigarrow t_2'(x,y)] \in F$;

(I10) $z \to t_{12}(x,y) \in F$ 蕴涵 $(t_{11}(x,y) \to z) \to t_1'(x,y) \in F$, $z \rightsquigarrow t_{22}(x,y) \in F$ 蕴涵 $(t_{21}(x,y) \rightsquigarrow z) \rightsquigarrow t_2'(x,y) \in F$.

证明 (I8$\Rightarrow$I9). 对 $\forall x,y,z \in L$, 有 $t_{11}(x,y) \to t_{12}(x,y) \geqslant (z \to t_{12}(x,y)) \otimes (t_{11}(x,y) \to z)$, 因此 $(t_{11}(x,y) \to t_{12}(x,y)) \to t_1'(x,y) \leqslant [(z \to t_{12}(x,y)) \otimes$

$(t_{11}(x,y) \to z)] \to t'_1(x,y) = (z \to t_{12}(x,y)) \to [(t_{11}(x,y) \to z) \to t'_1(x,y)]$, 从而 $(z \to t_{12}(x,y)) \to [(t_{11}(x,y) \to z) \to t'_1(x,y)] \in F$. 同理, 可得 $(z \rightsquigarrow t_{22}(x,y)) \rightsquigarrow [(t_{21}(x,y) \rightsquigarrow z) \rightsquigarrow t'_2(x,y)] \in F$.

(I9$\Rightarrow$ I10). 显然.

(I10$\Rightarrow$ I8). 分别令 $z = t_{12}(x,y)$ 和 $z = t_{22}(x,y)$, 可得 $(t_{11}(x,y) \to t_{12}(x,y)) \to t'_1(x,y) \in F$ 和 $(t_{21}(x,y) \rightsquigarrow t_{22}(x,y)) \rightsquigarrow t'_2(x,y) \in F$, 得证.

定理 4.3.3 设 F 是 L 的滤子, $t_1(x,y) = t_{11}(x,y) \to t_{12}(x,y)$, $t_2(x,y) = t_{21}(x,y) \rightsquigarrow t_{22}(x,y)$, 则下列条件等价:

(I11) F 是公式 $(t_{11}(x,y) \to t_{12}(x,y)) \rightsquigarrow t'_1(x,y)$ 和 $(t_{21}(x,y) \rightsquigarrow t_{22}(x,y)) \to t'_2(x,y)$ 的 $\mathcal{I}$-滤子;

(I12) $(t_{11}(x,y) \to z) \rightsquigarrow [(z \to t_{12}(x,y)) \rightsquigarrow t'_1(x,y)] \in F$, $(t_{21}(x,y) \rightsquigarrow z) \to [(z \rightsquigarrow t_{22}(x,y)) \to t'_2(x,y)] \in F$;

(I13) $t_{11}(x,y) \to z \in F$ 蕴涵 $(z \to t_{12}(x,y)) \rightsquigarrow t'_1(x,y) \in F$, $t_{21}(x,y) \rightsquigarrow z \in F$ 蕴涵 $(z \rightsquigarrow t_{22}(x,y)) \to t'_2(x,y) \in F$.

证明 类似于定理 4.3.2 的证明, 请读者自己完成.

定理 4.3.4 设 F 和 G 是 L 的滤子, $F \subset G$, 若 F 是 $\mathcal{I}$-滤子, 则 G 也是 $\mathcal{I}$-滤子.

推论 4.3.2 设 L 是非交换剩余格, 则下列条件等价:

(1) $\{1\}$ 是 $\mathcal{I}$-滤子;

(2) L 的每个滤子均是 $\mathcal{I}$-滤子.

定义 4.3.2 若非交换剩余格 L 满足推论 4.3.2 中的条件, 则称 L 为 $\mathcal{I}$-代数.

定理 4.3.5 设 F 是 L 的正规滤子, 则 F 是 $\mathcal{I}$-滤子当且仅当 L/F 是 $\mathcal{I}$-代数.

证明 请读者参照前面类似定理的证明, 略.

4.3.2 $\mathcal{I}$-滤子的子类及其特征

下面给出 $\mathcal{I}$-滤子的子类的一些非平凡特征.

定理 4.3.6 设 F 是 L 的滤子, 则对 $\forall x, y \in L$, 下列条件等价:

(1) F 是蕴涵滤子, 即 $x \to x^2 \in F$, $x \rightsquigarrow x^2 \in F$;

(2) $(x \wedge y) \to (x \otimes y) \in F$, $(x \wedge y) \rightsquigarrow (x \otimes y) \in F$;

(3) $((y \to x) \wedge y) \to (x \otimes y) \in F$, $(x \wedge (x \rightsquigarrow y)) \rightsquigarrow (x \otimes y) \in F$;

(4) $((y \to x) \otimes y) \to (x \otimes y) \in F$, $(x \otimes (x \rightsquigarrow y)) \rightsquigarrow (x \otimes y) \in F$;

(5) $((y \to x) \wedge y) \to ((y \to x) \otimes y) \in F$, $(x \wedge (x \rightsquigarrow y)) \rightsquigarrow (x \otimes (x \rightsquigarrow y)) \in F$;

(6) $((y \to x) \wedge y) \to (x \wedge y) \in F$, $(x \wedge (x \rightsquigarrow y)) \rightsquigarrow (x \wedge y) \in F$;

(7) $((y \to x) \wedge y) \to (x \wedge (x \to y)) \in F$, $(x \wedge (x \rightsquigarrow y)) \rightsquigarrow ((y \rightsquigarrow x) \wedge y) \in F$;

(8) $((y \to x) \wedge y) \to x \in F$, $(x \wedge (x \rightsquigarrow y)) \rightsquigarrow y \in F$.

推论 4.3.3 设 L 是非交换剩余格, 则对 $\forall x, y \in L$, 下列条件等价:

(1) L 是 Heyting 代数;

(2) $x \wedge y = x \otimes y$;

(3) $(y \to x) \wedge y = x \otimes y = x \wedge (x \rightsquigarrow y)$;

(4) $(y \to x) \otimes y = x \otimes y = x \otimes (x \rightsquigarrow y)$;

(5) $(y \to x) \wedge y = (y \to x) \otimes y, x \wedge (x \rightsquigarrow y) = x \otimes (x \rightsquigarrow y)$;

(6) $(y \to x) \wedge y = x \wedge y = x \wedge (x \rightsquigarrow y)$;

(7) $(y \to x) \wedge y = x \wedge (x \to y), x \wedge (x \rightsquigarrow y) = (y \rightsquigarrow x) \wedge y$;

(8) $(y \to x) \wedge y = x, x \wedge (x \rightsquigarrow y) = y$;

(9) $y \to (y \to x) = y \to x, y \rightsquigarrow (y \rightsquigarrow x) = y \rightsquigarrow x$.

定理 4.3.7 设 F 是蕴涵滤子, 则

(1) $x \wedge y \to ((y \to x) \otimes y) \in F, x \wedge y \rightsquigarrow (x \otimes (x \rightsquigarrow y)) \in F$;

(2) $x \wedge y \to (x \otimes (x \rightsquigarrow y)) \in F, x \wedge y \rightsquigarrow ((y \to x) \otimes y) \in F$.

推论 4.3.4 设 F 是 L 的滤子, 则对 $\forall x, y \in L$, 下列条件等价:

(1) F 是对合滤子;

(2) $(y^- \rightsquigarrow x^-) \to (x \to y) \in F, (y^\sim \to x^\sim) \rightsquigarrow (x \rightsquigarrow y) \in F$.

证明 由对合滤子的定义及 (I4), 得 $(z \to x^{-\sim}) \to (z \to x) = (z \to (x^- \rightsquigarrow 0)) \to (z \to x) = (x^- \rightsquigarrow (z \to 0)) \to (z \to x) = (x^- \rightsquigarrow z^-) \to (z \to x), (z \rightsquigarrow x^{\sim-}) \rightsquigarrow (z \rightsquigarrow x) = (z \rightsquigarrow (x^\sim \to 0)) \rightsquigarrow (z \rightsquigarrow x) = (x^\sim \to z^\sim) \rightsquigarrow (z \rightsquigarrow x) \in F$, 即 $(y^- \rightsquigarrow x^-) \to (x \to y) \in F, (y^\sim \to x^\sim) \rightsquigarrow (x \rightsquigarrow y) \in F$.

推论 4.3.5 设 F 是 L 的滤子, 则对 $\forall x, y \in L$, 下列条件等价:

(1) F 是对合滤子;

(2) $(x \to y) \rightsquigarrow (x^{-\sim} \to y) \in F, (x \rightsquigarrow y) \to (x^{\sim-} \to y) \in F$.

推论 4.3.6 设 F 是 L 的滤子, 则对 $\forall x, y \in L$, 下列条件等价:

(1) F 是对合滤子;

(2) $z \to (x^- \rightsquigarrow y^-) \in F$ 蕴涵 $z \to (y \to x) \in F, z \rightsquigarrow (x^\sim \to y^\sim) \in F$ 蕴涵 $z \rightsquigarrow (y \rightsquigarrow x) \in F$;

(3) $z \to (x^- \rightsquigarrow y) \in F$ 蕴涵 $z \to (y^\sim \to x) \in F, z \rightsquigarrow (x^\sim \to y) \in F$ 蕴涵 $z \rightsquigarrow (y^- \rightsquigarrow x) \in F$;

(4) $z \to (x \rightsquigarrow y) \in F$ 蕴涵 $z \to (x^{\sim-} \rightsquigarrow y) \in F, z \rightsquigarrow (x \to y) \in F$ 蕴涵 $z \rightsquigarrow (x^{-\sim} \to y) \in F$.

推论 4.3.7 设 L 是非交换剩余格, 则对 $\forall x, y \in L$, 下列条件等价:

(1) F 是对合非交换剩余格;

(2) $x^\sim \to y^\sim = y \rightsquigarrow x, x^- \rightsquigarrow y^- = y \to x$;

(3) $x^\sim \to y = y^- \rightsquigarrow x, x^- \rightsquigarrow y = y^\sim \to x$;

(4) $x \to y = x^{-\sim} \to y$, $x \rightsquigarrow y = x^{\sim -} \rightsquigarrow y$.

定理 4.3.8 设 F 是 L 的滤子, 则对 $\forall x, y \in L$, 下列条件等价:

(1) F 是奇异滤子;

(2) $(y \rightsquigarrow x) \to (((x \rightsquigarrow y) \to y) \rightsquigarrow x) \in F$, $(y \to x) \rightsquigarrow (((x \to y) \rightsquigarrow y) \to x) \in F$.

证明 F 是奇异滤子, 即 $((x \rightsquigarrow y) \to y) \rightsquigarrow (x \vee y) \in F$, $((x \to y) \rightsquigarrow y) \to (x \vee y) \in F$, 则有 $((x \rightsquigarrow y) \to y) \rightsquigarrow (x \vee y) \leqslant ((x \rightsquigarrow y) \to y) \rightsquigarrow ((y \rightsquigarrow x) \to x) = (y \rightsquigarrow x) \to (((x \rightsquigarrow y) \to y) \rightsquigarrow x)$, $((x \to y) \rightsquigarrow y) \to (x \vee y) \leqslant ((x \to y) \rightsquigarrow y) \to ((y \to x) \rightsquigarrow x) = (y \to x) \rightsquigarrow (((x \to y) \rightsquigarrow y) \to x)$. 因此 $(y \rightsquigarrow x) \to (((x \rightsquigarrow y) \to y) \rightsquigarrow x) \in F$, $(y \to x) \rightsquigarrow (((x \to y) \rightsquigarrow y) \to x) \in F$.

反之, 令 $x = x \vee y$, 则有 $((x \rightsquigarrow y) \to y) \rightsquigarrow (x \vee y) \in F$, $((x \to y) \rightsquigarrow y) \to (x \vee y) \in F$.

推论 4.3.8 设 F 是 L 的滤子, 则对 $\forall x, y, z \in L$, 下列条件等价:

(1) F 是奇异滤子;

(2) $(x \rightsquigarrow z) \wedge (y \rightsquigarrow z) \in F$ 蕴涵 $((x \rightsquigarrow y) \to y) \rightsquigarrow z \in F$, $(x \to z) \wedge (y \to z) \in F$ 蕴涵 $((x \to y) \rightsquigarrow y) \to z \in F$;

(3) $(x \to y) \rightsquigarrow (z \to y) \in F$ 蕴涵 $z \to (x \vee y) \in F$, $(x \rightsquigarrow y) \to (z \rightsquigarrow y) \in F$ 蕴涵 $z \rightsquigarrow (x \vee y) \in F$.

推论 4.3.9 设 L 是非交换剩余格, 则对 $\forall x, y \in L$, 下列条件等价:

(1) L 伪 MV-代数;

(2) $(x \rightsquigarrow y) \to y = x \vee y = (x \to y) \rightsquigarrow y$;

(3) $y \rightsquigarrow x = ((x \rightsquigarrow y) \to y) \rightsquigarrow x$, $y \to x = ((x \to y) \rightsquigarrow y) \to x$;

(4) $(x \rightsquigarrow y) \to y = (y \rightsquigarrow x) \to x$, $(x \to y) \rightsquigarrow y = (y \to x) \rightsquigarrow x$.

定理 4.3.9 设 F 是 L 的滤子, 则对 $\forall x, y \in L$, 下列条件等价:

(1) F 是布尔滤子;

(2) $x \vee (x \to y) \in F$, $x \vee (x \rightsquigarrow y) \in F$;

(3) $((x \to y) \rightsquigarrow x) \to x \in F$, $((x \rightsquigarrow y) \to x) \rightsquigarrow x \in F$;

(4) $(x^- \rightsquigarrow x) \to x \in F$, $(x^\sim \to x) \rightsquigarrow x \in F$;

(5) $((x \to y) \to x) \rightsquigarrow x \in F$, $((x \rightsquigarrow y) \rightsquigarrow x) \to x \in F$;

(6) $(x^- \to x) \rightsquigarrow x \in F$, $(x^\sim \rightsquigarrow x) \to x \in F$.

推论 4.3.10 设 F 是 L 的滤子, 则对 $\forall x, y, z \in L$, 下列条件等价:

(1) F 是布尔滤子;

(2) $(((x \vee y) \rightsquigarrow z) \to y) \rightsquigarrow (x \vee y) \in F$, $(((x \vee y) \to z) \rightsquigarrow y) \to (x \vee y) \in F$;

(3) $((x \vee y)^\sim \to y) \rightsquigarrow (x \vee y) \in F$, $((x \vee y)^- \rightsquigarrow y) \to (x \vee y) \in F$.

推论 4.3.11 设 F 是 L 的滤子, 则对 $\forall x, y, z \in L$, 下列条件等价:

(1) F 是布尔滤子;

(2) $(((x \vee y) \to z) \to y) \rightsquigarrow (x \vee y) \in F$, $(((x \vee y) \rightsquigarrow z) \rightsquigarrow y) \to (x \vee y) \in F$;

(3) $((x \vee y)^- \to y) \rightsquigarrow (x \vee y) \in F$, $((x \vee y)^\sim \rightsquigarrow y) \to (x \vee y) \in F$.

推论 4.3.12 设 F 是 L 的滤子, 则对 $\forall x, y \in L$, 下列条件等价:

(1) F 是布尔滤子;

(2) $x^\sim \rightsquigarrow (y \to x) \in F$ 蕴涵 $y \to x \in F$, $x^- \to (y \rightsquigarrow x) \in F$ 蕴涵 $y \rightsquigarrow x \in F$;

(3) $x^\sim \to (y \rightsquigarrow x) \in F$ 蕴涵 $y \rightsquigarrow x \in F$, $x^- \rightsquigarrow (y \to x) \in F$ 蕴涵 $y \to x \in F$.

推论 4.3.13 设 L 是非交换剩余格, 则对 $\forall x, y \in L$, 下列条件等价:

(1) L 是布尔代数;

(2) $x \vee (x \to y) = 1 = x \vee (x \rightsquigarrow y)$;

(3) $(x \to y) \rightsquigarrow x = x = (x \rightsquigarrow y) \to x$;

(4) $x^- \rightsquigarrow x = x = x^\sim \to x$;

(5) $(x \to y) \to x = x = (x \rightsquigarrow y) \rightsquigarrow x$;

(6) $x^- \to x = x = x^\sim \rightsquigarrow x$;

(7) $((x \vee y) \rightsquigarrow z) \to y = x \vee y = ((x \vee y) \to z) \rightsquigarrow y$;

(8) $((x \vee y) \to z) \to y = x \vee y = ((x \vee y) \rightsquigarrow z) \rightsquigarrow y$.

4.3.3 $\mathcal{I}$-滤子的新子类

定义 4.3.3 设 F 是 L 的滤子, 若对 $\forall x, y \in L$, 有 $(x \wedge y) \rightsquigarrow ((x \to y) \otimes x) \in F$, $(x \wedge y) \to (x \otimes (x \rightsquigarrow y)) \in F$, 则称 F 是第一类可除滤子.

定理 4.3.10 设 F 是 L 的滤子, 则对 $\forall x, y \in L$, 下列条件等价:

(1) F 是第一类可除滤子;

(2) $(x \to (y \wedge z)) \rightsquigarrow (((y \otimes x) \to z) \otimes (x \to y)) \in F$, $(x \rightsquigarrow (y \wedge z)) \to ((x \rightsquigarrow y) \otimes ((x \otimes y) \rightsquigarrow z)) \in F$.

证明 设 F 是第一类可除滤子. 令 $x = x \to y$, $y = x \to z$, 则

$$((x \to y) \wedge (x \to z)) \rightsquigarrow (((x \to y) \to (x \to z)) \otimes (x \to y))$$

$$\leqslant (x \to (y \wedge z)) \rightsquigarrow ((y \to (x \to z)) \otimes (x \to y))$$

$$= (x \to (y \wedge z)) \rightsquigarrow (((y \otimes x) \to z) \otimes (x \to y)).$$

再令 $x = x \rightsquigarrow y$, $y = x \rightsquigarrow z$, 则

$$((x \rightsquigarrow y) \wedge (x \rightsquigarrow z)) \to ((x \rightsquigarrow y) \otimes ((x \rightsquigarrow y) \rightsquigarrow (x \rightsquigarrow z)))$$

$$\leqslant (x \rightsquigarrow (y \wedge z)) \to ((x \rightsquigarrow y) \otimes (y \rightsquigarrow (x \rightsquigarrow z)))$$

$$= (x \rightsquigarrow (y \wedge z)) \to ((x \rightsquigarrow y) \otimes ((x \otimes y) \rightsquigarrow z)).$$

由滤子的定义, 可得

$$(x \to (y \wedge z)) \rightsquigarrow (((y \otimes x) \to z) \otimes (x \to y)) \in F,$$

$$(x \rightsquigarrow (y \wedge z)) \to ((x \rightsquigarrow y) \otimes ((x \otimes y) \rightsquigarrow z)) \in F.$$

反之, 令 $x = 1$, 即证.

定理 4.3.11 设 F 是 L 的滤子, 则对 $\forall x, y \in L$, 下列条件等价:

(1) F 是第一类可除滤子;

(2) $((y \to x) \otimes y) \rightsquigarrow ((x \to y) \otimes x) \in F$, $(y \otimes (y \rightsquigarrow x)) \to (x \otimes (x \rightsquigarrow y)) \in F$.

证明 设 F 是第一类可除滤子, 则有 $(x \wedge y) \rightsquigarrow ((x \to y) \otimes x) \leqslant ((y \to x) \otimes y) \rightsquigarrow ((x \to y) \otimes x)$, $(x \wedge y) \to (x \otimes (x \rightsquigarrow y)) \leqslant (y \otimes (y \rightsquigarrow x)) \to (x \otimes (x \rightsquigarrow y))$. 因此 $((y \to x) \otimes y) \rightsquigarrow ((x \to y) \otimes x) \in F$, $(y \otimes (y \rightsquigarrow x)) \to (x \otimes (x \rightsquigarrow y)) \in F$.

反之, 有 $((y \to (x \wedge y)) \otimes y) \rightsquigarrow ((x \to (x \wedge y)) \otimes x) \in F$, $(y \otimes (y \rightsquigarrow (x \wedge y))) \to (x \otimes (x \rightsquigarrow (x \wedge y))) \in F$. 令 $y = x \wedge z$, 则有 $((x \wedge z) \to (x \wedge (x \wedge z)) \otimes (x \wedge z)) \rightsquigarrow ((x \to (x \wedge (x \wedge z))) \otimes x) \in F$, $((x \wedge z) \otimes ((x \wedge z) \rightsquigarrow (x \wedge (x \wedge z)))) \to (x \otimes (x \rightsquigarrow (x \wedge (x \wedge y)))) \in F$, 即 $(x \wedge z) \rightsquigarrow ((x \to z) \otimes x) \in F$, $(x \wedge z) \to (x \otimes (x \rightsquigarrow z)) \in F$.

定理 4.3.12 设 F 是 L 的滤子, 则对 $\forall x, y \in L$, 下列条件等价:

(1) F 是第一类可除滤子;

(2) $((x \otimes (x \rightsquigarrow y)) \to z) \rightsquigarrow ((x \wedge y) \to z) \in F$, $(((x \to y) \otimes x) \rightsquigarrow z) \to ((x \wedge y) \rightsquigarrow z) \in F$;

(3) $(z \to (x \wedge y)) \to (z \to (x \otimes (x \rightsquigarrow y))) \in F$, $(z \rightsquigarrow (x \wedge y)) \rightsquigarrow (z \rightsquigarrow ((x \to y) \otimes x))) \in F$.

证明 由 (I2) 和 (I4) 容易证明.

定理 4.3.13 设 F 是 L 的正规滤子, 则对 $\forall x, y \in L$, 下列条件等价:

(1) F 是第一类可除滤子;

(2) $(x \to (y \wedge z)) \rightsquigarrow (((y \otimes x) \to z) \otimes (x \to y)) \in F$, $(x \rightsquigarrow (y \wedge z)) \to ((x \rightsquigarrow y) \otimes ((x \wedge y) \rightsquigarrow z)) \in F$.

证明 设 F 是正规第一类可除滤子, 则有 $(x \wedge y) \to ((x \to y) \otimes x) \in F$, $(x \wedge y) \rightsquigarrow (x \otimes (x \rightsquigarrow y)) \in F$, 从而 $(x \to (y \wedge z)) \to (((x \to y) \otimes z) \otimes (x \to y)) = ((x \to y) \wedge (x \to z)) \to (((x \to y) \to (x \to z)) \otimes (x \to y)) \in F$. 又 $(x \wedge y) \to ((x \to y) \otimes x) \leqslant (((x \to y) \otimes x) \to z) \rightsquigarrow ((x \wedge y) \to z)$, 因为 F 是正规滤子, 所以 $(((x \to y) \otimes x) \to z) \to ((x \wedge y) \to z) \in F$, 可得 $(((x \to y) \otimes x) \to z) \to ((x \wedge y) \to z) \leqslant ((((x \to y) \otimes x) \to z) \otimes (x \to y)) \to (((x \wedge y) \to z) \otimes (x \to y))$, 从而 $(((x \to y) \to (x \to z)) \otimes (x \to y)) \to (((x \wedge y) \to z) \otimes (x \to y)) \in F$. 再利

用正规滤子的定义, 得 $(x \to (y \wedge z)) \rightsquigarrow (((y \wedge x) \to z) \otimes (x \to y)) \in F$. 同理, 可得 $(x \rightsquigarrow (y \wedge z)) \to ((x \rightsquigarrow y) \otimes ((x \wedge y) \rightsquigarrow z)) \in F$.

反之, 令 $x = 1$ 即得.

定义 4.3.4 设 F 是 L 的滤子, 若对 $\forall x, y \in L$, 有 $(x \wedge y) \to ((x \to y) \otimes x) \in F$, $(x \wedge y) \rightsquigarrow (x \otimes (x \rightsquigarrow y)) \in F$, 则称 F 是第二类可除滤子.

定理 4.3.14 设 F 是 L 的滤子, 则对 $\forall x, y \in L$, 下列条件等价:

(1) F 是第二类可除滤子;

(2) $(x \to (y \wedge z)) \to (((y \otimes x) \to z) \otimes (x \to y)) \in F$, $(x \rightsquigarrow (y \wedge z)) \rightsquigarrow ((x \rightsquigarrow y) \otimes ((x \otimes y) \rightsquigarrow z)) \in F$.

定理 4.3.15 设 F 是 L 的滤子, 则对 $\forall x, y \in L$, 下列条件等价:

(1) F 是第二类可除滤子;

(2) $((y \to x) \otimes y) \to ((x \to y) \otimes x) \in F$, $(y \otimes (y \rightsquigarrow x)) \rightsquigarrow (x \otimes (x \rightsquigarrow y)) \in F$.

定理 4.3.16 设 F 是 L 的滤子, 则对 $\forall x, y \in L$, 下列条件等价:

(1) F 是第二类可除滤子;

(2) $(((x \to y) \otimes x) \to z) \rightsquigarrow ((x \wedge y) \to z) \in F$, $((x \otimes (x \rightsquigarrow y)) \rightsquigarrow z) \to ((x \wedge y) \rightsquigarrow z) \in F$;

(3) $(z \to (x \wedge y)) \to (z \to ((x \to y) \otimes x)) \in F$, $(z \rightsquigarrow (x \wedge y)) \rightsquigarrow (z \rightsquigarrow (x \otimes (x \rightsquigarrow y))) \in F$.

定理 4.3.17 设 F 是 L 的正规滤子, 则对 $\forall x, y \in L$, 下列条件等价:

(1) F 是第二类可除滤子;

(2) $(x \to (y \wedge z)) \to (((y \wedge x) \to z) \otimes (x \to y)) \in F$, $(x \rightsquigarrow (y \wedge z)) \rightsquigarrow ((x \rightsquigarrow y) \otimes ((x \wedge y) \rightsquigarrow z)) \in F$.

定理 4.3.18 设 F 是 L 的正规滤子, 则 F 是第一类可除滤子当且仅当 F 是第二类可除滤子.

推论 4.3.14 设 L 是非交换剩余格. 则对 $\forall x, y, z \in L$, 下列条件等价:

(1) L 是可除非交换剩余格;

(2) $x \to (y \wedge z) = ((y \otimes x) \to z) \otimes (x \to y)$, $x \rightsquigarrow (y \wedge z) = (x \rightsquigarrow y) \otimes ((x \otimes y) \rightsquigarrow z)$;

(3) $(y \to x) \otimes y = (x \to y) \otimes x$, $y \otimes (y \rightsquigarrow x) = x \otimes (x \rightsquigarrow y)$;

(4) $z \to (x \wedge y) = z \to (x \otimes (x \rightsquigarrow y))$, $z \rightsquigarrow (x \wedge y) = z \rightsquigarrow ((x \to y) \otimes x)$;

(5) $x \to ((x \rightsquigarrow y) \to z) = (x \wedge y) \to z$, $x \rightsquigarrow ((x \to y) \rightsquigarrow z) = (x \wedge y) \rightsquigarrow z$;

(6) $z \to (x \wedge y) = z \to ((x \to y) \otimes x)$, $z \rightsquigarrow (x \wedge y) = z \rightsquigarrow (x \otimes (x \rightsquigarrow y))$;

(7) $(x \to y) \to (x \to z) = (x \wedge y) \to z$, $(x \rightsquigarrow y) \rightsquigarrow (x \rightsquigarrow z) = (x \wedge y) \rightsquigarrow z$;

(8) $x \to (y \wedge z) = ((y \wedge x) \to z) \otimes (x \to y)$, $x \rightsquigarrow (y \wedge z) = (x \rightsquigarrow y) \otimes ((x \wedge y) \rightsquigarrow z)$.

定义 4.3.5 设 F 是 L 的滤子, 若对 $\forall x, y \in L$, 有 $(y \to x^{\sim -}) \to (y \to x)^{\sim -} \in F$, $(y \rightsquigarrow x^{-\sim}) \rightsquigarrow (y \rightsquigarrow x)^{-\sim} \in F$, 则称 F 为格列文科滤子 (Gelivenko filter).

定理 4.3.19 设 F 是 L 的滤子, 则对 $\forall x, y \in L$, 下列条件等价:

(1) F 是格列文科滤子;

(2) $(x^{\sim -} \to x)^{\sim -} \in F$, $(x^{-\sim} \rightsquigarrow x)^{-\sim} \in F$.

证明 设 F 是格列文科滤子, 令 $x = y^{\sim -}$, $x = y^{-\sim}$, 即证.

反之, 有如下关系:

$$
\begin{aligned}
(x^{\sim -} \to x)^{\sim -} &\leqslant ((y \to x^{\sim -}) \to (y \to x))^{\sim -} \\
&\leqslant ((y \to x^{\sim -}) \to (y \to x)^{\sim -})^{\sim -} \\
&= (y \to x^{\sim -}) \to (y \to x)^{\sim -}
\end{aligned}
$$

和

$$
\begin{aligned}
(x^{-\sim} \rightsquigarrow x)^{-\sim} &\leqslant ((y \rightsquigarrow x^{-\sim}) \rightsquigarrow (y \rightsquigarrow x))^{-\sim} \\
&\leqslant ((y \rightsquigarrow x^{-\sim}) \rightsquigarrow (y \rightsquigarrow x)^{-\sim})^{-\sim} \\
&= (y \rightsquigarrow x^{-\sim}) \rightsquigarrow (y \rightsquigarrow x)^{-\sim}.
\end{aligned}
$$

因此, $(y \to x^{\sim -}) \to (y \to x)^{\sim -} \in F$, $(y \rightsquigarrow x^{-\sim}) \rightsquigarrow (y \rightsquigarrow x)^{-\sim} \in F$, 即 F 是格列文科滤子.

定理 4.3.20 设 F 是 L 的滤子, 则对 $\forall x, y \in L$, 下列条件等价:

(1) F 是格列文科滤子;

(2) $(x \to y) \rightsquigarrow (x^{\sim -} \to y)^{\sim -} \in F$, $(x \rightsquigarrow y) \to (x^{-\sim} \rightsquigarrow y)^{-\sim} \in F$.

定理 4.3.21 设 L 是好的非交换剩余格, F 是 L 的滤子, 则对 $\forall x, y \in L$, 下列条件等价:

(1) F 是格列文科滤子;

(2) $(x \to y) \rightsquigarrow (x^{\sim -} \to y)^{\sim -} \in F$, $(x \rightsquigarrow y) \to (x^{-\sim} \rightsquigarrow y)^{-\sim} \in F$.

证明 设 F 是格列文科滤子. 由假设条件, 得

$$
\begin{aligned}
(x^{\sim -} \to x)^{\sim -} &\leqslant ((x \to y) \rightsquigarrow (x^{\sim -} \to y))^{\sim -} \\
&= ((x \to y) \rightsquigarrow (x^{-\sim} \to y))^{-\sim} \\
&\leqslant ((x \to y) \rightsquigarrow (x^{-\sim} \to y)^{-\sim})^{-\sim} \\
&= (x \to y) \rightsquigarrow (x^{-\sim} \to y)^{-\sim} \\
&= (x \to y) \rightsquigarrow (x^{\sim -} \to y)^{\sim -}
\end{aligned}
$$

和

$$(x^{-\sim} \rightsquigarrow x)^{-\sim} \leqslant ((x \rightsquigarrow y) \rightarrow (x^{-\sim} \rightsquigarrow y))^{-\sim}$$

$$= ((x \rightsquigarrow y) \rightarrow (x^{\sim-} \rightsquigarrow y))^{\sim-}$$

$$\leqslant ((x \rightsquigarrow y) \rightarrow (x^{\sim-} \rightsquigarrow y)^{\sim-})^{\sim-}$$

$$= (x \rightsquigarrow y) \rightarrow (x^{\sim-} \rightsquigarrow y)^{\sim-}$$

$$= (x \rightsquigarrow y) \rightarrow (x^{-\sim} \rightsquigarrow y)^{-\sim}.$$

因此, $(x \rightarrow y) \rightsquigarrow (x^{\sim-} \rightarrow y)^{\sim-} \in F$, $(x \rightsquigarrow y) \rightarrow (x^{-\sim} \rightsquigarrow y)^{-\sim} \in F$.

反之, 令 $y = x$, 可证.

定理 4.3.22 设 L 是好的非交换剩余格, F 是 L 的滤子, 则对 $\forall x, y \in L$, 下列条件等价:

(1) F 是格列文科滤子;

(2) $(x^- \rightsquigarrow y) \rightarrow (y^\sim \rightarrow x)^{\sim-} \in F$, $(x^\sim \rightarrow y) \rightsquigarrow (y^- \rightsquigarrow x)^{-\sim} \in F$.

证明 设 F 是格列文科滤子. 由假设条件, 得

$$(x^{\sim-} \rightarrow x)^{\sim-} = (x^{-\sim} \rightarrow x)^{\sim-}$$

$$\leqslant (((x^- \rightsquigarrow y) \otimes (y \rightsquigarrow 0)) \rightarrow x)^{\sim-}$$

$$= ((x^- \rightsquigarrow y) \rightarrow (y^\sim \rightarrow x))^{\sim-}$$

$$\leqslant ((x^- \rightsquigarrow y) \rightarrow (y^\sim \rightarrow x)^{\sim-})^{\sim-}$$

$$= (x^- \rightsquigarrow y) \rightarrow (y^\sim \rightarrow x)^{\sim-}$$

和

$$(x^{-\sim} \rightsquigarrow x)^{-\sim} = (x^{\sim-} \rightsquigarrow x)^{-\sim}$$

$$\leqslant ((y^- \otimes (x^\sim \rightarrow y)) \rightsquigarrow x)^{-\sim}$$

$$= ((x^\sim \rightarrow y) \rightsquigarrow (y^- \rightsquigarrow x))^{-\sim}$$

$$\leqslant ((x^\sim \rightarrow y) \rightsquigarrow (y^- \rightsquigarrow x)^{-\sim})^{-\sim}$$

$$= (x^\sim \rightarrow y) \rightsquigarrow (y^- \rightsquigarrow x)^{-\sim}.$$

因此, $(x^- \rightsquigarrow y) \rightarrow (y^\sim \rightarrow x)^{\sim-} \in F$, $(x^{\sim} \rightarrow y) \rightsquigarrow (y^- \rightsquigarrow x)^{-\sim} \in F$.

反之, 分别令 $y = x^-$ 和 $y = x^\sim$, 可证.

推论 4.3.15 设 L 是好的非交换剩余格, 则对 $\forall x, y \in L$, 下列条件等价:

(1) L 是格列文科代数;

(2) $(x^{\sim-} \rightarrow x)^{\sim-} = 1$, $(x^{-\sim} \rightsquigarrow x)^{-\sim} = 1$;

(3) $x \to y = (x^{\sim -} \to y)^{-\sim}$, $x \rightsquigarrow y = (x^{-\sim} \rightsquigarrow y)^{-\sim}$;

(4) $x^- \rightsquigarrow y = (y^\sim \to x)^{\sim -}$, $x^\sim \to y = (y^- \rightsquigarrow x)^{-\sim}$.

定义 4.3.6 设 F 是 L 的滤子, 若对 $\forall x \in L$, 有 $x^n \to x^{n+1} \in F$, $x^n \rightsquigarrow x^{n+1} \in F$, 则称 F 为 n-压缩滤子 (n-contractive filter).

注 由 (I3) 可得 $x^{n+1} \to y \in F$ 蕴涵 $x^n \to y \in F$, 且 $x^{n+1} \rightsquigarrow y$ 蕴涵 $x^n \rightsquigarrow y \in F$. 这是 n 重蕴涵滤子的另一种表示方式 (见定理 4.2.18), 从而有

(1) F 是 n 重蕴涵滤子当且仅当 F 是 n-压缩滤子;

(2) L 是 n 重蕴涵非交换剩余格当且仅当 L 是 n-压缩非交换剩余格.

定理 4.3.23 设 F 是 L 的滤子, 则对 $\forall x, y \in L$, 下列条件等价:

(1) F 是 n-压缩滤子;

(2) $(x^n \otimes (x^n \to y)) \to (x \otimes y) \in F$, $((x^n \rightsquigarrow y) \otimes x^n) \rightsquigarrow (y \otimes x) \in F$;

(3) $(x^n \otimes (x^n \to y)) \to x^{n+1} \in F$, $((x^n \rightsquigarrow y) \otimes x^n) \rightsquigarrow x^{n+1} \in F$.

证明 (1)⇔(2). 设 F 是 n-压缩滤子, 则有

$$x^n \to x^{n+1} \leqslant (x^n \otimes (x^n \to y)) \to (x^{n+1} \otimes (x^n \to y))$$
$$\leqslant (x^n \otimes (x^n \to y)) \to (x \otimes y)$$

和

$$x^n \rightsquigarrow x^{n+1} \leqslant ((x^n \rightsquigarrow y) \otimes x^n) \rightsquigarrow ((x^n \rightsquigarrow y) \otimes x^{n+1})$$
$$\leqslant ((x^n \rightsquigarrow y) \otimes x^n) \rightsquigarrow (y \otimes x).$$

因此, $(x^n \otimes (x^n \to y)) \to (x \otimes y) \in F$, $((x^n \rightsquigarrow y) \otimes x^n) \rightsquigarrow (y \otimes x) \in F$.

反之, 令 $y = x^n$, 得 $x^n \to x^{n+1} \in F$, $x^n \rightsquigarrow x^{n+1} \in F$. 所以, F 是 n-压缩滤子.

(1)⇔(3). 考虑不等关系 $(x^n \otimes (x^n \to y)) \to (x^{n+1} \otimes (x^n \to y)) \leqslant (x^n \otimes (x^n \to y)) \to x^{n+1}$ 和 $((x^n \rightsquigarrow y) \otimes x^n) \rightsquigarrow ((x^n \rightsquigarrow y) \otimes x^{n+1}) \leqslant ((x^n \rightsquigarrow y) \otimes x^n) \rightsquigarrow x^{n+1}$, 则剩余部分类似于 (1)⇔(2) 的证明.

定理 4.3.24 设 F 是 L 的滤子, 则对 $\forall x \in L$, 下列条件等价:

(1) F 是 n-压缩滤子;

(2) $x^n \to x^{2n} \in F$, $x^n \rightsquigarrow x^{2n} \in F$.

证明 设 F 是 n-压缩滤子, 则有 $x^n \to x^{n+1} \leqslant x^{n+1} \to x^{n+2} \in F$ 和 $x^n \rightsquigarrow x^{n+1} \leqslant x^{n+1} \rightsquigarrow x^{n+2} \in F$. 同理, 有 $x^{n+2} \to x^{n+3} \in F$ 和 $x^{n+2} \rightsquigarrow x^{n+3} \in F$, $\cdots$, $x^{2n-1} \to x^{2n} \in F$ 和 $x^{2n-1} \rightsquigarrow x^{2n} \in F$. 由 $\to$ 和 $\rightsquigarrow$ 的传递性, 有 $(x^n \to x^{n+1}) \otimes (x^{n+1} \to x^{n+2}) \otimes \cdots \otimes (x^{2n-1} \to x^{2n}) \leqslant x^n \to x^{2n}$, $(x^n \rightsquigarrow x^{n+1}) \otimes (x^{n+1} \rightsquigarrow x^{n+2}) \otimes \cdots \otimes (x^{2n-1} \rightsquigarrow x^{2n}) \leqslant x^n \rightsquigarrow x^{2n}$, 因此 $x^n \to x^{2n} \in F$, $x^n \rightsquigarrow x^{2n} \in F$.

反之, 因为 $x^{2n} \leqslant x^{n+1}$, 由 $\to$ 和 $\rightsquigarrow$ 关于第二变量的保序性, 得 $x^n \to x^{2n} \leqslant x^n \to x^{n+1}$, $x^n \rightsquigarrow x^{2n} \leqslant x^n \rightsquigarrow x^{n+1}$, 因此 $x^n \to x^{n+1} \in F$, $x^n \rightsquigarrow x^{n+1} \in F$.

推论 4.3.16 设 F 是 L 的滤子, 则对 $\forall x, y \in L$, 下列条件等价:

(1) F 是 n-压缩滤子;

(2) $(x^n \otimes (x^n \to y)) \to (x^n \otimes y) \in F$, $((x^n \rightsquigarrow y) \otimes x^n) \rightsquigarrow (y \otimes x^n) \in F$;

(3) $(x^n \otimes (x^n \to y)) \to x^{2n} \in F$, $((x^n \rightsquigarrow y) \otimes x^n) \rightsquigarrow x^{2n} \in F$.

推论 4.3.17 设 L 是非交换剩余格, 则对 $\forall x, y \in L$, 下列条件等价:

(1) L 是 n-压缩非交换剩余格;

(2) $x^n = x^{2n}$;

(3) $(x^n \otimes (x^n \to y)) \to (x \otimes y) = 1$, $((x^n \rightsquigarrow y) \otimes x^n) \rightsquigarrow (y \otimes x) = 1$;

(4) $(x^n \otimes (x^n \to y)) \to x^{n+1} = 1$, $((x^n \rightsquigarrow y) \otimes x^n) \rightsquigarrow x^{n+1} = 1$;

(5) $(x^n \otimes (x^n \to y)) \to (x^n \otimes y) = 1$, $((x^n \rightsquigarrow y) \otimes x^n) \rightsquigarrow (y \otimes x^n) = 1$;

(6) $(x^n \otimes (x^n \to y)) \to x^{2n} = 1$, $((x^n \rightsquigarrow y) \otimes x^n) \rightsquigarrow x^{2n} = 1$.

4.4 非交换剩余格上的左、右滤子

文献 [94]~[96] 提出了非交换剩余格上的左、右滤子的概念, 丰富了非交换剩余格的滤子理论, 本节简要介绍相关内容. 为描述问题方便, 用 $\to_l$ 和 $\to_r$ 分别表示与运算 $\otimes$ 相伴的左剩余和右剩余, 即 $\to_l = \to$, $\to_r = \rightsquigarrow$. 对 $\forall a \in L$, 定义 $\neg_l a := a \to_l 0, \neg_r a := a \to_r 0$. 此外, $\neg_l \neg_l a, \neg_l \neg_r a, \neg_r \neg_l a$ 和 $\neg_r \neg_r a$ 分别用 $\neg_{ll} a, \neg_{rl} a, \neg_{lr} a$ 和 $\neg_{rr} a$ 表示.

为有利阅读, 以下命题列举了非交换剩余格的一些性质, 其中 $x, y, z \in L, \square \in \{l, r\}$.

定理 4.4.1 (1) $x \leqslant y \Leftrightarrow x \to_\square y = 1$;

(2) $x \to_\square x = 0 \to_\square x = x \to_\square 1, 1 \to_\square x = x$;

(3) $x \to_l (y \to_l z) = (x \otimes y) \to_l z, x \to_r (y \to_r z) = (y \otimes x) \to_r z$;

(4) $x \otimes y \leqslant (x \otimes (x \to_r y)) \wedge ((x \to_l y) \otimes y) \leqslant x \wedge y$;

(5) $x \leqslant y \Rightarrow x \otimes z \leqslant y \otimes z, z \otimes x \leqslant z \otimes y$;

(6) $x \leqslant y \Rightarrow z \to_\square x \leqslant z \to_\square y, y \to_\square z \leqslant x \to_\square z$;

(7) $x \to_{l(r)} y \leqslant (y \to_{l(r)} z) \to_{r(l)} (x \to_{l(r)} z)$;

(8) $x \to_{l(r)} y \leqslant (z \to_{l(r)} x) \to_{r(l)} (z \to_{l(r)} y)$;

(9) $x \to_l (y \to_r z) = y \to_r (x \to_l z)$;

(10) $x \to_\square (y \wedge z) = (x \to_\square y) \wedge (x \to_\square z)$, 特别地, $x \to_\square y = x \to_\square (x \wedge y)$;

(11) $(x \vee y) \to_\square z = (x \to_\square z) \wedge (y \to_\square z)$, 特别地, $x \to_\square y = (x \vee y) \to_\square y$;

(12) $(y \to_l z) \otimes (x \to_l y) \leqslant x \to_l z$;

(13) $(x \to_r y) \otimes (y \to_r z) \leqslant x \to_r z$;

(14) $x \otimes (y \vee z) = (x \otimes y) \vee (x \otimes z), (x \vee y) \otimes z = (x \otimes z) \vee (y \otimes z)$;

(15) $x \to_l y \leqslant (x \otimes z) \to_l (y \otimes z), x \to_r y \leqslant (z \otimes x) \to_r (z \otimes y)$;

(16) $(x \to_\square y) \vee (x \to_\square z) \leqslant x \to_\square (y \vee z), (y \to_\square x) \vee (z \to_\square x) \leqslant (y \wedge z) \to_\square x$;

(17) $x \leqslant (x \to_{l(r)} y) \to_{r(l)} y$.

下面列举一些在本部分中使用的条件.

$c_\varnothing : F \neq \varnothing$;

$c_1 : 1 \in F$;

$c_\otimes : x, y \in F \Rightarrow x \otimes y \in F$;

$c_\leqslant : x \leqslant y, x \in F \Rightarrow y \in F$;

$c_\vee : x \in F, y \in A \Rightarrow x \vee y \in F$;

$c_l : x, x \to_l y \in F \Rightarrow y \in F$;

$c_r : x, x \to_r y \in F \Rightarrow y \in F$.

定义 4.4.1　设 L 是非交换剩余格, F 是 L 的子集.

(1) 若 F 满足 $c_\varnothing, c_\otimes$ 和 $c_\leqslant$, 则称 F 是 L 的滤子;

(2) 若 F 满足 $c_\varnothing, c_\otimes$ 和 $c_\vee$, 则称 F 是 L 的 1-理想;

(3) 若 F 满足 c_1 和 c_l, 则称 F 是 L 的左演绎系统;

(4) 若 F 满足 c_1 和 c_r, 则称 F 是 L 的右演绎系统.

定理 4.4.2　设 L 是非交换剩余格, F 是 L 的包含 1 的子集, 则对 $\forall x, y, z \in L$, 以下条件等价:

(1) F 是滤子;

(2) F 是 1-理想;

(3) F 是左演绎系统;

(4) F 是右演绎系统;

(5) $x \to_l y, y \to_l z \in F \Rightarrow x \to_l z \in F$;

(6) $x \to_r y, y \to_r z \in F \Rightarrow x \to_r z \in F$;

(7) $x \to_l y, x \otimes z \in F \Rightarrow y \otimes z \in F$;

(8) $x \to_r y, z \otimes x \in F \Rightarrow z \otimes y \in F$;

(9) $x \to_l y, \neg_l y \in F \Rightarrow \neg_l x \in F$;

(10) $x \to_r y, \neg_r y \in F \Rightarrow \neg_r x \in F$;

(11) $x, y \in F, x \leqslant y \to_l z \Rightarrow z \in F$;

(12) $x, y \in F, x \leqslant y \to_r z \Rightarrow z \in F$.

定义 4.4.2　设 F 是 L 的滤子.

(1) 若对 $\forall x, y \in A, x \otimes y \to_{l(r)} y \otimes x \in F$, 则 F 称为左 (右) 交换滤子;

(2) 若对 $\forall x, y \in A, x \to_{r(l)} y \in F$ 蕴涵 $x \to_{l(r)} y \in F$, 则 F 称为左 (右) 正规滤子. 若 F 既是左正规滤子也是右正规滤子, 则 F 是正规滤子. 用 $F_n(L)$ 表示 L 的正规滤子的集合.

引理 4.4.1 设 L 是非交换剩余格, F 是左 (右) 交换滤子, 则

(1) F 是左 (右) 正规滤子;

(2) 对 $\forall x, y, z \in A, x \to_{l(r)} (y \to_{l(r)} z) \in F$ 当且仅当 $y \to_{l(r)} (x \to_{l(r)} z) \in F$;

(3) 对 $\forall x, y, z \in A$ 和某些 $\square_1, \square_2 \in \{l, r\}$, $x \to_{\square_1} (y \to_{\square_2} z \in F)$ 蕴涵 $x \to_{l(r)} (y \to_{l(r)} z) \in F$.

4.4.1 左 (右) PMTL 滤子

本部分在非交换剩余格中引入左 MTL 滤子、右 MTL 滤子和 PMTL 滤子的概念, 并研究它们的一些性质.

定义 4.4.3 非交换剩余格 L 的滤子 F 称为左 (右) MTL 滤子, 若对 $\forall x, y \in L$, 满足 $(x \to_{l(r)} y) \vee (y \to_{l(r)} x) \in F$.

非交换剩余格 L 的所有左 (右) MTL 滤子的集合由 $\mathrm{MTLF}_{l(r)}(L)$ 表示.

例 4.4.1 设 $L = \{0, a, b, c, d, e, 1\}$, 其中 $0 < a < b, c < d < e < 1, b$ 与 c 是不可比较的. 定义运算 $\otimes, \to_l, \to_r$ 如下:

$\otimes$	0	a	b	c	d	e	1
0	0	0	0	0	0	0	0
a	0	a	a	a	a	a	a
b	0	a	a	a	a	a	b
c	0	a	a	c	c	c	c
d	0	a	a	c	c	c	d
e	0	a	b	c	d	e	1
1	0	a	b	c	d	e	1

$\to_l$	0	a	b	c	d	e	1
0	1	1	1	1	1	1	1
a	0	1	1	1	1	1	1
b	0	d	1	d	1	1	1
c	0	b	b	1	1	1	1
d	0	b	b	d	1	1	1
e	0	b	b	d	d	1	1
1	0	a	b	c	d	e	1

$\to_r$	0	a	b	c	d	e	1
0	1	1	1	1	1	1	1
a	0	1	1	1	1	1	1
b	0	e	1	e	1	1	1
c	0	b	b	1	1	1	1
d	0	b	b	e	1	1	1
e	0	a	b	c	d	1	1
1	0	a	b	c	d	e	1

则 $(L, \vee, \wedge, \otimes, \to_l, \to_r, 0, 1)$ 是非交换剩余格, 但不是伪 MTL-代数, 滤子 $F_1 =$

$\{c, d, e, 1\}$ 和 $F_2 = \{a, b, c, d, e, 1\}$ 是左 MTL 滤子和右 MTL 滤子. 注意到 $F_3 = \{e, 1\}$ 是右 MTL 滤子, 但不是左 MTL 滤子, 因为 $(b \rightarrow_l c) \vee (c \rightarrow_l b) = d \vee b = d \notin F_3$. 此外, $F_4 = \{1\}$ 是滤子但不是左 MTL 滤子, 因为 $(b \rightarrow_l c) \vee (c \rightarrow_l b) = d \vee b = d \notin \{1\}$; 也不是右 MTL 滤子, 因为 $(b \rightarrow_r c) \vee (c \rightarrow_r b) = e \vee b = e \notin \{1\}$.

定理 4.4.3 设 F 和 G 是非交换剩余格 L 的滤子, 则

(1) 若 F 和 G 是左 (右) MTL 滤子, 则 $F \cap G$ 是左 (右) MTL 滤子;

(2) 若 F 是左 (右) MTL 滤子且 $F \subseteq G$, 则 G 是左 (右) MTL 滤子.

定理 4.4.4 设 F 是 L 的滤子, 则 F 是左 (右) MTL 滤子当且仅当对 $\forall x, y, z \in L$, F 满足以下等价条件:

(1) $x \rightarrow_{l(r)} (y \vee z) \in F$ 蕴涵 $(x \rightarrow_{l(r)} y) \vee (x \rightarrow_{l(r)} z) \in F$;

(2) $(x \rightarrow_{l(r)} (y \vee z)) \rightarrow_{l(r)} ((x \rightarrow_{l(r)} y) \vee (x \rightarrow_{l(r)} z)) \in F$;

(3) $(y \wedge z) \rightarrow_{l(r)} x \in F$ 蕴涵 $(y \rightarrow_{l(r)} x) \vee (z \rightarrow_{l(r)} x) \in F$;

(4) $((y \wedge z) \rightarrow_{l(r)} x) \rightarrow_{r(l)} ((y \rightarrow_{l(r)} x) \vee (z \rightarrow_{l(r)} x)) \in F$;

(5) $x \rightarrow_{l(r)} z \in F$ 蕴涵 $(x \rightarrow_{l(r)} y) \vee (y \rightarrow_{l(r)} z) \in F$;

(6) $(x \rightarrow_{l(r)} z) \rightarrow_{l(r)} ((x \rightarrow_{l(r)} y) \vee (y \rightarrow_{l(r)} z)) \in F$;

(7) $((x \rightarrow_{l(r)} y) \rightarrow_{r(l)} z) \rightarrow_{l(r)} (((y \rightarrow_{l(r)} x) \rightarrow_{r(l)} z) \rightarrow_{l(r)} z) \in F$;

(8) $(x \rightarrow_{l(r)} y) \rightarrow_{r(l)} z \in F$ 蕴涵 $((y \rightarrow_{l(r)} x) \rightarrow_{r(l)} z) \rightarrow_{l(r)} z \in F$.

定义 4.4.4 设 F 是 L 的正规滤子. 若 L/F 是伪 MTL-代数的类, 则称 F 为 PMTL 滤子.

以下定理给出非交换剩余格中 PMTL 滤子、左 MTL 滤子和右 MTL 滤子之间的关系.

定理 4.4.5 设 F 是 L 的滤子, 则以下条件等价:

(1) F 是正规滤子, 左 MTL 滤子和右 MTL 滤子;

(2) F 是 PMTL 滤子.

给出以下表达式:

$\mathrm{mtl}_1^{l(r)}$ $(x \rightarrow_{l(r)} y) \vee (y \rightarrow_{l(r)} x) = 1$;

$\mathrm{mtl}_2^{l(r)}$ $x \leqslant (y \vee z)$ 蕴涵 $(x \rightarrow_{l(r)} y) \vee (x \rightarrow_{l(r)} z) = 1$;

$\mathrm{mtl}_3^{l(r)}$ $x \rightarrow_{l(r)} (y \vee z) \leqslant (x \rightarrow_{l(r)} y) \vee (x \rightarrow_{l(r)} z)$;

$\mathrm{mtl}_4^{l(r)}$ $(y \wedge z) \leqslant x$ 蕴涵 $(y \rightarrow_{l(r)} x) \vee (z \rightarrow_{l(r)} x) = 1$;

$\mathrm{mtl}_5^{l(r)}$ $(y \wedge z) \rightarrow_{l(r)} x \leqslant (y \rightarrow_{l(r)} x) \vee (z \rightarrow_{l(r)} x)$;

$\mathrm{mtl}_6^{l(r)}$ $x \leqslant z$ 蕴涵 $(x \rightarrow_{l(r)} y) \vee (y \rightarrow_{l(r)} z) = 1$;

$\mathrm{mtl}_7^{l(r)}$ $x \rightarrow_{l(r)} z \leqslant (x \rightarrow_{l(r)} y) \vee (y \rightarrow_{l(r)} z)$;

$\mathrm{mtl}_8^{l(r)}$ $(x \rightarrow_{l(r)} y) \rightarrow_{r(l)} z \leqslant ((y \rightarrow_{l(r)} x) \rightarrow_{r(l)} z) \rightarrow_{l(r)} z$;

$\mathrm{mtl}_9^{l(r)}$ $x \rightarrow_{l(r)} y \leqslant z$ 蕴涵 $((y \rightarrow_{l(r)} x) \rightarrow_{r(l)} z) \leqslant z$.

定理 4.4.6 设 L 是非交换剩余格, 则以下条件等价:

(1) L 是伪 MTL 代数;

(2) $\{1\}$ 是 PMTL 滤子;

(3) L 的任意正规滤子是 PMTL 滤子;

(4) L 的任意滤子是左 MTL 滤子和右 MTL 滤子;

(5) 对于一些 $i,j = 1, \cdots, 9$, L 满足 mtl_i^l 和 mtl_j^r.

4.4.2 左 (右) Rl 滤子

定义 4.4.5 设 F 是非交换剩余格 L 的滤子. 若对 $\forall x, y \in L$, 有 $(x \wedge y) \to_l ((x \to_l y) \otimes x) \in F$, 则称 F 为左 Rl 滤子.

若对 $\forall x, y \in L$, 有 $(x \wedge y) \to_r (x \otimes (x \to_r y)) \in F$, 则称 F 为右 Rl 滤子.

非交换剩余格 L 的所有左 (右) Rl 滤子的集合由 Rl $F_{l(r)}(L)$ 表示.

例 4.4.2 考虑例 4.4.1, 则非交换剩余格 L 的滤子 $F_1 = \{c, d, e, 1\}$ 和 $F_2 = \{a, b, c, d, e, 1\}$ 是左 Rl 滤子和右 Rl 滤子. 注意到 $F_3 = \{e, 1\}$ 是右 Rl 滤子但不是左 Rl 滤子, 因为 $(e \wedge d) \to_l ((c \to_l d) \otimes e) = d \to_l (d \otimes e) = d \to_l c = d \notin F_3$. 用类似的方法可以得出 $F_4 = \{1\}$ 既不是左 Rl 滤子, 也不是右 Rl 滤子.

定理 4.4.7 设 F 和 G 是 L 的滤子, 则

(1) 若 F 和 G 是左 (右) Rl 滤子, 则 $F \cap G$ 是左 (右) Rl 滤子,

(2) 若 F 是左 (右) Rl 滤子且 $F \subseteq G$, 则 G 是左 (右) Rl 滤子.

定理 4.4.8 设 L 是非交换剩余格, F 是正规左 Rl 滤子, 则对 $\forall x, y, z \in L$, F 满足以下条件:

$$(x \to_l (y \wedge z)) \to_l (((x \wedge y) \to_l z) \otimes (x \to_l y)) \in F.$$

若 F 满足上述条件, 则 F 是 L 的左 Rl 滤子.

定理 4.4.9 设 L 是非交换剩余格, F 是正规右 Rl 滤子, 则对 $\forall x, y, z \in L$, F 满足以下条件:

$$(x \to_r (y \wedge z)) \to_r ((x \to_r y) \otimes ((x \wedge y) \to_r z)) \in F.$$

若 F 满足上述条件, 则 F 是右 Rl 滤子.

定理 4.4.10 设 F 是 L 的滤子, 则 F 是左 Rl 滤子当且仅当对 $\forall x, y \in L$, F 满足以下条件:

$$((y \to_l x) \otimes y) \to_l ((x \to_l y) \otimes x) \in F.$$

定理 4.4.11 设 F 是 L 的滤子, 则 F 是右 Rl 滤子当且仅当对 $\forall x, y \in L$, F 满足以下条件:

$$(y \otimes (y \to_r x)) \to_r (x \otimes (x \to_r y)) \in F.$$

定义 4.4.6 设 L 是非交换剩余格, F 是 L 的正规滤子. 若 L/F 是 Rl-代数类, 称 F 为 Rl 滤子.

以下定理给出非交换剩余格中 Rl 滤子、左 Rl 滤子和右 Rl 滤子之间的关系.

定理 4.4.12 设 F 是 L 的滤子, 则以下条件等价:

(1) F 是正规滤子、左 Rl 滤子和右 Rl 滤子;

(2) F 是 Rl 滤子.

给出如下条件:

rl_1^l: $x \wedge y = (x \to_l y) \otimes x$;

rl_1^r: $x \wedge y = x \otimes (x \to_r y)$;

rl_2^l: $x \to_l (y \wedge z) = ((x \wedge y) \to_l z) \otimes (x \to_l y)$;

rl_2^r: $x \to_r (y \wedge z) = (x \to_r y) \otimes ((x \wedge y) \to_r z)$;

rl_3^l: $(y \to_l x) \otimes y = (x \to_l y) \otimes x$;

rl_3^r: $y \otimes (y \to_r x) = x \otimes (x \to_r y)$.

下面的定理给出了 Rl 独异点和 Rl 滤子之间的关系.

定理 4.4.13 设 L 是非交换剩余格, 则以下条件等价:

(1) L 是有界 Rl 独异点;

(2) $\{1\}$ 是 Rl 滤子;

(3) L 的任意正规滤子是 Rl 滤子;

(4) L 的任意滤子是左 Rl 滤子和右 Rl 滤子;

(5) 对于一些 $i, j = 1, 2, 3$, L 满足 rl_i^l 和 rl_j^r.

4.4.3 左 (右) PBL 滤子

定义 4.4.7 设 F 是 L 的滤子. 若 $F \in \mathrm{MTLF}_l(L) \cap \mathrm{RlF}_l(L)$, 则称 F 为左 BL 滤子; 若 $F \in \mathrm{MTLF}_r(L) \cap \mathrm{RlF}_r(L)$, 则称 F 为右 BL 滤子. 非交换剩余格 L 的所有左 (右) BL 滤子的集合由 $\mathrm{BLF}_{l(r)}(L)$ 表示. 显然 $L \in \mathrm{BLF}_l(L) \cap \mathrm{BLF}_r(L)$.

例 4.4.3 考虑例 4.4.1, 根据例 4.4.1 和例 4.4.2 知滤子 $F_1 = \{c, d, e, 1\}$ 和 $F_2 = \{a, b, c, d, e, 1\}$ 是左 BL 滤子和右 BL 滤子. 注意到 $F_3 = \{e, 1\}$ 是右 BL 滤子, 但不是左 BL 滤子. 此外, $F_4 = \{1\}$ 既不是左 BL 滤子, 也不是右 BL 滤子.

定理 4.4.14 设 F 和 G 是 L 的滤子, 则有以下性质:

(1) 若 F 和 G 是左 (右) BL 滤子, 则 $F \cap G$ 是左 (右) BL 滤子;

(2) 若 F 是左 (右) BL 滤子且 $F \subset G$, 则 G 是左 (右) BL 滤子.

定义 4.4.8 设 F 是 L 的正规滤子. 若 L/F 是 PBL-代数类, 则称 F 为 PBL 滤子.

定理 4.4.15 设 F 是 L 的滤子, 则以下条件等价:

(1) F 是正规滤子, 左 BL 滤子和右 BL 滤子;

(2) F 是 PBL 滤子.

定理 4.4.16 设 L 是非交换剩余格, 则以下条件等价:

(1) L 是伪 BL 代数;

(2) $\{1\}$ 是 PBL 滤子;

(3) L 的任意正规滤子是 PBL 滤子;

(4) L 的任意滤子是左 BL 滤子和右 BL 滤子;

(5) 对于一些 $i,j = 1, \cdots, 9$ 和 $s,t = 1,2,3$, L 满足 $\mathrm{mtl}_i^l, \mathrm{mtl}_j^r, \mathrm{rl}_s^l, \mathrm{rl}_t^r$.

以上定理的证明请参见文献 [94].

4.4.4 左 (右) Heyting 滤子

定义 4.4.9 设 F 是 L 的滤子. 若对 $\forall x, y \in A$, 满足: $(x \wedge y) \to_{l(r)} (x \otimes y) \in F$, 则称 F 为左 (右) Heyting 滤子.

定理 4.4.17 设 F 是 L 的滤子, 则 F 是左 (右) Heyting 滤子当且仅当 F 满足以下等价条件:

(1) 对 $\forall x \in L$, $x \to_{l(r)} x^2 \in F$;

(2) 对 $\forall x, y \in L$, $x^2 \to_{l(r)} y \in F$ 蕴涵 $x \to_{l(r)} y \in F$;

(3) 对 $\forall x, y \in L$, $\square \in \{l, r\}$, 有 $(x \wedge (x \to_\square y)) \to_{l(r)} y \in F$.

例 4.4.4 设 $L = \{0, a, b, c, d, 1\}$, 其中 $0 < a < b, c < d < 1$, b 与 c 是不可比较的. 定义运算 $\otimes, \to_l, \to_r$ 如下:

$\otimes$	0	a	b	c	d	1
0	0	0	0	0	0	0
a	0	0	a	0	a	a
b	0	0	b	0	b	b
c	0	a	a	c	c	c
d	0	a	b	c	d	d
1	0	a	b	c	d	1

$\to_l$	0	a	b	c	d	1
0	1	1	1	1	1	1
a	b	1	1	1	1	1
b	0	c	1	c	1	1
c	b	b	b	1	1	1
d	0	a	b	c	1	1
1	0	a	b	c	d	1

$\to_r$	0	a	b	c	d	1
0	1	1	1	1	1	1
a	c	1	1	1	1	1
b	c	c	1	c	1	1
c	0	b	h	1	1	1
d	0	a	b	c	1	1
1	0	a	b	c	d	1

则 $(L, \vee, \wedge, \otimes, \to_l, \to_r, 0, 1)$ 是非交换剩余格, 由 $(b \to_l c) \vee (c \to_l b) = c \vee b = d \neq 1$ 且 $(c \to_l b) \otimes c = b \otimes c = 0 \neq b \wedge c$, 可知 L 不是伪 MTL-代数和 Rl 独异点.

$F_1 = \{c, d, 1\}$ 是右 Heyting 滤子, 但不是左 Heyting 滤子, 因为 $a \rightarrow_l a^2 = a \rightarrow_l 0 = b \notin F_1$. 此外, 滤子 $F_2 = \{b, d, 1\}$ 左 Heyting 滤子, 但不是右 Heyting 滤子, 因为 $a \rightarrow_r a^2 = a \rightarrow_l 0 = c \notin F_2$.

注　Heyting 滤子也称为蕴涵滤子.

定理 4.4.18　设 F 和 G 是 L 的滤子, 则有以下性质:

(1) 若 F 和 G 是左 (右) Heyting 滤子, 则 $F \cap G$ 是左 (右) Heyting 滤子;

(2) 若 F 是左 (右) Heyting 滤子且 $F \subseteq G$, 则 G 是左 (右) Heyting 滤子.

定理 4.4.19　非交换剩余格的每个左 (右) Heyting 滤子都是左 (右) 交换滤子.

推论 4.4.1　非交换剩余格的每个左 (右) Heyting 滤子都是左 (右) 正规滤子.

定理 4.4.20　设 F 是 L 的子集, 则 F 是左 (右) Heyting 滤子当且仅当它包含 1 且满足以下等价条件:

(1) 对 $\forall x, y, z \in L$ 和某些 $\square_1, \square_2, \square_3 \in \{l, r\}$, $x \rightarrow_{\square_1} (y \rightarrow_{\square_2} z) \in F$ 和 $y \rightarrow_{\square_3} x \in F$ 蕴涵 $y \rightarrow_{l(r)} z \in F$;

(2) 对 $\forall x, y, z \in L$ 和某些 $\square_1, \square_2, \square_3 \in \{l, r\}$, $x \rightarrow_{\square_1} (y \rightarrow_{\square_2} z) \in F$ 和 $x \rightarrow_{\square_3} y \in F$ 蕴涵 $x \rightarrow_{l(r)} z \in F$.

推论 4.4.2　设 F 是 L 的滤子, 则 F 是左 (右) Heyting 滤子当且仅当 F 满足以下条件: 对 $\forall x, y \in L$ 和某些 $\square_1, \square_2 \in \{l, r\}$, $x \rightarrow_{\square_1} (x \rightarrow_{\square_2} y) \in F$ 蕴涵 $x \rightarrow_{l(r)} y \in F$.

定理 4.4.21　设 F 是 L 的滤子, 则 F 是左 (右) Heyting 滤子当且仅当 F 满足以下等价条件:

(1) 对 $\forall x, y, z \in L$ 和某些 $\square_1, \square_2 \in \{l, r\}$, $x \rightarrow_{\square_1} (y \rightarrow_{\square_2} z) \in F$ 蕴涵 $(x \rightarrow_l y) \rightarrow_{l(r)} (x \rightarrow_l z) \in F$;

(2) 对 $\forall x, y, z \in L$ 和某些 $\square_1, \square_2 \in \{l, r\}$, $x \rightarrow_{\square_1} (y \rightarrow_{\square_2} z) \in F$ 蕴涵 $(y \rightarrow_l x) \rightarrow_{l(r)} (y \rightarrow_l z) \in F$.

定理 4.4.22　设 F 是包含 1 的 L 的子集, 则 F 是左 (右) Heyting 滤子当且仅当满足以下等价条件:

(1) 对 $\forall x, y, z \in L, z, z \rightarrow_{l(r)} (x \rightarrow_{l(r)} (x \rightarrow_{l(r)} y)) \in F$ 蕴涵 $x \rightarrow_{l(r)} y \in F$;

(2) 对 $\forall x, y, z \in L, z, x \rightarrow_{l(r)} (z \rightarrow_{l(r)} (x \rightarrow_{l(r)} y)) \in F$ 蕴涵 $x \rightarrow_{l(r)} y \in F$;

(3) 对 $\forall x, y, z \in L, z, x \rightarrow_{l(r)} (x \rightarrow_{l(r)} (z \rightarrow_{l(r)} y)) \in F$ 蕴涵 $x \rightarrow_{l(r)} y \in F$.

定理 4.4.23　设 F 是 L 的滤子, 则 F 是左 (右) Heyting 滤子当且仅当对 $\forall a \in F$ 满足以下条件:

$$\langle F \cup \{a\} \rangle = \{x \in L | a \rightarrow_{l(r)} x \in F\}.$$

证明　设 F 是左 Heyting 滤子, $a \in L, F_a = \{x \in L | a \rightarrow_l x \in F\}, a \rightarrow_l$

$1 = 1 \in F$, 则 $1 \in F_a$. 设 $x, x \to_l y \in F_a$, 则 $a \to_l x, a \to_l (x \to_l y) \in F$, 得 $a \to_l y \in F$, 从而 $y \in F_a$. 因此, F_a 是滤子. 此外, 显然 F_a 包含 $F \cup \{a\}$. 设 G 是包含 $F \cup \{a\}$ 的滤子且 $x \in F_a$, 则 $a, a \to_l x \in G$, 由此可得 $x \in G$. 因此 F_a 是包含 $F \cup \{a\}$ 的最小滤子, 即 $\langle F \cup \{a\} \rangle = F_a$.

反之, 假设对任意 $a \in L, F_a$ 是由 F 和 a 生成的滤子. 设 $x \to_l (y \to_l z) \in F, x \to_l y \in F$, 则 $y, y \to_l z \in F_x$. 因为 F_x 是滤子, 所以 $z \in F_x$ 意味着 $x \to_l z \in F$, 故 F 满足条件.

定理 4.4.24 设 F 是 L 的右 (左) 正规滤子. 若 F 是左 (右) Heyting 滤子, 则 F 是右 (左) Heyting 滤子. 特别地, 对任意正规滤子, F 是左 Heyting 滤子当且仅当它是右 Heyting 滤子.

定理 4.4.25 设 F 是 L 的左正规滤子和右正规滤子, 则 F 是正规滤子.

定义 4.4.10 设 F 是 L 的正规滤子. 若 L/F 是 Heyting-代数类, 则称 F 为 Heyting 滤子.

以下定理给出剩余格中的 Heyting 滤子、左 Heyting 滤子和右 Heyting 滤子之间的关系.

定理 4.4.26 设 F 是 L 的滤子, 则以下条件等价:

(1) F 是左 Heyting 滤子和右 Heyting 滤子;

(2) F 是右正规滤子和左 Heyting 滤子;

(3) F 是左正规滤子和右 Heyting 滤子;

(4) F 是 Heyting 滤子.

推论 4.4.3 设 L 是非交换剩余格, 则以下条件等价:

(1) L 是 Heyting 代数;

(2) L 的任意正规滤子是 Heyting 滤子;

(3) $\{1\}$ 是 Heyting 滤子;

(4) 对 $\forall x, y \in L, x \wedge y = x \otimes y$;

(5) 对 $\forall x \in L, x = x^2$;

(6) 对 $\forall x, y \in L, x^2 \leqslant y \Rightarrow x \leqslant y$;

(7) 对 $\forall x, y \in L$ 和 $\square \in \{l, r\}, x \wedge (x \to_\square y) \leqslant y$;

(8) 对 $\forall x, y \in L$ 和 $\square \in \{l, r\}, x \leqslant y \to_\square z, y \leqslant x \Rightarrow y \leqslant z$;

(9) 对 $\forall x, y, z \in L$ 和 $\square \in \{l, r\}, x \leqslant y \to_\square z, x \leqslant y \Rightarrow x \leqslant z$;

(10) 对 $\forall x, y, z \in L$ 和某些 $\square_1, \square_2 \in \{l, r\}, x \leqslant y \to_{\square_1} z \Rightarrow x \to_{\square_2} y \leqslant x \to_{\square_2} z$;

(11) 对 $\forall x, y, z \in L$ 和某些 $\square_1, \square_2 \in \{l, r\}, x \leqslant y \to_{\square_1} z \Rightarrow y \to_{\square_2} x \leqslant y \to_{\square_2} z$;

(12) 对任意 $a \in L, \langle a \rangle = \{x \in L | a \leqslant x\}$.

4.4.5 左 (右) 布尔滤子

定义 4.4.11 非交换剩余格 L 的滤子 F 被称为左 (右) 布尔滤子, 若对 $\forall x \in A$, 满足 $x \vee \neg_{l(r)} x \in F$.

定理 4.4.27 设 F 和 G 是 L 的滤子, 则有以下性质:

(1) 若 F 和 G 是左 (右) 布尔滤子, 则 $F \cap G$ 是左 (右) 布尔滤子;

(2) 若 F 是左 (右) 布尔滤子且 $F \subseteq G$, 则 G 是左 (右) 布尔滤子.

下面给出左 (右) 布尔滤子的一些特征.

定理 4.4.28 设 F 是 L 的滤子, 则 F 是左 (右) 布尔滤子当且仅当 F 满足以下等价条件:

(1) 对 $\forall x \in L$ 和 $\square \in \{l, r\}$, $\neg_{l(r)} x \rightarrow_{\square} x \in F$ 蕴涵 $x \in F$;

(2) 对 $\forall x, y \in L$ 和 $\square \in \{l, r\}$, $(x \rightarrow_{l(r)} y) \rightarrow_{\square} x \in F$ 蕴涵 $x \in F$.

下面的定理给出了左 (右) 布尔滤子和左 (右) Heyting 滤子之间的关系.

定理 4.4.29 非交换剩余格的任意左 (右) 布尔滤子都是左 (右) Heyting 滤子.

推论 4.4.4 设 F 是 L 的左 (右) 布尔滤子, 则 F 是左 (右) 交换滤子. 特别地, F 是左 (右) 正规滤子.

推论 4.4.5 设 F 是 L 的左布尔滤子和右布尔滤子, 则 F 是正规滤子.

定理 4.4.30 设 F 是 L 的子集, 则 F 是左 (右) 布尔滤子当且仅当 F 包含 1 且满足以下等价条件:

(1) 对 $\forall x, y, z \in L$ 和某些 $\square_1, \square_2 \in \{l, r\}$, $z, z \rightarrow_{\square_1} ((x \rightarrow_{l(r)} y) \rightarrow_{\square_2} x) \in F$ 蕴涵 $x \in F$;

(2) 对 $\forall x, y, z \in L$ 和某些 $\square_1, \square_2 \in \{l, r\}$, $z, (x \rightarrow_{l(r)} y) \rightarrow_{\square_1} (z \rightarrow_{\square_2} x) \in F$ 蕴涵 $x \in F$.

定理 4.4.31 设 F 是 L 的滤子, 则 F 是左 (右) 布尔滤子当且仅当对任意 F 满足以下条件:

(1) 对 $\forall x, y \in L$ 和某些 $\square_1, \square_2 \in \{l, r\}$, $\neg_{l(r)} y \rightarrow_{\square_1} (x \rightarrow_{\square_2} y) \in F$ 蕴涵 $x \rightarrow_l y \in F$;

(2) 对 $\forall x, y \in L$ 和某些 $\square_1, \square_2 \in \{l, r\}$, $x \rightarrow_{\square_1} (\neg_{l(r)} y \rightarrow_{\square_2} y) \in F$ 蕴涵 $x \rightarrow_l y \in F$.

定理 4.4.32 设 F 是 L 的滤子, 则 F 是左 (右) 布尔滤子当且仅当对任意 F 满足以下条件:

(1) 对 $\forall x, y, z \in L$ 和某些 $\square_1, \square_2, \square_3 \in \{l, r\}$, $\neg_{l(r)} z \rightarrow_{\square_1} (x \rightarrow_{\square_2} y) \in F$ 和 $y \rightarrow_{\square_3} z \in F$ 蕴涵 $x \rightarrow_{l(r)} z \in F$;

(2) 对 $\forall x, y, z \in L$ 和某些 $\square_1, \square_2, \square_3 \in \{l, r\}$, $x \rightarrow_{\square_1} (\neg_{l(r)} z \rightarrow_{\square_2} y) \in F$ 和 $y \rightarrow_{\square_3} z \in F$ 蕴涵 $x \rightarrow_{l(r)} z \in F$.

定理 4.4.33 设 F 是 L 的滤子, 则 F 是左 (右) 布尔滤子当且仅当对任意 F 满足以下条件:

(1) 对 $\forall x \in L$ 和 $\square \in \{l, r\}$, $(\neg_{l(r)} x \to_\square x) \to_{l(r)} x \in F$;

(2) 对 $\forall x, y \in L$ 和 $\square \in \{l, r\}$, $((x \to_{l(r)} y) \to_\square x) \to_{l(r)} x \in F$.

定理 4.4.34 设 F 是 L 的滤子.

(1) 若对 $\forall x \in L$, F 满足 $(\neg_{l(r)} x \to_{r(l)} x) \to_{r(l)} \in F$, 则 F 是左 (右) 布尔滤子;

(2) 若 F 是右 (左) 交换滤子和左 (右) 布尔滤子, 则 F 满足上述条件.

设 L 是非交换剩余格且 $\square_1, \square_2 \in \{l, r\}$. 定义 L 上的二元运算 $+_{\square_1 \square_2}$ 如下:

$$x +_{\square_1 \square_2} y = \neg_{\square_1} x \to_{\square_1} y.$$

对于任意整数 $n \geqslant 2$, $1x = x, n_{\square_1 \square_2} x = x +_{\square_1 \square_2} (n-1)_{\square_1 \square_2} x$. 易得, 对 $\forall n \geqslant 2$, $n_{\square_1 \square_2} x = (\neg_{\square_1} x)^{n-1} \to_{\square_2} x$.

定理 4.4.35 设 F 是 L 的滤子, 则

(1) 若 F 是左 (右) 布尔滤子, 则对 $\forall x \in L, \square \in \{l, r\}$ 和整数 $n \geqslant 2$, 有 $n_{l(r) \square} x \in F$ 蕴涵 $x \in F$;

(2) 若对 $\forall x \in L$ 和某一 $\square \in \{l, r\}$ 及整数 $n \geqslant 2$, $n_{l(r) \square} x \in F$ 蕴涵 $x \in F$, 则 F 是左 (右) 布尔滤子.

定义 4.4.12 设 L 是非交换剩余格. L 的正规滤子 F 被称为布尔滤子, 若 L/F 是布尔代数类.

以下定理给出了非交换剩余格的布尔滤子、左布尔滤子和右布尔滤子之间的关系.

定理 4.4.36 设 F 是 L 的滤子, 则以下条件等价:

(1) F 是左布尔滤子和右布尔滤子;

(2) F 是布尔滤子.

下面的推论给出布尔代数的一个特征, 并建立了布尔代数和布尔滤子之间的联系.

推论 4.4.6 设 L 是非交换剩余格, 则以下条件等价:

(1) L 是布尔代数;

(2) L 的任意正规滤子是布尔滤子;

(3) $\{1\}$ 是布尔滤子;

(4) 对 $\forall x \in L, x \vee \neg_l x = 1$ 和 $x \vee \neg_r x = 1$;

(5) 对 $\forall x \in L$ 和 $\square \in \{l, r\}$, $\neg_\square x \leqslant x$ 蕴涵 $x = 1$;

(6) 对 $\forall x, y \in L$ 和 $\square \in \{l, r\}$, $x \to_\square y \leqslant x$ 蕴涵 $x = 1$;

(7) 对 $\forall x, y \in L, \square_1 \in \{l, r\}$ 和某些 $\square_2 \in \{l, r\}$, $\neg_{\square_1} y \leqslant x \to_{\square_2} y$ 蕴涵 $x \leqslant y$;

(8) 对 $\forall x,y \in L, \square_1 \in \{l,r\}$ 和某些 $\square_2 \in \{l,r\}$, $x \leqslant \neg_{\square_1} y \to_{\square_2} y$ 蕴涵 $x \leqslant y$;

(9) 对 $\forall x,y \in L, \square_1 \in \{l,r\}$ 和某些 $\square_2 \in \{l,r\}$, $\neg_{\square_1} z \leqslant x \to_{\square_2} y$ 蕴涵 $x \leqslant z$;

(10) 对 $\forall x,y \in L, \square_1 \in \{l,r\}$ 和某些 $\square_2 \in \{l,r\}$, $x \leqslant \neg_{\square_1} z \to_{\square_2} y$ 蕴涵 $x \leqslant z$;

(11) 对 $\forall x \in L, \square_1 \in \{l,r\}$ 和某些 $\square_2 \in \{l,r\}$, $\neg_{\square_1} x \to_{\square_2} x = x$;

(12) 对 $\forall x,y \in L, \square_1 \in \{l,r\}$ 和某些 $\square_2 \in \{l,r\}$, $(x \to_{\square_1} y) \to_{\square_2} x = x$.

定理 4.4.37　设 F 是布尔滤子, 则以下条件成立:

(1) 对 $\forall x \in L$ 和 $\square \in \{l,r\}$, $\neg_l x \to_\square \neg_r x \in F$;

(2) 对 $\forall x \in L$ 和 $\square \in \{l,r\}$, $\neg_r x \to_\square \neg_l x \in F$.

定义 4.4.13　设 F 是 L 的滤子.

(1) F 称为左广义对合 (左 GI) 滤子, 若满足对 $\forall x \in L$, $\neg_{rl} x \in F$ 蕴涵 $x \in F$;

(2) F 称为右广义对合 (右 GI) 滤子, 若满足对 $\forall x \in L$, $\neg_{lr} x \in F$ 蕴涵 $x \in F$;

(3) F 称为广义对合 (GI) 滤子, 若它既是左 GI 滤子也是右 GI 滤子.

注　GI 滤子也称为 EIMTL 滤子.

定理 4.4.38　设 F 是 L 的子集, 则 F 是左 GI 滤子当且仅当

(1) $1 \in F$;

(2) 对 $\forall x,y \in L$ 和某些 $\square \in \{l,r\}$, $\neg_{rl}(x \to_\square y) \in F$ 和 $x \in F$ 蕴涵 $y \in F$.

定理 4.4.39　设 F 是 L 的子集, 则 F 是左 GI 滤子当且仅当

(1) $1 \in F$;

(2) 对 $\forall x,y \in L$ 和 $\square \in \{l,r\}$, $\neg_{lr}(x \to_\square y) \in F$ 和 $x \in F$ 蕴涵 $y \in F$.

定义 4.4.14　设 F 是 L 的滤子.

(1) F 称为左对合 (左 I) 滤子, 若满足对 $\forall x \in L$, $\neg_{rl} x \to_l x \in F$ 蕴涵 $x \in F$;

(2) F 称为右对合 (右 I) 滤子, 若满足对 $\forall x \in L$, $\neg_{lr} x \to_r x \in F$ 蕴涵 $x \in F$;

(3) F 称为对合 (I) 滤子, 若它既是左 I 滤子也是右 I 滤子.

定理 4.4.40　非交换剩余格的每个左 (右) I 滤子都是左 (右) GI 滤子.

定理 4.4.41　设 F 是 L 的滤子, 则

(1) 若 F 是左 (右) 布尔滤子, 则它是左 (右) I 滤子;

(2) 若 F 是左 (右) Heyting 滤子和左 (右) GI 滤子, 则它是左 (右) 布尔滤子;

(3) 若 F 是布尔滤子当且仅当它是 Heyting 滤子和 GI 滤子.

4.4.6　左 (右) 伪 MV 滤子

定义 4.4.15　设 F 是 L 的滤子, 对 $\forall x,y \in L$, $((x \to_{l(r)} y) \to_{r(l)} y) \to_{l(r)} ((y \to_{l(r)} x) \to_{r(l)} x) \in F$, 称 F 为左 (右) MV 滤子.

定理 4.4.42　设 F 和 G 是 L 的滤子, 则有以下性质:

(1) 若 F 和 G 是左 (右) MV 滤子, 则 $F \cap G$ 是左 (右) MV 滤子;

(2) 若 F 是左 (右) MV 滤子且 $F \subseteq G$, 则 G 是左 (右) MV 滤子.

定理 4.4.43 设 F 是 L 的滤子, 则 F 是左 (右) MV 滤子当且仅当 F 满足以下等价条件之一:

(1) 对 $\forall x, y \in L$, $(y \to_{l(r)} x) \to_{r(l)} (((x \to_{l(r)} y) \to_{r(l)} y) \to_{l(r)} x) \in F$;

(2) 对 $\forall x, y \in L$, $y \to_{l(r)} x \in F$ 蕴涵 $((x \to_{l(r)} y) \to_{r(l)} y) \to_{l(r)} x \in F$;

(3) 对 $\forall x, y, z \in L$, $(x \to_{l(r)} z) \to_{r(l)} (y \to_{l(r)} z) \in F$ 和 $z \to_l x \in F$ 蕴涵 $y \to_l x \in F$;

(4) 对 $\forall x, y \in L$, $((x \to_{l(r)} y) \to_{r(l)} y) \to_{l(r)} (x \vee y) \in F$.

定理 4.4.44 设 F 是 L 的子集, 则 F 是左 (右) MV 滤子当且仅当 $1 \in F$ 且满足以下条件: 对 $\forall x, y, z \in L$, $z, z \to_{r(l)} (x \to_{l(r)} y) \in F$ 蕴涵 $((y \to_{l(r)} x) \to_{r(l)} x) \to_{l(r)} y \in F$.

定义 4.4.16 设 F 是 L 的正规滤子, 若 L/F 是伪 MV-代数类, 称 F 为伪 MV 滤子.

定理 4.4.45 设 F 是 L 的滤子, 则以下条件等价:

(1) F 是正规滤子, 左 MV 滤子和右 MV 滤子;

(2) F 是 MV 滤子.

下面的推论给出了伪 MV-代数的一个特征, 并建立了伪 MV-代数和伪 MV 滤子之间的联系.

推论 4.4.7 设 L 是剩余格, 则以下条件等价:

(1) L 是伪 MV 代数;

(2) L 的任意正规滤子是伪 MV 滤子;

(3) $\{1\}$ 是伪 MV 滤子;

(4) 对 $\forall x, y \in L$, $(x \to_l y) \to_r y = (y \to_l x) \to_r x$ 和 $(x \to_r y) \to_l y = (y \to_r x) \to_l x$;

(5) 对 $\forall x, y \in L$, $y \to_l x = ((x \to_l y) \to_r y) \to_l x$ 和 $y \to_r x = ((x \to_r y) \to_l y) \to_r x$;

(6) 对 $\forall x, y \in L$, $y \leqslant x$ 蕴涵 $(x \to_l y) \to_r y, (x \to_r y) \to_l y$;

(7) 对 $\forall x, y, z \in L$, $x \to_l z \leqslant y \to_l z$ 或 $x \to_r z \leqslant y \to_r z$ 和 $z \leqslant x$ 蕴涵 $y \leqslant x$;

(8) 对 $\forall x, y \in L$, $x \vee y = (x \to_l y) \to_r y$ 或 $x \vee y = (x \to_r y) \to_l y$.

定义 4.4.17 设 F 是剩余格 L 的滤子, 若 F 满足以下条件, 则被称为左 (右) 稳定滤子: 对 $\forall x, y \in L$, $(x \to_{l(r)} y) \to_{r(l)} y \in F$ 蕴涵 $(y \to_{l(r)} x) \to_{r(l)} x \in F$.

定理 4.4.46 设 F 是 L 的滤子, 则

(1) 若 F 是左 (右) MV 滤子, 则它是左 (右) I 滤子;

(2) 若 F 是左 (右) MV 滤子, 则它是左 (右) 稳定滤子;

(3) 若 F 是左 (右) 稳定滤子, 则它是左 (右) GI 滤子.

下面研究剩余格中左 (右) 布尔滤子和左 (右) MV 滤子之间的关系.

定理 4.4.47 设 F 是 L 的滤子, 有

(1) 若 F 是正规滤子和左 (右) 布尔滤子, 则它是左 (右) MV 滤子;

(2) 若 F 是布尔滤子, 则它是伪 MV 滤子.

定理 4.4.48 非交换剩余格的任意左 (右) 布尔滤子是左 (右) 稳定滤子.

推论 4.4.8 设 F 是 L 的滤子, 则

(1) 若 F 是右 (左) Heyting 滤子和左 (右) MV 滤子, 则它是左 (右) 布尔滤子;

(2) 若 F 是右 (左) Heyting 滤子和左 (右) 稳定滤子, 则它是左 (右) 布尔滤子;

(3) 若 F 是布尔滤子当且仅当它是 Heyting 滤子和伪 MV 滤子.

4.4.7 n 重左 (右) Heyting 滤子

定义 4.4.18 设 F 是 L 的滤子, 若对 $\forall x, y \in L$, 有 $x^n \to_{l(r)} x^{n+1} \in F$, 则称 F 为 n 重左 (右) Heyting 滤子.

定理 4.4.49 设 F 是 L 的滤子, F 是 n 重左 (右) Heyting 滤子, 则对 $\forall m \geqslant n$, F 是 m 重左 (右) Heyting 滤子.

推论 4.4.9 设 F 是 L 的滤子, F 是 n 重左 (右) Heyting 滤子, 则对任意整数 $n \leqslant m < s, x^m \to_{l(r)} x^s \in F$.

推论 4.4.10 设 F 是 L 的滤子, F 是 n 重左 (右) Heyting 滤子当且仅当对某个整数 $n < s, x^n \to_{l(r)} x^s \in F$.

推论 4.4.11 设 F 是 L 的滤子. 若 F 是 n 重左 (右) Heyting 滤子, 则对 $\forall x, y \in L$, 任意整数 $n \leqslant m < s, (x \wedge y)^m \to_{l(r)} a_1^{n_1} \otimes \cdots \otimes a_t^{n_t} \in F$, 其中 $t, n_1, \cdots, n_t$ 是整数使得 $\sum_{i=1}^{t} n_i = s$ 且对每个 $1 \leqslant i \leqslant t, a_i \in \{x, y\}$.

此外, 若对于 $m = n$ 和某些 $s > n$ 满足上述条件, 则 F 是 n 重左 (右) Heyting 滤子.

定理 4.4.50 设 F 是 L 的滤子, 若 F 是 n 重左 (右) Heyting 滤子, 则对 $\forall x, y \in L, \forall n < s, x^s \to_{l(r)} y \in F$ 蕴含 $x^n \to_{l(r)} y \in F$.

此外, 若当 $s = n+1$ 时 F 满足上述条件, 则 F 是 n 重左 (右) Heyting 滤子.

定理 4.4.51 设 F 是 L 的滤子, 则 F 是 n 重左 (右) Heyting 滤子当且仅当对 $\forall x, y \in L, \square \in \{l, r\}$, 有 $(x \wedge (x^n \to_{\square} y))^n \to_{l(r)} y \in F$.

定理 4.4.52 设 F 是 L 的子集. 若 F 是 n 重左 (右) Heyting 滤子, 则对 $\forall x, y, z \in L$, 对 $\forall m \geqslant n$ 和整数 $s, 1 \in F$ 且 $x \to_{l(r)} (y^m \to_{l(r)} z) \in F$ 和 $y^s \to_{l(r)} x \in F$ 蕴涵 $y^n \to_{l(r)} z \in F$.

此外, 若 F 对于 $m = n$ 和某一 s 满足上述条件, 则 F 是 n 重左 (右) Heyting 滤子.

定理 4.4.53 设 F 是 L 的滤子, 则 F 是 n 重左 (右) Heyting 滤子当且仅当对 $\forall x, y, z \in L$, $x \to_{l(r)} (y \to_{l(r)} z) \in F$ 蕴涵 $(x^n \to_{l(r)} y) \to_{r(l)} (x \to_{l(r)} z) \in F$.

定理 4.4.54 设 F 是 L 的子集. 若 F 是 n 重左 (右) Heyting 滤子, 则对 $\forall x, y, z \in L$, 对任意满足 $s + t > n$ 的整数 s, t, $z, z \to_{l(r)} (x^s \to_{l(r)} (x^t \to_{l(r)} y)) \in F$ 蕴涵 $x^n \to_{l(r)} y \in F$.

此外, 若存在 $s + t > n$ 的整数 s, t, F 满足上述条件, 则 F 是 n 重左 (右) Heyting 滤子.

定理 4.4.55 设 F 是 L 的正规滤子, 则 F 是 n 重左 (右) Heyting 滤子当且仅当 F 满足以下条件: $\langle F \cup \{a\} \rangle = \{x \in A | a^n \to_{l(r)} x \in F\}$.

定理 4.4.56 设 F 是非交换剩余格 L 的正规滤子. 若 F 是 n 重左 (右) Heyting 滤子, 则 F 是 n 重右 (左) Heyting 滤子.

定义 4.4.19 非交换剩余格 L 称为 n 重 Heyting 代数, 若对 $\forall x \in L$, $x^n = x^{n+1}$.

定义 4.4.20 设 F 是非交换剩余格 L 的正规滤子. 若 L/F 是 n 重 Heyting 代数类, 称 F 为 n 重 Heyting 滤子.

定理 4.4.57 设 F 是 L 的滤子, 则以下条件等价:

(1) F 是正规滤子和 n 重左 Heyting 滤子;

(2) F 是正规滤子和 n 重右 Heyting 滤子;

(3) F 是 n 重 Heyting 滤子.

推论 4.4.12 设 L 是非交换剩余格, 则以下条件等价:

(1) L 是 n 重 Heyting 代数;

(2) L 的任意正规滤子是 n 重 Heyting 滤子;

(3) $\{1\}$ 是 n 重 Heyting 滤子;

(4) 对 $\forall x \in L$ 和 $s > n$, $x^n = x^s$;

(5) 对 $\forall x, y \in L$ 和 $s > n$, $(x \wedge y)^n \leqslant a_1^{n_1} \otimes \cdots \otimes a_t^{n_t}$, 其中 $t, n_1, \cdots, n_t$ 是整数, 使得 $\sum_{i=1}^{t} n_i = n$ 且对每个 $1 \leqslant i \leqslant t, a_i \in \{x, y\}$;

(6) 对 $\forall x, y \in L$, $x^{n+1} \leqslant y \Rightarrow x^n \leqslant y$;

(7) 对 $\forall x, y \in L$ 和 $\square \in \{l, r\}$, $x \wedge (x^n \to_{\square} y)^n \leqslant y$;

(8) 对 $\forall x, y \in L$, 整数 s 和 $\square \in \{l, r\}$, $x \leqslant y^n \to_{\square} z, y^s \leqslant x \Rightarrow y^n \leqslant z$;

(9) 对 $\forall x, y, z \in L$ 和 $\square \in \{l, r\}$, $x \leqslant y \to_{\square} z \Rightarrow x^n \to_{\square} y \leqslant x^n \to_{\square} z$;

(10) $\langle a \rangle = \{x \in L | a^n \leqslant x\}$.

4.4.8 n 重左 (右) 布尔滤子

定义 4.4.21 设 F 是 L 的滤子, 若对 $\forall x \in L$, $x^n \vee \neg_{l(r)} x^n \in F$, 则称 F 为 n 重左 (右) 布尔滤子.

特别地, 1 重左 (右) 布尔滤子就是左 (右) 布尔滤子.

定理 4.4.58 设 F 是 L 的滤子, 则 F 是 n 重左 (右) 布尔滤子当且仅当对 $\forall m \geqslant n$, F 是 m 重左 (右) 布尔滤子.

定理 4.4.59 设 F 是 L 的滤子. 若 F 是 n 重左 (右) 布尔滤子, 则对 $\forall x$, $y \in L$ 和 $\square \in \{l, r\}$, 有对 $\forall m \geqslant n$, $\neg_{l(r)} x^m \to_\square x \in F$ 蕴涵 $x \in F$.

此外, 若 $m = n$ 时 F 满足上述条件, 则 F 是 n 重左 (右) 布尔滤子.

定理 4.4.60 设 F 是 L 的滤子. 若 F 是 n 重左 (右) 布尔滤子, 则对 $\forall x$, $y \in L$ 和 $\square \in \{l, r\}$, 有对 $\forall m \geqslant n$, $(x^m \to_{l(r)} y) \to_\square x \in F$ 蕴涵 $x \in F$.

此外, 若当 $m = n$ 时 F 满足上述条件, 则 F 是 n 重左 (右) 布尔滤子.

定理 4.4.61 非交换剩余格的任意 n 重左 (右) 布尔滤子都是 n 重左 (右) Heyting 滤子.

定理 4.4.62 设 F 是 L 的子集. 若 F 是 n 重左 (右) 布尔滤子, 则对 $\forall x, y, z \in L$, 有

(1) $1 \in F$;

(2) 对 $\forall m \geqslant n$ 和 $\square_1, \square_2 \in \{l, r\}$, $z, z \to_{\square_1} ((x^m \to_{l(r)} y) \to_{\square_2} x) \in F$ 蕴涵 $x \in F$.

此外, 若对于 $m = n$ 和某些 $\square_1, \square_2 \in \{l, r\}$, F 满足 (1)、(2), 则 F 是 n 重左 (右) 布尔滤子.

定理 4.4.63 设 F 是 L 的滤子. 若 F 是 n 重左 (右) 布尔滤子, 则对 $\forall x, y \in L$, 有对 $\forall m \geqslant n$ 和 $\square_1, \square_2 \in \{l, r\}$, $\neg_{l(r)} y^m \to_{\square_1} (x \to_{\square_2} y) \in F$ 蕴涵 $x \to \square_2 y \in F$.

此外, 若对于 $m = n$ 和某些 $\square_1, \square_2 \in \{l, r\}$, F 满足上述条件, 则 F 是 n 重左 (右) 布尔滤子.

推论 4.4.13 设 F 是 L 的滤子. 若 F 是 n 重左 (右) 布尔滤子, 则对 $\forall x \in L$, 有对 $\forall \square \in \{l, r\}$ 和整数 $m > n, s$. $(\neg_{l(r)} x^m)^s \to_\square x \in F$ 蕴含 $x \in F$.

此外, 若对于 $m = n$ 和某些 $\square \in \{l, r\}$, F 满足上述条件, 则 F 是 n 重左 (右) 布尔滤子.

定理 4.4.64 设 F 是 L 的滤子. 若 F 是 n 重左 (右) 布尔滤子, 则对 $\forall x, y \in L$, 有对 $\forall m \geqslant n$, $\neg_{l(r)} z^m \to_{l(r)} (x \to_{l(r)} y) \in F$ 和 $y \to_{l(r)} z \in F$ 蕴涵 $x \to_{l(r)} z \in F$,

此外, 若 $m = n$ 时 F 满足上述条件, 则 F 是 n 重左 (右) 布尔滤子.

定理 4.4.65 设 F 是 L 的滤子. 若 F 是 n 重左 (右) 布尔滤子, 则对 $\forall x,$ $y \in L$, 有 $\forall m \geqslant n$, $(\neg_{l(r)} x^m \to_{l(r)} x) \to_{r(l)} x \in F$.

此外, 若当 $m = n$ 时 F 满足上述条件, 则 F 是 n 重左 (右) 布尔滤子.

定理 4.4.66 设 F 是 L 的滤子. 若 F 是 n 重左 (右) 布尔滤子, 则对 $\forall x,$ $y \in L$, 有 $\forall m \geqslant n$, $(\neg_{l(r)} x^m \to_{r(l)} x) \to_{l(r)} x \in F$.

此外, 若当 $m = n$ 时 F 满足上述条件, 则 F 是 n 重左 (右) 布尔滤子.

定义 4.4.22 非交换剩余格 L 被称为 n 重布尔代数, 若对 $\forall x \in L$, $x \vee \neg_l x^n = x \vee \neg_r x^n = 1$.

定义 4.4.23 设 F 是 L 的正规滤子. 若 L/F 是 n 重布尔代数类, 则称 F 为 n 重布尔滤子.

以下定理给出非交换剩余格中 n 重布尔滤子、n 重左布尔滤子和 n 重右布尔滤子之间的关系.

定理 4.4.67 设 F 是 L 的滤子, 则 F 是正规滤子、n 重左布尔滤子和 n 重右布尔滤子当且仅当 F 是 n 重布尔滤子.

下面给出 n 重布尔代数和 n 重布尔滤子之间的关系.

推论 4.4.14 设 L 是非交换剩余格, 则以下条件等价:

(1) L 是 n 重布尔代数;

(2) L 的任意正规滤子是 n 重布尔滤子;

(3) $\{1\}$ 是 n 重布尔滤子;

(4) 对 $\forall x \in L$, $x \vee \neg_l x^n = 1$ 和 $x \vee \neg_r x^n = 1$;

(5) 对 $\forall x \in L$, $\neg_l x^n \to_\square x = x$, $\neg_r x^n \to_\square x = x$;

(6) $(x^n \to_l y) \to_\square x = x$, $(x^n \to_r y) \to_\square x = x$.

定理 4.4.68 设 L 是非交换剩余格, F 是 n 重左布尔滤子, 则对 $\forall x, y \in L$, $m \geqslant n$, 有

(1) $\neg_{ll} x^m \to_r x \in F$;

(2) $\neg_{lr} x^m \to_l x \in F$.

定理 4.4.69 设 L 是非交换剩余格, F 是 n 重左 (右) 布尔滤子, 则对 $\forall x, y \in L, m \geqslant n$, 有 $((x^m \to_{l(r)} y) \to_{r(l)} y) \in F$ 蕴涵 $((y \to_{l(r)} x) \to_{r(l)} x) \in F$.

4.4.9 n 重左 (右) 伪 MV 滤子

定义 4.4.24 设 F 是 L 的滤子, 对 $\forall w, y \in A$, $((x^m \to_{l(r)} y) \to_{r(l)} y) \to_{l(r)} ((y \to_{l(r)} x) \to_{r(l)} x) \in F$, 称 F 为 n 重左 (右) MV 滤子.

特别地, 1 重左 (右) MV 滤子就是左 (右) MV 滤子.

定理 4.4.70 设 L 是非交换剩余格, F 是 L 的 n 重左 (右) MV 滤子, 则对任意整数 $m \geqslant n$, F 是 m 重左 (右) MV 滤子.

定理 4.4.71　设 L 是非交换剩余格, F 是 L 的滤子. 若 F 是 n 重左 (右) MV 滤子, 则对 $\forall x, y \in L$, 有

(1) 对 $\forall m \geqslant n$, $(y \to_{l(r)} x) \to_{r(l)} (((x^m \to_{l(r)} y) \to_{r(l)} y) \to_{l(r)} x) \in F$;

(2) 对 $\forall m \geqslant n$, $y \to_{l(r)} x \in F$ 蕴涵 $((x^m \to_{l(r)} y) \to_{r(l)} y) \to_{l(r)} x \in F$;

此外, 若当 $m = n$ 时 F 满足 (1) 或 (2), 则 F 是 n 重左 (右) MV 滤子.

定理 4.4.72　设 L 是非交换剩余格, F 是 A 的子集. 若 F 是 n 重左 (右) MV 滤子, 则对 $\forall x, y, z \in L$, 有

(1) $1 \in F$;

(2) 对 $\forall m \geqslant n$, $z, z \to_{r(l)} (x \to_{l(r)} y) \in F$ 蕴涵 $((y^m \to_{l(r)} x) \to_{r(l)} x) \to_{l(r)} y \in F$.

此外, 若当 $m = n$ 时 F 满足 (1)、(2), 则 F 是 n 重左 (右) MV 滤子.

定理 4.4.73　设 L 是非交换剩余格, F 是 L 的滤子. 若 F 是 n 重左 (右) MV 滤子, 则对 $\forall x, y, z \in L$, 有对 $\forall m \geqslant n$, $(x^m \to_{l(r)} z) \to_{r(l)} (y \to_{l(r)} z) \in F$ 和 $z \to_l x \in F$ 蕴涵 $y \to_l x \in F$.

此外, 若 F 满足上述条件, 则 F 是 n 重左 (右) MV 滤子.

定理 4.4.74　设 L 是非交换剩余格, F 是 L 的滤子. 若 F 是 n 重左 (右) MV 滤子, 则对 $\forall x, y \in L$, 有对 $\forall m \geqslant n$, $((x^m \to_{l(r)} y) \to_{r(l)} y) \to_{l(r)} (x \vee y) \in F$.

此外, 若 F 满足上述条件, 则 F 是 n 重左 (右) MV 滤子.

定义 4.4.25　非交换剩余格 L 被称为 n 重 MV 代数, 若对 $\forall x, y \in L, y \to_l x = ((x^n \to_l y) \to_r y) \to_l x$ 和 $y \to_r x = ((x^n \to_r y) \to_l y) \to_r x$. 我们用 MV_n 表示 n 重伪 MV 代数的类.

定义 4.4.26　设 L 是非交换剩余格, F 是 L 的正规滤子. 若 L/F 是伪 MV-代数类, 则称 F 为 n 重伪 MV 滤子.

以下定理给出非交换剩余格中 n 重伪 MV 滤子、n 重左 MV 滤子和 n 重右 MV 滤子之间的关系.

定理 4.4.75　设 L 是非交换剩余格, F 是 L 的滤子, 则以下条件等价:

(1) F 是正规滤子, n 重左 MV 滤子和 n 重右 MV 滤子;

(2) F 是 n 重伪 MV 滤子.

下面的推论给出了 n 重伪 MV 代数的一个特征, 并建立了 n 重伪 MV 代数和 n 重伪 MV 滤子之间的联系.

推论 4.4.15　设 L 是非交换剩余格, 则以下条件等价:

(1) L 是 n 重伪 MV 代数;

(2) L 的任意正规滤子是 n 重伪 MV 滤子;

(3) $\{1\}$ 是 n 重伪 MV 滤子;

(4) 对 $\forall x, y \in L$, $(x^n \to_l y) \to_r y \leqslant (y \to_l x) \to_r x$ 和 $(x^n \to_r y) \to_l y \leqslant$

$(y \to_r x) \to_l x$;

(5) 对 $\forall x, y \in L$, $y \to_l x = ((x^n \to_l y) \to_r y) \to_l x$ 和 $y \to_r x = ((x^n \to_r y) \to_l y) \to_r x$;

(6) 对 $\forall x, y, z \in L$, $x^n \to_\square z \leqslant y \to_\square z$ 和 $z \leqslant x$ 蕴涵 $y \leqslant x$;

(7) 对 $\forall x, y \in L$, $(x^n \to_l y) \to_r y \leqslant x \vee y$ 或 $(x^n \to_r y) \to_l y \leqslant x \vee y$.

定理 4.4.76 设 L 是非交换剩余格, F 是正规滤子. 若 F 是 n 重左 (右) 布尔滤子, 则它是 n 重左 (右) MV 滤子.

推论 4.4.16 设 L 是非交换剩余格, F 是 L 的滤子. 若 F 是 n 重左 (右) Heyting 滤子和 n 重左 (右) MV 滤子, 则它是 n 重左 (右) 布尔滤子.

4.5 非交换剩余格上的模糊滤子

作为对伪 BL-代数上模糊滤子的推广, 文献 [97-102] 分别给出了非交换剩余格上模糊滤子及其子类, 以及 L-模糊滤子及其子类的定义和性质, 本节介绍如下.

4.5.1 模糊滤子的基本概念

定义 4.5.1[97] 设 $f : L \to [0,1]$ 是 L 的模糊子集, 若对 $\forall x, y \in L$, 有

(1) $x \leqslant y$ 蕴涵 $f(x) \leqslant f(y)$;

(2) $f(x) \wedge f(y) \leqslant f(x \otimes y)$,

则称 f 为模糊滤子.

例 4.5.1 设 $L = \{0, a, b, c, 1\}$, 其中 $0 < a < b, c < 1$, b, c 不可比较. 定义运算 $\otimes$、$\to$ 和 $\rightsquigarrow$ 如下:

$\otimes$	0	a	b	c	1
0	0	0	0	0	0
a	0	0	0	a	a
b	0	a	b	a	b
c	0	0	0	c	c
1	0	a	b	c	1

$\to$	0	a	b	c	1
0	1	1	1	1	1
a	c	1	1	1	1
b	c	c	1	c	1
c	0	b	b	1	1
1	0	a	b	c	1

$\rightsquigarrow$	0	a	b	c	1
0	1	1	1	1	1
a	b	1	1	1	1
b	0	c	1	c	1
c	b	b	b	1	1
1	0	a	b	c	1

则 $(L, \wedge, \vee, \otimes, \to, \rightsquigarrow, 0, 1)$ 是非交换剩余格. 令 $f(0) = f(a) = f(b) = 0.2$, $f(c) = 0.5$, $f(1) = 0.8$, 可以验证 f 是 L 的模糊滤子.

定理 4.5.1[97] 设 f 是 L 的模糊子集, 则 f 是模糊滤子当且仅当对 $\forall t \in [0,1]$, f_t 要么是空集要么是 L 的滤子.

推论 4.5.1 设 F 是 L 的非空子集, 则 F 是滤子当且仅当 χ_F 是模糊滤子.

定理 4.5.2[98] 设 f 是 L 的模糊子集, 则对 $\forall x, y, z \in L$, 下列条件等价:

(1) f 是 L 上的模糊滤子;

(2) $f(x) \leqslant f(1)$, $f(x) \wedge f(x \to y) \leqslant f(y)$ 或 $f(x) \wedge f(x \rightsquigarrow y) \leqslant f(y)$;

(3) 若 $x \to (y \to z) = 1$ 或 $x \rightsquigarrow (y \rightsquigarrow z) = 1$, 则 $f(x) \wedge f(y) \leqslant f(z)$;

(4) 若 $x \otimes y \leqslant z$ 或 $y \otimes x \leqslant z$, 则 $f(x) \wedge f(y) \leqslant f(x \otimes y)$;

(5) f 是保序的, 且 $f(x) \wedge f(y) \leqslant f(x \otimes y)$;

(6) f 是保序的, 且 $f(x \otimes y) = f(x) \wedge f(y)$.

推论 4.5.2　设 f 是 L 的模糊滤子, 对 $\forall x, y \in L$, 有

(1) 若 $f(x \to y) = 1$ 或 $f(x \rightsquigarrow y) = 1$, 则 $f(x) \leqslant f(y)$;

(2) $f(x) = f(x \otimes x) = f(x \otimes x \otimes \cdots \otimes x)$;

(3) $f(x \otimes y) = f(x \wedge y) = f(x) \wedge f(y)$;

(4) $f_k(k \in K)$ 是 L 的模糊滤子, 则 $\bigwedge_{k \in K} f_k$ 是 L 的模糊滤子.

定义 4.5.2[97]　设 f 是 L 的模糊滤子, 对 $\forall x, y \in L$, 若 $f(x \to y) = f(x \rightsquigarrow y)$, 称 f 是模糊正规滤子.

定理 4.5.3　设 f 是 L 的模糊子集, 则 f 是模糊正规滤子当且仅当对 $\forall t \in [0,1]$, f_t 要么是空集要么是正规滤子.

设 f 是 L 的模糊正规滤子, $x \in L$, 则对应于 x 的 f 的模糊陪集定义为 $x_f(y) = f(x \to y) \wedge f(y \to x)$. 记 $L/f = \{x_f | x \in L\}$.

引理 4.5.1　设 f 是 L 的模糊正规滤子, 则 $x_f = y_f$ 当且仅当 $f(x \to y) = f(y \to x) = 1$.

推论 4.5.3　设 f 是 L 的模糊正规滤子, 则 $x_f = y_f$ 当且仅当 $x \equiv_{f_{f(1)}} y$.

定理 4.5.4　设 f 是 L 的模糊正规滤子, 则 $(L/f, \wedge, \vee, \otimes, \to, \rightsquigarrow, 0_f, 1_f)$ 是剩余格.

注　L/f 上的偏序 $\leqslant$ 定义为 $x_f \leqslant y_f$ 当且仅当 $f(x \to y) = f(x \rightsquigarrow y) = 1$.

定理 4.5.5　设 f 是 L 的模糊正规滤子, 则 $L/f \simeq L/f_{f(1)}$.

为讨论问题方便, 以下假定 $f(1) = 1$. 本部分内容主要参考文献 [99].

定义 4.5.3[99]　设 f 是 L 的模糊滤子, 对 $\forall x, y \in L$, 若

(1) $f(x \vee y) \leqslant f(x) \vee f(y)$, 则称 f 为模糊素滤子, 记作 FPF1;

(2) $f(x \to y) = 1$ 或 $f(x \rightsquigarrow y) = 1$, 或 $f(y \to x) = 1$ 或 $f(y \rightsquigarrow x) = 1$, 则称 f 为第二类模糊素滤子, 记作 FPF2;

(3) $f((x \to y) \vee (y \to x)) = 1$ 或 $f((x \rightsquigarrow y) \vee (y \rightsquigarrow x)) = 1$, 则称 f 为第三类模糊素滤子, 记作 FPF3.

定理 4.5.6　每个 FPF2 是 FPF1. 反之, 在伪 MTL-代数上, 每个模糊正规的 FPF1 是 FPF2.

证明　设 f 是 FPF2. 对 $\forall x, y \in L$, 设 $f(x \to y) = 1$, 则

$$f(x) \geqslant f((x \otimes (x \to y)) \vee (y \otimes (y \to x)))$$

$$= f((x \vee y) \otimes (x \to y))$$
$$\geqslant f(x \vee y) \wedge f(x \to y)$$
$$= f(x \vee y).$$

因此, $f(x \vee y) \leqslant f(x) \vee f(y)$.

设 L 是伪 MTL-代数, f 是 FPF1. 若 $f((x \to y) \vee (y \to x)) = 1$, 有 $f(x \to y) \vee f(y \to x) \geqslant f((x \to y) \vee (y \to x)) = f(1) = 1$, 从而 $f(x \to y) = 1$ 或 $f(y \to x) = 1$. 类似地, 可得 $f(x \rightsquigarrow y) = 1$ 或 $f(y \rightsquigarrow x) = 1$.

定理 4.5.7 每个 FPF2 是 FPF3.

定理 4.5.8 在伪 MTL-代数上, 每个模糊滤子都是 FPF3.

定理 4.5.9 设 f 是 L 的模糊正规滤子. 则下列条件等价:

(1) f 是 FPF2;

(2) L/f 是线性序剩余格.

4.5.2 模糊布尔滤子及其等价描述

定义 4.5.4[99] 设 f 是 L 的模糊滤子, 对 $\forall x \in L$, 若

(1) $f(x \vee x^-) = f(x \vee x^\sim) = 1$, 则称 f 为模糊布尔滤子, 记作 FBF1;

(2) $f(x) = 1$ 或 $f(x^-) = f(x^\sim) = 1$, 则称 f 为第二类模糊布尔滤子, 记作 FBF2.

定理 4.5.10 每个 FBF2 是 FBF1. 反之, 每个 FBF1 若又是 FPF1, 则是 FBF2.

定理 4.5.11 设 f 是 L 的模糊子集, 则 f 是模糊布尔滤子当且仅当对 $\forall x \in L$, 有

(1) $f(x^- \to x) \leqslant f(x)$;

(2) $f(x^\sim \rightsquigarrow x) \leqslant f(x)$.

证明 设 f 是模糊布尔滤子. 由 $(x \vee x^\sim) \rightsquigarrow x = (x \rightsquigarrow x) \wedge (x^\sim \rightsquigarrow x) = x^\sim \rightsquigarrow x$, 得 $f(x) \geqslant f((x \vee x^\sim) \rightsquigarrow x) \wedge f(x \vee x^\sim) = f((x \vee x^\sim) \rightsquigarrow x) = f(x^\sim \rightsquigarrow x)$. 类似地, 可得 $f(x) \geqslant f(x^- \to x)$.

反之, 有 $f(x \vee x^\sim) \geqslant f((x \vee x^\sim)^\sim \rightsquigarrow (x \vee x^\sim)) = f((x^\sim \wedge x^{\sim\sim} \rightsquigarrow (x \vee x^\sim))) = f(1)$, 从而 $f(x \vee x^\sim) = 1$. 类似地, 有 $f(x \vee x^-) = f(1)$. 所以 f 是模糊布尔滤子.

定理 4.5.12 设 f 是 L 的模糊滤子, 则 f 是模糊布尔滤子当且仅当 $\forall x, y \in L$,

(1) $f((x \to y) \to x) \leqslant f(x)$;

(2) $f((x \rightsquigarrow y) \rightsquigarrow x) \leqslant f(x)$.

定理 4.5.13 设 f 是 L 的模糊滤子, 则对 $\forall x, y \in L$, 下列条件等价:

(1) f 是模糊布尔滤子;

(2) $f(x) = f((x \to y) \rightsquigarrow x)$, $f(x) = f((x \rightsquigarrow y) \to x)$;

(3) $f(x \to y) = f(x \to (y^- \rightsquigarrow y))$, $f(x \rightsquigarrow y) = f(x \rightsquigarrow (y^\sim \to y))$.

定理 4.5.14 设 f 是 L 的模糊滤子, 则 f 是模糊布尔滤子当且仅当 $f_{f(1)}$ 是布尔滤子.

定理 4.5.15 设 f 是 L 的模糊正规滤子, 则下列条件等价:

(1) f 是模糊布尔滤子;

(2) L/f 是布尔代数.

文献 [97], [98] 在非交换剩余格上分别定义了模糊正蕴涵滤子和模糊子正蕴涵滤子, 它们与模糊布尔滤子是等价的.

定义 4.5.5[97] 设 f 是 L 的模糊滤子, 若对 $\forall x, y \in L$, 有

(1) $f((x \to y) \rightsquigarrow x) \leqslant f(x)$;

(2) $f((x \rightsquigarrow y) \to x) \leqslant f(x)$,

则称 f 为模糊正蕴涵滤子.

定理 4.5.16 设 f 是 L 的模糊子集, 则 f 是模糊正蕴涵滤子当且仅当对 $\forall x, y, z \in L$, 有

(1) $f(x) \leqslant f(1)$;

(2) $f(x) \wedge f(x \to ((y \rightsquigarrow z) \to y)) \leqslant f(y)$;

(3) $f(x) \wedge f(x \rightsquigarrow ((y \to z) \rightsquigarrow y)) \leqslant f(y)$.

定理 4.5.17 设 f 是 L 的模糊子集, 则 f 是模糊正蕴涵滤子当且仅当对 $\forall x \in L$, 有

(1) $f(x^- \rightsquigarrow x) \leqslant f(x)$;

(2) $f(x^\sim \to x) \leqslant f(x)$.

定义 4.5.6[98] 设 f 是 L 的模糊子集. 若对 $\forall x, y, z \in L$, 有

(1) $f(x) \leqslant f(1)$;

(2) $f(((x \to y) \otimes z) \rightsquigarrow ((y \rightsquigarrow x) \to x)) \wedge f(z) \leqslant f((x \to y) \rightsquigarrow y)$;

(3) $f((z \otimes (x \rightsquigarrow y)) \to ((y \to x) \rightsquigarrow x)) \wedge f(z) \leqslant f((x \rightsquigarrow y) \to y)$,

则称 f 为模糊子正蕴涵滤子.

定理 4.5.18 设 f 是 L 的模糊滤子, 则 f 是模糊子正蕴涵滤子当且仅当对 $\forall t \in [0,1]$, f_t 要么是空集要么是子正蕴涵滤子.

定理 4.5.19 设 f 是 L 的模糊滤子, 则 f 是模糊子正蕴涵滤子当且仅当对 $f_{f(1)}$ 是子正蕴涵滤子.

定理 4.5.20 设 f 是 L 的模糊滤子, 则对 $\forall x, y \in L$, 下列条件等价:

(1) f 是模糊子正蕴涵滤子;

(2) $f((x \to y) \rightsquigarrow y) = f((x \to y) \rightsquigarrow ((y \rightsquigarrow x) \to x))$;

(3) $f((x \leadsto y) \to y) = f((x \leadsto y) \to ((y \to x) \leadsto x))$.

定理 4.5.21 设 f 是 L 的模糊滤子, 则对 $\forall x, y, z \in L$, 下列条件等价:

(1) f 是模糊子正蕴涵滤子;

(2) $f(y) \geqslant f((y \to z) \leadsto (x \to y)) \wedge f(x)$;

(3) $f(y) \geqslant f((y \leadsto z) \to (x \leadsto y)) \wedge f(x)$.

定理 4.5.22 设 f 是 L 的模糊滤子, 则对 $\forall x, y \in L$, 下列条件等价:

(1) f 是模糊子正蕴涵滤子;

(2) $f((x \to y) \leadsto x) = f(x)$;

(3) $f((x \leadsto y) \to x) = f(x)$.

推论 4.5.4 设 f 是 L 的模糊滤子, 则 f 是模糊子正蕴涵滤子当且仅当对 $\forall x \in L$, 有

(1) $f(x^- \leadsto x) = f(x)$;

(2) $f(x^\sim \to x) = f(x)$.

定理 4.5.23 设 f, g 是 L 的模糊滤子, $f \leqslant g, f(1) = g(1)$. 若 f 是模糊子正蕴涵滤子, 则 g 也是模糊子正蕴涵滤子.

定理 4.5.24 设 f 是 L 的模糊滤子, 则 f 是模糊布尔滤子当且仅当 f 是模糊正蕴涵滤子当且仅当 f 是模糊子正蕴涵滤子.

定义 4.5.7[97] 设 f 是 L 的模糊子集, 若对 $\forall x, y, z \in L$, 有

(1) $f(x) \leqslant f(1)$;

(2) $f((x \otimes y) \leadsto z) \wedge f(x \leadsto y) \leqslant f(x \leadsto z)$;

(3) $f((y \otimes x) \to z) \wedge f(x \to y) \leqslant f(x \to z)$,

则称 f 为模糊蕴涵滤子.

定理 4.5.25 非交换剩余格上模糊布尔滤子是模糊蕴涵滤子.

定理 4.5.26 非交换剩余格上模糊蕴涵滤子是模糊布尔滤子当且仅当对 $\forall x \in L$, $f(x^{-\sim}) = f(x)$.

4.5.3 模糊奇异滤子

定义 4.5.8[100] 设 f 是 L 的模糊子集, 对 $\forall x, y, z \in L$, 有

(1) $f(x) \leqslant f(1)$;

(2) $f(z \to (y \leadsto x)) \wedge f(z) \leqslant f(((x \leadsto y) \to y) \leadsto x)$;

(3) $f(z \leadsto (y \to x)) \wedge f(z) \leqslant f(((x \to y) \leadsto y) \to x)$.

若 f 满足条件 (1)、(2) 或 (3), 则称 f 为模糊奇异滤子.

定理 4.5.27 设 f 是 L 的模糊滤子, 则对 $\forall x, y \in L$, 下列条件等价:

(1) f 是模糊奇异滤子;

(2) $f(y \leadsto x) \leqslant f(((x \leadsto y) \to y) \leadsto x)$;

(3) $f(y \to x) \leqslant f(((x \to y) \leadsto y) \to x)$.

定理 4.5.28 设 f, g 是 L 的模糊滤子, $f \leqslant g$, $f(1) = g(1)$. 若 f 是模糊奇异滤子, 则 g 也是模糊奇异滤子.

定理 4.5.29 非交换剩余格上模糊布尔滤子是模糊奇异滤子.

证明 对 $\forall x, y \in L$, 因为 $x \leqslant ((x \to y) \rightsquigarrow y) \to x$, 所以 $(((x \to y) \rightsquigarrow y) \to x) \to y \leqslant x \to y$. 由 f 是模糊布尔滤子, 得 $f(((x \to y) \rightsquigarrow y) \to x) = f((((x \to y) \rightsquigarrow y) \to x) \to y) \rightsquigarrow (((x \to y) \rightsquigarrow y) \to x)) \geqslant f((x \to y) \rightsquigarrow (((x \to y) \rightsquigarrow y) \to x)) = f(((x \to y) \rightsquigarrow y) \to ((x \to y) \rightsquigarrow x)) \geqslant f(y \to x)$. 由定理 4.5.27, 得 f 是模糊奇异滤子.

定义 4.5.9 设 f 是 L 的模糊子集. 对 $\forall x, y, z \in L$, 有

(1) $f(x) \leqslant f(1)$;

(2) $f(z \to ((((x \to y) \rightsquigarrow y) \rightsquigarrow x) \to x)) \wedge f(z) \leqslant f((x \to y) \rightsquigarrow y)$;

(3) $f(z \rightsquigarrow ((((x \rightsquigarrow y) \to y) \to x) \rightsquigarrow x)) \wedge f(z) \leqslant f((x \rightsquigarrow y) \to y)$.

若 f 满足条件 (1)、(2) 或 (3), 则称 f 为模糊弱蕴涵滤子.

定理 4.5.30[100] 设 f 是 L 的模糊滤子, 则对 $\forall x, y, z \in L$, 下列条件等价:

(1) f 是模糊弱蕴涵滤子;

(2) $f((((x \to y) \rightsquigarrow y) \rightsquigarrow x) \to x) \leqslant f((x \to y) \rightsquigarrow y)$;

(3) $f((((x \rightsquigarrow y) \to y) \to x) \rightsquigarrow x) \leqslant f((x \rightsquigarrow y) \to y)$.

定理 4.5.31 非交换剩余格上模糊弱蕴涵滤子等价于模糊奇异滤子.

证明 设 f 是模糊弱蕴涵滤子. 对 $\forall x, y \in L$, 因为 $y \leqslant (x \to y) \rightsquigarrow y$, 所以

$$
\begin{aligned}
&f((x \to y) \rightsquigarrow ((y \rightsquigarrow x) \to y)) \\
\leqslant\ &f((x \to y) \rightsquigarrow ((y \rightsquigarrow x) \to ((x \to y) \rightsquigarrow y))) \\
=\ &f((y \rightsquigarrow x) \to ((x \to y) \rightsquigarrow ((x \to y) \rightsquigarrow y))) \\
\leqslant\ &f((x \to y) \rightsquigarrow ((x \to y) \rightsquigarrow ((((x \to y) \rightsquigarrow y) \rightsquigarrow x) \to y))) \\
\leqslant\ &f((x \to y) \rightsquigarrow ((((x \to y) \rightsquigarrow y) \rightsquigarrow x) \to y)) \\
=\ &f((((x \to y) \rightsquigarrow y) \rightsquigarrow x) \to ((x \to y) \rightsquigarrow y)) \\
\leqslant\ &f((((x \to y) \rightsquigarrow y) \rightsquigarrow x) \to ((((x \to y) \rightsquigarrow y) \rightsquigarrow x) \to x)) \\
\leqslant\ &f((((x \to y) \rightsquigarrow y) \rightsquigarrow x) \to x) \\
=\ &f((x \to y) \rightsquigarrow y),
\end{aligned}
$$

即有 $f((x \to y) \rightsquigarrow ((y \rightsquigarrow x) \to y)) \leqslant f((x \to y) \rightsquigarrow y)$. 从而 $f((y \rightsquigarrow x) \to y) \leqslant f(y)$. 又因为 $y \leqslant ((y \rightsquigarrow x) \to y)$, 所以 $f(y) \leqslant f((y \rightsquigarrow x) \to y)$, 因此 $f(y) = f((y \rightsquigarrow x) \to y)$.

又因为 $x \leqslant ((x \to y) \rightsquigarrow y) \to x$, 进而 $(((x \to y) \rightsquigarrow y) \to x) \to y \leqslant x \to y$. 因此可得

$$
\begin{aligned}
&f(((x \to y) \rightsquigarrow y) \to x) \\
&= f((((((x \to y) \rightsquigarrow y) \to x) \to y) \rightsquigarrow (((x \to y) \rightsquigarrow y) \to x)) \\
&\geqslant f((x \to y) \rightsquigarrow (((x \to y) \rightsquigarrow y) \to x)) \\
&= f(((x \to y) \rightsquigarrow y) \to ((x \to y) \rightsquigarrow x)) \\
&\geqslant f(y \to x),
\end{aligned}
$$

由定理 4.5.27, 得 f 是模糊奇异滤子.

反之, 对 $\forall x, y \in L$, 有 $((x \rightsquigarrow y) \to y) \rightsquigarrow 0 \leqslant y \rightsquigarrow 0 \leqslant y \rightsquigarrow x$, 可得

$$
\begin{aligned}
&f((y \rightsquigarrow x) \to x) \\
&\leqslant f(((((x \rightsquigarrow y) \to y) \rightsquigarrow 0) \to x) \\
&\leqslant f(((((x \rightsquigarrow y) \to y) \rightsquigarrow 0) \to ((x \rightsquigarrow y) \to y)) \\
&= f((x \rightsquigarrow y) \to y),
\end{aligned}
$$

从而 $f(y \rightsquigarrow x) \leqslant f(((x \rightsquigarrow y) \to y) \rightsquigarrow x)$. 又 $f(((((x \rightsquigarrow y) \to y) \rightsquigarrow x) \to x) \leqslant f((y \rightsquigarrow x) \to x)$, 从而

$$
\begin{aligned}
&f(((((x \rightsquigarrow y) \to y) \to x) \rightsquigarrow x) \\
&\leqslant f(((((x \rightsquigarrow y) \to y) \rightsquigarrow x) \to x) \\
&\leqslant f((y \rightsquigarrow x) \to x) \\
&\leqslant f((x \rightsquigarrow y) \to y).
\end{aligned}
$$

所以 f 是模糊弱蕴涵滤子.

4.5.4 L-模糊滤子及 L-模糊素滤子

本部分假定 $(M, \wedge, \vee, \otimes, \to, \rightsquigarrow, 0, 1)$ 是非交换剩余格, $(L, \wedge, \vee, 0, 1)$ 是完备格.

定义 4.5.10 [101]　映射 $f: M \to L$ 称为 M 上的 L-模糊子集. 若 $\alpha \in L$, 则称 $f_\alpha := \{x \in M | f(x) \geqslant \alpha\}$ 为 f 的 α-水平截集.

注意到, 若 $\alpha, \beta \in \mathrm{Im}(f)$, 则 $f_\alpha = f_\beta$ 蕴涵 $\alpha = \beta$, $\alpha < \beta$ 蕴涵 $f_\alpha \supseteq f_\beta$, 记 c_α 为 $M \to L$ 的具有常数值 α 的常值映射.

定义 4.5.11 [101]　设 f 是 M 的 L-模糊子集. 对 $\forall \alpha \in L$, 若 f_α 要么是空集要么是 M 的滤子, 则称 f 为 L-模糊滤子.

显然, 对 $\forall \alpha \in L$, c_α 是 M 的 L-模糊滤子, 称为常值 L-模糊滤子. 若一个 L-模糊滤子不是常值的, 则称其为真的.

定理 4.5.32[101] 设 f 是 M 的 L-模糊子集, 则 f 是 L-模糊滤子当且仅当对 $\forall x, y \in M$, 有

(1) $x \leqslant y$ 蕴涵 $f(x) \leqslant f(y)$;

(2) $f(x \otimes y) = f(x) \wedge f(y)$.

例 4.5.2 设 $M = \{0, a, b, c, d, e, 1\}$, 其中 $0 < a < b, c < d < e < 1$, b 和 c 不可比较. 定义运算 $\otimes, \to$ 和 $\rightsquigarrow$ 如下:

$\otimes$	0	a	b	c	d	e	1
0	0	0	0	0	0	0	0
a	0	a	a	a	a	a	a
b	0	a	a	a	a	a	b
c	0	a	a	c	c	c	c
d	0	a	a	c	c	c	d
e	0	a	b	c	d	e	e
1	0	a	b	c	d	e	1

$\to$	0	a	b	c	d	e	1
0	1	1	1	1	1	1	1
a	0	1	1	1	1	1	1
b	0	d	1	d	1	1	1
c	0	b	b	1	1	1	1
d	0	b	b	d	1	1	1
e	0	b	b	d	d	1	1
1	0	a	b	c	d	e	1

$\rightsquigarrow$	0	a	b	c	d	e	1
0	1	1	1	1	1	1	1
a	0	1	1	1	1	1	1
b	0	e	1	e	1	1	1
c	0	b	b	1	1	1	1
d	0	b	b	e	1	1	1
e	0	a	b	c	d	1	1
1	0	a	b	c	d	e	1

则 $(M, \wedge, \vee, \otimes, \to, \rightsquigarrow, 0, 1)$ 是非交换剩余格.

再设 $L = \{0, a, b, c, d, 1\}$, 其中 $0 < a, b < c < d < 1$, a 和 b 不可比较. 定义运算 $\otimes$、$\to$ 和 $\rightsquigarrow$ 如下:

$\otimes$	0	a	b	c	d	1
0	0	0	0	0	0	0
a	0	0	0	0	a	a
b	0	0	0	0	b	b
c	0	0	0	0	c	c
d	0	0	0	0	d	d
1	0	a	b	c	d	1

$\to$	0	a	b	c	d	1
0	1	1	1	1	1	1
a	d	1	d	1	1	1
b	d	d	1	1	1	1
c	d	d	d	1	1	1
d	0	a	b	c	1	1
1	0	a	b	c	d	1

$\rightsquigarrow$	0	a	b	c	d	1
0	1	1	1	1	1	1
a	c	1	c	1	1	1
b	c	c	1	1	1	1
c	c	c	c	1	1	1
d	c	c	c	c	1	1
1	0	a	b	c	d	1

则 $(L, \wedge, \vee, \otimes, \rightarrow, \rightsquigarrow, 0, 1)$ 是非交换剩余格. 可以验证 M, L 均不是伪 MTL-代数. 定义 M 上的两个 L-模糊子集为

$$f(x) = \begin{cases} 1, & x \in \{1, e\} \\ b, & x \notin \{1, e\} \end{cases}, \quad g(x) = \begin{cases} 0, & x \in \{0, a\} \\ b, & x = b \\ c, & x \in \{c, d, e\} \\ 1, & x = 1 \end{cases}.$$

可以验证, f 是 M 的 L-模糊滤子, 但 g 不是 M 的 L-模糊滤子.

定理 4.5.33 设 f 是 M 的 L-模糊子集. 则对 $\forall x, y \in M$, 下列条件等价:

(1) f 是 L-模糊滤子;

(2) $f(x) \leqslant f(1)$, $f(x \rightarrow y) \wedge f(x) \leqslant f(y)$;

(3) $f(x) \leqslant f(1)$, $f(x \rightsquigarrow y) \wedge f(x) \leqslant f(y)$.

定理 4.5.34 设 f 是 L-模糊滤子, 则对 $\forall x, y \in M$, 有 $f(x \vee y) \geqslant f(x) \vee f(y)$, $f(x \wedge y) = f(x) \wedge f(y)$.

定义 4.5.12[101] 设 f 是 L-模糊滤子, 若对 $\forall x, y \in M$, 有 $f(x \rightarrow y) = f(1)$ 当且仅当 $f(x \rightsquigarrow y) = f(1)$, 则称 f 是正规 L-模糊滤子 (或交换 L-模糊滤子).

定义 4.5.13[101] 设 f 是 M 的 L-模糊子集, g 是 M 的 L-模糊滤子. 若 $f \leqslant g$, 且任给 M 的 L-模糊滤子 h, 有 $f \leqslant h$ 蕴涵 $g \leqslant h$, 则称 g 为 f 生成的 L-模糊滤子, 记作 $g = \langle f \rangle$.

定理 4.5.35 设 $(L, \wedge, \vee, 0, 1)$ 是完备的交分配的, f 是 M 的 L-模糊子集, 则 $\langle f \rangle(x) = \bigvee \{\alpha \in L | x \in \langle f_\alpha \rangle\}$.

定义 4.5.14[101] 设 $f : M \rightarrow L$ 是真 L-模糊滤子. 若对 $\forall \alpha \in L$, f_α 是真滤子时总是素的, 称 f 为 L-模糊素滤子 (L-fuzzy prime filter).

定理 4.5.36 设 f 是 M 的真 L-模糊滤子, 则 f 是 L-模糊素滤子当且仅当 $\mathrm{Im}(f)$ 是链, 且 $f(x \vee y) = \max\{f(x), f(y)\}$.

定义 4.5.15[101] 设 f 是 M 的 L-模糊滤子. $\forall x \in M$, $f(x \vee x^-) = f(1) = f(x \vee x^\sim)$, 则称 f 是 L-模糊布尔滤子 (L-fuzzy Boolean filter).

定理 4.5.37 设 f 是 M 的 L-模糊滤子. 若 f 是 L-模糊素滤子和 L-模糊布尔滤子, 则 $\mathrm{Im}(f) = \{f(1), f(0)\}$.

定义 4.5.16[101] 设 f 是 M 的真 L-模糊滤子. 若对 $\forall x, y \in M$, $f(x \rightarrow y) = f(1)$ 或 $f(y \rightarrow x) = f(1)$, $f(x \rightsquigarrow y) = f(1)$ 或 $f(y \rightsquigarrow x) = f(1)$, 则称 f 为第二类 L-模糊素滤子.

定理 4.5.38 设 f 是 M 的真 L-模糊滤子, 则下列条件等价:

(1) f 为第二类 L-模糊素滤子;

(2) 对 $\forall \alpha \in L$, 若 f_α 是真滤子, 则 f_α 是第二类素滤子;

(3) $f_{f(1)}$ 是第二类素滤子.

定理 4.5.39　设 f, g 是 M 的 L-模糊滤子, $f \leqslant g$, $f(1) = g(1)$. 若 f 是第二类 L-模糊素滤子, 则 g 也是第二类 L-模糊素滤子.

定义 4.5.17[101]　设 f 是 M 的真 L-模糊滤子. 若对 $\forall \alpha \in L$, f_α 非平凡 (即 $\{1\} \subsetneqq f_\alpha \subsetneqq M$) 蕴涵 f_α 是极大滤子, 则称 f 为 L-模糊极大滤子.

定理 4.5.40　设 f 是 M 的真 L-模糊滤子, $\alpha, \beta \in L$ 是 $\mathrm{Im}(f)$ 的不可比较的元素, 则

(1) f_α 和 f_β 是不可比的真滤子;

(2) 若 f 是 L-模糊极大滤子, 则 f_α 和 f_β 是极大滤子, 且 $f_\alpha \cap f_\beta = \{1\}$.

证明　设 f 是 M 的真 L-模糊滤子, 则 f 是 L-模糊极大滤子当且仅当对 $\forall x, y \in M$, $f(x) \not\leqslant f(y)$ 蕴涵 $x = 1$ 或 $f_{f(x)}$ 是极大滤子.

定理 4.5.41[101]　设 f 是 M 的 L-模糊极大滤子.

(1) 若 $x, y \in M$ 满足 $f(x) < f(y)$, 则 $f_{f(y)} = \{1\}$ 或 $f_{f(x)} = M$;

(2) $\mathrm{Im}(f)$ 上的链至多有 3 个元素.

4.5.5　n 重 L-模糊滤子

本部分简要介绍几种 n 重 L-模糊滤子, 主要参考文献 [102].

定义 4.5.18[102]　设 f 是 M 的真 L-模糊滤子, $n \in \mathbf{N}$. 若对 $\forall \alpha \in L$, 当 f_α 是真滤子时其是 n 重固执滤子, 则称 f 为 n 重 L-模糊固执滤子.

定理 4.5.42　设 f 是 M 的 L-模糊滤子, 则 f 是 n 重 L-模糊固执滤子的充要条件是对 $\forall x \in M$, $f(x) \neq f(1)$ 当且仅当 $f((x^n)^-) \wedge f((x^n)^\sim) = f(1)$.

注　由 $(x^n)^- \leqslant (x^{n+1})^-$, $(x^n)^\sim \leqslant (x^{n+1})^\sim$, 可知 n 重 L-模糊固执滤子是 $n + 1$ 重 L-模糊固执滤子.

定义 4.5.19[102]　设 f 是 M 的 L-模糊滤子, $n \in \mathbf{N}$. 若对 $\forall x \in M$, 有 $f((x \vee (x^n)^\sim) \wedge (x \vee (x^n)^-)) = f(1)$, 则称 f 为 n 重 L-模糊布尔滤子.

定理 4.5.43[102]　在设 f 是 M 的 L-模糊滤子, $n \in \mathbf{N}$. 则对 $\forall x, y \in M$, 下列条件等价:

(1) f 是 n 重 L-模糊布尔滤子;

(2) $f((x^n)^- \to x) \vee f((x^n)^\sim \rightsquigarrow x) \leqslant f(x)$;

(3) $f((x^n)^- \rightsquigarrow x) \vee f((x^n)^\sim \to x) \leqslant f(x)$;

(4) $f((x^n \to y) \rightsquigarrow x) \vee f((x^n \rightsquigarrow y) \to x) \leqslant f(x)$;

(5) $f((x^n \to y) \to x) \vee f((x^n \rightsquigarrow y) \rightsquigarrow x) \leqslant f(x)$;

(6) 对 $\forall \alpha \in L$, $f_\alpha \neq \varnothing$ 蕴涵 f_α 是 n 重布尔滤子.

注　由 $(x \vee (x^n)^\sim) \wedge (x \vee (x^n)^-) \leqslant (x \vee (x^{n+1})^\sim) \wedge (x \vee (x^{n+1})^-)$, 可知 n 重 L-模糊布尔滤子是 $n + 1$ 重 L-模糊布尔滤子.

定义 4.5.20[102] 设 f 是 M 的 L-模糊子集, $n \in \mathbf{N}$. 对 $\forall x, y, z \in M$, 若

(1) $f(x) \leqslant f(1)$;

(2) $f((x^n \otimes y) \rightsquigarrow z) \wedge f(x^n \rightsquigarrow y) \leqslant f(x^n \rightsquigarrow z)$;

(3) $f((y \otimes x^n) \rightarrow z) \wedge f(x^n \rightarrow y) \leqslant f(x^n \rightarrow z)$,

则称 f 为 n 重 L-模糊蕴涵滤子.

定理 4.5.44 设 f 是 M 的 L-模糊滤子, $n \in \mathbf{N}$. 则对 $\forall x, y \in M$, 下列条件等价:

(1) f 是 n 重 L-模糊蕴涵滤子;

(2) $f((x^n \rightarrow x^{2n}) \wedge (x^n \rightsquigarrow x^{2n})) = f(1)$;

(3) $f((x^n \rightarrow x^{n+1}) \wedge (x^n \rightsquigarrow x^{n+1})) = f(1)$;

(4) $f(x^{n+1} \rightarrow y) \leqslant f(x^n \rightarrow y), f(x^{n+1} \rightsquigarrow y) \leqslant f(x^n \rightsquigarrow y)$;

(5) $\forall \alpha \in L, f_\alpha \neq \varnothing$ 蕴涵 f_α 是 n 重蕴涵滤子.

定理 4.5.45 (1) n 重 L-模糊蕴涵滤子是 $n+1$ 重 L-模糊蕴涵滤子;

(2) n 重 L-模糊布尔滤子是 n 重 L-模糊蕴涵滤子.

定义 4.5.21[102] 设 f 是 M 的 L-模糊滤子, $n \in \mathbf{N}$. 若对 $\forall \alpha \in L, f_\alpha \neq \varnothing$ 蕴涵 f_α 是 n 重正规滤子, 则称 f 为 n 重 L-模糊正规滤子.

定理 4.5.46 设 f 是 M 的 L-模糊滤子, $n \in \mathbf{N}$, 则 f 是 n 重 L-模糊正规滤子当且仅当对 $\forall x, y \in M, f((y^n \rightsquigarrow x) \rightarrow x) \leqslant f((x \rightsquigarrow y) \rightarrow y), f((y^n \rightarrow x) \rightsquigarrow x) \leqslant f((x \rightarrow y) \rightsquigarrow y)$.

推论 4.5.5 设 f 是 M 的 L-模糊正规滤子, 则 f 是 n 重 L-模糊正规滤子当且仅当 $M/f_{f(1)}$ 是 n 重正规非交换剩余格.

定义 4.5.22[102] 设 f 是 M 的 L-模糊滤子, $n \in \mathbf{N}$. 若对 $\forall x \in M$, 有 $f((x^n)^{-\sim}) \vee f((x^n)^{\sim-}) \leqslant f(x)$, 则称 f 为 n 重 L-模糊拓展对合滤子.

注 容易知道 n 重 L-模糊正规滤子是 n 重 L-模糊拓展对合滤子.

定义 4.5.23[102] 设 f 是 M 的 L-模糊滤子, $n \in \mathbf{N}$. 若对 $\forall x, y \in M$, 有

(1) $f(x) \leqslant f(1)$;

(2) $f(y \rightarrow x) \leqslant f(((x^n \rightarrow y) \rightsquigarrow y) \rightarrow x)$;

(3) $f(y \rightsquigarrow x) \leqslant f(((x^n \rightsquigarrow y) \rightarrow y) \rightsquigarrow x)$,

则称 f 为 n 重 L-模糊奇异滤子.

定理 4.5.47 设 f 是 M 的 L-模糊滤子, $n \in \mathbf{N}$. 则对 $\forall x, y \in M$, 下列条件等价:

(1) f 是 n 重 L-模糊奇异滤子;

(2) $f(((x^n \rightarrow y) \rightsquigarrow y) \rightarrow (x \vee y)) = f(1), f(((x^n \rightsquigarrow y) \rightarrow y) \rightsquigarrow (x \vee y)) = f(1)$;

(3) 对 $\forall \alpha \in L, f_\alpha \neq \varnothing$ 蕴涵 f_α 是 n 重奇异滤子.

定义 4.5.24[102] 设 f 是 M 的 L-模糊滤子, $n \in \mathbf{N}$. 若对 $\forall x \in M$, 有 $f((x^n)^{-\sim} \to x) = f(1) = f((x^n)^{\sim -} \rightsquigarrow x)$, 则称 f 为 n 重 L-模糊对合滤子.

定理 4.5.48 设 f 是 M 的 L-模糊滤子, $n \in \mathbf{N}$, 则有

(1) 若 f 是 n 重 L-模糊奇异滤子, 则 f 是 n 重 L-模糊正规滤子和 n 重 L-模糊对合滤子;

(2) f 是 n 重 L-模糊布尔滤子当且仅当 f 是 n 重 L-模糊奇异滤子和 n 重 L-模糊蕴涵滤子.

4.6 非交换剩余格上的广义模糊滤子

作为对伪 BL-代数上 $(\in, \in \vee q)$-模糊滤子的推广, 文献 [103-105] 从两个不同的角度进行了研究, 本节介绍相关内容.

4.6.1 $(\alpha, \beta]$-模糊滤子及其性质

定义 4.6.1 设 f 是 L 的模糊子集, $x \in L$, $t \in (0, 1]$. 若

$$f(y) = \begin{cases} t, & y = x \\ 0, & y \neq x \end{cases},$$

则称 f 为 L 上的一个模糊点, 记作 x_t.

设 f 是 L 的模糊子集, $x \in L$, $t \in (0, 1]$, 引入如下记号:

① $x_t \in f$ 表示 $f(x) \geqslant t$;

② $x_t q f$ 表示 $f(x) + t \geqslant 1$;

③ $x_t \bar{\in} f$ 表示 $x_t \in f$ 不成立, 即 $f(x) < t$;

④ $x_t \in \vee q f$ 表示 $x_t \in f$ 或 $x_t q f$;

⑤ $x_t \in \wedge q f$ 表示 $x_t \in f$ 且 $x_t q f$;

⑥ $x_t \overline{\in \vee q} f$ 表示 $x_t \bar{\in} f$ 且 $x_t \bar{q} f$, 即 $x_t \bar{\in} \wedge \bar{q} f$;

⑦ $x_t \bar{\in} \vee \bar{q} f$ 表示 $x_t \bar{\in} f$ 或 $x_t \bar{q} f$.

定义 4.6.2[103] 设 f 是 L 的模糊子集. 若对 $\forall x, y \in L$, $\forall t, r \in (0, 1]$, 有

(1) 若 $x \leqslant y$, $x_t \in f$, 则 $y_t \in \vee q f$;

(2) 若 $x_t \in f$, $y_r \in f$, 则 $(x \otimes y)_{t \wedge r} \in \vee q f$,

则称 f 为 L 的 $(\in, \in \vee q)$-模糊滤子.

定理 4.6.1[103] 设 f 是 L 的模糊子集, 则 f 是 $(\in, \in \vee q)$-模糊滤子当且仅当对 $\forall x, y \in L$, 有

(1) 若 $x \leqslant y$, 则 $f(x) \wedge 0.5 \leqslant f(y)$;

(2) $f(x) \wedge f(y) \wedge 0.5 \leqslant f(x \otimes y)$.

定义 4.6.3[103]　设 f 是 L 的模糊子集. 若对 $\forall x, y \in L$, $\forall t, r \in (0, 1]$, 有

(1) 若 $x \leqslant y$, $y_t \bar{\in} f$, 则 $x_t \bar{\in} \vee \bar{q} f$;

(2) 若 $(x \otimes y)_{t \wedge r} \bar{\in} f$, 则 $x_t \bar{\in} \vee \bar{q} f$ 或者 $y_r \bar{\in} \vee \bar{q} f$,

则称 f 为 L 的 $(\bar{\in}, \bar{\in} \vee \bar{q})$-模糊滤子.

定理 4.6.2[103]　设 f 是 L 的模糊子集, 则 f 是 $(\bar{\in}, \bar{\in} \vee \bar{q})$-模糊滤子当且仅当对 $\forall x, y \in L$, 有

(1) $f(x) \leqslant f(y) \vee 0.5$;

(2) $f(x) \wedge f(y) \leqslant f(x \otimes y) \vee 0.5$.

定义 4.6.4[103]　设 f 是 L 的模糊子集, $\alpha, \beta \in [0, 1]$ 且 $\alpha < \beta$. 若对 $\forall x, y \in L$, 有

(1) 若 $x \leqslant y$, 则 $f(x) \wedge \beta \leqslant f(y) \vee \alpha$;

(2) $f(x) \wedge f(y) \wedge \beta \leqslant f(x \otimes y) \vee \alpha$,

则称 f 为 L 的 (α, β)-模糊滤子.

注　(1) 由定理 4.6.1 和定理 4.6.2 可知, $(\in, \in \vee q)$-模糊滤子和 $(\bar{\in}, \bar{\in} \vee \bar{q})$-模糊滤子是 (α, β)-模糊滤子的特例, 即 $(\in, \in \vee q)$-模糊滤子是 $(0, 0.5]$-模糊滤子, $(\bar{\in}, \bar{\in} \vee \bar{q})$-模糊滤子是 $(0.5, 1]$-模糊滤子.

(2) 若 $0 \leqslant \alpha' \leqslant \alpha < \beta \leqslant \beta' \leqslant 1$, 则 $(\alpha', \beta']$-模糊滤子是 $(\alpha, \beta]$-模糊滤子.

例 4.6.1　设 $L = \{0, a, b, c, 1\}$, 其中 $0 < a < b, c < 1$, b, c 不可比较. 定义运算 $\otimes$、$\to$ 和 $\rightsquigarrow$ 如下:

$\otimes$	0	a	b	c	1
0	0	0	0	0	0
a	0	0	a	0	a
b	0	0	b	0	b
c	0	a	a	c	c
1	0	a	b	c	1

$\to$	0	a	b	c	1
0	1	1	1	1	1
a	b	1	1	1	1
b	0	c	1	c	1
c	b	b	b	1	1
1	0	a	b	c	1

$\rightsquigarrow$	0	a	b	c	1
0	1	1	1	1	1
a	c	1	1	1	1
b	c	c	1	c	1
c	0	b	b	1	1
1	0	a	b	c	1

则 $(L, \wedge, \vee, \otimes, \to, \rightsquigarrow, 0, 1)$ 是非交换剩余格. 设 $f : L \to [0, 1]$ 为 $f(0) = r_1$, $f(a) = r_2$, $f(b) = r_3$, $f(c) = r_4$, $f(1) = r_5$, 其中 $0 < r_1 < r_2 < r_3 < \alpha < r_4 < r_5 < \beta < 1$. 可以验证 f 是 L 的 (α, β)-模糊滤子.

定理 4.6.3　设 f 是 L 的模糊子集, $\alpha, \beta \in [0, 1]$ 且 $\alpha < \beta$, 则 f 是 (α, β)-模糊滤子当且仅当对 $\forall x, y \in L$, 有

(1) $f(x) \wedge \beta \leqslant f(1) \vee \alpha$;

(2) $f(x) \wedge f(x \to y) \wedge \beta \leqslant f(y) \vee \alpha$, 或 $f(x) \wedge f(x \rightsquigarrow y) \wedge \beta \leqslant f(y) \vee \alpha$.

定理 4.6.4　设 f 是 L 的模糊子集, $\alpha, \beta \in [0, 1]$ 且 $\alpha < \beta$, 则 f 是 (α, β)-模糊滤子当且仅当对 $\forall t \in (\alpha, \beta]$, f_t 要么是空集要么是 L 的滤子.

定理 4.6.5 记 L 上 (α, β)-模糊滤子的全体为 $\mathrm{FF}_\alpha^\beta(L)$, 设 $f_k \in \mathrm{FF}_\alpha^\beta(L)(k \in I)$, 则 $\bigcap\limits_{k \in I} f_k \in \mathrm{FF}_\alpha^\beta(L)$.

定义 4.6.5 设 f 是 L 的模糊子集, $g \in \mathrm{FF}_\alpha^\beta(L)$, 若

(1) $f \subset g$;

(2) 对 $\forall h \in \mathrm{FF}_\alpha^\beta(L)$, 若 $f \subset h$, 则 $g \subset h$,

则称 g 是 L 上由 f 生成的 (α, β)-模糊滤子, 记作 $g = \langle f \rangle$.

定理 4.6.6 设 f 是 L 的模糊子集, 则对 $\forall x \in L$, $\langle f \rangle(x) = \vee\{t | x \in f_t, t \in (\alpha, \beta]\} \vee f(x)$.

定理 4.6.7 设 $f, g \in \mathrm{FF}_\alpha^\beta(L)$, 令 $f \wedge g = f \cap g$, $f \vee g = \langle f \cup g \rangle$, 则 $(\mathrm{FF}_\alpha^\beta(L), \wedge, \vee, 0, 1)$ 是完备格, 这里对 $\forall x \in L$, $0(x) = 0$, $1(x) = 1$.

定理 4.6.8[103] 设 $\beta \in (0, 1]$, $f, g, h \in \mathrm{FF}_\alpha^\beta(L)$, 则 $f \wedge (g \vee h) = (f \wedge g) \vee (f \wedge h)$, 从而 $(\mathrm{FF}_0^\beta(L), \wedge, \vee, 0, 1)$ 是完备分配格.

4.6.2 几类特殊的 (α, β)-模糊滤子

定义 4.6.6[104] 设 $f \in \mathrm{FF}_\alpha^\beta(L)$, 若对 $\forall x \in L$, 有 $(f(x \vee x^-) \wedge f(x \vee x^\sim)) \vee \alpha \geqslant f(1) \wedge \beta$, 则称 f 为 (α, β)-模糊布尔滤子.

定理 4.6.9[104] 设 $f \in \mathrm{FF}_\alpha^\beta(L)$, 则 f 是 (α, β)-模糊布尔滤子当且仅当对 $\forall x \in L$, $(f(x \vee x^-) \vee \alpha) \wedge \beta = (f(x \vee x^\sim) \vee \alpha) \wedge \beta = (f(1) \vee \alpha) \wedge \beta$.

例 4.6.2 设 $L = \{0, a, b, c, 1\}$, 其中 $0 < a < b < c < 1$. 定义运算 $\otimes$、$\to$ 和 $\rightsquigarrow$ 如下:

$\otimes$	0	a	b	c	1
0	0	0	0	0	0
a	0	0	0	a	a
b	0	0	b	b	b
c	0	0	b	c	c
1	0	a	b	c	1

$\to$	0	a	b	c	1
0	1	1	1	1	1
a	c	1	1	1	1
b	a	a	1	c	1
c	0	a	b	1	1
1	0	a	b	c	1

$\rightsquigarrow$	0	a	b	c	1
0	1	1	1	1	1
a	b	1	1	1	1
b	a	a	1	c	1
c	a	a	b	1	1
1	0	a	b	c	1

则 $(L, \wedge, \vee, \otimes, \to, \rightsquigarrow, 0, 1)$ 是非交换剩余格. 设 $f : L \to [0, 1]$ 为 $f(0) = r_1$, $f(a) = r_2$, $f(b) = f(c) = r_3$, $f(1) = r_4$, 其中 $0 < r_1 < r_2 < \alpha < r_3 < \beta < r_4 < 1$. 可以验证 f 是 L 上的 (α, β)-模糊布尔滤子.

定理 4.6.10[104] 设 f 是 L 的模糊子集, 则 f 是 (α, β)-模糊布尔滤子当且仅当对 $\forall t \in (\alpha, \beta]$, f_t 要么是空集要么是 L 上的布尔滤子.

定理 4.6.11[104] 设 $f \in \mathrm{FF}_\alpha^\beta(L)$, 则对 $\forall x \in L$, 下列条件等价:

(1) f 是 (α, β)-模糊布尔滤子;

(2) $(f(x^- \rightsquigarrow x) \vee f(x^\sim \to x)) \wedge \beta \leqslant f(x) \vee \alpha$;

(3) $(f((x \to y) \rightsquigarrow x) \vee f((x \rightsquigarrow y) \to x)) \wedge \beta \leqslant f(x) \vee \alpha$.

定理 4.6.12 设 $f, g \in \mathrm{FF}_\alpha^\beta(L)$, $f \subset g$ 且 $(f(1) \vee \alpha) \wedge \beta = (g(1) \vee \alpha) \wedge \beta$. 若 f 是 $(\alpha, \beta]$-模糊布尔滤子, 则 g 也是 $(\alpha, \beta]$-模糊布尔滤子.

定理 4.6.13 设 f 是 $(\alpha, \beta]$-模糊布尔滤子, 则对 $\forall x, y \in L$, 有

(1) $f(x \to (x \to y)) \wedge \beta \leqslant f(x \to y) \vee \alpha$, $f(x \rightsquigarrow (x \rightsquigarrow y)) \wedge \beta \leqslant f(x \rightsquigarrow y) \vee \alpha$;

(2) $(f(x^-)^- \vee \alpha) \wedge \beta = (f(x^\sim)^\sim \vee \alpha) \wedge \beta = (f(x) \vee \alpha) \wedge \beta$;

(3) $f(x \to y) \wedge \beta \leqslant f(((y \to x) \rightsquigarrow x) \to y) \vee \alpha$, $f(x \rightsquigarrow y) \wedge \beta \leqslant f(((y \rightsquigarrow x) \to x) \rightsquigarrow y) \vee \alpha$.

定义 4.6.7 [104] 设 $f \in \mathrm{FF}_\alpha^\beta(L)$, 对 $\forall x, y \in L$, 若

(1) $f(x \to (x \to y)) \wedge \beta \leqslant f(x \to y) \vee \alpha$;

(2) $f(x \rightsquigarrow (x \rightsquigarrow y)) \wedge \beta \leqslant f(x \rightsquigarrow y) \vee \alpha$,

则称 f 为 $(\alpha, \beta]$-模糊蕴涵滤子.

定理 4.6.14 设 f 是 L 的模糊子集, 则 f 是 $(\alpha, \beta]$-模糊蕴涵滤子当且仅当对 $\forall t \in (\alpha, \beta]$, f_t 要么是空集要么是 L 上的蕴涵滤子.

定理 4.6.15 设 $f, g \in \mathrm{FF}_\alpha^\beta(L)$, $f \subset g$ 且 $(f(1) \vee \alpha) \wedge \beta = (g(1) \vee \alpha) \wedge \beta$. 若 f 是 $(\alpha, \beta]$-模糊蕴涵滤子, 则 g 也是 $(\alpha, \beta]$-模糊蕴涵滤子.

定义 4.6.8 [104] 设 $f \in \mathrm{FF}_\alpha^\beta(L)$, 对 $\forall x, y \in L$, 若

(1) $f(x \to y) \wedge \beta \leqslant f(((y \to x) \rightsquigarrow x) \to y) \vee \alpha$;

(2) $f(x \rightsquigarrow y) \wedge \beta \leqslant f(((y \rightsquigarrow x) \to x) \rightsquigarrow y) \vee \alpha$,

则称 f 为 $(\alpha, \beta]$-模糊奇异滤子.

定理 4.6.16 设 f 是 L 的模糊子集, 则 f 是 $(\alpha, \beta]$-模糊奇异滤子当且仅当对 $\forall t \in (\alpha, \beta]$, f_t 要么是空集要么是 L 的奇异滤子.

定理 4.6.17 设 $f, g \in \mathrm{FF}_\alpha^\beta(L)$, $f \subset g$ 且 $(f(1) \vee \alpha) \wedge \beta = (g(1) \vee \alpha) \wedge \beta$. 若 f 是 $(\alpha, \beta]$-模糊奇异滤子, 则 g 也是 $(\alpha, \beta]$-模糊奇异滤子.

定理 4.6.18 设 $f \in \mathrm{FF}_\alpha^\beta(L)$, 则 f 是 $(\alpha, \beta]$-模糊布尔滤子当且仅当 f 是 $(\alpha, \beta]$-模糊蕴涵滤子且对 $\forall x \in L$, $(f(x^-)^\sim \vee \alpha) \wedge \beta = (f(x^\sim)^- \vee \alpha) \wedge \beta = (f(x) \vee \alpha) \wedge \beta$.

定理 4.6.19 [104] 设 $f \in \mathrm{FF}_\alpha^\beta(L)$, 对 $\forall x, y \in L$, 有 $(f(x \to y) \vee \alpha) \wedge \beta = (f(x \rightsquigarrow y) \vee \alpha) \wedge \beta$, 则 f 是 $(\alpha, \beta]$-模糊布尔滤子当且仅当 f 是 $(\alpha, \beta]$-模糊蕴涵滤子且 f 是 $(\alpha, \beta]$-模糊奇异滤子.

4.6.3 $(\alpha, \beta)_T$-模糊滤子

本部分介绍文献 [105] 中提出的 $(\alpha, \beta)_T$-模糊滤子及其性质, 请注意本节的有些符号与 4.6.2 节类似, 但表示的意思有较大差异.

设 f 是 L 的模糊子集, T 是任意三角模, $\alpha, \beta \in \{\in, q, \in \wedge q, \in \vee q\}$, $t \in (0, 1]$, 用 $x_t \bar{\alpha} f$ 表示 $x_t \alpha f$ 不成立.

定义 4.6.9 [105] 设 T 是三角模, f 是 L 的模糊子集, 若对 $\forall x, y, z \in L$, $r, s \in (0, 1]$, 有

(1) 若 $x_r \alpha f$, $x \leqslant y$, 则 $y_r \beta f$;

(2) 若 $x_r \alpha f$, $y_s \alpha f$, 则 $(x \otimes y)_{T(r,s)} \beta f$, $(y \otimes x)_{T(r,s)} \beta f$,

则称 f 为对应 T 的 (α, β)-模糊滤子, 简称为 $(\alpha, \beta)_T$-模糊滤子.

注 当 $T = \wedge$, $\alpha = \in$, $\beta = \in \vee q$ 时, $(\alpha, \beta)_T$-模糊滤子即是 $(\in, \in \vee q)$-模糊滤子.

例 4.6.3 考虑例 4.1.1, 定义 f 为 $f(0) = f(a) = f(b) = f(c) = 0$, $f(d) = f(1) = 1$. 可以验证 f 是 $(\in \vee q, \beta)_T$-模糊滤子, 这里 $\beta \in \{\in, q, \in \wedge q, \in \vee q\}$, T 是任意三角模.

定理 4.6.20 设 F 是 L 的非空子集, 则 F 是滤子当且仅当 χ_F 是 $(\alpha, \beta)_T$-模糊滤子.

定义 4.6.10 [105] 设 f 是 L 的模糊子集, 若对 $\forall x, y \in L$, $r, s \in (0, 1]$, 有

(1) $1_r \alpha f$;

(2) 若 $x_r \alpha f$, $(x \to y)_s \alpha f$(或 $(x \rightsquigarrow y)_s \alpha f$), 则 $y_{T(r,s)} \beta f$,

则称 f 为 $(\alpha, \beta)_T$-模糊演绎系统.

定理 4.6.21 [105] 设 f 是 L 上的 $(\alpha, \beta)_T$-模糊滤子, 则

(1) 若 $(x \otimes y) \otimes (y \otimes x) \leqslant z$, 则 $1_r \alpha f$, $x_r \alpha f$, $y_s \alpha f$ 蕴涵 $z_{T(r,s)} \beta f$;

(2) 若 $x \to (y \to z) = 1$ 或 $x \rightsquigarrow (y \rightsquigarrow z) = 1$, 则 $1_r \alpha f$, $x_r \alpha f$, $y_s \alpha f$ 蕴涵 $z_{T(r,s)} \beta f$;

(3) f 是 $(\alpha, \beta)_T$-模糊演绎系统.

推论 4.6.1 设 f 是 L 的 $(\alpha, \beta)_T$-模糊滤子, 则

(1) 对 $\forall r \in (0, 1]$, $1_r \alpha f$;

(2) 若 $(x \rightsquigarrow y)_r \alpha f$, $(y \rightsquigarrow z)_s \alpha f$, 则 $(x \rightsquigarrow z)_{T(r,s)} \beta f$;

(3) 若 $(x \to y)_r \alpha f$, $(y \to z)_s \alpha f$, 则 $(x \to z)_{T(r,s)} \beta f$;

(4) 若 $y_r \alpha f$, $y_s^- \alpha f$ 或 $y_s^\sim \alpha f$, 则 $0_{T(r,s)} \beta f$.

定理 4.6.22 [105] 设 L 是非交换剩余格, 则

(1) 任何 $(\alpha, \beta)_T$-模糊滤子都是 $(\alpha, \in \vee q)_T$-模糊滤子;

(2) 任何 $(\alpha, \beta)_T$-模糊滤子都是 $(\in \wedge q, \in \vee q)_T$-模糊滤子;

(3) 任何 $(\alpha, \in \wedge q)_T$-模糊滤子都是 $(\alpha, \in)_T$-模糊滤子和 $(\alpha, q)_T$-模糊滤子;

(4) 任何 $(\alpha, q)_T$-模糊滤子是 $(\alpha, q)_\wedge$-模糊滤子, 这里的下标 $\wedge$ 表示最小三角模;

(5) 任何 $(\alpha, \in)$-模糊滤子是 $(\alpha, \in)_T$-模糊滤子.

定理 4.6.23 设 f 是 L 上的 $(\alpha, \beta)_T$-模糊滤子, 当 $\alpha \neq \in \wedge q$, 有 $\mathrm{supp}(f) = \{x \in L | f(x) > 0\}$ 是 L 的滤子.

定理 4.6.24 设 f 是 L 的模糊子集, 若对 $\forall x \in \text{supp}(f)$ 有 $f(x) = 1$, 则当 $\alpha \neq \in \wedge q$, 有 f 是 $(\alpha, \beta)_T$-模糊滤子.

4.6.4 $(\alpha, \beta)_T$-模糊滤子的子类

首先给出 $(\in, \in)_T$-模糊滤子的性质.

定义 4.6.11[105] 设 f 是 L 的模糊子集, 若对 $\forall x, y \in L, r, s \in (0, 1]$, 有

(1) 若 $x_r \in f$, $x \leqslant y$, 则 $y_r \in f$;

(2) 若 $x_r \in f$, $y_s \in f$, 则 $(x \otimes y)_{T(r,s)} \in f$, $(y \otimes x)_{T(r,s)} \in f$,

则称 f 为 $(\in, \in)_T$-模糊滤子.

注 有关非交换剩余格上对应于不同三角模下 $(\in, \in)_T$-模糊滤子的例子, 请参见文献 [105] 中的例 3.

定理 4.6.25 满足定理 4.6.22 中的任一条件的模糊子集是 $(\in, \in)_\wedge$-模糊滤子.

定理 4.6.26 设 f 是 L 上的 $(\in, \in)_T$-模糊滤子, 则

(1) 若 $x \leqslant y$, 则 $f(x) \leqslant f(y)$;

(2) $T(f(x), f(y)) \leqslant f(x \otimes y)$.

当 $T = \wedge$ 时, 逆命题成立.

定理 4.6.27 设 f 是 L 的模糊子集. 若对 $\forall r \in (0, 1]$, 非空 f_r 是 L 的滤子, 则 f 是 $(\in, \in)_T$-模糊滤子. 当 $T = \wedge$ 时, 逆命题成立.

定理 4.6.28 非空子集 F 是 L 的滤子当且仅当 χ_F 是 $(\in, \in)_T$-模糊滤子.

下面给出 $(\in, \in \vee q)_T$-模糊滤子的性质.

定理 4.6.29 设 f 是 L 的 $(\in, \in \vee q)_T$-模糊滤子, 则

(1) 若 $x \leqslant y$, 则 $T(f(x), 0.5) \leqslant f(y)$;

(2) $T(f(x), f(y), 0.5) \leqslant f(x \otimes y)$.

当 $T = \wedge$ 时, 逆命题成立.

推论 4.6.2 非交换剩余格上的 $(\in, \beta)_T$-模糊滤子满足定理 4.6.29 的 (1) 和 (2).

定理 4.6.30 非交换剩余格上的 $(q, \in \vee q)_T$-模糊滤子满足定理 4.6.29 的 (1) 和 (2).

推论 4.6.3 非交换剩余格上的 $(q, \in \vee q)_T$-模糊滤子是 $(\in, \in \vee q)_T$-模糊滤子.

定理 4.6.31 设 f 是 L 的模糊子集. 若对 $\forall r \in (0.5, 1]$, 非空 f_r 是 L 的滤子, 则

(1) 若 $x \leqslant y$, 则 $f(x) \leqslant f(y) \vee 0.5$;

(2) $T(f(x), f(y)) \leqslant f(x \otimes y) \vee 0.5$.

当 $T = \wedge$ 时, 逆命题成立.

定理 4.6.32 设 F 和 f 分别是 L 的非空子集和模糊子集, 当 $x \in F$ 时, $f(x) \geqslant 0.5$, 当 $x \notin F$ 时, $f(x) = 0$, 则 f 是 $(\alpha, \in \vee q)_T$-模糊滤子当且仅当 F 是

滤子, 这里 $\alpha \neq \in \wedge q$.

设 f 是 L 的模糊子集, $r \in (0,1]$, 记 $f_r^\alpha = \{x \in L | x_r \alpha f\}$, 其中 $\alpha \in \{\in, q, \in \vee q\}$. 显然, $f_r^\in = f_r$, $f_r^{\in \vee q} = f_r^\in \cup f_r^q$.

定理 4.6.33 设 f 是 L 的模糊子集.

(1) 若 $\varnothing \neq f_r$ 是 L 的滤子, 则对 $\forall r \in (0, 0.5]$, f 是 $(\in, \in \vee q)_T$-模糊滤子. 当 $T = \wedge$ 时, 逆命题成立;

(2) 若 $\varnothing \neq f_r^q$ 是 L 的滤子, 则对 $\forall r \in (0.5, 1]$, f 是 $(\in, \in \vee q)_T$-模糊滤子. 当 $T = \wedge$ 时, 逆命题成立;

(3) 若 $\varnothing \neq f_r^{\in \vee q}$ 是 L 的滤子, 则对 $\forall r \in (0, 1]$, f 是 $(\in, \in \vee q)_T$-模糊滤子. 当 $T = \wedge$ 时, 逆命题成立.

最后给出 $(q, \beta)_T$-模糊滤子的性质.

定理 4.6.34 设 f 是 L 的模糊子集, 则 f 是 $(q, \in)_T$-模糊滤子当且仅当

$$\text{对 } \forall x \in \operatorname{supp}(f), \quad f(x) = 1.$$

定理 4.6.35 设 f 是 L 的模糊子集, 则 f 是 $(q, \in)_T$-模糊滤子当且仅当 f 是 $(q, \in \wedge q)_T$-模糊滤子.

推论 4.6.4 任何 $(q, \in)_T$-模糊滤子都是 $(q, q)_T$-模糊滤子.

定理 4.6.36[105] 设 f 是 L 上的 $(q, \in)$-模糊滤子, 则对 $\forall r \in (0.5, 1]$, $f_r^\alpha = \varnothing$ 或 f_r^α 是滤子, 这里 $\alpha \in \{\in, q\}$.

第 5 章　EQ-代数上的滤子理论

为了更好地理解自然语言的语义, 同时发展人类推理的形式理论, Novák 将经典型理论进行推广, 提出了模糊型理论 (fuzzy type theory, FTT)[106]. 模糊型理论是一种高阶模糊逻辑, 是经典型理论的推广. 模糊型理论与经典型理论的最大区别在于真值由二值扩展为多值, 同时经典型理论以相等作为主要联结词, 而模糊型理论以模糊相等作为主要联结词. 为进一步发展模糊型理论, Novák 等提出了一类特殊的代数结构——EQ-代数 [107-108]. 本章介绍 EQ-代数及其上的滤子理论.

5.1　EQ-代数及其子类

在模糊型理论中, 模糊相等是主要的联结词. EQ-代数包含三个基本二元运算 (交 "$\wedge$"、"$\otimes$" 和模糊相等 "$\sim$") 和一个最大元 1. 根据乘法的交换性, EQ-代数可分为两类: 交换 EQ-代数和非交换 EQ-代数.

5.1.1　交换 EQ-代数

定义 5.1.1[108]　设 $(E, \wedge, \otimes, \sim, 1)$ 是一个 $(2,2,2,0)$ 型代数, 则对 $\forall x, y, z, w \in E$, 满足:

(1) $(E, \wedge, 1)$ 是交换幂等幺半群 (即有最大元 1 的 $\wedge$-半格);

(2) $(E, \otimes, 1)$ 是交换幺半群, $\otimes$ 是关于 $\leqslant$ 保序的 ($x \leqslant y$ 定义为 $x \wedge y = x$);

(3) $x \sim x = 1$ (自反性);

(4) $((x \wedge y) \sim z) \otimes (w \sim x) \leqslant z \sim (w \wedge y)$ (替换公理);

(5) $(x \sim y) \otimes (z \sim w) \leqslant (x \sim z) \sim (y \sim w)$ (同余公理);

(6) $(x \wedge y \wedge z) \sim x \leqslant (x \wedge y) \sim x$ (单调性);

(7) $(x \wedge y) \sim x \leqslant (x \wedge y \wedge z) \sim (x \wedge z)$ (单调性);

(8) $x \otimes y \leqslant x \sim y$ (边界公理),

称 E 为 (交换) EQ 代数.

对 $\forall x, y \in E$, 定义

$$x \to y = (x \wedge y) \sim x,$$
$$\tilde{x} = x \sim 1.$$

定理 5.1.1[108] 设 E 是 EQ-代数, 则对 $\forall x, y, z \in E$, 有

(1) 对称性: $x \sim y = y \sim x$;

(2) 传递性: $(x \sim y) \otimes (y \sim z) \leqslant x \sim z$;

(3) 蕴涵传递性: $(x \to y) \otimes (y \to z) \leqslant x \to z$.

定理 5.1.2[108] 设 E 是 EQ-代数, 则对 $\forall x, y, z \in E$, 有

(1) 若 $x \leqslant y$, 则 $x \to y = 1$, $x \sim y = y \to x$, $\tilde{x} \leqslant \tilde{y}$;

(2) $x \to (y \wedge z) \leqslant x \to y$;

(3) $x \to y \leqslant (x \wedge z) \to y$;

(4) 若 $x \leqslant y$, 则 $z \to x \leqslant z \to y$, $y \to z \leqslant x \to z$.

定理 5.1.3[108] 设 E 是 EQ-代数, 则对 $\forall x, y, z, w, x', y', z', w' \in E$, 有

(1) $x \otimes y \leqslant x$, $x \otimes y \leqslant x \wedge y$, $z \otimes (x \wedge y) \leqslant (z \otimes x) \wedge (z \otimes y)$;

(2) $x \sim y \leqslant x \to y$, $x \to x = 1$;

(3) $(x \to y) \otimes (y \to x) \leqslant x \sim y$;

(4) $x = y$ 蕴涵 $x \sim y = 1$;

(5) $x \leqslant \tilde{x}$, $\tilde{1} = 1$;

(6) $\tilde{x} = 1 \to x$, $x \to 1 = 1$;

(7) $x \otimes (x \sim y) \leqslant \tilde{y}$;

(8) $\tilde{x} \otimes \tilde{y} \leqslant x \sim y$;

(9) $y \leqslant \tilde{y} \leqslant x \to y$;

(10) $((x \wedge y) \sim (z \wedge w)) \otimes (x \sim x') \otimes (y \sim y') \otimes (z \sim z') \otimes (w \sim w') \leqslant (x' \wedge y') \sim (z' \wedge w')$.

定义 5.1.2[108] (1) 设 E 是 EQ-代数, 则对 $\forall x, y \in E$, 有 $x \sim y = 1$ 蕴涵 $x = y$, 称 E 是分离的 (separated).

(2) 对 $\forall x \in E$, 有 $x \sim 1 = 1$ 蕴涵 $x = 1$, 称 E 是半分离的 (semi-separated).

(3) 对 $\forall x, y \in E$, 有 $x \to y = 1$ 蕴涵 $(x \otimes z) \to (y \otimes z) = 1$, 称乘法 $\otimes$ 是 $\to$ 保序的.

注 若 E 是分离的, 则 $x \to y = 1$ 蕴涵 $x \leqslant y$. 因为 $x \to y = (x \wedge y) \sim x = 1$ 蕴涵 $x \wedge y = x$, 即 $x \leqslant y$. 但在一般 EQ-代数上, 这一性质不一定成立, 这也是 EQ-代数与剩余格的主要区别之一. EQ-代数的许多性质都依靠分离性而成立.

定理 5.1.4[108] 设 E 是 EQ-代数, 则对 $\forall x, y, z, w \in E$, 有

(1) $(z \to (x \wedge y)) \otimes (x \sim w) \leqslant z \to (w \wedge y)$;

(2) $(x \to y) \otimes (y \sim z) \leqslant x \to z$;

(3) $((x \wedge y) \to z) \otimes (x \sim w)^2 \leqslant (w \wedge y) \to z$;

(4) $(y \to z) \otimes (x \sim y)^2 \leqslant x \to z$.

在 E 上定义如下两个二元运算:

$$x \leftrightarrow y = (x \to y) \wedge (y \to x),$$
$$x \overset{\circ}{\leftrightarrow} y = (x \to y) \otimes (y \to x).$$

定理 5.1.5 设 E 是 EQ-代数, 则对 $\forall x, y \in E$, 有

(1) $(x \wedge y) \leftrightarrow x = (x \wedge y) \overset{\circ}{\leftrightarrow} x = x \to y$;

(2) $x \overset{\circ}{\leftrightarrow} y \leqslant x \sim y \leqslant x \leftrightarrow y$;

(3) $\leftrightarrow$ 和 $\overset{\circ}{\leftrightarrow}$ 都满足定义 5.1.1 的 (3)、(4)、(6)~(8);

(4) 若 E 是线性序的, 则 $x \leftrightarrow y = x \overset{\circ}{\leftrightarrow} y = x \sim y$;

(5) 若 $\otimes$ 是 $\to$ 保序的, 则 $x \sim y = 1$ 蕴涵 $(x \otimes z) \sim (y \otimes z) = 1, \forall z \in E$.

定理 5.1.6 设 E 是 EQ-代数, 则对 $\forall x, y, z \in E$, 若 $x \leqslant y \to z$, 则 $x \otimes y \leqslant \tilde{z}$.

注 在 EQ-代数中, $\tilde{z}$ 通常不等于 z. 因此, $\otimes$ 与 $\to$ 通常不具有伴随性质, 这是 EQ-代数与剩余格的另一个主要区别. 当然, 从下文可以看到, 在好的 EQ-代数中, $\otimes$ 与 $\to$ 会构成伴随对.

定理 5.1.7 设 E 是 EQ-代数, 则对 $\forall x, y, z \in E$, 若 $x \leqslant y \leqslant z$, 则 $z \sim x \leqslant z \sim y$, $x \sim z \leqslant x \sim y$.

如果 EQ-代数 E 包含最小元 0, 则可以定义 E 上的一元运算 $\neg$: $\neg x = x \sim 0$.

定理 5.1.8 设 E 是具有最小元 0 的 EQ-代数, 则对 $\forall x, y \in E$, 有

(1) $\neg 1 = \tilde{0}, \neg 0 = 1$;

(2) $0 \to x = 1, \neg x = x \to 0$;

(3) 若 $x \leqslant y$, 则 $\neg y \leqslant \neg x$;

(4) $\tilde{0} = \neg \neg 1$;

(5) $x \otimes \neg x \leqslant \tilde{0}, \tilde{x} \otimes \tilde{0} \leqslant \neg x, \neg x \otimes \tilde{0} \leqslant \tilde{x}, x \otimes 0 = 0$;

(6) $\neg y \otimes \neg x \leqslant x \to y$;

(7) $\tilde{0} \leqslant \neg x$.

定义 5.1.3[108] 设 E 是 EQ-代数, 有

(1) 若 E 有最小元 0 且 $\tilde{0} = 0$, 则称 E 是生成的 (spanned);

(2) 若对 $\forall x \in E$, 有 $\tilde{x} = x$, 则称 E 是好的 (good);

(3) 若 E 有最小元 0, 且对 $\forall x \in E$, 有 $\neg \neg x = x$, 则称 E 是对合的 (involutive);

(4) 若对 $\forall x, y, z \in E$, $(x \otimes y) \wedge z = x \otimes y$ 当且仅当 $x \wedge ((y \wedge z) \sim y) = x$, 则称 E 是剩余的 (residuated).

注 显然, 好的 EQ-代数是生成的. 另外, 定义 5.1.3 的 (4) 其实就是剩余性质: $x \otimes y \leqslant z$ 当且仅当 $x \leqslant y \to z$. 由定理 5.1.6 和好的 EQ-代数的定义可知, 在

好的 EQ-代数上 $\otimes$ 和 $\rightarrow$ 是剩余对. 但文献 [107] 通过实例说明, 好的 EQ-代数不一定是剩余 EQ-代数.

定理 5.1.9[109]　设 E 是好的 EQ-代数, 则对 $\forall x, y, z, w \in E$, 有

(1) $x \leftrightarrow 1 = x \overset{\circ}{\leftrightarrow} 1$;

(2) E 是剩余的当且仅当 $(x \otimes y) \wedge z = x \otimes y$ 蕴涵 $x \wedge ((y \wedge z) \sim y) = x$;

(3) 若 E 包含最小元 0, 则 E 是生成的;

(4) 若 $(x \sim z) \leftrightarrow (y \sim w) \leqslant (x \sim y) \leftrightarrow (z \sim w)$, 则 $\sim = \leftrightarrow$;

(5) $x \leqslant (x \sim y) \sim y$;

(6) E 是分离的;

(7) 若 E 包含最小元 0, 则 $x \sim 0 = \neg x \sim \neg 0$ 蕴涵 $x = \neg\neg x$.

定理 5.1.10　设 E 是 EQ-代数, 则对 $\forall x, y \in E$, 下列条件等价:

(1) E 是好的;

(2) $x \otimes (x \sim y) \leqslant y$;

(3) $x \rightarrow (x \sim y) \leqslant y$.

定理 5.1.11　设 E 是 EQ-代数, 则对 $\forall x, y \in E$, 下列条件等价:

(1) E 是剩余的;

(2) E 是生成的且 $(x \otimes y) \rightarrow z = x \rightarrow (y \rightarrow z)$;

(3) E 是好的且 $x \leqslant y \rightarrow (x \otimes y)$.

定理 5.1.12　设 E 是生成 EQ-代数, 则 $\neg 0 = 1 = \neg\neg 1 = \neg \tilde{0}$.

定义 5.1.4　设 E 是 EQ-代数.

(1) 若 E 有格约简, 则称为格序 EQ-代数;

(2) 若 E 是完备 $\wedge$-半格, 则称为完备 EQ-代数;

(3) 若 E 是格序 EQ-代数, 且满足替换公理: 对 $\forall x, y, z, w \in E$, 有 $((x \vee y) \sim z) \otimes (w \sim x) \leqslant (w \vee y) \sim c$, 则称为格 EQ-代数 ($\ell$EQ-代数).

注　(1) 完备 EQ-代数是格序的, 但不一定是格 EQ-代数;

(2) 完备的剩余 ℓEQ-代数是完备剩余格.

定理 5.1.13　设 E 是完备 EQ-代数, 则

(1) $x \rightarrow \bigwedge_{k \in I} y_k \leqslant \bigwedge_{k \in I} (x \rightarrow y_k)$;

(2) $\bigvee_{k \in I} (x_k \rightarrow y) \leqslant \bigwedge_{k \in I} x_k \rightarrow y$;

(3) $\bigvee_{k \in I} \left((x_k \rightarrow y_k) \otimes \left(x_k \rightarrow \bigwedge_{k \in I} x_k \right) \otimes \left(y_k \rightarrow \bigwedge_{k \in I} y_k \right) \right) \leqslant \bigwedge_{k \in I} x_k \rightarrow \bigwedge_{k \in I} y_k$.

定理 5.1.14　设 $(E, \wedge, \otimes, \sim, 0, 1)$ 是有最小元 0 的、剩余的格序 EQ-代数, 则代数 $(E, \wedge, \otimes, \rightarrow, 0, 1)$ 是剩余格, 其中 $\rightarrow$ 定义为 $x \rightarrow y = (x \wedge y) \sim x$.

定理 5.1.15　设 E 是对合 EQ-代数, 则对 $\forall x, y \in E$, 有

(1) 令 $x \vee y = \neg(\neg x \wedge \neg y)$, 则 $x \vee y$ 是 x, y 的上确界, 因此 E 是格;

(2) $x \sim y = \neg x \sim \neg y$;

(3) $x \leqslant y$ 当且仅当 $\neg y \leqslant \neg x$;

(4) $\neg y \to \neg x = x \to y$.

定理 5.1.16 对合 EQ-代数是好的、生成的和分离的格 EQ-代数.

5.1.2 非交换 EQ-代数

文献 [109] 指出, 定义 5.1.1 的 (7) 公理是不必要的, 因为它可由其他公理导出; 同时, 将定义 5.1.1 的 (2) 中的交换性去掉, 给出了非交换 EQ-代数的定义. 本小节介绍非交换 EQ-代数的主要性质.

定理 5.1.17[109] 设 E 是非交换 EQ-代数, 则对 $\forall x, y, z, w \in E$, 有

(1) $(x \sim y) \otimes (z \sim w) \leqslant (x \wedge z) \sim (y \sim w)$;

(2) $x \sim w \leqslant ((x \wedge y) \sim z) \sim ((w \wedge y) \sim z)$;

(3) $x \sim y \leqslant (x \sim z) \sim (y \sim z)$;

(4) $y \sim z \leqslant (x \to y) \sim (x \to z)$;

(5) $y \to z \leqslant (x \to y) \to (x \to z)$;

(6) $x \to y \leqslant (y \to z) \to (x \to z)$;

(7) $x \otimes (x \sim y) \leqslant \tilde{y}, (x \sim y) \otimes x \leqslant \tilde{y}$;

(8) $x \otimes (x \to y) \leqslant \tilde{y}, (x \to y) \otimes x \leqslant \tilde{y}$;

(9) 若 $x \leqslant y \sim z$, 则 $x \otimes y \leqslant \tilde{z}, y \otimes x \leqslant \tilde{z}$;

(10) 若 $x \leqslant y \to z$, 则 $x \otimes y \leqslant \tilde{z}, y \otimes x \leqslant \tilde{z}$;

(11) $(y \to z) \otimes (x \to y) \leqslant x \to z$.

定理 5.1.18 设 E 是具有最小元 0 的非交换 EQ-代数, 则对 $\forall x, y, z \in E$, 有

(1) $x \to y \leqslant \neg y \to \neg x$. 特别地, 若 E 是对合的, 则 $x \to y = \neg y \to \neg x$;

(2) $x \sim y \leqslant \neg x \sim \neg y$. 特别地, 若 E 是对合的, 则 $x \sim y = \neg x \sim \neg y$;

(3) $(x \sim y) \otimes \neg y \leqslant \neg x, \neg y \otimes (x \sim y) \leqslant \neg x$;

(4) $(x \to y) \otimes \neg y \leqslant \neg x, \neg y \otimes (x \to y) \leqslant \neg x$;

(5) $\neg y \leqslant y \to x$;

(6) $x \sim y \leqslant \neg(x \wedge z) \sim \neg(y \wedge z)$.

定理 5.1.19 设 E 是非交换 EQ-代数, 则对 $\forall x, y, z, w \in E$, 有

(1) $x \to (y \to x) = 1$;

(2) $(z \to x) \otimes (z \to y) \leqslant z \to (x \wedge y)$;

(3) 若 $x \to y = 1, z \to w = 1$, 则 $(x \wedge z) \to (y \wedge w) = 1$;

(4) 若 $x \sim y = 1, z \sim w = 1$, 则 $(x \wedge z) \sim (y \wedge w) = 1$;

(5) 若 $x \sim y = 1$, 则 $(x \wedge z) \sim (y \wedge z) = 1, (x \sim z) \sim (y \sim z) = 1$;

(6) 若 $\otimes$ 是 $\to$ 保序的, $x \to y = 1$, 则 $(x \otimes z) \sim (y \otimes z) = 1$.

定理 5.1.20　设 E 是非交换 EQ-代数, 则对 $\forall x, y, z \in E$, 有

(1) 若 $x \leqslant y \leqslant z$, 则 $x \sim y = 1$ 蕴涵 $x \sim z = y \sim z$, $y \sim z = 1$ 蕴涵 $x \sim z = x \sim y$;

(2) 若 $x \sim y = 1$, 则 $\tilde{x} \sim \tilde{y} = 1$, 进一步, 若 $x \leqslant y$, 则 $\tilde{x} = \tilde{y}$;

(3) 若 $\tilde{x} = \tilde{y} = 1$, 则 $x \sim y = 1$;

(4) 若 $x \sim y = 1$ 且 $\tilde{x} = 1$, 则 $\tilde{y} = 1$.

定理 5.1.21　设 E 是非交换 EQ-代数, 则对 $\forall x, y, z \in E$, 有

(1) $((x \sim y) \sim z) \otimes (x \sim w) \leqslant (w \sim y) \sim z$;

(2) $(x \sim w) \otimes ((x \sim y) \sim z) \leqslant (w \sim y) \sim z$;

(3) $(x \to y) \otimes (x \to z) \leqslant x \to (y \wedge z)$;

(4) $x \to y \leqslant (x \wedge z) \to (y \wedge z)$;

(5) $x \to y = x \to (x \wedge y)$.

定理 5.1.22　设 E 是非交换 EQ-代数, 则下列条件等价:

(1) E 是分离的;

(2) 对 $\forall x, y \in E$, $x \leqslant y$ 当且仅当 $x \to y = 1$.

定理 5.1.23　设 E 是格序 EQ-代数, 则下列条件等价:

(1) E 是格 EQ-代数;

(2) 对 $\forall x, y, z \in E$, $x \sim y \leqslant (x \vee z) \sim (y \vee z)$.

定理 5.1.24　设 E 是格 EQ-代数, 则对 $\forall x, y, z, w \in E$, 有

(1) $x \to y = (x \vee y) \to y = (x \vee y) \sim y$;

(2) $(x \sim w) \otimes ((x \vee y) \sim z) \leqslant ((w \vee y) \sim z)$;

(3) $(x \sim y) \otimes (z \sim w) \leqslant (x \vee z) \sim (y \vee w)$;

(4) $x \to y \leqslant (x \vee z) \to (y \vee z)$.

5.1.3　EQ-代数的子类

下面给出 EQ-代数的预线性的定义.

定义 5.1.5[110]　设 E 是 EQ-代数, 对 $\forall x, y \in E$, 若 1 是集合 $\{(a \to y), (b \to a)\}$ 的唯一上界, 则称 E 是预线性的.

注　上述定义里并没有定义运算 $\vee$.

定理 5.1.25[110]　设 E 是预线性的、分离的 EQ-代数, 则对 $\forall x, y, z, w \in E$, 有

(1) $x \leftrightarrow y = x \sim y$;

(2) $x \to (y \wedge z) = (x \to y) \wedge (x \to z)$;

(3) $(x \sim y) \wedge (z \sim w) \leqslant (x \wedge z) \sim (y \wedge w)$.

定理 5.1.26[110]　设 E 是预线性的、分离的 ℓEQ-代数, 则对 $\forall x, y, z \in E$, 有

(1) $(x \vee y) \to z = (x \to z) \wedge (y \to z)$;

(2) $x \sim y = (x \vee y) \to (x \wedge y)$.

定理 5.1.27　设 E 是预线性好的 EQ-代数, 则 E 是预线性好的 ℓEQ-代数, 其中的并运算定义为 $x \vee y = ((x \to y) \to y) \wedge ((y \to x) \to x), \forall x, y \in E$.

定理 5.1.28　设 E 是预线性剩余 EQ-代数, 则 $(E, \wedge, \vee, \otimes, \to, 1)$ 是预线性交换剩余格. 这里 $x \to y = (x \wedge y) \sim x$, $\vee$ 如上定义. 因此, 若 E 有最小元, 则 E 是 MTL-代数.

定理 5.1.29　设 E 是预线性好的 EQ-代数, 对 $\forall x, y \in E$, 则下列条件等价:

(1) $x \vee y = 1$;

(2) $x \to y = y, y \to x = x$.

定理 5.1.30　设 E 是预线性好的 EQ-代数, 则对 $\forall x, y \in E$, 下列条件等价:

(1) $x \vee y = 1$ 蕴涵 $x \otimes y = x \wedge y$;

(2) $x \overset{\circ}{\leftrightarrow} y = x \sim y$.

定理 5.1.31　设 E 是格序、分离的 EQ-代数, 则 E 是预线性的当且仅当对 $\forall x, y, z \in E$, 有 $x \wedge y \to z = (x \to z) \vee (y \to z)$.

定理 5.1.32　设 E 是分离的 ℓEQ-代数, 则对 $\forall x, y, z \in E$, 下列条件等价:

(1) E 是预线性的;

(2) $x \to (y \vee z) = (x \to y) \vee (x \to z)$;

(3) $x \to z \leqslant (x \to y) \vee (y \to z)$.

定理 5.1.33　预线性、分离的 ℓEQ-代数具有分配律, 即对 $\forall x, y, z \in E$, 有 $x \wedge (y \vee z) = (x \wedge y) \vee (x \wedge z)$.

定理 5.1.34　设 E 是好的 EQ-代数, 则 E 是预线性的当且仅当对 $\forall x, y, z \in E$, 有 $(x \to y) \to z \leqslant ((y \to x) \to z) \to z$.

下面列出好的 EQ-代数的一些性质.

定理 5.1.35[110]　设 E 是 EQ-代数, 则对 $\forall x, y \in E$, 下列条件等价:

(1) E 是好的;

(2) $x \otimes (x \sim y) \leqslant y$;

(3) $x \otimes (x \to y) \leqslant y$;

(4) $(x \sim y) \otimes x \leqslant y$;

(5) $(x \to y) \otimes x \leqslant y$;

(6) $1 \to y = y$.

定理 5.1.36　设 E 是好的 EQ-代数, 则对 $\forall x, y, z \in E$, 有

(1) $x \leqslant (x \to y) \to y$;

(2) $(x \sim y) \otimes x \leqslant x \wedge y, x \otimes (x \sim y) \leqslant x \wedge y$;

(3) $(x \to y) \otimes x \leqslant x \wedge y$, $x \otimes (x \to y) \leqslant x \wedge y$;

(4) $x \leqslant y \to z$ 蕴涵 $x \otimes y \leqslant z$ 和 $y \otimes x \leqslant z$.

定理 5.1.37　设 E 是好的 EQ-代数, 则对 $\forall x, y, z \in E$, 有

(1) $x \leqslant y \to z$ 当且仅当 $y \leqslant x \to z$;

(2) 交换规则 $x \to (y \to z) = y \to (x \to z)$;

(3) $x \to (y \to z) \leqslant (x \otimes y) \to z$, $x \to (y \to z) \leqslant (y \otimes x) \to z$;

(4) $\bigvee\limits_{k \in I} x_k \to y = \bigvee\limits_{k \in I} (x_k \to y)$.

定理 5.1.38　设 E 是格序、好的 EQ-代数, 且具有最小元 0, 则对 $\forall x, y, z, w \in E$, 有

(1) $x \sim y \leqslant (\neg x \wedge \neg z) \sim (\neg y \wedge \neg z) = \neg(x \vee z) \sim \neg(y \vee z)$;

(2) $((x \vee y) \sim z) \otimes (w \sim x) \leqslant \neg(w \vee y) \sim \neg z$;

(3) $(w \sim x) \otimes ((x \vee y) \sim z) \leqslant \neg(w \vee y) \sim \neg z$.

定理 5.1.39[110]　设 E 是 EQ-代数, 则对 $\forall x, y, z \in E$, 下列条件等价:

(1) E 是剩余的;

(2) E 是好的, 且 $(x \otimes y) \to z \leqslant x \to (y \to z)$;

(3) E 是分离的, 且 $(x \otimes y) \to z = x \to (y \to z)$;

(4) E 是好的, 且 $x \to y \leqslant (x \otimes z) \to (y \otimes z)$;

(5) E 是好的, 且 $x \leqslant y \to (x \otimes y)$.

5.2　EQ-代数上的滤子、预滤子

仿照剩余格上滤子等的定义, 文献 [108] 给出 EQ-代数上滤子及预滤子的定义. 文献 [111]、[112] 进一步研究了正蕴涵预滤子、蕴涵预滤子、固执预滤子和极大预滤子的性质, 文献 [113] 研究了 EQ-代数上预滤子的格结构相关问题. 本节简要介绍相关内容.

5.2.1　EQ-代数上的滤子、预滤子的基本概念

定义 5.2.1　设 E 是 (交换) EQ-代数, $F \subset E$, 若对 $\forall x, y, z \in E$, 有

(1) $1 \in F$;

(2) 若 $x \in F$, $x \to y \in F$, 则 $y \in F$;

(3) 若 $x \to y \in F$, 则 $(x \otimes z) \to (y \otimes z) \in F$,

则称 F 为 EQ-滤子 (简称滤子). 若 F 仅满足条件 (1)、(2), 则称 F 为预滤子.

注　(1) 文献 [108] 首次提出了 EQ-代数上的滤子的定义, 其定义中含有条件: 若 $x, y \in F$, 则 $x \otimes y \in F$. 可以验证, 此条件可由条件 (1)~(3) 推出, 故不再列出.

(2) 若 E 是非交换 EQ-代数, 则上述定义的 (3) 替换为: 若 $x \to y \in F$, 则 $(x \otimes z) \to (y \otimes z) \in F$ 且 $(z \otimes x) \to (z \otimes y) \in F$. 本节讨论的 E 假定为交换 EQ-代数.

(3) 若 (预) 滤子 $F \neq E$, 则称 F 为真 (预) 滤子. 设 F 是真 (预) 滤子, 若不存在真 (预) 滤子 G, 使得 $F \subset G$, 则称 F 是极大的.

定理 5.2.1 设 F 是 E 的滤子, 则对 $\forall x, y \in E$, 有

(1) 若 $x \in F$, $x \leqslant y$, 则 $y \in F$;

(2) 若 $x, x \sim y \in F$, 则 $y \in F$.

定理 5.2.2 设 F 是 E 的滤子, 若对 $\forall x, y, x', y', z \in E$, 有 $x \sim y \in F$, $x' \sim y' \in F$, 则

(1) $x \leftrightarrow y \in F$, $x \overset{\circ}{\leftrightarrow} y \in F$;

(2) $(x \wedge x') \sim (y \wedge y') \in F$;

(3) $(x \otimes z) \sim (y \otimes z) \in F$;

(4) $(x \sim x') \sim (y \sim y') \in F$.

设 F 是 E 的滤子, 定义 E 上的等价关系如下:

$$x \approx_F y \text{ 当且仅当 } x \sim y \in F.$$

定理 5.2.3 设 F 是 E 的滤子, 则关系 $\approx_F$ 是同余关系.

对 $\forall x \in E$, 用 $[x]$ 表示 x 的等价类, 则 $E/F = \{[x] | x \in E\}$. 定义 $[x] \wedge [y] = [x \wedge y]$, $[x] \otimes [y] = [x \otimes y]$, $[x] \sim_F [y] = [x \sim y]$, $[x] \leqslant [y]$ 当且仅当 $[x] \wedge [y] = [x]$ 当且仅当 $x \wedge y \approx_F x$ 当且仅当 $x \to y \in F$, 从而 $(E/F, \wedge, \otimes, \sim_F, [1])$ 是 EQ-代数.

定理 5.2.4 设 F 是 E 的滤子, 则 $(E/F, \wedge, \otimes, \sim_F, [1])$ 是分离的 EQ-代数. 定义 $\varphi: E \to E/F$ 为 $\varphi(x) = [x]$, 则 φ 是同态.

注意到, 在一般 EQ-代数上, $x \to y = 1$ 不一定蕴涵 $x \leqslant y$. 这是与剩余格很大的区别, 导致有些 EQ-代数上没有真滤子. 以下讨论局限在分离的 EQ-代数上, 部分结果对其他 EQ-代数同样成立.

定理 5.2.5 设 E 是分离的 EQ-代数, F 是 E 的预滤子, 则对 $\forall x, y, x', y', z \in E$, 有

(1) 若 $x \in F$, $x \leqslant y$, 则 $y \in F$;

(2) 若 $x, x \sim y \in F$, 则 $y \in F$;

(3) 若 $x, y \in F$, 则 $x \wedge y \in F$;

(4) 若 $x \sim y \in F$, $y \sim z \in F$, 则 $x \sim z \in F$;

(5) 若 $x \to y \in F$, $y \to z \in F$, 则 $x \to z \in F$;

(6) $1 \sim x \in F$ 当且仅当 $x \in F$;

(7) $F = \{x \in E | x \sim 1 \in F\}$;

(8) 若 $x \sim y \in F$, $x' \sim y' \in F$, 则 $(x \wedge x') \sim (y \wedge y') \in F$;

(9) 若 $x \sim y \in F$, $x' \sim y' \in F$, 则 $(x \sim x') \sim (y \sim y') \in F$;

(10) 若 $x \sim y \in F$, $x' \sim y' \in F$, 则 $(x \to x') \sim (y \to y') \in F$;

(11) 若 E 是 ℓEQ-代数, $x \sim y \in F$, $x' \sim y' \in F$, 则 $(x \vee x') \sim (y \vee y') \in F$.

定理 5.2.6　设 E 是分离的 EQ-代数, F 是 E 的滤子, 则对 $\forall x, y, z \in E$, 有

(1) 若 $x, y \in F$, 则 $x \otimes y \in F$;

(2) $x \sim y \in F$ 当且仅当 $x \leftrightarrow y \in F$ 当且仅当 $x \to y \in F$ 且 $y \to x \in F$ 当且仅当 $x \overset{\leftrightarrow}{\to} y \in F$;

(3) 若 $x \sim y \in F$, 则 $(x \otimes z) \sim (y \otimes z) \in F$, $(z \otimes x) \sim (z \otimes y) \in F$.

定理 5.2.7　设 E 是分离的 EQ-代数, F 是 E 的预滤子. 若 $x \approx_F y$, $x' \approx_F y'$, 则 $x \to x' \in F$, $y \to y' \in F$.

定理 5.2.8　设 E 是分离的 EQ-代数, $\varnothing \neq F \subset E$, 则对 $\forall x, y, z \in E$, 下列条件等价:

(1) F 是预滤子;

(2) 若 $x, y \in F$, $x \leqslant y \to z$, 则 $z \in F$;

(3) 若 $x, y \in F$, $x \to (y \to z) = 1$, 则 $z \in F$.

定义 5.2.2　设 F 是分离 EQ-代数 E 的预滤子, 若对 $\forall x, y \in E$, 有 $x \to y \in F$ 或 $y \to x \in F$, 则称 F 为素预滤子.

注　若 F 是素的, G 是预滤子, $F \subset G$, 则 G 也是素预滤子.

定理 5.2.9　设 E 是预线性分离的 ℓEQ-代数, F 是 E 的预滤子, 则下列条件等价:

(1) F 是素的;

(2) $\forall x, y \in E$, 若 $x \vee y \in F$, 则 $x \in F$ 或 $y \in F$;

(3) $\forall x, y \in E$, 若 $x \vee y = 1$, 则 $x \in F$ 或 $y \in F$;

(4) E/F 是链.

定理 5.2.10　设 E 是预线性分离的 ℓEQ-代数, F 是 E 的素预滤子, 则

(1) $\{G \in \mathrm{PF}(E) | F \subset G\}$ 是线性序集 (基于包含关系), 这里 $\mathrm{PF}(E)$ 表示 E 上所有预滤子的集合;

(2) F 在 $\mathrm{PF}(E)$ 里是交不可约元素.

定理 5.2.11　设 E 是好的 EQ-代数, 则

(1) $\mathrm{PF}(E)$ 是完备分配格;

(2) E 的每个交不可约预滤子包含一个极小交不可约预滤子;

(3) $\cap\{F | F$ 是 $\mathrm{PF}(E)$ 上的极小交不可约预滤子$\} = \{1\}$;

(4) 若 E 是预线性的, 则 F 是素预滤子当且仅当 F 是 $\mathrm{PF}(E)$ 上的交不可约元素.

定理 5.2.12 设 E 是好的 EQ-代数, F 是 E 的预滤子, 则对 $\forall x, y, z \in E$, 下列条件等价:

(1) F 是滤子;

(2) 若 $x \in F$, 则 $y \to (x \otimes y) \in F$, $y \to (y \otimes x) \in F$;

(3) 若 $x \in F$, 则 $z \to (z \otimes (y \to (x \otimes y))) \in F$.

定理 5.2.13 设 E 是分离的格序 EQ-代数, 则对 $\forall x \in E$, $F_x = \{y \in E | x \vee y = 1\}$ 是 E 的预滤子.

5.2.2 蕴涵预滤子与正蕴涵预滤子

文献 [111] 提出了 EQ-代数上蕴涵滤子、正蕴涵滤子的定义, 首先开始了 EQ-代数上滤子 (预滤子) 的子类研究.

定义 5.2.3[111] 设 E 是 EQ-代数, F 是 E 上的预滤子, 对 $\forall x, y, z \in E$, 若 $x \to (y \to z) \in F$, $x \to y \in F$, 则 $x \to z \in F$, 则称 F 为蕴涵预滤子.

若 F 是 E 上的滤子, 满足上述条件, 则称 F 为蕴涵滤子.

注 文献 [111] 将定义 5.2.3 中的蕴涵 (预) 子称为正蕴涵 (预) 滤子 (positive implicative (prefilter) filter), 本书为与前面对应的滤子名称统一, 做了修改. 同样, 将原文中的蕴涵滤子 (implicative filter) 改为正蕴涵滤子.

例 5.2.1 设 $E = \{0, a, b, 1\}$ 是链. 定义运算 $\otimes$、$\sim$ 和 $\to$ 如下:

$\otimes$	0	a	b	1		$\sim$	0	a	b	1		$\to$	0	a	b	1
0	0	0	0	0		0	1	0	0	0		0	1	1	1	1
a	0	a	a	a	,	a	0	1	a	a	,	a	0	1	1	1	,
b	0	a	b	b		b	0	a	1	1		b	0	a	1	1
1	0	a	b	1		1	0	a	1	1		1	0	a	1	1

则 $(E, \wedge, \otimes, \sim, 1)$ 是 EQ-代数. 可以验证 E 满足交换规则, 但 E 不是好的, 因为 $1 \sim b = 1 \neq b$. 令 $F = \{1, b\}$, 则 F 是蕴涵预滤子, 也是蕴涵滤子.

定理 5.2.14[111] 设 F 是 E 的预滤子, 则下列条件等价:

(1) F 是蕴涵预滤子;

(2) 对 $\forall x, y \in E$, $(x \wedge (x \to y)) \to y \in F$.

证明 (1)$\Rightarrow$(2). 对 $\forall x, y \in E$, 因为 $x \wedge (x \to y) \leqslant x \to y$, $x \wedge (x \to y) \leqslant x$, 故 $(x \wedge (x \to y)) \to (x \to y) = 1 \in F$, $(x \wedge (x \to y)) \to x = 1 \in F$. 所以, $(x \wedge (x \to y)) \to y \in F$.

(2)$\Rightarrow$(1). 设 F 是预滤子. 因为 $x \to (y \to z) \leqslant (x \wedge y) \to (y \wedge (y \to z))$, $x \to y \leqslant x \to (x \wedge y)$, 若 $x \to (y \to z) \in F$, $x \to y \in F$, 则 $(x \wedge y) \to (y \wedge (y \to z)) \in F$, $x \to (x \wedge y) \in F$, 所以 $x \to (y \wedge (y \to z)) \in F$. 由 (2), 得 $(y \wedge (y \to z)) \to z \in F$. 由定理 5.2.5(5), 得 $x \to z \in F$. 因此 F 是蕴涵预滤子.

推论 5.2.1 若 F 是 E 的蕴涵预滤子, 则 $(1 \to x) \to x \in F, \forall x \in E$.

推论 5.2.2 若 F 是 E 的蕴涵预滤子, 则 $(x \otimes (x \to y)) \to y \in F, \forall x, y \in E$.

推论 5.2.3 若 F 是 E 的蕴涵预滤子, 则 E/F 是好的 EQ-代数.

定理 5.2.15 设 F, G 是 E 的预滤子, $F \subset G$, 若 F 是蕴涵预滤子, 则 G 也是蕴涵预滤子.

定理 5.2.16 设 F 是 E 的预滤子, 则下列条件等价:

(1) F 是蕴涵预滤子;

(2) 对 $\forall x, y \in E$, $x \to (x \to y) \in F$ 蕴涵 $x \to y \in F$.

证明 (1)$\Rightarrow$(2). 设 F 是蕴涵预滤子, 则 $x \to x = 1 \in F$. 对 $\forall x, y \in E$, 若 $x \to (x \to y) \in F$, 则 $x \to y \in F$.

(2)$\Rightarrow$(1). 设 F 是预滤子, 对 $\forall x, y, z \in E$, 有 $x \to (y \to z) \leqslant ((y \to z) \to (x \to z)) \to (x \to (x \to z))$, $x \to y \leqslant (y \to z) \to (x \to z)$. 若 $x \to (y \to z) \in F$, $x \to y \in F$, 则 $((y \to z) \to (x \to z)) \to (x \to (x \to z)) \in F$, $(y \to z) \to (x \to z) \in F$, 从而 $x \to (x \to z) \in F$. 利用 (2), 得 $x \to z \in F$. 因此 F 是蕴涵预滤子.

推论 5.2.4 设 F 是 E 的蕴涵预滤子, 对 $\forall x, y \in E$, 若 $x \sim (x \to y) \in F$, 则 $x \to y \in F$.

定义 5.2.4[111] 设 F 是 E 的预滤子, 若对 $\forall x, y, z \in E$, 有 $x \to (y \to z) \in F$ 蕴涵 $y \to (x \to z) \in F$, 则称 F 具有弱交换规则.

定理 5.2.17[111] 设 F 是预滤子且满足弱交换规则, 则下列条件等价:

(1) F 是蕴涵预滤子;

(2) 对 $\forall x, y, z \in E$, 若 $x \to (y \to z) \in F$, 则 $(x \to y) \to (x \to z) \in F$.

推论 5.2.5 设 E 是好的 EQ-代数, F 是预滤子, 则对 $\forall x, y, z \in E$, 下列条件等价:

(1) F 是蕴涵预滤子;

(2) $(x \wedge (x \to y)) \to y \in F$;

(3) 若 $x \to (x \to y) \in F$, 则 $x \to y \in F$;

(4) 若 $x \to (y \to z) \in F$, 则 $(x \to y) \to (x \to z) \in F$.

设 E 是剩余 EQ-代数, 则下列 (*) 式成立:

(*) $\forall x, y, z \in E, (x \otimes y) \to z \leqslant x \to (y \to z)$.

但是满足 (*) 式的 EQ-代数未必是剩余 EQ-代数, 请参见文献 [5.1-5] 中的例 4.14.

定理 5.2.18 设 E 是 EQ-代数且满足 (*) 式, F 是 E 的滤子, 则下列条件等价:

(1) F 是蕴涵滤子;

(2) 对 $\forall x, y \in E$, 有 $x \to (x \otimes x) \in F$, 且 $(x \otimes (x \to y)) \to y \in F$.

定理 5.2.19 设 E 是 EQ-代数且满足 (*) 式, F 是 E 的滤子, 则下列条件等价:

(1) F 是蕴涵滤子;

(2) E/F 是剩余幂等 EQ-代数.

推论 5.2.6 设 E 是剩余 EQ-代数, F 是 E 的滤子, 则对 $\forall x, y, z \in E$, 下列条件等价:

(1) F 是蕴涵滤子;

(2) 若 $(x \otimes y) \to z \in F$, 则 $(x \wedge y) \to z \in F$;

(3) $(x \wedge (x \to y)) \to y \in F$;

(4) 若 $x \to (x \to y) \in F$, 则 $x \to y \in F$;

(5) 若 $x \to (y \to z) \in F$, 则 $(x \to y) \to (x \to z) \in F$;

(6) $x \to (x \otimes x) \in F$;

(7) E/F 是剩余幂等 EQ-代数.

推论 5.2.7 设 E 是剩余 EQ-代数, 则下列条件等价:

(1) E 是幂等 EQ-代数;

(2) E 的每个滤子都是蕴涵滤子;

(3) $\{1\}$ 是蕴涵滤子.

下面给出 EQ-代数上正蕴涵 (预) 滤子的定义及性质.

定义 5.2.5[111] 设 E 是 EQ-代数, $\varnothing \neq F \subset E$, 若有

(1) $1 \in F$;

(2) 对 $\forall x, y, z \in E$, 若 $z \to ((x \to y) \to x) \in F$, $z \in F$, 则 $x \in F$,

则称 F 为正蕴涵预滤子. 若 F 还满足

(3) 对 $\forall x, y, z \in E$, 若 $x \to y \in F$, 则 $(x \otimes z) \to (y \otimes z) \in F$,

则称 F 为正蕴涵滤子.

例 5.2.2 设 $E = \{0, a, b, c, 1\}$ 是链. 定义运算 $\otimes, \sim$ 和 $\to$ 如下:

$\otimes$	0	a	b	c	1
0	0	0	0	0	0
a	0	0	0	0	a
b	0	0	0	0	b
c	0	0	0	0	c
1	0	a	b	c	1

$\sim$	0	a	b	c	1
0	1	0	0	0	0
a	0	1	b	b	b
b	0	b	1	c	c
c	0	b	c	1	1
1	0	b	c	1	1

$\to$	0	a	b	c	1
0	1	1	1	1	1
a	0	1	1	1	1
b	0	b	1	1	1
c	0	b	c	1	1
1	0	a	b	c	1

则 $(E, \wedge, \otimes, \sim, \to, 1)$ 是 EQ-代数. 容易验证 $F = \{a, b, c, 1\}$ 是正蕴涵预滤子.

引理 5.2.1 设 F 是 E 的正蕴涵预滤子, 若 $x \in F$, $x \leqslant y$, 则 $y \in F$.

定理 5.2.20 任何正蕴涵 (预) 滤子是 (预) 滤子.

定理 5.2.21 设 F 是 E 的预滤子 (滤子), 则下列条件等价:

(1) F 是正蕴涵预滤子 (滤子);

(2) 对 $\forall x, y \in E$, $(x \to y) \to x \in F$ 蕴涵 $x \in F$.

定理 5.2.22 EQ-代数上的正蕴涵预滤子是蕴涵预滤子.

例 5.2.3 设 E 是例 5.2.1 之 EQ-代数, $\{1, b\}$ 是蕴涵预滤子, 却不是正蕴涵预滤子, 因为 $(a \to 0) \to a = 1 \in \{1, b\}$, 但 $a \notin \{1, b\}$.

定理 5.2.23 设 F 是 E 的蕴涵滤子, 且满足弱交换规则, 则下列条件等价:

(1) F 是正蕴涵滤子;

(2) 对 $\forall x, y \in E$, $(x \to y) \to y \in E$ 蕴涵 $(y \to x) \to x \in E$.

定理 5.2.24 设 F, G 是 E 的预滤子, $F \subset G$. 若 F 是正蕴涵预滤子且具有弱交换规则, 则 G 是正蕴涵预滤子.

证明 对 $\forall x, y \in E$, 设 $u = (x \to y) \to x \in G$. 由 $x \leqslant u \to x$, 得 $(u \to x) \to y \leqslant x \to y$, $u = ((x \to y) \to x) \leqslant ((u \to x) \to y) \to x$. 因此, $u \to (((u \to x) \to y) \to x) = 1 \in F$, 从而利用弱交换规则, 得 $((u \to x) \to y) \to (u \to x) \in F$. 因为 F 是正蕴涵预滤子, 有 $u \to x \in F \subset G$, 所以 $x \in G$. 由定理 5.2.21, 得 G 是正蕴涵预滤子.

定理 5.2.25 设 E 是包含最小元 0 的 EQ-代数, F 是预滤子, 则 F 是正蕴涵预滤子当且仅当对 $\forall x \in E$, $\neg x \to x \in F$.

定理 5.2.26 设 E 是包含最小元 0 的 EQ-代数, F 是预滤子且具有弱交换规则, 则 F 是正蕴涵预滤子当且仅当对 $\forall x, y, z \in E$, $x \to (\neg z \to y) \in F$, $y \to z \in F$ 蕴涵 $x \to z \in F$.

定理 5.2.27[111] 设 E 是包含最小元 0 的 EQ-代数, F 是蕴涵预滤子, 则 F 是正蕴涵预滤子当且仅当对 $\forall x \in E$, $\neg \neg x \in F$ 蕴涵 $x \in F$.

推论 5.2.8 设 E 是包含最小元 0 的好的 EQ-代数, F 是预滤子, 则对 $\forall x, y, z \in E$, 下列条件等价:

(1) F 是正蕴涵滤子;

(2) 若 $(x \to y) \to x \in F$, 则 $x \in F$;

(3) 若 F 是蕴涵预滤子, $(x \to y) \to y \in F$, 则 $(y \to x) \to x \in F$;

(4) 若 $\neg x \to x \in F$, 则 $x \in F$;

(5) 若 $x \to (\neg z \to y) \in F$, $y \to z \in F$, 则 $x \to z \in F$;

(6) 若 F 是蕴涵预滤子, $\neg \neg x \in F$, 则 $x \in F$.

推论 5.2.9 设 E 是好的 ℓEQ-代数, 则 F 是正蕴涵预滤子当且仅当 F 是蕴涵预滤子.

5.2.3 固执预滤子与极大预滤子

本节介绍 EQ-代数上的固执预滤子和极大预滤子, 主要参考文献 [112].

定义 5.2.6 [112] 设 F 是 E 的预滤子, 若对 $\forall x, y \in E$, $x, y \notin F$ 蕴涵 $x \to y \in F$ 和 $y \to x \in F$, 则称 F 为固执预滤子.

若 F 是滤子, 满足上述条件, 则称 F 为固执滤子.

例 5.2.4 设 $E = \{0, a, b, c, 1\}$, 其中 $0 < a, b < c < 1$. 定义运算 $\otimes$、$\sim$ 和 $\to$ 如下:

$\otimes$	0	a	b	c	1		$\sim$	0	a	b	c	1		$\to$	0	a	b	c	1
0	0	0	0	0	0		0	1	b	a	0	0		0	1	1	1	1	1
a	0	a	0	a	a		a	b	1	1	a	a		a	b	1	b	1	1
b	0	0	b	b	b	,	b	a	1	1	b	b	,	b	a	a	1	1	1	,
c	0	a	b	c	c		c	0	a	b	1	c		c	0	a	b	1	1
1	0	a	b	c	1		1	0	b	c	1	1		1	0	a	b	c	1

则 $(E, \wedge, \otimes, \sim, \to, 1)$ 是 EQ-代数. 容易验证 $\{b, c, 1\}$ 和 $\{a, c, 1\}$ 是固执预滤子.

定理 5.2.28 [112] $\{1\}$ 是 E 的预滤子当且仅当 E 是半分离 EQ-代数.

证明 设 $\{1\}$ 是预滤子, $x \sim 1 = 1$, 有 $x \sim 1 \in \{1\}$, 所以 $x \in \{1\}$, 即 $x = 1$. 因此 E 是半分离 EQ-代数.

反之, 设 E 是半分离 EQ-代数, $y, y \to x \in \{1\}$, 则 $1 \to x = 1$, 即 $(1 \wedge x) \sim 1 = 1$, 从而 $x \sim 1 = 1$. 所以 $x = 1$, $\{1\}$ 是预滤子.

引理 5.2.2 设 E 是分离 EQ-代数, 则 $\{1\}$ 是固执预滤子当且仅当 E 至多有两个元素.

引理 5.2.3 设 F 是 E 的预滤子, 则 F 是固执预滤子当且仅当 $x, y \notin F$ 蕴涵 $x \sim y \in F$.

定理 5.2.29 设 F 是 E 的滤子, 则 F 是固执滤子当且仅当对 $\forall x, y \in E - F$, $x \overset{\circ}{=} y \in F$.

定理 5.2.30 设 E 是包含最小元 0 的 EQ-代数, F 是 E 的真预滤子, 则 F 是固执预滤子当且仅当对 $\forall x \in E$, $x \notin F$ 蕴涵 $\neg x \in F$.

推论 5.2.10 设 E 是包含最小元 0 的 EQ-代数, F 是 E 的真预滤子, 则 F 是固执预滤子当且仅当对 $\forall x \in E$, $x \in F$ 或 $x \notin F$.

定理 5.2.31 对 $\forall x \in E - \{0\}$, 若 $x \to 0 = 0$, 则 $F = E - \{0\}$ 是 E 的唯一固执真预滤子.

定理 5.2.32 设 F 是 E 的固执预滤子, $F \subset G$, 则 G 也是 E 的固执预滤子.

定理 5.2.33 设 F 是 E 的固执滤子, 则 E/F 是链.

设 A 和 B 是 EQ-代数, $f: A \to B$ 是 EQ-代数上的同态, 记 $\mathrm{Ker}(f) = \{x \in A | f(x) = 1\}$. 记 $\mathrm{Hom}(A, B)$ 为 A 到 B 上的全体同态之集.

定理 5.2.34 设 $f \in \mathrm{Hom}(A, B)$, G 是 B 上的固执预滤子, 则 $f^{-1}(G)$ 是 A 上的固执滤子.

定理 5.2.35 设 E 是分离的 EQ-代数, F 是 E 的固执滤子, 则存在 $f \in \mathrm{Hom}(E, E)$, 使得 $\mathrm{Ker}(f) = F$.

为描述问题方便, 引入下列记号. 设 $x, y \in E, n \in \mathbf{N}$:

$$x \to^0 y = y, \ x \to^1 y = x \to y, \ x \to^2 y = x \to (x \to y), \cdots, \ x \to^n y = x \to (x \to^{n-1} y).$$

定义 5.2.7[112] 设 F 是 E 的预滤子, 对任何预滤子 $G, G \neq F$, 若 $F \subset G$, 则 $G = E$, 称 F 是极大预滤子.

定理 5.2.36 设 E 是包含最小元 0 的 EQ-代数, M 是 E 的真预滤子, 则下列条件等价:

(1) M 是极大预滤子;

(2) 对 $\forall x \notin M, \exists n \geq 1$, 使得 $x \to^n 0 \in M$.

定理 5.2.37 设 E 是包含最小元 0 的 EQ-代数, 则每个固执真预滤子都是极大预滤子.

引理 5.2.4 设 F 是 E 的极大蕴涵预滤子, 则 F 是固执预滤子.

引理 5.2.5 EQ-代数上的固执预滤子是正蕴涵预滤子.

例 5.2.5 设 E 符合例 5.2.1 中的定义, 可以验证 $\{1, b\}$ 是蕴涵预滤子, 但不是固执预滤子.

推论 5.2.11 若 F 是 E 的极大正蕴涵预滤子, 则 F 是固执预滤子.

定理 5.2.38[112] 设 F 是 E 的固执预滤子, 则 F 是素预滤子.

证明 设 $x, y \in E$, 假设 $x \to y \notin F$ 且 $y \to x \notin F$, 则 $x \leq y \to x, y \leq x \to y$ 蕴涵 $x, y \notin F$. 由 F 是固执预滤子, 得 $x \to y \in F$ 且 $y \to x \in F$, 导致矛盾. 所以 F 是素预滤子.

推论 5.2.12 设 F 是 E 的极大正蕴涵预滤子, 则 F 是素预滤子.

5.2.4 EQ-代数上预滤子的格

本部分讨论 EQ-代数上预滤子集合的结构, 主要参考文献 [113].

设 X 是 EQ-代数 E 的非空子集, 称包含 X 的最小预滤子为 X 生成的预滤子, 记作 $\langle X \rangle$, 即 $\langle X \rangle = \cap \{F | F \in \mathrm{PF}(E), X \subset F\}$.

设 $a \in E, X = \{a\}$, 记 $\langle a \rangle$ 表示 $\{a\}$ 生成的预滤子, 称为主预滤子. E 的所有主预滤子的集合记为 $\mathrm{PF}_P(E)$.

定理 5.2.39[113] 设 X 是 EQ-代数 E 的非空子集, 则

$$\langle X \rangle = \{x \in E | \ 存在 \ x_i \in X, n \in \mathbf{N}, 使得 \ x_1 \to (x_2 \to \cdots (x_n \to x) \cdots) = 1\}.$$

证明 证明过程可参见文献 [113].

推论 5.2.13 设 X 是 EQ-代数 E 的非空子集, 则

$$\langle X \rangle \subset \{x \in E| \ 存在\ x_i \in X, n, k \in \mathbf{N}, 使得\ (x_1 \otimes \cdots \otimes x_n) \to \tilde{x}^k = 1\}.$$

而且, 对好的 EQ-代数, 有

$$\langle X \rangle \subset \{x \in E| \ 存在\ x_i \in X, n \in \mathbf{N}, 使得\ (x_1 \otimes \cdots \otimes x_n) \to \tilde{x} = 1\}.$$

定理 5.2.40[113] 设 E 是 EQ-代数, $x, y \in E$, 则

(1) $x \leqslant y$ 蕴涵 $\langle y \rangle \subset \langle x \rangle$;

(2) $x^2 = x$ 蕴涵 $\langle x \rangle = \{z \in E| \ 存在\ k \in \mathbf{N},\ 使得\ x \to \tilde{z}^k = 1\}$;

(3) 若 E 是好的, $x^2 = x$, 则 $\langle x \rangle = \{z \in E| x \leqslant z\}$.

定理 5.2.41 设 F 是 E 的预滤子, 则

$$\langle F \cup \{a\} \rangle = \{z \in E| \ 存在\ y \in F, k \in \mathbf{N}, 使得\ y \to (a \to^n z) = 1\}.$$

定理 5.2.42 设 F 是 E 的蕴涵预滤子, 则

$$\langle F \cup \{a\} \rangle = \{z \in E| a \to z \in F\}.$$

定理 5.2.43 设 F, G 是 E 的两个预滤子, 则

$$\langle F \cup G \rangle = \{z \in E| \ 存在\ x \in F, y \in G, k \in \mathbf{N}, 使得\ x \to (y \to \tilde{z}^k) = 1\}.$$

推论 5.2.14 设 F 是 E 的预滤子, G 是蕴涵预滤子, 则

$$\langle F \cup G \rangle = \{z \in E| \ 存在\ x \in F, 使得\ x \to z \in G\}.$$

定理 5.2.44 设 E 是 ℓEQ-代数, $x, y, z \in E$. 若 $x \to^k z = 1$, $y \to^k z = 1$, 这里 $k \in \mathbf{N}$, 则存在 $m \geqslant 1$, 使得 $(x \vee y) \to^m z = 1$.

定理 5.2.45 设 E 是 EQ-代数, $x, y, z \in E$. 若 $x \to^k z = 1$, $y \to^k z = 1$, 这里 $k \in \mathbf{N}$, 则存在 $m \geqslant 1$, 使得 $(x \wedge y) \to^m z = 1$.

定理 5.2.46 设 F 是 ℓEQ-代数 E 上的预滤子, $x, y \in E$, 则

(1) $x \vee y \in F$ 蕴涵 $\langle F \cup \{x\} \rangle \cap \langle F \cup \{y\} \rangle = F$;

(2) $\langle x \vee y \rangle = \langle x \rangle \cap \langle y \rangle$.

设 F, G 是 F 的预滤子, 记 $F \vee G := \langle F \cup G \rangle$.

定理 5.2.47 设 E 是 EQ-代数, $x, y \in E$, 则 $\langle x \wedge y \rangle = \langle x \rangle \vee \langle y \rangle$.

定理 5.2.48 设 F 和 $\{F_k\}_{k \in I}$ 是 ℓEQ-代数的滤子, 则 $F \wedge (\vee_{k \in I} F_k) = \vee_{k \in I}(F \wedge F_k)$.

定理 5.2.49 设 E 是 EQ-代数, 则 $(\mathrm{PF}(E), \subset)$ 是代数格.

定理 5.2.50 设 E 是 ℓEQ-代数, 则

(1) $(\mathrm{PF}(E), \subset)$ 是完备的布劳威尔格;

(2) $\mathrm{PF}_P(E)$ 是 $\mathrm{PF}(E)$ 的子格.

设 E 是 ℓEQ-代数. $\forall F_1, F_2 \in \mathrm{PF}(E)$, 记

$$F_1 * F_2 = \{x \in E | x \vee y \in F_2, \forall y \in F_1\},$$

$$F_1 \to F_2 = \{x \in E | F_1 \cap \langle x \rangle \subset F_2\}.$$

定理 5.2.51 设 F_1, F_2 是 ℓEQ-代数的两个预滤子, 则 $F_1 \to F_2 = F_1 * F_2$.

定理 5.2.52 设 F_1, F_2 是 ℓEQ-代数的两个预滤子, 则 $F_1 * F_2$ 是预滤子.

推论 5.2.15 设 F_1, F_2 是 ℓEQ-代数的两个预滤子, 则 $F_1 \to F_2$ 是预滤子.

定理 5.2.53 设 F, F_1, F_2 是 ℓEQ-代数的预滤子, 则 $F_1 \cap F \subset F_2$ 当且仅当 $F \subset F_1 \to F_2$.

证明 设 $F_1 \cap F \subset F_2$, $x \in F$, 则 $\langle x \rangle \subset F$, 因此 $\langle x \rangle \cap F_1 \subset F \cap F_1 \subset F_2$, 从而 $x \in F_1 \to F_2$, 即 $F \subset F_1 \to F_2$.

设 $F \subset F_1 \to F_2$, $x \in F_1 \cap F$, 则 $x \in F$ 蕴涵 $x \in F_1 \to F_2$, 即 $\langle x \rangle \cap F_1 \subset F_2$. 因此 $x \in \langle x \rangle \cap F_1 \subset F_2$, 从而得 $x \in F_2$, 即 $F_1 \cap F \subset F_2$.

定理 5.2.54 设 E 是 ℓEQ-代数, 则 $(\mathrm{PF}(E), \vee, \wedge, \to, \langle 1 \rangle, E)$ 是 Heyting 代数.

定理 5.2.55 设 E 是 EQ-代数, 则 E 是半分离的当且仅当 $\langle 1 \rangle = \{1\}$.

推论 5.2.16 设 E 是半分离 ℓEQ-代数, 则 $F^* := F \to \{1\} = \{x \in E | x \vee y = 1, \forall y \in F\}$ 是预滤子.

定理 5.2.56 [113] 设 E 是好的 ℓEQ-代数, 则对 $\forall x \in E$, 有 $\langle x \rangle^* = \{y \in E | x \vee y = 1\}$.

定理 5.2.57 [113] 设 E 是包含最小元 0 的好的 ℓEQ-代数, 对 $\forall x \in E$, 有 $x \vee \neg x = 1$. 若 $\mathrm{PF}(E) = \mathrm{PF}_P(E)$, 则 $(\mathrm{PF}(E), \vee, \wedge, *, \langle 1 \rangle, E)$ 是布尔代数.

下面的例子表明上面定理的逆是不成立的.

例 5.2.6 设 $E = \{0, a, b, c, d, 1\}$, 其中 $0 < a, b < c < 1$, $0 < b < d < 1$, a 与 b, a 与 d, c 与 d 是不可比较的. 定义运算 $\otimes, \sim$ 和 $\to$ 如下:

$\otimes$	0	a	b	c	d	1
0	0	0	0	0	0	0
a	0	a	0	a	0	a
b	0	0	0	0	b	b
c	0	a	0	a	b	c
d	0	0	b	b	d	d
1	0	a	b	c	d	1

$\sim$	0	a	b	c	d	1
0	1	d	c	b	a	0
a	d	1	b	c	0	a
b	c	b	1	d	c	b
c	b	c	d	1	b	c
d	a	0	c	b	1	d
1	0	a	b	c	d	1

$\to$	0	a	b	c	d	1
0	1	1	1	1	1	1
a	d	1	d	1	d	1
b	c	c	1	1	1	1
c	b	c	d	1	d	1
d	a	a	c	c	1	1
1	0	a	b	c	d	1

则 $(E, \otimes, \sim, 1)$ 是好的 ℓEQ-代数. 可以验证 $(\mathrm{PF}(E), \vee, \wedge, *, \{1\}, E)$ 是布尔代数, 但 $b \vee \neg b = c \neq 1$.

5.3 EQ-代数上的模糊滤子

本节介绍 EQ-代数上的模糊滤子及其相关性质, 包括普通模糊滤子及其子类、犹豫模糊滤子、落影模糊滤子等. 内容主要参考文献 [114-122].

5.3.1 EQ-代数上的模糊滤子的基本概念

定义 5.3.1[114-116]   设 f 是 EQ-代数 E 的模糊子集, 对 $\forall x, y, z \in E$, 若

(1) $f(x) \leqslant f(1)$;

(2) $f(x) \wedge f(x \to y) \leqslant f(y)$;

(3) $f(x \to y) \leqslant f((x \otimes z) \to (y \otimes z))$,

则称 f 为模糊滤子. 若 f 仅满足条件 (1)、(2), 则称 f 为模糊预滤子.

例 5.3.1   设 $E = \{0, a, b, 1\}$ 是链. 定义运算 $\otimes, \sim$ 和 $\to$ 如下:

$\otimes$	0	a	b	1		$\sim$	0	a	b	1		$\to$	0	a	b	1
0	0	0	0	0		0	1	a	a	a		0	1	1	1	1
a	0	0	0	a	,	a	a	1	b	b	,	a	a	1	1	1	,
b	0	0	0	b		b	a	b	1	1		b	a	b	1	1
1	0	a	b	1		1	a	b	1	1		1	a	b	1	1

则 $(E, \wedge, \otimes, \sim, 1)$ 是 EQ-代数. 定义模糊子集 f 为 $f(1) = 0.8, f(b) = 0.6, f(0) = f(a) = 0.4$, 容易验证 f 是 E 的模糊预滤子.

定理 5.3.1[114-116]   设 f 是 E 的模糊滤子, 则对 $\forall x, y, z \in E$, 有

(1) $x \leqslant y$ 蕴涵 $f(x) \leqslant f(y)$;

(2) $f(x) \wedge f(y) = f(x \wedge y)$;

(3) $f(x) \wedge f(y) = f(x \otimes y)$;

(4) $f(x \otimes y) \leqslant f(x \sim y) \leqslant f(x \to y)$;

(5) $f(x) \wedge f(x \otimes y) \leqslant f(x) \wedge f(x \sim y) \leqslant f(x) \wedge f(x \to y) \leqslant f(y)$;

(6) $f(x \to y) \wedge f(y \to z) \leqslant f(x \to z)$.

推论 5.3.1   设 f 是 E 的模糊滤子, 则对 $\forall x, y, z \in E$, 有

(1) $f(x \sim y) = f(x \leftrightarrow y) = f(x \overset{\circ}{\leftrightarrow} y)$;

(2) $f(x \sim y) \leqslant f((x \wedge z) \sim (y \wedge z))$;

(3) $f(x \sim y) \leqslant f((x \otimes z) \sim (y \otimes z))$;

(4) $f(x \sim y) \leqslant f((x \sim z) \sim (y \sim z))$;

(5) $f(x \to y) \leqslant f((x \wedge z) \to (y \wedge z))$;

(6) $f(x \leftrightarrow y) \leqslant f((x \sim z) \rightarrow (y \sim z))$;

(7) $f(x \rightarrow y) \leqslant f((y \rightarrow z) \rightarrow (x \rightarrow z))$;

(8) $f(y \rightarrow x) \leqslant f((z \rightarrow y) \rightarrow (z \rightarrow x))$.

定理 5.3.2[114-116]　设 f 是 E 的模糊子集, 则 f 是模糊预滤子 (滤子) 当且仅当对 $\forall t \in [0,1]$, f_t 要么是空集要么是预滤子 (滤子).

推论 5.3.2　设 F 是 E 的非空子集, 则 F 是预滤子 (滤子) 当且仅当 χ_F 是模糊预滤子 (滤子).

模糊子集 $f^x(z) = f(x \sim z)$ 称为由 x 和 f 确定的模糊陪集.

引理 5.3.1　设 f 是 E 的模糊滤子, 则对 $\forall x, y \in E$, $f^x = f^y$ 当且仅当 $f(x \sim y) = f(1)$.

证明　设对 $\forall z \in E$, 有 $f^x(z) = f^y(z)$, 即 $f(x \sim z) = f(y \sim z)$. 令 $z = y$, 得 $f(x \sim y) = f(y \sim y) = f(1)$.

反之, 设 $f(x \sim y) = f(1)$, 得 $f(y \sim z) = f(x \sim y) \wedge f(y \sim z) \leqslant ((x \sim y) \otimes (y \sim z)) \leqslant f(x \sim z)$. 同理, 可得 $f(x \sim z) \leqslant f(y \sim z)$, 所以 $f(x \sim z) = f(y \sim z)$, 即 $f^x = f^y$.

引理 5.3.2　设 f 是 E 的模糊滤子, 则对 $\forall x, y, z, w \in E$, 有 $f^x = f^y$, $f^z = f^w$ 蕴涵 $f^{x \diamond z} = f^{y \diamond w}$, $\diamond \in \{\wedge, \otimes, \sim\}$.

设 f 是 E 的模糊滤子, 记 E/f 为所有 f 的模糊陪集的集合. 对 $\forall f^x, f^y \in E/f$, 定义

$$f^x \wedge f^y = f^{x \wedge y}, f^x \otimes f^y = f^{x \otimes y}, f^x \sim f^y = f^{x \sim y}.$$

E/f 上的偏序可以通过如下方法定义:

$$f^x \leqslant f^y \Leftrightarrow f^x \wedge f^y = f^x \Leftrightarrow f((x \wedge y) \sim x) = f(1) \Leftrightarrow f(x \rightarrow y) = f(1).$$

定理 5.3.3　设 E 是 EQ-代数, f 是 E 的模糊滤子, 则 $(E/f, \wedge, \otimes, \sim, f^1)$ 是分离的 EQ-代数.

定理 5.3.4　设 E 是 EQ-代数, f 是 E 的模糊滤子, 则对 $\forall x \in E$, 有

(1) $\mu : E \rightarrow E/f$, $\mu(x) = f^x$ 是满同态;

(2) $\mathrm{Ker}(\mu) = \tilde{f}_1 = \{x \in E | x \sim 1 \in f_1\}$;

(3) $E/\tilde{f}_1$ 与 E/f 同构.

下面介绍 EQ-代数上的模糊同余的概念, 并建立模糊滤子与模糊同余之间的对应关系.

定义 5.3.2[116]　设 θ 是 E 的模糊关系, 对 $\forall x, y, z \in E$, 若 $\theta(x, y) \leqslant \theta(x \diamond z, y \diamond z)$, 其中 $\diamond \in \{\wedge, \otimes, \sim\}$, 则称 θ 与 $\diamond \in \{\wedge, \otimes, \sim\}$ 是相容的.

若 E 的模糊等价关系 θ 与 $\diamond \in \{\wedge, \otimes, \sim\}$ 是相容的, 则称 θ 为模糊同余. 模糊子集 $\theta^x : E \rightarrow [0,1]$ 定义为 $\theta^x(z) = \theta(x, z)$, 称为包含 z 的模糊同余类.

定理 5.3.5[116] 设 E 是 EQ-代数, θ 是模糊同余, 则对 $\forall x, y, z \in E, \theta(x, y) \leqslant \theta(x \to z, y \to z) \wedge \theta(z \to x, z \to y)$.

定理 5.3.6 设 E 是好的 EQ-代数, 给定模糊滤子 f, 存在模糊同余 θ, 使得 $\theta^1 = f$.

称上面的 θ 是模糊滤子 f 诱导的模糊同余, 记作 θ_f.

推论 5.3.3 设 E 是好的 EQ-代数, f 是模糊滤子, 则 $(\theta_f)^1 = f$.

引理 5.3.3 设 E 是 EQ-代数, θ 是模糊同余, 则对 $\forall x, y \in E$, 有

(1) $\theta^1(x) \wedge \theta^1(y) \leqslant \theta(x, y) \leqslant \theta^1(x \sim y)$;

(2) $\theta^1(x) \wedge \theta^1(y) \leqslant \theta^1(x \wedge y)$;

(3) $\theta^1(x) \wedge \theta^1(y) \leqslant \theta^1(x \otimes y)$;

(4) 若 E 是 ℓEQ-代数, 则 $\theta^1(x) \wedge \theta^1(y) \leqslant \theta^1(x \vee y)$.

定理 5.3.7 设 E 是好的 EQ-代数, f 是模糊滤子, 则对 $\forall x, y \in E$, 有 $\theta^1(x) \wedge \theta^1(x \to y) \leqslant \theta^1(y)$.

定理 5.3.8 设 E 是好的 EQ-代数, f 是模糊滤子, 则对 $\forall x, y \in E$, 有 $\theta(x, y) = \theta(1, x \sim y)$.

定理 5.3.9 设 E 是好的 EQ-代数, f 是模糊滤子, 则 θ^1 是模糊滤子.

定理 5.3.10 设 E 是好的 EQ-代数, f 是模糊滤子, 则 $\theta_{\theta^1} = \theta$.

定理 5.3.11 设 E 是好的 EQ-代数, 记 FF(E) 为 E 上所有模糊滤子之集, FC(E) 表示 E 上所有模糊同余之集, 则 FF(E) 与 FC(E) 是一一对应的.

5.3.2 EQ-代数上模糊滤子的子类

本部分介绍 EQ-代数上的三类模糊滤子, 即模糊蕴涵滤子、模糊正蕴涵滤子、模糊奇异滤子, 以及其相关关系. 主要参考文献 [117].

定义 5.3.3[117] 设 f 是 E 的模糊预滤子, 对 $\forall x, y, z \in E$, 若 $f(x \to (y \to z)) \wedge f(x \to y) \leqslant f(x \to z)$, 则称 f 为模糊蕴涵预滤子. 若 f 是模糊滤子且满足上述条件, 则称 f 为模糊蕴涵滤子.

定理 5.3.12[117] 设 f 是 E 的模糊预滤子, 则 f 是模糊蕴涵预滤子当且仅当 $f^x : E \to [0, 1]$ 是模糊预滤子, 这里 $f^x(y) = f(x \to y), \forall x, y \in E$.

证明 设 f 是模糊蕴涵预滤子. 一方面, 因为 $x \to 1 = 1$, 所以 $f(x \to 1) = f(1)$, 从而得 $f^x(1) = f(x \to 1) = f(1)$. 由 $x \to y \leqslant 1$, 有 $f(x \to y) \leqslant f(1)$, 即 $f^x(y) \leqslant f^x(1)$. 另一方面, 因为 f 是模糊蕴涵预滤子, 所以 $f(x \to (y \to z)) \wedge f(x \to y) \leqslant f(x \to z)$, 即 $f^x(y \to z) \wedge f^x(y) \leqslant f^x(z)$, 所以 f^x 是模糊预滤子.

反之, 对 $\forall x \in E$, 因为 f^x 是模糊预滤子, 所以 $f^x(y \to z) \wedge f^x(y) \leqslant f^x(z)$, 即 $f(x \to (y \to z)) \wedge f(x \to y) \leqslant f(x \to z)$, 所以 f 是模糊蕴涵预滤子.

推论 5.3.4　设 f 是 E 的模糊蕴涵预滤子, 则对 $\forall x \in E$, f^x 是包含 f 的模糊预滤子.

定理 5.3.13[117]　设 f, g 是 E 的模糊预滤子, 则对 $\forall x, y \in E$, 有

(1) $f^x = f$ 当且仅当 $f(x) = f(1)$;

(2) $x \leqslant y$ 蕴涵 $f^y \subset f^x$;

(3) $f \subset g$ 蕴涵 $f^x \subset g^x$;

(4) $(f \cap g)^x = f^x \cap g^x$, $(f \cup g)^x = f^x \cup g^x$.

定理 5.3.14[117]　设 f 是 E 的模糊预滤子 (滤子), 则下列条件等价:

(1) f 是模糊蕴涵预滤子 (滤子);

(2) 对 $\forall x, y \in E$, $f(x \to (x \to y)) \leqslant f(x \to y)$;

(3) 对 $\forall x, y \in E$, $f(x \to (x \to y)) = f(x \to y)$.

定理 5.3.15[117]　设 f 是 E 的模糊子集, f 是模糊蕴涵预滤子 (滤子) 当且仅当对 $\forall t \in [0, 1]$, f_t 要么是空集要么是蕴涵预滤子 (滤子).

推论 5.3.5　设 F 是 E 的非空子集, F 是蕴涵预滤子 (滤子) 当且仅当对 χ_F 是蕴涵预滤子 (滤子).

定理 5.3.16[117]　设 E 是 EQ-代数, f 是模糊滤子, 则 f 是模糊蕴涵滤子当且仅当对 $\forall x, y \in E$, $f(x \wedge (x \to y) \to y) = f(1)$.

证明　设 f 是模糊蕴涵滤子, 则 $f(x \wedge (x \to y) \to y) \geqslant f(x \wedge (x \to y) \to (x \to y)) \wedge f(x \wedge (x \to y) \to x)$. $\forall x, y \in E$, 因为 $x \wedge (x \to y) \leqslant x \to y$, $x \wedge (x \to y) \leqslant x$, 所以 $x \wedge (x \to y) \to (x \wedge y) = 1$, $x \wedge (x \to y) \to x = 1$. 因此 $f(x \wedge (x \to y) \to (x \wedge y)) = f(1)$, $f(x \wedge (x \to y) \to x) = f(1)$, 所以 $f(x \wedge (x \to y) \to y) = f(1)$.

反之, 因为 $f(x \to z) \geqslant f(x \to (y \wedge (y \to z))) \wedge f((y \wedge (y \to z)) \to z) \geqslant f(x \to (x \wedge y)) \wedge f((x \wedge y) \to (y \wedge (y \to z))) \wedge f(y \wedge (y \to z) \to z)$, 注意到, $x \to (y \to z) \leqslant (x \wedge y) \to (y \wedge (y \to z))$, $x \to y = x \to (x \wedge y)$, 所以 $f((x \wedge y) \to (y \wedge (y \to z))) \geqslant f(x \to (y \to z))$, $f(x \to (x \wedge y)) = f(x \to y)$. 结合 $f(y \wedge (y \to z) \to z) = f(1)$, 得 $f(x \to z) \geqslant f(x \to (y \to z)) \wedge f(x \to y)$. 所以 f 是模糊蕴涵滤子.

定理 5.3.17[117]　设 E 是剩余 EQ-代数, f 是模糊滤子, 则对 $\forall x, y \in E$, 下列条件等价:

(1) f 是模糊蕴涵滤子;

(2) $f(x \to (x \otimes x)) = f(1)$;

(3) $f(x \wedge y \to (x \otimes y)) = f(1)$;

(4) $f(x \wedge (x \to y) \to (x \otimes y)) = f(1)$.

定理 5.3.18[117] 设 E 是剩余 EQ-代数, f 是模糊滤子, 则对 $\forall x, y \in E$, 下列条件等价:

(1) f 是模糊蕴涵滤子;

(2) $f((x \otimes y) \to z) = f((x \wedge y) \to z)$;

(3) $f(x \wedge (x \to y) \to (x \wedge y)) = f(1)$;

(4) $f(x \wedge (x \to y) \to (y \wedge (y \to x))) = f(1)$.

证明 证明过程参考文献 [117].

推论 5.3.6 设 E 是剩余 EQ-代数, F 是滤子, 则对 $\forall x, y \in E$, 下列条件等价:

(1) F 是蕴涵滤子;

(2) $x \to (x \otimes x) \in F$;

(3) $x \wedge y \to (x \otimes y) \in F$;

(4) $x \wedge (x \to y) \to (x \otimes y) \in F$;

(5) $x \wedge (x \to y) \to y \in F$;

(6) $x \wedge (x \to y) \to (x \wedge y) \in F$;

(7) $x \wedge (x \to y) \to (y \wedge (y \to x)) \in F$.

定理 5.3.19 设 E 是好的 EQ-代数, f, g 是 E 的模糊预滤子, $f \subset g$, $f(1) = g(1)$. 若 f 是模糊蕴涵预滤子, 则 g 也是模糊蕴涵预滤子.

定理 5.3.20 设 E 是 EQ-代数, f, g 是 E 的模糊滤子, $f \subset g$, $f(1) = g(1)$. 若 f 是模糊蕴涵滤子, 则 g 也是模糊蕴涵滤子.

定义 5.3.4[117] 设 f 是 E 的模糊子集, 若

(1) 对 $\forall x \in E$, $f(x) \leqslant f(1)$;

(2) 对 $\forall x, y, z \in E$, $f(z \to ((x \to y) \to x)) \wedge f(z) \leqslant f(x)$;

(3) 对 $\forall x, y, z \in E$, $f(x \to y) \leqslant f((x \otimes z) \to (y \otimes z))$,

则称 f 为模糊正蕴涵滤子. 若 f 仅满足条件 (1)、(2), 则称 f 为模糊正蕴涵预滤子.

引理 5.3.4 设 f 是 E 的模糊正蕴涵预滤子, 则 $\forall x, y \in E$, 若 $x \leqslant y$, 则 $f(x) \leqslant f(y)$.

定理 5.3.21 EQ-代数上的模糊正蕴涵预滤子是模糊预滤子.

定理 5.3.22 设 f 是 E 的模糊预滤子 (滤子), 则对 $\forall x, y \in E$, 下列条件等价:

(1) f 是模糊正蕴涵预滤子 (滤子);

(2) $f((x \to y) \to x) \leqslant f(x)$;

(3) $f((x \to y) \to x) = f(x)$.

推论 5.3.7 设 E 是包含最小元 0 的 EQ-代数, f 是 E 的模糊预滤子 (滤子), 则对 $\forall x, y \in E$, 下列条件等价:

(1) f 是模糊正蕴涵预滤子 (滤子);

(2) $f(\neg x \to x) \leqslant f(x)$;

(3) $f(\neg x \to x) = f(x)$.

定理 5.3.23 设 f 是 E 的模糊子集, f 是模糊正蕴涵预滤子 (滤子) 当且仅当对 $\forall t \in [0, 1]$, f_t 要么是空集要么是正蕴涵预滤子 (滤子).

推论 5.3.8 设 F 是 E 的非空子集, F 是正蕴涵预滤子 (滤子) 当且仅当 χ_F 是模糊正蕴涵预滤子 (滤子).

定理 5.3.24 设 E 是包含最小元 0 的 EQ-代数, f 是模糊预滤子且满足弱交换规则, 则对 $\forall x, y, z \in E$, 下列条件等价:

(1) f 是模糊正蕴涵预滤子;

(2) $f(x \to (\neg z \to y)) \wedge f(y \to z) \leqslant f(x \to z)$;

(3) $f(x \to (\neg z \to z)) \leqslant f(x \to z)$;

(4) $f(x \to (\neg z \to z)) = f(x \to z)$.

定义 5.3.5 设 F 是 E 的预滤子 (滤子), 若对 $\forall x, y \in E$, $y \to x \in F$ 蕴涵 $((x \to y) \to y) \to x \in F$, 则称 F 为奇异预滤子 (滤子).

定义 5.3.6 设 f 是 E 的模糊预滤子 (滤子), 若对 $\forall x, y \in E$, 有 $f(y \to x) \leqslant f(((x \to y) \to y) \to x)$, 则称 f 为模糊奇异预滤子 (滤子).

定理 5.3.25 设 f 是 E 的模糊预滤子 (滤子), 则 f 是模糊奇异预滤子 (滤子) 当且仅当对 $\forall x, y, z \in E$, $f(z \to (y \to x)) \wedge f(z) \leqslant f(((x \to y) \to y) \to x)$.

定理 5.3.26 设 f 是 E 的模糊子集, f 是模糊奇异预滤子 (滤子) 当且仅当 $\forall t \in [0, 1]$, f_t 要么是空集要么是奇异预滤子 (滤子).

定理 5.3.27 设 f 是 E 的模糊正蕴涵预滤子 (滤子), 且满足弱交换规则, 则 f 是模糊奇异预滤子 (滤子).

定理 5.3.28 设 f 是 E 的模糊正蕴涵预滤子, 且满足弱交换规则, 则 f 是模糊蕴涵预滤子.

定理 5.3.29 [117] 设 f 是 E 的模糊正蕴涵滤子, 则 f 是模糊蕴涵滤子.

定理 5.3.30 [117] 设 E 是好的 EQ-代数, 则 f 是模糊正蕴涵预滤子 (滤子) 当且仅当 f 是模糊蕴涵预滤子 (滤子) 和模糊奇异预滤子 (滤子).

推论 5.3.9 设 E 是好的 EQ-代数, $\varnothing \neq F \subset E$, 则 F 是正蕴涵预滤子 (滤子) 当且仅当 F 是蕴涵预滤子 (滤子) 和奇异预滤子 (滤子).

有关 EQ-代数的其他类型的模糊 (预) 滤子, 请参考文献 [118]、[119].

5.3.3 EQ-代数上的犹豫模糊滤子

为了进一步准确描述决策者的犹豫现象, Torra[120] 引入了犹豫模糊集, 从一个新的角度扩展了经典模糊理论. 犹豫模糊集与经典模糊集的最大区别是允许元素的隶属度有多个可能值. 犹豫模糊集自提出以来, 引起了国内外研究者的浓厚兴趣, 其理论与应用研究得到了迅速发展 [121-124]. 本部分将犹豫模糊集应用到 EQ-代数的滤子理论, 给出 EQ-代数上的犹豫模糊滤子, 相关内容主要参考文献 [125].

定义 5.3.7[120] 设 X 是一给定的集合, X 上的犹豫模糊集 $\tilde{F}$ 定义为

$$\tilde{F} = \{(x, h_{\tilde{F}}(x)) | x \in F\},$$

其中, $h_{\tilde{F}}(x)$ 是区间 $[0,1]$ 的子集, 表示 X 中的元素 x 属于集合 F 的若干种可能隶属度.

定义 5.3.8 设 $\tilde{F}$ 是 X 上的犹豫模糊集, $P(U)$ 为区间 U 为 $[0,1]$ 的幂集, 称集合 $X(\tilde{F}, \gamma) := \{x \in X | \gamma \subset h_{\tilde{F}}(x)\}$ 为 $\tilde{F}$ 的犹豫 γ-水平集, 其中 $\gamma \in P(U)$.

为描述方便, 以后将 $h_{\tilde{F}}(x)$ 简记为 $h(x)$.

定义 5.3.9[125] 设 E 是 EQ-代数, $\tilde{F}$ 是 E 上的犹豫模糊集, 若对 $\forall x, y, z \in E$, 有

(1) $h(x) \leqslant h(1)$;

(2) $h(x) \cap h(x \to y) \subset h(y)$;

(3) $h(x \to y) \subset h((x \otimes z) \to (y \otimes z))$,

则称 $\tilde{F}$ 为犹豫模糊滤子. 若 $\tilde{F}$ 仅满足条件 (1)、(2), 则称 $\tilde{F}$ 为犹豫模糊预滤子.

例 5.3.2 设 E 如例 5.3.1 所定义, 定义犹豫模糊集 $\tilde{F} = \{(x, h(x))\}$ 如下:

$$h : E \to P(U), h(x) = \begin{cases} \{0.2, 0.5, 0.6, 0.8\}, & x \in \{0, a\} \\ [0.2, 0.5] \cup [0.6, 0.8], & x = b \\ [0.2, 0.8], & x = 1 \end{cases}.$$

可以验证 $\tilde{F} = \{(x, h(x))\}$ 是犹豫模糊预滤子.

例 5.3.3 设 $E = \{0, a, b, 1\}$ 是链. 定义运算 $\otimes, \sim$ 和 $\to$ 如下:

$\otimes$	0	a	b	1
0	0	0	0	0
a	0	a	a	a
b	0	a	b	b
1	0	a	b	1

$\sim$	0	a	b	1
0	1	0	0	0
a	0	1	a	a
b	0	a	1	1
1	0	a	1	1

$\to$	0	a	b	1
0	1	1	1	1
a	0	1	1	1
b	0	a	1	1
1	0	a	1	1

则 $(E, \wedge, \otimes, \sim, 1)$ 是 EQ-代数. 定义犹豫模糊集 $\tilde{F} = \{(x, h(x))\}$ 如下:

$$h : E \to P(U), h(x) = \begin{cases} [0.4, 0.6], & x \in \{0, a\} \\ (0.3, 0.7), & x \in \{b, 1\} \end{cases},$$

可以验证 $\tilde{F} = \{(x, h(x))\}$ 是犹豫模糊滤子.

定理 5.3.31[125] 设 $\tilde{F}$ 是 E 的犹豫模糊集, 则 $\tilde{F}$ 是犹豫模糊预滤子当且仅当对 $\forall \gamma \in P(U)$, $\tilde{F}$ 的犹豫 γ-水平集 $E(\tilde{F}, \gamma)$ 要么是空集要么是预滤子.

证明 设 $\tilde{F}$ 是犹豫模糊预滤子, 对 $\forall \gamma \in P(U)$, 若 $E(\tilde{F}, \gamma) \neq \varnothing$, 则存在 $x_0 \in E(\tilde{F}, \gamma)$, 即 $\gamma \subset h(x_0)$, 从而 $\gamma \subset h(x_0) \subset h(1)$, 所以 $1 \in E(\tilde{F}, \gamma)$. 若 $x \in E(\tilde{F}, \gamma)$, $x \to y \in E(\tilde{F}, \gamma)$, 则 $\gamma \subset h(x)$, $\gamma \subset h(x \to y)$, 从而 $\gamma \subset h(x) \cap h(x \to y) \subset h(y)$, 即 $y \in E(\tilde{F}, \gamma)$. 所以 $E(\tilde{F}, \gamma)$ 是预滤子.

反之, 设 $x \in E$, $\gamma_0 = h(x)$, 则 $x \in E(\tilde{F}, \gamma_0)$. 因为 $E(\tilde{F}, \gamma_0)$ 是滤子, 所以 $1 \in E(\tilde{F}, \gamma_0)$, 即 $h(x) = \gamma_0 \subset h(1)$. 设 $x, y \in E$, 令 $\gamma_1 = h(x) \cap h(x \to y)$, 则 $x \in E(\tilde{F}, \gamma_1)$, $x \to y \in E(\tilde{F}, \gamma_1)$, 从而 $y \in E(\tilde{F}, \gamma_1)$, 即 $h(x) \cap h(x \to y) \subset h(y)$. 所以 $\tilde{F}$ 是犹豫模糊预滤子.

定理 5.3.32[125] 设 $\tilde{F}$ 是 E 的犹豫模糊集, 则 $\tilde{F}$ 是犹豫模糊滤子当且仅当对 $\forall \gamma \in P(U)$, $\tilde{F}$ 的犹豫 γ-水平集 $E(\tilde{F}, \gamma)$ 要么是空集要么是滤子.

定理 5.3.33[125] 设 $\tilde{F}$ 是 E 的犹豫模糊预滤子, 则对 $\forall x, y, z, w \in E$, 有

(1) 若 $x \leqslant y$, 则 $h(x) \subset h(y)$;

(2) $h(x) \cap h(x \sim y) \subset h(y)$;

(3) $h(x) \cap h(y) \subset h(x \wedge y)$;

(4) $h(x \sim y) \cap h(y \sim z) \subset h(x \sim z)$;

(5) $h(1 \sim x) = h(x)$;

(6) $h((x \to y) \otimes (y \to x)) \subset h(x \sim y) \subset h((x \to y) \wedge (y \to x))$;

(7) $h(y) \subset h(x \to y)$;

(8) $h((x \to (z \wedge w)) \otimes (z \sim y)) \subset h(x \to (y \wedge w))$;

(9) $h((x \to y) \otimes (y \sim z)) \subset h(x \to z)$.

定理 5.3.34 设 $\tilde{F}$ 是 E 的犹豫模糊预滤子, 则对 $\forall x, y, z, w \in E$, 有

(1) $h(x \sim y) \cap h(z \sim w) \leqslant h((z \sim x) \sim (w \sim y)) \cap h((z \wedge x) \sim (w \wedge y)) \cap h((z \to x) \sim (w \to y))$;

(2) $h(x \otimes y) \subset h(x) \cap h(y)$;

(3) 若 $x \leqslant y$, 则 $h(\tilde{x}) \subset h(\tilde{y})$, $h(z \to x) \subset h(z \to y)$.

定理 5.3.35 设 $\tilde{F}$ 是 E 的犹豫模糊集, 则对 $\forall x, y, z \in E$, 下列条件等价:

(1) $\tilde{F}$ 是犹豫模糊预滤子;

(2) 若 $x \leqslant y \to z$, 则 $h(x) \cap h(y) \subset h(z)$;

(3) 若 $x \to (y \to z) = 1$, 则 $h(x) \cap h(y) \subset h(z)$.

定理 5.3.36 设 $\tilde{F}$ 是 E 的犹豫模糊滤子, 则对 $\forall x, y, z \in E$, 有

(1) $h(x \otimes y) = h(x) \cap h(y)$;

(2) $h(x \to y) \cap h(y \to z) \subset h(x \to z)$;

(3) $h(x \sim y) \subset h((x \otimes z) \sim (y \otimes z))$.

下面给出一个犹豫模糊滤子的子类——犹豫模糊蕴涵滤子, 并讨论其相关性质.

定义 5.3.10 [125] 设 $\tilde{F}$ 是 E 的犹豫模糊预滤子 (滤子), 若对 $\forall x, y, z \in E$, 有 $h(x \to y) \cap h(x \to (y \to z)) \subset h(x \to z)$, 则称 $\tilde{F}$ 为犹豫模糊蕴涵预滤子 (滤子).

定理 5.3.37 [125] 设 $\tilde{F}$ 是 E 的犹豫模糊集, 则 $\tilde{F}$ 是犹豫模糊蕴涵预滤子 (滤子) 当且仅当对 $\forall \gamma \in P(U)$, $E(\tilde{F}, \gamma)$ 要么是空集要么是蕴涵预滤子 (滤子).

定理 5.3.38 设 $\tilde{F}$ 是 E 的犹豫模糊蕴涵预滤子, 则对 $\forall x, y \in E$, 有 $h(((x \to y) \wedge x) \to y) = h(1)$.

证明 设 $\tilde{F}$ 是 E 的犹豫模糊蕴涵预滤子, 则 $\tilde{F}$ 是犹豫模糊预滤子. 因为 $(x \to y) \wedge x \leqslant x$ 且 $(x \to y) \wedge x \leqslant x \to y$, 有 $((x \to y) \wedge x) \to x = 1$ 且 $((x \to y) \wedge x) \to (x \wedge y) = 1$. 所以 $h(1) = h(((x \to y) \wedge x) \to x) \cap h(((x \to y) \wedge x) \to (x \wedge y)) \subset h(((x \to y) \wedge x) \to y$, 从而 $h(((x \to y) \wedge x) \to y) = h(1)$.

推论 5.3.10 设 $\tilde{F}$ 是 E 的犹豫模糊蕴涵预滤子, 则对 $\forall x \in E$, 有 $h((1 \to x) \to x) = h(1)$.

推论 5.3.11 设 $\tilde{F}$ 是 E 的犹豫模糊蕴涵预滤子, 则对 $\forall x, y \in E$, 有 $h((x \otimes (x \to y)) \to y) = h(1)$.

定理 5.3.39 设 $\tilde{F}$ 是 E 的犹豫模糊滤子, 且对 $\forall x, y \in E$, 有 $h(((x \to y) \wedge x) \to y) = h(1)$, 则 $\tilde{F}$ 是犹豫模糊蕴涵滤子.

推论 5.3.12 设 $\tilde{F}$ 是 E 的犹豫模糊滤子, 则 $\tilde{F}$ 是 E 上的犹豫模糊蕴涵滤子当且仅当对 $\forall x, y \in E$, 有 $h(((x \to y) \wedge x) \to y) = h(1)$.

定理 5.3.40 设 $\tilde{F}$ 是 E 的犹豫模糊预滤子 (滤子), 则 $\tilde{F}$ 是犹豫模糊蕴涵预滤子 (滤子) 当且仅当对 $\forall x, y \in E$, 有 $h(x \to (x \to y)) \subset h(x \to y)$.

定理 5.3.41 设 $\tilde{F}$ 是 E 的犹豫模糊预滤子, 且满足对 $\forall x, y, z \in E$, 有 $h(x \to (y \to z)) \subset h(y \to (x \to z))$, 则 $\tilde{F}$ 是犹豫模糊蕴涵预滤子当且仅当对 $\forall x, y, z \in E$, 有 $h(x \to (y \to z)) \subset h((x \to y) \to (x \to z))$.

定理 5.3.42 [125] 设 E 是 EQ-代数, 满足对 $\forall x, y, z \in E$, $(x \otimes y) \to z \leqslant x \to (y \to z)$, 则 $\tilde{F}$ 是 E 的犹豫模糊蕴涵滤子当且仅当 $\tilde{F}$ 是犹豫模糊滤子且满足对 $\forall x, y \in E$, $h(x \to (x \otimes x)) = h(1) = h((x \otimes (x \to y)) \to y)$.

定理 5.3.43 [125] 设 $\tilde{F}$ 和 $\tilde{G}$ 是 E 的犹豫模糊滤子, $h_{\tilde{F}}(1) = g_{\tilde{G}}(1)$, 且对 $\forall x \in E$, $h_{\tilde{F}}(x) \subset g_{\tilde{G}}(x)$. 若 $\tilde{F}$ 是犹豫模糊蕴涵滤子, 则 $\tilde{G}$ 也是犹豫模糊蕴涵滤子.

5.3.4 EQ-代数上的落影模糊滤子

我国学者汪培庄在文献 [126] 中提出了落影表示理论, 将概率空间的相关概念与模糊集中的隶属函数联系到一起, 是模糊集在理论研究与实践应用中的一种重要工具. 本部分讨论 EQ-代数上的落影模糊滤子, 首先给出落影理论的一些基本概念.

给定一个论域 U, 记 $P(U)$ 为 U 的幂集. 对 $\forall u \in U, V \in P(U)$, 记 $\ddot{u} = \{V | u \in V, V \in P(U)\}, \ddot{V} = \{\ddot{u} | u \in V\}$. 若 $\mathscr{B}$ 是 $P(U)$ 上的 σ-域, $\ddot{U} \subset \mathscr{B}$, 则 $(P(U), \mathscr{B})$ 为 U 上的超可测空间.

给定一个概率空间 $(\Omega, \mathscr{A}, P)$ 和 U 上的一个超可测空间 $(P(U), \mathscr{B})$, 映射 $\xi : \Omega \to P(U)$ 称为 U 上的随机集, 如果对 $\forall C \in \mathscr{B}$, 有

$$\xi^{-1}(C) = \{\omega | \omega \in \Omega, \xi(\omega) \in C\} \in \mathscr{A}.$$

设 ξ 是 U 上的随机集, 对 $\forall u \in U$, 定义 $\tilde{H}(u) = P\{\omega | u \in \xi(\omega)\}$, 则 $\tilde{H}$ 是 U 上的模糊子集, 称 $\tilde{H}$ 为 ξ 的落影, ξ 称为 $\tilde{H}$ 的云.

下面给出 EQ-代数上落影模糊滤子的概念并讨论相关性质, 参考文献 [127]、[128].

设 E 为 EQ-代数, $(\Omega, \mathscr{A}, P)$ 为概率空间, $\tilde{H}$ 是随机集 $\xi : \Omega \to P(E)$ 的落影. 对 $\forall x \in E$, 记 $\Omega(x, \xi) = \{\omega \in \Omega | x \in \xi(\omega)\}$, 则 $\Omega(x, \xi) \in \mathscr{A}$.

定义 5.3.11 [127-128] 设 $\xi : \Omega \to P(E)$ 是随机集且 $\tilde{H}$ 是 ξ 的落影, 若对 $\forall x, y, z \in E$, 有

(1) $\Omega(x, \xi) \subset \Omega(1, \xi)$;

(2) $\Omega(x, \xi) \cap \Omega(x \to y, \xi) \subset \Omega(y, \xi)$;

(3) $\Omega(x \to y, \xi) \subset \Omega((x \otimes z) \to (y \otimes z), \xi)$,

则称 $\tilde{H}$ 为落影模糊滤子. 若 $\tilde{H}$ 仅满足条件 (1)、(2), 则称 $\tilde{H}$ 为落影模糊预滤子.

例 5.3.4 设 $E = \{0, a, b, 1\}$ 是链. 定义运算 $\otimes, \sim$ 和 $\to$ 如下:

$\otimes$	0	a	b	1
0	0	0	0	0
a	0	0	0	a
b	0	0	0	b
1	0	a	b	1

$\sim$	0	a	b	1
0	1	a	a	a
a	a	1	b	b
b	a	b	1	1
1	a	b	1	1

$\to$	0	a	b	1
0	1	1	1	1
a	a	1	1	1
b	a	b	1	1
1	a	b	1	1

则 $(E, \wedge, \otimes, \sim, 1)$ 是 EQ-代数. 设 $(\Omega, \mathscr{A}, P) = ([0,1], \mathscr{A}, m)$, 这里 $\mathscr{A}$ 是 $[0,1]$ 上的波莱尔域, m 是勒贝格测度. 定义随机集 $\xi : \Omega \to P(E)$ 为

$$\xi(t) = \begin{cases} \{1\}, & t \in [0, 0.5) \\ \{b, 1\}, & t \in [0.5, 0.7) \\ E, & t \in [0.7, 1] \end{cases}.$$

对应的落影 $\tilde{H}(x) = P(t|x \in \xi(t))$ 表示如下:

$$\tilde{H}(x) = \begin{cases} 0.3, & x \in \{0, a\} \\ 0.5, & x = b \\ 1, & x = 1 \end{cases}.$$

可以验证 $\tilde{H}$ 是落影模糊预滤子.

定理 5.3.44[127-128] 设 $\xi : \Omega \to P(E)$ 是随机集且 $\tilde{H}$ 是 ξ 的落影, 则 $\tilde{H}$ 是落影模糊预滤子 (滤子) 当且仅当对 $\forall \omega \in \Omega$, 非空 $\xi(\omega)$ 是预滤子 (滤子).

证明 仅证明预滤子的情形, 滤子的情形请读者自己完成.

设 $\tilde{H}$ 是落影模糊预滤子, 对 $\forall \omega \in \Omega$, $x \in \xi(\omega)$, 有 $\omega \in \Omega(x, \xi) \subset \Omega(1, \xi)$, 即 $1 \in \xi(\omega)$. 对 $\forall x, y \in E$, 若 $x \in \xi(\omega)$, $x \to y \in \xi(\omega)$, 则 $\omega \in \Omega(x, \xi) \cap \Omega(x \to y, \xi) \subset \Omega(y, \xi)$, 从而有 $y \in \xi(\omega)$, 则 $\xi(\omega)$ 是预滤子.

反之, 对 $\forall \omega \in \Omega(x, \xi)$, 因为 $\xi(\omega)$ 是预滤子, 所以 $1 \in \xi(\omega)$, 则 $\omega \in \Omega(x, \xi)$. 因此 $\Omega(x, \xi) \subset \Omega(1, \xi)$. 对 $\forall \omega \in \Omega(x, \xi) \cap \Omega(x \to y, \xi)$, 有 $x \in \xi(\omega)$, $x \to y \in \xi(\omega)$, 则 $y \in \xi(\omega)$, 从而有 $\omega \in \Omega(y, \xi)$, 所以 $\Omega(x, \xi) \cap \Omega(x \to y, \xi) \subset \Omega(y, \xi)$. 因此, $\tilde{H}$ 是落影模糊预滤子.

定理 5.3.45 设 f 是 E 的模糊预滤子, 则 f 是 E 上的落影模糊预滤子.

证明 由 f 是模糊预滤子, 得对 $\forall t \in [0, 1]$, 有非空的 f_t 是预滤子. 考虑概率空间 $(\Omega, \mathscr{A}, P) = ([0, 1], \mathscr{A}, m)$, 定义随机集 $\xi : [0, 1] \to P(E), \xi(t) = f_t$, 由定理 5.3.44, 知 f 是落影模糊预滤子.

注 定理 5.3.45 的逆命题不成立, 可参见文献 [121] 中的例 3.5. 但有如下逆命题成立的充分条件.

定理 5.3.46 设 $\tilde{H}$ 是 E 的落影模糊预滤子, 若对 $\forall x, y \in E$, 有 $\Omega(x, \xi) \subset \Omega(y, \xi)$ 或 $\Omega(y, \xi) \subset \Omega(x, \xi)$, 则 $\tilde{H}$ 是模糊预滤子.

证明 略, 由读者自己完成.

定理 5.3.47 设 $\xi : \Omega \to P(E)$ 是随机集, $\tilde{H}$ 是 ξ 的落影, 若 $\tilde{H}$ 是落影模糊预滤子, 则对 $\forall x, y \in E$, 有

(1) $x \leqslant y$ 蕴涵 $\Omega(x, \xi) \subset \Omega(y, \xi)$;

(2) $\Omega(x, \xi) \cap \Omega(x \sim y, \xi) \subset \Omega(y, \xi)$;

(3) $\Omega(1 \sim y, \xi) = \Omega(x, \xi)$ 当且仅当 $\Omega(y, \xi) = \Omega(1, \xi)$;

(4) $\Omega(x \to y, \xi) \cap \Omega(y \to z, \xi) \subset \Omega(x \to z, \xi)$;

(5) $\Omega(x \sim y, \xi) \cap \Omega(y \sim z, \xi) \subset \Omega(x \sim z, \xi)$.

定理 5.3.48 设 $\xi : \Omega \to P(E)$ 是随机集, $\tilde{H}$ 是 ξ 的落影, 若 $\tilde{H}$ 是落影模糊滤子, 则对 $\forall x, y \in E$, 有

(1) $\Omega(x,\xi) \cap \Omega(y,\xi) = \Omega(x \otimes y, \xi)$;

(2) $\Omega(x,\xi) \cap \Omega(y,\xi) = \Omega(x \wedge y, \xi)$.

定理 5.3.49 设 $\xi : \Omega \to P(E)$ 是随机集, $\tilde{H}$ 是 ξ 的落影, 则对 $\forall x, y, z \in E$, 下列条件等价:

(1) $\tilde{H}$ 是落影模糊预滤子;

(2) $x \leqslant y \to z$ 蕴涵 $\Omega(x,\xi) \cap \Omega(y,\xi) \subset \Omega(z,\xi)$;

(3) $x \to (y \to z) = 1$ 蕴涵 $\Omega(x,\xi) \cap \Omega(y,\xi) \subset \Omega(z,\xi)$.

定理 5.3.50[127,128] 设 $\xi : \Omega \to P(E)$ 是随机集, $\tilde{H}$ 是 ξ 的落影, 若 $\tilde{H}$ 是落影模糊滤子, 则对 $\forall x, y \in E$, 有

(1) $\tilde{H}(x) \leqslant \tilde{H}(1)$;

(2) $T_m(\tilde{H}(x), \tilde{H}(x \to y)) \leqslant \tilde{H}(y)$, 这里 $T_m(s,t) = \max\{s + t - 1, 0\}$, $\forall s, t \in [0,1]$.

证明 注意到, 对 $\forall x \in E$, 有 $\tilde{H}(x) = P\{\omega \in \Omega | x \in \xi(\omega)\} = P(\Omega(x,\xi))$. 由 $\Omega(x,\xi) \subset \Omega(1,\xi)$, 得 $\tilde{H}(x) = P(\Omega(x,\xi)) \leqslant P(\Omega(1,\xi)) = \tilde{H}(1)$.

因为对 $\forall x, y \in E$, 有 $\Omega(x,\xi) \cap \Omega(x \to y, \xi) \subset \Omega(y,\xi)$, 所以 $\tilde{H}(y) = P(\Omega(y,\xi))$ $\geqslant P(\Omega(x,\xi) \cap \Omega(x \to y, \xi)) = P(\Omega(x,\xi)) + P(\Omega(x \to y, \xi)) - P(\Omega(x,\xi) \cup \Omega(x \to y, \xi)) \geqslant P(\Omega(x,\xi)) + P(\Omega(x \to y, \xi)) - 1 = \tilde{H}(x) + \tilde{H}(x \to y) - 1$. 由 $\tilde{H}(y) \geqslant 0$, 得 $T_m(\tilde{H}(x), \tilde{H}(x \to y)) \leqslant \tilde{H}(y)$.

注 定理 5.3.50 表明, EQ-代数上的落影模糊预滤子是 T_m-模糊预滤子.

结合 EQ-代数上蕴涵预滤子、正蕴涵预滤子、奇异预滤子等概念, 可以提出 EQ-代数上落影模糊蕴涵预滤子、落影模糊正蕴涵预滤子、落影模糊奇异预滤子等的定义, 有关问题可以参考文献 [128].

第 6 章 非交换剩余格上的态理论

在逻辑理论中态被解释为一个模糊事件发生的可能性. 以往的研究表明, 态是模糊逻辑处理不确定推论的有效方法, 同时也是研究对应逻辑代数系统的有力工具. 自 Chovanec 等和 Mundici 分别在 MV-代数上引入态的概念之后 [129-130], 国内外的很多学者致力于逻辑代数上的态理论及相关研究 [131-169]. 本章介绍一些常见非交换剩余格上的态理论.

6.1 伪 BL-代数上的态

伪 BL-代数是 BL-代数的非交换的推广版本, 也是伪 MV-代数的推广. 本节介绍伪 BL-代数上的 Bosbach 态、Riečan 态、态-态射等, 主要参考文献 [135]. 首先回顾伪 BL-代数的一些基础知识.

6.1.1 伪 BL-代数的基础知识

定义 6.1.1 设 $(A, \wedge, \vee, \otimes, \to, \rightsquigarrow, 0, 1)$ 是非交换剩余格. 若对 $\forall x, y \in A$, 有

(1) $x \wedge y = (x \to y) \otimes x = x \otimes (x \rightsquigarrow y)$;

(2) $(x \to y) \vee (y \to x) = (x \rightsquigarrow y) \vee (y \rightsquigarrow x) = 1$,

则称 L 为伪 BL-代数.

命题 6.1.1 设 L 是伪 BL-代数, 则对 $\forall x, y \in A$, 有

(1) $0 \otimes x = x \otimes 0 = 0$;

(2) $x \otimes y \leqslant x \wedge y$;

(3) $x \leqslant y$ 当且仅当 $x \to y = 1$ 当且仅当 $x \rightsquigarrow y = 1$;

(4) $x \to x = x \rightsquigarrow x = 1$;

(5) $1 \to x = 1 \rightsquigarrow x = x$;

(6) $y \leqslant x \to y, \, y \to x \rightsquigarrow y$;

(7) $x \to 1 = x \rightsquigarrow 1 = 1$;

(8) $x \to y = x \to (x \wedge y), \, x \rightsquigarrow y = x \rightsquigarrow (x \wedge y)$;

(9) $x \vee y = ((x \to y) \rightsquigarrow y) \wedge ((y \to x) \rightsquigarrow x)$;

(10) $x \vee y = ((x \rightsquigarrow y) \to y) \wedge ((y \rightsquigarrow x) \to x)$.

在伪 BL-代数上定义两个否定运算: $x^- = x \to 0, \, x^\sim = x \rightsquigarrow 0$.

命题 6.1.2 设 L 是伪 BL-代数, 则对 $\forall x, y \in A$, 有

(1) $1^- = 1^\sim = 0, 0^- = 0^\sim = 1$;

(2) $x \otimes x^- = x^\sim \otimes x = 0$;

(3) $y \leqslant x^\sim$ 当且仅当 $x \otimes y = 0$;

(4) $y \leqslant x^-$ 当且仅当 $y \otimes x = 0$;

(5) $x \leqslant x^{-\sim}, x \leqslant x^{\sim-}$;

(6) $x \leqslant y$ 蕴涵 $y^- \leqslant x^-, y^\sim \leqslant x^\sim$;

(7) $x^{-\sim-} = x^-, x^{\sim-\sim} = x^\sim$;

(8) $x \to y \leqslant y^- \rightsquigarrow x^-, x \rightsquigarrow y \leqslant y^\sim \to x^\sim$;

(9) $x \rightsquigarrow y^- = y \to x^\sim, x \to y^\sim = y \rightsquigarrow x^-$;

(10) $(x \otimes y)^- = x \to y^-, (y \otimes x)^\sim = x \rightsquigarrow y^\sim$;

(11) $(x \wedge y)^- = x^- \vee y^-, (x \vee y)^- = x^- \wedge y^-$;

(12) $(x \wedge y)^\sim = x^\sim \vee y^\sim, (x \vee y)^\sim = x^\sim \wedge y^\sim$.

设 A 为伪 BL-代数, 当 $x \to y = x \rightsquigarrow y$ 时, A 是 BL-代数; 当 $x^{-\sim} = x^{\sim-} = x$ 时, 对 $\forall x \in A$, A 是伪 MV-代数.

下面回顾一下伪 MV-代数的另一些定义和性质.

定义 6.1.2　称代数 $(A, \oplus, \sim, -, 0, 1)$ 为伪 MV-代数, 若

(1) $(A, \oplus, 0)$ 是独异点;

(2) $x \oplus 1 = 1 \oplus x = x$;

(3) $1^\sim = 1^- = 0$;

(4) $(x^- \oplus y^-)^\sim = (x^\sim \oplus y^\sim)^-$;

(5) $x \oplus (y \otimes x^\sim) = y \oplus (x \otimes y^\sim) = (y^- \otimes x) \oplus y = (x^- \otimes y) \oplus x$;

(6) $(x^- \oplus y) \otimes x = y \otimes (x \oplus y^\sim)$;

(7) $x^{-\sim} = x^{\sim-} = x$,

这里, $x \otimes y = (x^- \oplus y^-)^\sim$.

对应地, 在伪 MV-代数上可定义两个蕴涵算子: $x \rightsquigarrow y = x^\sim \oplus y, x \to y = y \oplus x^-$, 从而 $x \oplus y = x^- \rightsquigarrow y = y^\sim \to x$. 伪 MV-代数上的偏序 $x \leqslant y$ 定义为 $y \oplus x^- = 1$, 即 $x \to y = 1$. 文献 [134] 通过定义一个偏序二元运算 + 给出了伪 MV-代数的态的定义.

对 $\forall x, y \in A, x + y$ 定义为当 $x \leqslant y^\sim$ 时, $x + y = x \oplus y$, 可知 $x \leqslant y^\sim$ 当且仅当 $x \otimes y = 0$ 当且仅当 $y \leqslant x^-$.

定义 6.1.3[134]　设 A 是伪 MV-代数. 若函数 $s : A \to [0,1]$ 满足

(1) $s(1) = 1$;

(2) 当 $x + y$ 在 A 上有定义, $s(x + y) = s(x) + s(y)$,

则称 s 为 A 上的态.

命题 6.1.3[134]　设 s 是伪 MV-代数 A 上的态, 则对 $\forall x, y \in A$, 有

(1) $s(0) = 0$;

(2) 若 $x \leqslant y$, 则 $s(x) \leqslant s(y)$;

(3) $s(x^-) = s(x^\sim) = 1 - s(x)$;

(4) $s(x^{--}) = s(x^{\sim\sim}) = s(x)$;

(5) $s(x \vee y) + s(x \wedge y) = s(x) + s(y)$;

(6) $s(x \oplus y) + s(x \otimes y) = s(x) + s(y)$;

(7) $s(x \oplus y) = s(y \oplus x)$;

(8) $s(x \otimes y) = s(y \otimes x)$;

(9) 若 $x \leqslant y$, 则 $s(y) - s(x) = s(x^- \otimes y) = s(y \otimes x^\sim)$.

再回到伪 BL-代数, 定义两个距离函数:

$$d_1(x,y) = (x \to y) \wedge (y \to x) = (x \vee y) \to (x \wedge y),$$
$$d_2(x,y) = (x \rightsquigarrow y) \wedge (y \rightsquigarrow x) = (x \vee y) \rightsquigarrow (x \wedge y).$$

还可以在伪 BL-代数上定义滤子、真滤子、素滤子、极大滤子、正规滤子等概念, 其形式与非交换剩余格上的定义一致, 略去.

一个伪 BL-代数若满足 $x^{-\sim} = x^{\sim-}$, 则称为好的伪 BL-代数. 类似于伪 MV-代数, 设 A 是好的伪 BL-代数, 定义 $x \oplus y = (y^\sim \otimes x^\sim)^-, \forall x,y \in A$.

命题 6.1.4 设 A 是好的伪 BL-代数, 令 $M(A) = \{x \in A | x^{-\sim} = x^{\sim-} = x\}$, 则 $(M(A), \oplus, -, \sim, 0, 1)$ 是伪 MV-代数.

6.1.2 伪 BL-代数上的 Bosbach 态

命题 6.1.5[135] 设 A 是伪 BL-代数, 若对 $\forall x,y \in A$, 函数 $s : A \to [0,1]$ 满足 $s(1) = 1$, 则下列条件等价:

(1) $1 + s(x \wedge y) = s(x \vee y) + s(d_1(x,y))$;

(2) $1 + s(x \wedge y) = s(x) + s(x \to y)$;

(3) $s(x) + s(x \to y) = s(y) + s(y \to x)$.

证明 (1)$\Rightarrow$(2). 若 $a \leqslant b$, 则 $a \wedge b = a, a \vee b = b$, 从而 $d_1(a,b) = (a \to b) \wedge (b \to a) = 1 \wedge (b \to a) = b \to a$. 因此, 由 (1)$1 + s(a) = s(b) + s(b \to a)$, 令 $a = x \wedge y, b = y$, 得 $1 + s(x \wedge y) = s(y) + s(y \to (x \wedge y)) = s(y) + s(y \to x)$.

(2)$\Rightarrow$(3). $s(x) + s(x \to y) = 1 + s(x \wedge y) = s + s(y \wedge x) = s(y) + s(y \to x)$.

(3)$\Rightarrow$(1), 因为 $d_1(x,y) - (x \vee y) \to (x \wedge y)$, 所以, 由 (3) 得 $s(x \vee y) + s(d_1(x,y)) = s(x \vee y) + s((x \vee y) \to (x \wedge y)) = s(x \wedge y) + s((x \wedge y) \to (x \vee y)) = s(x \wedge y) + s(1) = s(x \wedge y) + 1$.

命题 6.1.6 若对 $\forall x,y \in A$, 函数 $s : A \to [0,1]$ 满足 $s(1) = 1$, 则下列条件等价:

(1) $1 + s(x \wedge y) = s(x \vee y) + s(d_2(x, y))$;

(2) $1 + s(x \wedge y) = s(x) + s(x \rightsquigarrow y)$;

(3) $s(x) + s(x \rightsquigarrow y) = s(y) + s(y \rightsquigarrow x)$.

定义 6.1.4[135]　若对 $\forall x, y \in A$, 函数 $s : A \rightarrow [0, 1]$ 满足:

(S1) $s(x) + s(x \rightarrow y) = s(y) + s(y \rightarrow x)$;

(S2) $s(x) + s(x \rightsquigarrow y) = s(y) + s(y \rightsquigarrow x)$;

(S3) $s(0) = 0, s(1) = 1$,

则称 s 为 A 上的 Bosbach 态.

例 6.1.1　考虑 Gödel 代数 $A = [0, 1]$, 即对 $\forall x, y \in A$, 有

$$x \otimes y = x \wedge y, x \rightarrow y = \begin{cases} 1, & x \leqslant y \\ y, & x > y \end{cases},$$

则

$$x^- = \begin{cases} 1, & x = 0 \\ 0, & x > 0 \end{cases}.$$

容易验证, $s(x) = \begin{cases} 0, & x = 0 \\ 1, & x > 0 \end{cases}$ 是 Gödel 代数 $[0, 1]$ 上的唯一 Bosbach 态.

例 6.1.2　设 $A = \{0, a, b, 1\}$ 是链. 定义运算 $\otimes$ 和 $\rightarrow$ 如下:

$\otimes$	0	a	b	1
0	0	0	0	0
a	0	0	a	a
b	0	a	b	b
1	0	a	b	1

$\rightarrow$	0	a	b	1
0	1	1	1	1
a	a	1	1	1
b	0	a	1	1
1	0	a	b	1

则 A 是 BL-代数. 令 $s(0) = 0, s(a) = \dfrac{1}{2}, s(b) = s(1) = 1$, 可以验证 s 是 A 上的唯一 Bosbach 态.

命题 6.1.7　设 s 是 A 的 Bosbach 态. 则对 $\forall x, y \in A$, 有

(1) $s(x \rightarrow y) = s(x \rightsquigarrow y)$;

(2) $s(d_1(x, y)) = s(d_2(x, y))$;

(3) $s(x^-) = s(x^\sim) = 1 - s(x)$;

(4) $s(x^{--}) = s(x^{\sim\sim}) = s(x^{-\sim}) = s(x^{\sim-}) = s(x)$;

(5) $x \leqslant y$ 蕴涵 $1 + s(x) = s(y) + s(y \rightarrow x) = s(y) + s(y \rightsquigarrow x)$;

(6) $x \leqslant y$ 蕴涵 $s(x) \leqslant s(y)$;

(7) $s(x \otimes y) = 1 - s(x \to y^-)$, $s(y \otimes x) = 1 - s(x \leadsto y^\sim)$;

(8) $s(x) + s(y) = s(y \otimes x) + s(y^- \to x)$;

(9) $s(x) + s(y) = s(x \otimes y) + s(y^\sim \leadsto x)$;

(10) $s(d_1(x, y)) = s(d_1(x \to y, y \to x))$;

(11) $s(d_1(x^-, y^-)) = s(d_1(x^\sim, y^\sim)) = s(d_1(x, y))$;

(12) $s(x^- \to y^-) = s(x^\sim \to y^\sim) = 1 + s(x) - s(x \vee y)$;

(13) $s(x^- \to y^-) = s(y^{-\sim} \to x^{-\sim})$;

(14) $s(x^\sim \to y^\sim) = s(y^{\sim-} \to x^{\sim-})$;

(15) $s(x) + s(y) = s(x \vee y) + s(x \wedge y)$;

(16) $x \vee y = 1$ 蕴涵 $1 + s(x \wedge y) = s(x) + s(y)$;

(17) $1 + s(d_1(x, y)) = s(x \to y) + s(y \to x)$;

(18) $1 + s(x) + s(y) = s(d_1(x, y)) + s((x \to y) \to y) + s((y \to x) \to x)$.

证明 (1) 由命题 6.1.5(2) 和命题 6.1.6(2), 得 $s(x) + s(x \to y) = 1 + s(x \wedge y) = s(x) + s(x \leadsto y)$, 因此 $s(x \to y) = s(x \leadsto y)$.

(2) 由命题 6.1.5(1) 和命题 6.1.6(1), 得 $s(d_1(x, y)) = 1 + s(x \wedge y) - s(x \vee y) = s(d_2(x, y))$.

(3) 由 (S1), 得 $s(x) + s(x^-) = s(x) + s(x \to 0) = s(0) + s(0 \to x) = 0 + s(1) = 1$, 因此 $s(x^-) = 1 - s(x)$. 由 (1), 得 $s(x^\sim) = s(x^-)$.

(4) 应用两次本命题 (3) 可得.

(5) 因为 $x \leqslant y$, 所以 $x \to y = x \leadsto y = 1$. 由 (S1) 和 (S3), 得 $s(y) + s(y \to x) = s(x) + s(x \to y) = s(x) + 1$. 同理, 由 (S2) 和 (S3), 得 $s(y) + s(y \leadsto x) = s(x) + 1$.

(6) 由本命题 (5) 和 (3), 得 $s(y) - s(x) = 1 - s(y \to x) = s((y \to x)^-) \geqslant 0$.

(7) 由命题 6.1.2(10) 和本命题 (3) 可得.

(8) 由 (S1) 及本命题 (7) 和 (3), 得 $s(y \otimes x) + s(y^- \to x) = s(y \otimes x) + s(x) + s(x \to y^-) - s(y^-) = s(y \otimes x) + s(x) + 1 - s(y \otimes x) - 1 + s(y) = s(x) + s(y)$.

(9) 类似于本命题 (8).

(10) 由命题 6.1.5(1) 和定义 6.1.1(2), 得 $1 + s(d_1(x, y)) = 1 + s((x \to y) \wedge (y \to x)) = s((x \to y) \vee (y \to x)) + s(d_1(x \to y, y \to x)) = 1 + s(d_1(x \to y, y \to x))$.

(11) 由命题 6.1.5(1)、(3), 得 $s(d_1(x^-, y^-)) = 1 + s(x^- \wedge y^-) - s(x^- \vee y^-) = 1 + s((x \vee y)^-) - s((x \wedge y)^-) = 1 - s(x \vee y) + s(x \wedge y) = s(d_1(x, y))$. 同理, 得 $s(d_1(x^\sim, y^\sim)) = s(d_1(x, y))$.

(12) 利用命题 6.1.5(2)、(3), 得 $s(x \vee y) + s(x^- \to y^-) = s(x \vee y) + 1 + s(x^- \wedge y^-) - s(x^-) = s(x \vee y) + s((x \vee y)^-) + s(x) = 1 + s(x)$, 因此, $s(x^- \to y^-) = $

$1 + s(x) - s(x \vee y)$. 同理, 可得 $s(x^\sim \to y^\sim) = 1 + s(x) - s(x \vee y)$.

(13) 因为 $s(x^- \to y^-) = s(x^- \rightsquigarrow y^-) \leqslant s(y^{-\sim} \to x^{-\sim}) \leqslant s(x^{-\sim-} \rightsquigarrow y^{-\sim-}) = s(x^- \rightsquigarrow y^-) = s(x^- \to y^-)$, 因此, $s(x^- \to y^-) = s(y^{-\sim} \to x^{-\sim})$.

(14) 同理可得.

(15) 因为 $s(x \vee y) + s(x \wedge y) = s((x \vee y)^{-\sim}) + s((x \wedge y)^{-\sim}) = s(x^{-\sim} \vee y^{-\sim}) + s(x^{-\sim} \wedge y^{-\sim})$, 所以, $s(x^{-\sim} \vee y^{-\sim}) = 1 + s(x^{-\sim}) - s(x^{-\sim-} \to y^{-\sim-}) = 1 + s(x) - s(x^- \to y^-)$. 因此, $s(x^{-\sim} \vee y^{-\sim}) + s(x^{-\sim} \wedge y^{-\sim}) = s(x) + s(y)$.

(16) 应用本命题 (15) 可得.

(17) 由定义 6.1.1(2) 和本命题 (16).

(18) 由 $x \leqslant y \to x$, $y \leqslant x \to y$, 得 $1 + s(y) = s(x \to y) + s((x \to y) \to y)$, $1 + s(x) = s(y \to x) + s((y \to x) \to x)$, 从而 $1 + s(x) + s(y) = -1 + s(x \to y) + s(y \to x) + s((x \to y) \to y) + s((y \to x) \to x) = s(d_1(x,y)) + s((x \to y) \to y) + s((y \to x) \to x)$.

命题 6.1.8 设 A 是伪 MV-代数, $s : A \to [0,1]$ 是函数, 则下列条件等价:

(1) s 是 A 上的 Bosbach 态;

(2) s 是定义 6.1.3 上的态.

证明 (1)$\Rightarrow$(2). 设 $x, y \in A$, 使得 $x + y$ 有定义. 因此, $x \leqslant y^-$, $x + y = x \oplus y = x^\sim \to y = x^\sim \to y^{-\sim}$, 从而 $s(x + y) = s(x^\sim \to y^{-\sim}) = 1 + s(x) - s(x \vee y^-) = 1 + s(x) - s(y^-) = s(x) + s(y)$.

(2)$\Rightarrow$(1). 显然 s 满足 (S3). 设 $x, y \in A$, 由命题 6.1.3, 得 $s(x) + s(x \to y) = s(y) + s(y \to x)$ 当且仅当 $s(x) + s(x^- \oplus y) = s(y) + s(y^- \oplus x)$ 当且仅当 $s(x) + s(x^-) + s(y) - s(y \otimes x^-) = s(y) - s(y^-) + s(x) - s(x \otimes y^-)$ 当且仅当 $s(y) - s(y \otimes x^-) = s(x) - s(x \otimes y^-)$ 当且仅当 $s(x) + s(y \otimes x^-) = s(y) + s(x \otimes y^-)$. 由 $y \otimes x^- \leqslant x^-$, 得 $y \otimes x^- + x$ 是有定义的, 因此 $s(x) + s(y \otimes x^-) = s(y \otimes x^-) + s(x) = s(y \otimes x^- + x) = s(y \otimes x^- \oplus x) = s(x \vee y)$. 同理, 可得 $s(y) + s(x \otimes y^-) = s(x \otimes y^- \oplus y) = s(x \vee y)$. 因此, s 满足 (S1). 同理, 可证 s 满足 (S2).

6.1.3 好的伪 BL-代数上的 Riečan 态

引理 6.1.1 设 A 是好的伪 BL-代数, 则对 $\forall x, y \in A$, 下列条件等价:

(1) $y^{-\sim} \otimes x^{-\sim} = 0$;

(2) $x^{-\sim} \leqslant y^\sim$;

(3) $y^{-\sim} \leqslant x^-$;

(4) $x^{-\sim} + y^{-\sim}$ 在伪 MV-代数 $M(A)$ 上有定义.

设 A 是好的伪 BL-代数, 对 $\forall x, y \in A$, 若满足引理中的条件, 则称 x 与 y 正交, 记作 $x \perp y$.

引理 6.1.2 设 A 是好的伪 BL-代数, 对 $\forall x, y \in A$, 有

(1) 若 $x \leqslant y$, 则 $x \perp y^-$, $y^\sim \perp x$;

(2) $x \perp x^-$, $x^\sim \perp x$.

定义 6.1.5[135] 设 A 是好的伪 BL-代数, 若函数 $s : A \to [0, 1]$ 满足下列条件:

(1) 若 $x \perp y$, 则 $s(x \oplus y) = s(x) + s(y)$;

(2) $s(1) = 1$,

则称 s 为 A 上的 Riečan 态.

命题 6.1.9 设 A 是好的伪 BL-代数, s 是 A 上的 Riečan 态, 则 $s|_{M(A)}$ 是伪 MV-代数 $M(A)$ 上的态.

证明 设 $x, y \in M(A)$ 满足 $x + y$ 在 $M(A)$ 上有定义. 由 $x^{-\sim} = x$, $y^{-\sim} = y$, 得 $x^{-\sim} + y^{-\sim}$ 是有定义的, 即 $x \perp y$, 则 $s(x + y) = s(x \oplus y) = s(x) + s(y)$.

命题 6.1.10 设 A 是好的伪 BL-代数, s 是 A 上的 Riečan 态, 则对 $\forall x, y \in A$, 有

(1) $s(x^-) = s(x^\sim) = 1 - s(x)$;

(2) $s(0) = 0$;

(3) $s(x^{-\sim}) = s(x^{\sim -}) = s(x^{--}) = s(x^{\sim\sim}) = s(x)$;

(4) 若 $x \leqslant y$, 则 $s(y) - s(x) = 1 - s(x \oplus y^-) = 1 - s(y^\sim \oplus x)$;

(5) 若 $x \leqslant y$, 则 $s(x) \leqslant s(y)$;

(6) $s(x \vee y) + s(x \wedge y) = s(x) + s(y)$;

(7) 若 $x \vee y = 1$, 则 $1 + s(x \wedge y) = s(x) + s(y)$;

(8) $1 + s(d_1(x, y)) = s(x \to y) + s(y \to x)$;

(9) $1 + s(d_2(x, y)) = s(\rightsquigarrow y) + s(y \rightsquigarrow x)$.

证明 (1) 由引理 6.1.2(2) 和定义 6.1.5, 得 $s(x^-) + s(x) = s(x^- \oplus x)$, $s(x) + s(x^\sim) = s(x \oplus x^\sim)$, 从而 $x^- \oplus x = (x^\sim \otimes x^{-\sim})^- = (x^\sim \otimes x^{\sim-})^- = 0^- = 1$, $x \oplus x^\sim = (x^{\sim\sim} \otimes x^\sim)^- = 0^- = 1$. 因此, $s(x^-) + s(x) = s(1) = 1$, $s(x) + s(x^\sim) = s(1) = 1$.

(2), (3) 由 (1) 可得.

(4) 由引理 6.1.2(1), 得 $s(x \oplus y^-) = s(x) + s(y^-) = s(x) + 1 - s(y)$, $s(y^\sim \oplus x) = s(y^\sim) + s(x) = s(x) + 1 - s(y)$.

(5) 由 (4) 可得.

(6) 由于 $s(x \vee y) + s(x \wedge y) = s((x \vee y)^{-\sim}) + s((x \wedge y)^{-\sim}) = s(x^{-\sim} \vee y^{-\sim}) + s(x^{-\sim} \wedge y^{-\sim})$, 注意到 $s|_{M(A)}$ 是 $M(A)$ 上的态, $x^{-\sim}, y^{-\sim} \in M(A)$, 因此, $s(x^{-\sim} \vee y^{-\sim}) + s(x^{-\sim} \wedge y^{-\sim}) = s(x^{-\sim}) + s(y^{-\sim}) = s(x) + s(y)$, 由 (3) 可得.

(7) 由 (6) 可得.

(8)、(9) 由 (7) 可得.

命题 6.1.11 设 A 是好的伪 BL-代数. A 上的任何 Bosbach 态均是 Riečan 态.

证明 设 s 是 A 上的 Bosbach 态. 假设 $x \perp y$, 即 $y^{-\sim} \leqslant x^{-}$, 则 $1 + s(y) = 1 + s(y^{-\sim}) = s(x^{-}) + s(x^{-} \to y^{-\sim}) = 1 - s(x) + s(x^{-} \to y^{-\sim})$, 因此 $s(x^{-} \to y^{-\sim}) = s(y) + s(x)$. 又 $x \oplus y = (y^{-} \otimes x^{-})^{\sim} = x^{-} \rightsquigarrow y^{-\sim}$, 从而 $s(x^{-} \to y^{-\sim}) = s(x \oplus y)$. 所以, $s(x \oplus y) = s(x) + s(y)$.

命题 6.1.12 设 s 是伪 BL-代数 A 的 Bosbach 态, 则 $\mathrm{Ker}(s) = \{x \in A | s(x) = 1\}$ 是 A 的真正规滤子.

证明 显然, $1 \in \mathrm{Ker}(s)$. 假设 $x, x \to y \in \mathrm{Ker}(s)$, 即 $s(x) = s(x \to y) = 1$. 则 $s(y) + s(y \to x) = s(x) + s(x \to y) = 2$, 因此 $s(y) = s(y \to x) = 1$, 从而 得 $y \in \mathrm{Ker}(s)$. 所以, $\mathrm{Ker}(s)$ 是 A 的滤子. 由 $s(0) = 0$, 得 $0 \notin \mathrm{Ker}(s)$, 所以 $\mathrm{Ker}(s)$ 是真滤子. 又 $s(x \to y) = s(y \to x)$, 因此, $x \to y \in \mathrm{Ker}(s)$ 当且仅当 $x \rightsquigarrow y \in \mathrm{Ker}(s)$. 所以, $\mathrm{Ker}(s)$ 是正规滤子.

引理 6.1.3 设 A 是伪 BL-代数, s 是 A 上的态, 则对 $\forall x, y \in A$, 下列条件 等价:

(1) $x/\mathrm{Ker}(s) = y/\mathrm{Ker}(s)$;

(2) $s(x \wedge y) = s(x \vee y)$;

(3) $s(x) = s(y) = s(x \wedge y)$.

证明 (1)$\Leftrightarrow$(2). $x/\mathrm{Ker}(s) = y/\mathrm{Ker}(s)$ 当且仅当 $d_1(x, y) \in \mathrm{Ker}(s)$ 当且仅当 $s(d_1(x, y)) = 1$. 又 $1 + s(x \wedge y) = s(x \vee y) + s(d_1(x, y))$, 因此, $x/\mathrm{Ker}(s) = y/\mathrm{Ker}(s)$ 当且仅当 $s(x \wedge y) = s(x \vee y)$.

(2)$\Leftrightarrow$(3). 略.

命题 6.1.13 设 A 是伪 BL-代数, s 是 A 上的 Bosbach 态, 则

(1) 若函数 $\hat{s} : A/\mathrm{Ker}(s) \to [0, 1]$ 定义为 $\hat{s}(x/\mathrm{Ker}(s)) = s(x)$, 则 $\hat{s}$ 是 $A/\mathrm{Ker}(s)$ 上的 Bosbach 态;

(2) $A/\mathrm{Ker}(s)$ 是 MV-代数;

(3) 对 $\forall x, y \in A$, $s(x \otimes y) = s(y \otimes x)$.

证明 (1) 由引理 6.1.3, 知 $\hat{s}$ 是有定义的. 容易验证 $\hat{s}$ 是 Bosbach 态.

(2) 由 $s(x^{-\sim}) = s(x^{\sim-}) = s(x)$, $x^{-\sim} \wedge x = x^{\sim-} \wedge x = x$, 利用引理 6.1.3, 得 $(x/\mathrm{Ker}(s))^{-\sim} = (x/\mathrm{Ker}(s))^{\sim-} = s/\mathrm{Ker}(s)$. 这表明 $A/\mathrm{Ker}(s)$ 是伪 MV-代数. 可 以证明 $A/\mathrm{Ker}(s)$ 是阿基米德伪 MV-代数, 从而 $A/\mathrm{Ker}(s)$ 是 MV-代数. 具体过 程略去.

(3) 由 (2) 可得.

6.1.4 伪 BL-代数上的态-态射

设 $[0,1]Ł$ 是标准 MV-代数 $[0,1]$, 则对 $\forall x,y \in [0,1]$, 有 $x \oplus y = \min\{x+y, 1\}$, $x \otimes y = \max\{x+y-1, 0\}$, $x^- = 1-x$, $x \to Ły = \min\{1-x+y, 1\}$, $x \wedge y = \min\{x, y\}$ 和 $x \vee y = \max\{x, y\}$.

定义 6.1.6[135] 设 A 是伪 BL-代数, 若函数 $s : A \to [0,1]$ 满足下列条件:

(1) $s(x \to y) = s(x \rightsquigarrow y) = s(x) \to Łs(y)$;

(2) $s(x \wedge y) = s(x) \wedge s(y)$;

(3) $s(1) = 1, s(0) = 0$,

则称 s 为 A 上的态-态射 (state-morphism).

命题 6.1.14 设 s 是 A 上的态-态射, 则 s 是 Bosbach 态, 且对 $\forall x,y \in A$, $s(x \otimes y) = s(x) \otimes s(y)$.

证明 对 $\forall x,y \in A$, 有 $s(x) + s(x \to y) = s(x) + s(x) \to Łs(y) = s(x) + \min\{1 - s(x) + s(y), 1\} = \min\{1 + s(y), 1 + s(x)\}$, $s(y) + s(y \rightsquigarrow x) = s(y) + s(y) \to Łs(x) = s(y) + \min\{1 - s(y) + s(x), 1\} = \min\{1 + s(x), 1 + s(y)\}$. 因此, $s(x) + s(x \to y) = s(y) + s(y \to x)$. 同理, 可得 $s(x) + s(x \rightsquigarrow y) = s(y) + s(y \rightsquigarrow x)$. 所以, s 是 Bosbach 态. 又 $s(x \otimes y) = 1 - s(x \rightsquigarrow y^-) = 1 - (s(x) \to Łs(y^\sim)) = 1 - \min\{1 - s(x) + s(y^\sim), 1\} = 1 - \min\{-s(x) - s(y), 1\} = \max\{s(x) + s(y) - 1, 0\} = s(x) \otimes s(y)$.

命题 6.1.15 设 A 是伪 BL-代数, s 是 Bosbach 态. 则下列条件等价:

(1) s 是 A 的态-态射;

(2) $\mathrm{Ker}(s)$ 是 A 的极大滤子.

证明 (1)$\Rightarrow$(2). 由命题 6.1.12, 知 $\mathrm{Ker}(s)$ 是 A 的真正规滤子. 设 $x \notin \mathrm{Ker}(s)$, 即 $s(x) \neq 1$, 则有 $(s(x))^n = s(x) \otimes \cdots \otimes s(x) = 0$, 从而 $s((x^n)^-) = 1 - s(x^n) = 1 - (s(x))^n = 1$, 因此 $(x^n)^- \in \mathrm{Ker}(s)$. 反之, 设存在 $n \in \mathbf{N}$, 使得 $(x^n)^- \in \mathrm{Ker}(s)$, 即 $s((x^n)^-) = 1$, 从而 $s(x^n) = 0$. 所以 $s(x) \neq 1$, 即 $x \notin \mathrm{Ker}(s)$. 由前面的性质, 知 $\mathrm{Ker}(s)$ 是极大滤子.

(2)$\Rightarrow$(1). 由 $\mathrm{Ker}(s)$ 是极大滤子, 知 $\mathrm{Ker}(s)$ 是素滤子. 因为 $(x \to y) \vee (y \to x) = 1 \in \mathrm{Ker}(s)$, 故 $x \to y \in \mathrm{Ker}(s)$ 或 $y \to x \in \mathrm{Ker}(s)$. 若 $x \to y \in \mathrm{Ker}(s)$, 则 $s(x) \to Łs(y) = s(x \to y) = 1$, 从而 $s(x) \leqslant s(y)$, 得 $1 + s(x \wedge y) = s(x) + s(x \to y) = s(x) + 1$, 因此 $s(x \wedge y) = s(x) = s(x) \wedge s(y)$. 同理, 若 $y \to x \in \mathrm{Ker}(s)$, 则 $s(x \wedge y) = s(x) \wedge s(y)$. 因此, $s(x \to y) = 1 + s(x \wedge y) - s(x) = 1 + s(x) \wedge s(y) - s(x) = 1 + \min\{s(x), s(y)\} - s(x) = \min\{1, 1 + s(y) - s(x)\} = s(x) \to Łs(y)$. 所以, s 是 A 的态-态射.

设 A 是伪 BL-代数, 对 $\forall x \in A - \{1\}$, 若存在 $n \in \mathbf{N}$, 使得 $x^n = 0$, 则称 A 为局部有限的. 若 A 是伪 MV-代数, 对 $\forall x \in A - \{0\}$, 存在 $n \in \mathbf{N}$, 使得 $nx = 1$,

则称 A 是局部有限的.

命题 6.1.16 设 A 是伪 BL-代数, H 是 A 的正规、极大滤子, 则 A/H 是局部有限 MV-代数.

命题 6.1.17 若 s 是伪 BL-代数 A 上的态-态射, 则 $A/\mathrm{Ker}(s)$ 是局部有限 MV-代数.

命题 6.1.18 设 A 是伪 BL-代数, s_1 是 A 上的态-态射, s_2 是 A 上的 Bosbach 态, 且有 $\mathrm{Ker}(s_1) = \mathrm{Ker}(s_2)$, 则 $s_1 = s_2$.

命题 6.1.19 设 A 是伪 BL-代数, H 是正规、极大滤子, 则存在唯一的态-态射 s, 使得 $\mathrm{Ker}(s) = H$.

以上 4 个命题的证明参考文献 [135].

6.2 σ 完备 BL-代数上的态

本节介绍 σ 完备 MV-代数和 σ 完备 BL-代数上的态的性质. 首先回顾 σ 完备的定义.

设 A 是 BL-代数 (或 MV-代数), 若对 $\forall (x_n)_n \subset A$, 存在 $\bigvee\limits_{n} x_n \in A$ 和 $\bigwedge\limits_{n} x_n \in A$, 称 A 是 σ 完备.

6.2.1 连续态与收敛

首先给出 σ 完备 MV-代数上一些熟知的结果.

命题 6.2.1 设 A 是 σ 完备 MV-代数, $(x_n)_n, (y_n)_n \subset A, x \in A$, 则

(1) $\bigvee\limits_{n} x_n = \left(\bigwedge\limits_{n} x_n^- \right)^-$;

(2) $\bigwedge\limits_{n} x_n = \left(\bigvee\limits_{n} x_n^- \right)^-$;

(3) $x \vee \left(\bigwedge\limits_{n} x_n \right) = \bigwedge\limits_{n} (x \vee x_n)$;

(4) $x \wedge \left(\bigvee\limits_{n} x_n \right) = \bigvee\limits_{n} (x \wedge x_n)$;

(5) $x \otimes \left(\bigwedge\limits_{n} x_n \right) = \bigwedge\limits_{n} (x \otimes x_n)$;

(6) $x \otimes \left(\bigvee\limits_{n} x_n \right) = \bigvee\limits_{n} (x \otimes x_n)$;

(7) $x \oplus \left(\bigwedge\limits_{n} x_n \right) = \bigwedge\limits_{n} (x \oplus x_n)$;

(8) $x \oplus \left(\bigvee\limits_n x_n \right) = \bigvee\limits_n (x \oplus x_n)$.

设 A 是 MV-代数 (或 BL-代数), $(x_n)_n \subset A$, 定义如下记号:

(1) $x_n \uparrow$ 表示 $(x_n)_n$ 单调上升;

(2) $x_n \downarrow$ 表示 $(x_n)_n$ 单调下降;

(3) $x_n \uparrow x$ 表示 $(x_n)_n$ 单调上升且 $\bigvee\limits_n x_n = x$;

(4) $x_n \downarrow x$ 表示 $(x_n)_n$ 单调下降且 $\bigwedge\limits_n x_n = x$.

引理 6.2.1 设 A 是 σ 完备 MV-代数, $(x_n)_n, (y_n)_n \subset A$, 则

(1) 若 $x_n \uparrow$, $y_n \uparrow$, 则 $\left(\bigvee\limits_n x_n \right) \wedge \left(\bigvee\limits_n y_n \right) = \bigvee\limits_n (x_n \wedge y_n)$;

(2) 若 $x_n \downarrow$, $y_n \downarrow$, 则 $\left(\bigwedge\limits_n x_n \right) \vee \left(\bigwedge\limits_n y_n \right) = \bigwedge\limits_n (x_n \vee y_n)$.

命题 6.2.2 设 s 是 MV-代数的态, 则下列条件等价:

(1) $x_n \uparrow x$ 蕴涵 $\lim_{n \to \infty} s(x_n) = s(x)$;

(2) $x_n \downarrow x$ 蕴涵 $\lim_{n \to \infty} s(x_n) = s(x)$;

(3) $x_n \uparrow 1$ 蕴涵 $\lim_{n \to \infty} s(x_n) = 1$;

(4) $x_n \downarrow 0$ 蕴涵 $\lim_{n \to \infty} s(x_n) = 0$.

若态 s 满足命题 6.2.2 的等价条件, 则称 s 是 MV-代数上的连续态.

在 MV-代数上定义距离函数: $d(x, y) = (x^- \otimes y) \oplus (y^- \otimes x)$. 距离函数具有如下性质.

命题 6.2.3 设 A 是 MV-代数, 则对 $\forall x, y, z, u, v \in A$, 有

(1) $d(x, y) = d(y, x)$;

(2) $d(x, y) = 0$ 当且仅当 $x = y$;

(3) $d(x, 0) = x, d(x, 1) = x^-$;

(4) $d(x^-, y^-) = d(x, y)$;

(5) $d(x, z) \leqslant d(x, y) \oplus d(y, z)$;

(6) $d(x \oplus u, y \oplus v) \leqslant d(x, y) \oplus d(u, v)$;

(7) $d(x \otimes u, y \otimes v) \leqslant d(x, y) \otimes d(u, v)$;

(8) $d(x, y) = (x^- \otimes y) \vee (y^- \otimes x)$.

设 $(x_n)_n \subset A$, $x \in A$. 若存在 $(c_n)_n \subset A$, $c_n \downarrow 0$, 对 $\forall n \in \mathbf{N}$, 有 $d(x_n, x) \leqslant c_n$, 则称 $(x_n)_n$ 收敛于 x, 记作 $\lim x_n = x$.

引理 6.2.2 设 A 是 MV-代数, $(x_n)_n, (y_n)_n \subset A$, $x, y, x' \in A$, 则

(1) 若 $\lim x_n = x$ 且 $\lim x_n = x'$, 则 $x = x'$;

(2) 若 $\lim x_n = x$, $\lim y_n = y$, 则 $\lim(x_n \oplus y_n) = x \oplus y$; $\lim(x_n \otimes y_n) = x \otimes y$, $\lim(x_n \wedge y_n) = x \wedge y$; $\lim(x_n \vee y_n) = x \vee y$, $\lim x_n^- = x^-$;

(3) 若 $(x_n)_n$ 单调上升, 则 $\lim x_n = x$ 当且仅当 $x_n \uparrow x$;

(4) 若 $(x_n)_n$ 单调下降, 则 $\lim x_n = x$ 当且仅当 $x_n \downarrow x$;

(5) 若 $\lim x_n = x$, $\lim y_n = y$, 则 $\lim d(x_n, y_n) = d(x, y)$;

(6) 若 $x_n \downarrow 0$, $y_n \downarrow 0$, 则 $(x_n \oplus y_n) \downarrow 0$.

引理 6.2.3 设 $(x_n)_n, (y_n)_n \subset A$, $x \in A$, 若 $\lim d(x_n, y_n) = 0$, $\lim x_n = x$, 则 $\lim y_n = x$.

证明 由收敛的定义, 存在 $(c_n)_n, (d_n)_n \subset A$, 使得 $c_n \downarrow 0, d_n \downarrow 0$, 且对 $\forall n \in \mathbf{N}$, 有 $d(d(x_n, y_n), 0) \leqslant c_n$, $d(x_n, x) \leqslant d_n$, 从而 $\forall n \in \mathbf{N}$, $d(y_n, x) \leqslant d(y_n, x_n) \oplus d(x_n, x) = d(x_n, y_n) \oplus d(x_n, x) = d(d(x_n, y_n), 0) \oplus d(x_n, x) \leqslant c_n \oplus d_n$. 因为 $c_n \downarrow 0$, $d_n \downarrow 0$, 所以 $\lim y_n = x$.

设 $(x_n)_n \subset A$, 记

$$\limsup x_n = \bigwedge_n \bigvee_{m \geqslant n} x_m, \quad \liminf x_n = \bigvee_n \bigwedge_{m \geqslant n} x_m.$$

命题 6.2.4 设 A 是 σ 完备 MV-代数, $(x_n)_n \subset A$, $x \in A$. 则下列条件等价:

(1) $\lim x_n = x$;

(2) $\limsup d(x_n, x) = 0$.

证明 设 $(c_n)_n \subset A$, 使得 $c_n \downarrow 0$, 且 $\forall m \in \mathbf{N}$, $d(x_m, x) \leqslant c_m$, 则对 $\forall n \in \mathbf{N}$, $\bigvee_{m \geqslant n} d(x_m, x) \leqslant \bigvee_{m \geqslant n} c_m = c_n$. 因此, $\limsup d(x_n, x) = \bigwedge_n \bigvee_{m \geqslant n} d(x_m, x) \leqslant \bigwedge_n c_n = 0$, 所以 $\limsup d(x_n, x) = 0$.

反之, 对 $\forall n \in \mathbf{N}$, 记 $c_n = \bigvee_{m \geqslant n} d(x_m, x)$, 则 $c_n \downarrow$, 由本命题 (2), 得 $\bigwedge_n c_n = 0$, 即 $c_n \downarrow 0$. 因为 $d(x_n, x) \leqslant c_n$, $\forall n \in \mathbf{N}$, 所以 $\lim x_n = x$.

引理 6.2.4 设 $(x_n)_n \subset A$, $x \in A$, 则

(1) $\limsup x_n^- = (\liminf x_n)^-$, $\liminf x_n^- = (\limsup x_n)^-$;

(2) $\limsup d(x_n, x) = (x^- \otimes \limsup x_n) \vee (x \otimes (\liminf x_n)^-)$;

(3) $\liminf d(x_n, x) = (x^- \otimes \liminf x_n) \vee (x \otimes (\limsup x_n)^-)$.

证明 (1) 由命题 6.2.1 的 (1)、(2) 可得.

(2) 由引理 6.2.1(2), 命题 6.2.1(5)、(6), 得

$$\limsup d(x_n, x) = \bigwedge_n \bigvee_{m \geqslant n} d(x_m, x)$$

$$= \bigwedge_n \bigvee_{m \geqslant n} [(x_m \otimes x^-) \vee (x_m^- \otimes x)]$$

$$= \bigwedge_n \left(\bigvee_{m \geqslant n} x_m \otimes x^- \vee \bigvee_{m \geqslant n} x_m^- \otimes x \right)$$

$$= \left(\bigwedge_n \bigvee_{m \geqslant n} x_m \otimes x^- \right) \vee \left(\bigwedge_n \bigvee_{m \geqslant n} x_m^- \otimes x \right)$$

$$= \left(x^- \otimes \bigwedge_n \bigvee_{m \geqslant n} x_m \right) \vee \left(x \otimes \bigwedge_n \bigvee_{m \geqslant n} x_m^- \right)$$

$$= (x^- \otimes \limsup x_n) \vee (x \otimes \limsup x_n^-)$$

$$= (x^- \otimes \limsup x_n) \vee (x \otimes (\liminf x_n)^-).$$

(3) 类似于 (2) 的证明, 略.

命题 6.2.5 设 A 是 σ 完备 MV-代数, $(x_n)_n \subset A$, $x \in A$, 则下列条件等价:

(1) $\lim x_n = x$;

(2) $\limsup x_n = \liminf x_n = x$.

证明 (2)⇒(1). 由引理 6.2.4(2), 得 $\limsup d(x_n, x) = (x^- \otimes x) \vee (x \otimes x^-) = 0 \vee 0 = 0$. 由命题 6.2.4 可知 $\lim x_n = x$.

(1)⇒(2). 设 $\lim x_n = x$, 则 $\limsup d(x_n, x) = 0$, 因为 $\liminf d(x_n, x) \leqslant \limsup d(x_n, x)$, 所以 $\liminf d(x_n, x) = 0$. 由引理 6.2.4(2)、(3), 得 $x^- \otimes \limsup x_n = x \otimes (\liminf x_n)^- = x^- \otimes \liminf x_n = x \otimes (\limsup x_n)^- = 0$. 由 $x \otimes y^- = 0$ 当且仅当 $x \leqslant y$, 得 $\limsup x_n \leqslant x \leqslant \liminf x_n \leqslant x \leqslant \limsup x_n$, 因此, $\limsup x_n = \liminf x_n = x$.

引理 6.2.5 设 A 是 σ 完备 MV-代数, s 是 A 上的连续态, $(x_n)_n \subset A$, $x \in A$. 若 $x_n \uparrow x$ 或 $x_n \downarrow x$, 则 $\lim\limits_{n \to \infty} s(x_n) = s(x)$.

证明 设 $x_n \uparrow x$, 即 $\bigvee\limits_n x_n = x$, 则 $(x_n \oplus x^-)$ 是单调上升的, 由命题 6.2.1(8), $\bigvee\limits_n (x_n \oplus x^-) = \left(\bigvee\limits_n x_n \right) \oplus x^- = x \oplus x^- = 1$. 因此, $x_n \oplus x^- \uparrow 1$. 因为 s 是连续的, 由命题 6.2.2(3), 得 $\lim\limits_{n \to \infty} (x_n \oplus x^-) = 1$. 又对 $\forall n \in \mathbf{N}$, 有 $x \geqslant x_n \geqslant x_n \wedge x$, 因此, $s(x) \geqslant s(x_n) \geqslant s(x_n \wedge x)$. 又

$$\begin{aligned}
s(x_n \wedge x) &= s((x_n \oplus x^-) \otimes x) \\
&= s(x) + s(x_n \oplus x^-) - s(x_n \oplus x^- \oplus x) \\
&= s(x) + s(x_n \oplus x^-) - s(1) \\
&= s(x) + s(x_n \oplus x^-) - 1,
\end{aligned}$$

从而 $\lim\limits_{n\to\infty} s(x_n \wedge x) = s(x) + \lim\limits_{n\to\infty} s(x_n \oplus x^-) - 1 = s(x)$. 所以, $\lim\limits_{n\to\infty} s(x_n) = s(x)$.

若 $x_n \downarrow x$, 则 $x_n^- \uparrow x^-$, $\lim\limits_{n\to\infty} s(x_n^-) = s(x^-)$, 从而 $1 - \lim\limits_{n\to\infty} s(x_n) = 1 - s(x)$, 即 $\lim\limits_{n\to\infty} s(x_n) = s(x)$.

命题 6.2.6 设 A 是 σ 完备 MV-代数, s 是 A 的态, 则下列条件等价:

(1) s 是连续态;

(2) 对任何序列 $(x_n)_n \subset A$, 若 $\lim x_n = x$, 则 $\lim\limits_{n\to\infty} s(x_n) = s(x)$.

证明 设 $(x_n)_n \subset A$, 使得 $\lim x_n = x$. 记 $y_n = \bigvee\limits_{m\geqslant n} x_m$, $z_n = \bigwedge\limits_{m\geqslant n} x_m$, 则 $y_n \downarrow \limsup x_n$, $z_n \uparrow \liminf x_n$, 且 $\limsup x_n = \liminf x_n = x$. 由命题 6.2.5 和引理 6.2.5 得, $\lim\limits_{n\to\infty} s(y_n) = \lim\limits_{n\to\infty} s(z_n) = s(x)$. 因为 $z_n \leqslant x_n \leqslant y_n$, 所以 $s(z_n) \leqslant s(x_n) \leqslant s(y_n)$, 因此 $\lim\limits_{n\to\infty} s(x_n) = s(x)$.

反之, 易证.

设 $C \subset A$, 定义

$$\overline{C} = \{x \in A | \exists (x_n)_n \subset C, 使得 \lim x_n = x\}.$$

容易证明: $\overline{\varnothing} = \varnothing$; 对 $\forall C, C_1, C_2 \subset A$, 有 $C \subset \overline{C}$, $\overline{C \cup C_2} = \overline{C_1} \cup \overline{C_2}$.

设 s 是 A 的态, 若对 $\forall x \in A$, $x \neq 0$ 蕴涵 $s(x) \neq 0$, 则称 s 是忠实的.

命题 6.2.7 设 A 是 σ 完备 MV-代数, s 是 A 上的连续、忠实的态, 则

(1) 函数 $\nu : A^2 \to [0,1]$, $\nu(x,y) = s(d(x,y))$ 是 A 上的度量;

(2) 函数 $C \to \overline{C}$ 可定义 A 上的一个拓扑 τ, 且 τ 由度量 ν 所诱导.

证明 证明请参考文献 [135], 略.

6.2.2 σ 完备 MV-代数的条件态

回顾布尔代数上的条件概率定义. 设 A 是布尔代数, p 是 A 上的概率, 且 $a \in A$, $p(a) \neq 0$, 则条件概率 $p(\cdot|a) : A \to [0,1]$ 定义为: 对 $\forall x \in A$, $p(x|a) = p(x \wedge a)/p(a)$.

但遗憾的是, 这个条件概率公式在 MV-代数里无法得到一个态. 文献 [132] 在 MV_3-代数上给出了如下形式的条件态.

设 s 是 MV_3-代数 A 上的态, $a \in A$, $s(a) \neq 0$. 定义 A 上的一元运算 φ_1 和 φ_2 为: $\varphi_1(x) = x^2 = x \otimes x$, $\varphi_2(x) = 2x = x + x$, $\forall x \in A$. 由此, A 上的条件态 $s(\cdot|a)$ 定义为

$$s(x|a) = \frac{s(x \otimes \varphi_1(a)) + s(x \otimes \varphi_2(a))}{2s(a)}.$$

受上面的启发, 重新在 σ 完备 MV-代数上定义 $\varphi_1, \varphi_2 : A \to A$ 为

$$\varphi_1(x) = \bigwedge_n x^n, \quad \varphi_2(x) = \bigvee_n nx, \quad \forall x \in A.$$

这里 $x^n = x \otimes \cdots \otimes x$, $nx = x + \cdots + x$.

引理 6.2.6 设 A 是 σ 完备 MV-代数. 则对 $\forall x \in A$, 有

(1) $\varphi_1(x) = (\varphi_2(x^-))^-$;

(2) $\varphi_2(x) = (\varphi_1(x^-))^-$;

(3) $\varphi_i(x) \in B(A), i = 1, 2$, 这里 $B(A)$ 是 A 的所有完备元组成的布尔代数;

(4) $\varphi_i(x) \vee (\varphi_i(x))^- = 1$, $\varphi_i(x) \wedge (\varphi_i(x))^- = 0$, $i = 1, 2$;

(5) 若 $x \in B(A)$, 则 $\varphi_i(x) = x$, $i = 1, 2$;

(6) $\varphi_i(\varphi_j(x)) = \varphi_j(x)$, $i, j = 1, 2$;

(7) $\varphi_1(x) \leqslant x \leqslant \varphi_2(x)$;

(8) $x \leqslant y$ 蕴涵 $\varphi_i(x) \leqslant \varphi_i(y)$, $i = 1, 2$.

引理 6.2.7 设 $(x_n)_n \subset A$, 则

(1) $\varphi_1\left(\bigwedge_n x_n\right) = \bigwedge_n \varphi_1(x_n)$;

(2) $\varphi_2\left(\bigvee_n x_n\right) = \bigvee_n \varphi_2(x_n)$.

证明 (1) 令 $x = \bigwedge_n x_n$, 则 $x \leqslant x_n$, 从而 $\varphi_1(x) \leqslant \varphi_1(x_n)$. 因此, $\varphi_1(x) \leqslant \bigwedge_n \varphi_1(x_n)$. 设 $y \leqslant \varphi_1(x_n)$, 由引理 6.2.6, 得 $\varphi_2(y) \leqslant \varphi_2(\varphi_1(x_n)) = \varphi_1(x_n) \leqslant x_n$, 因此, $\varphi_2(y) \leqslant \bigwedge_n x_n = x$. 所以, $y \leqslant \varphi_2(y) = \varphi_1(\varphi_2(y)) \leqslant \varphi_1(x)$, 即 $\varphi_1(x) = \bigwedge_n \varphi_1(x_n)$.

(2) 同理可证.

引理 6.2.8 φ_1 和 φ_2 是有界格上的态-态射.

证明 显然, $\varphi_1(0) = 0$, $\varphi_1(1) = 1$. 由引理 6.2.7(1) 知 $\varphi_1(x \wedge y) = \varphi_1(x) \wedge \varphi_1(y)$, 则有 $\varphi_1(x \vee y) = \bigwedge_n (x \vee y)^n = \bigwedge_n (x^n \vee y^n)$. 由 $x^n \downarrow$ 和 $y^n \downarrow$, 得 $\bigwedge_n (x^n \vee y^n) = \left(\bigwedge_n x^n\right) \vee \left(\bigwedge_n y^n\right) = \varphi_1(x) \vee \varphi_1(y)$. 因此, $\varphi_1(x \vee y) = \varphi_1(x) \vee \varphi_1(y)$. 同理可证 φ_2 的结论.

引理 6.2.9 设 A 是 σ 完备 MV-代数, s 是连续态, $x \in A$, 则

(1) $s(x) = 0$ 当且仅当 $s(\varphi_1(x)) = s(\varphi_2(x)) = 0$;

(2) $s(x) = 1$ 当且仅当 $s(\varphi_1(x)) = s(\varphi_2(x)) = 1$.

证明 (1) 由引理 6.2.6(7) 和 s 的保序性, 得 $s(\varphi_1(x)) \leqslant s(x) \leqslant s(\varphi_2(x))$. 因此, 若 $s(\varphi_1(x)) = s(\varphi_2(x)) = 0$, 则 $s(x) = 0$. 反之, 设 $s(x) = 0$, 立即得 $s(\varphi_1(x)) = 0$. 下面证明对 $\forall n \in \mathbf{N}$, $s(nx) = 0$. 当 $n = 1$ 时, 有 $s(1x) = s(x) = 0$. 假设 $s(nx) = 0$, 则 $s((n+1)x) = s(nx \oplus x) = s(nx) + s(x) - s(nx \otimes x) = -s(nx \otimes x)$. 但 $nx \otimes x \leqslant x$, 因此 $s(nx \otimes x) \leqslant s(x) = 0$, 即 $s(nx \otimes x) = 0$, 从而 $s((n+1)x) = 0$. 因为 s 是连续的且 $nx \uparrow \varphi_2(x)$, 所以 $s(\varphi_2(x)) = \lim\limits_{n \to \infty} s(nx) = 0$.

(2) 由 (1) 和引理 6.2.6(1), 得 $s(x) = 1$ 当且仅当 $s(x^-) = 0$ 当且仅当 $s(\varphi_1(x^-)) = s(\varphi_2(x^-)) = 0$ 当且仅当 $s((\varphi_1(x^-))^-) = s((\varphi_2(x^-))^-) = 1$ 当且仅当 $s(\varphi_2(x)) = s(\varphi_1(x)) = 1$.

注 若 $x \in A, e, f \in B(A)$, 则 $e \leqslant x \leqslant f$ 蕴涵 $e \leqslant \varphi_1(x) \leqslant x \leqslant \varphi_2(x) \leqslant f$. 因此, $\varphi_1(x)$ 和 $\varphi_2(x)$ 分别可以看成是 x 的下布尔包络和上布尔包络.

定义 6.2.1 设 A 是 σ 完备 MV-代数, s 是连续态, 对 $a \in A$, 有 $s(a) \neq 0$, 则条件态 $s(\cdot|a) : A \to [0, 1]$ 定义为

$$s(x|a) = \frac{s(x \otimes \varphi_1(a)) + s(x \otimes \varphi_2(a))}{s(\varphi_1(a)) + s(\varphi_2(a))}, \quad \forall x \in A.$$

注 由 $\varphi_i(a) \in B(A), i = 1, 2$, 得 $x \otimes \varphi_i(a) = x \wedge \varphi_i(a)$, 因此

$$s(x|a) = \frac{s(x \wedge \varphi_1(a)) + s(x \wedge \varphi_2(a))}{s(\varphi_1(a)) + s(\varphi_2(a))}.$$

注 设 $a \in B(A)$, 则 $\varphi_1(a) = \varphi_2(a) = a$, 从而

$$s(x|a) = \frac{s(x \otimes a)}{s(a)} = \frac{s(x \wedge a)}{s(a)}.$$

因此, $s(\cdot|a)$ 具有布尔代数条件概率的形式.

注 若 $x \in B(A)$, 则 $x \otimes \varphi_i(a) = \varphi_i(x) \otimes \varphi_i(a) = \varphi_i(x \otimes a), i = 1, 2$, 因此,

$$s(x|a) = \frac{s(\varphi_1(x \otimes a)) + s(\varphi_2(x \otimes a))}{s(\varphi_1(a)) + s(\varphi_2(a))}.$$

命题 6.2.8 设 A 是 σ 完备 MV-代数, s 是 A 上的连续态, $a \in A$ 且 $s(a) \neq 0$, 则 $s(\cdot|a)$ 是连续态.

证明 因为 $1, 0 \in B(A)$, 则 $s(1|a) = 1$, $s(0|a) = 0$.

设 $x, y \in A$, 使得 $x \otimes y = 0$. 下面证明 $s(x \oplus y|a) = s(x|a) + s(y|a)$.

$$s(x \oplus y|a) = \frac{s((x \oplus y) \otimes \varphi_1(a)) + s((x \oplus y) \otimes \varphi_2(a))}{s(\varphi_1(a)) + s(\varphi_2(a))}$$

$$= \frac{s((x \otimes \varphi_1(a)) \oplus (y \otimes \varphi_1(a))) + s((x \otimes \varphi_2(a)) \oplus (y \otimes \varphi_2(a)))}{s(\varphi_1(a)) + s(\varphi_2(a))}.$$

又 $(x \otimes \varphi_i(a)) \otimes (y \otimes \varphi_i(a)) = (x \otimes y) \otimes (\varphi_i(a))^2 = 0 \otimes (\varphi_i(a))^2 = 0, i = 1, 2$, 因为 s 是态, 所以 $s((x \otimes \varphi_i(a)) \otimes (y \otimes \varphi_i(a))) = s(x \otimes \varphi_i(a)) + s(y \otimes \varphi_i(a)), i = 1, 2$. 因此,

$$s(x \oplus y|a)$$
$$= \frac{s((x \otimes \varphi_1(a)) \oplus (y \otimes \varphi_1(a))) + s((x \otimes \varphi_2(a)) \oplus (y \otimes \varphi_2(a)))}{s(\varphi_1(a)) + s(\varphi_2(a))}$$
$$= s(x|a) + s(y|a).$$

故 $s(\cdot|a)$ 是连续态. 下面证明连续性.

考虑 $(x_n)_n \subset A$, 使得 $x_n \uparrow x$, 即 $\bigvee_n x_n = x$, 则有 $\bigvee_n (x_n \otimes \varphi_i(a)) = \left(\bigvee_n x_n \right) \otimes \varphi_i(a) = x \otimes \varphi_i(a), i = 1, 2$. 因此, $x_n \otimes \varphi_i(a) \uparrow x \otimes \varphi_i(a), i = 1, 2$. 由 s 是连续的, 得 $\lim_{n \to \infty} s(x_n \otimes \varphi_i(a)) = s(x \otimes \varphi_i(a)), i = 1, 2$, 即得 $\lim_{n \to \infty} s(x_n|a) = s(x|a)$.

例 6.2.1 考虑 MV-代数 $A = L_3 \times L_2$. 可以证明 $\varphi_1\left(\frac{1}{2}, 0\right) = (0, 0)$, $\varphi_1\left(\frac{1}{2}, 1\right) = (0, 1)$, $\varphi_2\left(\frac{1}{2}, 0\right) = (1, 0)$, $\varphi_2\left(\frac{1}{2}, 1\right) = (1, 1)$. 若 α, β 是两个正实数, 且 $\alpha + \beta = 1$, 则函数 $s : A \to [0, 1]$ 定义为: $s(0, 0) = 0$, $s(1, 1) = 1$, $s(1, 0) = \alpha$, $s(0, 1) = \beta$, $s\left(\frac{1}{2}, 0\right) = \frac{\alpha}{2}$, $s\left(\frac{1}{2}, 1\right) = \frac{\beta + 1}{2}$, s 是态.

考虑条件态 $s\left(\cdot \left| \left(\frac{1}{2}, 1\right)\right.\right)$. $\forall (x, y) \in A, (x, y) \otimes \varphi_1\left(\frac{1}{2}, 1\right) = (0, y), (x, y) \otimes \varphi_2\left(\frac{1}{2}, 1\right) = (x, y)$, 所以

$$s\left((x, y) \left| \left(\frac{1}{2}, 1\right)\right.\right) = \frac{s(0, y) + s(x, y)}{1 + \beta}.$$

6.2.3 σ 完备 BL-代数上的条件态

设 A 是 BL-代数, 记 $MV(A) = \{x \in A | x^{--} = x\} = \{x^- | x \in A\}$, 可知 $MV(A)$ 是 MV-代数.

设 A 是 σ 完备 BL-代数, s 是 A 上的态. 若 $x_n \uparrow x$ 蕴涵 $\lim_{n \to \infty} s(x_n) = s(x)$, 则称 s 是上连续的; 若 $x_n \downarrow x$ 蕴涵 $\lim_{n \to \infty} s(x_n) = s(x)$, 则称 s 是下连续的. 显然, 在 MV-代数中, 上连续与下连续是一致的.

注 考虑例 6.1.1 中定义的态 s. 显然, s 是上连续的, 不是下连续的.

引理 6.2.10 设 A 是 σ 完备 BL-代数, $(x_n)_n \subset A$, 则 $\bigwedge_n x_n^- = \left(\bigvee_n x_n \right)^-$.

命题 6.2.9 设 A 是 σ 完备 BL-代数, s 是 A 的态.

(1) 若 s 是 A 的下连续态, 则 $s|_{MV(A)}$ 是 $MV(A)$ 的连续态;

(2) 若 $s|_{MV(A)}$ 是 $MV(A)$ 的连续态, 则 s 是 A 的上连续态.

证明 可知 $s|_{MV(A)}$ 是 MV-代数 $MV(A)$ 的态.

(1) 由 A 和 $MV(A)$ 上可数交的一致性可得.

(2) 设 $(x_n)_n \subset A$, $x \in A$, 使得 $x_n \uparrow x$, 即 $\bigvee_n x_n = x$. 有 $\left(\bigvee_n x_n \right)^- = x^-$, 因此, 由引理 6.2.10, 得 $\bigwedge_n x_n^- = x^-$. 由 $(x_n^-)^- \subset MV(A)$, $x^- \in MV(A)$, 得 $x_n^- \downarrow x^-$. 由条件, 得 $\lim_{n \to \infty} s(x_n^-) = s(x^-)$, 即 $1 - \lim_{n \to \infty} s(x_n) = 1 - s(x)$. 因此, $\lim_{n \to \infty} s(x_n) = s(x)$, 即 s 是上连续的.

因为 $MV(A)$ 是 MV-代数, 定义 $\varphi_1, \varphi_2 : MV(A) \to MV(A)$ 如 6.2.2 节形式. 因此,

$$\varphi_1(x^-) = \bigwedge_n (x^-)^n, \quad \varphi_2(x^-) = \bigvee_n nx^-, \quad \forall x \in A.$$

对 $\forall x \in A$, 有 $x^{--} \in MV(A)$, 因此, 在 $B(MV(A)) = B(A)$ 上 $\varphi_1(x^{--})$ 和 $\varphi_2(x^{--})$ 是存在的.

定义 6.2.2 设 A 是 σ 完备 BL-代数, s 是 A 的下连续态, $a \in A$ 且 $s(a) \neq 0$, 则条件态 $s(\cdot|a) : A \to [0,1]$ 定义为

$$s(x|a) = \frac{s(x \otimes \varphi_1(a^{--})) + s(x \otimes \varphi_2(a^{--}))}{s(\varphi_1(a^{--})) + s(\varphi_2(a^{--}))}, \quad \forall x \in A.$$

注 设 $a \in MV(A), s(a) \neq 0$. 因为 $a^{--} = a$, 所以 $s|_{MV(A)}(\cdot|a) = s(\cdot|a)|_{MV(A)}$.

引理 6.2.11 设 A 是 BL-代数, $e \in B(A)$, 则对 $\forall x, y \in A$, 有 $((x \otimes e) \to (y \otimes e)) \otimes e = (x \to y) \otimes e$.

引理 6.2.12 设 A 是 BL-代数, s 是 A 的态, $e \in B(A)$, 则对 $\forall x, y \in A$, 有

(1) $s(((x \otimes e) \to (y \otimes e)) \otimes e) = s((x \otimes e) \to (y \otimes e)) + s(e) - 1$;

(2) $s(x \otimes e) + s(((x \otimes e) \to (y \otimes e)) \otimes e) = s(y \otimes e) + s(((y \otimes e) \to (x \otimes e)) \otimes e)$.

证明 (1) 由命题 6.1.7(7), 得

$$s(((x \otimes e) \to (y \otimes e)) \otimes e) = s(e \otimes ((x \otimes e) \to (y \otimes e)))$$
$$= 1 - s(((x \otimes e) \to (y \otimes e)) \to e^-).$$

由 (S1), 得

$$s(((x \otimes e) \to (y \otimes e)) \to e^-) + s((x \otimes e) \to (y \otimes e))$$
$$= s(e^-) + s(e^- \to ((x \otimes e) \to (y \otimes e)))$$
$$= 1 - s(e) + s((e^- \otimes x \otimes e) \to (y \otimes e))$$
$$= 1 - s(e) + s(0 \to (y \otimes e))$$
$$= 1 - s(e) + s(1)$$
$$= 2 - s(e),$$

从而 $s(((x \otimes e) \to (y \otimes e)) \to e^-) = 2 - s(e) - s((x \otimes e) \to (y \otimes e))$. 因此, $s(((x \otimes e) \to (y \otimes e)) \otimes e) = 1 - (2 - s(e) - s((x \otimes e) \to (y \otimes e))) = s((x \otimes e) \to (y \otimes e)) + s(e) - 1$.

(2) 两次利用 (1), 结合 (S1), 可证.

命题 6.2.10 设 A 是 σ 完备 BL-代数, s 是 A 的下连续态, $a \in A$ 且 $s(a) \neq 0$, 则 $s(\cdot|a)$ 是 A 的态. 若 $a \in \mathrm{MV}(A)$, 则 $s(\cdot|a)$ 上连续的.

证明 显然, $s(1|a) = 1$, $s(0|a) = 0$.

令 $e = \varphi_1(a^{--})$, $f = \varphi_2(a^{--})$, 有 $e, f \in B(A)$. 由引理 6.2.11 和引理 6.2.12(2), 得

$$s(x|a) + s(x \to y|a)$$
$$= \frac{s(x \otimes e) + s(x \otimes f) + s((x \to y) \otimes e) + s((x \to y) \otimes f)}{s(e) + s(f)}$$
$$= \frac{s(x \otimes e) + s(x \otimes f) + s((x \otimes e \to y \otimes e) \otimes e) + s((x \otimes f \to y \otimes f) \otimes f)}{s(e) + s(f)}$$
$$= \frac{s(y \otimes e) + s((y \otimes e \to x \otimes e) \otimes e) + s(y \otimes f) + s((y \otimes f \to x \otimes f) \otimes f)}{s(e) + s(f)}$$
$$= \frac{s(y \otimes e) + s(y \otimes f) + s((y \otimes e \to x \otimes e) \otimes e) + s((y \otimes f \to x \otimes f) \otimes f)}{s(e) + s(f)}$$
$$= \frac{s(y \otimes e) + s(y \otimes f) + s((y \to x) \otimes e) + s((y \to x) \otimes f)}{s(e) + s(f)}$$
$$= s(y|a) + s(y \to x|a).$$

因此, $s(\cdot|a)$ 是 A 的态.

设 $a \in \mathrm{MV}(A)$, 因为 s 是 A 的下连续态, 由命题 6.2.9, 得 $s|_{\mathrm{MV}(A)}$ 是 $\mathrm{MV}(A)$ 的连续态, 再由命题 6.2.8, 得 $s|_{\mathrm{MV}(A)}(\cdot|a)$ 是 $\mathrm{MV}(A)$ 的连续态. 又 $s|_{\mathrm{MV}(A)}(\cdot|a) = s(\cdot|a)|_{\mathrm{MV}(A)}$, 因此 $s(\cdot|a)$ 是 A 的上连续态.

例 6.2.2　设 BL4A = $\{0, a, b, 1\}$ 是例 6.1.2 定义的 BL-代数, $A = \text{BL4}A \times L_2$, 则 MV(A) = $\{0, a, 1\} \times L_2$. 因为 $\{0, a, 1\}$ 与 L_3 同构, 考虑例 6.2.1 中定义的在 MV(A) 上的态 s.

定义函数 $s^\sim : A \to [0, 1]$ 为 $s^\sim(x, y) = s(x^{--}, y), \forall x, y \in A$. 可见 $s^\sim|_{\text{MV}(A)} = s$, 且 $s^\sim(b, 0) = s(1, 0) = \alpha$, $s^\sim(b, 1) = s(1, 1) = 1$. 直接计算可知 $s^\sim$ 是 A 上的态.

考虑 A 上的条件态 $s^\sim(\cdot|(b, 0))$, 注意到 $(b, 0)^{--} = (1, 0) \in B(\text{MV}(A))$. 由注, 得 $\varphi_1(1, 0) = \varphi_2(1, 0) = (1, 0)$, 则

$$s^\sim((x, y)|(b, 0)) = \frac{s^\sim((x, y) \otimes (1, 0))}{s^\sim(1, 0)} = \frac{s^\sim(x, 0)}{\alpha} = \frac{s(x^{--}, 0)}{\alpha}, \quad \forall x, y \in A.$$

6.3　非交换剩余格上的态

本节将 6.1 节的内容推广到非交换剩余格上, 主要参考文献 [147]、[162].

6.3.1　非交换剩余格上的 Bosbach 态

命题 6.3.1[147]　设 L 是非交换剩余格, 函数 $s : L \to [0, 1]$ 满足 $s(1) = 1$, 则对 $\forall x, y \in L$, 下列条件等价:

(1) $1 + s(x \wedge y) = s(x \vee y) + s(d_1(x, y))$;

(2) $1 + s(x \wedge y) = s(x) + s(x \to y)$;

(3) $s(x) + s(x \to y) = s(y) + s(y \to x)$.

命题 6.3.2[147]　函数 $s : L \to [0, 1]$ 满足 $s(1) = 1$, 则对 $\forall x, y \in L$, 下列条件等价:

(1) $1 + s(x \wedge y) = s(x \vee y) + s(d_2(x, y))$;

(2) $1 + s(x \wedge y) = s(x) + s(x \rightsquigarrow y)$;

(3) $s(x) + s(x \rightsquigarrow y) = s(y) + s(y \rightsquigarrow x)$.

定义 6.3.1[147]　若对 $\forall x, y \in L$, 函数 $s : L \to [0, 1]$ 满足:

(B1) $s(x) + s(x \to y) = s(y) + s(y \to x)$;

(B2) $s(x) + s(x \rightsquigarrow y) = s(y) + s(y \rightsquigarrow x)$;

(B3) $s(0) = 0, s(1) = 1$,

则称 s 为 L 上的 Bosbach 态.

例 6.3.1　设 $L = \{0, a, b, c, 1\}$ 是链. 定义运算 $\otimes$. $\to$ 和 $\rightsquigarrow$ 如下:

$\otimes$	0	a	b	c	1		$\to$	0	a	b	c	1		$\rightsquigarrow$	0	a	b	c	1
0	0	0	0	0	0		0	1	1	1	1	1		0	1	1	1	1	1
a	0	a	a	a	a		a	0	1	1	1	1		a	0	1	1	1	1
b	0	a	a	a	b		b	0	b	1	1	1		b	0	c	1	1	1
c	0	a	b	c	c		c	0	b	b	1	1		c	0	a	b	1	1
1	0	a	b	c	1		1	0	a	b	c	1		1	0	a	b	c	1

则 $(L, \wedge, \vee, \otimes, \to, \rightsquigarrow, 0, 1)$ 是非交换剩余格. 函数 $s : L \to [0,1]$ 定义为 $s(0) = 0$, $s(a) = 1$, $s(b) = 1$, $s(c) = 1$, $s(1) = 1$, 可以验证 s 是 L 的唯一 Bosbach 态.

命题 6.3.3 设 L 是非交换剩余格, 函数 $s : L \to [0,1]$ 满足 $s(0) = 0$, 则下列条件等价:

(1) s 是 Bosbach 态;

(2) 对 $\forall x, y \in L$, $y \leqslant x$ 蕴涵 $s(x \to y) = s(x \rightsquigarrow y) = 1 - s(x) + s(y)$;

(3) 对 $\forall x, y \in L$, $s(x \to y) = s(x \rightsquigarrow y) = 1 - s(x \vee y) + s(y)$.

证明 (1)$\Rightarrow$(2). 由 (B1) 和 (B2) 可得.

(2)$\Rightarrow$(3). 由 $y \leqslant x \vee y$, $x \vee y \to y = x \to y$, 得 $s(y) + s(y \to (x \vee y)) = s(x \vee y) + s((x \vee y) \to y) = s(x \vee y)$, 从而 $s(x \to y) = 1 - s(x \vee y) + s(y)$. 同理, 可得 $s(x \rightsquigarrow y) = 1 - s(x \vee y) + s(y)$.

(3)$\Rightarrow$(1). $s(x) + s(x \to y) = s(x) + 1 - s(x \vee y) + s(y) = 1 - s(y \vee x) + s(x) + s(y) = s(y) + s(y \to x)$. 同理, 可得 $s(x) + s(x \rightsquigarrow y) = s(y) + s(y \rightsquigarrow x)$. 又, $s(1) = s(x \to x) = 1 - s(x) + s(x) = 1$. 所以, s 是 Bosbach 态.

命题 6.3.4 设 s 是 L 的 Bosbach 态, 则对 $\forall x, y \in A$, 有

(1) $s(x \to y) = s(x \rightsquigarrow y)$;

(2) $s(d_1(x, y)) = s(d_2(x, y))$;

(3) $s(x^-) = s(x^\sim) = 1 - s(x)$;

(4) $s(x^{--}) = s(x^{\sim\sim}) = s(x^{-\sim}) = s(x^{\sim-}) = s(x)$;

(5) $x \leqslant y$ 蕴涵 $1 + s(x) = s(y) + s(y \to x) = s(y) + s(y \rightsquigarrow x)$;

(6) $x \leqslant y$ 蕴涵 $s(x) \leqslant s(y)$;

(7) $s(x \otimes y) = 1 - s(x \to y^-)$, $s(y \otimes x) = 1 - s(x \rightsquigarrow y^\sim)$;

(8) $s(x) + s(y) = s(y \otimes x) + s(y^- \to x)$;

(9) $s(x) + s(y) = s(x \otimes y) + s(y^\sim \rightsquigarrow x)$.

命题 6.3.5 设 s 是非交换剩余格 L 的 Bosbach 态, 则对 $\forall x, y \in L$, 有

(1) $x/\mathrm{Ker}(s) = y/\mathrm{Ker}(s)$ 当且仅当 $s(x \wedge y) = s(x \vee y)$;

(2) 若 $s(x \wedge y) = s(x \vee y)$, 则 $s(x) = s(y) = s(x \wedge y)$.

命题 6.3.6 设 L 是伪 MTL-代数, s 是 L 的 Bosbach 态, 则对 $\forall x, y \in L$, 有

(1) $s(d_1(x, y)) = s(d_1(x \to y, y \to x))$, $s(d_2(x, y)) = s(d_2(x \rightsquigarrow y, y \rightsquigarrow x))$;

(2) $s(d_1(x^-, y^-)) = s(d_1(x^\sim, y^\sim)) = s(d_1(x, y))$;

(3) $s(x^- \to y^-) = s(x^\sim \to y^\sim) = 1 + s(x) - s(x \vee y)$;

(4) $s(x^- \to y^-) = s(y^{-\sim} \to x^{-\sim})$;

(5) $s(x^\sim \to y^\sim) = s(y^{\sim-} \to x^{\sim-})$;

(6) $s(x) + s(y) = s(x \vee y) + s(x \wedge y)$;

(7) $x \vee y = 1$ 蕴涵 $1 + s(x \wedge y) = s(x) + s(y)$;

(8) $1 + s(d_1(x, y)) = s(x \to y) + s(y \to x)$, $1 + s(d_2(x, y)) = s(x \rightsquigarrow y) + s(y \rightsquigarrow x)$;

(9) $1 + s(x) + s(y) = s(d_1(x, y)) + s((x \to y) \to y) + s((y \to x) \to x)$;

(10) $1 + s(x) + s(y) = s(d_2(x, y)) + s((x \rightsquigarrow y) \rightsquigarrow y) + s((y \rightsquigarrow x) \rightsquigarrow x)$.

6.3.2 非交换剩余格上的 Riečan 态

定义 6.3.2 设 L 是好的非交换剩余格. 若 $y^{-\sim} \leqslant x^-$, 则称 x 正交于 y 或 x, y 正交, 记作 $x \perp y$. 若 $x, y \in L$ 正交, 则定义偏加运算 $+$ 为 $x + y = x \oplus y$.

命题 6.3.7 在好的非交换剩余格上, 下列条件等价:

(1) $x \perp y$;

(2) $x^{-\sim} \leqslant y^\sim$;

(3) $y^{-\sim} \otimes x^{-\sim} = 0$.

证明 (1)$\Leftrightarrow$(2). $x \perp y$ 当且仅当 $y^{-\sim} \leqslant x^-$ 当且仅当 $y^{-\sim} \otimes x = 0$ 当且仅当 $x \leqslant y^{-\sim\sim} = y^{\sim-\sim} = y^\sim$.

(1)$\Leftrightarrow$(3). $x \perp y$ 当且仅当 $y^{-\sim} \leqslant x^-$ 当且仅当 $y^{-\sim} \leqslant x^{-\sim-}$ 当且仅当 $y^{\sim-} \otimes x^{-\sim} = y^{-\sim} \otimes x^{-\sim} = 0$.

命题 6.3.8 设 L 是好的非交换剩余格, 则

(1) $x^\sim \perp x$, $x \perp x^-$;

(2) 若 $x \leqslant y$, 则 $x \perp y^-$, $y^\sim \perp x$;

(3) 若 L 是交换的, 则 $x \perp y$ 当且仅当 $y \perp x$.

定义 6.3.3[147] 设 L 是好的非交换剩余格. 若函数 $s: L \to [0, 1]$ 满足:

(R1) 若 $x \perp y$, 则 $s(x + y) = s(x) + s(y)$;

(R2) $s(1) = 1$,

则称 s 为 L 的 Riečan 态.

例 6.3.2 设 L 如例 6.3.1 定义, s 是 L 的 Bosbach 态. 容易验证 L 是好的非交换剩余格. 可以验证 s 也是 Riečan 态.

命题 6.3.9 设 L 是好的非交换剩余格, s 是 L 上的 Riečan 态, 则对 $\forall x, y \in L$, 有

(1) $s(x^-) = s(x^\sim) = 1 - s(x)$;

(2) $s(0) = 0$;

(3) $s(x^{-\sim}) = s(x^{\sim-}) = s(x^{--}) = s(x^{\sim\sim}) = s(x)$;

(4) 若 $x \leqslant y$, 则 $s(y) - s(x) = 1 - s(x \oplus y^-) = 1 - s(y^\sim \oplus x)$;

(5) 若 $x \leqslant y$, 则 $s(x) \leqslant s(y)$.

定理 6.3.1 设 L 是好的非交换剩余格, s 是 L 的 Bosbach 态, 则 s 是 Riečan 态.

下面的例子表明, 定理 6.3.1 的逆命题不成立.

例 6.3.3 设 $L = \{0, a, b, c, 1\}$ 是链. 定义运算 $\otimes$, $\rightarrow$ 和 $\rightsquigarrow$ 如下:

$\otimes$	0	a	b	c	1
0	0	0	0	0	0
a	0	0	0	a	a
b	0	0	0	b	b
c	0	a	a	c	c
1	0	a	b	c	1

$\rightarrow$	0	a	b	c	1
0	1	1	1	1	1
a	b	1	1	1	1
b	b	c	1	1	1
c	0	a	b	1	1
1	0	a	b	c	1

$\rightsquigarrow$	0	a	b	c	1
0	1	1	1	1	1
a	b	1	1	1	1
b	b	b	1	1	1
c	0	b	b	1	1
1	0	a	b	c	1

则 $(L, \wedge, \vee, \otimes, \rightarrow, \rightsquigarrow, 0, 1)$ 是好的非交换剩余格. 函数 $s : L \rightarrow [0, 1]$ 定义为 $s(0) = 0$, $s(a) = 1/2$, $s(b) = 1/2$, $s(c) = 1$, $s(1) = 1$, 可以验证 s 是 Riečan 态. 但是, s 不是 Bosbach 态, 因为 $s(a) + s(a \rightsquigarrow b) = s(a) + s(1) = 1/2 + 1 = 3/2$, $s(b) + s(b \rightsquigarrow a) = s(b) + s(b) = 1/2 + 1/2 = 1$.

注 当 L 是 Rl-独异点时, 文献 [14] 的定理 11 证明了任何 Riecan 态都是 Bosbach 态, 同时也回答了文献 [134] 中提出的开问题, 即在伪 BL-代数中上述结论是成立的.

定理 6.3.2 设 L 是好的非交换剩余格, 且满足 Glivenko 性质, 则每个 Riečan 态均是 Bosbach 态.

证明 设 s 是 Riečan 态, 于是 $s(0) = 0$, $s(1) = 1$.

考虑 $y \leqslant x$, 则 $s(x \rightarrow y) = s((x \rightarrow y)^{-\sim}) = 1 - s(x) + s(y^{-\sim}) = 1 - s(x) + s(y)$. 同理, 可得 $s(x \rightsquigarrow y) = 1 - s(x) + s(y)$. 由命题 6.3.3, 知 s 是 Bosbach 态.

定理 6.3.3 设 L 是好的非交换剩余格. 若 s 是 L 的 Riečan 态, $\hat{s} : L/\mathrm{Ker}(s) \rightarrow [0, 1]$ 定义为 $\hat{s}(x/\mathrm{Ker}(s)) = s(x)$, 则 $\hat{s}$ 是 $L/\mathrm{Ker}(s)$ 上的 Riečan 态.

6.4 非交换剩余格上的态算子

文献 [169] 提出了非交换剩余格上态算子 (也称为内态) 的概念, 深入研究了其相关性质. 本节简要介绍部分内容.

定义 6.4.1[169]　设 L 是非交换剩余格, 若映射 $\tau : L \to L$ 满足:

(T1) $\tau(0) = 0$;

(T2) $\tau(x \to y) \leqslant \tau(x) \to \tau(y)$, $\tau(x \rightsquigarrow y) \leqslant \tau(x) \rightsquigarrow \tau(y)$;

(T3) $\tau(x \to y) = \tau(x) \to \tau(x \wedge y)$, $\tau(x \rightsquigarrow y) = \tau(x) \rightsquigarrow \tau(x \wedge y)$;

(T4) $\tau(\tau(x) \otimes \tau(y)) = \tau(x) \otimes \tau(y)$;

(T5) $\tau(\tau(x) \vee \tau(y)) = \tau(x) \vee \tau(y)$;

(T6) $\tau(\tau(x) \wedge \tau(y)) = \tau(x) \wedge \tau(y)$,

则称 τ 为 L 的态算子 (或称内态), 称 (L, τ) 为具有态算子 (或内态) 的非交换剩余格, 简称为态非交换剩余格.

例 6.4.1[169]　设 L 是非交换剩余格, id 是 L 的自同构, 则 (L, id_L) 是态非交换剩余格, 即非交换剩余格可以看成是态非交换剩余格.

例 6.4.2[169]　设 $L = \{0, a, b, c, 1\}$ 是链. 定义运算 $\otimes$. $\to$ 和 $\rightsquigarrow$ 如下:

$\otimes$	0	a	b	c	1
0	0	0	0	0	0
a	0	a	a	a	a
b	0	a	a	a	b
c	0	a	b	c	c
1	0	a	b	c	1

$\to$	0	a	b	c	1
0	1	1	1	1	1
a	0	1	1	1	1
b	0	b	1	1	1
c	0	b	b	1	1
1	0	a	b	c	1

$\rightsquigarrow$	0	a	b	c	1
0	1	1	1	1	1
a	0	1	1	1	1
b	0	c	1	1	1
c	0	a	b	1	1
1	0	a	b	c	1

则 $(L, \vee, \wedge, \otimes, \to, \rightsquigarrow, 0, 1)$ 是非交换剩余格. 定义 τ 为

$$\tau(x) = \begin{cases} 1, & x = 1, a, b, c \\ 0, & x = 0 \end{cases},$$

可以验证 τ 是 L 上的态算子, 所以, (L, τ) 是态非交换剩余格.

定理 6.4.1[169]　任何完备的非交换剩余格存在非平凡的态算子.

命题 6.4.1[169]　设 (L, τ) 是态非交换剩余格, 则对 $\forall x, y \in L$, 有

(1) $\tau(1) = 1$;

(2) $x \leqslant y$ 蕴涵 $\tau(x) \leqslant \tau(y)$;

(3) $\tau(x^-) = (\tau(x))^-$, $\tau(x^\sim) = (\tau(x))^\sim$;

(4) $\tau(x \otimes y) \geqslant \tau(x) \otimes \tau(y)$;

(5) $\tau(\tau(x)) = \tau(x)$;

(6) $\tau(\tau(x) \to \tau(y)) = \tau(x) \to \tau(y)$, $\tau(\tau(x) \rightsquigarrow \tau(y)) = \tau(x) \rightsquigarrow \tau(y)$;

(7) 若 L 是可除的, 则 $\tau(x \otimes y) = \tau(x) \otimes \tau(x \rightsquigarrow (x \otimes y)) = \tau(y \to (x \otimes y)) \otimes \tau(y)$;

(8) $\tau(L) = \mathrm{Fix}(\tau)$, 其中 $\mathrm{Fix}(\tau) = \{x \in L | \tau(x) = x\}$;

(9) $\tau(L)$ 是 L 的子代数;

(10) $\mathrm{Ker}(\tau) = \{x \in L | \tau(x) = 1\}$ 是 L 的正规滤子.

证明 (1) 由 (T3), 得 $\tau(1) = \tau(0 \to 0) = \tau(0) \to \tau(0 \wedge 0) = 1$.

(2) 若 $x \leqslant y$, 则 $x \to y = 1$. 由 (T2), 得 $\tau(x) = 1 \otimes \tau(x) = \tau(x \to y) \otimes \tau(x) \leqslant (\tau(x) \to \tau(y)) \otimes \tau(x) \leqslant \tau(y)$. 因此, $\tau(x) \leqslant \tau(y)$.

(3) 由 (T3), 得 $\tau(x^-) = \tau(x \to 0) = \tau(x) \to \tau(x \wedge 0) = \tau(x) \to 0 = (\tau(x))^-$. 同理, 可得 $\tau(x^\sim) = (\tau(x))^\sim$.

(4) 由 (T2), 得 $(\tau(x) \otimes \tau(y)) \to \tau(x \otimes y) = \tau(x) \to (\tau(y) \to \tau(x \otimes y)) \geqslant \tau(x) \to \tau(y \to x \otimes y) \geqslant \tau(x \to (y \to x \otimes y)) = \tau(x \otimes y \to x \otimes y) = \tau(1) = 1$. 因此, $\tau(x \otimes y) \geqslant \tau(x) \otimes \tau(y)$.

(5) 由 (T1) 和 (T5), 得 $\tau(\tau(x)) = \tau(\tau(x) \vee \tau(0)) = \tau(x) \vee \tau(0) = \tau(x)$.

(6) 由 (T3), 知 $\tau(\tau(x) \to \tau(y)) = \tau(\tau(x) \to \tau(x \wedge y))$. 再由 (T6) 和本命题 (5), 得 $\tau(\tau(x) \to \tau(x \wedge y)) = \tau(x) \to (\tau(x) \wedge \tau(y))$. 又 $\tau(x) \to (\tau(x) \wedge \tau(y)) = (\tau(x) \to \tau(x)) \wedge (\tau(x) \to \tau(y)) = \tau(x) \to \tau(y)$, 所以 $\tau(\tau(x) \to \tau(y)) = \tau(x) \to \tau(y)$. 同理, 可得 $\tau(\tau(x) \rightsquigarrow \tau(y)) = \tau(x) \rightsquigarrow \tau(y)$.

(7) 设 L 是可除的, 则 $x \wedge y = (x \to y) \otimes x = x \otimes (x \rightsquigarrow y)$. 由 $x \otimes y \leqslant x$, 得 $\tau(x) \otimes \tau(x \to (x \otimes y)) = \tau(x) \otimes (\tau(x) \rightsquigarrow \tau(x \wedge (x \otimes y))) = \tau(x) \otimes (\tau(x) \rightsquigarrow \tau(x \otimes y)) = \tau(x) \wedge \tau(x \otimes y) = \tau(x \otimes y)$. 同理, 可得 $\tau(x \otimes y) = \tau(y \to (x \otimes y)) \otimes \tau(y)$.

(8) 设 $y \in \tau(L)$, 则存在 $x \in L$, 使得 $y = \tau(x)$. 因此, $\tau(y) = \tau(\tau(x)) = \tau(x) = y$, 即 $y \in \mathrm{Fix}(\tau)$. 反之, 若 $y \in \mathrm{Fix}(\tau)$, 则 $y = \tau(y) \in \tau(L)$, 所以 $\tau(L) = \mathrm{Fix}(\tau)$.

(9) 由 (T1)、(T4)~(T6) 以及本命题 (1) 和 (6), 知 $\tau(L)$ 关于运算 $\wedge, \vee, \otimes, \to, \rightsquigarrow, 0, 1$ 是封闭的, 所以 $\tau(L)$ 是 L 的子代数.

(10) 由 $\tau(1) = 1$, 得 $1 \in \mathrm{Ker}(\tau)$. 设 $x, y \in \mathrm{Ker}(\tau)$, 则 $\tau(x \otimes y) \geqslant \tau(x) \otimes \tau(y) = 1$, 因此 $\tau(x \otimes y) = 1$, 即 $\tau(x \otimes y) \in \mathrm{Ker}(\tau)$. 另外, 若 $x \in \mathrm{Ker}(\tau)$, $x \leqslant y \in L$, 则 $1 = \tau(x) \leqslant \tau(y)$, 从而 $\tau(y) = 1$, 有 $y \in \mathrm{Ker}(\tau)$. 所以 $\mathrm{Ker}(\tau)$ 是 L 的滤子.

设 $x, y \in L$, $x \to y \in \mathrm{Ker}(\tau)$, 即 $\tau(x \to y) = 1$, 则 $\tau(x) \to \tau(x \wedge y) = 1$, 因此 $\tau(x) \leqslant \tau(x \wedge y)$, 从而 $\tau(x) = \tau(x \wedge y)$. 由此, $\tau(x \rightsquigarrow y) = \tau(x) \rightsquigarrow \tau(x \wedge y) = 1$, 所以 $x \rightsquigarrow y \in \mathrm{Ker}(\tau)$. 同理, 可证 $x \rightsquigarrow y \in \mathrm{Ker}(\tau)$ 蕴涵 $x \to y \in \mathrm{Ker}(\tau)$, 所以 $\mathrm{Ker}(\tau)$ 是 L 的正规滤子.

定理 6.4.2[169] 设 L 是非交换剩余格. 则下列条件等价:

(1) L 是可除的;

(2) L 上的任一态算子 τ 均满足 $\tau(x \wedge y) = \tau(x) \otimes \tau(x \rightsquigarrow y) = \tau(x \rightarrow y) \otimes \tau(x)$, $\forall x, y \in L$.

证明　设 L 是可除的, τ 是态算子. 由命题 6.4.1(7), 得 $\tau(x \wedge y) = \tau(x \otimes (x \rightsquigarrow y)) = \tau(x) \otimes \tau(x \rightsquigarrow (x \otimes (x \rightsquigarrow y))) = \tau(x) \otimes \tau(x \rightsquigarrow (x \wedge y)) = \tau(x) \otimes \tau(x \rightsquigarrow y)$. 同理, 可得, $\tau(x \wedge y) = \tau(x \rightarrow y) \otimes \tau(x)$.

反之, 设 L 上的任一态算子 τ 均满足 $\tau(x \wedge y) = \tau(x) \otimes \tau(x \rightsquigarrow y) = \tau(x \rightarrow y) \otimes \tau(x)$. 令 $\tau = \mathrm{id}_L$, 则有 $x \wedge y = x \otimes (x \rightsquigarrow y) = (x \rightarrow y) \otimes x$, 所以 L 是可除的.

定理 6.4.3[169]　设 L 是非交换剩余格. 则下列条件等价:

(1) L 是幂等的;

(2) L 上的任一态算子 τ 满足 $\tau(x \wedge y) = \tau(x) \otimes \tau(y)$, $\forall x, y \in L$.

证明　设 L 是幂等的, τ 是态算子, 则 $x \otimes y = x \wedge y$. 一方面, 由命题 6.4.1(4), 有 $\tau(x \wedge y) = \tau(x \otimes y) \geqslant \tau(x) \otimes \tau(y)$. 另一方面, $\tau(x \wedge y) \leqslant \tau(x) \wedge \tau(y) = \tau(x) \otimes \tau(y)$. 因此, $\tau(x \wedge y) = \tau(x) \otimes \tau(y)$.

反之, 设 L 上的任一态算子 τ 满足 $\tau(x \wedge y) = \tau(x) \otimes \tau(y)$. 令 $\tau = \mathrm{id}_L$, 则有 $x \wedge y = x \otimes y$, 所以 L 是幂等的.

设 (L, τ) 是态非交换剩余格, s 是 L 上的 Riečan 态, 若对 $\forall x, y \in L$, $\tau(x) = \tau(y)$ 蕴涵 $s(x) = s(y)$, 则称 s 是 τ-不变的.

定理 6.4.4[169]　设 L 是好的非交换剩余格, τ 是 L 的态算子, 则 L 上的 τ-不变的 Riečan 态与 $\tau(L)$ 上的 Riečan 态之间存在一一对应关系.

第 7 章　非交换剩余格上的广义态理论

广义态理论是由罗马尼亚学者 Georgescu 与 Mureşan 在文献 [170] 中提出的, 其将态的取值域由 $[0,1]$ 替换为一般的剩余格. 美国学者 Ciungu 等将广义态推广到非交换剩余格. 本章介绍非交换剩余格上的广义态理论.

7.1　非交换剩余格上的广义态

本节介绍非交换剩余格上的 I-型广义 Bosbach 态、II-型广义 Bosbach 态、广义态-态射及广义 Riečan 态等概念和性质, 主要参考文献 [171].

7.1.1　广义 Bosbach 态

从现在开始, 考虑两个非交换剩余格 $(A, \wedge, \vee, \otimes, \rightarrow, \rightsquigarrow, 0, 1)$ 和 $(L, \wedge, \vee, \otimes, \rightarrow, \rightsquigarrow, 0, 1)$, 以及函数 $s: A \rightarrow L$. 对两个非交换剩余格采用相同的运算符号, 但是应该意识到它们是不同的.

命题 7.1.1[171]　若 $s(0) = 0$, $s(1) = 1$, 则对 $\forall x, y \in A$, 下列条件等价:

(1) $s(d_{1A}(x, y)) = s(x \vee y) \rightarrow s(x \wedge y)$, $s(d_{2A}(x, y)) = s(x \vee y) \rightsquigarrow s(x \wedge y)$;

(2) 若 $y \leqslant x$, 则 $s(x \rightarrow y) = s(x) \rightarrow s(y)$, $s(x \rightsquigarrow y) = s(x) \rightsquigarrow s(y)$;

(3) $s(x \rightarrow y) = s(x) \rightarrow s(x \wedge y)$, $s(x \rightsquigarrow y) = s(x) \rightsquigarrow s(x \wedge y)$;

(4) $s(x \rightarrow y) = s(x \vee y) \rightarrow s(y)$, $s(x \rightsquigarrow y) = s(x \vee y) \rightsquigarrow s(y)$.

证明　(1)$\Leftrightarrow$(2). 设 $y \leqslant x$, 则 $d_{1A}(x, y) = x \rightarrow y$, 于是, $s(x \rightarrow y) = s(d_{1A}(x, y)) = s(x \vee y) \rightarrow s(x \wedge y) = s(x) \rightarrow s(y)$. 又 $d_{2A}(x, y) = x \rightsquigarrow y$, 则 $s(x \rightsquigarrow y) = s(d_{2A}(x, y)) = s(x \vee y) \rightsquigarrow s(x \wedge y) = s(x) \rightsquigarrow s(y)$.

反之, 因为 $x \wedge y \leqslant x \vee y$, 所以 $s(d_{1A}(x, y)) = s(x \vee y \rightarrow x \wedge y) = s(x \vee y) \rightarrow s(x \wedge y)$, $s(d_{2A}(x, y)) = s(x \vee y \rightsquigarrow x \wedge y) = s(x \vee y) \rightsquigarrow s(x \wedge y)$.

(2)$\Leftrightarrow$(3). 因为 $x \rightarrow y = x \rightarrow (x \wedge y)$, $x \rightsquigarrow y = x \rightsquigarrow (x \wedge y)$, 且 $x \wedge y \leqslant x$, 所以 $s(x \rightarrow y) = s(x \rightarrow x \wedge y) = s(x) \rightarrow s(x \wedge y)$, $s(x \rightsquigarrow y) = s(x \rightsquigarrow x \wedge y) = s(x) \rightsquigarrow s(x \wedge y)$.

反之, 设 $y \leqslant x$, 则 $x \wedge y = y$, 从而有 $s(x \rightarrow y) = s(x) \rightarrow s(x \wedge y) = s(x) \rightarrow s(y)$, $s(x \rightsquigarrow y) = s(x) \rightsquigarrow s(x \wedge y) = s(x) \rightsquigarrow s(y)$.

(2)$\Leftrightarrow$(4). 因为 $x \vee y \rightarrow y = x \rightarrow y$, $x \vee y \rightsquigarrow y = x \rightsquigarrow y$, 且 $y \leqslant x \vee y$, 所以 $s(x \rightarrow y) = s(x \vee y \rightarrow y) = s(x \vee y) \rightarrow s(y)$, $s(x \rightsquigarrow y) = s(x \vee y \rightsquigarrow y) = s(x \vee y) \rightsquigarrow s(y)$.

反之, 设 $y \leqslant x$, 则 $x \vee y = x$, 从而得 $s(x \to y) = s(x \vee y) \to s(y) = s(x) \to s(y)$, $s(x \rightsquigarrow y) = s(x \vee y) \rightsquigarrow s(y) = s(x) \rightsquigarrow s(y)$.

命题 7.1.2 若 $s(0) = 0, s(1) = 1$, 则对 $\forall x, y \in A$, 下列条件等价:

(1) $s(x \vee y) = s(d_{1A}(x,y)) \to s(x \wedge y) = s(d_{2A}(x,y)) \rightsquigarrow s(x \wedge y)$;

(2) $s(x) = s(x \to y) \to s(x \wedge y) = s(x \rightsquigarrow y) \rightsquigarrow s(x \wedge y)$;

(3) 若 $y \leqslant x$, 则 $s(x) = s(x \to y) \to s(y) = s(x \rightsquigarrow y) \rightsquigarrow s(y)$;

(4) $s(x \vee y) = s(x \to y) \to s(y) = s(x \rightsquigarrow y) \rightsquigarrow s(y)$;

(5) $s(x \to y) \to s(y) = s(y \to x) \to s(x)$, $s(x \rightsquigarrow y) \rightsquigarrow s(y) = s(y \rightsquigarrow x) \rightsquigarrow s(x)$.

证明 (1)⇔(3). 设 $y \leqslant x$, 则 $x \vee y = x$, $x \wedge y = y$, $d_{1A}(x,y) = x \to y$, $d_{2A}(x,y) = x \rightsquigarrow y$. 因此, $s(x) = s(x \to y) \to s(y)$, $s(x) = s(x \rightsquigarrow y) \rightsquigarrow s(y)$.

反之, 因为 $d_{1A}(x,y) = x \vee y \to x \wedge y$, $d_{2A}(x,y) = x \vee y \rightsquigarrow x \wedge y$, 又 $x \wedge y \leqslant x \vee y$, 所以 $s(x \vee y) = s(x \vee y \to x \wedge y) \to s(x \wedge y) = s(d_{1A}(x,y)) \to s(x \wedge y)$, $s(x \vee y) = s(x \vee y \rightsquigarrow x \wedge y) \rightsquigarrow s(x \wedge y) = s(d_{2A}(x,y)) \rightsquigarrow s(x \wedge y)$.

(2)⇔(3). 设 $y \leqslant x$, 则 $x \wedge y = y$. 因此 $s(x) = s(x \to y) \to s(y) = s(x \rightsquigarrow y) \rightsquigarrow s(y)$.

反之, 因为 $x \wedge y \leqslant x$, $x \to x \wedge y = x \to y$, $x \rightsquigarrow x \wedge y = x \rightsquigarrow y$, 所以 $s(x) = s(x \to x \wedge y) \to s(x \wedge y) = s(x \to y) \to s(x \wedge y)$, $s(x) = s(x \rightsquigarrow x \wedge y) \rightsquigarrow s(x \wedge y) = s(x \rightsquigarrow y) \rightsquigarrow s(x \wedge y)$.

(3)⇒(4)⇒(5)⇒(3). 易证, 由读者自己完成.

定义 7.1.1[171] 设 A 和 L 是非交换剩余格, 函数 $s : A \to L$ 满足 $s(0) = 0$, $s(1) = 1$, 则

(1) 若 s 满足命题 7.1.1 的等价条件, 则称 s 为 I-型广义 Bosbach 态, 简称为 I-型态;

(2) 若 s 满足命题 7.1.2 的等价条件, 则称 s 为 II-型广义 Bosbach 态, 简称为 II-型态;

(3) 若 s 是 I-型态 (II-型态), 且对 $\forall x, y \in A$, $s(x \to y) = s(x \rightsquigarrow y)$, 则称 s 为强 I-型态 (强 II-型态).

例 7.1.1 设 $s : A \to L$ 是非交换剩余格态射, 则 s 是保序的 I-型态.

例 7.1.2 设 $\tau : A \to A$ 是非交换剩余格 A 上的态算子, 则由定义 6.4.1(T1)、(T3) 和命题 6.4.2(1) 可知 τ 是 I-型态. 又由命题 6.4.2(2) 知 τ 是保序的 I-型态.

例 7.1.3 设 $A = \{0, a, b, c, 1\}$ 是链. 定义运算 $\otimes$, $\to$ 和 $\rightsquigarrow$ 如下:

$\otimes$	0	a	b	c	1
0	0	0	0	0	0
a	0	a	a	a	a
b	0	a	a	a	b
c	0	a	b	c	c
1	0	a	b	c	1

$\to$	0	a	b	c	1
0	1	1	1	1	1
a	0	1	1	1	1
b	0	b	1	1	1
c	0	b	b	1	1
1	0	a	b	c	1

$\rightsquigarrow$	0	a	b	c	1
0	1	1	1	1	1
a	0	1	1	1	1
b	0	c	1	1	1
c	0	a	b	1	1
1	0	a	b	c	1

则 $(A, \wedge, \vee, \otimes, \to, \rightsquigarrow, 0, 1)$ 是非交换剩余格. 定义 $s_1 : A \to A$ 为 $s_1 = \mathrm{id}_A$, $s_2 : A \to A$ 为 $s_2(0) = 0$, $s_2(a) = s_2(b) = s_2(c) = s_2(1) = 1$. 可以验证 s_1 是 I-型态, s_2 是强 I-型态和强 II-型态.

命题 7.1.3 若 s 是强 II-型态, 则 s 是保序的 I-型态.

证明 因为 $y \leqslant (x \to y) \rightsquigarrow y$, $y \leqslant (x \rightsquigarrow y) \to y$, 所以

$$
\begin{aligned}
s((x \to y) \rightsquigarrow y) &= s(((x \to y) \rightsquigarrow y) \to y) \to s(y) \\
&= s(x \to y) \to s(y) \\
&= s(x \vee y),
\end{aligned}
$$

$$
\begin{aligned}
s((x \rightsquigarrow y) \to y) &= s(((x \rightsquigarrow y) \to y) \rightsquigarrow y) \rightsquigarrow s(y) \\
&= s(x \rightsquigarrow y) \rightsquigarrow s(y) \\
&= s(x \vee y).
\end{aligned}
$$

由 $y \leqslant x \to y$, $y \leqslant x \rightsquigarrow y$, 得

$$
s(x \to y) = s((x \to y) \rightsquigarrow y) \rightsquigarrow s(y) = s(x \vee y) \rightsquigarrow s(y),
$$

$$
s(x \rightsquigarrow y) = s((x \rightsquigarrow y) \to y) \to s(y) = s(x \vee y) \to s(y).
$$

因为 s 是强的, 所以 $s(x \to y) = s(x \rightsquigarrow y) = s(x \vee y) \to s(y) = s(x \vee y) \rightsquigarrow s(y)$. 由命题 7.1.1 知 s 是 I-型态. 又由命题 7.1.2(3), 知 s 是保序的.

命题 7.1.4[171] 若 s 是 I-型态, 则对 $\forall x, y \in A$, 有

(1) $s(x^-) = (s(x))^-$, $s(x^\sim) = (s(x))^\sim$;

(2) $s(x^{--}) = (s(x))^{--}$, $s(x^{\sim\sim}) = (s(x))^{\sim\sim}$, $s(x^{-\sim}) = (s(x))^{-\sim}$, $s(x^{\sim-}) = (s(x))^{\sim-}$;

(3) $s(x \vee y) \to s(x) = s(y) \to s(x \wedge y)$, $s(x \vee y) \rightsquigarrow s(x) = s(y) \rightsquigarrow s(x \wedge y)$;

(4) $s(x^{-\sim} \to x) = (s(x))^{-\sim} \to s(x)$, $s(x^{\sim-} \rightsquigarrow x) = (s(x))^{\sim-} \rightsquigarrow s(x)$;

(5) $s((x \diamond_1 y) \diamond_2 y) = s(x \diamond_1 y) \diamond_2 s(y)$, 其中 $\diamond_1, \diamond_2 \in \{\to, \rightsquigarrow\}$;

(6) $s((x \diamond_1 y) \diamond_2 y) = (s(x \vee y) \diamond_1 s(y)) \diamond_2 s(y)$, 其中 $\diamond_1, \diamond_2 \in \{\to, \rightsquigarrow\}$;

(7) $s(x \vee y) \rightarrow s(x) \wedge s(y) = s(x) \vee s(y) \rightarrow s(x \wedge y)$, $s(x \vee y) \rightsquigarrow s(x) \wedge s(y) = s(x) \vee s(y) \rightsquigarrow s(x \wedge y)$;

(8) $s(x \rightarrow x \otimes y) \otimes s(x) \leqslant s(x \otimes y)$, $s(x) \otimes s(x \rightsquigarrow x \otimes y) \leqslant s(x \otimes y)$;

(9) $s(y \rightarrow x \otimes y) \otimes s(y) \leqslant s(x \otimes y)$, $s(y) \otimes s(y \rightsquigarrow x \otimes y) \leqslant s(x \otimes y)$.

证明　仅证明 (7)、(8), 其余请读者自己完成.

(7) 因为 $x \vee y \rightarrow z = (x \rightarrow z) \wedge (y \rightarrow z)$, $x \vee y \rightsquigarrow z = (x \rightsquigarrow z) \wedge (y \rightsquigarrow z)$, $z \rightarrow x \wedge y = (z \rightarrow x) \wedge (z \rightarrow y)$, $z \rightsquigarrow x \wedge y = (z \rightsquigarrow x) \wedge (z \rightsquigarrow y)$, 所以

$$
\begin{aligned}
s(x \vee y) \rightarrow s(x) \wedge s(y) &= (s(x \vee y) \rightarrow s(x)) \wedge (s(x \vee y) \rightarrow s(y)) \\
&= (s(x) \rightarrow s(x \wedge y)) \wedge (s(y) \rightarrow s(x \wedge y)) \\
&= s(x) \vee s(y) \rightarrow s(x \vee y),
\end{aligned}
$$
$$
\begin{aligned}
s(x \vee y) \rightsquigarrow s(x) \wedge s(y) &= (s(x \vee y) \rightsquigarrow s(x)) \wedge (s(x \vee y) \rightsquigarrow s(y)) \\
&= (s(x) \rightsquigarrow s(x \wedge y)) \wedge (s(y) \rightsquigarrow s(x \wedge y)) \\
&= s(x) \vee s(y) \rightsquigarrow s(x \vee y).
\end{aligned}
$$

(8) $\quad s(x \rightarrow x \otimes y) \otimes s(x) = (s(x) \rightarrow s(x \otimes y)) \otimes s(x) \leqslant s(x \otimes y)$,

$\qquad s(x) \otimes s(x \rightsquigarrow x \otimes y) = s(x) \otimes (s(x) \rightsquigarrow s(x \otimes y)) \leqslant s(x \otimes y)$.

命题 7.1.5　若 s 是保序的 I-型态, 则对 $\forall x, y \in A$, 有

(1) $s(x) \otimes s(y) \leqslant s(x \otimes y)$;

(2) $s(x) \otimes s(y)^{-} \leqslant s(x \otimes y^{-})$, $s(x) \otimes s(y)^{\sim} \leqslant s(x \otimes y^{\sim})$;

(3) $s(x \rightarrow y) \leqslant s(x) \rightarrow s(y)$, $s(x \rightsquigarrow y) \leqslant s(x) \rightsquigarrow s(y)$;

(4) $s(x \rightarrow y) \otimes s(y \rightarrow x) \leqslant d_{1L}(s(x), s(y))$, $s(x \rightsquigarrow y) \otimes s(y \rightsquigarrow x) \leqslant d_{2L}(s(x), s(y))$;

(5) $s(d_{1A}(x, y)) \leqslant d_{1L}(s(x), s(y))$, $s(d_{2A}(x, y)) \leqslant d_{2L}(s(x), s(y))$;

(6) $s(d_{1A}(a, x)) \otimes s(d_{1A}(b, y)) \leqslant d_{1L}(s(d_{1A}(a, b)), s(d_{1A}(x, y)))$;

$\qquad s(d_{2A}(a, x)) \otimes s(d_{2A}(b, y)) \leqslant d_{2L}(s(d_{2A}(a, b)), s(d_{2A}(x, y)))$.

证明　略.

命题 7.1.6[171]　设 s 是 II-型态, 则对 $\forall x, y \in A$, 有

(1) $x \leqslant y$ 蕴涵 $s(x) \leqslant s(y)$;

(2) $s(x) = s(x^{-})^{-}$, $s(x) = s(x^{\sim})^{\sim}$;

(3) $s(x^{-\sim}) = s(x^{\sim-}) = s(x) = s(x)^{-\sim} = s(x)^{\sim-}$;

(4) $s(x \rightarrow y) = s((x \rightarrow y) \rightarrow y) \rightarrow s(y)$, $s(x \rightsquigarrow y) = s((x \rightsquigarrow y) \rightsquigarrow y) \rightsquigarrow s(y)$;

(5) $s(x \rightarrow y) = s((x \rightarrow y) \rightsquigarrow y) \rightsquigarrow s(y)$, $s(x \rightsquigarrow y) = s((x \rightsquigarrow y) \rightarrow y) \rightarrow s(y)$;

(6) $s(x^{-}) = s(x)^{\sim}$, $s(x^{\sim}) = s(x)^{-}$.

证明 略.

命题 7.1.7 设 s 是 I-型态和 II-型态, 则对 $\forall x, y \in A$, 有

$$s((x \to y) \to y) = s((y \to x) \to x), s((x \rightsquigarrow y) \rightsquigarrow y) = s((y \rightsquigarrow x) \rightsquigarrow x).$$

命题 7.1.8 设 s 是保序的 I-型态或强 II-型态, 则 $\mathrm{Ker}(s)$ 是 A 的真正规滤子.

证明 类似于命题 6.4.1(10) 的证明, 请读者自己完成.

命题 7.1.9 设 s 是保序的 I-型态或强 II-型态, 则在商非交换剩余格 $(A/\mathrm{Ker}(s),$ $\vee, \wedge, \otimes, \to, \rightsquigarrow, 0_{\mathrm{Ker}(s)}, 1_{\mathrm{Ker}(s)})$ 上有:

(1) $x/\mathrm{Ker}(s) \leqslant y/\mathrm{Ker}(s)$ 当且仅当 $s(x \to y) = 1$ 当且仅当 $s(x \rightsquigarrow y) = 1$ 当且仅当 $s(x) = s(x \wedge y)$ 当且仅当 $s(y) = s(x \vee y)$;

(2) $x/\mathrm{Ker}(s) = y/\mathrm{Ker}(s)$ 当且仅当 $s(x) = s(y) = s(x \wedge y) = s(x \vee y)$.

定理 7.1.1 若 L 满足 (pDN) 条件, 即对 $\forall x \in L$, 有 $x^{-\sim} = x^{\sim} = x$, 且 $s: A \to L$ 是保序的 I-型态, 则 $A/\mathrm{Ker}(s)$ 满足 (pDN) 条件.

定理 7.1.2 若 $s: A \to L$ 是强 II-型态, 则 $A/\mathrm{Ker}(s)$ 满足 (pDN) 条件.

定理 7.1.3 任何完备的非交换剩余格存在强 I-型态和强 II-型态.

7.1.2 广义态-态射

定义 7.1.2[171] 设 $s: A \to L$ 满足条件:

(sm0) $s(0) = 0$, $s(1) = 1$;

(sm1) $s(x \vee y) = s(x) \vee s(y)$, $\forall x, y \in A$;

(sm2) $s(x \wedge y) = s(x) \wedge s(y)$, $\forall x, y \in A$;

(sm3) $s(x \to y) = s(x) \to s(y)$, $s(x \rightsquigarrow y) = s(x) \rightsquigarrow s(y)$, $\forall x, y \in A$,

则称 s 为广义态-态射.

例 7.1.4 设 A 符合例 7.1.3 中的定义, $s: A \to A$ 定义为 $s(0) = 0$, $s(a) = s(b) = s(c) = s(1) = 1$, 可以验证 s 是广义态-态射.

命题 7.1.10 若 s 是广义态-态射, 则 s 是保序的 I-型态.

命题 7.1.11 设 $s: A \to L$ 是保序的 I-型态. 若 $A/\mathrm{Ker}(s)$ 是全序的, 则 s 是广义态-态射.

证明 条件 (sm0) 显然成立. 设 $x, y \in A$, 因为 $A/\mathrm{Ker}(s)$ 是全序的, 所以 $x/\mathrm{Ker}(s) \leqslant y/\mathrm{Ker}(s)$ 或 $y/\mathrm{Ker}(s) \leqslant x/\mathrm{Ker}(s)$. 设 $x/\mathrm{Ker}(s) \leqslant y/\mathrm{Ker}(s)$, 由命题 7.1.9, 知 $s(x \to y) = 1$, $s(x \rightsquigarrow y) = 1$. 于是, $1 = s(x \to y) = s(x) \to s(x \wedge y) = s(x \vee y) \to s(y)$, 因此, $s(x) \leqslant s(x \wedge y) \leqslant s(x \vee y) \leqslant s(y)$. 所以, $s(x \vee y) = s(x) \vee s(y)$, $s(x \wedge y) = s(x) \wedge s(y)$, 即 (sm1)、(sm2) 成立.

由命题 7.1.1(4), 有

$$s(x \to y) = s(x \vee y) \to s(y)$$
$$= (s(x) \vee s(y)) \to s(y)$$
$$= (s(x) \to s(y)) \wedge (s(y) \to s(y))$$
$$= s(x) \to s(y),$$
$$s(x \rightsquigarrow y) = s(x \vee y) \rightsquigarrow s(y)$$
$$= (s(x) \vee s(y)) \rightsquigarrow s(y)$$
$$= (s(x) \rightsquigarrow s(y)) \wedge (s(y) \rightsquigarrow s(y))$$
$$= s(x) \rightsquigarrow s(y),$$

即 (sm3) 成立.

命题 7.1.12 设 $s : A \to L$ 是广义态-态射, L 是全序的, 则 $A/\mathrm{Ker}(s)$ 是全序的.

证明 设 $x, y \in A$, 由 L 是全序的, 得 $s(x) \leqslant s(y)$ 或 $s(y) \leqslant s(x)$, 即 $s(x \to y) = s(x) \to s(y) = 1$ 或 $s(y \to x) = s(y) \to s(x) = 1$. 因此, $x/\mathrm{Ker}(s) \leqslant y/\mathrm{Ker}(s)$ 或 $y/\mathrm{Ker}(s) \leqslant x/\mathrm{Ker}(s)$. 所以, $A/\mathrm{Ker}(s)$ 是全序的.

推论 7.1.1 设 $s : A \to L$ 是保序的 I-型态, L 是全序的, 则 s 是广义态-态射当且仅当 $A/\mathrm{Ker}(s)$ 是全序的.

定义 7.1.3 设 A 是完备的非交换剩余格, 若 $\mathrm{Rad}(A)^*$ 是并封闭的, 则称 A 是强完备的.

定理 7.1.4 任何强完备的非交换剩余格存在广义态-态射.

证明 证明过程参见文献 [171].

7.1.3 广义 Riečan 态

本部分假定 A 与 L 是好的非交换剩余格. A 上的运算 $\oplus$ 被定义为

$$x \oplus y = x^- \rightsquigarrow y^{\sim -} = y^\sim \to x^{-\sim}.$$

定义 7.1.4 设 A 为非交换剩余格. 若 $y^{\sim -} \leqslant x^-$, 则称 x 与 y 是正交的, 记作 $x \perp y$.

显然, $x \perp y \Leftrightarrow x^{-\sim} \leqslant y^\sim \Leftrightarrow y^{\sim -} \otimes x^{-\sim} = 0$.

命题 7.1.13 设 A 为非交换剩余格, 则对 $\forall x, y \in A$, 有

(1) $y \leqslant x$ 蕴涵 $y \perp x^-$, $x^\sim \perp y$, 特别地, $x \perp x^-$, $x^\sim \perp x$, $y \perp 0$, $0 \perp y$;

(2) $x \perp y$ 蕴涵对 $\forall n, m \in \mathbf{N}$, $x^n \perp y^m$;

(3) $x \perp y$ 蕴涵 $y \otimes x = 0$;

(4) $x \perp y$ 蕴涵 $x^{-\sim} \perp y, x \perp y^{\sim-}$.

证明 (1) 由 $y \leqslant x$, 得 $(x^-)^{\sim-} = x^- \leqslant y^-$, 即 $y \perp x^-$. 类似地, 有 $x^\sim \perp y$.

(2) 由 $x \perp y$, 得 $y^{\sim-} \otimes x^{-\sim} = 0$. 因此, 由不等式 $(y^m)^{\sim-} \leqslant y^{\sim-}$ 和 $(x^n)^{-\sim} \leqslant x^{-\sim}$, 得 $(y^m)^{\sim-} \otimes (x^n)^{-\sim} = 0$, 即 $x^n \perp y^m$.

(3) 考虑 $y \leqslant y^{\sim-}$ 和 $x \leqslant x^{-\sim}$, 与本命题 (2) 的证明类似.

(4) 因为 $x \perp y$ 当且仅当 $y^{\sim-} \leqslant x^- = (x^{-\sim})^-$ 当且仅当 $x^{-\sim} \leqslant y^\sim = (y^{\sim-})^\sim$, 所以 $x^{-\sim} \perp y, x \perp y^{\sim-}$.

命题 7.1.14 设 A 为非交换剩余格, 则对 $\forall x, y \in A$, 满足:

(1) $x^\sim \oplus x = x \oplus x^- = 1$;

(2) $x, y \leqslant x \oplus y$;

(3) $x \oplus 0 = x^{-\sim}, 0 \oplus x = x^{\sim-}$.

定义 7.1.5 [171] 设 $m: A \to L$, 若当 $x \perp y$ 时, 有 $m(x) \perp m(y)$, 则称 m 是保正交的.

定义 7.1.6 [171] 设 $m: A \to L$ 是保正交的, 若对 $\forall x, y \in A$, 有

(1) $m(1) = 1$;

(2) 若 $x m(x \oplus y) = m(x) \oplus m(y)$,

则称 m 是广义 Riečan 态.

命题 7.1.15 [171] 设 $m: A \to L$ 是广义 Riečan 态. 则对 $\forall x, y \in A$, 有

(1) $m(x) \oplus m(x^-) = m(x^\sim) \oplus m(x) = 1$;

(2) $m(x^-)^{-\sim} = m(x)^-, m(x^\sim)^{\sim-} = m(x)^\sim$;

(3) 若 L 满足 (pDN), 则 $m(x^-) = m(x)^-, m(x^\sim) = m(x)^\sim, m(x^{-\sim}) = m(x)$;

(4) $m(0) = 0$;

(5) 若 $y \leqslant x$, 则 $m(x)^- \leqslant m(y)^-, m(x)^\sim \leqslant m(y)^\sim$;

(6) 若 L 满足 (pDN), 则 $y \leqslant x$ 蕴涵 $m(y) \leqslant m(x)$.

证明 (1) 因为 $x \perp x^-, x^\sim \perp x$, 所以

$$
\begin{aligned}
m(x) \oplus m(x^-) &= m(x \oplus x^-) = m((x^{-\sim} \otimes x^\sim)^-) \\
&= m((x^{\sim-} \otimes x^\sim)^-) = m(0^-) = m(1) = 1, \\
m(x^\sim) \oplus m(x) &= m(x^\sim \oplus x) = m((x^- \otimes x^{\sim-})^\sim) \\
&= m((x^- \otimes x^{-\sim})^\sim) = m(0^\sim) = m(1) = 1.
\end{aligned}
$$

(2) 由 $x \perp x^-$, 得 $m(x) \perp m(x^-)$, 从而 $m(x^-)^{-\sim} \leqslant m(x)^-$. 另外, $1 = m(1) = m(x \oplus x^-) = m(x) \oplus m(x^-) = m(x)^- \leadsto m(x^-)^{-\sim}$, 因此, $m(x)^- \leqslant m(x^-)^{-\sim}$. 所以 $m(x^-)^{-\sim} = m(x)^-$. 同理, 可得 $m(x^\sim)^{\sim-} = m(x)^\sim$.

(3) 由 (2) 得 $m(x^-) = m(x)^-, m(x^\sim) = m(x)^\sim$.

(4)~(6) 证明略.

定理 7.1.5 任何保序的 I-型态是广义 Riečan 态.

证明 设 $s : A \to L$ 是保序的 I-型态, 对 $x, y \in A$, 有 $x \perp y$, 则 $x^{-\sim} \leqslant y^{\sim}$, 从而 $s(x^{-\sim}) \leqslant s(y^{\sim})$. 由命题 7.1.4, 知 $s(x)^{-\sim} \leqslant s(y)^{\sim}$, 因此 $s(x) \perp s(y)$, 即 s 是保正交的. 又因为

$$
\begin{aligned}
s(x \oplus y) &= s((y^{\sim} \otimes x^{\sim})^{-}) = s(y^{\sim} \to x^{\sim -}) \\
&= s(y^{\sim}) \to s(x^{\sim -}) = s(y)^{\sim} \to s(x)^{\sim -} \\
&= (s(y)^{\sim} \otimes s(x)^{\sim})^{-} = s(x) \oplus s(y),
\end{aligned}
$$

所以 s 是广义 Riečan 态.

定理 7.1.6 若 A 满足 (pDN) 条件, $m : A \to L$ 是广义 Riecan 态, 且对 $\forall x \in A$, $m(x^{-}) = m(x)^{-}$, $m(x^{\sim}) = m(x)^{\sim}$, 则 m 是保序的 I-型态.

证明 由 $m(x^{-}) = m(x)^{-}$, $m(x^{\sim}) = m(x)^{\sim}$, 得 $m(x^{-\sim}) = m(x)^{-\sim}$. 设 $x, y \in A$, 且 $y \leqslant x$, 则 $y^{-\sim} \leqslant x^{-\sim}$, 得 $y \perp x^{-}$, 于是 $m(y) \perp m(x^{-})$, 即 $m(y) \perp m(x)^{-}$. 同理, 可得 $x^{\sim} \perp y$, 因此 $m(x)^{\sim} \perp m(y)$.

应用 (pDN) 条件, 得

$$
\begin{aligned}
y \oplus x^{-} = (x^{-\sim} \otimes y^{\sim})^{-} = x^{-\sim} \to y^{\sim -} = x \to y, \\
x^{\sim} \oplus y = (y^{-} \otimes x^{\sim -})^{\sim} = x^{\sim -} \rightsquigarrow y^{-\sim} = x \rightsquigarrow y,
\end{aligned}
$$

从而

$$
\begin{aligned}
m(x \to y) &= m(y \oplus x^{-}) = m(y) \oplus m(x^{-}) \\
&= m(y) \oplus m(x)^{-} = m(x)^{-\sim} \to m(y)^{-\sim} \\
&= m(x^{-\sim}) \to m(y^{-\sim}) = m(x) \to m(y), \\
m(x \to y) &= m(x^{\sim} \oplus y) = m(x^{\sim}) \oplus m(y) \\
&= m(x)^{\sim} \oplus m(y) = m(x)^{-\sim} \rightsquigarrow m(y)^{-\sim} \\
&= m(x^{-\sim}) \rightsquigarrow m(y^{-\sim}) = m(x) \rightsquigarrow m(y).
\end{aligned}
$$

由命题 7.1.1, 知 m 是 I-型态.

由 $m(y) \perp m(x^{-})$, 知 $m(y)^{-\sim} \leqslant m(x)^{-\sim}$, 即 $m(y^{-\sim}) \leqslant m(x^{-\sim})$, 因此 $m(y) \leqslant m(x)$, 所以 m 是保序的.

推论 7.1.2 若 A 和 L 满足 (pDN) 条件, $m : A \to L$ 是广义 Riečan 态, 则 m 是保序的 I-型态.

定义 7.1.7[171] 非交换剩余格 A 具有 Gelivenko 性, 若对 $\forall x, y \in L$, 则满足

$$
(x \to y)^{\sim -} = x \to y^{\sim -},
$$

$$(x \rightsquigarrow y)^{-\sim} = x \rightsquigarrow y^{-\sim}.$$

定理 7.1.7 若 A 具有 Glivenko 性, L 满足 (pDN) 条件, 则任何广义 Riečan 态 $m : A \rightarrow L$ 是保序的 I-型态.

证明 设 $m : A \rightarrow L$ 是广义 Riečan 态, 对 $x, y \in A$, 有 $y \leqslant x$, 则 $y \perp x^-$, $x^\sim \perp y$. 又

$$y \oplus x^- = (x^{-\sim} \otimes y^\sim)^- = x^{-\sim} \rightarrow y^{\sim -} = x \rightarrow y^{-\sim},$$
$$x^\sim \oplus y = (y^- \otimes x^{\sim -})^\sim = x^{\sim -} \rightsquigarrow y^{-\sim} = x \rightsquigarrow y^{-\sim},$$

因此,

$$
\begin{aligned}
m(x \rightarrow y) &= m(x \rightarrow y)^{-\sim} = m((x \rightarrow y)^{-\sim}) \\
&= m(x \rightarrow y^{-\sim}) = m(y \oplus x^-) \\
&= m(y) \oplus m(x^-) = (m(x)^{-\sim} \otimes m(y)^\sim)^- \\
&= m(x)^{-\sim} \rightarrow m(y)^{\sim -} = m(x) \rightarrow m(y), \\
m(x \rightsquigarrow y) &= m(x \rightsquigarrow y)^{-\sim} = m((x \rightsquigarrow y)^{-\sim}) \\
&= m(x \rightsquigarrow y^{-\sim}) = m(x^\sim \oplus y) \\
&= m(x^\sim) \oplus m(y) = (m(x)^{-\sim} \otimes m(y)^\sim)^- \\
&= m(x)^{-\sim} \rightsquigarrow m(y)^{\sim -} = m(x) \rightsquigarrow m(y).
\end{aligned}
$$

所以 m 是保序的 I-型态.

推论 7.1.3 若 A 具有 Glivenko 性, L 满足 (pDN) 条件, $m \in L^A$ 是广义 Riečan 态, 则 $\mathrm{Ker}(m)$ 是 A 的真正规滤子.

定理 7.1.8 若 A 具有 Glivenko 性, L 满足 (pDN) 条件, $m \in L^A$ 是广义 Riečan 态, 则函数 $\hat{m} : A/\mathrm{Ker}(m) \rightarrow L$ 定义为 $\hat{m}(x/\mathrm{Ker}(m)) = m(x)$ 是 $A/\mathrm{Ker}(m)$ 上的广义 Riečan 态.

证明 略.

有关交换剩余格上广义态的相关性质, 读者可以做对应描述或参考文献 [172]~[174].

7.2 非交换剩余格上的混合广义态

文献 [175]、[176] 对剩余格上的广义态进行了推广, 得到众多新概念和性质. 本节介绍非交换剩余格上的 I-型混合广义 Bosbach 态、II-型混合广义 Bosbach 态及混合广义 Riečan 态的概念及性质, 它们是从非交换剩余格的运算角度对已有结果的有力扩充. 内容主要参考文献 [177].

7.2.1　混合 L-滤子

定义 7.2.1[177]　设 $f \in L^A$ 是保序的且 $f(1) = 1$, 则有

(1) 若对 $\forall x, y \in A$, 有 $f(x) \otimes f(y) \leqslant f(x \otimes y)$, 则称 f 为一个基于剩余格的滤子, 简称 L-滤子;

(2) 若对 $\forall x, y \in A$, 有 $f(y) \otimes f(x) \leqslant f(x \otimes y)$, 则称 f 为一个混合的基于剩余格的滤子, 简称混合 L-滤子.

当 $\otimes$ 可交换时, L-滤子与混合 L-滤子相同. 实例表明, 它们总体上是不同的.

例 7.2.1　设 $L = \{0, a, b, c, d, 1\}, 0 < a < b < c < d < 1$. 定义运算 $\otimes$、$\to$ 和 $\rightsquigarrow$ 如下:

$\otimes$	0	a	b	c	d	1
0	0	0	0	0	0	0
a	0	0	0	0	a	a
b	0	0	0	0	b	b
c	0	0	0	0	b	c
d	0	0	b	c	d	d
1	0	a	b	c	d	1

$\to$	0	a	b	c	d	1
0	1	1	1	1	1	1
a	d	1	1	1	1	1
b	c	c	1	1	1	1
c	c	c	c	1	1	1
d	0	a	c	c	1	1
1	0	a	b	c	d	1

$\rightsquigarrow$	0	a	b	c	d	1
0	1	1	1	1	1	1
a	c	1	1	1	1	1
b	c	c	1	1	1	1
c	c	c	d	1	1	1
d	a	a	b	c	1	1
1	0	a	b	c	d	1

则 L 是非交换剩余格. 定义函数 $f_1, f_2 : L \to L$ 分别为 $f_1(0) = f_1(a) = f_1(b) = 0, f_1(c) = a, f_1(d) = d, f_1(1) = 1$ 和 $f_2(0) = f_2(a) = 0, f_2(b) = b, f_2(c) = c, f_2(d) = d, f_2(1) = 1$. 通常可以验证:

(1) f_1 是混合 L-滤子而不是 L-滤子, 因为 $a = f_1(d \to b) \not\leqslant f_1(d) \to f_1(b) = 0$;

(2) f_2 是 L-滤子而不是混合 L-滤子, 因为 $c = f_2(d \to b) \not\leqslant f_2(d) \rightsquigarrow f_2(b) = b$.

这就是说, 当推广到非交换的情形时, 存在关于滤子的两种不同的概括.

对于 (混合)L-滤子, 下面给出另一种定义.

定理 7.2.1　令 $f \in L^A$ 且 $f(1) = 1$, 则 f 是混合 L-滤子当且仅当对 $\forall x, y \in A, f(x \rightsquigarrow y) \leqslant f(x) \to f(y)$ 或 $f(x \to y) \leqslant f(x) \rightsquigarrow f(y)$.

证明　这里只证明第一个, 另一个可以用相似的方法证明. 一方面, 假设 f 是混合 L-滤子, 则 f 是保序的且 $f(y) \otimes f(x) \leqslant f(x \otimes y)$, 因此 $f(y) \leqslant f(x) \to f(x \otimes y)$. 用 $x \rightsquigarrow y$ 代替 y, 可得 $f(x \rightsquigarrow y) \leqslant f(x) \to f(x \otimes (x \rightsquigarrow y)) \leqslant f(x) \to f(y)$, 从而 $f(x \rightsquigarrow y) \leqslant f(x) \to f(y)$.

另一方面, 令 $x \leqslant y$, 也就是 $x \rightsquigarrow y = 1$. 因此 $f(x) \leqslant f(y)$, 即 f 是保序的, 因此 $f(y) \leqslant f(x \rightsquigarrow (x \otimes y)) \leqslant f(x) \to f(x \otimes y)$, 从而可得 $f(y) \otimes f(x) \leqslant (f(x) \to f(x \otimes y)) \otimes f(x) \leqslant f(x \otimes y)$. 因此, f 是混合 L-滤子.

定理 7.2.2　令 $f \in L^A$ 且 $f(1) = 1$, 则 f 是 L-滤子当且仅当对 $\forall x, y \in A, f(x \to y) \leqslant f(x) \to f(y)$ 或 $f(x \rightsquigarrow y) \leqslant f(x) \rightsquigarrow f(y)$.

证明 证明方法与定理 7.2.1 的证明类似.

推论 7.2.1 令 $f \in L^A$ 为一个 (混合)L-滤子. 如果 $f(x \to y) = 1$ 或 $f(x \rightsquigarrow y) = 1$, 那么 f 是保序的.

令 $\mathrm{Ker}(f) = \{x \in A | f(x) = 1\}$.

定义 7.2.2[177] 令 $f \in L^A$ 为一个 (混合)L-滤子. 如果 $\mathrm{Ker}(f)$ 是正规的 (奇异的), 那么 f 是正规的 (奇异的).

命题 7.2.1 每个保序 I-型态都是一个真正规 L-滤子.

定理 7.2.3 令 $f \in L^A$ 为一个正规 (混合)L-滤子, 则 f 是奇异的当且仅当 $L/\mathrm{Ker}(f)$ 是一个非交换 MV-代数.

7.2.2 混合广义 Bosbach 态

正如前面指出的那样, L-滤子与 I-型态密切相关. 本节介绍与混合 L-滤子相关的新型广义 Bosbach 态, 并给出其性质.

定义 7.2.3[177] 设 $s \in L^A$ 且 $s(0) = 0, s(1) = 1$. 若对 $\forall x, y \in A$, 满足 $s(x \to y) = s(x) \rightsquigarrow s(x \wedge y), s(x \rightsquigarrow y) = s(x) \to s(x \wedge y)$, 则称 s 为 I-型混合广义 Bosbach 态, 简称混合 I-型态.

注 混合 I-型态是交换剩余格上 I-型态的推广. 当 s 是强的时, I-型混合态与非交换剩余格上 I-型态一致. 若一个函数既是混合 I-型态也是 I-型态, 则它是强的.

下面的例子说明混合 I-型态与 I-型态总体上是不同的.

例 7.2.2 设 $L = \{0, a, b, c, d, 1\}, 0 < a < b < d < 1, 0 < a < c < d < 1$. 定义运算 $\otimes, \to, \rightsquigarrow$ 如下:

$\otimes$	0	a	b	c	d	1
0	0	0	0	0	0	0
a	0	0	0	0	0	a
b	0	0	0	0	0	b
c	0	0	a	0	a	c
d	0	0	a	0	a	d
1	0	a	b	c	d	1

$\to$	0	a	b	c	d	1
0	1	1	1	1	1	1
a	d	1	1	1	1	1
b	b	d	1	d	1	1
c	d	d	d	1	1	1
d	b	d	d	d	1	1
1	0	a	b	c	d	1

$\rightsquigarrow$	0	a	b	c	d	1
0	1	1	1	1	1	1
a	d	1	1	1	1	1
b	d	d	1	d	1	1
c	c	d	d	1	1	1
d	c	d	d	d	1	1
1	0	a	b	c	d	1

则 L 是非交换剩余格. 定义函数 $s_1, s_2 : L \to L$ 分别为 $s_1(0) = 0, s_1(a) = a, s_1(b) = c, s_1(c) = b, s_1(d) = d, s_1(1) = 1$ 和 $s_2 = id_L$. 通常可以验证:

(1) s_1 是混合 I-型态而不是 I-型态, 因为 $d = s_1(c \to 0) \neq s_1(c) \to s_1(c \wedge 0) = b$;

(2) s_2 是 I-型态而不是混合 I-型态, 因为 $d = s_2(c \to 0) \neq s_2(c) \rightsquigarrow s_2(c \wedge 0) = c$.

定理 7.2.4[177] 设 $s \in L^A$ 且 $s(0) = 0, s(1) = 1$, 则以下各条等价:

(1) s 是混合 I-型态;

(2) 对 $\forall x, y \in A, y \leqslant x \Rightarrow s(x \to y) = s(x) \rightsquigarrow s(y), s(x \rightsquigarrow y) = s(x) \to s(y)$;

(3) 对 $\forall x, y \in A, s(x \to y) = s(x \vee y) \rightsquigarrow s(y), s(x \rightsquigarrow y) = s(x \vee y) \to s(y)$.

证明 (1)$\Rightarrow$(2). 显然成立.

(2)$\Rightarrow$(3). 用 $x \vee y$ 代替 x, 立得.

(3)$\Rightarrow$(1). 用 $x \wedge y$ 代替 y, 立得.

对于 (混合)I-型态, 以下结论简单但有用.

命题 7.2.2 设 $s \in L^A$ 是混合 I-型态, 则对 $\forall x, y \in A$, 满足:

(1) $s(x \rightsquigarrow y) \rightsquigarrow s(y) = s((x \rightsquigarrow y) \to y), s(x \to y) \to s(y) = s((x \to y) \rightsquigarrow y)$;

(2) $s(x \to y) \rightsquigarrow s(y) = s((x \to y) \to y), s(x \rightsquigarrow y) \to s(y) = s((x \rightsquigarrow y) \to y)$.

证明 分别用 $x \to y$ 和 $x \rightsquigarrow y$ 代替 x, 立得.

命题 7.2.3 设 $s \in L^A$ 是 I-型态, 则对 $\forall x, y \in A$, 满足:

(1) $s(x \to y) \to s(y) = s((x \to y) \to y), s(x \rightsquigarrow y) \rightsquigarrow s(y) = s((x \rightsquigarrow y) \rightsquigarrow y)$;

(2) $s(x \rightsquigarrow y) \to s(y) = s((x \rightsquigarrow y) \to y), s(x \to y) \rightsquigarrow s(y) = s((x \to y) \rightsquigarrow y)$.

命题 7.2.4 设 $s \in L^A$ 是混合 I-型态, 则对 $\forall x \in A, s(x^-) = s(x)^\sim, s(x^\sim) = s(x)^-$.

证明 在定义 7.2.3 中取 $y = 0$ 即得证.

命题 7.2.5 每个保序混合 I-型态都是正规混合 L-滤子.

证明 假设 s 是保序混合 I-型态, 显然, s 是滤子. 因为 $x \leqslant y \to (x \otimes y)$ 且 s 是保序的, 所以可以得到 $s(x) \leqslant s(y \to (x \otimes y))$. 由定理 7.2.1, 得 $s(y \to (x \otimes y)) \leqslant s(y) \rightsquigarrow s(x \otimes y)$, 从而得 $s(y) \otimes s(x) \leqslant s(y) \otimes (s(y) \rightsquigarrow s(x \otimes y)) \leqslant s(x \otimes y)$. 因此 s 是一个混合 L-滤子, 可知 s 是正规的.

推论 7.2.2 设 $s \in L^A$ 是保序 (混合)I-型态, 则 $A/\mathrm{Ker}(s)$ 是个剩余格.

定义 7.2.4 [177] 设 $s \in L^A$ 且 $s(0) = 0, s(1) = 1$. 若对 $\forall x, y \in A$, 满足 $s(x) = s(x \to y) \rightsquigarrow s(x \wedge y), s(x) = s(x \rightsquigarrow y) \to s(x \wedge y)$, 则称 s 为 II-型混合广义 Bosbach 态, 简称混合 II-型态.

注 混合 II-型态是交换剩余格上 II-型态的推广. 当非交换剩余格上的一个函数是强的时, 混合 II-型态与 II-型态一致. 但是在文献 [177] 的命题 3.10 中表明每一个强混合 II-型态也是一个保序混合 I-型态.

定理 7.2.5 [177] 设 $s \in L^A$ 且 $s(0) = 0, s(1) = 1$, 则下列条件等价:

(1) s 是混合 II-型态;

(2) 对 $\forall x, y \in A, y \leqslant x \Rightarrow s(x) = s(x \to y) \rightsquigarrow s(y), s(x) = s(x \rightsquigarrow y) \to s(y)$;

(3) 对 $\forall x, y \in A, s(x \vee y) = s(x \to y) \rightsquigarrow s(y), s(x \vee y) = s(x \rightsquigarrow y) \to s(y)$;

(4) 对 $\forall x, y \in A, s(x \to y) \rightsquigarrow s(y) = s(y \to x) \rightsquigarrow s(x), s(x \rightsquigarrow y) \to s(y) = s(y \rightsquigarrow x) \to s(x)$.

证明　(1)⇒(2). 显然成立.

(2)⇒(3). 用 $x \vee y$ 代替 x, 立得.

(3)⇒(1). 用 $x \wedge y$ 代替 y, 立得.

(3)⇔(4). 设 s 是混合 II-型态. 在 (3) 中交换 x 和 y 即得.

相反, 用 $x \vee y$ 代替 y, 则由 (3) 可以立即得出 s 是混合 II-型态.

注　根据定理 7.2.5(3), 对于任意非交换 MV-代数 A, 恒等关系 $\mathrm{id}_A : A \to A, \mathrm{id}_A(x) = x$ 是混合 II-型态, 但不是 II-型态, 因为通常 $\mathrm{id}_A(x \vee y) \neq \mathrm{id}_A(x \to y) \to \mathrm{id}_A(y)$ 或 $\mathrm{id}_A(x \vee y) \neq \mathrm{id}_A(x \rightsquigarrow y) \rightsquigarrow \mathrm{id}_A(y)$.

例 7.2.3　设 $L = \{0, a, b, c, 1\}, 0 < a < b, c < 1$. 定义运算 $\otimes, \to, \rightsquigarrow$ 如下:

$\otimes$	0	a	b	c	1
0	0	0	0	0	0
a	0	0	0	a	a
b	0	a	b	a	b
c	0	0	0	c	c
1	0	a	b	c	1

$\to$	0	a	b	c	1
0	1	1	1	1	1
a	c	1	1	1	1
b	c	c	1	c	1
c	0	b	b	1	1
1	0	a	b	c	1

$\rightsquigarrow$	0	a	b	c	1
0	1	1	1	1	1
a	b	1	1	1	1
b	0	c	1	c	1
c	b	b	b	1	1
1	0	a	b	c	1

则 L 是非交换剩余格. 定义函数 $s_1, s_2 : L \to L$ 分别为 $s_1(0) = s_1(a) = s_1(c) = 0, s_1(b) = s_1(1) = 1$ 和 $s_2 = \mathrm{id}_L$. 通常可以验证:

(1) s_1 是 II-型态而不是混合 II-型态, 因为 $0 = s_1(a) \neq s_1(a \to 0) \rightsquigarrow s_1(a \wedge 0) = 1$;

(2) s_2 是混合 II-型态而不是 II-型态, 因为 $0 = s_2(a \vee 0) \neq s_2(a \to 0) \to s_2(0) = 1$;

(3) s_1 不是强的, 因为 $0 = s_1(a \to 0) \neq s_1(a \rightsquigarrow 0) = 1$.

以上所示的定义和定理, 是通过两个特性对 (混合)II-型态进行描述的. 下面给出另一种关于 (混合)II-型态的一种特性的定义.

定理 7.2.6　设 $s \in L^A$ 且 $s(0) = 0, s(1) = 1$, 则

(1) s 是混合 II-型态当且仅当对 $\forall x, y \in A, s(x \to y) \rightsquigarrow s(y) = s(y \rightsquigarrow x) \to s(x)$;

(2) s 是 II-型态当且仅当对 $\forall x, y \in A, s(x \to y) \to s(y) = s(y \rightsquigarrow x) \rightsquigarrow s(x)$.

证明　这里只证明 (1), (2) 可以用类似的方法证明.

一方面, 假设 s 是混合 II-型态. 由定理 7.2.5(3), 得 $s(x \vee y) = s(x \to y) \rightsquigarrow s(y), s(x \vee y) = s(x \rightsquigarrow y) \to s(y)$. 交换后者的 x 和 y, 得 $s(x \vee y) = s(y \rightsquigarrow x) \to s(x)$. 因此 $s(x \to y) \rightsquigarrow s(y) = s(y \rightsquigarrow x) \to s(x)$.

另一方面, 用 $x \vee y$ 分别代替 x 和 y, 得 $s(x \vee y) = s(x \to y) \rightsquigarrow s(y), s(x \vee y) = s(y \rightsquigarrow x) \to s(x)$. 交换后者的 x 和 y, 得 $s(x \vee y) = s(x \rightsquigarrow y) \to s(y)$. 由定

理 7.2.5(3), 知 s 是混合 II-型态.

对于任意函数 $s \in L^A$, 考虑以下条件:

(T1) 对 $\forall x, y \in A, s(x \vee y) = s((x \to y) \to y)$;

(T2) 对 $\forall x, y \in A, s(x \vee y) = s((x \rightsquigarrow y) \rightsquigarrow y)$;

(T3) 对 $\forall x, y \in A, s((x \rightsquigarrow y) \rightsquigarrow y) = s((y \to x) \to x)$.

(H1) 对 $\forall x, y \in A, s(x \vee y) = s((x \to y) \rightsquigarrow y)$;

(H2) 对 $\forall x, y \in A, s(x \vee y) = s((x \rightsquigarrow y) \to y)$;

(H3) 对 $\forall x, y \in A, s((x \rightsquigarrow y) \to y) = s((y \to x) \rightsquigarrow x)$.

命题 7.2.6 (1) (T1) + (T2) $\Leftrightarrow$ (T3);

(2) (H1) + (H2) $\Leftrightarrow$ (H3).

证明 显然成立.

接下来, 在非交换的情形下, 得到一些与交换剩余格上 I(II)-型态相似的混合 I(II)-型态的性质. 值得注意的是, 这些结论还推广了强 I(II)-型态的结论.

命题 7.2.7 设 $s \in L^A$ 是 (混合)I-型态且满足 (T1) 和 (T2), 则 s 是 (混合)II-型态.

注意到例 7.2.3 表明 II-型态并不能推出条件 (T1) 和 (T2), 因为 $0 = s((b \to 0) \to 0) \neq s(b \vee 0) = 1$.

命题 7.2.8[177] (1) 每个混合 II-型态都是一个保序 I-型态;

(2) 每个 II-型态都是一个保序混合 I-型态;

(3) II-型 (混合) 态蕴涵 (H1) 和 (H2).

证明 (1) 假设 s 是混合 II-型态, 则 $s((x \to y) \rightsquigarrow y) = s(((x \to y) \rightsquigarrow y) \to y) \rightsquigarrow s(y) = s(x \to y) \rightsquigarrow s(y) = s(x \vee y)$, $s((x \rightsquigarrow y) \to y) = s(x \vee y)$. 同样地, 有 $s(x \to y) = s((x \to y) \rightsquigarrow y) \to s(y), s(x \rightsquigarrow y) = s((x \rightsquigarrow y) \to y) \rightsquigarrow s(y)$. 因此 $s(x \to y) = s(x \vee y) \to s(y), s(x \rightsquigarrow y) = s(x \vee y) \rightsquigarrow s(y)$, 从而可得 s 是 I-型态. 由定理 7.2.5(2), 得 s 是保序的.

(2) 与 (1) 的证法类似.

(3) 略.

注 上述 (2) 表明, 关于 II-型态的商代数是非交换剩余格, 但通常不是非交换 MV-代数.

例 7.2.4 从例 7.2.2 中可得:

(1) s_2 是保序 I-型态, 但不是混合 II-型态, 因为 $a = s_2(a) \neq s_2(a \to 0) \rightsquigarrow s_2(0) = c$;

(2) s_1 是保序混合 I-型态, 但不是 II-型态, 因为 $c = s_1(b) \neq s_1(b \to c) \to s_1(b \wedge c) = d$.

定理 7.2.7 设 $s \in L^A$ 且 $s(0) = 0, s(1) = 1$, 则

(1) s 是混合 II-型态当且仅当 s 是保序 I-型态且满足 (H1) 和 (H2);

(2) s 是 II-型态当且仅当 s 是保序混合 I-型态且满足 (H1) 和 (H2).

证明 由命题 7.2.8 可得必要性, 只需证充分性.

由命题 7.2.3(2)、定理 7.2.5(3) 及命题 7.2.2(1), 即得 s 是 (混合)II-型态.

推论 7.2.3 设 $s \in L^A$ 且 $s(0) = 0, s(1) = 1$, 且满足 (H1) 和 (H2), 则

(1) s 是保序混合 I-型态当且仅当 s 是 II-型态;

(2) s 是保序 I-型态当且仅当 s 是混合 II-型态.

推论 7.2.4 设 $s \in L^A$, 使得 $s(0) = 0, s(1) = 1$, 且 L 为非交换 MV-代数, 则

(1)s 是保序混合 I-型态当且仅当 s 是 II-型态;

(2)s 是保序 I-型态当且仅当 s 是混合 II-型态.

定理 7.2.8 设 A 为非交换剩余格, 则 A 为非交换 MV-代数当且仅当每个保序 I-型态 $s : A \to A$ 是混合 II-型态.

证明 由推论 7.2.4(2), 得必要性, 只需证充分性.

显然, $s : A \to A$ 定义为对 $\forall x \in A, s(x) = x$, 是保序 I-型态. 由假设知, s 是混合 II-型态, 则对 $\forall x, y \in A, (x \to y) \rightsquigarrow y = (y \rightsquigarrow x) \to x$. 因此, A 为非交换 MV-代数.

命题 7.2.9 设 $s \in L^A$ 是混合 II-型态, 则 $\mathrm{Ker}(s)$ 是正规奇异滤子.

证明 因为 $s(0) = 0, s(1) = 1$, 显然 $1 \in \mathrm{Ker}(s), 0 \notin \mathrm{Ker}(s)$. 令 $x, x \to y \in \mathrm{Ker}(s)$, 则 $s(x) = 1, s(x \to y) = 1$. 由命题 7.2.8, 得 $1 = s(x \wedge y) \leqslant s(y)$, 因此 $s(y) = 1$, 从而 $y \in \mathrm{Ker}(s)$. 因此, $\mathrm{Ker}(s)$ 是 A 中的滤子. 由定理 7.2.5(3), 知 $s(x \vee y) = s(x \to y) \rightsquigarrow s(y), s(x \vee y) = s(x \rightsquigarrow y) \to s(y)$, 从而得 $s(x \vee y) = s((x \to y) \rightsquigarrow y), s(x \vee y) = s((x \rightsquigarrow y) \to y)$. 同理, 得 $1 = s((x \to y) \rightsquigarrow y) \to s(x \vee y) = s(((x \to y) \rightsquigarrow y) \to (x \vee y)), 1 = s((x \rightsquigarrow y) \to y) \rightsquigarrow s(x \vee y) = s(((x \rightsquigarrow y) \to y) \rightsquigarrow (x \vee y))$, 则 $((x \to y) \rightsquigarrow y) \to (x \vee y), ((x \rightsquigarrow y) \to y) \rightsquigarrow (x \vee y) \in \mathrm{Ker}(s)$. 因此, $\mathrm{Ker}(s)$ 是正规奇异滤子.

推论 7.2.5 设 $s \in L^A$ 是混合 II-型态, 则 $A/\mathrm{Ker}(s)$ 是非交换 MV-代数.

定理 7.2.9 设 $s \in L^A$ 是保序 I-型态, 则 s 是混合 II-型态当且仅当 $A/\mathrm{Ker}(s)$ 是满足对 $\forall x, y \in A, s((x \rightsquigarrow y) \to y) = s(x \rightsquigarrow y) \to s(y), s((x \to y) \rightsquigarrow y) = s(x \to y) \rightsquigarrow s(y)$ 的非交换 MV 代数.

证明 由命题 7.2.3(2)、命题 7.2.8(1) 和推论 7.2.5 易得必要性, 下面证明充分性.

由命题 7.2.1 和定理 7.2.3, 得 $\mathrm{Ker}(s)$ 是正规奇异 L-滤子, 即 $((x \to y) \rightsquigarrow y) \to (x \vee y) \in \mathrm{Ker}(s), ((x \rightsquigarrow y) \to y) \rightsquigarrow (x \vee y) \in \mathrm{Ker}(s)$. 由定理 7.2.2, 知

$s((x \rightarrow y) \rightsquigarrow y) \leqslant s(x \vee y), s((x \rightsquigarrow y) \rightarrow y) \leqslant s(x \vee y)$. 由 s 的保序性, 得 $s(x \vee y) \leqslant s((x \rightarrow y) \rightsquigarrow y), s(x \vee y) \leqslant s((x \rightsquigarrow y) \rightarrow y)$. 因此, $s(x \vee y) = s((x \rightarrow y) \rightsquigarrow y), s(x \vee y) = s((x \rightsquigarrow y) \rightarrow y)$, 即满足 (H1) 和 (H2). 由假设和定理 7.2.5, 知 s 是混合 II-型态.

推论 7.2.6 设 $s \in L^A$ 是保序 I-型态, 则 s 是混合 II-型态当且仅当 A/s 是非交换 MV-代数.

证明 由命题 7.2.3(2) 即得.

定理 7.2.10 设 A 为完备的剩余格, 则 A 为混合 II-型态.

证明 考虑混合 II-型态的定义, 与文献 [177] 中定理 3.25 的证明相似.

7.2.3 混合广义态-态射

本节介绍混合广义态-态射, 证明每个混合广义态-态射都是保序混合 I-型态, 并给出能使二者一致的特殊条件.

定义 7.2.5 设 A 为非交换剩余格, $[0,1]$ 为标准 MV-代数, 则满足 $s(0) = 0, s(1) = 1$ 的函数 $s \in [0,1]^A$ 被称为一个态-态射, 如果对 $\forall x, y \in A$, 满足

(1) $s(x \wedge y) = \min\{s(x), s(y)\}$;

(2) $s(x \rightarrow y) = s(x \rightsquigarrow y) = s(x) \rightarrow Łs(y)$.

设 A, L 为非交换剩余格, 考虑任意函数 $s \in L^A$, 其中 $s(0) = 0, s(1) = 1$ 且其性质如下:

(s1) 对 $\forall x, y \in A, s(x \vee y) = s(x) \vee s(y)$;

(s2) 对 $\forall x, y \in A, s(x \wedge y) = s(x) \wedge s(y)$;

(s3) 对 $\forall x, y \in A, s(x \rightarrow y) = s(x) \rightarrow s(y), s(x \rightsquigarrow y) = s(x) \rightsquigarrow s(y)$;

(s3′) 对 $\forall x, y \in A, s(x \rightarrow y) = s(x) \rightsquigarrow s(y), s(x \rightsquigarrow y) = s(x) \rightarrow s(y)$;

(s4) 对 $\forall x, y \in A, s(x \otimes y) = s(x) \otimes s(y)$;

(s4′) 对 $\forall x, y \in A, s(y \otimes x) = s(y) \otimes s(x)$.

引理 7.2.1 设 $s \in L^A$ 是保序混合 I-型态, 则 (s1) 蕴涵 (s3′) 且 (s2) 蕴涵 (s3′).

证明 这里只证前者, 后者可用相似的方法证明. 由 $s(x \rightarrow y) = s(x \vee y) \rightsquigarrow s(y) = (s(x) \vee s(y)) \rightsquigarrow s(y) = s(x) \rightsquigarrow s(y)$, 得 $s(x \rightarrow y) = s(x) \rightsquigarrow s(y)$, 同理, 有 $s(x \rightsquigarrow y) = s(x) \rightarrow s(y)$.

引理 7.2.2 设 $s \in L^A$ 是保序混合 I-型态且 L 满足非交换双重否定性, 则 (s2) 蕴涵 (s1).

证明 由命题 7.2.4 和 (s2), 得 $s(x \vee y)^- = s((x \vee y)^\sim) = s(x^\sim \wedge y^\sim) = s(x^\sim) \wedge s(y^\sim) = s(x)^- \wedge s(y)^- = (s(x) \vee s(y))^-$, 因此 $s(x \vee y)^{-\sim} = (s(x) \vee s(y))^{-\sim}$. 因为 L 满足非交换双重否定性, 从而 $s(x \vee y) = s(x) \vee s(y)$.

引理 7.2.3 设 $s \in L^A$ 是保序混合 I-型态, 则

(1) (s3′) 蕴涵 $s(x \otimes y)^- = (s(y) \otimes s(x))^-, s(x \otimes y)^\sim = (s(y) \otimes s(x))^\sim$;

(2) 若 L 满足非交换双重否定性, 则 (s3′) 蕴涵 (s4′).

证明 (1) 由命题 7.2.4 和 (s3′), 得 $s(x \otimes y)^- = s((x \otimes y)^\sim) = s(y \rightsquigarrow x^\sim) = s(y) \rightarrow s(x^\sim) = s(y) \rightarrow s(x^-) = (s(y) \otimes s(x))^-$, 因此 $s(x \otimes y)^- = (s(y) \otimes s(x))^-$. 同理可得 $s(x \otimes y)^\sim = (s(y) \otimes s(x))^\sim$.

(2) 由 L 的非交换双重否定性立即得出.

定义 7.2.6[177] 设函数 $s \in L^A$.

(1) 若满足 (s1)$\sim$(s3), 则称 s 为广义态-态射;

(2) 若满足 (s1)、(s2) 和 (s3′), 则称 s 为混合广义态-态射.

注 对于任何非交换剩余格 A, 满足:

(1) 当 A 是可交换的, 混合广义态-态射与广义态-态射一致;

(2) 恒等函数 id_A 是广义态-态射而不是混合广义态-态射, 因为 A 通常是非交换的.

例 7.2.5 从例 7.2.2 中可得:

(1) s1 是混合广义态-态射而不是广义态-态射, 因为 $d = s_1(c \rightarrow 0) \neq s_1(c) \rightarrow s_1(0) = b$;

(2) s2 是广义态-态射而不是混合广义态-态射, 因为 $d = s_2(c \rightarrow 0) \neq s_2(c) \rightsquigarrow s_2(0) = c$.

命题 7.2.10[177] 每个混合广义态-态射都是保序混合 I-型态.

证明 在 (s3′) 中用 $x \wedge y$ 代替 y, 得 s 是混合 I-型态. 令 $x \leqslant y$, 由 (s3′) 可得 s 是保序的.

以下例子表明上述命题的逆通常不成立, 以及保序 I-型态并不总是广义态-态射.

例 7.2.6 设 $L = \{0, a, b, c, d, 1\}, 0 < a < b < d < 1, 0 < a < c < d < 1$. 定义运算 $\otimes$, 符号形式为 $\rightarrow$、$=$ 和 $\rightsquigarrow$ 如下:

$\otimes$	0	a	b	c	d	1
0	0	0	0	0	0	0
a	0	0	0	0	0	a
b	0	0	0	a	a	b
c	0	0	a	0	a	c
d	0	0	a	a	a	d
1	0	a	b	c	d	1

$\rightarrow$	0	a	b	c	d	1
0	1	1	1	1	1	1
a	d	1	1	1	1	1
b	b	d	1	d	1	1
c	c	d	d	1	1	1
d	a	d	d	d	1	1
1	0	a	b	c	d	1

则 L 是交换剩余格. 定义函数 $s : L \to L$ 有 $s(0) = 0, s(a) = a, s(b) = b, s(c) = b, s(d) = d, s(1) = 1$. 可以验证 s 是保序混合 I-型态, 而不是混合广义态-态射, 因为 $d = s(b \to c) \neq s(b) \to s(c) = 1$.

例 7.2.7 设 $L = \{0, a, b, c, d, 1\}, 0 < a < c < d < 1, 0 < b < c < d < 1$. 定义运算 $\otimes$、$\to$ 和 $\rightsquigarrow$ 如下:

$\otimes$	0	a	b	c	d	1
0	0	0	0	0	0	0
a	0	0	0	0	0	a
b	0	0	0	0	0	b
c	0	0	0	0	0	c
d	0	a	b	c	d	d
1	0	a	b	c	d	1

$\to$	0	a	b	c	d	1
0	1	1	1	1	1	1
a	c	1	c	1	1	1
b	c	c	1	1	1	1
c	c	c	c	1	1	1
d	c	c	c	c	1	1
1	0	a	b	c	d	1

$\rightsquigarrow$	0	a	b	c	d	1
0	1	1	1	1	1	1
a	d	1	d	1	1	1
b	d	d	1	1	1	1
c	d	d	d	1	1	1
d	0	a	b	c	1	1
1	0	a	b	c	d	1

则 L 是非交换剩余格. 定义函数 $s : L \to L$ 有 $s(0) = 0, s(a) = s(b) = a, s(c) = c, s(d) = d, s(1) = 1$. 可以验证 s 是 I-型态, 而不是广义态-态射, 因为 $c = s(b \to a) \neq s(b) \to s(a) = 1$.

命题 7.2.11 设 $s \in L^A$ 是保序混合 I-型态. 若 $A/\mathrm{Ker}(s)$ 是全序剩余格, 则 s 是混合广义态-态射.

命题 7.2.12 设 $s \in L^A$ 是混合广义态-态射且 L 是全序剩余格, 则 $A/\mathrm{Ker}(s)$ 是全序剩余格.

定理 7.2.11 设 $s \in L^A$ 是保序混合 I-型态且 L 是全序剩余格, 则 s 是混合广义态-态射当且仅当 $A/\mathrm{Ker}(s)$ 是全序剩余格.

定义 7.2.7 一个完备剩余格被称为强完备, 如果 $\mathrm{Rad}(A)^*$ 对运算 $\vee$ 封闭.

定理 7.2.12[177] 任何强完备剩余格都是混合广义态-态射.

7.2.4 混合广义 Riečan 态

下面给出混合广义 Riečan 态的定义, 并基于非交换剩余格上的 Glivenko 性质和两个恒等定义, 研究保序混合 I-型态和混合广义 Riečan 态之间的关系.

定义 7.2.8[177] 设 $m \in L^A$, 当 $x \perp y$, 若 $m(y) \perp m(x)$, 则称 m 是混合保正交的.

定义 7.2.9[177] 设 $m \in L^A$ 且 $m(1) = 1$. 如果 m 是混合保正交的且满足当 $x \perp y$ 时, 有 $m(x \oplus y) = m(y) \oplus m(x)$, 则称 m 是混合广义 Riečan 态.

下面的例子表明混合广义 Riečan 态和广义 Riečan 态是不同的.

例 7.2.8 设 $L = \{0, a, b, c, d, 1\}, 0 < a < c < d < 1, 0 < b < c < d < 1$. 定

义运算 $\otimes$、$\to$ 和 $\rightsquigarrow$ 如下:

$\otimes$	0	a	b	c	d	1
0	0	0	0	0	0	0
a	0	0	0	0	0	a
b	0	0	0	0	b	b
c	0	0	0	0	b	c
d	0	a	0	a	d	d
1	0	a	b	c	d	1

$\to$	0	a	b	c	d	1
0	1	1	1	1	1	1
a	c	1	c	1	1	1
b	d	d	1	1	1	1
c	c	d	c	1	1	1
d	a	a	c	c	1	1
1	0	a	b	c	d	1

$\rightsquigarrow$	0	a	b	c	d	1
0	1	1	1	1	1	1
a	d	1	d	1	1	1
b	c	c	1	1	1	1
c	c	c	d	1	1	1
d	b	c	b	c	1	1
1	0	a	b	c	d	1

则 L 是非交换剩余格. 定义函数 $m_1, m_2 : L \to L$ 分别为 $m_1(0) = 0, m_1(a) = b, m_1(b) = a, m_1(c) = c, m_1(d) = d, m_1(1) = 1$ 和 $m_2 = \mathrm{id}_L$. 可以验证:

(1) m_1 是混合广义 Riečan 态而不是广义 Riečan 态, 因为 $1 = m_1(a \oplus b) \neq m_1(a) \oplus m_1(b) = c$;

(2) m_2 是广义 Riečan 态而不是混合广义 Riečan 态, 因为 $1 = m_2(a \oplus b) \neq m_2(b) \oplus m_2(a) = c$.

命题 7.2.13 设 $m \in L^A$ 是混合广义 Riečan 态, 则对 $\forall x, y \in A$, 满足:

(1) $m(x) \oplus m(x^\sim) = m(x^-) \oplus m(x) = 1$;

(2) $m(x^-)^{-\sim} = m(x)^\sim, m(x^\sim)^{\sim-} = m(x)^-$;

(3) 若 L 具有伪双否定性, 则 $m(x^-) = m(x)^\sim, m(x^\sim) = m(x)^-$;

(4) $m(0) = 0$;

(5) $y \leqslant x$ 蕴涵 $m(x)^- \leqslant m(y)^-, m(x)^\sim \leqslant m(y)^\sim$;

(6) 若 L 具有伪双否定性, 则 $y \leqslant x$ 蕴涵 $m(y) \leqslant m(x)$.

证明 (1) 因为 $x \perp x^-, x^\sim \perp x$, 所以 $m(x) \oplus m(x^\sim) = m(x^\sim \oplus x) = m(1) = 1, m(x^-) \oplus m(x) = m(x \oplus x^-) = m(1) = 1$.

(2) 一方面, 由 $x \perp x^-$, 得 $m(x^-) \perp m(x)$, 从而 $m(x^-)^{-\sim} \leqslant m(x)^\sim$. 另一方面, 由 (1) 可得 $1 = m(1) = m(x \oplus x^-) = m(x^-) \oplus m(x) = m(x)^\sim \to m(x^-)^{-\sim}$, 因此 $m(x)^\sim \leqslant m(x^-)^{-\sim}$, 从而 $m(x^-)^{-\sim} = m(x)^\sim$. 同理, 有 $m(x^\sim)^{\sim-} = m(x)^-$.

(3) 由 (2) 即得.

(4) 在 (2) 中令 $x = 1$, 得 $m(0) = 0$.

(5) 由于 $y \leqslant x$ 蕴涵 $y \perp x^-$, 因此 $m(x^-) \perp m(y)$, 即 $m(x^-)^{-\sim} \leqslant m(y)^\sim$. 由 (2) 得 $m(x)^\sim \leqslant m(y)^\sim$. 同理, 有 $m(x)^- \leqslant m(y)^-$.

(6) 由 (5) 即得.

定理 7.2.13 每个保序混合 I-型态都是混合广义 Riečan 态, 反之不一定成立.

证明 假设 s 是保序混合 I-型态, 且对 $x, y \in A$, 有 $x \perp y$, 则 $x^{-\sim} \leqslant y^{\sim}$. 由 s 的保序性, 得 $s(x^{-\sim}) \leqslant s(y^{\sim})$. 又由命题 7.2.4, 知 $s(x)^{\sim-} \leqslant s(y)^-$, 即 $s(y) \perp s(x)$. 因此, s 是混合保正交的.

由命题 7.2.4 和定理 7.2.4(2), 得 $s(x \oplus y) = s(x^- \rightsquigarrow y^{\sim-}) = s(x^-) \rightarrow s(x^- \wedge y^{\sim-}) = s(x^-) \rightarrow s(y^{\sim-}) = s(x)^\sim \rightarrow s(y)^{-\sim} = s(y) \oplus s(x)$. 因此, s 是混合广义 Riečan 态.

例 7.2.9 设 $L = \{0, a, b, c, d, 1\}, 0 < a < c < d < 1, 0 < a < b < d < 1$. 定义运算 $\otimes$、$\rightarrow$ 和 $\rightsquigarrow$ 如下:

$\otimes$	0	a	b	c	d	1
0	0	0	0	0	0	0
a	0	0	0	0	a	a
b	0	0	0	0	b	b
c	0	a	b	c	b	c
d	0	a	0	0	d	d
1	0	a	b	c	d	1

$\rightarrow$	0	a	b	c	d	1
0	1	1	1	1	1	1
a	d	1	1	1	1	1
b	d	d	1	1	1	1
c	d	d	d	1	d	1
d	0	a	c	c	1	1
1	0	a	b	c	d	1

$\rightsquigarrow$	0	a	b	c	d	1
0	1	1	1	1	1	1
a	c	1	1	1	1	1
b	c	c	1	1	1	1
c	0	a	d	1	d	1
d	c	c	c	c	1	1
1	0	a	b	c	d	1

则 L 是非交换剩余格. 定义函数 $m : L \rightarrow L$ 为 $m(0) = 0, m(a) = b, m(b) = a, m(c) = d, m(d) = c, m(1) = 1$. 可以验证 m 是混合广义 Riečan 态但不是保序 I-型混合态, 因为 $d = m(d \rightarrow c) \neq m(d) \rightsquigarrow m(c \wedge d) = a$.

定理 7.2.14 设 $m \in L^A$ 是混合广义 Riečan 态, 使得对 $\forall x \in A, m(x^-) = m(x)^\sim, m(x^\sim) = m(x)^-$ 且 A 满足伪双否定条件, 则 m 是保序混合 I-型态.

证明 假设 $y \leqslant x$. 由 $y \perp x^-, x^\sim \perp y$, 得 $m(x^-) \perp m(y), m(y) \perp m(x^\sim)$. 由假设 $m(x^-) = m(x)^\sim, m(x^\sim) = m(x)^-$, 得 $m(x^\sim) \perp m(y), m(y) \perp m(x^-)$. 因为 A 满足伪双否定条件, 所以 $y \oplus x^- = x^{-\sim} \rightarrow y^{-\sim} = x \rightarrow y, x^\sim \oplus y = x^{\sim-} \rightsquigarrow y^{\sim-} = x \rightsquigarrow y$, 因此

$$m(x \rightarrow y) = m(y \oplus x^-) = m(x^-) \oplus m(y)$$
$$= m(x)^\sim \oplus m(y) = m(x) \rightsquigarrow m(y),$$
$$m(x \rightsquigarrow y) = m(x^\sim \oplus y) = m(y) \oplus m(x^\sim)$$
$$= m(y) \oplus m(x)^- = m(x) \rightarrow m(y).$$

得 m 是混合 I-型态. 由 $m(x)^\sim \perp m(y)$, 得 $m(y)^{-\sim} \leqslant m(x)^{-\sim}$. 又由定理 6.1.17 和 A 满足伪双否定条件, 得 $m(y) \leqslant m(x)$. 因此, m 是保序的.

推论 7.2.7 设 $m \in L^A$ 是混合广义 Riečan 态且 A 和 L 满足伪双否定条件, 则 m 是保序混合 I-型态.

证明 由命题 7.2.13(3) 和定理 7.2.14 即得.

命题 7.2.14 设 $m : \text{Reg}(A) \to L$ 是 $\text{Reg}(A)$ 上的混合广义 Riečan 态. 定义 $\hat{m} : A \to L$ 为 $\hat{m}(x) = m(x^{-\sim})$, 则 $\hat{m}$ 是混合广义 Riečan 态, 使得 $\hat{m}|_{\text{Reg}(A)} = m$.

Gelivenko 性可被描述为:

(G1) $(x \to y)^{\sim -} = x^{\sim -} \to y^{\sim -}$;

(G2) $(x \rightsquigarrow y)^{-\sim} = x^{-\sim} \rightsquigarrow y^{-\sim}$,

可以视为 (s3) 分别满足 $\sim -$ 和 $- \sim$. 受此启发, 考虑条件 (s3′) 分别满足 $\sim -$ 和 $- \sim$, 有:

(G1′) $(x \to y)^{\sim -} = x^{\sim -} \rightsquigarrow y^{\sim -}$;

(G2′) $(x \rightsquigarrow y)^{-\sim} = x^{-\sim} \to y^{-\sim}$.

命题 7.2.15 (1) (G1′) = (G1) + $(x \to y^{\sim -} = x \rightsquigarrow y^{\sim -})$;

(2) (G2′) = (G2) + $(x \to y^{-\sim} = x \rightsquigarrow y^{-\sim})$;

(3) (G1′) 和 (G2′) 蕴涵 A 是强的, 即 $x^{-} = x^{\sim}$, 因此是好的.

定理 7.2.15 设 $m \in L^A$ 是混合广义 Riečan 态且 L 满足伪双否定条件.

(1) 若 A 是好的且具有 Gelivenko 性, 则 m 是保序混合 I-型态;

(2) 若满足 (G1′) 和 (G2′), 则 m 是保序 I-型态.

证明 (1) 假设 $y \leqslant x$, 则 $y \perp x^{-}$ 和 $x^{\sim} \perp y$, 又 $y \oplus x^{-} = x \to y^{-\sim}, x^{\sim} \oplus y = x \rightsquigarrow y^{\sim -}$, 根据 A 是好的和 Gelivenko 性, 知 L 满足伪双否定条件及命题 7.2.13(3), 从而得

$$
\begin{aligned}
m(x \to y) &= m(x \to y)^{-\sim} = m((x \to y)^{\sim -}) \\
&= m(x \to y^{\sim -}) = m(x \to y^{-\sim}) \\
&= m(y \oplus x^{-}) = m(x^{-}) \oplus m(y) \\
&= m(x)^{\sim} \oplus m(y) = m(x) \rightsquigarrow m(y)^{-\sim} \\
&= m(x) \rightsquigarrow m(y), \\
m(x \rightsquigarrow y) &= m(x \rightsquigarrow y)^{\sim -} = m((x \rightsquigarrow y)^{-\sim}) \\
&= m(x \rightsquigarrow y^{-\sim}) = m(x \to y^{\sim -}) \\
&= m(x^{\sim} \oplus y) = m(y) \oplus m(x^{\sim}) \\
&= m(y) \oplus m(x)^{-} = m(x) \to m(y)^{-\sim} \\
&= m(x) \to m(y).
\end{aligned}
$$

由定理 7.2.4(2) 和命题 7.2.13(3), 知 m 是保序混合 I-型态.

(2) 在 (1) 的证明基础上, 这里只需证明 $m(x \to y) = m(x) \to m(y), m(x \rightsquigarrow$

$y) = m(x) \rightsquigarrow m(y)$. 由假设, L 满足伪双重否定条件及命题 7.2.13(3), 从而得

$$m(x \to y) = m(x \to y)^{-\sim} = m((x \to y)^{\sim -})$$
$$= m(x^{\sim -} \rightsquigarrow y^{\sim -}) = m(x \rightsquigarrow y^{\sim -})$$
$$= m(x^{\sim} \oplus y) = m(y) \oplus m(x^{\sim})$$
$$= m(y) \oplus m(x)^{-} = m(x) \to m(y)^{-\sim}$$
$$= m(x) \to m(y),$$
$$m(x \rightsquigarrow y) = m(x \rightsquigarrow y)^{\sim -} = m((x \rightsquigarrow y)^{-\sim})$$
$$= m(x^{-\sim} \to y^{-\sim}) = m(x \rightsquigarrow y^{-\sim})$$
$$= m(y \oplus x^{-}) = m(x^{-}) \oplus m(y)$$
$$= m(x)^{\sim} \oplus m(y) = m(x) \rightsquigarrow m(y)^{\sim -}$$
$$= m(x) \rightsquigarrow m(y),$$

因此定理成立.

定理 7.2.16 设 $m \in L^A$ 是广义 Riečan 态且 L 满足伪双否定条件.

(1) 若 A 是好的且具有 Gelivenko 性, 则 m 是保序 I-型态;

(2) 若满足 (G1′) 和 (G2′), 则 m 是保序混合 I-型态.

证明 (1) 在文献 [171] 中已经证明;

(2) 证明方法与定理 7.2.15 类似.

定理 7.2.17 设 $m \in L^A$ 是混合广义 Riečan 态且 L 满足伪双否定条件.

(1) 若 A 是好的且具有 Gelivenko 性, 则函数 $\hat{m} : A/\mathrm{Ker}(m) \to L$, $\hat{m}(x/\mathrm{Ker}(m)) = m(x)$ 是 $A/\mathrm{Ker}(m)$ 上的混合广义 Riečan 态;

(2) 若满足 (G1′) 和 (G2′), 则函数 $\hat{m} : A/\mathrm{Ker}(m) \to L$, $\hat{m}(x/\mathrm{Ker}(m)) = m(x)$ 是 $A/\mathrm{Ker}(m)$ 上的广义 Riečan 态.

证明 (1) 首先证明 $\hat{m}$ 的定义正确. 假设 $x/\mathrm{Ker}(m) = y/\mathrm{Ker}(m)$, 即 $m(x \to y) = m(y \rightsquigarrow x) = 1$. 由定理 7.2.15(1) 和命题 7.2.5, 知 m 是混合 L-滤子. 由定理 7.2.1 得 $m(x) = m(y)$. 因此, $\hat{m}(x/\mathrm{Ker}(m)) = \hat{m}(y/\mathrm{Ker}(m))$.

以下证明 $\hat{m}$ 是 $A/\mathrm{Ker}(m)$ 上的混合广义 Riečan 态.

(a) $\hat{m}(1/\mathrm{Ker}(m)) = m(1) = 1$;

(b) 令 $x/\mathrm{Ker}(m) \perp y/\mathrm{Ker}(m)$, 即 $(x/\mathrm{Ker}(m))^{-\sim} \leqslant (y/\mathrm{Ker}(m))^{\sim}$, 因此 $x^{-\sim}/\mathrm{Ker}(m) \leqslant y^{\sim}/\mathrm{Ker}(m)$, 即 $x^{-\sim} \to y^{\sim} \in \mathrm{Ker}(m)$. 因此, $m(x^{-\sim}) \leqslant m(y^{\sim})$. 由定理 7.2.4(1) 和命题 7.2.4, 知 $m(x)^{-\sim} \leqslant m(y)^{-}$, 从而有 $m(y) \perp m(x)$, 即 $\hat{m}(y/\mathrm{Ker}(m)) \perp \hat{m}(x/\mathrm{Ker}(m))$.

由定理 7.2.15(1) 和定理 7.2.4(2), 得

$$
\begin{aligned}
\hat{m}(x/\mathrm{Ker}(m) \oplus y/\mathrm{Ker}(m)) &= \hat{m}((x/\mathrm{Ker}(m))^- \rightsquigarrow (y/\mathrm{Ker}(m))^{\sim-}) \\
&= \hat{m}((x/\mathrm{Ker}(m))^-) \to \hat{m}((y/\mathrm{Ker}(m))^{\sim-}) \\
&= \hat{m}(x/\mathrm{Ker}(m))^{\sim} \to \hat{m}(y/\mathrm{Ker}(m))^{-\sim} \\
&= m(x)^{\sim} \to m(y)^{-\sim} \\
&= m(y) \oplus m(x) \\
&= \hat{m}(y/\mathrm{Ker}(m)) \oplus \hat{m}(x/\mathrm{Ker}(m)),
\end{aligned}
$$

从而 $\hat{m}(x/\mathrm{Ker}(m) \oplus y/\mathrm{Ker}(m)) = \hat{m}(y/\mathrm{Ker}(m)) \oplus \hat{m}(x/\mathrm{Ker}(m))$.

因此 $\hat{m}$ 是 $A/\mathrm{Ker}(m)$ 上的混合广义 Riečan 态.

(2) 根据定理 7.2.15(2)、定理 7.2.2 及命题 7.2.1, 可以类似地证明.

定理 7.2.18 设 $m \in L^A$ 是广义 Riečan 态且 L 满足伪双否定条件.

(1) 若 A 是好的且具有 Gelivenko 性, 则函数 $\hat{m} : A/\mathrm{Ker}(m) \to L, \hat{m}(x/\mathrm{Ker}(m))$ $= m(x)$ 是 $A/\mathrm{Ker}(m)$ 上的广义 Riečan 态;

(2) 若满足 (G1') 和 (G2'), 则函数 $\hat{m} : A/\mathrm{Ker}(m) \to L, \hat{m}(x/\mathrm{Ker}(m)) = m(x)$ 是 $A/\mathrm{Ker}(m)$ 上的混合广义 Riečan 态.

证明 (1) 在文献 [171] 中已经证明;

(2) 证明方法与定理 7.2.17 类似.

7.3 非交换剩余格上的几类新的广义态和混合广义态

本节给出非交换剩余格上 5 种新的广义 Bosbach 态和混合广义 Bosbach 态, 并研究它们的性质及关系.

本节依然用 A 和 L 表示非交换剩余格, 从 A 到 L 的全体映射的集合记为 L^A.

7.3.1 III-1 型、III-2 型混合广义 Bosbach 态

定理 7.3.1 设 $s \in L^A$ 且 $s(0) = 0, s(1) = 1$, 则

(1) s 是混合 II-型态当且仅当 s 是保序 I-型态且满足 (H1) 和 (H2);

(2) s 是 II-型态当且仅当 s 是保序混合 I-型态且满足 (H1) 和 (H2).

命题 7.3.1 设 s 是 I-型态和 II-型态, 则对 $\forall x, y \in A$, 下式成立:

(1) $s((x \to y) \to y) = s((y \to x) \to x)$;

(2) $s((x \rightsquigarrow y) \rightsquigarrow y) = s((y \rightsquigarrow x) \rightsquigarrow x)$.

命题 7.3.2 设 s 是混合 I-型态和混合 II-型态, 则对 $\forall x, y \in A, s((x \rightsquigarrow y) \rightsquigarrow y) = s((y \to x) \to x)$ 成立.

定理 7.3.2 设 $s \in L^A$ 且 $s(0) = 0, s(1) = 1$, 则 s 是 II-型态当且仅当下列两条件成立:

(1) $s(x \to y) = [s(y \to x) \to s(x)] \rightsquigarrow s(y)$;

(2) $s(x \rightsquigarrow y) = [s(y \rightsquigarrow x) \rightsquigarrow s(x)] \to s(y)$.

证明 假设 s 是 II-型态. 由定理 7.3.1(2), 知 s 是混合 I-型态, 从而有 $s(x \to y) = s(x \vee y) \rightsquigarrow s(y)$ 和 $s(x \rightsquigarrow y) = s(x \vee y) \to s(y)$, 以及 $s(x \vee y) = s(y \to x) \to s(x) = s(y \rightsquigarrow x) \rightsquigarrow s(x)$ 成立. 因此, 得 $s(x \to y) = [s(y \to x) \to s(x)] \rightsquigarrow s(y)$ 和 $s(x \rightsquigarrow y) = [s(y \rightsquigarrow x) \rightsquigarrow s(x)] \to s(y)$.

反之, 有 $[s(y \to x) \to s(x)] \rightsquigarrow s(y) \leqslant s(x) \rightsquigarrow s(y)$ 和 $[s(y \rightsquigarrow x) \rightsquigarrow s(x)] \to s(y) \leqslant s(x) \to s(y)$. 因此, 有 $s(x \to y) \leqslant s(x) \rightsquigarrow s(y)$ 和 $s(x \rightsquigarrow y) \leqslant s(x) \to s(y)$, 则 $s(x) \otimes s(x \to y) \leqslant s(y)$, $s(x \rightsquigarrow y) \otimes s(x) \leqslant s(y)$, 即 $s(y) \otimes s(y \to x) \leqslant s(x)$ 和 $s(y \rightsquigarrow x) \otimes s(y) \leqslant s(x)$. 用 $x \wedge y$ 替换 x, 得 $s(y) \otimes s(y \to x) \leqslant s(x \wedge y)$ 和 $s(y \rightsquigarrow x) \otimes s(y) \leqslant s(x \wedge y)$, 即 $s(y) \leqslant s(y \to x) \to s(x \wedge y)$ 和 $s(y) \leqslant s(y \rightsquigarrow x) \rightsquigarrow s(x \wedge y)$. 在假设条件中用 $x \wedge y$ 替换 x, 则 $s(y \to x) \to s(x \wedge y) \leqslant s(y)$ 和 $s(y \rightsquigarrow x) \to s(x \wedge y) \leqslant s(y)$ 成立, 所以有 $s(y) = s(y \to x) \to s(x \wedge y)$ 和 $s(y) = s(y \rightsquigarrow x) \rightsquigarrow s(x \wedge y)$ 成立, 即 s 是 II-型态.

定理 7.3.3 设 $s \in L^A$ 且 $s(0) = 0, s(1) = 1$, 则 s 是混合 II-型态当且仅当下列两条件成立:

(1) $s(x \to y) = [s(y \to x) \rightsquigarrow s(x)] \to s(y)$;

(2) $s(x \rightsquigarrow y) = [s(y \rightsquigarrow x) \to s(x)] \rightsquigarrow s(y)$.

证明 假设 s 是混合 II-型态. 由定理 7.3.1(1), 知 s 是 I-型态, 从而有 $s(x \to y) = [s(y \to x) \rightsquigarrow s(x)] \to s(y)$ 和 $s(x \rightsquigarrow y) = [s(y \rightsquigarrow x) \to s(x)] \rightsquigarrow s(y)$.

反之, 有 $s(x \to y) = [s(y \to x) \rightsquigarrow s(x)] \to s(y) \leqslant s(x) \to s(y)$ 和 $s(x \rightsquigarrow y) = [s(y \rightsquigarrow x) \to s(x)] \rightsquigarrow s(y) \leqslant s(x) \rightsquigarrow s(y)$, 从而有 $s(x \to y) \otimes s(x) \leqslant s(y)$ 和 $s(x) \otimes s(x \rightsquigarrow y) \leqslant s(y)$, 即 $s(y \to x) \otimes s(y) \leqslant s(x)$ 和 $s(y) \otimes s(y \rightsquigarrow x) \leqslant s(x)$. 用 $x \wedge y$ 替换 x, 得 $s(y \to x) \otimes s(y) \leqslant s(x \wedge y)$ 和 $s(y) \otimes s(y \rightsquigarrow x) \leqslant s(x \wedge y)$, 即 $s(y) \leqslant s(y \to x) \rightsquigarrow s(x \wedge y)$ 和 $s(y) \leqslant s(y \rightsquigarrow x) \to s(x \wedge y)$. 在假设条件中用 $x \wedge y$ 替换 x, 则 $s(y \to x) \rightsquigarrow s(x \wedge y) \leqslant s(y)$ 和 $s(y \rightsquigarrow x) \to s(x \wedge y) \leqslant s(y)$ 成立. 因此, 有 $s(y) = s(y \to x) \rightsquigarrow s(x \wedge y)$ 和 $s(y) = s(y \rightsquigarrow x) \to s(x \wedge y)$, 即 s 是混合 II-型态.

定义 7.3.1[178] 设 $s \in L^A$ 且 $s(0) = 0, s(1) = 1$. 若 s 满足:

(1) $s(y) \to s(x) = s(x \to y) \rightsquigarrow s(y \to x)$;

(2) $s(y) \rightsquigarrow s(x) = s(x \rightsquigarrow y) \to s(y \rightsquigarrow x)$,

则称 s 为 III-1 型混合广义 Bosbach 态, 简称为 III-1 型态.

例 7.3.1 设 $L = \{0, a, b, c, 1\}$, 其中 $0 < a < b < 1$ 且 $0 < a < c < 1$. 定义运算 $\otimes$、$\to$ 和 $\rightsquigarrow$ 如下:

$\otimes$	0	a	b	c	1
0	0	0	0	0	0
a	0	0	0	a	a
b	0	a	b	a	b
c	0	0	0	c	c
1	0	a	b	c	1

$\to$	0	a	b	c	1
0	1	1	1	1	1
a	c	1	1	1	1
b	c	c	1	c	1
c	0	b	b	1	1
1	0	a	b	c	1

$\rightsquigarrow$	0	a	b	c	1
0	1	1	1	1	1
a	b	1	1	1	1
b	0	c	1	c	1
c	b	b	b	1	1
1	0	a	b	c	1

则 L 是非交换剩余格. 定义 $s_1 = \mathrm{id}_L$, 易见 s_1 是 III-1 型态.

命题 7.3.3 设 $s \in L^A$ 是 III-1 型态, 则

(1) 若 $x \leqslant y$, 则对 $\forall x, y \in A$, 有 $s(y) \to s(x) = s(y \to x)$, $s(y) \rightsquigarrow s(x) = s(y \rightsquigarrow x)$;

(2) 对 $\forall x, y \in A$, 有 $s(y \to x) \leqslant s(y) \to s(x)$, $s(y \rightsquigarrow x) \leqslant s(y) \rightsquigarrow s(x)$.

命题 7.3.4 (1) 混合 II-型态蕴涵 III-1 型态;

(2) III-1 型态蕴涵保序 I-型态.

证明 (1) 假设 s 是 II-型态, 得

$$
\begin{aligned}
s(y) \to s(x) &= s(y) \to (s(x \to y) \rightsquigarrow s(x \wedge y)) \\
&= s(x \to y) \rightsquigarrow (s(y) \to (s(x \wedge y))) \\
&= s(x \to y) \rightsquigarrow s(y \to x), \\
s(y) \rightsquigarrow s(x) &= s(y) \rightsquigarrow (s(x \rightsquigarrow y) \to s(x \wedge y)) \\
&= s(x \rightsquigarrow y) \to (s(y) \rightsquigarrow s(x \wedge y)) \\
&= s(x \rightsquigarrow y) \to s(y \rightsquigarrow x).
\end{aligned}
$$

因此, s 是 III-1 型态.

(2) 假设 s 是 III-1 型态. 设 $y \leqslant x$, 得 $s(y) \leqslant s(x)$, 则 s 是保序的. 由 $x \wedge y$ 替换 x, 得 $s(y) \to s(x \wedge y) = s(y \to x)$, $s(y) \rightsquigarrow s(x \wedge y) = s(y \rightsquigarrow x)$. 因此, s 是保序 I-型态.

命题 7.3.5 设 $s \in L^A$ 是保序 I-型态, A 是线性序集, 则 s 是 III-1 型态.

证明 因为 A 是线性序集, 所以对 $\forall x, y \in A$, 总有 $x \leqslant y$ 或 $y \leqslant x$. 不失一般性, 假设 $x \leqslant y$, 则 $x \to y = 1$ 且 $x \rightsquigarrow y = 1$. 由保序 I-型态的定义, 知 $s(y) \to s(x) = s(y \to x) = 1 \rightsquigarrow s(y \to x) = s(x \to y) \rightsquigarrow s(y \to x)$, $s(y) \rightsquigarrow s(x) = s(y \rightsquigarrow x) = 1 \to s(y \rightsquigarrow x) = s(x \rightsquigarrow y) \to s(y \rightsquigarrow x)$. 因此, s 是 III-1 型态.

推论 7.3.1 设 $s \in L^A$, A 是线性序集, 则 s 是保序 I-型态当且仅当 s 是 III-1 型态.

推论 7.3.2 设 s 是 III-1 型态, 则 $\forall x, y \in A$, 下列各式成立:

(1) $s(x \to y) = s(x \vee y) \to s(y)$ 和 $s(x \rightsquigarrow y) = s(x \vee y) \rightsquigarrow s(y)$;

(2) $s(x \to y) \to s(y) = s((x \to y) \to y)$ 和 $s(x \rightsquigarrow y) \rightsquigarrow s(y) = s((x \rightsquigarrow y) \rightsquigarrow y)$;

(3) $s(x \rightsquigarrow y) \to s(y) = s((x \rightsquigarrow y) \to y)$ 和 $s(x \to y) \rightsquigarrow s(y) = s((x \to y) \rightsquigarrow y)$.

证明 请读者自己完成.

推论 7.3.3 每一个 III-1 型态是真正规 L-滤子.

证明 由命题 7.2.4 易证.

推论 7.3.4 设 $s \in L^A$ 是 III-1 型态, 则 $A/\mathrm{Ker}(s)$ 是非交换剩余格.

命题 7.3.6 设 $s \in L^A$ 是 III-1 型态且满足条件 (T1) 和 (T2), 则 s 是 II-型态.

证明 由命题 7.3.3(1), 知 s 是 II-型态.

推论 7.3.5 设 $s \in L^A$ 是 III-1 型态且满足 (T3), 则 s 是 II-型态.

命题 7.3.7 设 $s \in L^A$ 是 III-1 型态且满足 (H1) 和 (H2), 则 s 是混合 II-型态.

证明 由命题 7.3.3(1) 和定理 7.2.5, 知 s 是混合 II-型态.

定理 7.3.4 设 $s \in L^A$ 满足 $s(0) = 0, s(1) = 1$, 则 s 是混合 II-型态当且仅当 s 是 III-1 型态且满足 (H1) 和 (H2).

证明 考虑命题 7.3.7, 仅需证明其必要性.

由命题 7.3.4(1) 和命题 7.2.8(3), 知 s 是 III-1 型态且满足 (H1) 和 (H2).

命题 7.3.8 设 $s \in L^A$ 且满足 $s(0) = 0, s(1) = 1$ 和 (H3), 则下列结论等价:

(1) s 是保序 I-型态;

(2) s 是混合 II-型态;

(3) s 是 III-1 态.

证明 利用定理 7.3.4 和定理 7.3.1(1) 易证.

推论 7.3.6 设 $s \in L^A$ 且满足 $s(0) = 0, s(1) = 1$, L 是伪 MV-代数, 则下列结论等价:

(1) s 是保序 I-型态;

(2) s 是混合 II-型态;

(3) s 是 III-1 态.

定义 7.3.2 设 $s \in L^A$ 且 $s(0) = 0, s(1) = 1$. 若对 $x, y \in A$, 有

(1) $s(y) \to s(x) = s(x \rightsquigarrow y) \rightsquigarrow s(y \rightsquigarrow x)$;

(2) $s(y) \rightsquigarrow s(x) = s(x \to y) \to s(y \to x)$,

则称 s 为 III-2 型混合广义 Bosbach 态, 简称 III-2 型态.

例 7.3.2 在例 7.3.1 中, 定义 $s_2 : L \to L$ 为 $s_2(0) = s_2(a) = s_2(c) = 0, s_2(b) = s_2(1) = 1$. 容易验证 s_2 是 III-2 型态, 但却不是 III-1 型态, 因为 $1 = s_2(a) \to s_2(0) \neq s_2(0 \to a) \rightsquigarrow s_2(a \to 0) = s_2(1) \rightsquigarrow s_2(c) = 0$. 另外, s_1 也不是 III-2 型态, 因为 $0 = s_1(a) \to s_1(0) \neq s_1(0 \rightsquigarrow a) \rightsquigarrow s_1(a \rightsquigarrow 0) = s_1(1) \rightsquigarrow s(b) = b$.

命题 7.3.9 设 $s \in L^A$ 是 III-2 型态, 则

(1) 若 $x \leqslant y$, 则对 $\forall x, y \in A$, 有 $s(y) \to s(x) = s(y \rightsquigarrow x)$ 和 $s(y) \rightsquigarrow s(x) = s(y \to x)$;

(2) 对 $\forall x, y \in A$, 有 $s(y \rightsquigarrow x) \leqslant s(y) \to s(x)$ 和 $s(y \rightsquigarrow x) \leqslant s(y) \to s(x)$.

命题 7.3.10 (1) II-型态蕴涵 III-2 型态;

(2) III-2 型态蕴涵保序混合 I-型态.

证明 类似于命题 7.3.4 的证明, 请读者自己完成.

命题 7.3.11 设 $s \in L^A$ 是保序混合 I-型态, A 是线性序集, 则 s 是 III-2 型态.

证明 证明方法类似于命题 7.3.5.

推论 7.3.7 设 $s \in L^A$, A 是线性序集, 则 s 是保序混合 I-型态当且仅当 s 是 III-2 型态.

推论 7.3.8 设 $s \in L^A$ 是 III-2 型态, 则对 $\forall x, y \in A$, 有以下各式成立:

(1) $s(x \to y) = s(x \vee y) \rightsquigarrow s(y)$ 和 $s(x \rightsquigarrow y) = s(x \vee y) \to s(y)$;

(2) $s(x \to y) \to s(y) = s((x \to y) \rightsquigarrow y)$ 和 $s(x \rightsquigarrow y) \rightsquigarrow s(y) = s((x \rightsquigarrow y) \to y)$;

(3) $s(x \rightsquigarrow y) \to s(y) = s((x \rightsquigarrow y) \rightsquigarrow y)$ 和 $s(x \to y) \rightsquigarrow s(y) = s((x \to y) \to y)$.

推论 7.3.9 每一个 III-2 型态是真正规 L-滤子.

推论 7.3.10 设 $s \in L^A$ 是 III-2 型态, 则 $A/\mathrm{Ker}(s)$ 是非交换剩余格.

命题 7.3.12 设 $s \in L^A$ 是 III-2 型态且满足 (T1) 和 (T2), 则 s 是混合 II-型态.

证明 由命题 7.3.9(1), 得 s 是混合 II-型态.

推论 7.3.11 设 $s \in L^A$ 是 III-2 型态且满足 (T3), 则 s 是混合 II-型态.

命题 7.3.13 设 $s \in L^A$ 是 III-2 型态且满足 (H1) 和 (H2), 则 s 是 II-型态.

证明 由命题 7.3.9(1) 和定理 7.2.5, 得 s 是 II-型态.

定理 7.3.5 设 $s \in L^A$ 且 $s(0) = 0, s(1) = 1$, 则 s 是 II-型态当且仅当 s 是 III-2 型态且满足 (H1) 和 (H2).

命题 7.3.14 设 $s \in L^A$ 且满足 $s(0) = 0, s(1) = 1$ 和 (H3), 则下列结论等价:

(1) s 是保序混合 I-型态;

(2) s 是 II-型态;

(3) s 是 III-2 型态.

推论 7.3.12 设 $s \in L^A$ 且 $s(0) = 0, s(1) = 1$, L 是伪 MV-代数, 则下列结论等价:

(1) s 是保序混合 I-型态;

(2) s 是 II-型态;

(3) s 是 III-2 型态.

定理 7.3.6 设 $s \in L^A$ 满足 $s(0) = 0, s(1) = 1$ 和 (T3), 则下列结论等价:

(1) s 是 II-型态;

(2) s 是混合 II-型态;

(3) s 是 III-1 型态;

(4) s 是 III-2 型态.

7.3.2 IV-1 型、IV-2 型混合广义 Bosbach 态

定义 7.3.3 设 $s \in L^A$ 且 $s(0) = 0$, $s(1) = 1$. 若对 $\forall x, y \in A$, 有

(1) $s(x \wedge y) = s(x) \otimes s(x \rightsquigarrow y)$;

(2) $s(x \wedge y) = s(x \to y) \otimes s(x)$,

则称 s 为 IV-1 型混合广义 Bosbach 态, 简称为 IV-1 型态.

显然, 当 L 是可除的非交换剩余格 (即非交换 Rl 独异点) 时, $\mathrm{id}_L : L \to L, \mathrm{id}_L(x) = x$ 总是 IV-1 型态.

定理 7.3.7 设 $s \in L^A$ 且满足 $s(0) = 0$ 和 $s(1) = 1$, 则下列结论等价:

(1) s 是 IV-1 型态;

(2) 对 $\forall x, y \in A$, 有 $s(x \to y) \otimes s(x) = s(y) \otimes s(y \rightsquigarrow x)$;

(3) 对 $\forall x, y \in A$, $y \leqslant x$ 蕴涵 $s(x \to y) \otimes s(x) = s(y)$ 和 $s(x) \otimes s(x \rightsquigarrow y) = s(y)$;

(4) 对 $\forall x, y \in A$, 有 $s(d_1(x,y)) \otimes s(x \vee y) = s(x \wedge y)$ 和 $s(x \vee y) \otimes s(d_2(x,y)) = s(x \wedge y)$;

(5) 对 $\forall x, y \in A$, 有 $s(x \vee y) \otimes s(x \rightsquigarrow y) = s(y)$ 和 $s(x \to y) \otimes s(x \vee y) = s(y)$.

证明 (1)$\Rightarrow$(2)$\Rightarrow$(3). 显然成立.

(3)$\Rightarrow$(4). 显然有 $x \wedge y \leqslant x \vee y$. 分别用 $x \vee y$ 和 $x \wedge y$ 替换 x 和 y, 得 $s(d_1(x,y)) \otimes s(x \vee y) = s(x \wedge y)$ 和 $s(x \vee y) \otimes s(d_2(x,y)) = s(x \wedge y)$.

(4)$\Rightarrow$(5). 用 $x \vee y$ 替换 x, 得 $s(x \vee y) \otimes s(x \rightsquigarrow y) = s(y)$ 和 $s(x \to y) \otimes s(x \vee y) = s(y)$.

(5)$\Rightarrow$(1). 用 $x \wedge y$ 替换 y, 得 $s(x \wedge y) = s(x) \otimes s(x \rightsquigarrow y)$ 和 $s(x \wedge y) = s(x \to y) \otimes s(x)$.

命题 7.3.15 设 $s \in L^A$ 是 IV-1 型态, 则

(1) s 是保序的;

(2) 对 $\forall x, y \in A$, 有 $s(x) \otimes s(y) \leqslant s(x \otimes y)$;

(3) $s(x) \otimes s(x^{\sim}) = 0$, $s(x^{-}) \otimes s(x) = 0$;

(4) 对 $\forall x, y \in A$, 有 $s(x) \otimes s(x \rightsquigarrow y) = s(x \otimes (x \rightsquigarrow y))$ 和 $s(x \rightarrow y) \otimes s(x) = s((x \rightarrow y) \otimes x)$.

证明 (1) 注意到 $x \otimes y \leqslant x$ 和 $y \otimes x \leqslant x$, 由定理 7.3.7(3) 易得.

(2) 注意到 $y \leqslant x \rightsquigarrow (x \otimes y)$, 利用 (1), 得 $s(x) \otimes s(y) \leqslant s(x) \otimes s(x \rightsquigarrow (x \otimes y)) = s(x \wedge (x \otimes y)) = s(x \otimes y)$. 因此, $s(x) \otimes s(y) \leqslant s(x \otimes y)$.

(3) 利用定理 7.3.7(5), 令 $y = 0$, 可得.

(4) 由 (1)、(2) 和 IV-1 型态的定义, 可知 $s(x) \otimes s(x \rightsquigarrow y) \leqslant s(x \otimes (x \rightsquigarrow y)) \leqslant s(x \wedge y)$ 和 $s(x \rightarrow y) \otimes s(x) \leqslant s((x \rightarrow y) \otimes x) \leqslant s(x \wedge y)$. 因此, 有 $s(x) \otimes s(x \rightsquigarrow y) = s(x \otimes (x \rightsquigarrow y))$ 和 $s(x \rightarrow y) \otimes s(x) = s((x \rightarrow y) \otimes x)$.

定理 7.3.8 设 A 和 L 是可除的, $s \in L^A$ 是保序 I-型态, 则

(1) 对 $\forall x, y \in A$, 有 $s(x \otimes y) = s(x) \otimes s(x \rightsquigarrow (x \otimes y))$ 和 $s(x \otimes y) = s(y \rightarrow (x \otimes y)) \otimes s(y)$;

(2) s 是 IV-1 型态.

证明 (1) 注意到 $x \otimes y \leqslant x$ 和 $x \otimes y \leqslant y$, 由可除性, 得 $s(x) \otimes s(x \rightsquigarrow (x \otimes y)) = s(x) \otimes (s(x) \rightsquigarrow s(x \otimes y)) = s(x) \wedge s(x \otimes y) = s(x \otimes y)$ 和 $s(y \rightarrow (x \otimes y)) \otimes s(y) = (s(y) \rightarrow s(x \otimes y)) \otimes s(y) = s(y) \wedge s(x \otimes y) = s(x \otimes y)$.

(2) 因为 $x \rightsquigarrow (x \otimes (x \rightsquigarrow y)) = x \rightsquigarrow (x \wedge y) = (x \rightsquigarrow x) \wedge (x \rightsquigarrow y) = x \rightsquigarrow y$, $x \rightarrow ((x \rightarrow y) \otimes x) = x \rightarrow (x \wedge y) = x \rightarrow y$, 由 (1), 得 $s(x) \otimes s(x \rightsquigarrow y) = s(x) \otimes s(x \rightsquigarrow (x \otimes (x \rightsquigarrow y))) = s(x \otimes (x \rightsquigarrow y)) = s(x \wedge y)$, $s(x \rightarrow y) \otimes s(x) = s(x \rightarrow ((x \rightarrow y) \otimes x)) \otimes s(x) = s((x \rightarrow y) \otimes x) = s(x \wedge y)$. 所以 s 是 IV-1 型态.

定理 7.3.9 设 $s \in L^A$ 是 IV-1 型态, L 是可除的, 则 s 是混合 II-型态.

证明 由题设, 得 $s(x \rightarrow y) \rightsquigarrow s(x \wedge y) = s(x \rightarrow y) \rightsquigarrow (s(x \rightarrow y) \otimes s(x)) = s(x)$ 和 $s(x \rightsquigarrow y) \rightarrow s(x \wedge y) = s(x \rightsquigarrow y) \rightarrow (s(x) \otimes s(x \rightsquigarrow y)) = s(x)$. 因此, s 是混合 II-型态.

定义 7.3.4 设 $s \in L^A$ 有 $s(0) = 0$ 和 $s(1) = 1$. 若对 $\forall x, y \in A$, 有

(1) $s(x \wedge y) = s(x \rightsquigarrow y) \otimes s(x)$;

(2) $s(x \wedge y) = s(x) \otimes s(x \rightarrow y)$,

则称 s 为 IV-2 型混合广义 Bosbach 态, 简称 IV-2 型态.

定理 7.3.10 设 $s \in L^A$ 且有 $s(0) = 0$ 和 $s(1) = 1$, 则下列结论等价:

(1) s 是 IV-2 型态;

(2) 对 $\forall x, y \in A$, 有 $s(x \rightsquigarrow y) \otimes s(x) = s(y) \otimes s(y \rightarrow x)$;

(3) 对 $\forall x, y \in A$, 有 $y \leqslant x$ 蕴涵 $s(x \rightsquigarrow y) \otimes s(x) = s(y)$ 和 $s(x) \otimes s(x \rightarrow y) = s(y)$;

(4) 对 $\forall x, y \in A$, 有 $s(d_2(x,y)) \otimes s(x \vee y) = s(x \wedge y)$ 和 $s(x \vee y) \otimes s(d_1(x,y)) = s(x \wedge y)$;

(5) 对 $\forall x, y \in A$, 有 $s(x \vee y) \otimes s(x \to y) = s(y)$ 和 $s(x \rightsquigarrow y) \otimes s(x \vee y) = s(y)$.

证明 参照定理 7.3.7 的证明, 请读者自己完成.

命题 7.3.16 设 $s \in L^A$ 是 IV-2 型态, 则

(1) s 是保序的;

(2) 对 $\forall x, y \in A$, 有 $s(x) \otimes s(y) \leqslant s(y \otimes x)$;

(3) 对 $\forall x \in A$, 有 $s(x) \otimes s(x^-) = 0$, $s(x^\sim) \otimes s(x) = 0$.

定理 7.3.11 设 A 和 L 是可除的, $s \in L^A$ 是保序混合 I-型态, 则

(1) 对 $\forall x, y \in A$, 有 $s(x \otimes y) = s(x) \otimes s(x \to (x \otimes y))$ 和 $s(x \otimes y) = s(y \rightsquigarrow (x \otimes y)) \otimes s(y)$;

(2) s 是 IV-2 型态.

证明 参照定理 7.3.8, 类似可证.

定理 7.3.12 设 $s \in L^A$ 是 IV-2 型态, L 是可除的, 则 s 是 II-型态.

证明 参照定理 7.3.9, 类似可证.

7.3.3 V-1 型、V-2 型混合广义 Bosbach 态

定义 7.3.5 设 $s \in L^A$ 有 $s(0) = 0$ 和 $s(1) = 1$. 若对 $\forall x, y \in A$, 有

(1) $s(x \to y) = s(x) \to [s(y \to x) \otimes s(y)]$;

(2) $s(x \rightsquigarrow y) = s(x) \rightsquigarrow [s(y) \otimes s(y \rightsquigarrow x)]$,

则称 s 是 V-1 型混合广义 Bosbach 态, 简称 V-1 型态.

定理 7.3.13 设 $s \in L^A$ 有 $s(0) = 0$ 和 $s(1) = 1$, 则 s 是 V-1 型态当且仅当 s 既是 I-型态又是 IV-1 型态.

证明 假设 s 是 V-1 型态. 用 $x \wedge y$ 替换 y, 得 $s(x \to y) = s(x) \to s(x \wedge y)$ 和 $s(x \rightsquigarrow y) = s(x) \rightsquigarrow s(x \wedge y)$, 即 s 是 I-型态, 从而 $s(x \wedge y) \geqslant s(x) \otimes s(x \rightsquigarrow y)$, $s(x \wedge y) \geqslant s(x \to y) \otimes s(x)$. 另外, 用 $x \wedge y$ 替换 x, 得 $s(x \wedge y) \leqslant s(y \to x) \otimes s(y)$, $s(x \wedge y) \leqslant s(y) \otimes s(y \rightsquigarrow x)$. 因此, $s(x \wedge y) = s(y \to x) \otimes s(y)$, $s(x \wedge y) = s(y) \otimes s(y \rightsquigarrow x)$, 即 s 是 IV-1 型态.

逆命题是显然的.

推论 7.3.13 设 $s \in L^A$ 是 I-型态, 则 s 是 V-1 型态当且仅当 s 是 IV-1 型态.

推论 7.3.14 设 $s \in L^A$ 是 IV-1 型态, 则 s 是 V-1 型态当且仅当 s 是 I-型态.

定理 7.3.14 设 $s \in L^A$ 是 V-1 型态, A 是线性序集, 则 s 是 IV-1 型态或是保序 I-型态.

证明 假设 s 是 V-1 型态, A 是线性序集, 得 $s(x \to y) = s(x) \to [s(y \to x) \otimes s(y)] \leqslant s(x) \to s(y)$ 和 $s(x \rightsquigarrow y) = s(x) \rightsquigarrow [s(y) \otimes s(y \rightsquigarrow x)] \leqslant s(x) \rightsquigarrow s(y)$. 用 $x \wedge y$ 替换 y, 得 $s(x \to y) \leqslant s(x) \to s(x \wedge y)$ 和 $s(x \rightsquigarrow y) \leqslant s(x) \rightsquigarrow s(x \wedge y)$, 于是 $s(x \to y) \otimes s(x) \leqslant s(x \wedge y)$, $s(x) \otimes s(x \rightsquigarrow y) \leqslant s(x \wedge y)$.

对 $\forall x, y \in A$, 有 $x \leqslant y$ 或 $y \leqslant x$ 成立, 即 $x \wedge y = x$ 或 $x \vee y = x$. 分别用 $x \wedge y$ 或 $x \vee y$ 替换 x, 得 $s(x \wedge y) \leqslant s(y \to x) \otimes s(y)$ 和 $s(x \wedge y) \leqslant s(y) \otimes s(y \rightsquigarrow x)$ 或 $s(x \to y) = s(x \vee y) \to s(y)$ 和 $s(x \rightsquigarrow y) = s(x \vee y) \rightsquigarrow s(y)$ 成立. 因此, 有 $s(x \wedge y) = s(x \to y) \otimes s(x)$ 和 $s(x \wedge y) = s(x) \otimes s(x \rightsquigarrow y)$. 由定义 7.3.3, 得 s 是 IV-1 型态或是保序 I-型态.

推论 7.3.15 如果 s 是 V-1 型态且满足 (H3), 则 s 既是 III-1 型态又是混合 II-型态.

定义 7.3.6 设 $s \in L^A$ 有 $s(0) = 0$ 和 $s(1) = 1$. 若对 $\forall x, y \in A$, 有

(1) $s(x \to y) = s(x) \rightsquigarrow [s(y) \otimes s(y \to x)]$;

(2) $s(x \rightsquigarrow y) = s(x) \to [s(y \rightsquigarrow x) \otimes s(y)]$,

则称 s 是 V-2 型混合广义 Bosbach 态, 简称 V-2 型态.

定理 7.3.15 设 $s \in L^A$ 有 $s(0) = 0$ 和 $s(1) = 1$, 则 s 是 V-2 型态当且仅当 s 既是混合 I-型态又是 IV-2 型态.

证明 假设 s 是 V-2 型态. 用 $x \wedge y$ 替换 y, 得 $s(x \to y) = s(x) \rightsquigarrow s(x \wedge y)$ 和 $s(x \rightsquigarrow y) = s(x) \to s(x \wedge y)$, 即 s 是混合 I-型态. 因此, $s(x \wedge y) \geqslant s(x) \otimes s(x \to y)$ 和 $s(x \wedge y) \geqslant s(x \rightsquigarrow y) \otimes s(x)$ 成立. 另外, 用 $x \wedge y$ 替换 x, 得 $s(x \wedge y) \leqslant s(y \rightsquigarrow x) \otimes s(y)$ 和 $s(x \wedge y) \leqslant s(y) \otimes s(y \to x)$. 因此, 有 $s(x \wedge y) = s(y \rightsquigarrow x) \otimes s(y)$ 和 $s(x \wedge y) = s(y) \otimes s(y \to x)$, 即 s 是 IV-2 型态.

逆命题是显然的.

推论 7.3.16 设 $s \in L^A$ 是混合 I-型态. 则 s 是 V-2 型态当且仅当 s 是 IV-2 型态.

推论 7.3.17 设 $s \in L^A$ 是 IV-2 型态. 则 s 是 V-2 型态当且仅当 s 是混合 I-型态.

定理 7.3.16 设 $s \in L^A$ 是 V-2 型态, A 是线性序集, 则 s 是 IV-2 型态或保序混合 I-型态.

证明 假设 s 是 V-2 型态, A 是线性序集, 得 $s(x \to y) = s(x) \rightsquigarrow [s(y) \otimes s(y \to x)] \leqslant s(x) \rightsquigarrow s(y)$ 和 $s(x \rightsquigarrow y) = s(x) \to [s(y \rightsquigarrow x) \otimes s(y)] \leqslant s(x) \to s(y)$. 用 $x \wedge y$ 替换 y, 得 $s(x \to y) \leqslant s(x) \rightsquigarrow s(x \wedge y)$ 和 $s(x \rightsquigarrow y) \leqslant s(x) \to s(x \wedge y)$, 于是 $s(x) \otimes s(x \to y) \leqslant s(x \wedge y)$ 和 $s(x \rightsquigarrow y) \otimes s(x) \leqslant s(x \wedge y)$ 成立.

对 $\forall x, y \in A$, 有 $x \leqslant y$ 或 $y \leqslant x$, 则有 $x \wedge y = x$ 或 $x \vee y = x$. 分别用 $x \wedge y$ 或 $x \vee y$ 替换 x, 得 $s(s \wedge y) \leqslant s(y) \otimes s(y \to x)$ 和 $s(x \wedge y) \leqslant s(y \rightsquigarrow x) \otimes s(y)$ 或

$s(x \to y) = s(x \vee y) \rightsquigarrow s(y)$ 和 $s(x \rightsquigarrow y) = s(x \vee y) \to s(y)$. 因此, $s(x \wedge y) = s(x) \otimes s(x \to y) = s(x \rightsquigarrow y) \otimes s(x)$. 再由定理 7.2.4 和定义 7.3.4, 得 s 是 IV-2 型态或保序混合 I-型态.

推论 7.3.18 如果 s 是 V-2 型态且满足 (H3), 则 s 既是 III-2 型态又是 II-型态.

7.3.4 VI-1 型、VI-2 型混合广义 Bosbach 态

定义 7.3.7 设 $s \in L^A$ 有 $s(0) = 0$ 和 $s(1) = 1$. 若对 $\forall x, y \in A$, 有

(1) $s(y) = s(x \to y) \otimes [s(y \to x) \rightsquigarrow s(x)]$;

(2) $s(y) = [s(y \rightsquigarrow x) \to s(x)] \otimes s(x \rightsquigarrow y)$,

则称 s 是 VI-1 型混合广义 Bosbach 态, 简称 VI-1 型态.

定理 7.3.17 设 $s \in L^A$ 有 $s(0) = 0$ 和 $s(1) = 1$, 则 s 是 VI-1 型态当且仅当 s 既是混合 II-型态又是 IV-1 型态.

证明 假设 s 是 VI-1 型态. 用 $x \wedge y$ 替换 x, 得 $s(y) = s(y \to x) \rightsquigarrow s(x \wedge y)$ 和 $s(y) = s(y \rightsquigarrow x) \to s(x \wedge y)$, 即 s 是混合 II-型态. 用 $x \wedge y$ 替换 y, 得 $s(x \wedge y) = s(x \to y) \otimes s(x)$ 和 $s(x \wedge y) = s(x) \otimes s(x \rightsquigarrow y)$, 即 s 是 IV-1 型态.

反之, 假设 s 既是混合 II-型态又是 IV-1 型态. 由定理 7.2.5 和定理 7.3.7, 知 s 是 VI-1 型态.

推论 7.3.19 (1) 设 s 是混合 II-型态, 则 s 是 VI-1 型态当且仅当它是 IV-1 型态;

(2) 设 s 是 IV-1 型态, 则 s 是 VI-1 型态当且仅当它是混合 II-型态.

定理 7.3.18 设 $s \in L^A$ 有 $s(0) = 0$ 和 $s(1) = 1$, 则 s 是 VI-1 型态当且仅当对 $\forall x, y \in A$, 有 $s(x) = s(x \to y) \rightsquigarrow [s(y \to x) \otimes s(y)]$ 和 $s(x) = s(x \rightsquigarrow y) \to [s(y) \otimes s(y \rightsquigarrow x)]$ 成立.

证明 假设 s 是 VI-1 型态, 由定理 7.3.17, 可知 $s(x) = s(x \to y) \rightsquigarrow s(x \wedge y) = s(x \rightsquigarrow y) \to s(x \wedge y)$ 和 $s(x \wedge y) = s(y \to x) \otimes s(y) = s(y) \otimes s(y \rightsquigarrow x)$. 因此, $s(x) = s(x \to y) \rightsquigarrow [s(y \to x) \otimes s(y)]$ 和 $s(x) = s(x \rightsquigarrow y) \to [s(y) \otimes s(y \rightsquigarrow x)]$ 成立.

反之, 将 y 用 $x \wedge y$ 代替, 得 $s(x) = s(x \to y) \rightsquigarrow s(x \wedge y)$ 和 $s(x) = s(x \rightsquigarrow y) \to s(x \wedge y)$, 则 s 是混合 II-型态. 将 x 用 $x \wedge y$ 代替, 得 $s(x \wedge y) = s(y \to x) \otimes s(y)$ 和 $s(x \wedge y) = s(y) \otimes s(y \rightsquigarrow x)$, 即 s 是 IV-1 型态. 所以, 由定理 7.3.17, 知 s 是 VI-1 型态.

定理 7.3.19 如果 s 是 VI-1 型态, 则 s 是 V-1 型态.

证明 由定理 7.3.1(1)、定理 7.3.13 和定理 7.3.17 易证.

定义 7.3.8 设 $s \in L^A$ 且 $s(0) = 0$, $s(1) = 1$. 若对 $\forall x, y \in A$, 有

(1) $s(y) = s(x \rightsquigarrow y) \otimes [s(y \rightsquigarrow x) \rightsquigarrow s(x)]$;

(2) $s(y) = [s(y \rightarrow x) \rightarrow s(x)] \otimes s(x \rightarrow y)$,

则称 s 是 VI-2 型混合广义 Bosbach 态, 简称 VI-2 型态.

定理 7.3.20 设 $s \in L^A$ 有 $s(0) = 0$ 和 $s(1) = 1$, 则 s 是 VI-2 型态当且仅当 s 既是 II-型态又是 IV-2 型态.

证明 假设 s 是 VI-2 型态. 将 x 用 $x \wedge y$ 代替, 得 $s(y) = s(y \rightarrow x) \rightarrow s(x \wedge y)$ 和 $s(y) = s(y \rightsquigarrow x) \rightsquigarrow s(x \wedge y)$, 即 s 是 II-型态. 将 y 用 $x \wedge y$ 代替, 得 $s(x \wedge y) = s(x \rightsquigarrow y) \otimes s(x)$ 和 $s(x \wedge y) = s(x) \otimes s(x \rightarrow y)$, 这意味着 s 是 IV-2 型态.

反之, 假设 s 既是 II-型态又是 IV-2 型态, 由定理 7.3.10(5), 知 s 是 VI-2 型态.

推论 7.3.20 (1) 设 s 是 II-型态, 则 s 是 VI-2 型态当且仅当它是 IV-2 型态;

(2) 设 s 是 IV-2 型态, 则 s 是 VI-2 型态当且仅当它是 II-型态.

定理 7.3.21 设 $s \in L^A$ 有 $s(0) = 0$ 和 $s(1) = 1$, 则 s 是 VI-2 型态当且仅当对 $\forall x, y \in A$, 有 $s(x) = s(x \rightarrow y) \rightarrow [s(y) \otimes s(y \rightarrow x)]$ 和 $s(x) = s(x \rightsquigarrow y) \rightsquigarrow [s(y \rightsquigarrow x) \otimes s(y)]$ 成立.

证明 假设 s 是 VI-2 型态, 由定理 7.3.20, 知 $s(x) = s(x \rightarrow y) \rightarrow s(x \wedge y) = s(x \rightsquigarrow y) \rightsquigarrow s(x \wedge y)$ 和 $s(x \wedge y) = s(y \rightsquigarrow x) \otimes s(y) = s(y) \otimes s(y \rightarrow x)$. 因此, $s(x) = s(x \rightarrow y) \rightarrow [s(y) \otimes s(y \rightarrow x)]$ 和 $s(x) = s(x \rightsquigarrow y) \rightsquigarrow [s(y \rightsquigarrow x) \otimes s(y)]$ 成立.

反之, 将 y 用 $x \wedge y$ 代替, 得 $s(x) = s(x \rightarrow y) \rightarrow s(x \wedge y)$ 和 $s(x) = s(x \rightsquigarrow y) \rightsquigarrow s(x \wedge y)$, 即 s 是 II-型态. 将 x 用 $x \wedge y$ 代替, 得 $s(x \wedge y) = s(y \rightsquigarrow x) \otimes s(y)$ 和 $s(x \wedge y) = s(y) \otimes s(y \rightarrow x)$, 即 s 是 IV-2 型态. 所以, 由定理 7.3.20 知 s 是 VI-2 型态.

定理 7.3.22 如果 s 是 VI-2 型态, 则 s 是 V-2 型态.

证明 由定理 7.3.1(2)、定理 7.3.15 和定理 7.3.20 易证.

7.3.5 几种广义态之间的关系

下面研究各种形式的广义态之间及与广义态-态射之间的关系. 首先回顾态-态射和广义态-态射等的定义.

定义 7.3.9 设 A 是非交换剩余格, $[0, 1]$ 是标准 MV 代数, 称函数 $s \in [0, 1]^A$ 为态-态射, 如果其满足 $s(0) = 0, s(1) = 1$ 且对于 $\forall x, y \in A$, 有

(1) $s(x \wedge y) = \min\{s(x), s(y)\}$;

(2) $s(x \rightarrow y) = s(x \rightsquigarrow y) = s(x) \rightarrow Ł s(y)$.

为表述方便, 给出任意满足 $s(0) = 0, s(1) = 1$ 的函数 $s \in L^A$ 的一些性质特征, 对 $\forall x, y \in A$, 有

(s1) $s(x \vee y) = s(x) \vee s(y)$;

(s2) $s(x \wedge y) = s(x) \wedge s(y)$;

(s3) $s(x \to y) = s(x) \to s(y)$ 和 $s(x \rightsquigarrow y) = s(x) \rightsquigarrow s(y)$;

(s4) $s(x \to y) = s(x) \rightsquigarrow s(y)$ 和 $s(x \rightsquigarrow y) = s(x) \to s(y)$.

定义 7.3.10 对函数 $s \in L^A$ 而言, 有

(1) 若满足 (s1)~(s3), 则称为广义态-态射;

(2) 若满足 (s1)、(s2) 和 (s4), 则称为混合广义态-态射.

定理 7.3.23 (1) 广义态-态射是保序 I-型态;

(2) 混合广义态-态射是保序混合 I-型态.

命题 7.3.17 设 $s \in L^A$ 是广义态-态射且满足 (H3), 则 s 是 III-1 型态.

证明 由定理 7.3.23 和命题 7.3.7 易得.

下面的例子表明, 通常情况下 III-1 型态不包含广义态-态射.

例 7.3.3 设 $L = \{0, a, b, c, d, 1\}$, 其中 $0 < a < c < d < 1, 0 < b < c < d < 1$. 定义运算 $\otimes$, $\to$ 和 $\rightsquigarrow$ 如下:

$\otimes$	0	a	b	c	d	1
0	0	0	0	0	0	0
a	0	0	0	0	0	a
b	0	0	0	0	0	b
c	0	0	0	0	0	c
d	0	a	b	c	d	d
1	0	a	b	c	d	1

$\to$	0	a	b	c	d	1
0	1	1	1	1	1	1
a	c	1	c	1	1	1
b	c	c	1	1	1	1
c	c	c	c	1	1	1
d	c	c	c	c	1	1
1	0	a	b	c	d	1

$\rightsquigarrow$	0	a	b	c	d	1
0	1	1	1	1	1	1
a	d	1	d	1	1	1
b	d	d	1	1	1	1
c	d	d	d	1	1	1
d	0	a	b	c	1	1
1	0	a	b	c	d	1

则 L 是非交换剩余格. 定义函数 $s : L \to L$ 为 $s(0) = 0, s(a) = s(b) = a, s(c) = c, s(d) = d, s(1) = 1$. 容易验证 s 是 III-1 型态, 但不是广义态-态射, 因为 $c = s(b \to a) \neq s(b) \to s(a) = 1$.

命题 7.3.18 设 $s \in L^A$ 是混合广义态-态射且满足 (H3), 则 s 是 III-2 型态.

证明 由定理 7.3.23 和命题 7.3.12 易证.

下面的例子表明, 通常情况下 III-2 型态不包含混合广义态-态射.

例 7.3.4 设 $L = \{0, a, b, c, d, 1\}$, 其中 $0 < a < b < d < 1$ 和 $0 < a < c < d < 1$. 定义运算 $\otimes$ 和 $\to = \rightsquigarrow$ 如下:

$\otimes$	0	a	b	c	d	1
0	0	0	0	0	0	0
a	0	0	0	0	0	a
b	0	0	0	a	a	b
c	0	0	a	0	a	c
d	0	0	a	a	a	d
1	0	a	b	c	d	1

$\to$	0	a	b	c	d	1
0	1	1	1	1	1	1
a	d	1	1	1	1	1
b	b	d	1	d	1	1
c	c	d	d	1	1	1
d	a	d	d	d	1	1
1	0	a	b	c	d	1

则 L 是非交换剩余格. 定义函数 $s : L \to L$ 为 $s(0) = 0, s(a) = a, s(b) = s(c) = b, s(d) = d, s(1) = 1$. 容易验证 s 是 III-2 型态, 但不是混合广义态-态射, 因为 $d = s(b \to c) \neq s(b) \to s(c) = 1$.

下面的例子表明, 广义态-态射不包含 III-1 型态, 混合广义态-态射不包含 III-2 型态.

例7.3.5　设 $L = \{0, a, b, c, d, 1\}$, 其中 $0 < a < b < d < 1, 0 < a < c < d < 1$. 定义运算 $\otimes, \to$ 和 $\rightsquigarrow$ 如下:

$\otimes$	0	a	b	c	d	1
0	0	0	0	0	0	0
a	0	0	0	0	0	a
b	0	0	0	0	0	b
c	0	0	a	0	a	c
d	0	0	a	0	a	d
1	0	a	b	c	d	1

$\to$	0	a	b	c	d	1
0	1	1	1	1	1	1
a	d	1	1	1	1	1
b	b	d	1	d	1	1
c	d	d	d	1	1	1
d	b	d	d	d	1	1
1	0	a	b	c	d	1

$\rightsquigarrow$	0	a	b	c	d	1
0	1	1	1	1	1	1
a	d	1	1	1	1	1
b	d	d	1	d	1	1
c	c	d	d	1	1	1
d	c	d	d	d	1	1
1	0	a	b	c	d	1

则 L 是非交换剩余格. 定义函数 $s_1, s_2 : L \to L$ 分别为 $s_1(0) = 0, s_1(a) = a, s_1(b) = c, s_1(c) = b, s_1(d) = d, s_1(1) = 1$ 和 $s_2 = \mathrm{id}_L$. 容易验证:

(1) s_1 是混合广义态-态射, 但不是 III-2 态-态射, 因为 $d = s_1(c) \to s_1(b) \neq s_1(b \rightsquigarrow c) \rightsquigarrow s_1(c \rightsquigarrow b) = 1$;

(2) s_2 是广义态-态射, 但不是 III-1 型态, 因为 $d = s_2(c) \to s_2(b) \neq s_2(b \to c) \rightsquigarrow s_2(c \to b) = 1$.

命题 7.3.19　(1) 设 $s \in L^A$ 是广义态-态射, A 和 L 是可除的, 则 s 是 IV-1 型态;

(2) 设 $s \subset L^A$ 是混合广义态-态射, A 和 L 是可除的, 则 s 是 IV-2 型态.

推论 7.3.21　(1) 设 $s \in L^A$ 是广义态-态射, A 和 L 是可除的, 则 s 是 V-1 型态;

(2) 设 $s \in L^A$ 是混合广义态-态射, A 和 L 是可除的, 则 s 是 V-2 型态.

定义 7.3.11 设 L 是非交换剩余格. 给定 $x, y \in L$, 若 $y^{\sim-} \leqslant x^-$, 则称 x 正交于 y, 记作 $x \perp y$.

显然, $x \perp y$ 当且仅当 $x^{-\sim} \leqslant y^\sim$ 当且仅当 $y^{\sim-} \otimes x^{-\sim} = 0$.

给出 L 上的二元运算 $\oplus$, 定义为 $x \oplus y = x^- \rightsquigarrow y^{\sim-} = y^\sim \to x^{-\sim}$.

定义 7.3.12 设 $s \in L^A$, 有

(1) 若 $x \perp y$, 则 $s(x) \perp s(y)$, 称 s 是正交保持的;

(2) 若 $x \perp y$, 则 $s(y) \perp s(x)$, 称 s 是混合正交保持的.

定义 7.3.13 设 $s \in L^A$ 有 $s(1) = 1$.

(1) 若 s 是正交保持的且满足当 $x \perp y$ 时, 有 $s(x \oplus y) = s(x) \oplus s(y)$, 则称 s 为广义 Riečan 态;

(2) 若 s 是混合正交保持的且满足当 $x \perp y$ 时, 有 $s(x \oplus y) = s(y) \oplus s(x)$, 则称 s 为混合广义 Riečan 态.

定理 7.3.24 (1) 保序 I-型态是广义 Riečan 态;

(2) 保序混合 I-型态是混合广义 Riečan 态.

定理 7.3.25 设 A 满足伪双否定条件, $s \in L^A$ 满足 $s(x^-) = s(x)^\sim, s(x^\sim) = s(x)^-$.

(1) 若 s 是广义 Riečan 态, 则 s 是保序 I-型态;

(2) 若 s 是混合广义 Riečan 态, 则 s 是保序混合 I-型态.

命题 7.3.20 (1) III-1 型态是广义 Riečan 态;

(2) III-2 型态是混合广义 Riečan 态.

证明 由命题 7.3.4、命题 7.3.9 和定理 7.3.24 易证.

命题 7.3.21 设 A 满足伪双否定条件, $s \in L^A$ 满足 $s(x^-) = s(x)^\sim, s(x^\sim) = s(x)^-$ 和 (H3).

(1) 若 s 是广义 Riečan 态, 则 s 是 III-1 型态;

(2) 若 s 是混合广义 Riečan 态, 则 s 是混合 III-1 型态.

命题 7.3.22 设 L 是可消的.

(1) 若 $s \in L^A$ 是 IV-1 型态, 则 s 是广义 Riečan 态;

(2) 若 $s \in L^A$ 是 IV-2 型态, 则 s 是混合广义 Riečan 态.

命题 7.3.23 设 A 和 L 是可除的, A 满足伪双否定条件, $s \in L^A$ 满足 $s(x^-) = s(x)^\sim, s(x^\sim) = s(x)^-$.

(1) 若 s 是广义 Riečan 态, 则 s 是 IV-1 型态;

(2) 若 s 是混合广义 Riečan 态, 则 s 是 IV-2 型态.

命题 7.3.24 设 A 是线性序集, L 是可消的.

(1) 若 $s \in L^A$ 是 V-1 型态, 则 s 是广义 Riečan 态;

(2) 若 $s \in L^A$ 是 V-2 型态, 则 s 是混合广义 Riečan 态.

命题 7.3.25 设 A 和 L 是可除的, A 满足伪双否定条件, $s \in L^A$ 满足 $s(x^-) = s(x)^\sim, s(x^\sim) = s(x)^-$.

(1) 若 s 是广义 Riečan 态, 则 s 是 V-1 型态;

(2) 若 s 是混合广义 Riečan 态, 则 s 是 V-2 型态.

命题 7.3.26 (1) 若 $s \in L^A$ 是 VI-1 型态, 则 s 是广义 Riečan 态;

(2) 若 $s \in L^A$ 是 VI-2 型态, 则 s 是混合广义 Riečan 态.

7.4 非交换剩余格上的 L-滤子与广义态的关系

文献 [179] 研究了剩余格上广义态与 L-滤子之间的关系, 本节研究混合广义 Bosbach 态与 L-滤子和混合 L-滤子的关系, 并基于此提出一些新的广义态, 得到了相关性质.

7.4.1 几类新型混合 L-滤子

定义 7.4.1 设 $f \in L^A$ 是保序的且 $f(1) = 1$, 那么

(1) 若对 $\forall x, y \in A, f(x) \otimes f(y) \leqslant f(x \otimes y)$, 则称 f 为一个基于剩余格的滤子, 简称 L-滤子;

(2) 若对 $\forall x, y \in A, f(y) \otimes f(x) \leqslant f(x \otimes y)$, 则称 f 为一个混合的基于剩余格的滤子, 简称混合 L-滤子.

定理 7.4.1 设 $f \in L^A$ 且 $f(1) = 1$, 那么

(1) f 是 L-滤子当且仅当对 $\forall x, y \in A, f(x \rightarrow y) \leqslant f(x) \rightarrow f(y)$ 或 $f(x \rightsquigarrow y) \leqslant f(x) \rightsquigarrow f(y)$;

(2) f 是混合 L-滤子当且仅当对 $\forall x, y \in A, f(x \rightsquigarrow y) \leqslant f(x) \rightarrow f(y)$ 或 $f(x \rightarrow y) \leqslant f(x) \rightsquigarrow f(y)$.

$\Leftrightarrow \mathrm{Ker}(f) = \{x \in A | f(x) = 1\}$.

定义 7.4.2 设 $f \in L^A$ 为一个 (混合)L-滤子, 如果 $\mathrm{Ker}(f)$ 是正规的, 那么 f 是正规的.

定义 7.4.3 设 $f \in L^A$ 是一个 L-滤子, 则对 $\forall x, y \in A, t_1(x, y), t_1'(x, y), t_2(x, y), t_2'(x, y)$ 是 A 中的项, 使得 $t_k'(x, y) \leqslant t_k(x, y), k = 1, 2$, 那么

(1) 若对 $\forall x, y \in A, f(t_k(x, y)) = f(t_k'(x, y)), k = 1, 2$, 则称 f 为关于 $t_1(x, y), t_1'(x, y), t_2(x, y), t_2'(x, y)$ 的 I-型 L-滤子, 简称 I-型 L-滤子;

(2) 若对 $\forall x, y \in A, f(t_1(x, y) \rightarrow t_1'(x, y)) = 1, f(t_2(x, y) \rightsquigarrow t_2'(x, y)) = 1$, 则称 f 为关于 $t_1(x, y), t_1'(x, y), t_2(x, y), t_2'(x, y)$ 的 II-型 L-滤子, 简称 II-型 L-滤子.

定义 7.4.4 设 $f \in L^A$ 是一个混合 L-滤子, 则对 $\forall x, y \in A, t_1(x, y), t_1'(x, y), t_2(x, y), t_2'(x, y)$ 是 A 中的项, 使得 $t_k'(x, y) \leqslant t_k(x, y), k = 1, 2$, 那么

(1) 若对 $\forall x, y \in A$, $f(t_k(x, y)) = f(t'_k(x, y))$, $k = 1, 2$, 则称 f 为关于 $t_1(x, y)$, $t'_1(x, y)$, $t_2(x, y)$, $t'_2(x, y)$ 的 I-型混合 L-滤子, 简称 I-型混合 L-滤子;

(2) 若对 $\forall x, y \in A$, $f(t_1(x, y) \to t'_1(x, y)) = 1$, $f(t_2(x, y) \rightsquigarrow t'_2(x, y)) = 1$, 则称 f 为关于 $t_1(x, y)$, $t'_1(x, y)$, $t_2(x, y)$, $t'_2(x, y)$ 的 II-型混合 L-滤子, 简称 II-型混合 L-滤子.

定理 7.4.2 II-型 (混合)L-滤子是 I-型 (混合)L-滤子.

证明 易证.

命题 7.4.1 保序 I-型态是正规 L-滤子.

定理 7.4.3 设 $f \in L^A$ 是 I-型态, 则 f 是 I-型 L-滤子当且仅当 f 是 II-型 L-滤子.

证明 这里只证明反面. 因为对 $\forall x, y \in A$, $t'_k(x, y) \leqslant t_k(x, y)$, $k = 1, 2$, 由定理 7.4.1(2), 知 $f(t_1(x, y) \to t'_1(x, y)) = f(t_1(x, y)) \to f(t'_1(x, y)) = 1$, $f(t_2(x, y) \rightsquigarrow t'_2(x, y)) = f(t_2(x, y)) \rightsquigarrow f(t'_2(x, y)) = 1$. 从而 f 是 II-型 L-滤子.

命题 7.4.2 保序混合 I-型态是正规混合 L-滤子.

命题 7.4.3 设 $f \in L^A$ 是保序 (混合)I-型态, 那么 $A/\mathrm{Ker}(f)$ 是剩余格.

定理 7.4.4 设 $f \in L^A$ 是混合 I-型态, 那么 f 是 I-型混合 L-滤子当且仅当 f 是 II-型混合 L-滤子.

证明 证明方法与定理 7.4.3 类似.

对于 II-型 (混合)L-滤子, 可以得到更进一步的结果.

定理 7.4.5 设 $f, g \in L^A$ 是 (混合)L-滤子. 若 $f \leqslant g$ 且 f 是 II-型 (混合)L-滤子, 则 g 也是 II-型 (混合)L-滤子.

证明 易证.

特别地, 有以下定义.

定义 7.4.5 设 $f \in L^A$ 是 (混合)L-滤子, 那么

(1) 若对 $\forall x, y \in A$, $t_1(x, y) = x^- \rightsquigarrow x$, $t_2(x, y) = x^\sim \to x$ 且 $t'_1(x, y) = t'_2(x, y) = x$, 则称 f 为 I-型 (II-型) 布尔的;

(2) 若对 $\forall x, y \in A$, $t_1(x, y) = (x \to y) \rightsquigarrow y$, $t_2(x, y) = (x \rightsquigarrow y) \to y$ 且 $t'_1(x, y) = t'_2(x, y) = x \vee y$, 则称 f 为 I-型 (II-型) 奇异的;

(3) 若对 $\forall x, y \in A$, $t_1(x, y) = x^{\sim -}$, $t_2(x, y) = x^{-\sim}$ 且 $t'_1(x, y) = t'_2(x, y) = x$, 则称 f 为 I-型 (II-型) 对合的;

(4) 若对 $\forall x, y \in A$, $t_1(x, y) = t_2(x, y) = x \wedge y$ 且 $t'_1(x, y) = t'_2(x, y) = x \otimes y$, 则称 f 为 I-型 (II-型) 蕴涵的;

(5) 若对 $\forall x, y \in A$, $t_1(x, y) = t_2(x, y) = x \wedge y$ 且 $t'_1(x, y) = (x \to y) \otimes x$, $t'_2(x, y) = x \otimes (x \rightsquigarrow y)$, 则称 f 为 I-型 (II-型) 可除的.

定理 7.4.6 设 $f \in L^A$ 是 (混合)L-滤子, 则 f 是 II-型布尔的 (奇异的、对合的、蕴涵的、可除的) 当且仅当 $\mathrm{Ker}(f)$ 是布尔 (奇异、对合、蕴涵、可除) 滤子.

由定理 7.4.6, 显然可以得到以下结论.

定理 7.4.7 设 $f \in L^A$ 是正规 (混合)L-滤子, 则

(1) f 是 II-型布尔的当且仅当 $L/\mathrm{Ker}(f)$ 是布尔代数;

(2) f 是 II-型奇异的当且仅当 $L/\mathrm{Ker}(f)$ 是伪 MV-代数;

(3) f 是 II-型对合的当且仅当 $L/\mathrm{Ker}(f)$ 是对合非交换剩余格;

(4) f 是 II-型蕴涵的当且仅当 $L/\mathrm{Ker}(f)$ 是 Heyting 代数;

(5) f 是 II-型可除的当且仅当 $L/\mathrm{Ker}(f)$ 是非交换 Rl-独异点.

证明 显然成立.

定理 7.4.8 设 f 是 A 中的 (混合)L-滤子, 则

(1) f 是 I-型布尔的当且仅当 f 既是 I-型对合的也是 I-型蕴涵的;

(2) I-型奇异的是 I-型对合的;

(3) I-型蕴涵的是 I-型可除的.

证明 易证.

7.4.2 III-型广义 Bosbach 态、III-3 型混合广义 Bosbach 态

下面介绍非交换剩余格上的两种新型的广义 Bosbach 态.

定义 7.4.6[180] 设 $s \in L^A$ 满足 $s(0) = 0, s(1) = 1$. 若对 $\forall x, y \in A$, 满足 $s(y) \to s(x) = s(x \to y) \to s(y \to x), s(y) \rightsquigarrow s(x) = s(x \rightsquigarrow y) \rightsquigarrow s(y \rightsquigarrow x)$, 则称 s 为 III-型广义 Bosbach 态, 简称 III-型态.

注 III-型态是在非交换剩余格上对交换型剩余格上 III-型态的推广.

以下结论显而易见但很有用.

命题 7.4.4 设 $s \in L^A$ 是 III-型态, 则

(1) 对 $\forall x, y \in A$, $x \leqslant y$ 蕴涵 $s(y) \to s(x) = s(y \to x), s(y) \rightsquigarrow s(x) = s(y \rightsquigarrow x)$;

(2) 对 $\forall x, y \in A$, $s(y \to x) \leqslant s(y) \to s(x), s(y \rightsquigarrow x) \leqslant s(y) \rightsquigarrow s(x)$.

定理 7.4.9 III-型态是保序 I-型态.

证明 设 s 是 III-型态. 令 $y \leqslant x$, 由命题 7.4.4(2), 知 $s(y) \leqslant s(x)$, 即 s 是保序的. 用 $x \wedge y$ 代替 x, 得 $s(y) \to s(x \wedge y) = s(y \to x), s(y) \rightsquigarrow s(x \wedge y) = s(y \rightsquigarrow x)$, 从而 s 是保序 I-型态.

定理 7.4.10 设 $s \in L^A$ 是保序 I-型态且 A 是线性有序的, 则 s 是 III-型态.

证明 因为 A 是线性有序的, 则对 $\forall x, y \in A$, 满足 $x \leqslant y$ 或 $y \leqslant x$, 即 $x \to y = 1, x \rightsquigarrow y = 1$ 或 $y \to x = 1, y \rightsquigarrow x = 1$. 为了不失一般性, 这里假设 $y \to x = 1$. 由保序 I-型态的定义, 得 $s(x) \to s(y) = s(x \to y) = 1 \to s(x \to y) =$

$s(y \to x) \to s(x \to y), s(x) \rightsquigarrow s(y) = s(x \rightsquigarrow y) = 1 \rightsquigarrow s(x \rightsquigarrow y) = s(y \rightsquigarrow x) \rightsquigarrow s(x \rightsquigarrow y)$, 从而 s 是 III-型态.

推论 7.4.1 设 $s \in L^A$ 满足 $s(0) = 0, s(1) = 1$ 且 A 是线性有序的, 则 s 是保序 I-型态当且仅当 s 是 III-型态.

命题 7.4.5 设 $s \in L^A$ 是 III-型态, 则对 $\forall x, y \in A$, 满足:

$(1) s(x \to y) = s(x \vee y) \to s(y), s(x \rightsquigarrow y) = s(x \vee y) \rightsquigarrow s(y)$;

$(2) s(x \to y) \to s(y) = s((x \to y) \to y), s(x \to y) \rightsquigarrow s(y) = s((x \to y) \rightsquigarrow y)$;

$(3) s(x \rightsquigarrow y) \to s(y) = s((x \rightsquigarrow y) \to y), s(x \rightsquigarrow y) \rightsquigarrow s(y) = s((x \rightsquigarrow y) \rightsquigarrow y)$.

证明 (1) 若 s 是 III-型态, 则 $s(x) \to s(y) = s(y \to x) \to s(x \to y)$, $s(x) \rightsquigarrow s(y) = s(y \rightsquigarrow x) \rightsquigarrow s(x \rightsquigarrow y)$. 用 $x \vee y$ 代替 x, 由引理 6.1.1(1) 即得.

(2) 用 $x \to y$ 代替 x, 即得.

(3) 用 $x \rightsquigarrow y$ 代替 x, 即得.

定理 7.4.11 设 $s \in L^A$ 是 III-型态且满足 (T1) 和 (T2), 则 s 是 II-型态.

证明 由命题 7.4.5, 知 s 是 II-型态.

推论 7.4.2 设 $s \in L^A$ 是 III-型态且满足 (T3), 则 s 是 II-型态.

命题 7.4.6 $s \in L^A$ 是 III-型态且满足 (H1) 和 (H2), 则 s 是混合 II-型态.

证明 由命题 7.4.5 和定理 7.2.5, 知 s 是混合 II-型态.

推论 7.4.3 设 $s \in L^A$ 是 III-型态且满足 (H3), 则 s 是混合 II-型态.

定义 7.4.7 设 $s \in L^A$ 满足 $s(0) = 0, s(1) = 1$, 若对 $\forall x, y \in A$, 满足 $s(y) \to s(x) = s(x \rightsquigarrow y) \to s(y \rightsquigarrow x), s(y) \rightsquigarrow s(x) = s(x \to y) \rightsquigarrow s(y \to x)$, 则称 s 为混合 III-3 型广义 Bosbach 态, 简称混合 III-3 型态.

命题 7.4.7 设 $s \in L^A$ 是混合 III-3 型态, 则

(1) 对 $\forall x, y \in A, x \leqslant y$ 蕴涵 $s(y) \to s(x) = s(y \rightsquigarrow x), s(y) \rightsquigarrow s(x) = s(y \to x)$;

(2) 对 $\forall x, y \in A, s(y \rightsquigarrow x) \leqslant s(y) \to s(x), s(y \to x) \leqslant s(y) \rightsquigarrow s(x)$.

定理 7.4.12 混合 III-3 型态是保序混合 I-型态.

证明 设 s 是混合 III-3 型态. 令 $y \leqslant x$, 由命题 7.4.7(2), 知 $s(y) \leqslant s(x)$, 即 s 是保序的. 用 $x \wedge y$ 代替 x, 由引理 6.1.1(2), 得 $s(y) \to s(x \wedge y) = s(y \rightsquigarrow x)$, $s(y) \rightsquigarrow s(x \wedge y) = s(x \to y)$, 从而 s 是保序混合 I-型态.

定理 7.4.13 设 $s \in L^A$ 是保序混合 I-型态且 A 是线性有序的, 则 s 是混合 III-3 型态.

证明 因为 A 是线性有序的, 则对 $\forall x, y \in A$, 满足 $x \leqslant y$ 或 $y \leqslant x$. 这里假设 $y \leqslant x$. 由保序混合 I-型态的定义, 得 $s(x) \to s(y) = s(x \rightsquigarrow y) = 1 \to s(x \rightsquigarrow y) = s(y \rightsquigarrow x) \to s(x \rightsquigarrow y), s(x) \rightsquigarrow s(y) = s(x \to y) = 1 \rightsquigarrow s(x \to y) = s(y \to x) \rightsquigarrow s(x \to y)$, 从而 s 是混合 III-3 型态.

推论 7.4.4　设 $s \in L^A$ 且 A 是线性有序的, 则 s 是保序混合 I-型态当且仅当 s 是混合 III-3 型态.

命题 7.4.8　设 $s \in L^A$ 是混合 III-3 型态, 则对 $\forall x, y \in A$, 满足:

(1) $s(x \to y) = s(x \vee y) \rightsquigarrow s(y)$, $s(x \rightsquigarrow y) = s(x \vee y) \to s(y)$;

(2) $s(x \to y) \to s(y) = s((x \to y) \rightsquigarrow y)$, $s(x \to y) \rightsquigarrow s(y) = s((x \to y) \to y)$;

(3) $s(x \rightsquigarrow y) \to s(y) = s((x \rightsquigarrow y) \rightsquigarrow y)$, $s(x \rightsquigarrow y) \rightsquigarrow s(y) = s((x \rightsquigarrow y) \to y)$.

证明　证明方法与命题 7.4.5 类似.

定理 7.4.14　设 $s \in L^A$ 是混合 III-3 型态且满足 (H1) 和 (H2), 则 s 是 II-型态.

证明　由命题 7.4.8, 知 s 是 II-型态.

推论 7.4.5　设 $s \in L^A$ 是混合 III-3 型态且满足 (H3), 则 s 是 II-型态.

定理 7.4.15　设 $s \in L^A$ 是混合 III-3 型态且满足 (T1) 和 (T2), 则 s 是混合 II-型态.

证明　由命题 7.4.8 和定理 7.2.5, 知 s 是混合 II-型态.

推论 7.4.6　设 $s \in L^A$ 是混合 III-3 型态且满足 (T3), 则 s 是混合 II-型态.

7.4.3　混合广义 Bosbach 态与 L-滤子之间的关系

下面研究混合广义 Bosbach 态与 L-滤子之间的关系.

定理 7.4.16　设 $s \in L^A$ 是保序 I-型态, 则

(1) s 是正规 L-滤子;

(2) 若 L 满足伪双重否定, 则 s 是 II-型对合 L-滤子.

证明　(1) 由文献 [177] 中的命题 3 即得.

(2) 在命题 7.1.2 中, 令 $y = 0$, 得 $s(x^-) = s(x \to 0) = s(x) \to s(0) = s(x)^-$, 即 $s(x^{-\sim}) = s(x^- \rightsquigarrow 0) = s(x^-) \rightsquigarrow s(0) = s(x)^- \rightsquigarrow 0 = s(x)^{-\sim}$, 因此 $s(x^{-\sim}) = s(x)^{-\sim} = s(x)$, 同理, 有 $s(x^{\sim-}) = s(x)^{\sim-} = s(x)$. 因此, $s(x^{-\sim} \to x) = s(x^{-\sim}) \to s(x^{-\sim} \wedge x) = s(x^{-\sim}) \to s(x) = 1$, $s(x^{\sim-} \rightsquigarrow x) = s(x^{\sim-}) \rightsquigarrow s(x^{\sim-} \wedge x) = s(x^{\sim-}) \rightsquigarrow s(x) = 1$, 从而 s 是 II-型对合 L-滤子.

推论 7.4.7　设 $s \in L^A$ 是保序 I-型态且 L 满足伪双重否定, 则 $A/\mathrm{Ker}(s)$ 是对合非交换剩余格.

定理 7.4.9 和定理 7.2.7(1) 表明 III-型态和混合 III-1 型态是保序 I-型态, 因此上述结论对于 III-型态和混合 III-1 型态同样满足. 但是, 已知 II-型奇异 L-滤子是 II-型对合 L-滤子, 下面的例子表明, III-型态和混合 III-1 型态通常不是 II-型奇异 L-滤子.

例 7.4.1 设 $L = \{0, a, b, 1\}$ 为链. 定义运算 $\otimes = \wedge, \to = \rightsquigarrow$ 如下:

$\to$	0	a	b	1
0	1	1	1	1
a	0	1	1	1
b	0	a	1	1
1	0	a	b	1

,

则 L 是剩余格. 定义函数 $s: L \to L$ 为 $s(0) = 0, s(a) = a, s(b) = 1, s(1) = 1$. 可以验证 s 是 III-型态, 但不是 II-型奇异 L-滤子, 因为 $s(((a \to 0) \rightsquigarrow 0) \to (a \vee 0)) = a \neq 1$.

例 7.4.2 设 $L = \{0, a, b, c, 1\}, 0 < a < b < 1, 0 < a < c < 1$. 定义运算 $\otimes, \to, \rightsquigarrow$ 如下:

$\otimes$	0	a	b	c	1
0	0	0	0	0	0
a	0	0	0	a	a
b	0	a	b	a	b
c	0	0	0	c	c
1	0	a	b	c	1

,

$\to$	0	a	b	c	1
0	1	1	1	1	1
a	c	1	1	1	1
b	c	c	1	c	1
c	0	b	b	1	1
1	0	a	b	c	1

,

$\rightsquigarrow$	0	a	b	c	1
0	1	1	1	1	1
a	b	1	1	1	1
b	0	c	1	c	1
c	b	b	b	1	1
1	0	a	b	c	1

,

则 L 是非交换剩余格. 定义函数 $s = \mathrm{id}_L$. 可以验证 s 是混合 III-1 型态, 但不是 II-型奇异 L-滤子, 因为 $s(((a \to 0) \rightsquigarrow 0) \to (a \vee 0)) = c \neq 1$.

定理 7.4.17 设 $s \in L^A$ 是保序混合 I-型态, 则

(1) s 是正规混合 L-滤子;

(2) 若 L 满足伪双重否定, 则 s 是 II-型对合混合 L-滤子.

证明 与定理 7.4.16 的证明方法类似.

推论 7.4.8 设 $s \in L^A$ 是保序混合 I-型态且 L 满足伪双重否定, 则 $A/\mathrm{Ker}(s)$ 是对合非交换剩余格.

定理 7.2.7(2) 和定理 7.4.12 表明混合 III-2 型态和混合 III-3 型态是保序混合 I-型态, 因此上述结论对于混合 III-2 型态和混合 III-3 型态同样满足.

定理 7.4.18 设 $s \in L^A$ 是 II-型态, 则 s 是 II-型奇异混合 L-滤子.

证明 设 s 是 II-型态. 显然, 由定理 7.2.7(2) 和定理 7.4.17, 知 s 是混合 L-滤子. 又 $s(x \vee y) = s(x \to y) \to s(y), s(x \vee y) = s(x \rightsquigarrow y) \rightsquigarrow s(y)$, 由定理 7.2.4(2), 得 $s(x \vee y) = s((x \to y) \rightsquigarrow y), s(x \vee y) = s((x \rightsquigarrow y) \to y)$. 同理, 由定理 7.2.4(3), 得 $s(((x \to y) \rightsquigarrow y) \to (x \vee y)) = s(((x \to y) \rightsquigarrow y) \rightsquigarrow (x \vee y)) = 1$,

$s(((x \rightsquigarrow y) \rightarrow y) \rightsquigarrow (x \vee y)) = s(((x \rightsquigarrow y) \rightarrow y) \rightarrow (x \vee y)) = 1$, 从而 s 是 II-型奇异混合 L-滤子.

推论 7.4.9　设 $s \in L^A$ 是 II-型态, 则 $A/\mathrm{Ker}(s)$ 是伪 MV-代数.

定理 7.4.19　设 $s \in L^A$ 是保序混合 I-型态, 则 s 是 II-型态当且仅当 s 是 II-型奇异混合 L-滤子.

证明　考虑定理 7.4.18, 这里只证反面.

设 s 是 II-型奇异混合 L-滤子, 即满足 $s(((x \rightarrow y) \rightsquigarrow y) \rightarrow (x \vee y)) = 1$, $s(((x \rightsquigarrow y) \rightarrow y) \rightsquigarrow (x \vee y)) = 1$. 由定理 7.4.1(2), 得 $s((x \rightarrow y) \rightsquigarrow y) \leqslant s(x \vee y)$, $s((x \rightsquigarrow y) \rightarrow y) \leqslant s(x \vee y)$. 由 s 的保序性, 得 $s((x \rightarrow y) \rightsquigarrow y) \geqslant s(x \vee y)$, $s((x \rightsquigarrow y) \rightarrow y) \geqslant s(x \vee y)$. 因此, $s((x \rightarrow y) \rightsquigarrow y) = s(x \vee y)$, $s((x \rightsquigarrow y) \rightarrow y) = s(x \vee y)$, 即满足 (H1) 和 (H2). 由假设和定理 6.1.25(2), 知 s 是 II-型态.

推论 7.4.10　设 $s \in L^A$ 是保序混合 I-型态, 则 s 是 II-型态当且仅当 $A/\mathrm{Ker}(s)$ 是伪 MV-代数.

定理 7.4.20　设 $s \in L^A$ 满足 $s(0) = 0$, $s(1) = 1$, 则 s 是 II-型态当且仅当 s 既是保序混合 I-型态也是 I-型奇异混合 L-滤子.

证明　考虑定理 7.2.7(2)、定理 7.4.18 和定理 7.4.2. 这里只证反面.

由命题 7.2.2, 知 $s(x \rightarrow y) \rightarrow s(y) = s((x \rightarrow y) \rightsquigarrow y)$, $s(x \rightsquigarrow y) \rightsquigarrow s(y) = s((x \rightsquigarrow y) \rightarrow y)$. 因此, $s(x \vee y) = s(x \rightarrow y) \rightarrow s(y)$, $s(x \vee y) = s(x \rightsquigarrow y) \rightsquigarrow s(y)$, 从而 s 是 II-型态.

推论 7.4.11　设 $s \in L^A$ 满足 $s(0) = 0$, $s(1) = 1$, 则 s 是 II-型态当且仅当 s 是 I-型奇异混合 L-滤子且 $s(x \rightarrow y) \rightarrow s(y) = s((x \rightarrow y) \rightsquigarrow y)$, $s(x \rightsquigarrow y) \rightsquigarrow s(y) = s((x \rightsquigarrow y) \rightarrow y)$.

定理 7.4.21　设 $s \in L^A$ 满足 $s(0) = 0$, $s(1) = 1$, 则 s 是 II-型态当且仅当 s 是 II-型奇异混合 L-滤子且 $s(x \rightarrow y) \rightarrow s(y) = s((x \rightarrow y) \rightsquigarrow y)$, $s(x \rightsquigarrow y) \rightsquigarrow s(y) = s((x \rightsquigarrow y) \rightarrow y)$.

证明　由定理 7.4.18 和推论 7.4.11 易得.

推论 7.4.12　设 $s \in L^A$ 满足 $s(0) = 0$, $s(1) = 1$, 则 s 是 II-型态当且仅当 $A/\mathrm{Ker}(s)$ 是伪 MV-代数且 $s(x \rightarrow y) \rightarrow s(y) = s((x \rightarrow y) \rightsquigarrow y)$, $s(x \rightsquigarrow y) \rightsquigarrow s(y) = s((x \rightsquigarrow y) \rightarrow y)$.

定理 7.4.22　设 s 是 II-型奇异混合 L-滤子, 则以下条件等价:

(1) s 是保序混合 I-型态;

(2) s 是 II-型态;

(3) s 是混合 III-2 型态.

证明　由命题 7.3.14 易得.

定理 7.4.23 设 s 是 II-型奇异混合 L-滤子且是混合 III-3 型态, 则 s 是 II-型态.

证明 由定理 7.4.14 易得.

定理 7.4.24 设 $s \in L^A$ 是混合 II-型态, 则 s 是 II-型奇异 L-滤子.

证明 由命题 7.2.9 即得.

推论 7.4.13 设 $s \in L^A$ 是混合 II-型态, 则 $A/\mathrm{Ker}(s)$ 是伪 MV-代数.

定理 7.4.25 设 $s \in L^A$ 是保序 I-型态, 则 s 是混合 II-型态当且仅当 s 是 II-型奇异 L-滤子.

证明 由定理 7.4.7 和推论 7.2.25 即得.

定理 7.4.26 设 $s \in L^A$ 满足 $s(0) = 0, s(1) = 1$, 则 s 是混合 II-型态当且仅当 s 既是保序 I-型态也是 I-型奇异 L-滤子.

证明 考虑定理 7.2.7(1)、定理 7.4.24 和定理 7.4.2. 这里只证反面.

由命题 7.2.8, 知 $s(x \rightsquigarrow y) \to s(y) = s((x \rightsquigarrow y) \to y)$, $s(x \to y) \rightsquigarrow s(y) = s((x \to y) \rightsquigarrow y)$. 因此, $s(x \vee y) = s(x \rightsquigarrow y) \to s(y)$, $s(x \vee y) = s(x \to y) \rightsquigarrow s(y)$, 从而 s 是混合 II-型态.

推论 7.4.14 设 $s \in L^A$ 满足 $s(0) = 0$, $s(1) = 1$, 则 s 是混合 II-型态当且仅当 s 是 I-型奇异 L-滤子且 $s(x \rightsquigarrow y) \to s(y) = s((x \rightsquigarrow y) \to y)$, $s(x \to y) \rightsquigarrow s(y) = s((x \to y) \rightsquigarrow y)$.

推论 7.4.15 设 $s \in L^A$ 满足 $s(0) = 0$, $s(1) = 1$, 则 s 是混合 II-型态当且仅当 s 是 II-型奇异 L-滤子且 $s(x \rightsquigarrow y) \to s(y) = s((x \rightsquigarrow y) \to y)$, $s(x \to y) \rightsquigarrow s(y) = s((x \to y) \rightsquigarrow y)$.

推论 7.4.16 设 $s \in L^A$ 满足 $s(0) = 0$, $s(1) = 1$, 则 s 是混合 II-型态当且仅当 $A/\mathrm{Ker}(s)$ 是伪 MV-代数且 $s(x \rightsquigarrow y) \to s(y) = s((x \rightsquigarrow y) \to y)$, $s(x \to y) \rightsquigarrow s(y) = s((x \to y) \rightsquigarrow y)$.

定理 7.4.27 设 s 是 II-型奇异 L-滤子, 则以下条件等价:

(1) s 是保序 I-型态;

(2) s 是混合 II-型态;

(3) s 是混合 III-1 型态.

证明 由推论 7.3.6 易得.

定理 7.4.28 设 s 是 II-型奇异 L-滤子且是混合 III-3 型态, 则 s 是 II-型态.

证明 由命题 7.4.6 易得.

定理 7.4.29 设 $s \in L^A$ 满足 $s(0) = 0, s(1) = 1$, 则 s 是混合 IV-1 型态当且仅当 s 是 I-型可分 L-滤子且 $s(x \otimes (x \rightsquigarrow y)) = s(x) \otimes s(x \rightsquigarrow y)$, $s((x \to y) \otimes x) = s(x \to y) \otimes s(x)$.

证明   由定理 7.3.8 即得.

以下结果可以认为在非交换剩余格上存在混合 V-1 型态.

定理 7.4.30   设 $s \in L^A$ 是保序 I-型态, 则 s 是混合 V-1 型态当且仅当 s 是 II-型可分 L-滤子且 $s(x \otimes (x \rightsquigarrow y)) = s(x) \otimes s(x \rightsquigarrow y)$, $s((x \rightarrow y) \otimes x) = s(x \rightarrow y) \otimes s(x)$.

证明   一方面, 设 s 是混合 V-1 型态, 可知 s 既是混合 IV-1 型态也是保序 I-型态. 又由定理 7.4.3 和定理 7.4.29, 得 s 是 II-型可分 L-滤子且 $s(x \otimes (x \rightsquigarrow y)) = s(x) \otimes s(x \rightsquigarrow y)$, $s((x \rightarrow y) \otimes x) = s(x \rightarrow y) \otimes s(x)$.

另一方面, 由命题 7.4.1, 知保序 I-型态是 L-滤子. 由定理 7.4.3, 知 s 是 I-型可除 L-滤子, 即 $s(x \wedge y) = s(x \otimes (x \rightsquigarrow y))$, $s(x \wedge y) = s((x \rightarrow y) \otimes x)$. 根据假设, 得 $s(x \wedge y) = s(x) \otimes s(x \rightsquigarrow y)$, $s(x \wedge y) = s(x \rightarrow y) \otimes s(x)$, 即 s 是混合 IV-1 型态, 即得 s 是混合 V-1 型态.

推论 7.4.17   设 $s \in L^A$ 是保序 I-型态, 则 s 是混合 V-1 型态当且仅当 $A/\mathrm{Ker}(s)$ 是非交换 Rl-独异点且 $s(x \otimes (x \rightsquigarrow y)) = s(x) \otimes s(x \rightsquigarrow y)$, $s((x \rightarrow y) \otimes x) = s(x \rightarrow y) \otimes s(x)$.

此外, 混合 V-1 型态给出了非交换 Rl-独异点的另一种定义.

定理 7.4.31   设 $s \in L^L$ 满足 $s(0) = 0$, $s(1) = 1$, 则 L 是可除的当且仅当满足 $s(x \otimes (x \rightsquigarrow y)) = s(x) \otimes s(x \rightsquigarrow y)$, $s((x \rightarrow y) \otimes x) = s(x \rightarrow y) \otimes s(x)$ 的保序 I-型态 s 是混合 V-1 型态.

证明   一方面, 由于 L 是可除的, 因此有 $x \wedge y = x \otimes (x \rightsquigarrow y)$ 和 $x \wedge y = (x \rightarrow y) \otimes x$. 由假设, 有 $s(x \wedge y) = s(x) \otimes s(x \rightsquigarrow y)$ 和 $s(x \wedge y) = s(x \rightarrow y) \otimes s(x)$, 即 s 是混合 IV-1 型态, 即得 s 是混合 V-1 型态.

另一方面, 显然 id_L 是保序 I-型态且满足 $\mathrm{id}_L(y \otimes (y \rightsquigarrow x)) = \mathrm{id}_L(y) \otimes \mathrm{id}_L(y \rightsquigarrow x)$ 和 $\mathrm{id}_L((y \rightarrow x) \otimes y) = \mathrm{id}_L(y \rightarrow x) \otimes \mathrm{id}_L(y)$. 因此, $x \rightsquigarrow y = x \rightsquigarrow (y \otimes (y \rightsquigarrow x))$, $x \rightarrow y = x \rightarrow ((y \rightarrow x) \otimes y)$. 用 $x \wedge y$ 代替 x, 得 $x \wedge y \leqslant y \otimes (y \rightsquigarrow x)$, $x \wedge y \leqslant (y \rightarrow x) \otimes y$. 用 $x \wedge y$ 代替 x, 得 $x \wedge y = y \otimes (y \rightsquigarrow x)$, $x \wedge y = (y \rightarrow x) \otimes y$, 即 L 是可除的.

定理 7.4.32   设 $s \in L^A$ 满足 $s(0) = 0$, $s(1) = 1$, 则 s 是混合 IV-2 型态当且仅当 s 是 I-型可除混合 L-滤子且 $s(x \otimes (x \rightsquigarrow y)) = s(x \rightsquigarrow y) \otimes s(x)$, $s((x \rightarrow y) \otimes x) = s(x) \otimes s(x \rightarrow y)$.

证明   设 s 是混合 IV-2 型态. 由定理 7.3.11 得 s 是混合 L-滤子. 又由不等式 $s(x \rightsquigarrow y) \otimes s(x) \leqslant s(x \otimes (x \rightsquigarrow y)) \leqslant s(x \wedge y) = s(x \rightsquigarrow y) \otimes s(x)$ 和 $s(x) \otimes s(x \rightarrow y) \leqslant s((x \rightarrow y) \otimes x) \leqslant s(x \wedge y) = s(x) \otimes s(x \rightarrow y)$, 得 s 是 I-型可除混合 L-滤子且 $s(x \otimes (x \rightsquigarrow y)) = s(x \rightsquigarrow y) \otimes s(x)$, $s((x \rightarrow y) \otimes x) = s(x) \otimes s(x \rightarrow y)$.

反之, 成立.

以下结果可以认为在非交换剩余格上存在混合 V-2 型态.

定理 7.4.33 设 $s \in L^A$ 是保序混合 I-型态, 则 s 是混合 V-2 型态当且仅当 s 是 II-型可除混合 L-滤子且 $s(x \otimes (x \rightsquigarrow y)) = s(x \rightsquigarrow y) \otimes s(x)$, $s((x \rightarrow y) \otimes x) = s(x) \otimes s(x \rightarrow y)$.

证明 一方面, 设 s 是混合 V-2 型态, 可知 s 既是混合 IV-2 型态也是保序混合 I-型态. 又由定理 7.4.4 和定理 7.4.32, 得 s 是 II-型可除混合 L-滤子且 $s(x \otimes (x \rightsquigarrow y)) = s(x \rightsquigarrow y) \otimes s(x)$, $s((x \rightarrow y) \otimes x) = s(x) \otimes s(x \rightarrow y)$.

另一方面, 由命题 7.4.2, 知保序混合 I-型态是混合 L-滤子. 由定理 7.4.4, 知 s 是 I-型可除混合 L-滤子, 即 $s(x \wedge y) = s(x \otimes (x \rightsquigarrow y))$, $s(x \wedge y) = s((x \rightarrow y) \otimes x)$. 根据假设, 得 $s(x \wedge y) = s(x \rightsquigarrow y) \otimes s(x)$, $s(x \wedge y) = s(x) \otimes s(x \rightarrow y)$, 即 s 是混合 IV-2 型态, 即得 s 是混合 V-2 型态.

推论 7.4.18 设 $s \in L^A$ 是保序混合 I-型态, 则 s 是混合 V-2 型态当且仅当 $A/\mathrm{Ker}(s)$ 是非交换 Rl-独异点且 $s(x \otimes (x \rightsquigarrow y)) = s(x \rightsquigarrow y) \otimes s(x)$, $s((x \rightarrow y) \otimes x) = s(x) \otimes s(x \rightarrow y)$.

定理 7.4.34 设 $s \in L^L$ 满足 $s(0) = 0$, $s(1) = 1$ 且 L 是可除的, 则满足 $s(x \otimes (x \rightsquigarrow y)) = s(x \rightsquigarrow y) \otimes s(x)$, $s((x \rightarrow y) \otimes x) = s(x) \otimes s(x \rightarrow y)$ 的保序混合 I-型态 s 是混合 V-2 型态.

证明 由于 L 是可除的, 因此有 $x \wedge y = x \otimes (x \rightsquigarrow y)$ 和 $x \wedge y = (x \rightarrow y) \otimes x$. 由假设, 有 $s(x \wedge y) = s(x \rightsquigarrow y) \otimes s(x)$ 和 $s(x \wedge y) = s(x) \otimes s(x \rightarrow y)$, 即 s 是混合 IV-2 型态, 即得 s 是混合 V-2 型态.

定理 7.4.35 设 $s \in L^A$ 满足 $s(0) = 0$, $s(1) = 1$, 则 s 是混合 VI-1 型态当且仅当 s 是 II-型奇异 L-滤子, 且对 $\forall x, y \in A$ 满足 $s(x \otimes (x \rightsquigarrow y)) = s(x) \otimes s(x \rightsquigarrow y)$, $s((x \rightarrow y) \otimes x) = s(x \rightarrow y) \otimes s(x)$, $s(x \rightsquigarrow y) \rightarrow s(y) = s((x \rightsquigarrow y) \rightarrow y)$, $s(x \rightarrow y) \rightsquigarrow s(y) = s((x \rightarrow y) \rightsquigarrow y)$.

证明 由 7.4.2 节知识, 定理 7.4.30 和推论 7.4.15 即得.

推论 7.4.19 设 $s \in L^A$ 满足 $s(0) = 0$, $s(1) = 1$, 则 s 是混合 VI-1 型态当且仅当 $A/\mathrm{Ker}(s)$ 是伪 MV-代数, 且对 $\forall x, y \in A$ 满足 $s(x \otimes (x \rightsquigarrow y)) = s(x) \otimes s(x \rightsquigarrow y)$, $s((x \rightarrow y) \otimes x) = s(x \rightarrow y) \otimes s(x)$, $s(x \rightsquigarrow y) \rightarrow s(y) = s((x \rightsquigarrow y) \rightarrow y)$, $s(x \rightarrow y) \rightsquigarrow s(y) = s((x \rightarrow y) \rightsquigarrow y)$.

定理 7.4.36 设 $s \in L^A$ 满足 $s(0) = 0$, $s(1) = 1$, 则 s 是混合 VI-2 型态当且仅当 s 是 II-型奇异混合 L-滤子, 且对 $\forall x, y \in A$ 满足 $s(x \otimes (x \rightsquigarrow y)) = s(x \rightsquigarrow y) \otimes s(x)$, $s((x \rightarrow y) \otimes x) = s(x) \otimes s(x \rightarrow y)$, $s(x \rightarrow y) \rightarrow s(y) = s((x \rightarrow y) \rightsquigarrow y)$, $s(x \rightsquigarrow y) \rightsquigarrow s(y) = s((x \rightsquigarrow y) \rightarrow y)$.

证明 由 7.4.2 节知识, 定理 7.4.21 和定理 7.4.33 即得.

推论 7.4.20 设 $s \in L^A$ 满足 $s(0) = 0$, $s(1) = 1$, 则 s 是混合 VI-2 型态当且仅当 $A/\mathrm{Ker}(s)$ 是伪 MV-代数, 且对 $\forall x, y \in A$ 满足 $s(x \otimes (x \rightsquigarrow y)) = s(x \rightsquigarrow y) \otimes s(x)$, $s((x \rightarrow y) \otimes x) = s(x) \otimes s(x \rightarrow y)$, $s(x \rightarrow y) \rightarrow s(y) = s((x \rightarrow y) \rightsquigarrow y)$, $s(x \rightsquigarrow y) \rightsquigarrow s(y) = s((x \rightsquigarrow y) \rightarrow y)$.

7.4.4 基于 L-滤子的混合广义 Bosbach 态的推广

定义 7.4.8 设 $s \in L^A$ 满足 $s(0) = 0$, $s(1) = 1$. 若对 $\forall x, y \in A$, 满足 $s(x) \otimes s(x \rightsquigarrow y) = s(x) \otimes s(y)$ 和 $s(x \rightarrow y) \otimes s(x) = s(y) \otimes s(x)$, 则称 s 为蕴涵混合 IV-1 型广义 Bosbach 态, 简称蕴涵 IV-1 型态.

命题 7.4.9 蕴涵 IV-1 型态是 L-滤子.

证明 设 $x \leqslant y$, 由蕴涵 IV-1 型态的定义, 知 $s(x) = s(x) \otimes s(y) \leqslant s(y)$. 再由引理 6.1.1(9), 可得 $s(x) \otimes s(y) \leqslant s(x) \otimes s(x \rightsquigarrow (x \otimes y)) = s(x) \otimes s(x \otimes y) \leqslant s(x \otimes y)$ 和 $s(y) \otimes s(x) \leqslant s(x \rightarrow (y \otimes x)) \otimes s(x) = s(y \otimes x) \otimes s(x) \leqslant s(y \otimes x)$. 因此, s 是 L-滤子.

定理 7.4.37 设 $s \in L^A$ 满足 $s(0) = 0$, $s(1) = 1$, 则以下条件等价:

(1) s 是蕴涵 IV-1 型态;

(2) s 是 L-滤子且对 $\forall x \in A$, 满足 $s(x) = s^2(x)$;

(3) s 是 L-滤子且对 $\forall x, y \in A$, 满足 $s(x \wedge y) = s(x) \otimes s(y)$.

证明 (1)$\Rightarrow$(2). 由命题 7.4.9, 知 s 是 L-滤子. 令 $x = y$, 显然 $s(x) = s^2(x)$.

(2)$\Rightarrow$(3). 用 $x \wedge y$ 代替 x, 得 $s(x \wedge y) = s(x \wedge y) \otimes s(x \wedge y)$. 因为 s 是 L-滤子, 因此有 $s(x \wedge y) \otimes s(x \wedge y) \leqslant s(x) \otimes s(y) \leqslant s(x \otimes y) \leqslant s(x \wedge y)$. 因此, $s(x \wedge y) = s(x) \otimes s(y)$.

(3)$\Rightarrow$(1). 由 L-滤子的定义, 有 $s(x) \otimes s(y) \leqslant s(x) \otimes s(x \rightsquigarrow y) \leqslant s(x \otimes (x \rightsquigarrow y)) \leqslant s(x \wedge y) = s(x) \otimes s(y)$ 和 $s(y) \otimes s(x) \leqslant s(x \rightarrow y) \otimes s(x) \leqslant s((x \rightarrow y) \otimes x) \leqslant s(x \wedge y) = s(y) \otimes s(x)$. 因此, $s(x) \otimes s(x \rightsquigarrow y) = s(x) \otimes s(y)$, $s(x \rightarrow y) \otimes s(x) = s(y) \otimes s(x)$.

推论 7.4.21 设 $s \in L^A$ 满足 $s(0) = 0$, $s(1) = 1$, 则以下条件等价:

(1) s 是蕴涵 IV-1 型态;

(2) s 是 I-型蕴涵 L-滤子且对 $\forall x \in A$, 满足 $s^2(x) = s(x^2)$;

(3) s 是 I-型蕴涵 L-滤子且对 $\forall x, y \in A$, 满足 $s(x \otimes y) = s(x) \otimes s(y)$.

证明 (1)$\Rightarrow$(3). 由定理 7.4.37, 知 s 是 L-滤子, 且 $s(x \wedge y) = s(x) \otimes s(y)$, 因此 $s(x \otimes y) \leqslant s(x \wedge y) = s(x) \otimes s(y) \leqslant s(x \otimes y)$. 因此, $s(x \otimes y) = s(x \wedge y) = s(x) \otimes s(y)$, 即 s 是 I-型蕴涵 L-滤子且 $s(x \otimes y) = s(x) \otimes s(y)$.

(3)$\Rightarrow$(2). 令 $x = y$, 显然 $s^2(x) = s(x^2)$.

(2)⇒(1). 由 I-型蕴涵 L-滤子的定义, 令 $x = y$, 可得 $s(x) = s(x^2)$. 因此 s 是 L-滤子且 $s(x) = s^2(x)$. 由定理 7.4.37, 知 s 是蕴涵 IV-1 型态.

定理 7.4.38 设 $s \in L^A$ 满足 $s(0) = 0, s(1) = 1$, 则 s 是蕴涵 IV-1 型态当且仅当 s 是 IV-1 型态且对 $\forall x, y \in A$, 满足 $s(x \otimes (x \rightsquigarrow y)) = s(x) \otimes s(y)$, $s((x \rightarrow y) \otimes x) = s(y) \otimes s(x)$.

证明 设 s 是蕴涵 IV-1 型态. 一方面, 由命题 7.4.9 和定理 7.4.37(3), 得
$s(x) \otimes s(y) \leqslant s(x) \otimes s(x \rightsquigarrow y) \leqslant s(x \otimes (x \rightsquigarrow y)) \leqslant s(x \wedge y) = s(x) \otimes s(y)$,
$s(y) \otimes s(x) \leqslant s(x \rightarrow y) \otimes s(x) \leqslant s((x \rightarrow y) \otimes x) \leqslant s(x \wedge y) = s(y) \otimes s(x)$. 因此, $s(x) \otimes s(y) = s(x \otimes (x \rightsquigarrow y))$, $s(y) \otimes s(x) = s((x \rightarrow y) \otimes x)$, $s(x \wedge y) = s(x) \otimes s(x \rightsquigarrow y) = s(x \rightarrow y) \otimes s(x)$, 即 s 是 IV-1 型态.

另一方面, 由定理 7.4.29, 知 s 是 L-滤子. 由假设, 有 $s(x) \otimes s(y) \leqslant s(x) \otimes s(x \rightsquigarrow y) \leqslant s(x \otimes (x \rightsquigarrow y)) = s(x) \otimes s(y)$, $s(y) \otimes s(x) \leqslant s(x \rightarrow y) \otimes s(x) \leqslant s((x \rightarrow y) \otimes x) = s(y) \otimes s(x)$. 因此, $s(x) \otimes s(y) = s(x) \otimes s(x \rightsquigarrow y)$, $s(y) \otimes s(x) = s(x \rightarrow y) \otimes s(x)$, 即 s 是蕴涵 IV-1 型态.

定义 7.4.9 设 $s \in L^A$ 满足 $s(0) = 0, s(1) = 1$. 若对 $\forall x, y \in A$, 满足 $s(x \rightarrow y) = s(x) \rightarrow (s(x) \otimes s(y))$, $s(x \rightsquigarrow y) = s(x) \rightsquigarrow (s(y) \otimes s(x))$, 则称 s 为蕴涵混合 V-1 型广义 Bosbach 态, 简称蕴涵 V-1 型态.

命题 7.4.10 设 $s \in L^A$ 是蕴涵 V-1 型态, 则

(1) s 是蕴涵 IV-1 型态;

(2) s 是保序 I-型态.

证明 (1) 由 s 的定义, 显然有 $s(x \rightarrow y) \leqslant s(x) \rightarrow s(y)$, $s(x \rightsquigarrow y) \leqslant s(x) \rightsquigarrow s(y)$, 因此 s 是 L-滤子. 在定义 7.4.9 中, 令 $x = y$, 得 $1 = s(x) \rightarrow s^2(x)$, $1 = s(x) \rightsquigarrow s^2(x)$, 即 $s(x) \leqslant s^2(x)$. 又由 $s^2(x) \leqslant s(x)$, 得 $s(x) = s^2(x)$. 从而, 由定理 7.4.37(2), 知 s 是蕴涵 IV-1 型态.

(2) 由 (1) 和定理 7.4.37(3), 得 $s(x \wedge y) = s(x) \otimes s(y)$. 因此, $s(x \rightarrow y) = s(x) \rightarrow s(x \wedge y)$, $s(x \rightsquigarrow y) = s(x) \rightsquigarrow s(x \wedge y)$, 即 s 是保序 I-型态.

推论 7.4.22 设 $s \in L^A$ 满足 $s(0) = 0, s(1) = 1$, 则以下条件等价:

(1) s 是蕴涵 V-1 型态;

(2) s 既是蕴涵 IV-1 型态也是保序 I-型态;

(3) s 是混合 V-1 型态且对 $\forall x, y \in A$, 满足 $s(x \otimes (x \rightsquigarrow y)) = s(x) \otimes s(y)$, $s((x \rightarrow y) \otimes x) = s(y) \otimes s(x)$.

证明 (1)⇔(2). 这里只证反面. 由定理 7.4.37(3), 得 $s(x \rightarrow y) = s(x) \rightarrow (s(x) \otimes s(y))$, $s(x \rightsquigarrow y) = s(x) \rightsquigarrow (s(y) \otimes s(x))$. 因此, s 是蕴涵 V-1 型态.

(2)⇔(3). 由定理 7.4.3、定理 7.4.38 及本推论 (2) 即得.

定理 7.4.39 设 $s \in L^A$ 保序 I-型态, 则 s 是蕴涵 V-1 型态当且仅当 s 是 II-型蕴涵 L-滤子且对 $\forall x, y \in A$, 满足 $s(x \otimes y) = s(x) \otimes s(y)$.

证明 设 s 是蕴涵 V-1 型态. 由推论 7.4.22, 知 s 既是蕴涵 IV-1 型态也是保序 I-型态. 由推论 7.4.21(3) 和定理 7.4.3 可得, s 是 II-型蕴涵 L-滤子且 $s(x \otimes y) = s(x) \otimes s(y)$.

另一方面, 由定理 7.4.2, 知 s 是 I-型蕴涵 L-滤子, 即 $s(x \wedge y) = s(x \otimes y)$. 因此 $s(x \wedge y) = s(x) \otimes s(y)$. 又因为 s 是保序 I-型态, 所以 $s(x \to y) = s(x) \to (s(x) \otimes s(y))$, $s(x \rightsquigarrow y) = s(x) \rightsquigarrow (s(y) \otimes s(x))$, 从而 s 是蕴涵 V-1 型态.

推论 7.4.23 设 $s \in L^A$ 保序 I-型态, 则 s 是蕴涵 V-1 型态当且仅当 $A/\mathrm{Ker}(s)$ 是 Heyting 代数, 且对 $\forall x, y \in A$, 满足 $s(x \otimes y) = s(x) \otimes s(y)$.

定理 7.4.40 设 $s \in L^L$ 满足 $s(0) = 0, s(1) = 1$, 则 L 是 Heyting 代数当且仅当满足 $s(x \otimes y) = s(x) \otimes s(y)$ 的保序 I-型态 s 是蕴涵 V-1 型态.

证明 一方面, 设 L 是 Heyting 代数, s 是保序 I-型态且 $s(x \otimes y) = s(x) \otimes s(y)$. 由命题 7.2.1 和定理 7.4.37, 知 s 是蕴涵 IV-1 型态. 又由推论 7.4.22(2), 得 s 是蕴涵 V-1 型态.

另一方面, 显然 id_L 是 I-型态且 $\mathrm{id}_L(x \otimes y) = \mathrm{id}_L(x) \otimes \mathrm{id}_L(y)$. 因此, $x \to y = x \to (x \otimes y)$, $x \rightsquigarrow y = x \rightsquigarrow (y \otimes x)$. 用 $x \wedge y$ 代替 x, 得 $x \wedge y \leqslant x \otimes y$. 因此, $x \wedge y = x \otimes y$, 从而 L 是 Heyting 代数.

定义 7.4.10 设 $s \in L^A$ 满足 $s(0) = 0, s(1) = 1$. 若对 $\forall x, y \in A$, 满足 $s(x) = s(x \to y) \rightsquigarrow (s(x) \otimes s(y))$, $s(x) = s(x \rightsquigarrow y) \to (s(y) \otimes s(x))$, 则称 s 为蕴涵混合 VI-1 型广义 Bosbach 态, 简称蕴涵 VI-1 型态.

命题 7.4.11 设 $s \in L^A$ 是蕴涵 VI-1 型态, 则

(1) s 是蕴涵 IV-1 型态;

(2) s 是混合 II-型态.

证明 (1) 根据 s 的定义, 显然有 $s(x) \leqslant s(x \to y) \rightsquigarrow s(y)$, $s(x) \leqslant s(x \rightsquigarrow y) \to s(y)$, 即 $s(x \to y) \leqslant s(x) \to s(y)$, $s(x \rightsquigarrow y) \leqslant s(x) \rightsquigarrow s(y)$, 因此 s 是 L-滤子. 在定义 7.4.10 中, 令 $x = y$, 得 $s(x) = 1 \rightsquigarrow s^2(x) = s^2(x)$, $s(x) = 1 \to s^2(x) = s^2(x)$. 由定理 6.3.37(2) 得 s 是蕴涵 IV-1 型态.

(2) 由 (1) 和定理 7.4.37(3), 得 $s(x \wedge y) = s(x) \otimes s(y)$. 因此, $s(x) = s(x \to y) \rightsquigarrow s(x \wedge y)$, $s(x) = s(x \rightsquigarrow y) \to s(x \wedge y)$, 即 s 是混合 II-型态.

推论 7.4.24 设 $s \in L^A$ 满足 $s(0) = 0, s(1) = 1$, 则以下条件等价:

(1) s 是蕴涵 VI-1 型态;

(2) s 既是蕴涵 IV-1 型态也是混合 II-型态;

(3) s 是混合 VI-1 型态且对 $\forall x, y \in A$, 满足 $s(x \otimes (x \rightsquigarrow y)) = s(x) \otimes s(y)$, $s((x \to y) \otimes x) = s(x) \otimes s(y)$.

证明 (1)⇔(2) 这里只证反面. 由定理 7.4.37(3) 和定义 7.4.8 即得.

(1)⇔(3) 由定理 7.4.16、定理 7.4.38 及本推论 (2) 即得.

命题 7.4.12 设 $s \in L^A$ 是蕴涵 VI-1 型态, 则

(1) s 是蕴涵 V-1 型态;

(2) $A/\mathrm{Ker}(s)$ 是布尔代数.

证明 (1) 由推论 7.4.24 和推论 7.4.22 即得.

(2) 由推论 7.4.23, 知 s 既是蕴涵 IV-1 型态也是混合 II-型态. 又由定理 7.4.38 和推论 7.4.13, 知 $A/\mathrm{Ker}(s)$ 既是 Heyting 代数也是伪 MV-代数. 因此, $A/\mathrm{Ker}(s)$ 是布尔代数.

定理 7.4.41 设 $s \in L^L$ 满足 $s(0) = 0, s(1) = 1$, 则 L 是布尔的当且仅当满足 $s(x \otimes y) = s(x) \otimes s(y)$ 的保序 I-型态 s 是蕴涵 VI-1 型态.

证明 设 L 是布尔滤子, s 是保序 I-型态且 $s(x \otimes y) = s(x) \otimes s(y)$. 由定理 7.4.7(1), 知 L 既是 Heyting 代数也是伪 MV-代数. 由定理 7.4.40 和推论 7.2.4(2), 知 s 既是混合 II-型态也是蕴涵 VI-型态. 又由命题 7.4.10 和推论 7.4.24(2), 得 s 是蕴涵 VI-1 型态.

另一方面, 显然 id_L 是保序 I-型态且 $\mathrm{id}_L(x \otimes y) = \mathrm{id}_L(x) \otimes \mathrm{id}_L(y)$. 由假设, 知 id_L 是蕴涵 VI-1 型态, 即 $x = (x \to y) \rightsquigarrow (x \otimes y)$, $x = (x \rightsquigarrow y) \to (y \otimes x)$. 分别令 $y = 0$ 和 $x = y$, 则 $x^{-\sim} = x^{\sim-} = x$, $x = x^2$. 因此, $x^{-\sim} = x^{\sim-} = x^2$. 由定理 7.4.7(1), 得 L 是布尔的.

定义 7.4.11 设 $s \in L^A$ 满足 $s(0) = 0, s(1) = 1$. 若对 $\forall x, y \in A$, 满足 $s((x \wedge y)^{-\sim}) = s(x \to y) \otimes s(x)$ 和 $s((x \wedge y)^{\sim-}) = s(x) \otimes s(x \rightsquigarrow y)$, 则称 s 为对合混合 IV-1 型广义 Bosbach 态, 简称对合 IV-1 型态.

命题 7.4.13 (1) 对合 IV-1 型态是混合 IV-1 型态;

(2) 混合 VI-1 型态是对合 IV-1 型态.

证明 (1) 设 s 是对合 IV-1 型态, 即 $s((x \wedge y)^{-\sim}) = s(x \to y) \otimes s(x)$ 和 $s((x \wedge y)^{\sim-}) = s(x) \otimes s(x \rightsquigarrow y)$. 令 $x = y$, 得 $s(x^{-\sim}) = s(x) = s(x^{\sim-})$, 则 $s((x \wedge y)^{-\sim}) = s(x \wedge y) = s((x \wedge y)^{\sim-})$. 因此, $s(x \wedge y) = s(x \to y) \otimes s(x)$, $s(x \wedge y) = s(x) \otimes s(x \rightsquigarrow y)$, 即 s 是混合 IV-1 型态.

(2) 由命题 7.2.8(3), 知 $s(x^{-\sim}) = s(x^{\sim-}) = s(x)$ 和 $s(x \wedge y) = s(x) \otimes s(x \rightsquigarrow y) = s(x \to y) \otimes s(x)$. 因此, $s((x \wedge y)^{-\sim}) = s(x \to y) \otimes s(x)$, $s((x \wedge y)^{\sim-}) = s(x) \otimes s(x \rightsquigarrow y)$, 即 s 是对合 IV-1 型态.

推论 7.4.25 设 $s \in L^A$ 满足 $s(0) = 0, s(1) = 1$, 则 s 是对合 IV-1 型态当且仅当 s 是混合 IV-1 型态且对 $\forall x, y \in A$, 满足 $s(x^{-\sim}) = s(x) = s(x^{\sim-})$.

命题 7.4.14 设 $s \in L^A$ 既是对合 IV-1 型态也是保序 I-型态, 则 s 是混合 II-型态.

证明 由推论 7.4.25, 知 s 既是保序 I-型态也是混合 IV-1 型态且 $s(x^{-\sim}) = s(x) = s(x^{\sim-})$. 因此, s 是混合 V-1 型态且满足 $s(x^{-\sim} \to x) = s(x^{-\sim}) \to s(x^{-\sim} \wedge x) = s(x^{-\sim}) \to s(x) = 1$, $s(x^{\sim-} \rightsquigarrow x) = s(x^{\sim-}) \rightsquigarrow s(x^{\sim-} \wedge x) = s(x^{\sim-}) \rightsquigarrow s(x) = 1$. 由定理 7.4.30, 知 s 是 II-型可除 L-滤子. 又 s 也是 II-型对合 L-滤子, 故可得 s 是 II-型奇异 L-滤子. 再由定理 7.4.25, 知 s 是混合 II-型态.

定义 7.4.12 设 $s \in L^A$ 满足 $s(0) = 0, s(1) = 1$. 若对 $\forall x, y \in A$, 满足 $s(x \to y) \otimes s(x^{-\sim}) = s(y) \otimes s(x)$ 和 $s(x^{\sim-}) \otimes s(x \rightsquigarrow y) = s(x) \otimes s(y)$, 则称 s 为布尔混合 IV-1 型广义 Bosbach 态, 简称布尔 IV-1 型态.

命题 7.4.15 布尔 IV-1 型态是混合 IV-1 型态.

证明 设 s 是布尔 IV-1 型态. 令 $y = 1$, 得 $s(x^{-\sim}) = s(x) = s(x^{\sim-})$, 则 $s(x \to y) \otimes s(x) = s(y) \otimes s(x)$, $s(x) \otimes s(x \rightsquigarrow y) = s(x) \otimes s(y)$, 即 s 是混合 IV-1 型态.

推论 7.4.26 设 $s \in L^A$ 满足 $s(0) = 0, s(1) = 1$, 则以下条件等价:

(1) s 是布尔 IV-1 型态;

(2) s 是蕴涵 IV-1 型态且对 $\forall x \in A$, 满足 $s(x^{-\sim}) = s(x) = s(x^{\sim-})$;

(3) 对 $\forall x, y \in A$, $s(x \to y) \otimes s(x) = s(y^{-\sim}) \otimes s(x)$, $s(x) \otimes s(x \rightsquigarrow y) = s(x) \otimes s(y^{\sim-})$.

定理 7.4.42 设 $s \in L^A$ 满足 $s(0) = 0, s(1) = 1$, 则 s 是布尔 IV-1 型态当且仅当 s 是 L-滤子且 $s(x^{-\sim}) = s(x^{\sim-}) = s^2(x)$.

证明 一方面, 设 s 是布尔 IV-1 型态. 由命题 7.4.9 和推论 7.4.26, 知 s 是 L-滤子. 令 $x = y$, 显然 $s(x^{-\sim}) = s(x^{\sim-}) = s^2(x)$.

另一方面, 由假设和 L-滤子的定义, 有 $s(x^{\sim-}) \otimes s(x \rightsquigarrow y) = s^2(x) \otimes s(x \rightsquigarrow y) \leqslant s(x) \otimes s(x \otimes (x \rightsquigarrow y)) \leqslant s(x) \otimes s(y)$, 从而得 $y \leqslant x \rightsquigarrow y, x \leqslant x^{\sim-}$. 由 s 的保序性, 得 $s(x) \otimes s(y) = s(x^{\sim-}) \otimes s(x \rightsquigarrow y)$. 同理, 有 $s(y) \otimes s(x) = s(x \to y) \otimes s(x^{-\sim})$. 因此, s 是布尔 IV-1 型态.

推论 7.4.27 设 $s \in L^A$ 满足 $s(0) = 0, s(1) = 1$, 则 s 是布尔 IV-1 型态当且仅当 s 是 I-型布尔 L-滤子且对 $\forall x \in A$, 满足 $s(x^2) = s^2(x)$.

定理 7.4.43 设 $s \in L^A$ 满足 $s(0) = 0, s(1) = 1$, 则 s 是布尔 IV-1 型态当且仅当 s 既是蕴涵 IV-1 型态也是对合 IV-1 型态.

证明 由推论 7.4.25、推论 7.4.26 和命题 7.4.15 可得必要性.

反之, 设 s 既是蕴涵 IV-1 型态也是对合 IV-1 型态. 由推论 7.4.25 和定理 7.4.30, 知 s 是 L-滤子且 $s(x^{-\sim}) = s(x) = s(x^{\sim-})$. 又由推论 7.4.26, 知 s 是布尔 IV-1 型态.

推论 7.4.28 设 $s \in L^A$ 满足 $s(0) = 0, s(1) = 1$, 则 s 是布尔 IV-1 型态当且仅当 s 是对合 IV-1 型态且对 $\forall x, y \in A$, 满足 $s(x \otimes (x \rightsquigarrow y)) = s(x) \otimes s(y)$,

$s((x \to y) \otimes x) = s(y) \otimes s(x)$.

命题 7.4.16 设 $s \in L^A$ 是蕴涵 VI-1 型态, 则

(1) s 是布尔 IV-1 型态;

(2) s 是 I-型态.

证明 由推论 7.4.24, 知 s 既是混合 II-型态也是蕴涵 IV-1 型态. 由命题 7.2.8, 知 s 是 I-型态且 $s(x^{-\sim}) = s(x) = s(x^{\sim-})$. 由定理 7.4.6, 得 s 是混合 IV-1 型态. 又由推论 7.4.25, 得 s 是对合 IV-1 型态. 再由定理 7.4.43, 知 s 是布尔 IV-1 型态.

定理 7.4.44 设 $s \in L^A$ 满足 $s(0) = 0, s(1) = 1$, 则 s 是蕴涵 VI-1 型态当且仅当 s 既是布尔 IV-1 型态也是 I-型态.

证明 这里只证明充分性. 由定理 7.4.43, 得 s 既是蕴涵 IV-1 型态也是对合 IV-1 型态. 再由命题 7.4.14 和推论 7.4.24, 得 s 是蕴涵 VI-1 型态.

定理 7.4.45 设 $s \in L^A$ 是保序 I-型态, 则 s 是蕴涵 VI-1 型态当且仅当 s 是 II-型布尔 L-滤子且对 $\forall x, y \in A$, 满足 $s(x \otimes y) = s(x) \otimes s(y)$.

证明 一方面, 设 s 是蕴涵 VI-1 型态. 由定理 7.4.44, 知 s 既是布尔 IV-1 型态也是 I-型态. 由推论 7.4.21、推论 7.4.27 和定理 7.4.43, 知 s 是 I-型布尔 L-滤子且满足 $s(x \otimes y) = s(x) \otimes s(y)$. 又由定理 7.4.3, 得 s 是 II-型布尔 L-滤子.

另一方面, 由定理 7.4.2 和定理 7.4.8(1), 知 s 既是 II-型奇异 L-滤子也是 I-型蕴涵 L-滤子, 即 $s(x \wedge y) = s(x \otimes y)$. 因此, $s(x \wedge y) = s(x) \otimes s(y)$. 因为 s 是保序 I-型态, 由定理 7.4.25, 知 s 是混合 II-型态. 因此 $s(x) = s(x \to y) \rightsquigarrow (s(x) \otimes s(y))$, $s(x) = s(x \rightsquigarrow y) \to (s(y) \otimes s(x))$, 即 s 是蕴涵 VI-1 型态.

推论 7.4.29 设 $s \in L^A$ 是 I-型态, 则 s 是蕴涵 VI-1 型态当且仅当 $A/\mathrm{Ker}(s)$ 是布尔代数且对 $\forall x, y \in A$, 满足 $s(x \otimes y) = s(x) \otimes s(y)$.

7.4.5 基于混合 L-滤子的混合广义 Bosbach 态的推广

定义 7.4.13 设 $s \in L^A$ 满足 $s(0) = 0, s(1) = 1$. 若对 $\forall x, y \in A$, 满足 $s(x) \otimes s(x \to y) = s(x) \otimes s(y)$ 和 $s(x \rightsquigarrow y) \otimes s(x) = s(y) \otimes s(x)$, 则称 s 为蕴涵混合 IV-2 型广义 Bosbach 态, 简称蕴涵 IV-2 型态.

命题 7.4.17 蕴涵 IV-2 型态是混合 L-滤子.

证明 设 $x \leqslant y$, 由蕴涵 IV-2 型态的定义, 知 $s(x) = s(y) \otimes s(x) \leqslant s(y)$, 从而可得 $s(x) \otimes s(y) \leqslant s(x) \otimes s(x \to (y \otimes x)) = s(x) \otimes s(y \otimes x) \leqslant s(y \otimes x)$ 和 $s(y) \otimes s(x) \leqslant s(x \rightsquigarrow (x \otimes y)) \otimes s(x) = s(x \otimes y) \otimes s(x) \leqslant s(x \otimes y)$. 因此, s 是混合 L-滤子.

定理 7.4.46 设 $s \in L^A$ 满足 $s(0) = 0, s(1) = 1$, 则以下条件等价:

(1) s 是蕴涵 IV-2 型态;

(2) s 是混合 L-滤子且对 $\forall x \in A$, 满足 $s(x) = s^2(x)$;

(3) s 是混合 L-滤子且对 $\forall x, y \in A$, 满足 $s(x \wedge y) = s(x) \otimes s(y)$.

证明 (1)$\Rightarrow$(2). 由命题 7.4.17 知 s 是混合 L-滤子. 令 $x = y$, 显然 $s(x) = s^2(x)$.

(2)$\Rightarrow$(3). 用 $x \wedge y$ 代替 x, 得 $s(x \wedge y) = s(x \wedge y) \otimes s(x \wedge y)$. 因为 s 是混合 L-滤子, 因此有 $s(x \wedge y) \otimes s(x \wedge y) \leqslant s(x) \otimes s(y) \leqslant s(y \otimes x) \leqslant s(x \wedge y)$. 因此, $s(x \wedge y) = s(x) \otimes s(y)$.

(3)$\Rightarrow$(1). 由混合 L-滤子的定义, 有 $s(x) \otimes s(y) \leqslant s(x) \otimes s(x \to y) \leqslant s((x \to y) \otimes x) \leqslant s(x \wedge y) = s(x) \otimes s(y)$ 和 $s(y) \otimes s(x) \leqslant s(x \rightsquigarrow y) \otimes s(x) \leqslant s(x \otimes (x \rightsquigarrow y)) \leqslant s(y \wedge x) = s(y) \otimes s(x)$. 因此, $s(x) \otimes s(x \to y) = s(x) \otimes s(y), s(x \rightsquigarrow y) \otimes s(x) = s(y) \otimes s(x)$.

推论 7.4.30 设 $s \in L^A$ 满足 $s(0) = 0, s(1) = 1$, 则以下条件等价:

(1) s 是蕴涵 IV-2 型态;

(2) s 是 I-型蕴涵混合 L-滤子且对 $\forall x \in A$, 满足 $s^2(x) = s(x^2)$;

(3) s 是 I-型蕴涵混合 L-滤子且对 $\forall x, y \in A$, 满足 $s(x \otimes y) = s(x) \otimes s(y)$.

定理 7.4.47 设 $s \in L^A$ 满足 $s(0) = 0, s(1) = 1$, 则 s 是蕴涵 IV-2 型态当且仅当 s 是 IV-2 型态且对 $\forall x, y \in A$, 满足 $s(x \otimes (x \rightsquigarrow y)) = s(y) \otimes s(x)$, $s((x \to y) \otimes x) = s(x) \otimes s(y)$.

证明 一方面, 设 s 是蕴涵 IV-2 型态. 由命题 7.4.17 和定理 7.4.46(3), 得 $s(x) \otimes s(y) = s(x) \otimes s(x \to y) \leqslant s((x \to y) \otimes x) \leqslant s(x \wedge y) = s(x) \otimes s(y)$, $s(y) \otimes s(x) = s(x \rightsquigarrow y) \otimes s(x) \leqslant s(x \otimes (x \rightsquigarrow y)) \leqslant s(x \wedge y) = s(y) \otimes s(x)$. 因此 $s(x) \otimes s(y) = s((x \to y) \otimes x)$, $s(y) \otimes s(x) = s(x \otimes (x \rightsquigarrow y))$, $s(x \wedge y) = s(x) \otimes s(x \to y)) = s(x \rightsquigarrow y) \otimes s(x)$, 即 s 是 IV-2 型态.

另一方面, 由定理 7.4.32, 知 s 是混合 L-滤子. 由假设, 有 $s(x) \otimes s(y) \leqslant s(x) \otimes s(x \to y) \leqslant s((x \to y) \otimes x) = s(x) \otimes s(y)$, $s(y) \otimes s(x) \leqslant s(x \rightsquigarrow y) \otimes s(x) \leqslant s(x \otimes (x \rightsquigarrow y)) = s(y) \otimes s(x)$. 因此, $s(x) \otimes s(y) = s(x) \otimes s(x \to y))$, $s(y) \otimes s(x) = s(x \rightsquigarrow y) \otimes s(x)$, 即 s 是蕴涵 IV-2 型态.

定义 7.4.14 设 $s \in L^A$ 满足 $s(0) = 0, s(1) = 1$. 若对 $\forall x, y \in A$, 满足 $s(x \to y) = s(x) \rightsquigarrow (s(y) \otimes s(x))$, $s(x \rightsquigarrow y) = s(x) \to (s(x) \otimes s(y))$, 则称 s 为蕴涵混合 V-2 型广义 Bosbach 态, 简称蕴涵 V-2 型态.

命题 7.4.18 设 $s \in L^A$ 是蕴涵 V-2 型态, 则

(1) s 是蕴涵 IV-2 型态;

(2) s 是保序混合 I-型态.

证明 (1) 由 s 的定义, 显然有 $s(x \to y) \leqslant s(x) \rightsquigarrow s(y), s(x \rightsquigarrow y) \leqslant s(x) \to s(y)$, 因此 s 是混合 L-滤子. 在定义 7.4.14 中, 令 $x = y$, 得 $1 = s(x) \to s^2(x)$,

$1 = s(x) \rightsquigarrow s^2(x)$, 即 $s(x) \leqslant s^2(x)$. 又由 $s^2(x) \leqslant s(x)$, 得 $s(x) = s^2(x)$. 由定理 7.4.46(2), 知 s 是蕴涵 IV-2 型态.

(2) 由 (1) 和定理 7.4.46(3), 得 $s(x \wedge y) = s(x) \otimes s(y)$. 因此, $s(x \rightarrow y) = s(x) \rightsquigarrow s(x \wedge y)$, $s(x \rightsquigarrow y) = s(x) \rightsquigarrow s(x \wedge y)$, 即 s 是保序混合 I-型态.

推论 7.4.31   设 $s \in L^A$ 满足 $s(0) = 0, s(1) = 1$, 则以下条件等价:

(1) s 是蕴涵 V-2 型态;

(2) s 既是蕴涵 IV-2 型态也是保序混合 I-型态;

(3) s 是混合 V-2 型态且对 $\forall x, y \in A$, 满足 $s(x \otimes (x \rightsquigarrow y)) = s(y) \otimes s(x)$, $s((x \rightarrow y) \otimes x) = s(x) \otimes s(y)$.

证明   (1)$\Leftrightarrow$(2). 这里只证反面. 由定理 7.4.46(3), 得 $s(x \rightarrow y) = s(x) \rightsquigarrow (s(y) \otimes s(x))$, $s(x \rightsquigarrow y) = s(x) \rightarrow (s(x) \otimes s(y))$. 因此, s 是蕴涵 V-2 型态.

(2)$\Leftrightarrow$(3). 由定理 7.4.32、定理 7.4.47 及本推论 (2) 即得.

定理 7.4.48   设 $s \in L^A$ 是保序混合 I-型态, 则 s 是蕴涵 V-2 型态当且仅当 s 是 II-型蕴涵混合 L-滤子且对 $\forall x, y \in A$, 满足 $s(x \otimes y) = s(x) \otimes s(y)$.

证明   一方面, 设 s 是蕴涵 V-2 型态. 由推论 7.4.31 知, s 既是蕴涵 IV-2 型态也是保序混合 I-型态. 由推论 7.4.30(3) 和定理 7.4.4, 得 s 是 II-型蕴涵混合 L-滤子且 $s(x \otimes y) = s(x) \otimes s(y)$.

另一方面, 由定理 7.4.2, 知 s 是 I-型蕴涵混合 L-滤子, 即 $s(x \wedge y) = s(x \otimes y)$. 因此 $s(x \wedge y) = s(x) \otimes s(y)$. 又因为 s 是保序混合 I-型态, 所以 $s(x \rightarrow y) = s(x) \rightsquigarrow (s(y) \otimes s(x))$, $s(x \rightsquigarrow y) = s(x) \rightarrow (s(x) \otimes s(y))$, 从而 s 是蕴涵 V-2 型态.

推论 7.4.32   设 $s \in L^A$ 是保序混合 I-型态, 则 s 是蕴涵 V-2 型态当且仅当 $A/\mathrm{Ker}(s)$ 是 Heyting 代数且对 $\forall x, y \in A$, 满足 $s(x \otimes y) = s(x) \otimes s(y)$.

定义 7.4.15   设 $s \in L^A$ 满足 $s(0) = 0, s(1) = 1$. 若对 $\forall x, y \in A$, 满足 $s(x) = s(x \rightarrow y) \rightarrow (s(y) \otimes s(x))$, $s(x) = s(x \rightsquigarrow y) \rightsquigarrow (s(x) \otimes s(y))$, 则称 s 为蕴涵混合 VI-2 型广义 Bosbach 态, 简称蕴涵 VI-2 型态.

命题 7.4.19   设 $s \in L^A$ 是蕴涵 VI-2 型态, 则

(1) s 是蕴涵 IV-2 型态;

(2) s 是 II-型态.

证明   (1) 根据 s 的定义, 显然有 $s(x) \leqslant s(x \rightarrow y) \rightarrow s(y)$, $s(x) \leqslant s(x \rightsquigarrow y) \rightsquigarrow s(y)$, 即 $s(x \rightarrow y) \leqslant s(x) \rightsquigarrow s(y)$, $s(x \rightsquigarrow y) \leqslant s(x) \rightarrow s(y)$, 因此, s 是混合 L-滤子. 在定义 7.4.15 中令 $x = y$, 得 $s(x) = 1 \rightsquigarrow s^2(x) = s^2(x)$, $s(x) = 1 \rightarrow s^2(x) = s^2(x)$. 由定理 7.4.46(2), 得 s 是蕴涵 IV-2 型态.

(2) 由 (1) 和定理 7.4.46(3), 得 $s(x \wedge y) = s(x) \otimes s(y)$. 因此, $s(x) = s(x \rightarrow y) \rightarrow s(x \wedge y)$, $s(x) = s(x \rightsquigarrow y) \rightsquigarrow s(x \wedge y)$, 即 s 是 II-型态.

推论 7.4.33 设 $s \in L^A$ 满足 $s(0) = 0, s(1) = 1$, 则以下条件等价:

(1) s 是蕴涵 VI-2 型态;

(2) s 既是蕴涵 IV-2 型态也是 II-型态;

(3) s 是混合 VI-2 型态且对 $\forall x, y \in A$, 满足 $s(x \otimes (x \rightsquigarrow y)) = s(y) \otimes s(x), s((x \rightarrow y) \otimes x) = s(x) \otimes s(y)$.

证明 (1)$\Leftrightarrow$(2). 这里只证反面. 由定理 7.4.46(3) 和定义 7.2.4 即得.

(1)$\Leftrightarrow$(3). 由定理 7.4.32、定理 7.4.47 及本推论 (2) 即得.

命题 7.4.20 设 $s \in L^A$ 是蕴涵 VI-2 型态, 则

(1) s 是蕴涵 V-2 型态;

(2) $A/\mathrm{Ker}(s)$ 是布尔代数.

证明 (1) 由推论 7.4.33 和命题 7.4.17 即得.

(2) 由推论 7.4.32, 知 s 既是蕴涵 IV-2 型态也是 II-型态. 由定理 7.4.47 和推论 7.4.9, 知 $A/\mathrm{Ker}(s)$ 既是 Heyting 代数也是伪 MV-代数. 因此, $A/\mathrm{Ker}(s)$ 是布尔代数.

定义 7.4.16 设 $s \in L^A$ 满足 $s(0) = 0, s(1) = 1$. 若对 $\forall x, y \in A$, 满足 $s((x \wedge y)^{-\sim}) = s(x \rightarrow y) \otimes s(x)$ 和 $s((x \wedge y)^{\sim-}) = s(x) \otimes s(x \rightsquigarrow y)$, 则称 s 为对合混合 IV-2 型广义 Bosbach 态, 简称对合 IV-2 型态.

命题 7.4.21 (1) 对合 IV-2 型态是混合 IV-2 型态;

(2) 混合 VI-2 型态是对合 IV-2 型态.

证明 (1) 设 s 是对合 IV-2 型态, 令 $x = y$, 得 $s(x^{-\sim}) = s(x) = s(x^{\sim-})$, 则 $s((x \wedge y)^{-\sim}) = s(x \wedge y) = s((x \wedge y)^{\sim-})$. 因此, $s(x \wedge y) = s(x \rightsquigarrow y) \otimes s(x)$, $s(x \wedge y) = s(x) \otimes s(x \rightarrow y)$, 即 s 是混合 IV-2 型态.

(2) 由命题 7.2.8(3), 知 $s(x^{-\sim}) = s(x^{\sim-}) = s(x)$ 和 $s(x \wedge y) = s(x) \otimes s(x \rightarrow y) = s(x \rightsquigarrow y) \otimes s(x)$. 因此, $s((x \wedge y)^{\sim-}) = s(x \rightsquigarrow y) \otimes s(x), s((x \wedge y)^{-\sim}) = s(x) \otimes s(x \rightarrow y)$, 即 s 是对合 IV-2 型态.

推论 7.4.34 设 $s \in L^A$ 满足 $s(0) = 0, s(1) = 1$, 则 s 是对合 IV-2 型态当且仅当 s 是混合 IV-2 型态且对 $\forall x, y \in A$, 满足 $s(x^{-\sim}) = s(x) = s(x^{\sim-})$.

命题 7.4.22 设 $s \in L^A$ 既是对合 IV-2 型态也是保序混合 I-型态, 则 s 是 II-型态.

证明 由推论 7.4.34, 知 s 既是保序混合 I-型态也是混合 IV-2 型态且 $s(x^{-\sim}) = s(x) = s(x^{\sim-})$. 因此, s 是混合 V-2 型态且满足 $s(x^{-\sim} \rightarrow x) = s(x^{-\sim}) \rightsquigarrow s(x^{-\sim} \wedge x) = s(x^{-\sim}) \rightsquigarrow s(x) = 1, s(x^{\sim-} \rightsquigarrow x) = s(x^{\sim-}) \rightarrow s(x^{\sim-} \wedge x) = s(x^{\sim-}) \rightarrow s(x) = 1$. 由定理 7.4.33, 知 s 是 II-型可除混合 L-滤子. 又 s 也是 II-型对合混合 L-滤子, 从而可得 s 是 II-型奇异混合 L-滤子. 再由定理 7.4.19, 知 s 是 II-型态.

定义 7.4.17 设 $s \in L^A$ 满足 $s(0) = 0, s(1) = 1$. 若对 $\forall x, y \in A$, 满足 $s(x \rightsquigarrow y) \otimes s(x^{-\sim}) = s(y) \otimes s(x)$ 和 $s(x^{\sim-}) \otimes s(x \to y) = s(x) \otimes s(y)$, 则称 s 为布尔混合 IV-2 型广义 Bosbach 态, 简称布尔 IV-2 型态.

命题 7.4.23 布尔 IV-2 型态是混合 IV-2 型态.

证明 设 s 是布尔 IV-2 型态. 令 $y = 1$, 得 $s(x^{-\sim}) = s(x) = s(x^{\sim-})$, 则 $s(x \rightsquigarrow y) \otimes s(x) = s(y) \otimes s(x)$, $s(x) \otimes s(x \to y) = s(x) \otimes s(y)$, 即 s 是混合 IV-2 型态.

推论 7.4.35 设 $s \in L^A$ 满足 $s(0) = 0, s(1) = 1$, 则以下条件等价:

(1) s 是布尔 IV-2 型态;

(2) s 是蕴涵 IV-2 型态且对 $\forall x \in A$, 满足 $s(x^{-\sim}) = s(x) = s(x^{\sim-})$;

(3) 对 $\forall x, y \in A$, $s(x \rightsquigarrow y) \otimes s(x) = s(y^{-\sim}) \otimes s(x), s(x) \otimes s(x \to y) = s(x) \otimes s(y^{\sim-})$.

定理 7.4.49 设 $s \in L^A$ 满足 $s(0) = 0, s(1) = 1$, 则 s 是布尔 IV-2 型态当且仅当 s 是混合 L-滤子且 $s(x^{-\sim}) = s(x^{\sim-}) = s^2(x)$.

证明 一方面, 设 s 是布尔 IV-2 型态. 由命题 7.4.17 和推论 7.4.35, 知 s 是混合 L-滤子. 令 $x = y$, 显然 $s(x^{-\sim}) = s(x^{\sim-}) = s^2(x)$.

另一方面, 由假设和混合 L-滤子的定义, 有 $s(x^{\sim-}) \otimes s(x \to y) = s^2(x) \otimes s(x \to y) \leqslant s(x) \otimes s((x \to y) \otimes x) \leqslant s(x) \otimes s(y)$, 从而得 $y \leqslant x \to y, x \leqslant x^{\sim-}$. 由 s 的保序性, 得 $s(x) \otimes s(y) = s(x^{\sim-}) \otimes s(x \to y)$. 同理, 有 $s(y) \otimes s(x) = s(x \rightsquigarrow y) \otimes s(x^{-\sim})$. 因此, s 是布尔 IV-1 型态.

推论 7.4.36 设 $s \in L^A$ 满足 $s(0) = 0, s(1) = 1$, 则 s 是布尔 IV-2 型态当且仅当 s 是 I-型布尔混合 L-滤子且对 $\forall x \in A$, 满足 $s(x^2) = s^2(x)$.

定理 7.4.50 设 $s \in L^A$ 满足 $s(0) = 0, s(1) = 1$, 则 s 是布尔 IV-2 型态当且仅当 s 既是蕴涵 IV-2 型态也是对合 IV-2 型态.

证明 由推论 7.4.34、推论 7.4.35 和命题 7.4.23 可得必要性.

反之, 设 s 既是蕴涵 IV-2 型态也是对合 IV-2 型态. 由推论 7.4.34 和定理 7.4.33, 知 s 是混合 L-滤子且 $s(x^{-\sim}) = s(x) = s(x^{\sim-})$. 又由推论 7.4.35, 知 s 是布尔 IV-2 型态.

推论 7.4.37 设 $s \in L^A$ 满足 $s(0) = 0, s(1) = 1$, 则 s 是布尔 IV-2 型态当且仅当 s 是对合 IV-2 型态且对 $\forall x, y \in A$, 满足 $s(x \otimes (x \to y)) = s(x) \otimes s(y)$, $s((x \rightsquigarrow y) \otimes x) = s(y) \otimes s(x)$.

命题 7.4.24 设 $s \in L^A$ 是蕴涵 VI-2 型态, 则

(1) s 是布尔 IV-2 型态;

(2) s 是混合 I-型态.

证明 由推论 7.4.33, 知 s 既是 II-型态也是蕴涵 IV-2 型态. 由命题 7.2.8, 知 s 是 I-型态且 $s(x^{-\sim}) = s(x) = s(x^{\sim-})$. 由定理 7.4.47, 得 s 是混合 IV-2 型态. 又由推论 7.4.34, 得 s 是对合 IV-2 型态. 再由定理 7.4.50, 知 s 是布尔 IV-2 型态.

定理 7.4.51 设 $s \in L^A$ 满足 $s(0) = 0, s(1) = 1$, 则 s 是蕴涵 VI-2 型态当且仅当 s 既是布尔 IV-2 型态也是混合 I-型态.

证明 这里只证明充分性. 由定理 7.4.50, 得 s 既是蕴涵 IV-2 型态也是对合 IV-2 型态. 再由命题 7.4.22 和推论 7.4.33, 得 s 是蕴涵 VI-2 型态.

定理 7.4.52 设 $s \in L^A$ 是保序混合 I-型态, 则 s 是蕴涵 VI-2 型态当且仅当 s 是 II-型布尔混合 L-滤子且对 $\forall x, y \in A$, 满足 $s(x \otimes y) = s(x) \otimes s(y)$.

证明 一方面, 设 s 是蕴涵 VI-2 型态. 由定理 7.4.51, 知 s 既是布尔 IV-2 型态也是混合 I-型态. 由推论 7.4.30、推论 7.4.36 和定理 7.4.50, 知 s 是 I-型布尔混合 L-滤子且满足 $s(x \otimes y) = s(x) \otimes s(y)$. 又由定理 7.4.4, 得 s 是 II-型布尔混合 L-滤子.

另一方面, 由定理 7.4.2、定理 7.4.8(1), 知 s 既是 II-型奇异混合 L-滤子也是 I-型蕴涵混合 L-滤子, 即 $s(x \wedge y) = s(x \otimes y)$. 因此, $s(x \wedge y) = s(x) \otimes s(y)$. 因为 s 是保序混合 I-型态, 由定理 7.4.19, 知 s 是 II-型态. 因此, $s(x) = s(x \to y) \to (s(x) \otimes s(y))$, $s(x) = s(x \rightsquigarrow y) \rightsquigarrow (s(y) \otimes s(x))$, 即 s 是蕴涵 VI-2 型态.

推论 7.4.38 设 $s \in L^A$ 是混合 I-型态, 则 s 是蕴涵 VI-2 型态当且仅当 $A/\mathrm{Ker}(s)$ 是布尔代数且对 $\forall x, y \in A$, 满足 $s(x \otimes y) = s(x) \otimes s(y)$.

参 考 文 献

[1] ZADEH L A. Fuzzy sets[J]. Information and Control, 1965, 8(3): 338-353.

[2] ZADEH L A. Outline of a new approach to the analysis of complex systems anddecision processes[J]. IEEE Transactions on Systems Man and Cybernetics, 1973(1): 28-44.

[3] HAMILTON A G. Logic for mathematicians[M]. London: Cambridge University Press, 1978.

[4] ROSSER J B, TURQUETTE A R. Many-valued logics[M]. Amsterdam: North-Hollnd, 1952.

[5] CHANG C C. Algebraic analysis of many valued logics[J]. Transactions of the American Mathematical Society, 1958, 88(2): 467-490.

[6] 王国俊. 数理逻辑引论与归结原理 [M]. 2 版. 北京: 科学出版社，2019

[7] WARD M, DILWORTH R P. Residuated lattices[J]. Transactions of the American Mathematical Society, 1939, 45(3): 335-354.

[8] 张小红. 模糊逻辑及其代数分析 [M]. 北京: 科学出版社，2008.

[9] 方进明. 剩余格与模糊集 [M]. 北京: 科学出版社，2018

[10] 裴道武. 基于三角模的模糊逻辑理论及其应用 [M]. 北京: 科学出版社，2013.

[11] 周红军. 概率计量逻辑及其应用 [M]. 北京: 科学出版社，2016

[12] 折延宏. 不确定性推理的计量化模型及其粗糙集语义 [M]. 北京: 科学出版社，2016.

[13] PAVELKA J. On fuzzy logic (I-III)[J]. Zeitschrf Math Logik und Grundlagen Math, 1979, 25(1): 45-52, 119-134, 447-464.

[14] PAWLAK Z. Rough sets[J]. International Journal of Computer and Information Science, 1982, 11(5): 341-356.

[15] PAWLAK Z. Roughlogic[J]. Bulletin of the Polish Academy of Science: Technical Science, 1987, 35(5): 253-258.

[16] DE GAS M. Knowledge representation in a fuzzy setting[M]. Paris: Tech Rep89/48 University Paris Vilaforia, 1989.

[17] DUBOIS D, PRADE H. Fuzzy sets in approximate reasoning, Part 1: Inference with possibility distributions[J]. Fuzzy Sets Systems, 1991, 40(1): 143-202.

[18] YING M S. The fundanmental theorem of ultraproduct in Pavelka's logic[J]. Mathematical logic quarterly MLQ, 1992, 38(1): 197-201.

[19] EPSTEIN G. Multiple-valued logic design[M]. London: IOP Publishing Ltd, 1993.

[20] 徐杨. 格蕴涵代数 [J]. 西南交通大学学报，1993，28(1): 20-27.

[21] YING M S. A logic for approximate reasoning[J]. Journal of Symbolic Logic, 1994, 59(3): 830-837.

[22] NOVAK V, PERFILIEVA I, MOCKOR J. Mathematical principles of fuzzy logic[M].New York: Kluwer Academic Publishers, 1999.

[23] HÁJEK P. Metamathematics of fuzzy logic[M]. Dordrecht: Kluwer Academic Publishers, 1998.

[24] HÀJEK P, GODO L, ESTEVA F. A complete many-valued logic with product conjunction[J]. Archive for Mathematical Logic, 1996, 35:191-208.

[25] TURUNEN E. BL-algebras of basic fuzzy logic[J]. Mathware Soft Computing, 1999, 6:49-61.

[26] TURUNEN E. Boolean deductive systems of BL-algebras[J]. Archive for Mathematical Logic, 2001,40: 467-473.

[27] TURUNEN E, SESSA S. Local BL-algebra[J]. Mult-Valued Logic, 2001, 6: 229-249.

[28] HAVESHKI M, SAEID A B, ESLAMI E. Some types of filters in BL algebras[J]. Soft Computing, 2006, 10: 657-664.

[29] KONDO M, DUDEK W A. Filter theory of BL-algebras[J]. Soft Computing, 2008, 12: 419-423.

[30] JUN Y B, KO J M. Folding theory applied to BL-algebras[J]. Central European Journal of Mathematics, 2004, 2: 584-592.

[31] HAVESHKI M, ESLAMI E. n-fold filters in BL-algebras[J]. Mathematical logic quarterly MLQ, 2008,54(2): 176-186.

[32] MOTAMED S, SAEID A B. n-fold obstinate filters in BL-algebras[J]. Neural Computingand Applications, 2011, 20: 461-472.

[33] SHIRVANI-GHADIKOLAI M , MOUSSAVI A , KORDI A , et al. On n-fold filters in BL-algebras[J]. Journal of Algebra, Number Theory: Advances and Applications, 2009, 2(1): 27-42.

[34] TURUNEN E, TCHIKAPA N, LELE C. A new characterization for n-fold positive implicative BL-logics[J]. IPMU 2012: Advances on Computational Intelligence, 2012: 552-560.

[35] HOO C S. Fuzzy implicative and Boolean ideals of MV-algebras[J]. Fuzzy Sets and Systems,1994, 66(3): 315-327.

[36] HOO C S, SESSA S. Fuzzy maximal ideals of BCI and MV-algebras[J]. Information Sciences: an International Journal, 1994, 80(3-4): 299-309.

[37] LIU L Z, LI K T. Fuzzy filters of BL-algebras[J]. Information Sciences: an International Journal, 2005, 173(1-3):141-154.

[38] LIU L Z, LI K T. Fuzzy Boolean and positive implicative filters of BL-algebras[J].Fuzzy Sets and Systems, 2005, 152(2): 333-348.

[39] MA X L, ZHAN J M. On $(\in, \in \vee q)$-fuzzy filters of BL-algebras[J]. Journal of Systems Science and Complexity, 2008, 21(1): 144-158.

[40] 马学玲. BL-代数的广义模糊滤子[D]. 武汉: 华中师范大学，2008.

[41] BHAKAT S K, DAS P. $(\in, \in \vee q)$-fuzzy subgroups[J].Fuzzy Sets and Systems, 1996, 80(3):359-368.

[42] DAVVAZ B. $(\in, \in \vee q)$-fuzzy subnear-rings and ideals[J]. Soft Computing, 2006, 10(3): 206-211.

[43] BHAKAT S K. $(\in, \in \vee q)$-fuzzy normal, quasinormal and maximal subgroups[J]. Fuzzy Sets and Systems, 2000, 112(2): 299-312.

[44] MA X L, ZHAN J M, DUDEK W A. Some kinds of $(\in^-, \in \vee^- q^-)$-fuzzy filters of BLalgebras[J]. Computer & Mathematics with Application, 2009, 58(2): 248-256.

[45] MA X L, ZHAN J M, XU Y. Generalized fuzzy filters of BL-algebras[J]. Applied Mathematics: A Journal of Chinese Universities, 2007, 22: 490-496.

[46] ZHAN J M, XU Y. Some types of generalzed fuzzy filters of BL-algebras[J]. Computer & Mathematics with Application, 2008, 56(6):1604-1616.

[47] MA X L, ZHAN J M, JUN Y B. Interval valued $(\in, \in \vee q)$-fuzzy ideals of pseudo MV-algebras[J]. International Journal of Fuzzy Systems, 2008, 10(2): 84-91.

[48] ZHAN J M, DUDEK W A, JUN Y B. Interval valued $(\in, \in \vee q)$-fuzzy filters of pseudo BL-algebras[J]. Soft Computing, 2009, 13: 13-21.

[49] SHEN J G, ZHANG X H. On filters of residuated lattice[J]. Chinese Quarterly Journal of Mathematics, 2006, 21(3): 443-447.

[50] LIU L Z, LI K T. Boolean filters and positive implicative filters of residuated lattices[J]. Information Sciences: an International Journal, 2007, 177(24): 5725-5738.

[51] GASSE B V, DESCHRIJVER G, CORNEILS C, et al. Filters of residuated lattices and triangle algebras[J]. Information Sciences: an International Journal, 2010, 180(16): 3006-3020.

[52] SAEID A B, POURKHATOUN M. Obstinate filters in residuated lattices[J]. Bulletin Mathématiques de la Société des Sciences Mathéématiques de Roumanie, 2012, 55(4): 413-422.

[53] MA Z M, HU B Q. Characterizations and new subclasses of I-filters in residuated lattices[J]. Fuzzy Sets Systems, 2014, 247: 92-107.

[54] BUSNEAG D, PICIU D. Some types of filers in residuated lattices[J]. Soft Computing: A Fusion of Foundations, Methodologies and Applications,2014, 18(5): 825-837.

[55] BUSNEAG D, PICIU D. A new approach for classification of filters in residuated lattices[J]. Fuzzy Sets Systems, 2015, 260: 121-130.

[56] ZHU Y Q, XU Y. On filters theory of residuated lattices[J]. Information Sciences: an International Journal, 2010, 180(19): 3614-3632.

[57] KONDO M, TURUNEN E. Prime filters on residuated lattices[C]// 2012 IEEE 42nd International Symposium on Multiple-Valued Logic Victoria: IEEE, 2012: 89-91.

[58] XIAO L, LIU L Z. A note on some filters in residuated lattices[J]. Journal of Intelligent & Fuzzy Systems, 2016, 30(1): 493-500.

[59] 陈娟娟, 李生刚. 剩余格上的模糊滤子和模糊同余关系 [J]. 计算机工程与应用, 2013,49(17): 12-14.

[60] BUSNEAG D, PICIU D. Semi-G-filters, stonean filters, MTL-filters, divisible filters,BL-filters and regular filters in residuated lattices[J]. Iranian Journal of Fuzzy Systems, 2016, 13(1): 145-160.

[61] ZHANG X H, ZHOU H J, MAO X Y. IMTL(MV)-filters and fuzzy IMTL(MV)-filtersof residuated lattices[J]. Journal of Intelligent & Fuzzy Systems, 2014, 26(2): 589-596.

[62] KADJI A, LELE C, TONGA M. N-fold filters in residuated lattices[DB]. arXiv:1308. 1878v1[math. LO], 2013.

[63] ZAHIRI O, FARAHANI H. N-fold filters of MTL-algebras[J]. Afrika Matematika, 2014, 25: 1165-1178.

[64] KADJI A, LELE C, NGANOU J B, et al. Folding theory applied to residuated lattices[J]. International Journal of Mathematics and Mathematical Sciences, 2014(4):1-12.

[65] 马振明. 剩余格上的几类 n 重滤子及其特征 [J]. 计算机工程与应用, 2013, 49(19): 36-38.

[66] 马振明. 剩余格上 n 重 MTL 滤子及其刻画 [J]. 计算机工程与应用, 2013, 49(20): 45-47.

[67] HAVESHKI M. A note on some types of filters in MTL-algebras[J]. Fuzzy Sets Systems, 2014, 247: 135-137.

[68] BORZOOEI R A, SHOAR S K, AMERI R. Some types of filters in MTL-algebras[J]. Fuzzy Sets Systems, 2012, 187(1):92-102.

[69] VITA M. Why are papers about filters on residuated structures (usually) trivial[J]. Information Sciences: an International Journal, 2014, 276(C): 387-391.

[70] HAVESHKI M, MOHAMADHASANI M. Extended filters in bounded commutative Rl-monoids[J]. Soft Computing, 2012, 16: 2165-2173.

[71] KONDO M. Characterization of extended filters in residuated lattices[J]. Soft Computing, 2014, 18: 427-432.

[72] VITA M. A short note on t-filters, I-filters and extended filters on residuated lattices[J]. Fuzzy Sets Systems, 2015, 271(C): 168-171.

[73] KONDO M. Filters on commutative residuated lattices[J]. Advances in Intelligent and Soft Computing, 2010, 68: 343-347.

[74] ZHANG J L, ZHOU H J. Fuzzy filters on the residuated lattices[J]. New Mathematicsand Netural Computation, 2006, 2(1): 11-28.

[75] 刘春辉. 剩余格的模糊滤子理论 [J]. 高校应用数学学报 A 辑, 2016, 31(2): 233-247.

[76] YANG W. Fuzzy weak regular, strong and preassociative filters in residuated lattices[J]. Fuzzy Information and Engineering, 2014, 6(2): 223-233.

[77] VITA M. Fuzzy t-filters and their properties[J]. Fuzzy Sets Systems, 2014, 247: 127-134.

[78] ZHANG H R, LI Q G. The relations among fuzzy t-filters on residuated lattices[J].The Scientific World Journal, 2014(6): 1-5.

[79] GAO N H, LI Q G, ZHOU X N. Fuzzy extended filters on residuated lattices[J]. Soft Computing: A Fusion of Foundations, Methodologies and Applications, 2018, 22(7): 2321-2328.

[80] GHORBANI S. Intuitionistic fuzzy filters of residuated lattices[J]. New Mathematicsand Natural Computation, 2011, 7(3): 499-513.

[81] 马崛, 尤飞. 剩余格上的 (λ, μ) 直觉模糊滤子 [J]. 模糊系统与数学，2017，31(4):17-23.

[82]　ZHANG H R, LI Q G. Intuitionistic fuzzy filter theory on residuated lattices[J]. Soft Computing: A Fusion of Foundations, Methodologies and Applications, 2019, 23: 6777-6783.

[83]　ATANASSOV K T. Intuitionistic fuzzy sets[J]. Fuzzy Sets Systems, 1986, 20(1): 87-96.

[84]　NOLA A D, GEORGESCU G, IORGULESCU A. Pseudo BL-algebras:part I[J]. Multiple-Valued Logic, 2002, 8(5): 673-716.

[85]　NOLA A D, GEORGESCU G, IORGULESCU A. Pseudo BL-algebras:part II[J]. Multiple-Valued Logic, 2002, 8(5): 717-750.

[86]　FLONDOR P, GEORGESCU G, IORGULESCU A. Pseudo t-norm and pseudo BL-algebras[J]. Soft Computing, 2001, 5(5): 355-371.

[87]　GEORGESCU G, POPESCU A. Non-commutative fuzzy structures and pairs of weakne gations[J]. Fuzzy Sets Systems, 2004, 143(1): 129-155.

[88]　LIU L Z, LI K T. Pseudo MTL-algebras and pseudo R-algebras[J]. Scientiae Mathematicae Japonicae, 2005, 61: 423-427.

[89]　KONDO M. Filters in non-commutative residuated lattices[J]. Scientiae Mathematicae Japonicae, 2013, 76(2): 217-225.

[90]　BAKHSHI M. Some types of filters in non-commutative residuated lattices[J]. International Journal of Mathematics & Computation, 2013, 21(4): 72-87.

[91]　肖蕾, 刘练珍. 剩余格上的 n 维模糊滤子[J]. 模糊系统与数学, 2016, 30(1): 137-145.

[92]　GHORBANI S. Obstinate, weak implicative and fantastic filters of non-commutative residuated lattices[J].Afrika Matematika, 2017, 28: 69-84.

[93]　KADJI A, LELE C, TONGA M. Some classes of pseudo-residuated lattices[J]. Afrika Matematika, 2016, 27: 1147-1178.

[94]　RASOULI S, RADFAR A. PMTL filters, Rl filters and PBL filters in residuated lattices[J]. Journal of Multiple-Valued Logic and Soft Computing, 2017, 6: 1-26.

[95]　RASOULI S. Heyting, Boolean and pseudo-MV filters in residuated lattices[J]. Journal of Multiple-Valued Logic and Soft Computing, 2018 31(4):287-322.

[96]　RASOULI S, ZARIN Z. n-fold heyting, Boolean and pseudo-MV filters in residuated lattices[J]. Afrika Matematika, 2018, 29: 911-928.

[97]　郝加兴, 吴洪博. 基于非交换剩余格的模糊蕴涵滤子及其性质[J]. 山东大学学报（理学版）, 2010, 45(10): 61-65, 70.

[98]　王伟, 周曼曼, 孙大宝, 等. 非交换剩余格的子正蕴涵滤子[J]. 模糊系统与数学, 2015, 29(6): 32-39.

[99]　BAKHSHI M. Fuzzy Boolean and fuzzy prime filters in residuated lattices[C]// The 11th Iranian Conference on Fuzzy Systems, Zahedan:University of Sistan and Baluchestan, 2011: 159-166.

[100]　刘莉君. 非交换剩余格上模糊滤子的等价刻画[J]. 模糊系统与数学, 2019, 33(2): 23-28.

[101]　KADJI A, LELE C, TONGA M. Fuzzy prime and maximal filters of residuated lattices[J]. Soft Computing, 2017, 21: 1913-1922.

[102]　KADJI A, LELE C, TONGA M. Fuzzy n-fold filters of pseudo residuated lattices[J]. International Journal of Mathematics and Mathematical Sciences, 2015, ID: 386210.

[103]　吴洪博. 基于非交换剩余格的 $(\alpha, \beta]$ 模糊滤子（上）[J]. 安康学院学报, 2011, 23(2): 5-10.

[104]　吴洪博. 基于非交换剩余格的 $(\alpha, \beta]$ 模糊滤子（下）[J]. 安康学院学报, 2011, 23(3): 10-16.

[105]　BAKHSHI M. Generalized fuzzy filters in non-commutative residuated lattices[J]. Afrika Matematika, 2014, 25: 289-305.

[106]　NOVÁK V. On fuzzy type theory[J]. Fuzzy Sets Systems, 2005, 149(2): 235-273.

[107]　NOVÁK V. EQ-algebras: primary concepts and properties[C]// Proc. Czech-Japan Seminar, Ninth Meeting Kitakyushu: Int. Joint, Czech Republic-Japan & Taiwan-Japan Symposium, 2006: 219-223.

[108]　NOVÁK V, DE BAESTS B. EQ-algebras[J]. Fuzzy Sets Systems, 2009, 160(20): 2956-2978.

[109]　EL-ZEKEY M, NOVÁK V, MESIAR R. On good EQ-algebras[J]. Fuzzy Sets Systems, 2011, 178(1): 1-23.

[110] EL-ZEKEY M. Representable good EQ-algebras[J]. Soft Computing: A Fusion of Foundations, Methodologies and Applications, 2010, 14: 1011-1023.

[111] LIU L Z, ZHANG X Y. Implicative and positive implicative prefilters of EQ-algebras[J]. Journal of Intelligent & Fuzzy Systems, 2014, 26: 2087-2097.

[112] BEHZADI M, TORKZADEH L. Obstinate and maximal prefilters in EQ-algebras[J]. Annals of the University of Craiova, Mathematics and Computer Science Series, 2017, 44(2): 228-237.

[113] MOHTASHAMNIA N, TORKZADEH L. The lattice of prefilters of an EQ-algebra[J]. Fuzzy Sets Systems, 2017, 311(C): 86-98.

[114] MA Z M, HU B Q. Fuzzy EQ-filters of EQ-algebras[C]// World Scientific Proceedings Series on Computer Engineering and Information Science, Quantitative Logic and Soft Computing, 2012: 528-535.

[115] XIE H. Properties of fuzzy filters in EQ-algebras[C]// ICFIE 2017: Fuzzy Sets and Operations Research Cham: Springer, 2019: 41-54.

[116] 谢海. EQ-代数的相关理论研究[D]. 武汉: 武汉大学，2014.

[117] XIN X L, HE P F, YANG Y W. Characteraiztions of some fuzzy prefilters (filters) in EQ-algebras[J]. The Scientific World Journal, 2014, ID: 829527.

[118] BEHAZDI M, TORKZADEH L. Some pre-filters in EQ-algbras[J]. Applications and Applied Mathematics, 2017, 12(2):1057-1071.

[119] SAFFAR B G. Fuzzy n-fold obstinate and maximal (pre)filters of EQ-algebras[J].Journal of algebraic Hyperstrutures and Logical Algebras, 2021, 2(1): 83-98.

[120] TORRA V. Hesitant fuzzy sets[J]. International Journal of Intelligent Systems, 2010, 25(6): 529-539.

[121] TORRA V, NARUKAWA Y. On hesitant fuzzy sets and decision[C]// 2009 IEEE International Conference on Fuzzy Systems, Korea: IEEE, 2009: 1378-1382.

[122] WANG F Q, LI X, CHEN X H. Hesitant fuzzy soft set and its applications in multicriteria decision making[J]. Journal of Applied Mathematics, 2014, ID: 643785.

[123] XIA M, XU Z S. Hesitant fuzzy information aggregation in decision making[J]. International Journal of Approximate Reasoning, 2011, 52(3): 395-407.

[124] XU Z S, XIA MM. Distance and similarity measures for hesitant fuzzy sets[J]. Information Sciences: an International Journal, 2011, 181(11): 2128-2138.

[125] JUN Y B, SONG S-Z. Hesitant fuzzy prefilters and filters of EQ-algebras[J]. Applied Mathematical Sciences, 2015, 9(11): 515-532.

[126] WANG P Z, SANCHEZ E. Treating a fuzzy subset as a projectable random subset[J]. fuzzy information & decision processes, 1982: 213-219.

[127] LI Y J, SAEID A B, WANG J T. Characterization of prefilters of EQ-algebra by falling shadow[J]. Journal of Intelligent & Fuzzy Systems, 2017, 33(6): 3805-3818.

[128] 李毅君. EQ-代数上的落影模糊理论和伪 BCI-代数上态理论的研究[D]. 西安: 西北大学，2015.

[129] CHOVANEC F. States and observables on MV-algebras[J]. Tatra Mountains Mathematical Publicatios, 1993, 3: 55-65.

[130] MUNDICI D. Averaging the truth-value in Lukasiewicz logic[J]. Studia Logica, 1995,55: 113-127.

[131] DI NOLA A, GEORGESCU G, LETTIERI A. Extending probabilities to states of MV-algebras[J]. Annals of the Kurt-Gödel-Society, 1999, 3: 31-50.

[132] DI NOLA A, GEORGESCU G, LETTIERI A. Conditional states in finite-valued logics[C]// Fuzzy Sets, Logics and Reasoning about Knowledge Dordrecht: Springer, 1999: 161-174.

[133] RIECAN B. On the probability on BL-algebras[J]. Acta Math. Nitra, 2000, 4: 3-13.

[134] DVURECENSKIJ A. States on pseudo MV-algebras[J]. Studia Logica, 2001, 68: 301-327.

[135] GEORGESCU G. Bosbach states on fuzzy structures[J]. Soft Computing: A Fusion of Foundations, Methodologies and Applications, 2004, 8(3):217-230.

[136] DVURECENSKIJ A, RACHUNEK J. Bounded commutative residuated Rl-monoidswith general comparability and states[J]. Soft Computing, 2006, 10: 212-218.

[137] DVURECENSKIJ A, RACHUNEK J. Probabilistic averaging in bounded Rlmonoids[J]. Semigroup Forum, 2006, 72: 191-206.

[138] DVURECENSKIJ A, RACHUNEK J. On Riecan and Bosbach states for bounded non-commutative Rl-monoids[J]. Mathematica Slovaca, 2006, 5(5): 487-500.

[139] KROUPA T. Every state on semisimple MV-algebra is integral[J]. Fuzzy Sets and Systems, 2006, 157(20): 2771-2782.

[140] KROUPA T. Representation and extension of states on MV-algebras[J]. Archive for Mathematical Logic, 2006, 45: 381-392.

[141] DVURECENSKIJ A. Every linear pseudo BL-algebra admits a state[J]. Soft Computing, 2007, 11: 495-501.

[142] FLAMINIO T, MONTAGNA F. An algebraic approach to states on MV-algebras[C]// Proceedings of the 5th EUSFLAT Conference, Ostrava: New Dimensions in Fuzzy Logic & Related Technologies Eusflat Conference, 2007: 201-206.

[143] LIU L Z, ZHANG X Y. States on R-algebras[J]. Soft Computing, 2008, 12(11): 1099-1104.

[144] MERTANEN J, TURUNEN E. States on semi-divisible generalized residuated lattices reduce to states on MV-algebras[J]. Fuzzy Sets and Systems, 2008, 159(22): 3051-3064.

[145] TURUNEN E, MERTANEN J. States on semi-divisible residuated lattices[J]. Soft Computing: A Fusion of Foundations, Methodologies and Applications, 2008, 12(4): 353-357.

[146] CIUNGU L C. States on pseudo-BCK algebras[J]. Mathematics Reports, 2008, 1(1): 17-36.

[147] CIUNGU L C. Bosbach and Riecan states on residuated lattices[J]. Journal of Applied Functional Analysis, 2008, 2: 175-188.

[148] FLAMINIO T, MONTAGNA F. MV-algebras with internal states and probabilistic fuzzy logic[J]. International Journal of Approximate Reasoning, 2009, 50(1): 138-152.

[149] DI NOLA A, DVURECENSKIJ A. State-morphism MV-algebras[J]. Annals of Pureand Applied Logic, 2009, 161(2): 161-173.

[150] BUSNEAG C. States on Hilbert algebras[J]. Studia Logica, 2010, 94: 177-188.

[151] DI NOLA A, DVURECENSKIJ A, LETTIERI A. On varieties of MV-algebras with internal states[J]. International Journal of Approximate Reasoning, 2010, 5(6): 680-694.

[152] DVURECENSKIJ A. States on quantum structures versus integral[J]. International Journal of Theoretical Physics, 2011, 50: 3761-3777.

[153] LIU L Z. States on finite monoidal t-norm based algebras[J]. Information Sciences, 2011, 181(7): 1369-1383.

[154] RACHUNEK J, ŠALOUNOVÁ D. State operators on GMV-algebras[J]. Soft Computing: A Fusion of Foundations, Methodologies and Applications, 2011, 15(2): 327-334.

[155] CIUNGU L C, DVURECENSKIJ A, HYCKO M. State BL-algebras[J]. Soft Computing, 201, 15(4): 619-634.

[156] DVURECENSKIJ A, RACHUNEK J, ŠALOUNOVÁ D. State operators on generalizations of fuzzy structures[J]. Fuzzy Sets and Systems, 2012, 187(1): 58-76.

[157] 左卫兵. Boole 语义的程度化方法[J]. 电子学报, 2012, 40(3): 441-447.

[158] BOTUR M, HALAS R, KÜHR J. States on commutative basic algebras[J]. Fuzzy Sets Systems, 2012, 187(1): 77-91.

[159] LIU L Z. On the existence of states on MTL-algebras[J]. Information Sciences:an International Journal, 2013, 220: 559-567.

[160] 左卫兵. 基于 MV 代数语义的格值逻辑的程度化方法[J]. 电子学报, 2013, 41(10): 2035-2040.

[161] BOTUR M, DVURECENSKIJ A. State-morphism algebras-general approach[J]. Fuzzy Sets Systems, 2013, 218: 90-102.

[162] CIUNGU L C. Non-commutative multiple-valued logic algebras[M]. Cham: Springer, 2014.

[163] BORZOOEI R A, DVURECENSKIJ A, ZAHIRI O. State BCK-algebras and state-morphism BCK-algebras[J]. Fuzzy Sets and Systems, 2014, 244(1): 86-105.

[164] HE P, XIN X, YANG Y. On state residuated lattices[J]. Soft Computing: A Fusion of Foundations, Methodologies and Applications, 2015, 19(8): 2083-2094.

[165] JENCOVÁ A, PULMANNNOVÁ S. Effect algebras with state operator[J]. Fuzzy Sets and Systems, 2015, 260: 43-61.

[166] PULMANNOVÁ S, VINCEKOVÁ E. MV-pairs and state operators[J]. Fuzzy Sets and Systems, 2015, 260(1): 62-76.

[167] 左卫兵. MTL 代数语义上逻辑公式的概率真度[J]. 电子学报，2015，43(2): 293-298.

[168] 左卫兵. 基于剩余格语义的格值逻辑系统的程度化方法 [J]. 电子学报，2017，45(8): 1842-1848.

[169] ZHAO B, HE P F. On non-commutative residuated lattices with internal states[J].IEEE Transactions on Fuzzy Systems, 2018, 26(3): 1387-1400.

[170] GEORGESCU G, MURESAN C. Generalized bosbach states[DB]. arXiv:1007.2575, 2010.

[171] CIUNGU L C, GEORGESCU G, MURESAN C. Generalized Bosbach states: part I[J]. Archive for Mathematical Logic, 2013, 52: 335-376.

[172] CIUNGU L C, GEORGESCU G, MURESAN C. Generalized Bosbach states: part II[J]. Archive for Mathematical Logic, 2013, 52: 707-732.

[173] ZHOU H J, ZHAO B. Generalized Bosbach and Riecan states on relative negationsin residuated lattices[J]. Fuzzy Sets and Systems, 2012, 187(1): 33-57.

[174] ZHAO B, ZHOU H J. Generalized Bosbach and Riecan states on nucleus-based-Glivenko residuated lattices[J]. Archive for Mathematical Logic, 2013, 52: 689-706.

[175] MA Z M, FU Z W. Algebraic study to generalized Bosbach states on residuated lattices[J]. Soft Computing, 2015, 19: 2541-2550.

[176] MA Z M, YANG W. Relationships between generalized Bosbach states and L-filters on residuated lattices[J]. Soft Computing, 2016, 20: 3125-3138.

[177] MA Z M, YANG W. Hybrid generalized Bosbach and Riecan states on non-commutative residuated lattices[J]. International Journal of General Systems, 2016, 45(6): 711-733.

[178] ZUO W B. New types of generalized Bosbach states on non-commutative residuated lattices[J]. Soft Computing: A Fusion of Foundations, Methodologies and Applications, 2019, 23(3): 947-959.

[179] MA Z M, YANG W. Relationships between generalized Bosbach states and L-filterson residuated lattices[J]. Soft Computing: A Fusion of Foundations, Methodologies and Applications, 2016, 20(80): 3125-3138.

[180] ZUO W B. On the relationships between hybrid generalized Bosbach states and L-filters in non-commutative residuated lattices[M]. Soft Computing: A Fusion of Foundations, Methodologies and Applications, 2019, 23(17): 7537-7555.